BERNHARD KLAUSNITZER

ORDNUNG COLEOPTERA
(LARVEN)

BERNHARD KLAUSNITZER

ORDNUNG COLEOPTERA

(LARVEN)

unter Mitarbeit von
S. BILÝ, C. v. DEMELT, K. HŮRKA, K. LIEBENOW, K. RUDOLPH, H. SCHERF,
N. G. SKOPIN, W. STEINHAUSEN, W. TOPP, L. ZERCHE und P. ZWICK

Mit 35 Tafeln und 1098 Textfiguren

1978
Springer-Science+Business Media, B.V.

ISBN 978-94-009-9977-0   ISBN 978-94-009-9975-6 (eBook)
DOI 10.1007/978-94-009-9975-6

INHALTSVERZEICHNIS

1. EINLEITUNG

Seit der Herausgabe des umfassenden Werkes von GHILAROV (1964) über die bodenbewohnenden Insektenlarven hat sich unser Wissen über Käferlarven bedeutend
erweitert. GHILAROV führt bei gleicher Auffassung der Familien in seinem Familienschlüssel 70 Taxa an (hier 93). Nach den Tabellen der einzelnen Familien sind durch
sein Buch ca. 470 Gattungen bestimmbar (hier 653). Außerdem wurden in den
vorliegenden Band 16 Familien aufgenommen, für die GHILAROV keinen Gattungs-
schlüssel bringt. Es ist nicht möglich gewesen, Tabellen bis zur Art (wie bei GHILA-
ROV) aufzunehmen. Für später ist eine Fortführung dieses Buches geplant, und es
sollen Bestimmungstabellen bis zu den Arten geschaffen werden.

Auf den ersten Blick mag es verwunderlich erscheinen, wenn Familien, die vorwiegend in Pilzen leben (z. B. *Mycetophagidae*), Bewohner faulenden Holzes (z. B.
Serropalpidae) oder Familien, die vorwiegend in der Kraut- und Strauchschicht
leben (z. B. *Coccinellidae*) in dieses Buch aufgenommen wurden. Tatsächlich ist es
aber so, daß alle hier behandelten Familien in Material aus Bodenfallen mehr oder
minder regelmäßig gefunden werden. Die eigentlich nicht zur Fauna des Bodens
oder der Bodenoberfläche gehörenden *Coccinellidae* wurden beispielsweise mit
15,4% aller Käferlarven bei einer Untersuchung über die epigäische Fauna von
Fichtenwäldern nachgewiesen. Es wurde darauf verzichtet, dieser Arbeit eine vergleichende Morphologie der Coleopterenlarven voranzustellen. Die wesentlichsten
Bestimmungsmerkmale werden anschließend in einer kurzen Übersicht erläutert.

Ziel des vorliegenden Buches ist eine möglichst leichte Diagnose von Käferlarven.
Es besteht offenbar trotz hervorragender einschlägiger Publikationen eine Lücke
in der Bestimmungsliteratur, wie die stiefmütterliche Behandlung der Käferlarven
in vielen bodenzoologischen Veröffentlichungen zeigt, in deren Tabellen sich oft
nicht viel mehr als die entmutigende Zeile: ,,Coleoptera, Larven, indet." befindet.

Die vorliegenden Bestimmungstabellen hätten nicht erarbeitet werden können,
wenn sich die Autoren nicht auf hervorragende frühere Arbeiten bedeutender Systematiker hätten stützen können. Besonders genannt seien BÖVING, CROWSON, van
EMDEN, GHILAROV, KORSCHEFSKY, LARSSON, PETERSON und RYMER-ROBERTS. Die
wesentlichsten Schriften dieser Forscher zeichnen sich dadurch aus, daß sie das vor-
handene Wissen über Käferlarven zusammenfassen. Dies scheint zum gegenwärti-
gen Zeitpunkt viel wichtiger zu sein als die Beschreibung neuer Larven. Letztere
sollte nach Möglichkeit niemals ohne Vergleich innerhalb des übergeordneten Ta-
xons erfolgen. Es ist erfahrungsgemäß sehr schwierig, Einzelbeschreibungen in Bestimmungstabellen einzufügen, weil vielfach nicht alle notwendigen diagnostischen
Merkmale bei den Deskriptionen Berücksichtigung finden. Darin liegt der Grund,
warum im vorliegenden Buch bei fast allen Familien alle bisher bekannten Gattungen in die Tabellen einbezogen wurden, auch wenn sie in Einzelfällen bestimmt
nicht bei bodenzoologischen Untersuchungen zu erwarten sind. Durch knappe bio-

logisch-ökologische Angaben wird der Benutzer auf solche Gattungen hingewiesen. Das Vollständigkeitsprinzip wurde nur bei einigen großen Familien durchbrochen, deren meiste Gattungen phytophag oder xylophag sind (*Buprestidae, Cerambycidae, Chrysomelidae, Curculionidae*).

Die allgemein bekannte Lückenhaftigkeit und Unzulänglichkeit der Larvenkenntnis bringt eine Reihe von Fehlerquellen mit sich. Selten sind aus einer Gattung alle Arten oder aus einer Familie alle Gattungen im Larvenstadium bekannt. Die Formulierung von Gattungs- bzw. Familiencharakteren muß deshalb meist ohne vollständige Kenntnis aller zu ihnen gehörenden Taxa erfolgen. Jede neu aufgefundene oder gezüchtete Art kann theoretisch die Brauchbarkeit des Bestimmungsschlüssels erschüttern, trägt aber damit auch zur Verbesserung der Diagnosemöglichkeit bei. Erfahrungsgemäß steigt die Stabilität der Tabellen mit der kategorialen „Höhe" der behandelten Taxa. Erschwerend kommt hinzu, daß vor allem hinsichtlich der Umgrenzung der Genera keine einheitliche Meinung existiert und auch niemals bestehen kann. Es wurde deshalb keine Vollständigkeit bei der Aufzählung der fehlenden Gattungen vor den Bestimmungstabellen angestrebt. Eine weitere Fehlerquelle stellen die morphologischen Unterschiede zwischen den einzelnen Larvenstadien dar, auf die in den Tabellen nur ungenügend eingegangen werden kann. Das Schlimmste ist aber vielleicht, daß es nicht möglich war, Vertreter aller behandelten Gattungen im Original zu untersuchen. In leider zu vielen Fällen mußte auf Beschreibungen in der Literatur zurückgegriffen werden. Das Ausmaß der dadurch aufgenommenen Fehler ist vorläufig nicht abzuschätzen. Es bleibt uns als Trost wohl nur, daß neue Erkenntnisse sehr oft durch die Korrektur von Fehlern gewonnen werden. Möge also die vorliegende Arbeit recht viel sachliche Kritik herausfordern und vor allem die Coleopterologen zu eigener Tätigkeit auf dem Gebiet der Larvenkunde anregen.

Ein besonderes Problem wurde bei der Erarbeitung des Familienschlüssels sichtbar. Offenbar sind etliche Familien poly- oder paraphyletisch (dies trifft natürlich auch für die Gattungen zu). Diese Situation wird bei der Untersuchung der Larven vielleicht noch mehr sichtbar als bei der Bearbeitung der Imagines. Daraus resultiert, daß es in vielen Fällen nicht möglich ist, familiencharakteristische Merkmale zu finden. Im Bestimmungsschlüssel erscheinen einige solcher Familien deshalb an mehreren Stellen. CROWSON hat durch seine Arbeiten einen Ausweg aus diesem Dilemma gewiesen; an vielen Stellen ist auf seine Arbeitsergebnisse hingewiesen worden. Dem Bestimmungsschlüssel für die Familien der Polyphaga wurden Tabellen vorangestellt, die CROWSONS System vorstellen und die von ihm als primär angesehenen Merkmale benutzen. Mit Ausnahme dieser Tabellen wurde in der Umgrenzung der Familien fast immer das von FREUDE-HARDE-LOHSE verwendete System zu Grunde gelegt. Darin liegt eine gewisse Inkonsequenz; eine Behandlung der Probleme der Großsystematik der Coleoptera widerspricht aber dem Ziel dieser Schrift, so nötig Beiträge zu der laufenden Auseinandersetzung über diesen Gegenstand auch sind.

Gegenüber dem von FREUDE-HARDE-LOHSE verwendeten System wurden folgende Änderungen vorgenommen: die *Cicindelidae* und *Eubriidae* werden als eigene Familien aufgefaßt, die *Malachiidae* den *Melyridae* zugerechnet. Insgesamt kommen in Europa nach dieser Auffassung 98 Familien der Coleoptera vor, 93 sind in den Bestimmungstabellen der Adephaga und Polyphaga enthalten, von 5 Familien sind die Larven bisher unbekannt oder unzureichend bekannt. 47 Familien wurden bis zu den Gattungen aufgeschlüsselt. Da in den beiden Familientabellen 23 in Mitteleuropa monogenerische Familien enthalten sind, können nach dem vorliegenden Buch Larven von insgesamt 70 Familien bis zur Gattung bestimmt werden (mit Ausnahme der bereits erwähnten teilweise (partim) behandelten Familien).

Fast alle Habitusabbildungen gestaltete Herr J. FRÖHLICH, Dresden, nach Vorlagen des Unterzeichneten. Für seine unermüdliche Mitarbeit gebührt ihm herzlicher Dank.

Dem Akademie-Verlag, Berlin, danke ich sehr herzlich für die verständnisvolle Betreuung des vorliegenden Bandes.

Beim Lesen der Korrekturen half mir mein Vater, Herr E. KLAUSNITZER, Bautzen, wofür ich ihm sehr herzlich danke.

B. KLAUSNITZER

Zur Morphologie der Larven der Coleoptera

Es ist vorläufig kaum möglich, eine vergleichende Morphologie der Larven der Coleoptera zu verfassen. Für den Zweck des vorliegenden Bestimmungsbuches ist dies auch nicht unbedingt erforderlich, vielmehr wird der Benutzer vor allem eine kurze Erklärung und Erläuterung derjenigen morphologischen Termini wünschen, die er in den Bestimmungstabellen vorfindet. Als eine ausschließlich diesem Zweck dienende Übersicht ist die folgende kurze Darstellung der Morphologie der Larven der Coleoptera aufzufassen.

1. Kopf

Nach der Stellung des Kopfes zur Körperlängsachse sind 2 Typen zu unterscheiden: prognath (Kopf in Richtung der Längsachse gerade nach vorn gerichtet) und orthognath (Kopf im Winkel von 90° nach unten gerichtet).

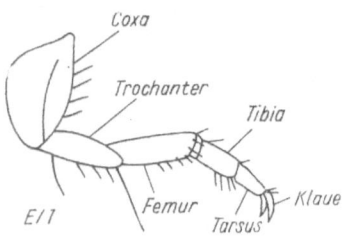

Form und Vorhandensein der Nähte der Kopfkapsel liefern wichtige diagnostische Merkmale. Wir unterscheiden:

Clypeolabralnaht (Naht zwischen Labrum und Clypeus). Sind beide Teile verschmolzen, wird das Produkt als Clypeolabrum bezeichnet. Zwischen Clypeus und Frons befindet sich die Clypeofrontalnaht, das Verschmelzungsprodukt beider Teile ist das Clypeofrontale. Gelegentlich sind Labrum, Clypeus und Frons miteinander verschmolzen, es entsteht dadurch das Nasale. Aus dem Zusammenfließen der Frontalnähte entsteht eine mediane Naht (Epicranialnaht), die die Parietalia trennt (Abb. E 2). Die vorderen, miteinander einen Winkel bildenden Schenkel der Epicranialnaht werden als Frontalnaht (= Stirnnaht) bezeichnet (Abb. E 2).

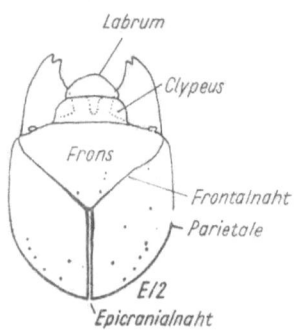

Diagnostische Merkmale liefern folgende Einzelteile der Kopfkapsel: Clypeus (= Kopfschild): Unpaarer Teil der Kopfkapsel zwischen Frons und Labrum, der von der Stirn durch die Clypeofrontalnaht getrennt ist (Abb. E 2).

Frons (= Stirn): Oberer, zwischen den Stemmata gelegener Teil der Kopfkapsel, der seitlich von der Frontalnaht begrenzt wird (Abb. E 2).

Parietalia: Seitenteile der Kopfkapsel, die durch die Epicranialnaht getrennt sein können (Abb. E 2).

Epicranium (= Hinterkopf): Hinter den Stemmata gelegener Teil der Kopfkapsel. Gula (= Kehle): Fest mit der Kopfkapsel verwachsene Platte zwischen Submentum und Hinterhauptsloch (Abb. E 4).

Epistom: Vorderer, unpaarer Teil des Peristoms (Randsaum der Kopfkapsel um das Mundfeld herum).

Endocarina: Mediane, innere Sklerisierung der Kopfkapsel, die von außen als dunkle Linie erkennbar ist.

Stammata: Laterale Einzelaugen der Käferlarven.

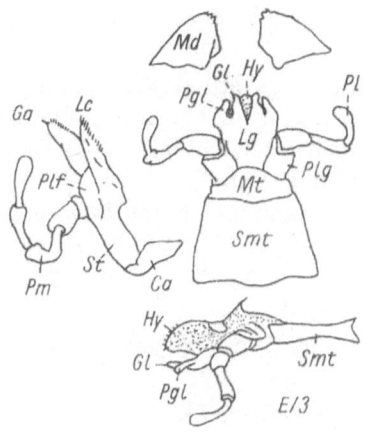
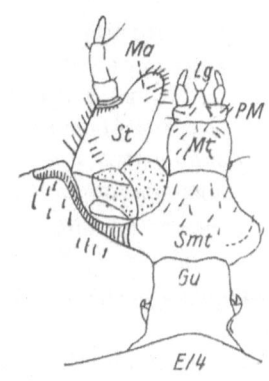

Abkürzungen der Abbildungen E/3 und E/4

Ca — Cardo	Mt — Mentum
Ga — Galea	Pgl — Paraglossa
Gl — Glossa	Pl — Palpus labialis
Gu — Gula	Plf — Palpifer
Hy — Hypopharynx	Plg — Palpiger
Lc — Lacinia	PM — Praementum
Lg — Ligula	Pm — Palpus maxillaris
Ma — Mala	Smt — Submentum
Md — Mandibel	St — Stipes

Sehr wesentliche Merkmalsträger sind die Mundwerkzeuge.

a) Labrum (= Oberlippe): Unpaarer Anhang des Clypeus (Abb. E2).
Epipharynx: Innere Wand des Labrums, die oft ein besonderes Sklerit trägt (Epipharyngalsklerit).

b) Mandibel (= Oberkiefer): Ungegliederter, ± dreikantiger paariger Teil der Mundwerkzeuge (Abb. E3).
Exodont: Mandibel mit Zähnen an der Außenseite.

Mola: Basaler, meist angerauhter breiter Teil des Kaurandes der Mandibel, der zum Mahlen der Nahrung dient (Abb. E6).

Penicillus: Borstentragender Fortsatz an der Basis des Mandibelinnenrandes (Abb. E5).

Prostheca: Schlanker, mit der Mandibel beweglich verbundener Fortsatz auf deren Innenschneide (Abb. E6).

Pseudomola: Skupturierter, molaähnlicher Fortsatz am inneren Teil der Dorsalseite der Mandibel, der gegen ein breites Sklerit des Epipharynx reibt.

Retinaculum: Zahnartiger, meist zugespitzter Vorsprung in der Mitte der inneren Mandibelschneide, oder deren Nähe (Abb. E5).

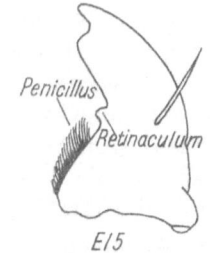
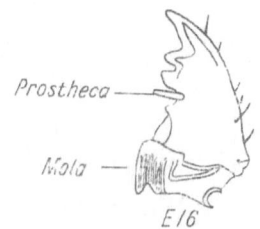

c) Maxille (= Unterkiefer): Paarige Mundgliedmaßen, die in Cardo (Angelstück), Stipes (Stammstück), Galea (Außenlade), Lacinia (Innenlade), Palpifer (Tasterträger der Maxille) und Palpus maxillaris (Kiefertaster, Maxillarpalpus) gegliedert sind (Abb. E3).

Mala (Lade): Dem Stipes ansitzender, nicht als Galea oder Lacinia homologi-
sierter einteiliger terminaler Anhang der Maxille (Abb. E 4).

d) Labium (= Unterlippe): Ursprünglich paarige Mundgliedmaßen, die in Submentum (Unterkinn), Mentum (Kinn), Praementum (Vorkinn), Palpiger (Tasterträger des Labiums), Palpus labialis (Lippentaster, Labialpalpus), Glossa (Zunge)
und Paraglossa (Nebenzunge) unterteilt sind (Abb. E 3).
Ligula (Zünglein): Aus verschmolzenen Glossae und Paraglossae gebildeter unpaariger zungenförmiger Anhang des Praementums (Abb. E 4).

e) Hypopharynx: Zungenartige Ausstülpung des Mundfeldes, die ± stark chitinisiert sein kann.
Superlinguae: Paarige seitliche Anhänge des Hypopharynx.

2. Thorax

Die Thorax- und Abdominalsegmente tragen verschiedene Sklerite, die wie folgt
bezeichnet werden:

Tergit: Rückenschild.

Sternit: Bauchschild.

Pleurit (Pleure): Zwischen Tergum und Sternum liegendes Sklerit.

Pleuralnaht: Naht zwischen Sternit und Pleurit oder zwischen Tergit und Pleurit.

Epipleurit: Oberes laterales Sklerit.

Hypopleurit: Unteres laterales Sklerit.

Notum (Praetergum): Vorderer, besonders sklerotisierter Teil des Tergits (Tergums).

Paratergit: Plattenförmig verbreiterter Seitenteil des Tergits, mitunter durch
membranöse Zone abgetrennt.

Mediansutur: Meist helle Mittellinie auf den Thorax- und Abdominalsegmenten,
die die Tergite teilt.

Die Beine gliedern sich (soweit vorhanden) in folgende Teile (Abb. E 1): Coxa
(Hüfte), Trochanter (Schenkelring), Femur (Schenkel), Tibia (Schiene, nur bei den
Adephaga selbständig vorhanden) und Tarsus (Fuß, nur bei den Adephaga selbständig vorhanden). Bei den Polyphaga sind Tibia und Tarsus zum Tibiotarsus
verschmolzen (es existieren jedoch auch andere Auffassungen über die Entstehung
des Tibiotarsus).

Klaue: Am Tarsus bzw. Tibiotarsus befindliche Kralle, die auch paarig vorhanden
sein kann.

Pulvillus (Haftlappen): Ein Paar häutige Lappen oder Polster am Grunde der Klaue.

3. Abdomen

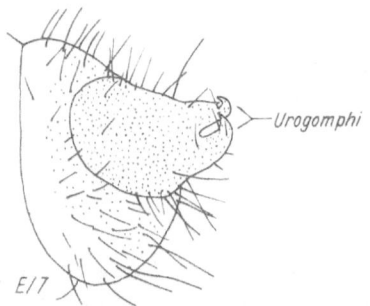

Auf dem 9. Abdominalsegment befinden sich
oft dorsal paarige Anhänge, die als Urogomphi
bezeichnet werden (Abb. E 7).
Praegomphal: Vor den Urogomphi liegend.
Auf der Unterseite des 9. Abdominalsegmentes
der Dryopoidea-Larven befindet sich eine
deckelförmige Klappe, die als Operculum
(Abb. E 12) bezeichnet wird.
Das 10. Abdominalsegment trägt oft der Fortbewegung dienende Sonderbildungen:

Postpedes (Nachschieber): Bauchfüße des 10. Abdominalsegmentes.

Prostyli: Ventrale Anhänge des 10. Abdominalsegmentes vor dem After.

Pygopodium: Extremität des 10. Abdominalsegmentes mit im einzelnen sehr unterschiedlichem Bau.

Nach der Anordnung der Stigmen (Stigma = Atemloch) können verschiedene Typen unterschieden werden:

Apneustisch: Larven ohne funktionierende Stigmen.

Holopneustisch: Alle thorakalen (2) und abdominalen (8) Stigmen sind funktionstüchtig.

Metapneustisch: Nur die Stigmen des 8. Abdominalsegmentes sind funktionstüchtig.

Peripneustisch: Das 1. Paar der thorakalen und alle abdominalen Stigmen sind funktionstüchtig.

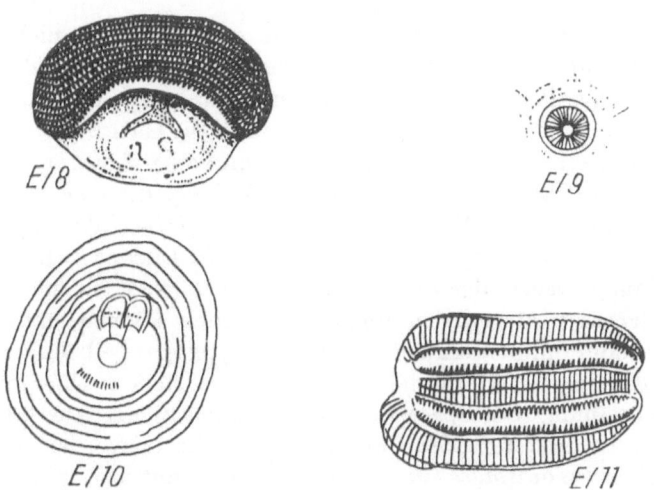

Die einzelnen Stigmen zeigen große Verschiedenheiten in ihrem Bau, die oft diagnostisch verwendet werden können.

Annular: Stigmentyp mit einer einfachen, einzigen ringförmigen Öffnung (Abb. E 9).

Annular-biforous: Stigmentyp mit einer einzigen Öffnung, aber zwei sekundären Kammern (Abb. E 10).

Biforous: Stigmentyp mit zwei Öffnungen (Abb. E 11).

Cribriform: Stigmentyp mit siebartiger Platte (Abb. E 8).

Pseudo-annular: Ringförmiger Stigmentyp mit zwei sehr dünnen Röhrchen.

Das Stigma liegt oft innerhalb eines kleinen Sklerits, das als Peritrema bezeichnet wird.

Bei wasserlebenden Käferlarven finden wir paarige, mit Tracheen und Tracheolen angefüllte Anhänge (Tracheenkiemen) an den Thorax- und Abdominalsegmenten.

2. COLEOPTERA (UNTERORDNUNGEN)

Die Coleoptera werden nach Ansicht vieler Systematiker in vier Unterordnungen aufgeteilt (KLAUSNITZER, 1975):

1. Archostemata
2. Adephaga
3. Myxophaga
4. Polyphaga

Zu den Archostemata werden die *Cupedidae* gerechnet, die nicht im behandelten Gebiet vorkommen. Die Myxophaga umfassen die *Lepiceridae, Sphaeriidae, Hydroscaphidae* und *Torridincolidae*. Die von CROWSON zur gleichen Unterordnung gestellten *Calyptomeridae* werden in Europa durch die Gattung *Calyptomerus* REDTENBACHER repräsentiert (eine Gattung, die von vielen Autoren, denen ich mich anschließe zu den *Clambidae* gestellt wird). Die *Sphaeriidae* umfassen nur die Gattung *Sphaerius* WALTL. Die *Lepiceridae* und *Torridincolidae* kommen in Europa nicht vor, von den *Hydroscaphidae* nur *Hydroscapha* LECONTE. Da die Myxophaga als Unterordnung wegen der sehr lückenhaften Larvenkenntnis vorläufig nicht sicher nach larvalen Merkmalen umgrenzt werden können, muß hier die alte Unterordnungseinteilung in Adephaga und Polyphaga beibehalten werden. Die Larve von *Hydroscapha* ist hinreichend genau beschrieben. Über die *Sphaeriidae* liegt die Beschreibung von *Sphaerius ovensensis* (OKE) aus Australien vor. Beide Familien sind, die letztere unter Vorbehalt (weil die Larve der einzigen europäischen Art (*Sphaerius acaroides* WALTL) bisher unbekannt ist), in die Bestimmungstabelle der Familien der Unterordnung Polyphaga aufgenommen.

Bestimmungstabelle für die Unterordnungen

1 (2) Beine (Abb. 0/1) bestehen aus 5 Gliedern (Coxa, Trochanter, Femur, Tibia, Tarsus) und 1 oder 2 Klauen, können aber auch reduziert sein (vgl. *Paussidae*). Labrum meist völlig mit Clypeus und Frons verschmolzen . . . . *Adephaga* S. 9

2 (1) Beine (Abb. 0/2) bestehen aus höchstens 4 Gliedern (Coxa, Trochanter, Femur, Tibiotarsus) und einer Klaue, die mitunter verkümmert ist oder fehlt. Hierher auch beinlose Larven. Labrum mit Clypeus verschmolzen oder abgetrennt. . . . . *Polyphaga* S. 11

Hinweis zur Numerierung der Abbildungen:
Die Abbildungen sind nicht fortlaufend numeriert, sondern für jedes Kapitel extra. Die Zahl vor dem Schrägstrich bedeutet die Nummer der Familie, die zweite Zahl ist die laufende Abbildungsnummer der betreffenden Familie. Mit der Ordnungszahl 0 sind die Unterordnungs- und Familienschlüssel bezeichnet. Die Habitusabbildungen (Tafeln) haben den Kennbuchstaben H, die erläuternden Abbildungen zur Erklärung der Fachausdrücke tragen den Kennbuchstaben E!

3. ADEPHAGA (FAMILIEN)

Die *Cicindelidae* werden als selbständige Familie angesehen, obwohl viele Autoren sie lediglich als Unterfamilie der *Carabidae* betrachten. Die *Trachypachidae* sind nicht gesondert aufgeführt, sie sind als *Carabidae* aufgefaßt worden.

Von Crowson und anderen Autoren werden die *Noterinae* von den *Dytiscidae* abgegliedert und als eigene Familie *Noteridae* angesehen. Die Larven unterscheiden sich wie folgt:

1 (2) Mandibeln kräftig, ohne Saugkanal, mit Retinaculum (Abb. 0/87). Urogomphi klein, nicht deutlich gegliedert. 8. Abdominalsegment über das 9. hinaus zu einer schmalen Spitze verlängert, die die Stigmen trägt (Abb. 0/88) . . . . *Noteridae*

2 (1) Mandibeln schlank, mit Saugkanal, ohne Retinaculum (Abb. 0/4). Urogomphi länger, deutlich gegliedert. 8. Abdominalsegment nicht über das 9. hinaus verlängert, letzteres reduziert . . *Dytiscidae* (H 7)

Bestimmungstabelle für die Familien der Adephaga

1 (8) Mandibeln ohne Saugkanal, gewöhnlich mit einem Retinaculum. Abdomen besteht aus 10 deutlich getrennten Segmenten oder das 8. und 9. Abdominalsegment formen einen drüsigen Analbecher. Landbewohnende Larven.

2 (3) 8. Abdominalsegment ist zu einem drüsenführenden, chitinigen Analbecher umgeformt, an dessen Ventralseite das 9. als winziges Zäpfchen befestigt ist (Abb. 0/83). Beine reduziert. Galea eingliedrig. Larven blind, ohne Urogomphi. Myrmecophil . . *Paussidae* (H 9)

3 (2) 8. Abdominalsegment ähnlich den vorhergehenden gebaut, keinen drüsigen Analbecher formend (H 1—4). Beine wohl entwickelt. Galea (wenn vorhanden) zweigliedrig (Abb. 0/3).

4 (5) 5. Abdominalsegment dorsal mit einem Paar großer Haken (Abb. 1/2). Basalglied der Galea auf dem Palpifer sitzend (Abb. 0/3). Hinterhauptsloch dorsal gerichtet. 9. Abdominalsegment ohne Urogomphi . . . . *Cicindelidae* (H 1) S. 51

5 (4) 5. Abdominalsegment dorsal ohne Haken (H 2—4).

6 (7) 9. Abdominalsegment mit kurzen oder langen Urogomphi. Abdominalsegmente mit deutlichen Skleriten. Labrum nicht abgegliedert. Labialpalpen wohl entwickelt. Basalglied der Galea mit dem Stipes verschmolzen (Abb. 2/1). Hinterhauptsloch nach hinten (in die Körperachse) gerichtet. 6 Stemmata auf jeder Seite des Kopfes . . . . *Carabidae* (H 2, H 3, H 4) S. 51

7 (6) 9. Abdominalsegment einfach gerundet, ohne Urogomphi. Abdominalsegmente ohne deutliche Sklerite. Labrum abgegliedert (Abb. 0/91). Labialpalpen reduziert. Die Beine vom Trochanter an in eine

stark entwickelte Furche auf der Außenseite der großen Coxa ein-
legbar (Abb. 0/90), mit einer Klaue. Mandibeln ohne Mola (Abb. 0/92).
Maxille ohne deutliche Galea und Lacinia (Abb. 0/89). Ohne Stemmata . . . . *Rhysodidae* (H 10)

 8   (1) Mandibeln mit Saugkanal (Abb. 0/4), wenn dieser fehlt, besteht das
Abdomen nur aus 8 deutlich sichtbaren Segmenten und das 9. ist
klein und unter dem 8. verborgen. Wasserbewohnende Larven.

 9 (10) Mandibeln ohne Saugkanal und ohne Retinaculum (Abb. 0/93). Maxillen ohne Laden (Abb. 0/94). Die Thoraxsegmente und die ersten
3 Abdominalsegmente auf der Ventralseite mit paarigen Büscheln
von Tracheenkiemen. 8. Abdominalsegment mit einem langen Mittelfortsatz und 2 langen Urogomphi (Abb. 0/95). Beine mit Schwimmhaaren und 2 Klauen (Abb. 0/96) . . . . . . *Hygrobiidae* (H 5)

10   (9) Mandibeln meist mit Saugkanal (Abb. 0/4), wenn dieser fehlt (*Note-
rinae*), ist an der Maxille wenigstens eine Galea vorhanden, die am
Palpifer inseriert (Abb. 0/5) und die Mandibel hat ein Retinaculum
(Abb. 0/87). Larven niemals mit ventralen Tracheenkiemen (H 6—8).

11 (12) Tibiotarsus mit einer Klaue (Abb. 0/86). Galea kauladenförmig,
dick und breit, reichlich mit Borsten besetzt (Abb. 0/97). Kopf
orthognath. Abdomen besteht aus 9 oder 10 Segmenten, das letzte
ist direkt in ein Paar Urogomphi verlängert. . . *Haliplidae* (H 6)

12 (11) Tibiotarsus mit 2 Klauen (Abb. 0/84). Galea abgegliedert, taster-
förmig (Abb. 0/85). Kopf prognath. Abdomen besteht aus 8 oder 10
Segmenten. Das letzte deutlich sichtbare Segment ist niemals direkt,
ohne eine Gelenkung, in ein Paar Urogomphi ausgezogen.

13 (14) Abdomen besteht aus 8 deutlichen Segmenten (das 9. ist verkümmert), am Hinterende des 8. Segmentes inseriert fast immer ein Paar
Urogomphi. Tracheenkiemen fehlen, aber der Mesothorax und jedes
der Abdominalsegmente mit einem Paar Stigmen, die des 8. Segmentes sind groß und liegen terminal auf dessen Spitze über der Basis der Urogomphi. Cardo klein, kurz und quer (Abb. 0/98). Mentum
normal. *Dytiscidae* (H 7)

14 (13) Abdomen besteht aus 10 deutlich getrennten Segmenten, das 10. mit
4 starken Haken, ein Pygopodium bildend (Abb. 0/6). Das 1.—8.
Abdominalsegment jederseits mit einem, das 9. mit 2 Paar langen
Tracheenkiemen. Stigmen fehlen. Cardo lang (Abb. 0/99). Stipites
separat erhalten, nicht in das Mentum einbezogen . *Gyrinidae* (H 8)

4. POLYPHAGA (FAMILIEN)

Da zu den Polyphaga die weitaus meisten Familien der Coleoptera gehören, nimmt es nicht wunder, daß die richtige Bestimmung der Familien gelegentlich Schwierigkeiten bereitet. Diese sind sowohl darin begründet, daß viele Familien keine monophyletischen Gruppen sind und dies im Larvenstadium meist viel deutlicher sichtbar wird, als bei der Untersuchung der Imagines, als auch in gewissen Problemen, die die Präparation und Beurteilung der für eine richtige Determination meist wichtigen larvalen Mundwerkzeuge mit sich bringt. Um dem Benutzer die Bestimmung der Familien so leicht wie möglich zu machen, wurde der Bestimmungsschlüssel weitgehend auf einfach sichtbare Merkmale aufgebaut, die z. T. ausgesprochen sekundären (diagnostischen) Charakter haben. Einige Familien erscheinen deshalb in diesem Schlüssel an mehreren Stellen und werden jeweils durch hinzufügen des Wortes „partim" gekennzeichnet. Natürlich hängt dieses mehrfache Erscheinen auch mit dem poly- bzw. paraphyletischen Charakter einiger Familien zusammen.

CROWSON hat in seinem Werk „The natural classification of the Families of Coleoptera" den Versuch unternommen, die heterogene Struktur der Familien der Coleoptera zu zerschlagen und ein wohl begründetes, auf der vergleichenden Untersuchung der Larven und Imagines beruhendes System aufzustellen. Dieses System soll vor der „Bestimmungstabelle für die Familien der Polyphaga" dargestellt werden, soweit es die Larven der Polyphaga betrifft. Dadurch wird die Determination, vor allem neuer, bisher unbekannter Larven erleichtert. In der Nomenklatur und den verwendeten Merkmalen schließe ich mich dabei der Darstellung von CROWSON an.
Zunächst wird ein Bestimmungsschlüssel für die Überfamilien gegeben, anschließend erfolgen Bemerkungen zu den einzelnen Überfamilien. Soweit es sinnvoll erscheint, sind bei verschiedenen Überfamilien auf meist primären Merkmalen beruhende Bestimmungstabellen für die Familien gegeben.

Bestimmungstabelle für die Überfamilien der Polyphaga (nach CROWSON)

1 (8) 9. Abdominalsegment meist mit gelenkigen Urogomphi . . . .
. . . . *Polyphaga-Haplogastra*
2 (3) Urogomphi immer fehlend. Stigmen nahezu immer cribriform . . .
. . . . 4. *Scarabaeoidea* S. 15
3 (2) Urogomphi fast immer vorhanden. Stigmen niemals cribriform.
4 (5) Maxillen mit gut entwickelter Galea und Lacinia, Galea mehr oder weniger deutlich am Palpifer entspringend, oder die Galea entspringt auf dem fingerförmigen Palpifer und die Lacinia ist ± verkümmert. Mandibeln im allgemeinen mit gut ausgebildetem Retinaculum . .
. . . . 1. *Hydrophiloidea* S. 14

5   (4) Galea und Lacinia sind oft zu einer Mala verschmolzen.

6   (7) Galea und Lacinia $\pm$ verschmolzen, Galea entspringt niemals auf
        dem Palpifer. . . . . 3. *Staphylinoidea* S. 14

7   (6) Maxillen mit kleiner Galea, die auf dem Palpifer entspringt. Lacinia
        rückgebildet. . . . . 2. *Histeroidea* S. 14

8   (1) 9. Abdominalsegment niemals mit gelenkigen Urogomphi . . .
        . . . . *Polyphaga-Symphiogastra*

9   (22) Hornartige Urogomphi fehlen fast immer. Maxillen mit deutlicher,
        gewöhnlich gegliederter Galea. Lacinia oder maxillare Gelenkfläche
        verkümmert, wenn das so ist, dann ist das Labrum mit der Kopf-
        kapsel verbunden und formt ein Nasale. Mandibeln selten mit deut-
        licher Mola.

10 (11) Mandibeln mit deutlicher Mola, oft außerdem mit ventralem Mahl-
        höcker. Galea schmal und sklerotisiert, nicht fingerartig. Maxillare
        Gelenkfläche groß. Epicranialnaht fehlend oder sehr kurz . . . .
        . . . . 5. *Dascilloidea* S. 15

11 (10) Mandibeln ohne deutliche Mola. Galea gewöhnlich $\pm$ fingerförmig.
        Maxillare Gelenkfläche oft reduziert.

12 (13) Maxillare Gelenkfläche groß. Mandibeln gedrungen, ohne Prostheca,
        mit einer behaarten molaähnlichen Fläche an der Basis. Stigmen
        offen, ohne Tracheenkiemen . . . . 6. *Byrrhoidea* S. 16

13 (12) Maxillare Gelenkfläche $\pm$ reduziert oder Stigmen geschlossen und
        Tracheenkiemen vorhanden. Mandibeln gewöhnlich schlank, wenn
        gedrungen, dann mit deutlicher Prostheca.

14 (15) Mandibeln nahezu immer mit deutlicher Prostheca, $\pm$ gedrungen.
        Labrum frei. Maxillare Gelenkfläche meist deutlich. Epicranialnaht
        gewöhnlich kurz oder fehlend. 9. Abdominalsegment formt ein $\pm$
        deckelförmiges Operculum auf der Unterseite. Beine deutlich. . .
        . . . . 7. *Dryopoidea* S. 16

15 (14) Mandibeln ohne deutliche Prostheca, oft relativ schmal. Maxillare
        Gelenkfläche reduziert. Wenn das Labrum frei abgegliedert ist,
        fehlen die Beine, oder die Epicranialnaht ist lang.

16 (17) Labrum frei oder Larven weichhäutig und parasitisch. Epicranial-
        naht wohl entwickelt, ebenfalls die Gula. Beine wohl entwickelt.
        Stigmen nicht cribriform. Mandibeln ohne Saugkanal . . . . . .
        . . . . 9. *Rhipiceroidea* S. 16

17 (16) Labrum mit Kopfkapsel verschmolzen oder Larven beinlos und mit
        cribriformen Stigmen.

18 (19) Labrum frei. Stigmen cribriform. Beine normalerweise fehlend . .
        . . . . 8. *Buprestoidea* S. 16

19 (18) Labrum mit Kopfkapsel verschmolzen. Beine vorhanden. Stigmen
        nicht cribriform.

20 (21) Mandibeln ohne Saugkanal oder Saugrinne. Körper $\pm$ zylindrisch.
        Integument fest, wenn nicht, fehlen die Beine oder sind reduziert.
        . . . . 10. *Elateroidea* S. 16

21 (20) Mandibeln mit Saugkanal oder Saugrinne. Körper $\pm$ abgeplattet.
        Integument meist weichhäutig und behaart. Beine immer gut ent-
        wickelt . . . . 11. *Cantharoidea* S. 17

22 (9) Hornartige Urogomphi oft vorhanden. Maxillen selten mit deutlicher
         Galea und Lacinia. Wenn eine Galea vorhanden ist, dann ist sie un-
         gegliedert, und die Lacinia spornartig. Mandibeln oft mit deutlicher
         Mola. Maxillare Gelenkfläche gewöhnlich gut entwickelt. Labrum
         nahezu immer frei.

23 (26) Maxillen mit deutlicher Galea und spornartiger Lacinia. Maxillare
         Gelenkfläche ± groß. 9. Abdominalsegment selten mit deutlichen
         Urogomphi.

24 (25) Körper weder weich noch C-förmig. Gula deutlich. Nahezu immer
         mit beborsteten oder bedornten Tergiten auf Thorax und Abdomen.
         . . . .   12. *Dermestoidea* S. 17

25 (24) Körper weich und C-förmig, ohne deutliche Tergite. Gula meist
         undeutlich. . . . .   13. *Bostrychoidea* S. 18

26 (23) Maxillen selten mit deutlicher Galea und Lacinia. 9. Abdominal-
         segment meist mit deutlichen Urogomphi.

27 (32) Mandibeln mit deutlicher Mola oder maxillare Gelenkfläche undeut-
         lich und Mundteil vorgeschoben, oder die Urogomphi entspringen
         auf einem deutlichen Tergit. Beine nahezu immer gut entwickelt,
         mehr als zweigliedrig.

28 (29) Mandibeln niemals mit Mola. Maxillare Gelenkfläche klein oder un-
         deutlich, Mundteile ± vorgeschoben. 9. Abdominalsegment immer
         mit wohl entwickelten hornartigen Urogomphi . . . .
         . . . .   14. *Cleroidea* S. 18

29 (28) Mandibeln nahezu immer mit Mola. Mundteile nicht oder nur wenig
         vorgeschoben. Maxillare Gelenkfläche gewöhnlich groß.

30 (31) Prothorax vergrößert. 9. Abdominalsegment verschieden modifiziert,
         aber keine paarigen Urogomphi tragend. Mala an der Spitze teilweise
         gespalten. Mola ziemlich undeutlich . . . .   15. *Lymexyloidea* S. 18

31 (30) Prothorax nicht oder nicht so stark gegenüber den anderen Seg-
         menten vergrößert. Mala immer ungeteilt. Mola gewöhnlich gut ent-
         wickelt . . . .   16. *Cucujoidea* S. 18

32 (27) Mandibeln sehr selten mit Mola, wenn eine solche vorhanden ist,
         dann haben die Beine nicht mehr als 2 Glieder. Maxillare Gelenk-
         fläche gewöhnlich deutlich. Mundteile selten vorgeschoben. 9. Abdo-
         minalsegment selten mit einem die Urogomphi tragenden Tergit,
         wenn ein solches vorhanden ist, dann Kopf mit 0 bis 1 Paar Stem-
         mata.

33 (34) Beine gewöhnlich deutlich, zuweilen reduziert und ein- oder zwei-
         gliedrig. Mandibeln niemals mit Mola. Labium niemals eine sklero-
         tisierte, transverse Hypopharyngealspange tragend. Antennen wohl
         entwickelt, gewöhnlich deutlich dreigliedrig . . . .
         . . . .   17. *Chrysomeloidea* S. 22

34 (33) Beine normalerweise fehlend. Labium eine transverse Hypopharyn-
         gealspange tragend. Antennen reduziert, gewöhnlich ein- bis zwei-
         gliedrig erscheinend . . . .   18. *Curculionoidea* S. 23

2*

Bemerkungen und Bestimmungstabellen zu den Überfamilien (nach
CROWSON)

1. Hydrophiloidea

Zu dieser Überfamilie gehören die *Hydraenidae, Hydrochidae, Spercheidae, Georyssidae* und *Hydrophilidae*. Sie sind nach der Bestimmungstabelle der Familien der Polyphaga leicht trennbar, deshalb kann hier auf eine Tabelle für die Familien verzichtet werden. Die Umgrenzung der *Hydraenidae, Hydrochidae* und *Hydrophilidae* ist im Abschnitt 5.3. und 5.4. erläutert.

2. Histeroidea

Hierher gehören die *Histeridae* und *Sphaeritidae*. Da die Larven der *Sphaeritidae* unbekannt sind, beziehen sich alle Angaben auf die *Histeridae*.

3. Staphylinoidea

In die folgende Familientabelle sind die zu den Myxophaga gehörigen *Hydroscaphidae* aufgenommen. Zu den Staphylinoidea werden noch die *Dasyceridae* (*Lathridiidae—Dasycerini*) gezählt, deren Larven unbekannt sind.

1 (4) Mandibeln mit deutlicher Mola und $\pm$ beweglicher Prostheca. Maxillen gewöhnlich mit deutlich gegliederter Galea an der äußeren Spitze des Stipes.
2 (3) Antennen dreigliedrig. Stigmen offen. Ballonähnliche Anhänge fehlen. Urogomphi vorhanden . . . . *Ptiliidae* S. 97
3 (2) Antennen zweigliedrig. Stigmen geschlossen. Mit paarigen, lateralen ballonähnlichen Anhängen (Ersatzstigmen) am Prothorax, 1. und 8. Abdominalsegment. Urogomphi fehlen . . . . *Hydroscaphidae*
4 (1) Mandibeln, wenn mit deutlicher Mola, gewöhnlich ohne bewegliche Prostheca. Maxillen gewöhnlich mit einfacher Stipesspitze, wenn eine Galea vorhanden ist, ist sie nicht gegliedert.
5 (14) Spitze der Stipites oft teilweise gespalten, die Galea dann schmaler. Mandibeln gewöhnlich gedrungen, oft mit Mola, Prostheca oder Retinaculum. Körper oft asselförmig. Urogomphi wohl entwickelt.
6 (7) Stemmata fehlen. Mandibeln mit Mola oder wenigstens als beborstete Lappen ausgebildet. Urogomphi zweigliedrig . . . . *Leptinidae*
7 (6) Stemmata gewöhnlich vorhanden. Mandibeln, wenn mit Mola auch mit Retinaculum oder Prostheca.
8 (9) Mandibeln mit Mola und Retinaculum oder Prostheca . . . . . .
. . . . *Anisotomidae* (*Liodidae, Catopidae, Colonidae*) S. 91, 302
9 (8) Mandibeln ohne Mola oder Prostheca, selten mit Retinaculum.
10 (11) Urogomphi kurz, dick, zweigliedrig. Lacinia nur an ihrem Innenrand bedornt. Ligula zweilappig . . . . *Silphidae* S. 87
11 (10) Urogomphi fehlend oder Lacinia auf den meisten Teilen ihrer Oberfläche rauh.

12 (13) Urogomphi vorhanden, zweigliedrig. Lacinia rauh. Ligula dreilappig. 2. Antennenglied nicht ungewöhnlich groß . . . .
. . . . *Scaphidiidae* S. 99

13 (12) Urogomphi fehlend. Mala stumpf, ihre Oberfläche nicht rauh. Ligula
fehlend. 2. Antennenglied sehr groß. . . . . *Scydmaenidae* S. 93

14 (5) Spitze der Stipites ungeteilt. Mandibeln schlank, $\pm$ sichelförmig,
ohne echte Mola. Körper gewöhnlich schlanker, nicht asselförmig.

15 (16) Gegliederte Urogomphi fehlen. Mala einheitlich, nicht keulenförmig.
Ligula fehlend . . . . *Pselaphidae* S. 101

16 (15) Gewöhnlich gegliederte Urogomphi vorhanden. Mala oft keulenförmig und beweglich. Ligula gewöhnlich deutlich und ein- oder zweilappig . . . . *Staphylinidae* S. 304

4. Scarabaeoidea

1 (4) Stipes ohne eine Dornenreihe auf seiner Dorsalseite. Galea und Lacinia vollständig getrennt. Anus oft als Längsspalte ausgebildet.

2 (3) Ein Stridulationsorgan auf Mittelcoxen und Hinterbeinen vorhanden. Abdominaltergite ohne Querfalten . . . . . *Lucanidae* S. 114

3 (2) Mittelcoxae ohne Stridulationsorgan. Abdominaltergite mit Querfalten . . . . *Trogidae* S. 103

4 (1) Stipes fast immer mit einer Dornenreihe auf der Dorsalseite. Anus
Y-förmig, V-förmig oder quer, niemals längs. Tergite immer mit
2—3 deutlichen, konvexen Querfalten.

5 (6) Abdominaltergite merklich bedornt. Galea und Lacinia völlig getrennt. Antennen dreigliedrig, ohne einen deutlichen Sinnesanhang
am vorletzten Glied. Borstenfeld nicht deutlich entwickelt . . . .
. . . . *Geotrupidae* S. 103

6 (5) Abdominaltergite nicht bedornt. Wenn Galea und Lacinia getrennt,
ist das 2. Antennenglied mit einem deutlichen Sinnesanhang versehen. Borstenfeld fast immer deutlich . . . . . *Scarabaeidae* S. 103

5. Dascilloidea

1 (2) Mala nicht deutlich geteilt. Antennen dreigliedrig, das 3. Glied länger als das 1. und 2. zusammen . . . .
. . . . *Clambidae* (ohne *Calyptomerus* REDTENBACHER)

2 (1) Eine deutliche Galea und Lacinia ist vorhanden. 3. Antennenglied
kürzer als die beiden vorhergehenden zusammen.

3 (4) Alle Stigmen annular und offen. Antennen normal, dreigliedrig.
Kopf mit 5 Stemmata an jeder Seite. Mola groß und rauh. . . . .
. . . . *Eucinetidae*

4 (3) Aquatisch oder ohne Stemmata. Niemals mit komplettem Satz an-
nularer Stigmen.

5 (6) Aquatisch, mit nur 8 funktionierenden Abdominalstigmen. Antennen
lang, vielgliedrig. Mandibeln mit kleiner Mola und stumpfer oder
einzähniger Spitze . . . . *Helodidae*

6 (5) Alle Stigmen funktionieren, cribriform. Antennen dreigliedrig. Mandibeln mit kräftiger Mola und mehreren Zähnen an der Spitze. . . . .
. . . . *Dascillidae*

6. Byrrhoidea

Zu dieser Überfamilie gehören nur die *Byrrhidae* (ohne *Limnichinae*).

7. Dryopoidea

1 (2) Maxillare Gelenkfläche groß. 9. Abdominalsegment mit deutlichem Operculum. Körper asselförmig. Antennen lang. Stigmen annular.
. . . . *Psephenidae* (*Eubriidae, Dryopidae — Psepheninae*)

2 (1) Maxillare Gelenkfläche verkümmert. 9. Abdominalsegment mit Operculum oder Stigmen cribriform und Mandibeln mit einem ventralen Mahlhöcker.

3 (4) Mandibeln mit einem ventralen Mahlhöcker und einem Retinaculum an Stelle der Prostheca. Operculum wenig entwickelt . . . . . .
. . . . *Heteroceridae*

4 (3) Mandibeln ohne ventralen Mahlhöcker oder Retinaculum, gewöhnlich mit beborsteter Prostheca. Ein typisches Operculum ist vorhanden.

5 (6) Maxillen und Labium miteinander verschmolzen . . . .
. . . . *Limnichidae* (*Byrrhidae-Limnichinae*) S. 170

6 (5) Maxillen und Labium getrennt.

7 (8) Operculum mit lateralen und medianen Retractormuskeln. Mandibeln oft ohne deutliche Prostheca . . . .
. . . . *Dryopidae* (*Dryopidae · Dryopini*)

8 (7) Operculum nur mit lateralen Retractormuskeln. Mandibeln immer mit gut entwickelter Prostheca . . . .
. . . . : *Elmidae* (*Dryopidae-Elminae, Potamophilini*)

8. Buprestoidea

Zu dieser Überfamilie gehören nur die *Buprestidae*.

9. Rhipiceroidea

In Europa kommen nur die *Callirhipidae* vor.

10. Elateroidea

Die Larven der *Cerophytidae* sind unbekannt.

1 (2) Beine reduziert oder fehlend. Mundteile reduziert . . . .
. . . . *Eucnemidae* S. 157

2 (1) Beine mit der normalen Gliederzahl, gewöhnlich gut entwickelt. An Maxille und Labium sind die typischen Teile erkennbar.

3 (4) Gula wohl entwickelt und rechteckig. Prosternum sehr lang gegenüber den vorderen Coxae. Mandibeln sehr groß und gedrungen. Zwischen Kopfunterseite und Prothorax ist eine ausstülpbare Membran vorhanden . . . . *Cebrionidae*

4 (3) Gula sehr klein oder fehlend. Prosternum nicht stark verlängert. Mandibeln nicht so groß. Ohne ausstülpbare Membran.

5 (6) Kopf und Beine immer wohl entwickelt. Wenn der Körper wenig sklerotisiert ist, ist er sehr lang. Wenn das 9. Abdominalsegment gebogene Urogomphi trägt, sind diese nach oben oder nach unten, aber nie nach innen gebogen . . . . *Elateridae* S. 133

6 (5) Kopf und Mundteile oft reduziert. Körper weich und plump oder das 9. Abdominalsegment trägt nach innen gebogene Urogomphi.
. . . . *Trixagidae* (=*Throscidae*) S. 162

11. Cantharoidea

1 (2) Nasale ungewöhnlich lang, spatelförmig und an der Spitze ausgerandet. Parietalia ventral schmal miteinander verbunden. 9. Abdominalsegment ohne Urogomphi . . . .
. . . . *Homalisidae* (*Lycidae-Homalisinae*) S. 115

2 (1) Nasale kürzer, nicht spatelförmig. Wenn die Parietalia sich ventral schmal berühren, dann trägt das 9. Abdominalsegment Urogomphi.

3 (4) 9. Abdominalsegment mit Urogomphi. Alle Segmente mit dorsalen Fortsätzen. Parietalia berühren sich schmal. Stipites frei. Cardo fehlend . . . . *Drilidae*

4 (3) 9. Abdominalsegment ohne Urogomphi. Segmente ohne dorsale Fortsätze. Parietalia breit oder nicht ventral miteinander verbunden. Wenn die Stipites frei sind, ist der Cardo deutlich.

5 (6) Parietalia berühren sich nicht ventral. Kopfnähte deutlich. Mandibeln mit Saugkanal und Retinaculum. Alle Teile der Maxillen sind vorhanden . . . . *Lampyridae* S. 117

6 (5) Kopfnähte nicht deutlich. Wenn die Parietalia sich ventral nicht berühren, ist der Cardo mit dem Labium verschmolzen.

7 (8) Parietalia ventral breit miteinander verschmolzen. Maxillen frei. Mandibeln normal, stark gebogen . . . . *Cantharidae* S. 119

8 (7) Parietalia berühren sich ventral nicht. Stipites mit dem Labium verschmolzen. Mandibeln fast gerade, ihre Basen einander genähert.
. . . . *Lycidae* (ohne *Homalisinae*) S. 115

12. Dermestoidea

1 (2) Mandibeln mit Mola, Lacinia nicht spornartig. 9. Abdominalsegment groß, frei, mit Urogomphi. Stigmen auf vorstehenden Röhren. Clypeus deutlich, Epicranialnaht fehlt . . . . . . *Derodontidae*

2 (1) Wenn Mandibeln mit Mola, dann 8. Abdominalsegment groß und Stigmen nicht auf Röhren. Lacinia ± spornartig.

3 (4) 8. Abdominalsegment terminal, sehr groß und konisch, mit Stigmen an der Spitze. Tergite mit einfachen Borsten. Epicranialnaht nicht deutlich . . . . *Nosodendridae*

4 (3) 9. Abdominalsegment terminal, 10. Abdominalsegment oft als Pygopodium entwickelt. 8. Abdominalsegment mit lateralen Stigmen. Mandibeln selten mit Mola, wenn vorhanden, so trägt das 9. Abdo-

minalsegment Urogomphi. Tergite oft mit komplexen Borsten.
Epicranialnaht deutlich.

5   (6) Wenigstens einige komplexe Borsten vorhanden. Stemmata gewöhnlich vorhanden. Urogomphi selten vorhanden, nicht nach unten gebogen . . . . ' . . . . . . *Dermestidae* S. 166

6   (5) Alle Borsten einfach. Stemmata fehlen. Urogomphi gut entwickelt,
nach hinten und unten gebogen . . . . *Thorictidae*

13. Bostrychoidea

1   (4) Antennen sehr kurz, gewöhnlich mit nur einem deutlichen Glied.
Kopf stark abgebogen, nicht vollständig in den Prothorax zurückgezogen. Mandibeln ohne molaähnlichen Fortsatz.

2   (3) Abdominaltergite mit queren Dörnchenbändern. Vordere Stigmen
in der Membran zwischen Pro- und Mesothorax oder im postero-lateralen Teil des Prothorax . . . . *Anobiidae*

3   (2) Abdominaltergite ohne quere Dörnchenbänder. Vordere Stigmen im
antero-lateralen Teil des Prothorax . . . . *Ptinidae*

4   (1) Antennen länger, gewöhnlich dreigliedrig. Kopf weniger abgebogen,
sein hinterer Teil in den Prothorax zurückgezogen. Mandibeln oft
mit basalem molaähnlichem Fortsatz.

5   (6) 8. Abdominalsegment nicht größer als die anderen. Mandibeln oft
ohne molaähnlichen Fortsatz an der Basis . . . . *Bostrychidae*

6   (5) 8. Abdominalsegment viel größer als die anderen. Mandibeln mit
einem molaähnlichem Fortsatz an der Basis . . . . . . *Lyctidae*

14. Cleroidea

Die Larven der *Phloeophilidae* (*Phloeophilus* Stephens) waren Crowson (1967)
unbekannt.

1   (2) Mundteile wenig vorgestreckt. Maxillen gewöhnlich bedeutend
länger als die Gula. Kopf niemals mit Epicranialnaht . . . . .
. . . . *Trogositidae* (= *Ostomidae*) S. 173

2   (1) Mundteile mehr vorgestreckt. Maxillen kürzer als Gula oder Epicranialnaht vorhanden.

3   (4) Kopf ohne Epicranialnaht oder Mandibeln ohne Prostheca. Mundteile weit nach vorn geschoben . . . . *Cleridae* S. 127

4   (3) Epicranialnaht vorhanden. Mandibeln mit Prostheca. Mundteile
nicht weit vorgeschoben . . . .
. . . . *Melyridae* (*Dasytidae*, *Malachiidae*) S. 123

15. Lymexyloidea

Zu dieser Überfamilie gehören nur die *Lymexylidae* (= *Lymexylonidae*).

16. Cucujoidea

Diese Überfamilie wird in die Sektionen Clavicornia und Heteromera unterteilt,
deren Larven wie folgt unterschieden werden können:

1   (2) Mandibeln gewöhnlich mit deutlicher Prostheca. Kopf selten mit
Epicranialnaht. Mala oft lang und spitz . . . . . . Clavicornia S. 19

2　(1) Mandibeln sehr selten mit deutlicher Prostheca. Kopf oft mit Epicranialnaht. Mala stumpf oder mit einem Sporn an der Spitze der
Innenschneide . . . . Heteromera S. 20

Clavicornia

Die Larven der *Hypocopridae* (*Cucujidae — Hypocoprini*) sind unbekannt.

1　(2) Maxillare Gelenkfläche reduziert. Cardo länglich. Mundteile $\pm$ vorgeschoben. Mala stumpf, zuweilen mit einem Sporn an der Innenschneide. Mandibeln mit Mola. Labialpalpen eingliedrig . . . . .
. . . . *Nitidulidae* (hierher auch die *Cybocephalidae*)

2　(1) Wenn die Maxillen so gebaut sind, Labialpalpen zweigliedrig.

3　(6) Sklerotisierte Tergite sind auf dem Thorax und dem 1. Abdominalsegment vorhanden, jedes trägt eine dichte Querreihe von Tuberkeln
nahe des Vorderrandes. 9. Abdominalsegment mit einem Paar einfacher, aufgerichteter Urogomphi. Mala $\pm$ spitz. Labialpalpen zweigliedrig. Stigmen biforous, nicht auf Tuben.

4　(5) Mandibeln ohne Prostheca, mit beborstetem, lappenförmigem Anhang an der Basis der Innenschneide . . . . *Byturidae*

5　(4) Mandibeln mit Prostheca, ohne beborstetem Postmolarlappen . . .
. . . . . . *Biphyllidae* (*Erotylidae — Diphyllinae* ohne *Cryptophilus* REITTER) S. 179

6　(3) Ohne diese Merkmalskombination.

7　(8) Mala lang, am Apex spitz. Maxillare Gelenkfläche gut entwickelt.
Mandibeln mit rauher Mola und schlanker Prostheca. Stigmen biforous, gewöhnlich auf kurzen Tuben. 9. Abdominalsegment mit
prägomphalen Fortsätzen und charakteristisch verzweigten Urogomphi . . . *Rhizophagidae* (einschließlich *Cucujidae-Monotominae*)

8　(7) Wenn die Maxillen so gebaut sind, ist das 9. Abdominalsegment
anders.

9　(10) Mandibeln ohne Mola oder Prostheca. Epicranialnaht lang. Gula
vorhanden. Mala stumpf. Stigmen annular. 9. Abdominalsegment
mit $\pm$ deutlichen Urogomphi . . . . *Cisidae*

10　(9) Wenn Epicranialnaht vorhanden, Mandibeln mit Mola oder Stigmen
biforous. Ohne deutliches Gularsklerit.

11　(22) Mentum gewöhnlich deutlich und von der maxillaren Gelenkhaut
frei im größten Teil seiner Länge. 9. Abdominalsegment gewöhnlich
mit gut ausgebildeten Urogomphi. Mala oft lang und spitz.

12　(13) Mala stumpf. Urogomphi fehlend. Mandibeln mit Mola und Retinaculum . . . . *Sphindidae* (einschließlich *Aspidiphoridae*)

13　(12) Wenn Urogomphi fehlend, Mala lang und spitz.

14　(17) Stigmen annular. Mala gewöhnlich spitz. 9. Abdominalsegment viel
kürzer als das 8., mit oder ohne Urogomphi. Labialpalpen zweigliedrig. Ohne Epicranialnaht.

15　(16) Urogomphi vorhanden. Maxillare Gelenkfläche etwas reduziert.
Körper abgeplattet . . . . *Cucujidae* (*Cucujinae* ohne *Hypocoprini* und *Silvanini*)

16　(15) Urogomphi selten vorhanden. Maxillare Gelenkfläche groß. Körper
zylindrisch . . . . *Silvanidae* (*Cucujidae-Silvanini*)

17 (14) Stigmen gewöhnlich biforous. 9. Abdominalsegment nicht oder wenig kürzer als das 8.

18 (19) Labialpalpen gewöhnlich eingliedrig. Mala spitz. Niemals mehr als 4 Stemmata. Mandibeln mit Mola und schlanker Prostheca . . . .
. . . . *Cryptophagidae*

19 (18) Labialpalpen zweigliedrig. Oft 5 oder 6 Stemmata vorhanden. Prostheca, wenn vorhanden, nicht schlank oder spitz.

20 (21) Maxillare Gelenkfläche reduziert. Cardo nicht deutlich. Auf Prothorax und 9. Abdominalsegment sind gut markierte Tergite vorhanden, letzteres mit Urogomphi . . . . *Phalacridae* S. 182

21 (20) Maxillen mit gut sichtbarem Cardo und Gelenkfläche. Tergite auf allen Segmenten des Thorax und Abdomens gleichmäßig entwickelt
. . . *Erotylidae* (ohne *Diphyllinae*, mit *Cryptophilus* Reitter) S. 179

22 (11) Mentum gewöhnlich an der Basis nicht deutlich abgegrenzt, mit der maxillaren Gelenkhaut ist es im größten Teil seiner Länge verbunden. 9. Abdominalsegment selten mit Urogomphi.

23 (30) Mandibeln ungeteilt, mit einer deutlichen Prostheca oder von sichelförmigem Predatorentyp. Körper gewöhnlich etwas verbreitert, nicht parallelseitig.

24 (25) Antennen relativ lang, 1. Glied wenigstens so lang wie das 2. . . . . . .
. . . . *Cerylonidae* (*Colydiidae-Cerylini*, *Murmidiinae*) S. 189

25 (24) Antennen kürzer, 1. Glied gewöhnlich kürzer als das 2.

26 (27) Mandibeln ± sichelförmig, Mola sehr kurz oder fehlend. Maxillen weit reduziert, Cardo, Stipes und Gelenkfläche ± verschmolzen. Körper gewöhnlich mit beborsteten oder bedornten Tuberkeln oder Fortsätzen . . . . *Coccinellidae* S. 194

27 (26) Wenn Mandibeln sichelförmig und maxillare Gelenkfläche so reduziert, Körper ohne bedornte oder beborstete Tuberkeln.

28 (29) Maxillare Gelenkfläche verkümmert. Paarige dorso-laterale Drüsen mit deutlichen Öffnungen wenigstens am 1. und 3. Abdominalsegment vorhanden . . . . . . *Corylophidae* (= *Orthoperidae*) S. 95

29 (28) Maxillare Gelenkfläche deutlich. Ohne dorso-laterale Abdominaldrüsen . . . . *Endomychidae* S. 193

30 (23) Mandibeln nicht vom sichelförmigen Predatorentyp, ohne deutliche Prostheca, oft mit einem membranösen Mittelteil, der den sklerotisierten Basal- und Spitzenteil trennt.

31 (32) Mandibeln vollständig sklerotisiert. Urogomphi vorhanden . . .
. . . . *Merophysiidae* (*Lathridiidae-Merophysiini*, *Holoparamecinae*, *Colydiidae-Anommatini*) S. 184

32 (31) Mandibeln mit einem membranösen Mittelteil, der die sklerotisierte Basal- und Apicalhälfte voneinander trennt. Urogomphi fehlend. *Lathridiidae* (ohne *Merophysiini*, *Holoparamecinae*, *Dasycerini*) S. 184

Heteromera

Die Larven der *Aderidae* und der *Mycteridae* (*Pythidae-Mycterinae*) sind unbekannt, die der *Cononotidae* (*Pythidae-Cononotinae*, *Lagriidae-Agnathus* Germar) wegen mangelhafter Kenntnis nicht aufgenommen.

1   (4) Mola rauh, mit Tuberkeln, die in geschlossenen Reihen stehen und über die ventrale Oberfläche ausgedehnt sind. Cardo ungeteilt. 9. Abdominalsegment mit ± deutlichen, einfachen Urogomphi.

2   (3) Hypopharynx vollständig sklerotisiert. Mandibeln asymmetrisch. . . . . *Mycetophagidae* S. 187

3   (2) Hypopharynx undeutlich oder nicht sklerotisiert. Mandibeln symmetrisch . *Colydiidae* (ohne *Anommatini, Cerylini, Murmidiinae*) S. 189

4   (1) Mola gefurcht, gezähnt oder fehlend, ihre Armatur niemals auf die Ventralseite ausgedehnt.

5 (10) Cardo ungeteilt. Mandibeln mit gut entwickelter Mola. Clypeus hinten durch eine deutliche Naht abgegrenzt. Gularfläche gut definiert. Thorax- und Abdominalsegmente rundherum gut sklerotisiert, zylindrisch. Urogomphi, wenn vorhanden, einfach.

6   (7) Insertionsgruben der Antennen von der Basis der Mandibeln durch einen Streifen der Kopfkapsel getrennt. Vordere Coxae weit getrennt . . . . *Lagriidae* (ohne *Agnathus* GERMAR) S. 219

7   (6) Insertionsgruben der Antennen nicht durch einen sklerotisierten Streifen von der Mandibelbasis getrennt. Vordere Coxae ± einander genähert.

8   (9) 9. Abdominalsegment nicht subkonisch, immer mit Pleuralnähten, gewöhnlich mit Urogomphi oder Dornen oder dichten Haaren . . . . *Tenebrionidae* S. 223

9   (8) 9. Abdominalsegment subkonisch, wenn mit kleinen Urogomphi, dann fehlen die Pleuralnähte . . . . *Alleculidae* S. 219

10   (5) Cardo gewöhnlich in zwei Sklerite geteilt, wenn nicht, differieren die anderen Charaktere.

11 (12) 9. Abdominaltergit breit, Urogomphi weit getrennt an der Basis, breit und nach innen gebogen. Stigmen annuliform, elliptisch. Mala ohne einen Dorn an der Innenschneide. Epicranialnaht deutlich. . . . . *Boridae*

12 (11) Wenn das 9. Abdominalsegment so gebaut ist, Mala mit einem Zahn an der Spitze der Innenschneide.

13 (14) Urogomphi komplex. Stigmen annular oder biforous . . . . *Salpingidae* (*Pythidae-Salpinginae*) S. 209

14 (13) Wenn Urogomphi so konstruiert, Stigmen elliptisch oder cribriform.

15 (18) 9. Abdominalsegment mit charakteristischen, breiten Urogomphi. Stigmen elliptisch und cribriform.

16 (17) 9. Abdominalsegment ohne Urogomphi fast so lang wie das 8. . . . . *Pythidae* (*Pythidae-Pythinae*) S. 209

17 (16) 9. Abdominalsegment ohne Urogomphi halb so lang wie das 8. . . . . *Pyrochroidae* S. 211

18 (15) Urogomphi, wenn vorhanden, nicht so konstruiert. Stigmen rund, annular oder biforous.

19 (20) Mandibeln ohne Mola. 9. Abdominalsegment mit hochgebogenen Urogomphi. Mentum in seiner gesamten Länge an die maxillare Gelenkhaut angeheftet, durch eine Naht vom Submentum getrennt. . . . . . *Tetratomidae* (*Serropalpidae-Tetratoma* FABRICIUS) S. 213

20 (19) Wenn Mandibeln ohne Mola, Urogomphi nicht deutlich oder Mentum in der Hälfte seiner Länge frei oder Mentum mit dem Submentum verschmolzen.

21 (22) Mandibeln ohne deutliche Mola. Mentum fast in seiner gesamten Länge mit der maxillaren Gelenkhaut verbunden . . . .
. . . . *Serropalpidae* (ohne *Tetratoma* FABRICIUS) S. 213

22 (21) Wenn Mandibeln ohne deutliche Mola, apikale Hälfte des Mentums frei von der maxillaren Gelenkhaut.

23 (25) Nicht parasitisch oder hypermetabol. Urogomphi, wenn vorhanden, unverzweigt.

24 (25) Kopf ohne oder mit sehr kurzer Epicranialnaht. Mandibeln mit Mola. Beine voll entwickelt . . . .
. . . . *Scraptiidae* (einschließlich *Mordellidae-Anaspidinae*)

25 (24) Kopf mit langer Epicranialnaht. Mandibeln ohne Mola. Beine reduziert . . . . *Mordellidae* (außer *Anaspidinae*)

26 (23) Oft parasitisch und hypermetabol. Urogomphi, wenn vorhanden, oft gegabelt oder zweizähnig.

27 (28) Gewöhnlich hypermetabol mit triungulinem 1. Stadium und weichen ± parasitischen späteren Stadien. Triungulinus mit 4 oder mehr Stemmata auf jeder Seite des Kopfes, ohne Labialpalpen . .
. . . . *Rhipiphoridae*

28 (27) Wenn hypermetabol, Triungulinus mit nicht mehr als 2 Stemmata auf jeder Seite des Kopfes und mit ± deutlichen Labialpalpen.

29 (30) Larven hypermetabol und parasitisch, mit triungulinem 1. Stadium, die älteren Stadien fleischig . . . . *Meloidae*

30 (29) Kopf mit 1 bis 2 Stemmata an jeder Seite. Larven nicht parasitisch oder hypermetabol.

31 (32) Körper weich und von holzbohrendem Habitus. Auf den ersten Abdominalsegmenten sind gewöhnlich paarige Kriechwülste vorhanden. Mandibeln ohne fleischige oder beborstete Postmolaranhänge. Stemmata fehlend . . . . *Oedemeridae* S. 206

32 (31) Körper deutlich sklerotisiert, nicht von typischem holzbohrendem Habitus. Ohne Kriechwülste. Mandibeln mit fleischigen oder beborsteten Postmolaranhängen . . . . *Anthicidae* S. 211

17. Chrysomeloidea

1 (2) Kopf nahezu immer mit deutlicher Gula. 1.—6. oder 7. Abdominalsegment dorsal mit charakteristischen Ampullen. Labium mit echter, behaarter Ligula . . . . *Cerambycidae* S. 335

2 (1) Kopf niemals mit deutlicher Gula. Abdominalsegmente ohne solche Ampullen. Labium ohne echte behaarte Ligula.

3 (4) Klauen ohne Pulvillus. Stigmen biforous. Körper nicht fleischig oder scarabaeoid, nicht aquatisch oder von Exkrementen bedeckt . . .
. . . . *Chrysomelidae* (partim) S. 336

4 (3) Ohne diese Merkmalskombination.

5 (6) Mandibeln mit gerader Schneidekante, einspitzig. Kopfkapsel länglich mit langer Epicranialnaht. Körper deutlich gebogen . . . . .
. . . . *Bruchidae*

6   (5) Mandibeln mit wenigstens 2 Apicalzähnen. Kopfkapsel kürzer.
Körper weniger stark gebogen . . . *Chrysomelidae* (partim) S. 336

18. Curculionoidea

1   (4) Mandibeln gewöhnlich mit $\pm$ deutlicher Mola. Beine gewöhnlich $\pm$
entwickelt.
2   (3) Clypeus deutlich von der Stirn getrennt oder Kopf tief zurückgezogen. Mandibeln ohne einen ventralen Fortsatz zusätzlich zur
Mola . . . . *Anthribidae*
3   (2) Clypeus gewöhnlich mit der Stirn verschmolzen, Kopf nicht tief in
den Prothorax zurückgezogen. Mandibeln mit kleinem Ventralfort-
satz zusätzlich zur Mola . . . .
. . . . *Nemonychidae* (*Curculionidae-Rhinomacerini*) S. 344
4   (1) Mandibeln ohne Mola. Beine sehr selten deutlich.
5   (6) Kopf mit teilweise vom Prothorax überlapptem Scheitel. Labialpalpen deutlich zweigliedrig. Labrum mit 2 basalen Sensillen. Frontalnähte die Mandibelgelenke erreichend. Abdominalsegmente mit
2 dorsalen Falten . . . . *Attelabidae* (*Curculionidae-Atte-
labinae, Apoderinae, Rhynchitinae* ohne *Rhinomacerini*) S. 344
6   (5) Scheitel selten vom Prothorax überlappt. Labialpalpen ein- oder
undeutlich zweigliedrig. Labrum ohne oder mit einer basalen Sen-
sille.
7   (8) Beine gewöhnlich deutlich entwickelt. Frontalnähte erreichen die
Gelenkmembran der Mandibeln. Abdominalsegmente mit 3 bis 4
dorsalen Falten . . . . *Brenthidae*
8   (7) Beine niemals deutlich. Wenn die Frontalnähte die Gelenkmembran
der Mandibeln erreichen, haben die Abdominalsegmente nur 2 dorsale Falten.
9 (10) Frontalnähte erreichen die Gelenkmembran der Mandibeln. Abdominalsegmente mit 2 dorsalen Falten . . . .
. . . . . . *Apionidae* (*Curculionidae-Apioninae, Nanophyinae*) S. 344
10   (9) Frontalnähte erreichen die Gelenkmembran der Mandibeln nicht.
Abdominalsegmente gewöhnlich mit 3 bis 4 Falten . . . .
Curculionidae (*Curculionidae*-Rest, außerdem *Scolytidae, Platypodidae*) S. 344

Bestimmungstabelle für die Familien der Polyphaga

Es fehlen: *Colonidae, Sphaeritidae, Aderidae, Cerophytidae, Clambidae*

1 (224) Beine aus Coxa, Trochanter, Femur, Tibiotarsus und Klaue bestehend, letztere kann fehlen oder sehr klein sein.
2 (25) Urogomphi gegliedert (Abb. 0/7), mit dem 9. Tergit gelenkig verbunden.
3   (8) Maxille mit einer gegliederten (Abb. 0/3 u. 0/5), palpenförmigen oder
streifenförmigen Galea (Abb. 0/8). Lacinia fehlt.

4 (5) Galea palpenförmig, auf dem Stipes inserierend (Abb. 0/4) . . . .
. . . . *Staphylinidae* (partim) (H 25, H 26) S. 304

5 (4) Galea klein und streifenförmig, auf dem Palpifer inserierend (Abb. 0/8).

6 (7) Urogomphi zweigliedrig (Abb. 5/2). Stemmata fehlend oder nur eins auf jeder Seite des Kopfes vorhanden . . . . . *Histeridae* (H 14) S. 83

7 (6) Urogomphi dreigliedrig (Abb. 3/2). 6 Stemmata auf jeder Seite des Kopfes vorhanden . . . . *Hydraenidae* (partim) (H 11) S. 70

8 (3) Galea rückgebildet oder fehlend. Lacinia lappen- oder sichelförmig (Abb. 0/9).

9 (14) Galea völlig fehlend (Abb. 0/100).

10 (11) Abdomen mit 8 von oben deutlich sichtbaren Segmenten . . . . .
. . . . *Hydraenidae* (partim) (H 11) S. 70

11 (10) Abdomen mit 9 von oben deutlich sichtbaren Segmenten (H 24—26).

12 (13) Die Abdominalstigmen liegen in einem Ausschnitt der Hinterecken der Tergite. 5 oder 6 Stemmata. Antennen dreigliedrig (Abb. 0/101). Labium mit breit gerundeter Ligula und deutlichen Paraglossae (Abb. 0/9) . . . . *Scaphidiidae* (H 24) S. 99

13 (12) Die Abdominalstigmen liegen nicht in einem Ausschnitt der Hinterecken der Tergite, oder die anderen Charaktere treffen nicht zu . .
. . . . *Staphylinidae* (partim) (H 25, 26) S. 304

14 (9) Galea ± rückgebildet.

15 (18) Mandibeln mit deutlicher Mola, Schneidekante vor der Spitze mit vielen Sägezähnchen (Abb. 3/6). 10. Abdominalsegment fast immer mit einem Paar sklerotisierter Haken auf der Ventralseite.

16 (17) Urogomphi zweigliedrig. 5 Stemmata auf jeder Seite des Kopfes. Aquatisch oder semiaquatisch. . . . *Hydraenidae* (partim) (H 11) S. 70

17 (16) Urogomphi eingliedrig. Stemmata fehlen. Larven sehr klein. Terrestrisch . . . . *Ptiliidae* (partim) (H 23) S. 97

18 (15) Mandibeln mit oder ohne Mola, Schneidekante nicht gesägt, Apex zwei- oder dreispitzig. 10. Abdominalsegment ohne Ventralhaken.

19 (20) Ohne Stemmata. Mandibeln mit Mola (Abb. 0/61) oder wenigstens einem beborstetem, lappenartigem Fortsatz an ihrer Stelle. Klaue fast so lang wie Tibiotarsus (Abb. 0/10) . . . *Leptinidae* (H 16)

20 (19) Stemmata vorhanden. Mandibeln, wenn mit Mola, dann auch mit Retinaculum oder Prostheca. Klaue fast immer kürzer als Tibiotarsus (im 1. Stadium von gleicher Länge, aber dann sind Stemmata vorhanden).

21 (22) Mandibeln ohne Mola oder Prostheca (Abb. 0/42), selten mit Retinaculum. Körper meist asselförmig, ± abgeplattet, wenn schlank, dann tragen vor allem die letzten Abdominaltergite hervorstehende Dornen (*Necrophorus*) (Abb. 6/1). Epicranialnaht verhältnismäßig lang (Abb. 0/43) . . . . *Silphidae* (H 15) S. 87

22 (21) Mandibeln mit Mola und Retinaculum oder Prostheca. Körper schlank, nicht asselförmig. Meist ohne Epicranialnaht.

23 (24) Mandibeln mit Retinaculum, Mola mit unregelmäßig angeordneten Tuberkeln (Abb. 0/44). Paraglossae wohl entwickelt (Abb. 0/45).
. . . . *Liodidae* (H 18) S. 91

24 (23) Mandibeln mit Prostheca (Abb. E6). Die Tuberkeln auf der Mola sind in Querreihen ángeordnet. Paraglossae fehlend oder sehr klein.
. . . . : *Catopidae* (H 17) S. 302

25 (2) Urogomphi ungegliedert, nicht mit dem 9. Tergit gelenkig verbunden. Urogomphi können durch ein Paar auffallende Borsten ersetzt sein (H 78) oder völlig fehlen.

26 (59) Zwischen Cardo, Stipes und Submentum befindet sich keine wohl entwickelte Gelenkmembran (Abb. 0/11). Die Maxillen sind deshalb nicht oder nur sehr wenig gegeneinander beweglich.

27 (32) Auf der Unterseite des 9. Abdominalsegmentes befindet sich ein ± deutliches, deckelförmiges Operculum (Abb. 0/14). Mandibeln nahezu immer mit deutlicher Prostheca. Urogomphi fehlend.

28 (29) Mandibeln mit Mola und Retinaculum (Abb. 0/15). Operculum wenig entwickelt. Vorderbeine breiter als die Mittel- und Hinterbeine . . . . *Heteroceridae* (H 47)

29 (28) Mandibeln ohne Mola oder Retinaculum, jedoch meist mit beborsteter Prostheca. Operculum meist gut ausgebildet (Abb. 0/14). Vorderbeine nicht breiter als die anderen Beine.

30 (31) Maxillen und Labium ± miteinander verschmolzen. Mandibel ohne Prostheca . . . . *Byrrhidae* (*Limnichinae*) S. 170

31 (30) Maxillen und Labium deutlich voneinander getrennt (Abb. 0/62). Mandibel meist mit Prostheca . . . . . . *Dryopidae* (H 45)

32 (27) 9. Abdominalsegment ohne Operculum. Mandibeln ohne deutliche Prostheca. Urogomphi fehlend oder vorhanden.

33 (34) Larven C-förmig gebogen. Kopf orthognath. Larven in transportablen Gehäusen lebend. Abdomen nicht sklerotisiert. . . . . .
. . . . *Chrysomelidae* (*Clytrinae*) S. 336

34 (33) Larven gerade, nicht C-förmig gebogen. Kopf prognath.

35 (38) Statt Urogomphi sind ein oder 2 Paar Kaudalborsten vorhanden (1. Larvenstadium (H 78).

36 (37) Spitze des Tibiotarsus mit einer starken Klaue, die 2 meist sehr starke Setae trägt (Abb. 0/67). Dadurch scheinen bei einigen Arten 3 Klauen vorhanden zu sein. Nicht mehr als 2 Stemmata auf jeder Seite des Kopfes. Labialpalpen deutlich. Gula gut entwickelt. Larven 0,75—3,5 mm lang . . . *Meloidae* (Triungulinuslarven) (H 78)

37 (36) Spitze des Tibiotarsus mit einem Pulvillus (Abb. O/68) und einer kleinen Klaue, die meist mehrere Male kürzer als der Pulvillus ist. 4 oder mehr Stemmata auf jeder Seite des Kopfes. Labialpalpen fehlen. Gula extrem kurz. Larven etwa 0,5 mm lang. . . . . . .
. . . . *Rhipiphoridae* (Triungulinuslarven)

38 (35) Urogomphi vorhanden oder fehlend, aber nicht durch ein Paar Borsten ersetzt.

39 (46) Labrum frei, nicht mit Clypeus und Stirn verschmolzen (Abb. 0/15).

40 (41) 9. Abdominalsegment ohne Urogomphi, deckelförmig (Abb. 0/71). Mandibeln mit Mola. Larven elateridenähnlich . . . .
. . . . *Callirhipidae*

41 (40) 9. Abdominalsegment mit hornartigen Urogomphi. Mandibeln ohne Mola. Larven nicht ausgesprochen elateridenähnlich.

42 (43) Die ventralen Mundteile inserieren in einer ziemlich seichten Ausrandung des Kopfes (Abb. 19/9). Cardo wenigstens so breit wie
Stipes (Abb. 0/11). Maxillen meist kürzer als die Gula.

42A(42B) Mandibeln zweispitzig, mit dreizähniger, retinaculumähnlicher
Struktur (Abb. 0/102) *Melyridae* (*Phloeophilus edwardsi* Stephens) S. 123

42B(42A) Mandibeln einspitzig, Retinaculum anders gebaut . . . .
. . . . *Cleridae* (partim) (H 34) S. 127

43 (42) Die ventralen Mundteile sind $\pm$ tief zurückgezogen. Cardo meist
viel schmaler als Stipes (Abb. 27/1). Maxillen meist bedeutend länger als die Gula.

44 (45) Epicranialnaht fehlt (Abb. 0/16). Stirn mit einer Y- oder V-förmigen
oder einfachen Endocarina, die den Hinterrand des Kopfes erreicht
(Abb. 0/51) . . . . *Ostomidae* (H 51) S. 173

45 (44) Epicranialnaht gut entwickelt (Abb. 0/15). Stirn ohne Endocarina.
. . . . *Melyridae* (H 33) S. 123

46 (39) Labrum mit Clypeus und Stirn verschmolzen (Abb. 0/16).

47 (52) Mandibeln ohne Saugkanal oder Saugrinne. Dorsalnähte des Kopfes
immer vorhanden oder Kopfkapsel $\pm$ reduziert (*Throscus*). Körper
$\pm$ zylindrisch, meist fest sklerotisiert.

48 (49) Gula wohl entwickelt, viereckig (Abb. 0/76). Stipites und Submentum größtenteils durch einen Vorsprung des Prosternums verdeckt,
jedoch nicht damit verwachsen. Zwischen Kopfunterseite und Prothorax ist eine ausstülpbare Membran vorhanden, die eine ballon-
förmige Auftreibung bildet, wenn der Kopf gehoben wird (Abb. 0/77)
. . . . *Cebrionidae*

49 (48) Gula klein und undeutlich oder fehlend. Stipites und Submentum
von unten ganz sichtbar. Kehlhaut nicht ausstülpbar.

50 (51) Kopf und Beine immer gut entwickelt. Wenn der Körper wenig
sklerotisiert ist, ist er sehr lang. Wenn das 9. Abdominalsegment gebogene Urogomphi trägt, sind diese nach oben oder nach unten,
aber nie nach innen gebogen. . . . *Elateridae* (H 36, H 37, H 38) S. 133

51 (50) Körper weichhäutig und gedrungen, Mandibeln exodont (Abb. 0/103).
9. Abdominalsegment nur mit sehr kleinen dornenförmigen Urogomphi
oder Körper langgestreckt und fest sklerotisiert und 9. Abdominalsegment mit nach innen gebogenen Urogomphi. *Throscidae* (H 40) S. 162

52 (47) Mandibeln mit Saugkanal oder Saugrinne (Abb. 0/17 u. 0/18). Dorsalnähte des Kopfes fehlend, bei Larven mit Leuchtvermögen sind sie
vorhanden (Mandibeln mit geschlossenem Saugkanal). Körper $\pm$
abgeplattet, weichhäutig und behaart.

53 (54) Mandibeln mit einer $\pm$ offenen Schlürfrinne (Abb. 0/17). Parietalia
dorsal und ventral völlig nahtlos miteinander und mit dem Frontale
verwachsen, auf der Ventralseite ist die Kopfkapsel zur Aufnahme
des Maxillarkomplexes halbkreisförmig ausgeschnitten (Abb. 0/47).
Thorax und Abdomen weichhäutig, dicht samtig behaart, mit Segmentaldrüsen (Abb. 17/9). Ohne Urogomphi . . *Cantharidae* (H 30) S. 119

54 (53) Mandibeln mit geschlossenem Saugkanal (Abb. 0/18). Parietalia auf
der Ventralseite völlig getrennt bleibend oder nur durch eine schma-
le Brücke am Hinterhauptsloch verbunden. Thorax und Abdomen

ohne Segmentaldrüsen und samtige Behaarung. Urogomphi vorhanden oder fehlend.

55 (56) 1.—8. Abdominalsegment seitlich mit je 2 weit vom Körper abstehenden und kräftig beborsteten Zapfen. 9. Abdominalsegment mit 2 nach hinten gerichteten Urogomphi, die je einen kräftigen Dorn tragen. Die Parietalia berühren einander auf der Ventralseite nur in einem schmalen Stück. . . . . . *Drilidae* (partim) (H 31)

56 (55) Abdominalsegmente ohne seitliche Zapfen. 9. Abdominalsegment (außer bei *Lygistopterus*) ohne Urogomphi. Die Parietalia berühren einander auf der Ventralseite nicht (außer bei *Homalisus*).

57 (58) Kopf in der Aufsicht meist nicht sichtbar und vollständig unter den stets stark vergrößerten Prothorax zurückziehbar (Abb. 16/4). Dorsale Kopfnähte deutlich (Abb. 16/2). Mandibeln wenigstens bis zur Mitte stark seidig behaart, mitunter mit deutlichem Retinaculum (Abb. 0/18). Antennen stets dreigliedrig, so lang oder länger als die Mandibeln. Larven mit Leuchtvermögen. . . *Lampyridae* (H 29) S. 117

58 (57) Kopf in der Aufsicht stets sichtbar und kaum unter den Prothorax zurückziehbar. Dorsale Kopfnähte nicht deutlich. Mandibeln nicht behaart, fast gerade (Abb. 15/2, 3, 6). Antennen zwei- bis dreigliedrig (Abb. 15/3, 5). Larven ohne Leuchtvermögen (außer *Homalisus fontisbellaquei*). . . . . *Lycidae* (H 28) S. 115

59 (26) Zwischen Cardo, Stipes und Submentum ist eine gut entwickelte Gelenkmembran vorhanden (Abb. 0/12). Die Maxillen sind deutlich gegeneinander beweglich.

60 (79) Larven C-förmig gekrümmt, Ventralseite konkav. (H 50, 69—72, 86—89, 93).

61 (66) Mandibeln mit einer grob skulpturierten Mola. Stigmen cribriform, (Abb. E 8), sehr selten biforous (Abb. E 11).

62 (63) Ohne Epicranialnaht, die Frontalnaht reicht bis zum Hinterrand des Kopfes und vereinigt sich dort in einem Punkt (Abb. 0/16). Labrum mit Clypeus verschmolzen. Urogomphi kurz und dornenförmig . . . . *Dascillidae* (partim) (H 42)

63 (62) Epicranialnaht vorhanden, sie trennt die Frontalnaht vom Hinterrand des Kopfes. Labrum frei. Urogomphi immer fehlend.

64 (65) Auf beiden Seiten der meist länglichen Analspalte ist eine breit ovale, kissenförmige Fläche klar umgrenzt (Abb. 0/63). Hintere Trochanteren (Abb. 0/65) und mittlere Coxae (Abb. 0/64) mit einem Stridulationsorgan (Abb. 14/1—4). Stipes ohne eine Dörnchenreihe auf der Dorsalseite . . . . *Lucanidae* (H 89) S. 114

65 (64) Jederseits der Analspalte ist keine klar umgrenzte kissenförmige Fläche vorhanden (13/diverse Abb.). Anus selten langgestreckt, wenn, dann fehlen Stridulationsorgane an den Beinen. Stipes fast immer mit einer Dörnchenreihe auf der Dorsalseite (Abb. 0/66). . . . . *Scarabaeidae* (H 86, H 87, H 88) S. 103

66 (61) Mandibeln ohne deutliche Mola, aber meistens mit einer Pseudomola (das ist ein skulpturierter molaähnlicher Fortsatz am inneren Teil der Dorsalseite, der gegen ein breites Sklerit des Epipharynx reibt) (Abb. 0/78). Stigmen nicht cribriform.

67 (68) Die Stigmen des 8. Abdominalsegmentes werden von einem Paar langen, dornenförmigen oder säbelförmigen Fortsätzen getragen. Die anderen Stigmen sind klein. Aquatisch . . . .
. . . . *Chrysomelidae* (*Donaciinae*) S. 336

68 (67) 8. Abdominalsegment ohne dornenartige stigmentragende Fortsätze. Terrestrisch.

69 (70) Die Dorsalseite einiger Segmente (wenigstens des Prothorax) mit deutlich sklerotisierten Tergiten, die das Segment $\pm$ vollständig bedecken. Mandibeln mit einer behaarten molaähnlichen Fläche an der Basis (Abb. 0/49). Galea palpenförmig oder fingerförmig (Abb. 0/50).
. . . . *Byrrhidae* (*Byrrhinae*) (H 50) S. 170

70 (69) Dorsalseite der Segmente ohne deutliche Sklerite. Mandibeln ohne ein solches Haarbüschel an der Basis. Galea lappenförmig.

71 (72) Dorsalseite des Prothorax mit einer kleinen, sklerotisierten, meist x-förmigen, vorspringenden Platte (Abb. 0/79). Labialpalpen fehlen. Galea inseriert am Palpifer (Abb. 0/19). Ventralseite des 10. Abdominalsegmentes einfach . . . . . *Bruchidae* (partim) L1 (H 93)

72 (71) Dorsalseite des Prothorax ohne sklerotisierte x-förmige Platte. Labialpalpen deutlich. Galea inseriert am Stipes. Ventralseite des 10. Abdominalsegments vor dem Anus mit einer Längsfurche (Abb. 0/20) und einem Paar Längserhebungen (außer wenn die Stigmen des 8. Abdominalsegmentes sehr viel größer als die anderen sind).

73 (76) Kopf wenig abgebogen, teilweise in den Prothorax zurückgezogen. Antennen länger, aus 2—3 gut entwickelten Gliedern bestehend. Mandibeln oft mit basalem molaähnlichem Fortsatz (Abb. 0/104).

74 (75) Stigmen des 8. Abdominalsegmentes (letzte Stigmen) viel größer als die anderen Stigmen . . . . *Lyctidae* (H 69)

75 (74) Stigmen des 8. Abdominalsegmentes nicht größer als die anderen Stigmen . . . . *Bostrychidae* (H 70)

76 (73) Kopf stark abgebogen, frei, nicht in den Prothorax zurückgezogen (Abb. 0/21). Antennen sehr klein und unauffällig, nur aus einem einzigen Glied bestehend (Abb. 0/106). Mandibeln ohne molaähnlichen Fortsatz (Abb. 0/105).

77 (78) Thoraxstigmen in normaler Position in der Membran zwischen Prothorax und Mesothorax oder im hinteren, seitlichen Teil des Prothorax (Abb. 0/22). Abdominaltergite mit querverlaufenden Dörnchenbändern (Abb. 0/59) . . . . . *Anobiidae* (partim) (H 71)

78 (77) Thoraxstigmen im vorderen, seitlichen Teil des Prothorax (Abb. 0/21 Abdominaltergite ohne quere Dörnchenbänder . . *Ptinidae* (H 72)

79 (60) Larven $\pm$ gerade, oder die Dorsalseite formt eine konkave Linie.

80 (123) Mandibeln ohne Mola.

81 (84) Maxille ohne Laden, oder es ist nur die Galea vorhanden (meist sehr klein). Letztere inseriert am Palpifer und ist palpenartig, streifenartig (Abb. 0/8) bis rückgebildet.

82 (83) Abdomen mit 8 von der Dorsalseite sichtbaren Segmenten. Das 8. formt meist eine terminale Atemkammer, die das letzte Stigmenpaar enthält (Abb. 0/18). Urogomphi rückgebildet oder fehlend. Aquatisch . . . . *Hydrophilidae* (partim) (H 13) S. 74

83 (82) Abdomen mit 10 von der Dorsalseite sichtbaren Segmenten, keine
terminale Atemkammer vorhanden. Urogomphi kurz, eingliedrig
(Abb. 0/74). Beine kurz, die vorderen etwas kräftiger. . . . . . .
. . . . *Georyssidae* (H 46)

84 (81) Maxille immer mit Laden. Die Galea inseriert selten am Palpifer,
in diesem Fall ist aber auch eine gut entwickelte Lacinia vorhanden.

85 (108) Maxille nur mit einer Lade.

86 (93) Mandibeln schlank, sichelförmig, fast 8 mal so lang wie an der Basis
breit oder länger (Abb. 8/6). Die innere und die Apicalschneide der
Mala treffen sich gewöhnlich in einem deutlichen $\pm$ spitzen Winkel
(Abb. 0/46). Labrum oft mit Clypeus und Stirn verschmolzen.

87 (88) Urogomphi durch ein oder 2 Paar lange Kaudalborsten ersetzt.
Mala gerundet (siehe 36 (37), 37 (36)).

88 (87) Urogomphi vorhanden oder fehlend, aber niemals durch ein Borstenpaar ersetzt.

89 (90) Körper asselförmig. 2. Antennenglied (nach FRANZ (1965) das 3.) sehr
groß (Abb. 8/1) . . . . *Scydmaenidae* (H 20) S. 93

90 (89) Körper schlank, $\pm$ campodeoid. 2. Antennenglied nicht sehr groß.

91 (92) Ligula fehlend. . . . . *Pselaphidae* (H 27) S. 101

92 (91) Ligula vorhanden . . . . *Staphylinidae* (partim) (H 25, H 26) S. 304

93 (86) Mandibeln kurz und kräftig, höchstens 2 mal so lang wie an der
Basis breit. Mala an der Spitze gerundet. Labrum frei.

94 (97) Die ventralen Mundteile inserieren nahe dem Vorderrand des
Kopfes in einer schwachen Ausrandung (Abb. 0/11). Gula vorhanden und oft sklerotisiert. Mandibeln ohne Prostheca, aber oft
mit einem Retinaculum.

95 (96) Urogomphi gut entwickelt, auffallend und stark sklerotisiert, über
das Hinterende des Körpers herausragend. Maxillen nicht wirklich
gegeneinander beweglich, die Gelenkfläche ist nur scheinbar vorhanden . . . . *Cleridae* (partim) (H 34) S. 127

96 (95) Urogomphi fast immer fehlend, wenn vorhanden, dann sind sie nur
als ein Paar kleine Dornen ausgebildet, die das Hinterende des Körpers nicht überragen. Maxillen stark gegeneinander beweglich, die
Gelenkfläche ist gut entwickelt . . . . : . . .
. . . . *Cerambycidae* (partim) S. 335

97 (94) Die ventralen Mundteile inserieren in einer tiefen Ausrandung auf
der Unterseite des Kopfes (Abb. 0/12). Gula fehlend oder membranös.

98 (99) Gula fehlend (Abb. 0/12), Kopf $\pm$ orthognath . . . .
. . . . *Chrysomelidae* (partim) (H 90) S. 336

99 (98) Gula vorhanden, membranös. Kopf prognath.

99A (99B) Mandibeln asymmetrisch . . . . . . *Mycetophagidae* (partim) S. 187

99B (99A) Mandibeln symmetrisch.

100 (101) Epicranialnaht fehlend. Distalabschnitt des Submentums meist frei
(Abb. 0/29).

100A (100B) Endocarina vorhanden (Abb. 0/37) . . . .
. . . . *Phalacridae* (partim) S. 182

100B (100A) Endocarina fehlt . . . . . . *Colydiidae* (partim) (H 63) S. 189

3*

101 (100) Epicranialnaht vorhanden. Nur die Spitze des Distalabschnittes des Submentums frei (Abb. 0/9).

102 (103) Epicranialnaht lang. Rückenseite des Körpers mit zahlreichen, langen, beborsteten, verzweigten Fortsätzen . . . .
. . . . *Coccinellidae* (*Epilachninae*) S. 194

103 (102) Epicranialnaht kurz (Abb. 39/11, 18, 19, 21). Rückenseite des Körpers ohne verzweigte Fortsätze.

104 (105) Mentum nicht in seiner gesamten Länge mit der Gelenkfläche der Maxille verbunden, vom Submentum nicht durch eine Naht getrennt (Abb. 0/53). Submentum zum großen Teil mit Tentorium und Kopfkapsel verwachsen, Innenschneide der Stipites somit frei.
. . . . *Serropalpidae* (partim) (H 81) S. 213

105 (104) Mentum in seiner ganzen Länge mit der Gelenkfläche der Maxille verbunden, vom Submentum durch eine Naht getrennt. Submentum zum großen Teil mit den Stipites verwachsen.

106 (107) Gegenüber den Urogomphi befindet sich auf dem 9. Abdominalsegment ein Paar deutlich sichtbare, $\pm$ gut entwickelte Tuberkeln (Abb. 39/20) . . . . *Serropalpidae* (*Tetratominae*) S. 213

107 (106) Die Tuberkeln gegenüber den Urogomphi sind schwach ausgebildet, oder es sind zusätzlich noch weitere Tuberkeln vorhanden (Abb. 28/3) . . . . *Erotylidae* (partim) (H 57) S. 179

108 (85) Maxille mit 2 Laden, die 2. ist wenigstens in Dorsalansicht deutlich sichtbar.

109 (110) Mandibeln ziemlich schlank, fast 3 mal so lang wie breit (Abb. 0/60). Lacinia stark entwickelt, sichelförmig. Galea fingerförmig, am Palpifer inserierend (Abb. 0/58). Aquatisch . . . *Spercheidae* (H 12)

110 (109) Mandibeln gedrungen, weniger als 2 mal so lang wie breit. Maxillarladen anders ausgebildet.

111 (112) 8. Abdominalsegment terminal, sehr groß und konisch, mit einem Stigmenpaar an der Spitze. 9. Abdominalsegment sehr klein, unter dem 8. liegend . . . . *Nosodendridae* (H 49)

112 (111) 9. Abdominalsegment terminal, von oben deutlich sichtbar. 8. Abdominalsegment anders gebaut.

113 (114) Gula fehlend (Abb. 0/12). Galea fast immer am Palpifer inserierend.
. . . . *Chrysomelidae* (partim) (H 91, H 92) S. 336

114 (113) Gula vorhanden (Abb. 0/29 u. 0/30). Galea am Stipes inserierend (Abb. 0/29—0/34).

115 (116) Körper mit zahlreichen, langen, auffallenden Haaren (z. T. komplexen Borsten), die meist am Hinterende konzentriert sind. Lacinia endet in einem oder mehreren Spornen (Abb. 0/48) . . . .
. . . . *Dermestidae* (H 48) S. 166

116 (115) Körper mit spärlichen, feinen, normalen Borsten oder sehr kurzen Haaren. Lacinia nicht in einem Sporn endend.

117 (118) Basalteil der Mandibeln mit einem Fransenrand von Haaren an der Schneide (Abb. 0/49). Abdomen niemals mit Urogomphi . . . . . .
. . . . *Byrrhidae* (*Byrrhinae*) (H 50) S. 170

118 (117) Basalteil der Mandibelschneide ohne Haare. 9. Abdominalsegment mit oder ohne Urogomphi.

119 (120) Urogomphi nach hinten und unten gebogen (Abb. 0/73). Stemmata fehlen . . . . *Thorictidae* (H 60)

120 (119) Urogomphi nach oben gebogen oder gerade.

121 (122) Tergite ohne seitliche Fortsätze. Epicranialnaht vorhanden. Urogomphi fehlend oder klein und dornenförmig, nach oben gebogen. . . . . *Cisidae* (H 68)

122 (121) Tergite mit seitlichen Fortsätzen. Epicranialnaht fehlend. Urogomphi stark, subzylindrisch, an der Spitze abgestutzt . . . . *Staphylinidae* (*Micropeplinae*) S. 304

123 (80) Mandibeln mit Mola (Abb. 0/13 u. 0/23—0/27).

124 (125) 10. Abdominalsegment mit einem Paar sklerotisierter Haken auf der Ventralseite. Mandibeln nahe der Spitze an der Schneide gesägt (Abb. 0/35). Sehr kleine Larven . . . *Ptiliidae* (partim) (H 23) S. 97

125 (124) 10. Abdominalsegment ohne Ventralhaken oder gänzlich unsichtbar.

126 (137) Maxille mit 2 gut entwickelten Laden. Frontalnaht fast immer bis zum Hinterrand reichend (wenn nicht, dann sind die Antennen fadenförmig, lang und vielgliedrig).

127 (128) Antennen zweigliedrig (Abb. 0/69).

127A(127B) Am Prothorax, 1. und 8. Abdominalsegment befinden sich ballonähnliche Anhänge (Ersatzstigmen). Aquatisch . . . . *Hydroscaphidae* (H 99)

127B(127A) 1.—8. Abdominalsegment mit je einem Paar vorstehender Tuberkeln. 10. Abdominalsegment mit 3 Paaren gebogener Haken auf der Unterseite (Abb. 0/70). . . . . *Sphaeriidae* (H 22)

128 (127) Antennen drei- oder mehrgliedrig.

129 (130) Antennen sehr lang, vielgliedrig. 9. Abdominalsegment fast verborgen, ebenso wie das 10. nur beschränkt von oben sichtbar, ohne Urogomphi. Aquatisch, auch in Phytothelmen. . . . . *Helodidae* (H 43)

130 (129) Antennen von normaler Länge. 9. Abdominalsegment gut entwickelt, von oben sichtbar, mit oder ohne Urogomphi.

131 (132) Körper asselförmig. 9. Abdominalsegment ohne Urogomphi. Aquatisch . . . . *Eubriidae* (H 44)

132 (131) Körper gestreckt, nicht asselförmig. 9. Abdominalsegment mit oder ohne Urogomphi. Terrestrisch.

133 (134) Kopf ohne Stemmata. Urogomphi schmal, dornenförmig . . . . *Dascillidae* (partim) (H 42)

134 (133) Kopf mit Stemmata.

135 (136) Kopf auf jeder Seite mit 6 Stemmata. Ohne deutliche Urogomphi (*Laricobius*) oder mit kräftigen, etwas nach oben gerichteten Urogomphi (*Derodontus*) . . . . *Derodontidae* (H 98)

136 (135) Kopf auf jeder Seite mit 5 Stemmata. Urogomphi sehr klein, mit je einer auffälligen, langen Borste besetzt (Abb. 0/80) . . . . *Eucinetidae*

137 (126) Maxille nur mit einer Lade (Mala), die 2. ist meist als sklerotisierte Stelle an der Basis der Lade oder als eine Spitzenkerbe oder als kurzer Einschnitt angedeutet.

138 (191) Urogomphi vorhanden.

139 (142) Cardo fehlend oder mit dem Stipes verschmolzen (Abb. 0/30).

140 (141) Endocarina vorhanden (Abb. 0/37). . *Phalacridae* (partim) (H 59) S. 182

141 (140) Endocarina fehlt . . . . . . *Cucujidae* (*Laemophloeinae*) (H 56)

142 (139) Cardo vorhanden, klar definiert (Abb. 0/36).

143 (144) Mandibeln zum großen Teil fleischig, mit zwei langen geißelförmigen Borsten (Abb. 0/25) . . . . . . *Lathridiidae* (partim) (H 61) S. 184

144 (143) Mandibeln normal sklerotisiert, ihre Borsten von normaler Länge.

145 (150) Labialpalpen eingliedrig (Abb. 0/32).

146 (147) Mala an der Spitze stumpf oder gerundet (Abb. 0/32) . . . . . .
. . . . *Nitidulidae* (partim) (H 53)

147 (146) Mala sichelförmig (Abb. 0/29).

148 (149) Urogomphi enden abrupt in 2 konische Fortsätze. Vor den Urogomphi befindet sich auf dem 9. Abdominalsegment ein Paar Dorsaltuberkel . . . . *Cucujidae* (*Monotominae*)

149 (148) Urogomphi zugespitzt und an der Spitze aufwärts gebogen. 9. Tergit ohne Tuberkeln gegenüber den Urogomphi . . . .
. . . . *Cryptophagidae* (partim) (H 58)

150 (145) Labialpalpen zweigliedrig (Abb. 0/29).

151 (158) Mala sichelförmig (Abb. 0/29).

152 (155) Urogomphi enden in eine einfache, lange Spitze.

153 (154) Urogomphi lang und nach hinten gerichtet (Abb. 0/57). Körper gerade, ± abgeplattet . . . . *Cucujidae* (partim) (H 56)

154 (153) Urogomphi klein, konisch, aufwärts gerichtet. Körper bikonvex . .
. . . . *Erotylidae* (*Diphyllinae*) S. 179

155 (152) Urogomphi enden abrupt in drei konische Fortsätze. 9. Tergit mindestens mit einem Paar borstentragender Tuberkeln gegenüber den Urogomphi (Abb. 0/81).

156 (157) Spitze der Urogomphi mit 2 oberen und einem unteren Fortsatz. (Abb. 32/4) . . . . *Colydiidae* (partim) S. 189

157 (156) Spitze der Urogomphi mit einem oberen und 2 unteren Fortsätzen (Abb. 0/81). . . . . *Rhizophagidae* (H 55)

158 (151) Mala ± stumpf oder gerundet (Abb. 0/32).

159 (180) Cardo einfach, nicht in einen basalen und distalen Teil gespalten.

160 (175) Epicranialnaht fehlt oder sehr kurz, kürzer als 1/8 der Länge der Kopfkapsel.

161 (164) Mandibeln an der Basis der Mola mit einem haarigen Anhang oder einem membranösen Haarteil auf der Schneide (Abb. 0/24, 0/26).

162 (163) Mandibeln mit einem fleischigen, beborsteten Anhang an der Basis der Schneide (Abb. 0/26). Abdominaltergite, Meso- und Metanotum jeweils mit einem Paar porenförmiger Drüsenöffnungen, die ziemlich dicht an der medianen Linie liegen . . . . *Byturidae* (H 52)

163 (162) Mandibeln ohne einen solchen Anhang, aber mit einem behaarten, membranösen Teil der Schneide basal der Mola (Abb. 0/24). Abdominaltergite und Nota ohne Drüsenöffnungen . . . .
. . . . . . *Anthicidae* (H 77) und *Mordellidae* (*Anaspidinae*) S. 211

164 (161) Mandibeln an der Basis der Mola ohne einen haarigen Anhang oder einen membranösen Haarteil auf der Schneide (Abb. O/23).

165 (166) 9. Sternit mit einer konischen, sklerotisierten Spitze auf jeder Seite (Abb. 39/13) . . . . *Serropalpidae* (partim) S. 213

166 (165) 9. Sternit ohne eine solche Spitze.

167 (168) Schneide der Mandibeln gesägt, nahe der Spitze mit einer zweispitzigen Prostheca, deren Spitzen dorsoventral zueinander liegen (Abb. 0/75) . . . . *Cryptophagidae* (partim) (H 58)

168 (167) Schneide der Mandibeln nicht gesägt. Prostheca, wenn vorhanden, nicht zweispitzig, oder ihre Spitzen liegen nicht dorsoventral zueinander.

169 (170) 9. Tergit mit 2 Paar starken borstentragenden Tuberkeln gegenüber den Urogomphi (Abb. 28/3). Die letzteren mit einem schmalen Dorn an der Außen- und Innenseite der Basis . . . .
. . . . *Erotylidae* (partim) (H 57) S. 179

170 (169) 9. Tergit ohne paarige, borstentragende Tuberkeln gegenüber den Urogomphi, die letzteren einfach.

171 (172) Mandibeln ᾽asymmetrisch. 9. Abdominalsegment mit einem Paar breiten, ziemlich hochgebogenen Urogomphi, die in der basalen oder apicalen Hälfte mit flachen, granulierten oder rippenartigen Verstärkungen versehen sind . . *Mycetophagidae* (partim) (H 62) S. 187

172 (171) Mandibeln symmetrisch. Urogomphi von verschiedener Gestalt, ohne Verstärkungen.

173 (174) Distalabschnitt des Submentums ist frei (Abb. 0/29) . . . . . .
. . . . *Colydiidae* (partim) (H 63) S. 189

174 (173) Nur der Spitzenteil des Distalabschnittes des Submentums ist frei, der Basalteil ist mit den Stipites verbunden (Abb. 0/9) . . .
. . . . *Endomychidae* (partim) (H 64) S. 193

175 (160) Epicranialnaht gut entwickelt.

176 (177) 2. Antennenglied auffällig verlängert (Abb. 0/15), schwach keulenförmig, viel länger als das 1., das 3. fehlt. Die Gelenklöcher der Antennen und der Mandibeln durch ein sklerotisiertes Band getrennt (Abb. 0/15). Vordere Coxae weit voneinander getrennt . . . . .
. . . . *Lagriidae* (H 82) S. 219

177 (176) 2. Antennenglied nicht keulenförmig, weniger lang, das 3. Antennenglied deutlich. Die Gelenklöcher der Antennen und der Mandibeln nicht durch ein sklerotisiertes Band getrennt. Vordere Coxae einander ± genähert.

178 (179) 1.—8. Abdominalsegment ohne Pleuralnaht (Abb. 41/1). Urogomphi sehr klein (Abb. 41/1). 9. Abdominalsegment konisch . . . .
. . . . *Alleculidae* (*Omophlinae*) (H 83) S. 219

179 (178) 1.—8. Abdominalsegment mit einer Pleuralnaht (Abb. 42/1, 2). 9. Abdominalsegment nicht konisch . . . .
. . . . *Tenebrionidae* (partim) (H 84) S. 223

180 (159) Cardo auffällig in einen distalen und basalen Teil getrennt (Abb. 0/36).

181 (182) 2.—5. Abdominalsegment mit auffälligen, bedornten Bauchfüßen (Abb. 35/1) . . . . *Oedemeridae* (partim) (H 73) S. 206

182 (181) Abdominalsegmente ohne Bauchfüße.

183 (186) Körper zylindrisch.

184 (185) Urogomphi kurz, dornenförmig. Das 9. Abdominalsegment ist in einen langen, bedornten Fortsatz ausgezogen (Abb. 20/2). Prothorax stark vergrößert . . . . *Lymexylonidae* (partim) (H 35) S. 131

185 (184) Urogomphi stark aufwärts gebogen. Das 9. Tergit mit zahlreichen, kleinen, borstentragenden Körnern. Das 9. Sternit mit einer konischen sklerotisierten Spitze auf jeder Seite (Abb. 39/13). Prothorax nicht vergrößert. . . . . . . *Serropalpidae* (partim) (H 81) S. 213

186 (183) Körper ± abgeplattet und parallelseitig. Urogomphi kräftig und oft von komplizierter Struktur.

187 (188) 7.÷9. Abdominalsegment (das letztere ohne die Urogomphi) von etwa gleicher Länge, oder das 9. Segment ist das längste. 9. Segment ohne oder mit einer Spitze zwischen der Basis der Urogomphi (Abb. 36/1—4) . . . . *Pythidae* (H 74) S. 209

188 (187) 7.—9. Abdominalsegment von unterschiedlicher Länge. 8. Abdominalsegment länger als das 7. und wenigstens 2mal so lang wie das 9. (ohne die Urogomphi) (H 75, H 85).

189 (190) 9. Abdominalsegment ohne Spitze zwischen der Basis der Urogomphi. Urogomphi glatt, ungezähnt (Abb. 37/1, 2). Mala mit einem Zahn an der Spitze der Innenschneide (Abb. 0/52) . . . .
. . . . *Pyrochroidae* (H 75) S. 211

190 (189) 9. Abdominalsegment mit einer Spitze, die mehrere kleine Zähnchen trägt, zwischen der Basis der Urogomphi (Abb. 0/107). Urogomphi gezähnt. Mala ohne einen Dorn an der Innenschneide . . . . .
. . . . *Boridae* (H 85)

191 (138) Urogomphi fehlend.

192 (197) Cardo fehlend oder mit dem Stipes verschmolzen (Abb. 0/30).

193 (194) Mundteile inserieren am Rand des Kopfes. 1. und 8. oder 1.—7. Abdominalsegment mit je einem Paar auffallender dorsolateraler Drüsenöffnungen (Abb. 9/6) . . . . *Orthoperidae* (H 21) S. 95

194 (193) Mundteile weit zurückgezogen. Abdomen ohne Drüsenöffnungen.

195 (196) Mandibeln gut sklerotisiert und am Apex zugespitzt, in einen oder mehrere scharfe Zähne endend. Körper meist mit bedornten oder beborsteten Tuberkeln oder Fortsätzen . . . .
. . . . *Coccinellidae* (partim) (H 65) S. 194

196 (195) Mandibeln zum großen Teil fleischig (außer der Mola), ihr Spitzenteil breit gerundet und mit zwei langen, geißelförmigen Borsten (Abb. 0/25) . . . . *Lathridiidae* (partim) (H 61) S. 184

197 (192) Cardo deutlich.

198 (199) Mandibeln zum größten Teil fleischig (Abb. 0/25) oder (*Melanophthalma*) normal sklerotisiert (Abb. 0/108), die Spitze oder Außenseite mit 2 sehr langen Borsten. Labialpalpen eingliedrig, aber einer ihrer Sinneskegel ist oft so lang wie ein Glied, jedoch ohne Setae oder Sinnesorgane . . . . *Lathridiidae* (partim) (H 61) S. 184

199 (198) Mandibeln normal sklerotisiert. Die Setae an der Außenseite sind kürzer als die Mandibeln, oder die Labialpalpen sind zweigliedrig.

200 (205) Labialpalpen eingliedrig (Abb. 0/32).

201 (202) Körperoberseite mit geknöpften Borsten besetzt (Abb. 0/109). 8. und
9. Abdominalsegment seitlich mit je einem Paar zapfenförmiger Anhänge . . . . *Cybocephalidae* (H 54)

202 (201) Körperoberseite ohne geknöpfte Borsten. 8. und 9. Abdominalsegment ohne solche Anhänge.

203 (204) Klaue mit einer $\pm$ keulenförmigen Anhangsborste (Abb. 0/38). Mala
an der Spitze stumpf (Abb. 0/32) . . *Nitidulidae* (partim) (H 53)

204 (203) Klaue ohne eine keulenförmige Anhangsborste. Mala sichelförmig
(Abb. 0/25) . . . . *Cryptophagidae* (partim) (H 58)

205 (200) Labialpalpen zweigliedrig (Abb. 0/29, 0/30).

206 (207) 9. Abdominalsegment auffällig länglich-oval, länger als irgend ein
anderes Segment (Abb. 0/110) . . . . *Scraptiidae* (H 76)

207 (206) 9. Abdominalsegment normal, nicht wesentlich länger als die anderen Segmente.

208 (209) Mala sichelförmig (Abb. 0/29). . . . . . *Cucujidae* (*Silvaninae*)

209 (208) Mala stumpf (Abb. 0/32).

210 (217) Epicranialnaht fehlt.

211 (214) 6 Stemmata auf jeder Seite des Kopfes. Mandibeln mit einer durch-
sichtigen, dornenförmigen Prostheca (Abb. 0/35).

212 (213) 2. Antennenglied weniger als dreimal so lang wie das 1. (Abb. 0/82).
Thorax und Abdominalsegmente mit auffallenden dunkelbraunen
Skleriten. Prothorax so breit wie die folgenden Segmente . . . . .
. . . . *Sphindidae* (H 66)

213 (212) 2. Antennenglied mehr als sechsmal so lang wie das 1., sehr schlank
(Abb. 0/39). Thorax und die ersten beiden Abdominalsegmente
völlig hell, nur das 3.—8. Abdominalsegment mit ziemlich undeutlichen Tergiten. Prothorax beträchtlich schmaler als die folgenden
Segmente, Vorderecken mit zahlreichen sehr langen, nach vorn gerichteten Setae . . . . *Aspidiphoridae* (H 67)

214 (211) Nicht mehr als 5 Stemmata auf jeder Seite des Kopfes. Mandibeln
ohne Prostheca, wenn doch vorhanden, dann nicht dornenförmig.

215 (216) 3. Antennenglied länger als das 2. oder mit einer Terminalborste, die
annähernd so lang ist, wie die gesamte Antenne . . . .
. . . . *Colydiidae* (partim) (H 63) S. 189

216 (215) 3. Antennenglied viel kürzer als das 2., seine Terminalborste viel
kürzer als das 2. Antennenglied . . . .
. . . . *Endomychidae* (partim) (H 64) S. 193

217 (210) Epicranialnaht gut entwickelt.

218 (221) Cardo in einen proximalen und distalen Abschnitt geteilt (Abb. 0/36)

219 (220) 9. Abdominalsegment mit Körnchen (Abb. 20/1) oder einem langen
Fortsatz, der einige Dörnchen trägt (Abb. 20/2). Prothorax stark
vergrößert. Bauchfüße oder Kriechwülste fehlen . . . .
. . . . *Lymexylonidae* (partim) (H 35) S. 131

220 (219) 9. Abdominalsegment völlig membranös. Prothorax nicht besonders
vergrößert. Auf den Abdominalsegmenten sind oft paarige Bauchfüße (Kriechwülste) vorhanden (Abb. 35/1) . . . .
. . . . *Oedemeridae* (partim) (H 73) S. 206

221 (218) Cardo ungeteilt.

222 (223) 9. Abdominalsegment halbkreisförmig oder weichhäutig oder bedornt oder mit dichten Haaren (Abb. 42/3, 75, 76, 80, 86—94)
. . . . *Tenebrionidae* (partim) (H 84) S. 223

223 (222) 9. Abdominalsegment konisch, mit gerundeter Spitze (Abb. 41/4, 9),
gut sklerotisiert, ohne Dornen oder dichte Haare, aber mit wenigen
langen und feinen Borsten . . . . . *Alleculidae* (partim) (H 83) S. 219

224   (1) Beine $\pm$ reduziert, höchstens aus 3 Gliedern bestehend oder völlig
fehlend.

225 (226) Abdomen besteht aus 8 von oben deutlich sichtbaren Segmenten,
das 9. ist nur von der Ventralseite sichtbar. Die Galea inseriert am
Palpifer, sie ist klein, schmäler und viel kürzer als der Maxillarpalpus
(Abb. 0/8) . . . . *Hydrophilidae* (partim) (H 7) S. 74

226 (225) Abdomen aus 9—10 von oben deutlich sichtbaren Segmenten bestehend. Galea gewöhnlich auf dem Stipes inserierend, oft viel breiter als der Maxillarpalpus.

227 (246) Beine völlig fehlend oder nur aus einem einzigen ringförmigen oder
mikroskopisch kleinen Glied bestehend.

228 (237) Kopf prognath. Körper gerade, gewöhnlich $\pm$ abgeplattet. Blatt-
und holzminierende Larven.

229 (230) Ventrale Mundteile verkümmert, Stipites kaum breiter als die Maxillarpalpen, die diese direkt fortsetzen. Mandibeln klein und exodont, auf der Innenseite nicht gezähnt (Abb. 0/40) . . . .
. . . . *Eucnemidae* (H 39) S. 157

230 (229) Ventrale Mundteile gut entwickelt, Stipites viel breiter als Maxillarpalpen (Abb. 0/111). Zähne der Mandibeln nach innen gerichtet,
nicht nach außen zeigend. Labrum frei.

231 (232) Stipites nicht oder kaum gegeneinander beweglich, keine Gelenkmembran zwischen Cardo und Submentum vorhanden (Abb. 0/41).
Stigmen cribriform (Abb. E 8) . . . . . . *Buprestidae* (H 41) S. 164

232 (231) Stipites stark gegeneinander beweglich, zwischen Cardo, Stipes und
Submentum ist eine gut entwickelte Gelenkmembran vorhanden
(Abb. 0/29). Stigmen nicht cribriform.

233 (234) Gula vorhanden und sklerotisiert. Ventrale Mundteile inserieren in
einer seichten Ausrandung am Vorderrand des Kopfes . . . . . .
. . . . *Cerambycidae* (partim) (H 90) S. 335

234 (233) Gula fehlend (Abb. 0/12). Ventrale Mundteile tief zurückgezogen.

235 (236) Antenne mit 2—3 deutlichen Gliedern und einem Sinnesanhang am
letzten Glied . . . . *Chrysomelidae* (*Orsodacninae*) S. 336

236 (235) Antenne nur aus einem Glied mit einem deutlichen Sinnesanhang
bestehend . . . . *Curculionidae* (partim) (H 97) S. 344

237 (228) Kopf orthognath. Körper gebogen, gewöhnlich stark konvex an der
Dorsalseite.

238 (239) Körper und Mundteile unbeweglich, überall von einer gestreiften,
stark sklerotisierten Membran bedeckt . . . .
. . . . *Meloidae* (Hypnothecae)

239 (238) Körper und Mundwerkzeuge beweglich, die Gelenke und große
Teile des Körpers nicht sklerotisiert.

240 (241) Mandibeln mit Mola, die gelegentlich schwach ausgebildet sein kann (Abb. 0/27) . . . . *Anthribidae* (partim) (H 94)

241 (240) Mandibeln ohne Mola.

242 (243) Pronotum in der hinteren Hälfte mit sklerotisierten Ringen und Linien . . . . *Platypodidae* (H 96)

243 (242) Pronotum ohne sklerotisierte Ringe.

244 (245) Mit oder ohne Stemmata. . . . . *Curculionidae* (partim) (H 97) S. 344

245 (244) Ohne Stemmata . . . . *Scolytidae* (H 95)

246 (227) Beine aus mehreren sehr kleinen Gliedern bestehend (Abb. 0/72).

247 (252) Kopf prognath. Körper gerade, nicht C-förmig gebogen.

248 (249) Mandibeln an der Spitze breit gerundet, gleichmäßig sklerotisiert. Mundrahmen, Maxillen, Antennen und Palpen gut sklerotisiert. Prothorax wenigstens so breit wie jedes andere Segment. Larven holzbohrend . . . . *Cerambycidae* (partim) (H 90) S. 335

249 (248) Mandibeln am Apex zugespitzt, an der Basis stark sklerotisiert. Mundrahmen, Maxillen, Antennen und Palpen ebenfalls stark sklerotisiert. Abdomen zu Zwischensegmenten erweitert, die beträchtlich breiter als der Prothorax sind. Larven teilweise ektoparasitisch.

250 (251) Abdomen ohne paarige Fortsätze auf den Segmenten 1 bis 8. Ventrale Mundteile inserieren am Vorderrand des Kopfes. Larven ektoparasitisch an Puppen von Coleoptera . . . *Carabidae* (partim) S. 51
(ältere Larven von *Brachinus* und *Lebia*)

251 (250) Abdomen mit paarigen konischen Vorsprüngen, vor allem an den hinteren Segmenten, diese sind dicht behaart. Ventrale Mundteile zurückgezogen. Larven in Schneckenhäusern . . *Drilidae* (partim)
(inaktives Stadium von *Drilus flavescens*)

252 (247) Kopf orthognath.

253 (256) Larven ektoparasitisch oder symbiontisch und räuberisch in Nestern von Hymenopteren. Körper nicht wesentlich gebogen. Kopf, Palpen usw. nicht bedeutend sklerotisiert. Ältere, mehr oder weniger physogastrische Stadien von ursprünglich aktiven Larven.

254 (255) In Zellen von Wespennestern, ektoparasitisch an Wespenlarven. Thoraxsegmente mit paarigen breiten und flachen Dorsalvorsprüngen. Jüngere Larven mit gut entwickelten Beinen, endoparasitisch in Wespenlarven . . . . *Rhipiphoridae* (partim) (H 79)

255 (254) In Nestern von Bienen, wo sie sich von den Futtervorräten, Eiern und Larven ernähren. Thoraxsegmente ohne auffallende Vorsprünge . . . . *Meloidae* (partim)

256 (253) Larven nicht parasitisch oder symbiontisch, gelegentlich „pseudoparasitisch" unter Schildern von Cocciden. Körper gewöhnlich gebogen, mitunter gerade. Kopf und Mundwerkzeuge einschließlich Palpen gut sklerotisiert.

257 (260) Larven mehr oder weniger gerade, nicht gebogen.

258 (259) Das 9. Abdominalsegment endet in einer einfachen, sklerotisierten Spitze (Abb. 0/56) oder mit einem Paar kleiner Urogomphi (Abb. 0/55) . . . . *Mordellidae* (*Mordellinae*) (H 80)

259 (258) 9. Abdominalsegment ohne Urogomphi. Abdominalsegmente mit 3 deutlichen Querfalten. Mesonotum mit 2 dunkel pigmentierten, tuberkeltragenden Flecken (Abb. 0/54) . . . *Brenthidae* (H 100)

260 (257) Larven gebogen. 9. Abdominalsegment immer ohne Urogomphi.

261 (262) Mandibelspitze einfach. Maxille nur mit einer einfachen Lade, die auf dem Palpifer inseriert (Abb. 0/19). Labialpalpen fehlen . . . . .
. . . . *Bruchidae* (partim) (H 93)

262 (261) Mandibelspitze zweizähnig. Maxillen mit 2 Laden, die auf dem Stipes inserieren (Abb. 0/33, 0/34). Labialpalpen gut entwickelt.

263 (264) Ventralseite des 10. Abdominalsegmentes vor dem Anus mit einer Längsfurche (Abb. 0/20) und einem Paar polsterähnlicher längsgestellter Erhebungen, die mit dieser verbunden sind. Mandibeln ohne Mola. Lacinia lappenförmig, ohne einen Sporn (Abb. 0/33). Abdominalsegmente dorsal mit queren Dörnchenreihen . . . . .
. . . . *Anobiidae* (partim)

264 (263) Ventralseite des 10. Abdominalsegmentes ohne Längsfurche und längliche, kissenähnliche Erhebungen. Mandibeln mit Mola. Lacinia klein, aber in einem langen, sklerotisierten Dorn endend (Abb. 0/34). Abdominalsegmente ohne Dörnchenreihen. . . . .
. . . . *Anthribidae* (partim) (H 94)

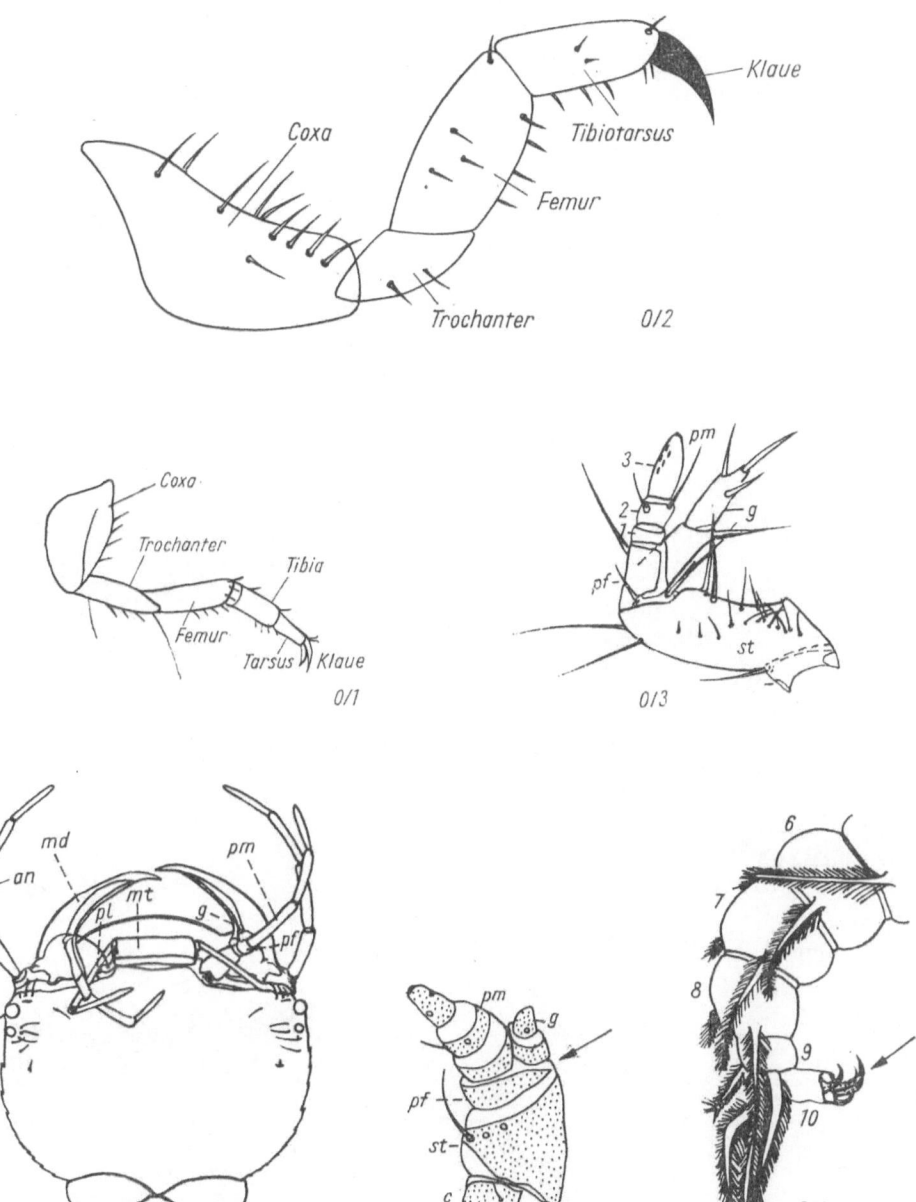

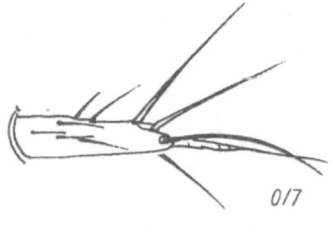

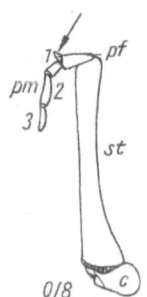

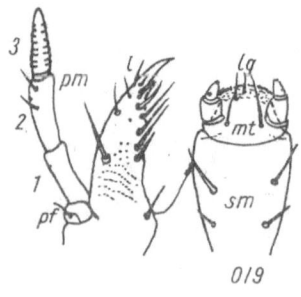

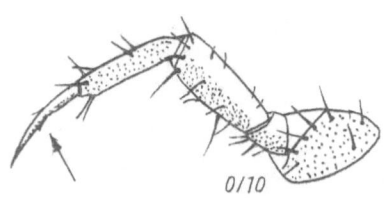

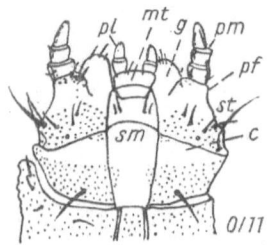

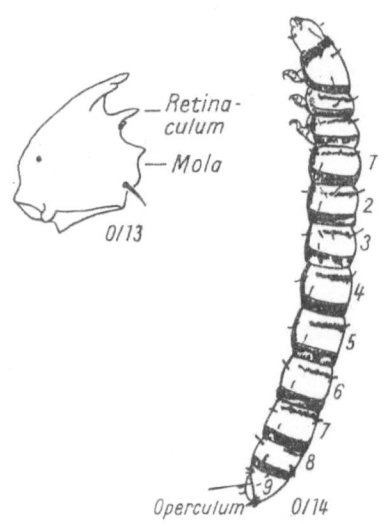

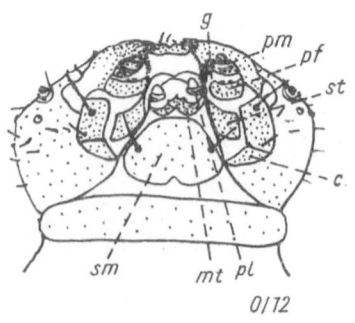

Abb. 0/7   *Leptinus testaceus* Müller, Urogomphus (nach Emden, 1942)
Abb. 0/8   *Hydrophilus caraboides* Linnaeus, Maxille (nach Emden, 1942)
Abb. 0/9   *Scaphidium quadrimaculatum* Olivier, Maxille, Labium (nach Emden, 1942)
Abb. 0/10   *Leptinus testaceus* Müller, Bein (nach Emden, 1942)
Abb. 0/11   *Opilo mollis* Linnaeus, Maxille, Labium (nach Emden, 1942)
Abb. 0/12   *Lilioceris lilii* Scopoli, Maxille, Labium (nach Emden, 1942)
Abb. 0/13   *Heterocerus* sp., Mandibel (nach Emden, 1942)
Abb. 0/14   *Dryops ernesti* Gozis, seitlich (nach Emden, 1942)

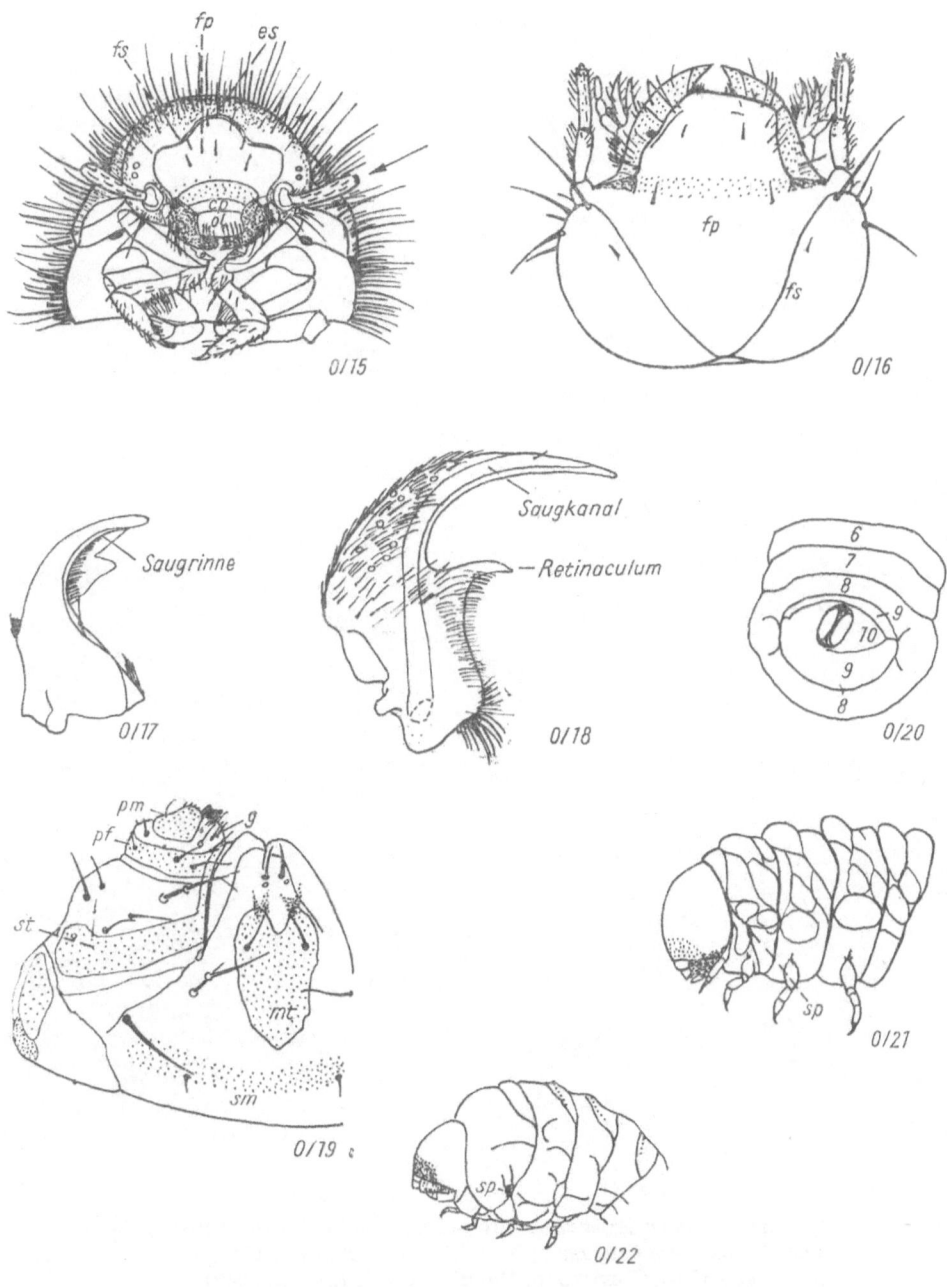

Abb. 0/15   *Lagria hirta* LINNAEUS, Kopf, von vorn (nach EMDEN, 1942)
Abb. 0/16   *Dascillus cervinus* LINNAEUS, Kopf, von oben (nach EMDEN, 1942)
Abb. 0/17   *Cantharis* sp., Mandibel (nach EMDEN, 1942)
Abb. 0/18   *Lampyris noctiluca* LINNAEUS, Mandibel (nach EMDEN, 1942)
Abb. 0/19   *Bruchus obtectus* SAY, Maxille, Labium (nach EMDEN, 1942)
Abb. 0/20   *Ptinus tectus* BOIELDIEU, Abdomenende, ventral (nach EMDEN, 1942)
Abb. 0/21   *Ptinus tectus* BOIELDIEU, Kopf, Thorax (nach EMDEN, 1942)
Abb. 0/22   *Ochina ptinoides* MARSHAM, Kopf, Thorax (nach EMDEN, 1942)

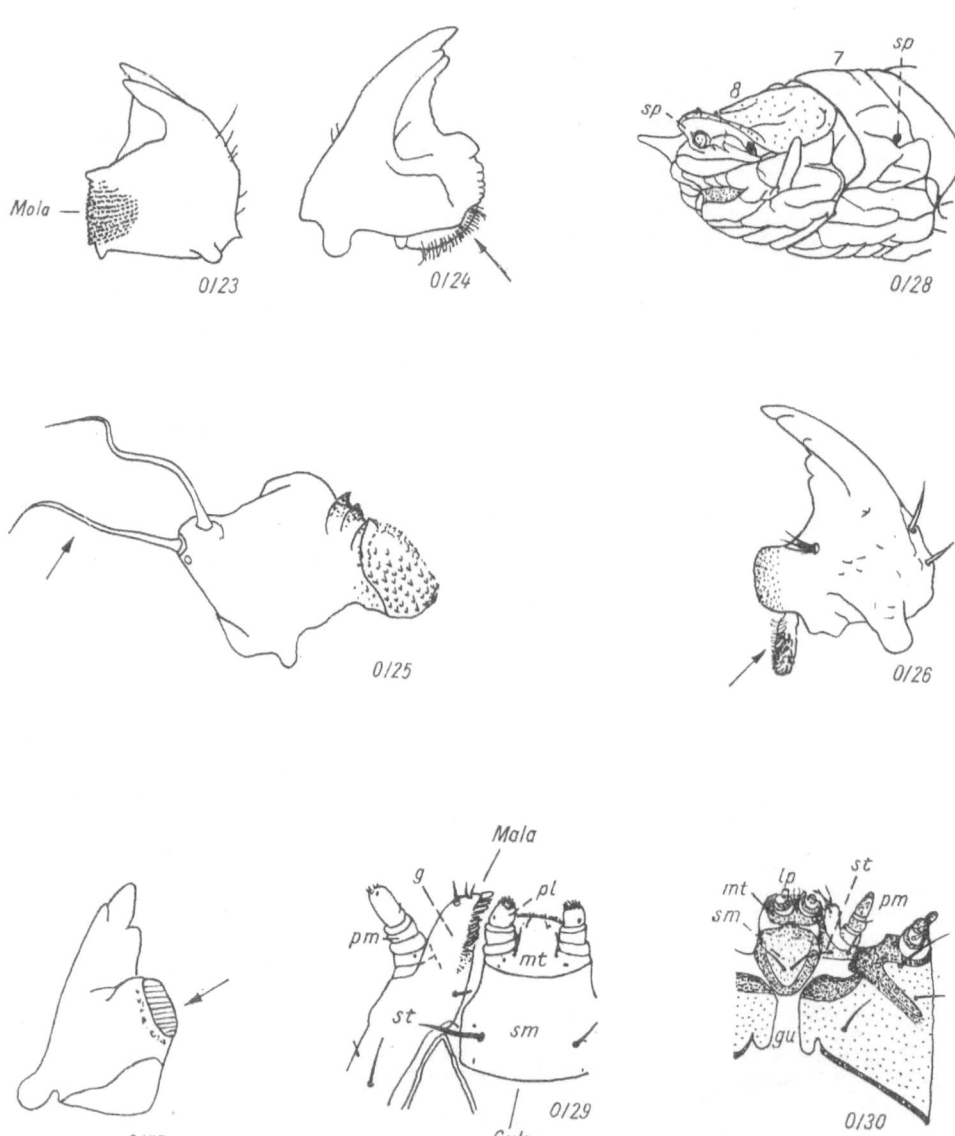

Abb. 0/23   *Mycetophagus quadripustulatus* Linnaeus, Mandibel (nach Emden, 1942)
Abb. 0/24   *Notoxus monoceros* Linnaeus, Mandibel (nach Emden, 1942)
Abb. 0/25   *Lathridius nodifer* Westwood, Mandibel (nach Emden, 1942)
Abb. 0/26   *Byturus tomentosus* Fabricius, Mandibel (nach Emden, 1942)
Abb. 0/27   *Scraptia* sp., Mandibel (nach Emden, 1942)
Abb. 0/28   *Sphaeridium bipustulatum* Fabricius, Abdomenende (nach Emden, 1942)
Abb. 0/29   *Rhizophagus* sp., Maxille, Labium (nach Emden, 1942)
Abb. 0/30   *Phalacrus grossus* Erichson, Maxille, Labium (nach Emden, 1942)

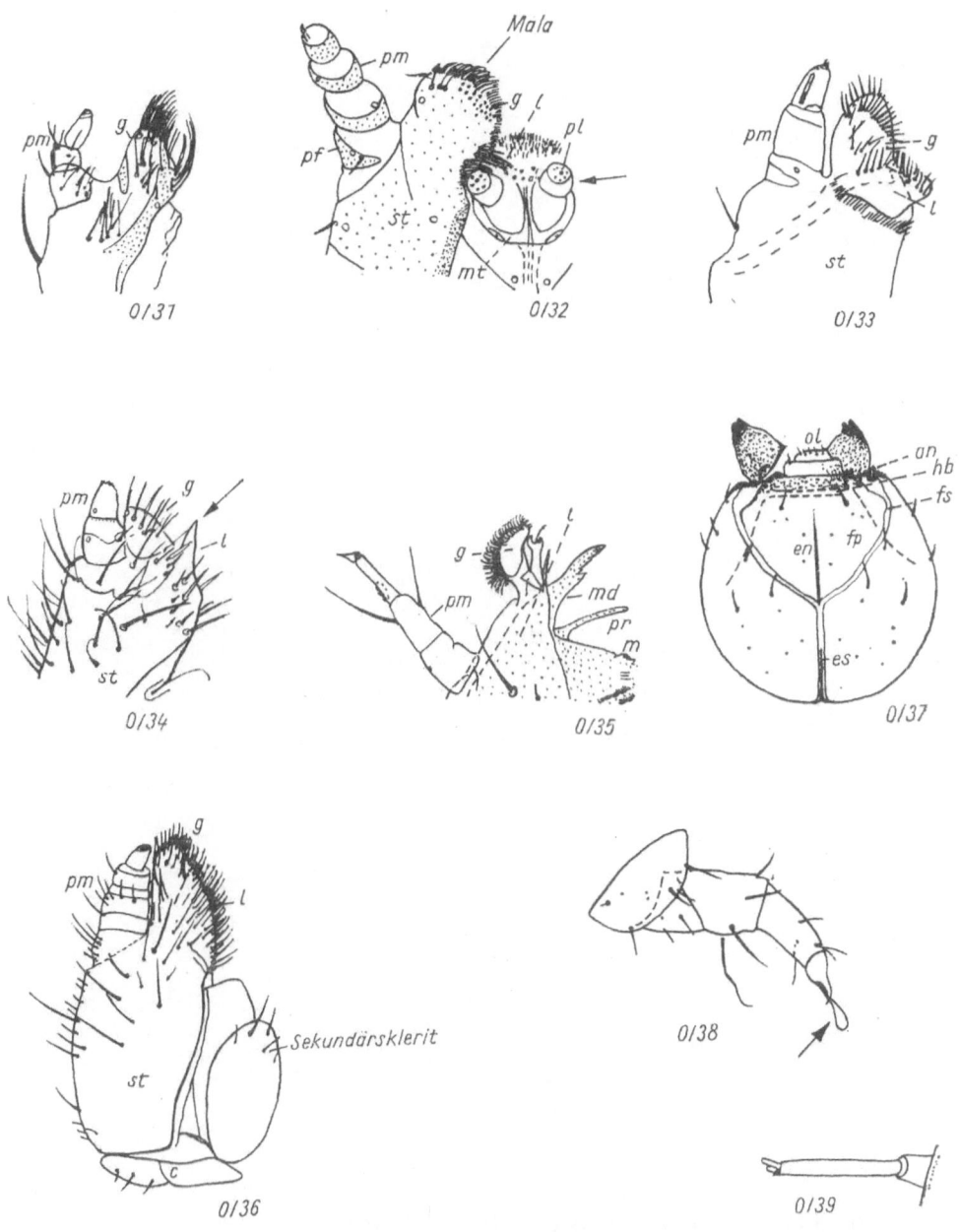

Abb. 0/31 Lyctus linearis GOEZE, Maxille (nach EMDEN, 1942)
Abb. 0/32 Glischrochilus quadripustulatus LINNAEUS, Maxille, Labium (nach EMDEN, 1942)
Abb. 0/33 Caenocara bovistae HOFFMANN, Maxille, Labium (nach EMDEN, 1942)
Abb. 0/34 Araecerus fasciculatus DEGEER, Maxille, Labium (nach EMDEN, 1942)
Abb. 0/35 Acrotrichis grandicollis MANNERHEIM, Mandibel, Maxille (nach EMDEN, 1942)
Abb. 0/36 Hylecoetus dermestoides LINNAEUS, Maxille (nach EMDEN, 1942)
Abb. 0/37 Anthonomus pomorum LINNAEUS, Kopf, von oben (nach EMDEN, 1942)
Abb. 0/38 Olibrus aeneus FABRICIUS, Bein (nach EMDEN, 1942)
Abb. 0/39 Aspidiphorus orbiculatus GYLLENHAL, Antenne (nach EMDEN, 1943)

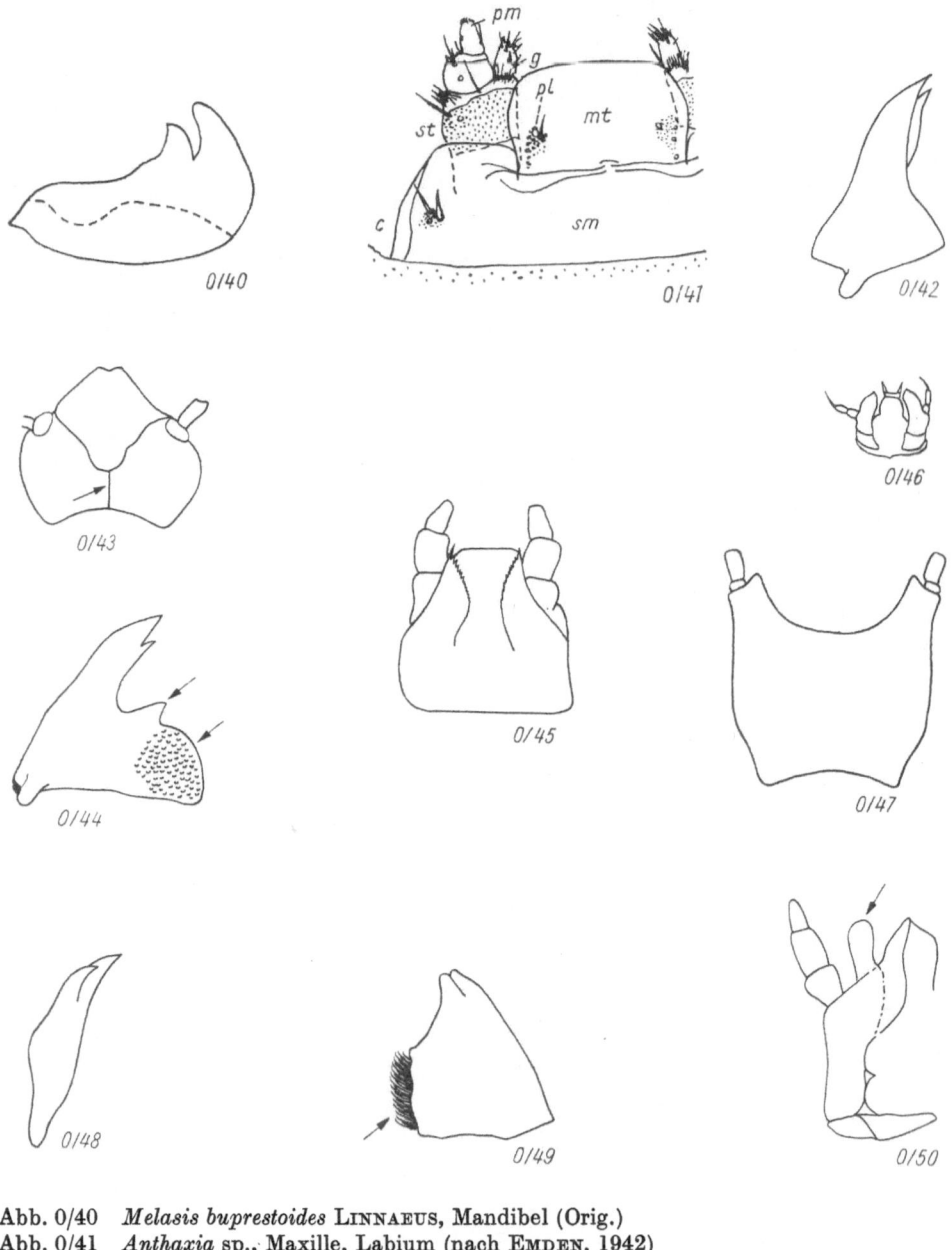

Abb. 0/40   *Melasis buprestoides* Linnaeus, Mandibel (Orig.)
Abb. 0/41   *Anthaxia* sp., Maxille, Labium (nach Emden, 1942)
Abb. 0/42   *Silpha* sp., Mandibel (Orig.)
Abb. 0/43   *Silpha* sp., Kopfkapsel, dorsal (Orig.)
Abb. 0/44   *Liodes humeralis* Fabricius, Mandibel (nach Böving und Craighead, 1931)
Abb. 0/45   *Anisotoma glabra* Kugelann, Labium (nach Böving und Craighead, 1931)
Abb. 0/46   *Scydmaenidae* gen. sp., Maxille, Labium (nach Böving und Craighead, 1931)
Abb. 0/47   *Cantharis* sp., Kopfunterseite (Orig.)
Abb. 0/48   *Dermestes* sp., Lacinia (Orig.)
Abb. 0/49   *Byrrhus* sp., Mandibel (Orig.)
Abb. 0/50   *Byrrhus* sp., Maxille (Orig.)

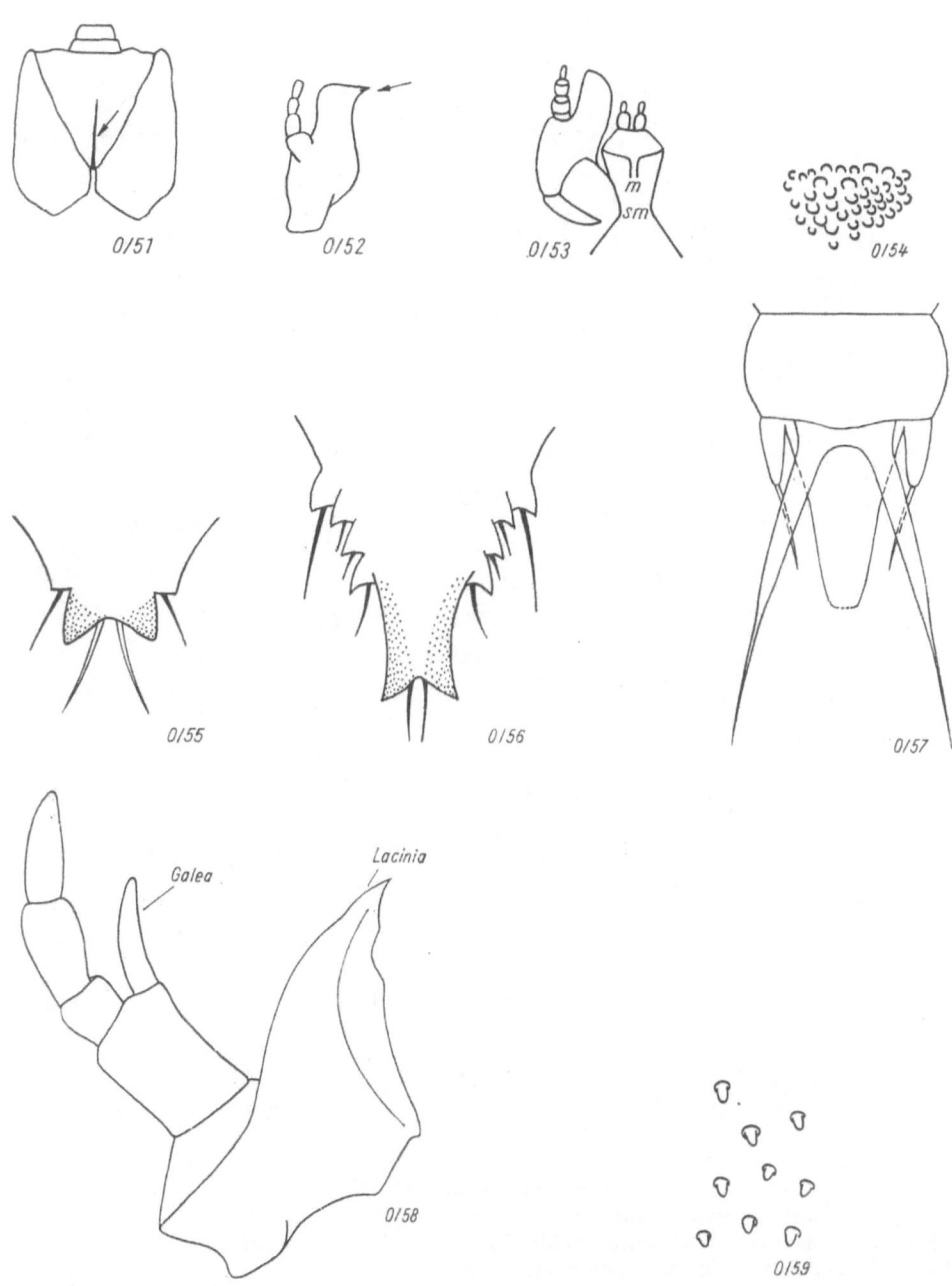

Abb. 0/51 *Temnochila coerulea* OLIVIER, Kopfkapsel, dorsal (Orig.)
Abb. 0/52 *Pyrochroa coccinea* LINNAEUS, Maxille (Orig.)
Abb. 0/53 *Melandrya* sp., Maxille, Labium (Orig.)
Abb. 0/54 *Brenthidae* gen. sp., Mesonotumsklerit (Orig.)
Abb. 0/55 *Mordellistena* sp., 9. Abdominalsegment (Orig.)
Abb. 0/56 *Mordellidae* gen. sp., 9. Abdominalsegment (Orig.)
Abb. 0/57 *Uleiota planata* LINNAEUS, 9. Abdominalsegment (Orig.)
Abb. 0/58 *Spercheus emarginatus* SCHALLER, Maxille (Orig.)
Abb. 0/59 *Ernobius* sp., Dörnchen der Abdominalsegmente (Orig.)

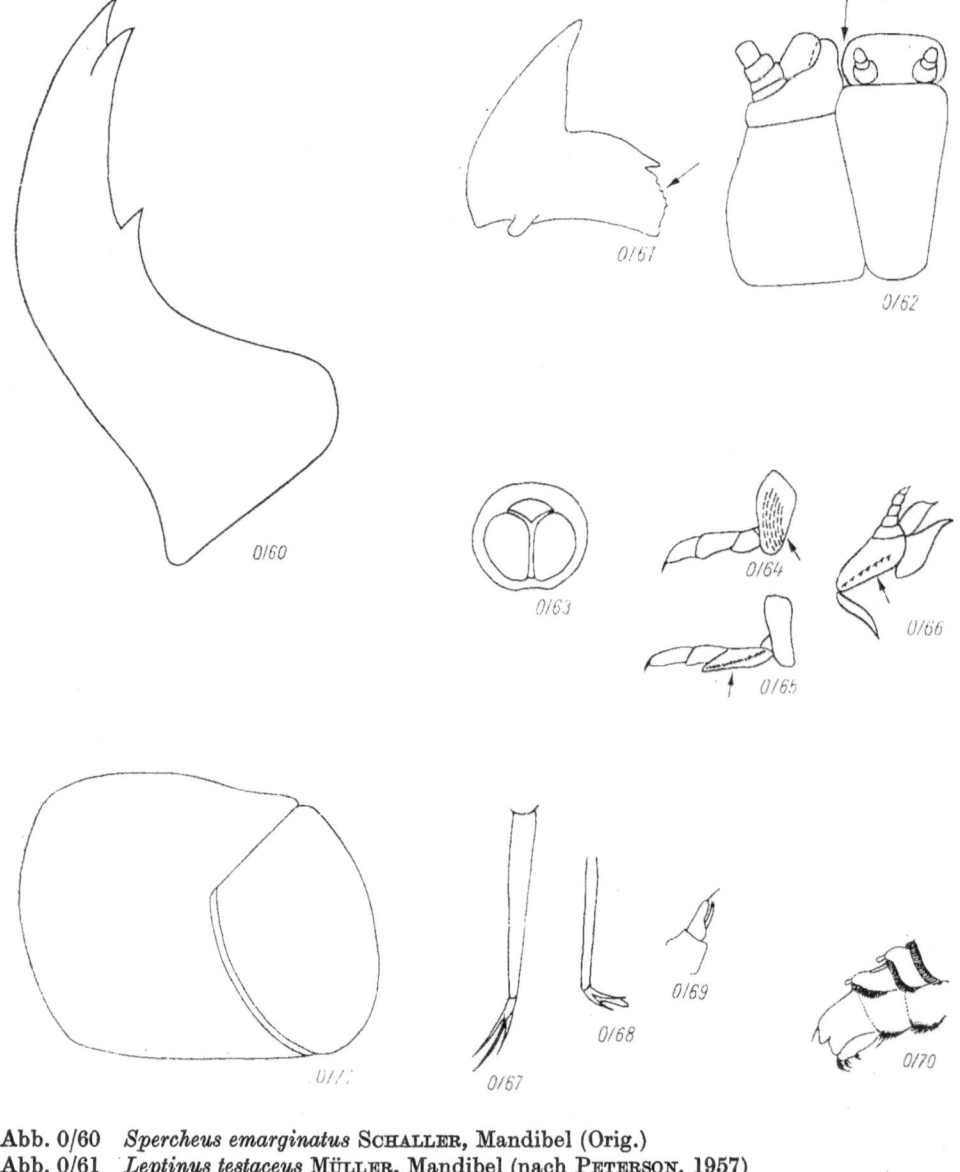

Abb. 0/60   *Spercheus emarginatus* SCHALLER, Mandibel (Orig.)
Abb. 0/61   *Leptinus testaceus* MÜLLER, Mandibel (nach PETERSON, 1957)
Abb. 0/62   *Dryops rudolfi* RUŠEK, Maxille, Labium (nach RUŠEK, 1973)
Abb. 0/63   *Lucanidae* gen. sp., Analsegment (Orig.)
Abb. 0/64   *Lucanidae* gen. sp., Mittelbein (Orig.)
Abb. 0/65   *Lucanidae* gen. sp., Hinterbein (Orig.)
Abb. 0/66   *Scarabaeidae* gen. sp., Maxille (Orig.)
Abb. 0/67   *Epicauta* sp., Triungulinus, Tibiotarsus (Orig.)
Abb. 0/68   *Rhipidius quadriceps* ABEILLE, Triungulinus, Tibiotarsus (Orig.)
Abb. 0/69   *Sphaerius ovensensis* OKE, Antenne (nach BRITTON, 1966)
Abb. 0/70   *Sphaerius ovensensis* OKE, 7.—10. Abdominalsegment, seitlich (nach BRITTON, 1966)
Abb. 0/71   *Callirhipis* sp., Abdomenende (nach EMDEN, 1932)

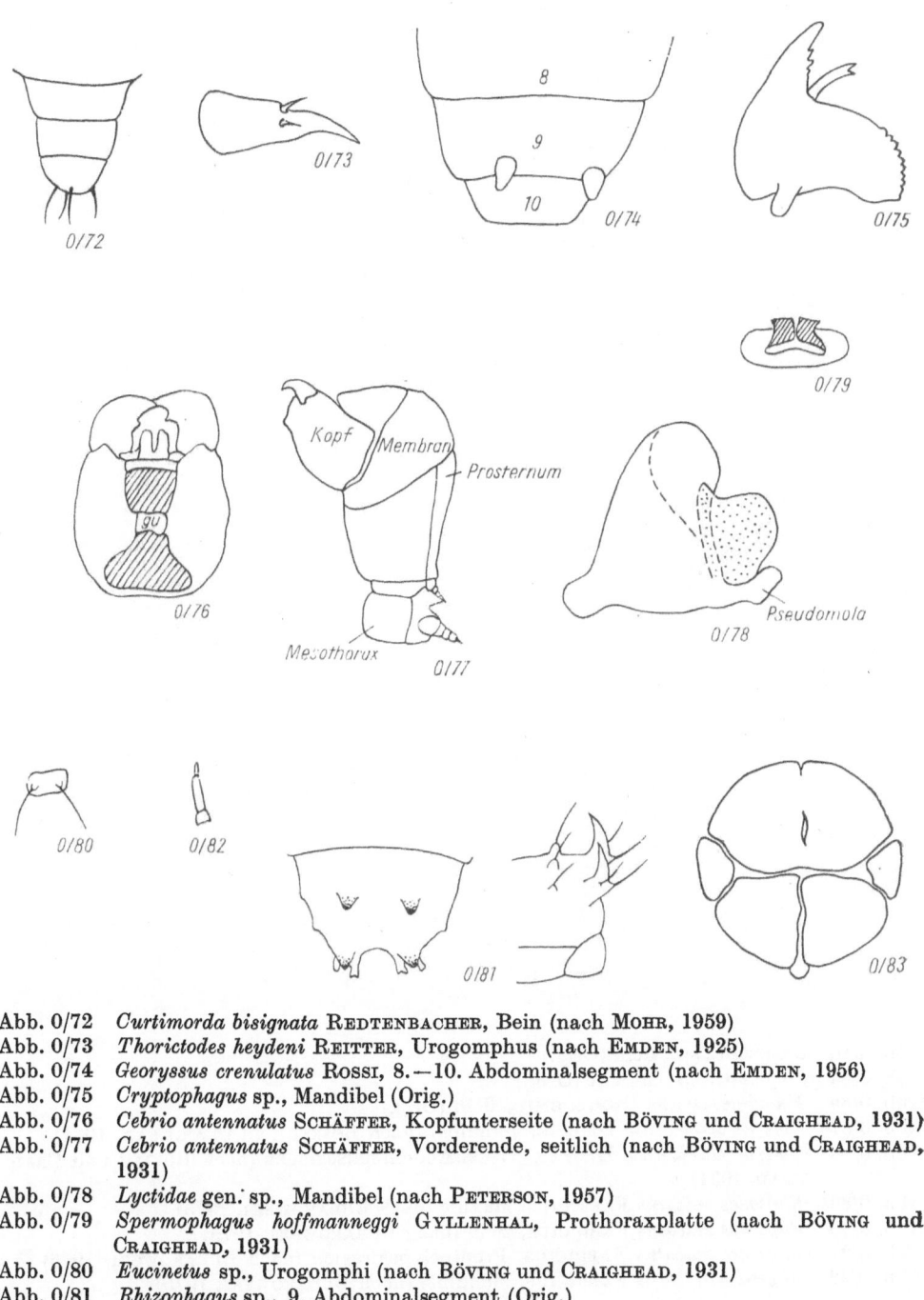

Abb. 0/72 *Curtimorda bisignata* REDTENBACHER, Bein (nach MOHR, 1959)
Abb. 0/73 *Thorictodes heydeni* REITTER, Urogomphus (nach EMDEN, 1925)
Abb. 0/74 *Georyssus crenulatus* ROSSI, 8.—10. Abdominalsegment (nach EMDEN, 1956)
Abb. 0/75 *Cryptophagus* sp., Mandibel (Orig.)
Abb. 0/76 *Cebrio antennatus* SCHÄFFER, Kopfunterseite (nach BÖVING und CRAIGHEAD, 1931)
Abb. 0/77 *Cebrio antennatus* SCHÄFFER, Vorderende, seitlich (nach BÖVING und CRAIGHEAD, 1931)
Abb. 0/78 *Lyctidae* gen. sp., Mandibel (nach PETERSON, 1957)
Abb. 0/79 *Spermophagus hoffmanneggi* GYLLENHAL, Prothoraxplatte (nach BÖVING und CRAIGHEAD, 1931)
Abb. 0/80 *Eucinetus* sp., Urogomphi (nach BÖVING und CRAIGHEAD, 1931)
Abb. 0/81 *Rhizophagus* sp., 9. Abdominalsegment (Orig.)
Abb. 0/82 *Sphindus dubius* GYLLENHAL, Antenne (Orig.)
Abb. 0/83 *Paussus granulatus* WESTWOOD, Analbecher (nach EMDEN, 1922)

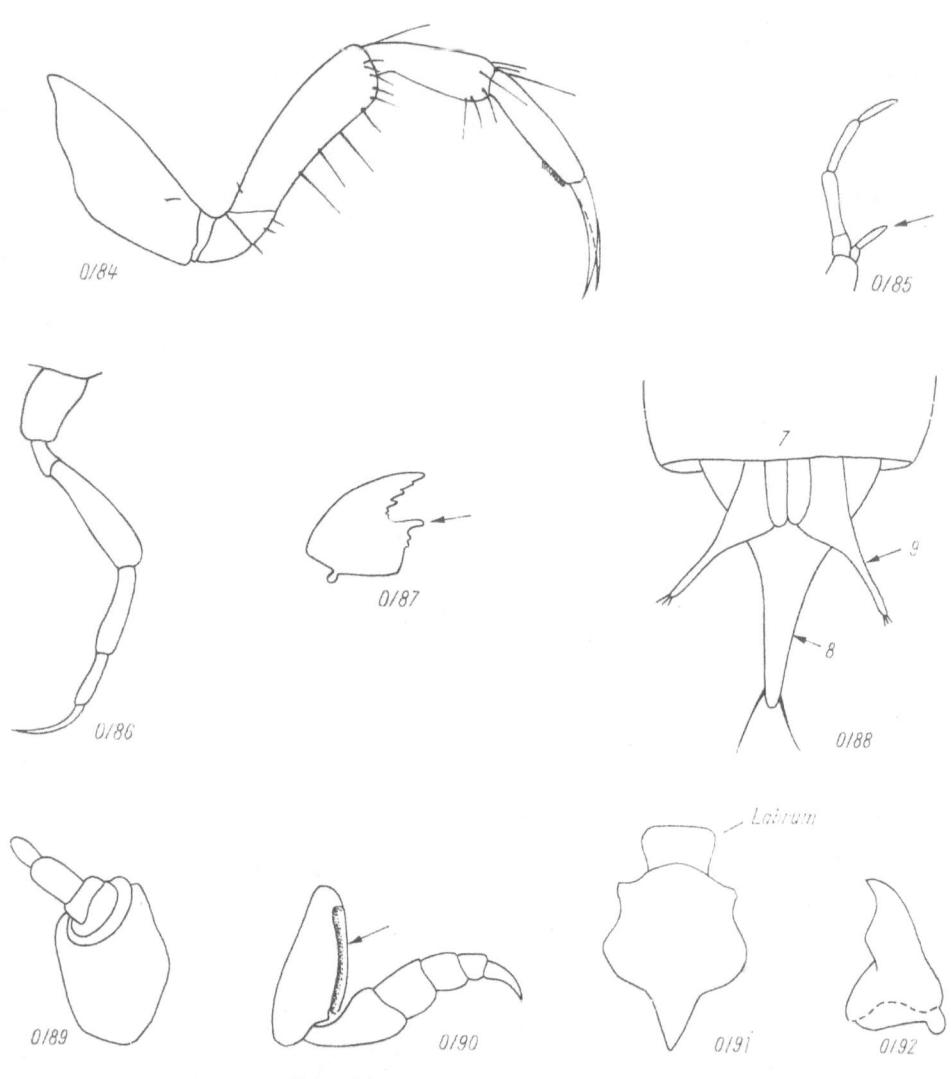

Abb. 0/84   *Colymbetes* sp., Bein (Orig.)
Abb. 0/85   *Colymbetes* sp., Maxille (Orig.)
Abb. 0/86   *Peltodytes caesus* Duftschmid, Bein (Orig.)
Abb. 0/87   *Noterus clavicornis* Degeer, Mandibel (nach Böving und Craighead, 1931)
Abb. 0/88   *Noterus clavicornis* Degeer, 7.—9. Abdominalsegment (nach Böving und Craig-
            head, 1931)
Abb. 0/89   *Rhysodes sulcatus* Fabricius, Maxille (nach Burakowski, 1975)
Abb. 0/90   *Rhysodes sulcatus* Fabricius, Bein (nach Burakowski, 1975)
Abb. 0/91   *Rhysodes sulcatus* Fabricius, Frontoclypealregion (nach Burakowski, 1975)
Abb. 0/92   *Rhysodes sulcatus* Fabricius, Mandibel (nach Burakowski, 1975)

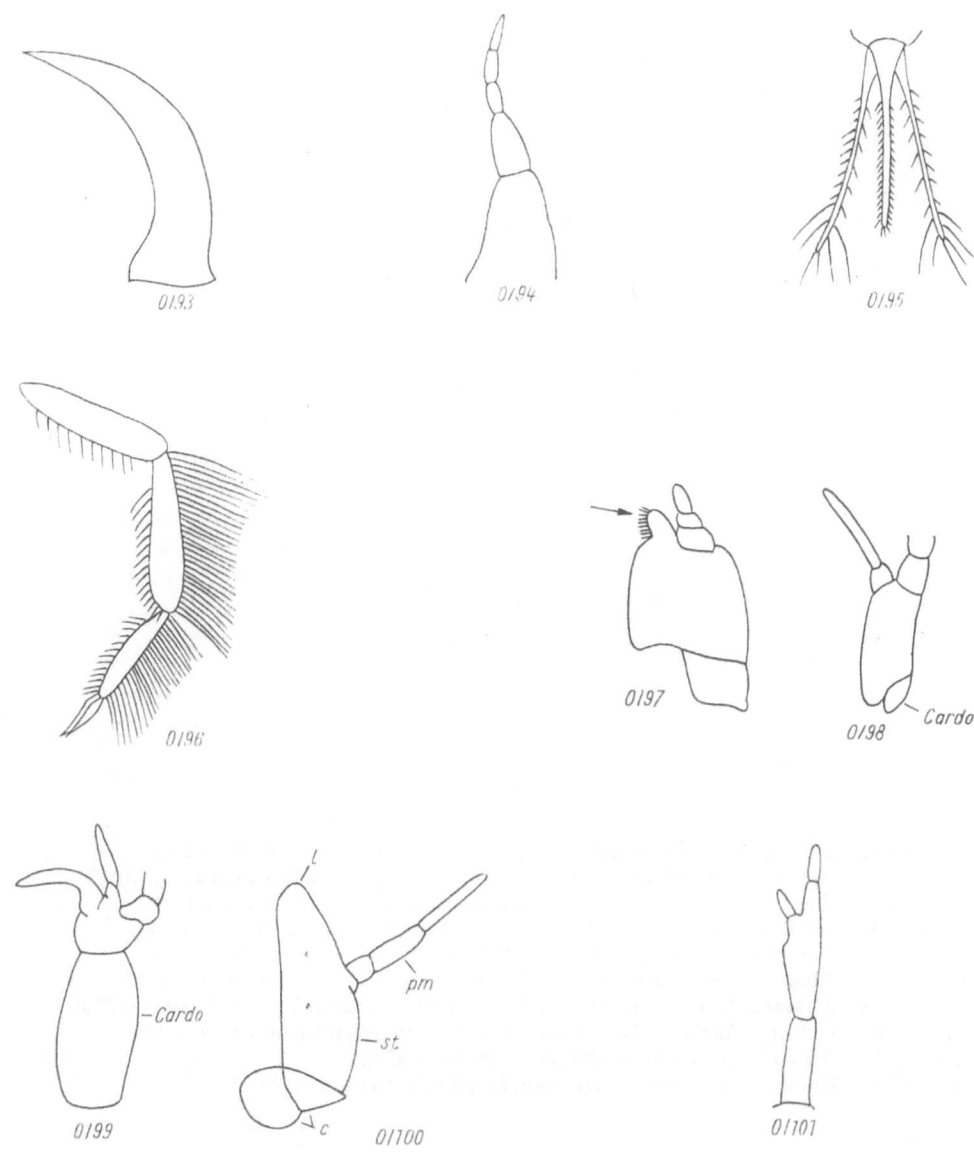

Abb. 0/93   *Hygrobia tarda* HERBST, Mandibel (nach BERTRAND, 1972)
Abb. 0/94   *Hygrobia tarda* HERBST, Maxille (nach BERTRAND, 1972)
Abb. 0/95   *Hygrobia tarda* HERBST, 8. Abdominalsegment (nach BERTRAND, 1972)
Abb. 0/96   *Hygrobia tarda* HERBST, Vorderbein (nach BERTRAND, 1972)
Abb. 0/97   *Haliplus* sp., Maxille (Orig.)
Abb. 0/98   *Ilybius* sp., Maxille (Orig.)
Abb. 0/99   *Gyrinus* sp., Maxille (Orig.)
Abb. 0/100 *Scaphisoma assimile* ERICHSON, Maxille (nach DAJOZ, 1965)
Abb. 0/101 *Scaphisoma assimile* ERICHSON, Antenne (nach DAJOZ, 1965)

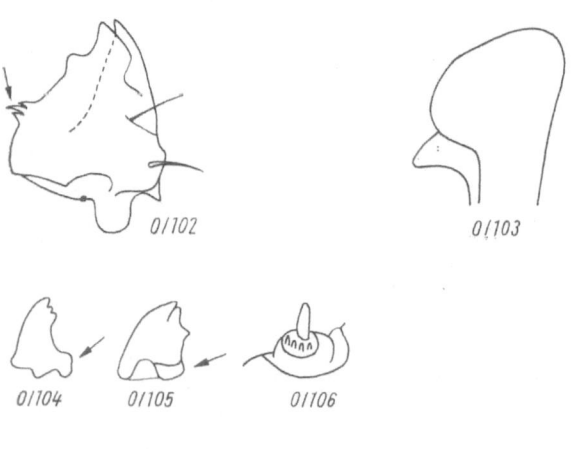

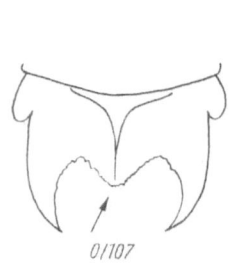

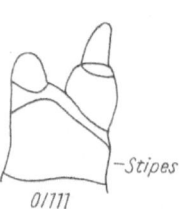

Abb. 0/102   *Phloeophilus edwardsi* STEPHENS, Mandibel (nach CROWSON, 1964)
Abb. 0/103   *Trixagus dermestoides* LINNAEUS, Mandibel (nach BURAKOWSKI, 1975)
Abb. 0/104   *Stephanopachys elongatus* PAYKULL, Mandibel (nach SAALAS, 1923)
Abb. 0/105   *Anobium emarginatum* DUFTSCHMID, Mandibel (nach SAALAS, 1923)
Abb. 0/106   *Dorcatoma dresdensis* HERBST, Antenne (nach SAALAS, 1923)
Abb. 0/107   *Boros schneideri* PANZER, 9. Abdominalsegment (nach SAALAS, 1937)
Abb. 0/108   *Melanophthalma transversalis* GYLLENHAL, Mandibel (nach FALCOZ, 1930)
Abb. 0/109   *Cybocephalus semiflavus* CHAMPION, Randborsten (nach AHMAD, 1970)
Abb. 0/110   *Scraptia* sp., 7.—9. Abdominalsegment (Orig.)
Abb. 0/111   *Melanophila acuminata* DEGEER, Maxille (nach SAALAS, 1923)

Erklärung der Abkürzungen zu den Abbildungen 0/1—0/111

an — Antenne,   md — Mandibel,
c — Cardo,   mt — Mentum,
en — Endocarina,   ol — Labrum,
es — Epicranialnaht,   pf — Palpifer,
fp — Frons,   pl — Palpus labialis,
fs — Frontalnaht,   pm — Palpus maxillaris,
g — Galea,   pr — Prostheca,
gu — Gula,   sm — Submentum,
l — Lacinia,   sp — Stigma,
lg — Ligula,   st — Stipes.

5. BESTIMMUNGSTABELLEN

5.1. Cicindelidae

Auffällige Larven mit stark sklerotisiertem, oft metallisch glänzendem Kopf, Dorsalseite der Vorderbrust kräftiger sklerotisiert als die übrigen tergalen Teile der Brust, oft metallisch glänzend. Dorsalseite des 5. Abdominalsegments mit 2 Paaren sklerotisierter Häkchen (Abb. 1/1, 1/2); das 9. Segment ohne Anhänge.

Die Larven graben sich, besonders im Sandboden, senkrechte Gänge, wo sie auf die Beute lauern.

1 (2) Paarige Ausläufer des 5. Abdominaltergits subparallel, stumpf (Abb. 1/1) . . . . *Megacephala* LATR.

2 (1) Paarige Ausläufer des 5. Abdominaltergits mit divergierenden, meist spitzen Enden (Abb. 1/2) . . . . *Cicindela* L. (H 1)

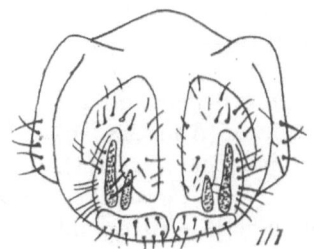 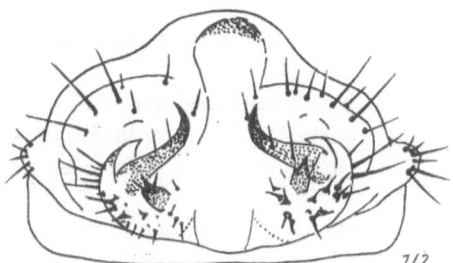

5.2. Carabidae

Kopf (Abb. 2/1A, B) quadrat- oder rechteckförmig; selten ist eine Halseinschnürung vorhanden. Epicranialnaht punktförmig bis lang. Frontalnähte und der Vorderrand des Kopfes bilden das Sklerit Frontale. Der Vorderteil des Frontale ist meist in drei Teile differenziert: die seitlichen Anguli frontales und den mittleren Clypeus. Stemmata 0-6, Antennen 4-gliedrig, selten mit basalem Pseudosegment; das 3. Glied gewöhnlich mit zusätzlichem sensorialem Anhang. Mandibeln nur ausnahmsweise ohne Retinaculum, innen auf der Basis mit oder ohne Penicillus. Maxillen mit 2-gliedriger Galea; Lacinia 1-gliedrig, ring-, konus- oder stylusförmig oder fehlend. Palpen gewöhnlich 3-gliedrig, Palpifer meist in der Form des Palpen-

gliedes, so daß die Palpen 4-gliedrig erscheinen; selten ist das letzte Palpenglied in
2 Pseudosegmente geteilt. Labium gewöhnlich mit bisetoser höckerartiger Ligula
und 2-gliedrigem Palpus. Kopf hinten seitlich auf der Dorsalseite manchmal mit
querverlaufender, bogenförmiger Cervikalfurche oder Cervikalkiel.

Beine mit 1—2 Klauen. Abdomen mit 10 Segmenten, das 9. dorsal gewöhnlich
mit 1 Paar beweglicher oder unbeweglicher, gegliederter oder ungegliederter Anhänge — Urogomphi. Das 10. Segment (Analsegment) stark umgebildet, tubus-
förmig, manchmal mit ausstülpbaren Häkchenreihen, dient den Larven als Stütz-
fläche bei der Lokomotion. Tergite der Abdominalsegmente gewöhnlich unvollständig, der ganzen Länge nach durch eine helle Mediansutur geteilt; häufig ist das
Praetergum durch eine Linie oder einen Kiel abgesondert. Auf dem 1.—7. Segment meist 5 ventrale und 2 laterale Sklerite vorhanden (Epipleurit —' manchmal
geteilt und Hypopleurit); Sklerite auf den Segmenten 8 und 9 sind verwachsen
(Abb. 2/2).

Die Larven sind meist echte Bodenbewohner, ein Teil lebt auf der Bodenfläche,
einige Larven auch unter Baumrinde. Das 3. Larvenstadium der *Lebiinae* und
das 2.—5. Stadium der *Brachininae* leben ektoparasitisch und sind durch diese
Lebensweise weitgehend umgebildet.

Bestimmungstabelle für die Unterfamilien

1 (2) Stark sklerotisierte, mehr oder weniger nach oben gebogene, oft zu-
        gespitzte Urogomphi tragen 1 oder 2 deutliche Hörner (Abb. 2/3a, b)
        (im 1. Stadium einiger Arten sind Hörner durch Höcker ersetzt).
        . . . . *Carabinae* S. 56

2 (1) Mehr oder weniger sklerotisierte, gewöhnlich gerade Urogomphi
        anders gebaut, immer ohne spitze Hörner.

3 (4) Tergite extrem breit, deutlich den Pleuralteil überragend; Urogom-
        phi sehr kurz (Abb. 2/4) . . . . *Cychrinae* (*Cychrus* F.)

4 (3) Tergite schmaler, kaum den Pleuralteil erreichend (Abb. 2/27, 2/28);
        Urogomphi von verschiedener Länge.

5 (14) Urogomphi beweglich eingefügt, von dem 9. Tergit durch schmalere
        oder breitere membranöse Zone getrennt (Abb. 2/5).

6 (13) Urogomphi ungegliedert (Abb. 2/5).

7 (10) Clypeus mit deutlichen Zähnen (Abb. 2/6a, b, c); die Antennen
        höchstens 1,5 mal länger als die Mandibeln, meist kürzer; Mandibeln
        schlank, mit glattem Innenrand (Abb. 2/7).

8 (9) Die Frontalnähte stark eingebogen, in ihrem Distalteil subparallel
        (Abb. 2/8); Clypeus mit 4 (Abb. 2/6b) oder 6 (Abb. 2/6a) Zähnen.
        . . . . *Nebriinae* S. 57

9 (8) Die Frontalnähte schwach eingebogen, in ihrem Distalteil stark di-
        vergierend (Abb. 2/9); Clypeus mit 2 stark vorgezogenen Zähnen in
        der Mitte und mit je 2 kürzeren lateral (Abb. 2/6c) . . . .
        . . . . *Notiophilinae* (*Notiophilus* Dum.)

10 (7) Vorderrand des Clypeus glatt oder schwach gezähnt, ohne große
        Zähne; die Antennen 2—4mal länger als die Mandibeln, die letzteren
        mit gezähntem Innenrand.

11 (12) Die Antennen 3—4mal länger als die Mandibeln. Mindestens die 2 letzten Antennenglieder und die Tarsen pubeszent. Labialpalpen deutlich kräftiger als die Maxillarpalpen . . . .
. . . . *Panagaeinae* (*Panagaeus* LATR.)

12 (11) Die Antennen 2mal länger als die Mandibeln. Die Antennenglieder· und Tarsen nicht pubeszent. Labialpalpen nicht kräftiger als die Maxillarpalpen . . . . . . *Licininae* (partim) (*Licinus* LATR.)

13 (6) Urogomphi unregelmäßig gegliedert, fadenförmig (Abb. 2/10) . . .
. . . . *Callistinae* (partim) S. 60

14 (5) Urogomphi unbeweglich mit dem 9. Tergit verwachsen.

15 (16) Palpifer von dem Stipes nicht völlig gesondert (Abb. 2/11). Urogomphi in der Form eines kurzen, spitzen, nach oben gerichteten Hörnchens (Abb. 2/12) . . *Trachypachynae* (*Trachypachys* MOTSCH.)

16 (15) Palpifer von dem Stipes deutlich gesondert (Abb. 2/13). Urogomphi von verschiedener Form und Länge, niemals hörnchenartig.

17 (18) Galea auffällig lang und kräftig, länger als Maxillarpalpus, ihr 2. Glied pfriemförmig, viel länger als das 1., sehr lang geißelförmig ausgezogen, mit einer Schicht von hyalinem Exsudat versehen. (Abb. 2/14). Ligula multisetos . . . . *Lorocerinae* (*Lorocera* LATR.)

18 (17) Galea niemals kräftiger und länger als Maxillarpalpus, ihr 2. Glied nicht geißelförmig ausgezogen und mit hyalinem Exsudat versehen. Ligula bisetos oder ohne Borsten.

19 (20) Ligula auffällig vorgezogen, etwa so lang wie die Labialpalpen, mit lateralen Borsten (Abb. 2/15). Auch die Lacinia sehr lang, nur wenig kürzer als die Galea (Abb. 2/16). Mandibeln mit 2 Zähnen . . .
. . . . *Omophroninae* (*Omophron* LATR.)

20 (19) Ligula, wenn vorhanden, immer deutlich kürzer als das Basalglied der Labialpalpen, mit apikalen Borsten (Abb. 2/17). Lacinia kürzer als Galea. Mandibeln nur ausnahmsweise mit mehr als einem Zahn (Retinaculum).

21 (22) Urogomphi mit deutlichen, weit vorgezogenen Borstenhöckern (Abb. 2/18), die bei den Larven des 1. Stadiums meist weniger deutlich sind. Clypeus vorn in ein breites Horn ausgezogen (Abb. 2/19).
. . . . *Elaphrinae* S. 57

22 (21) Urogomphi, wenn vorhanden, anders gebaut, höchstens jedoch mit knotenartigen Borstenhöckern (Abb. 2/20). Clypeus von verschiedener Form.

23 (26) Anhangsglied des 3. Antennengliedes fehlt, durch eine Sensorialfläche ersetzt, die von einem großen oder mehreren kleineren Sensorien gebildet ist (Abb. 2/21).

24 (25) Stipes ventral mit einer membranösen Querbinde. Das 2. Antennenglied kaum länger als das 1. Epipleurite ungeteilt. Larven unter der Rinde . . . . *Morioninae* (*Morion* LATR.)

25 (24) Stipes ventral ohne membranöse Querbinde. Das 2. Antennenglied deutlich länger als das 1. Epipleurite geteilt . . . .
. . . . *Scaritinae* (*Scaritini*) S. 57

26 (23) Anhangsglied des 3. Antennengliedes vorhanden (Abb. 2/1); wenn es fehlt, dann nicht durch Sensorialfläche ersetzt.

27 (28) Urogomphi entweder verflacht, breit, etwa so lang wie das 10. Abdominalsegment (Abb. 2/22), oder schmal und viel kürzer als dieses Segment (Abb. 2/23). Beine mit 1 Klaue; das 2. Galeaglied höchstens nur etwas länger als das Basalglied, kahl . . . .
. . . . *Scaritinae* (*Clivinini*) S. 57

28 (27) Urogomphi von anderer Form oder nicht vorhanden; wenn Urogomphi kürzer als das 10. Abdominalsegment, dann Beine mit 2 Klauen oder das 2. Galeaglied mindestens 3mal länger als das Basalglied und mit Borsten versehen.

29 (43) Lacinia nicht vorhanden, durch starke Borste ersetzt (Abb. 2/24).

30 (58) Urogomphi von normaler Länge, mindestens so lang wie das 10. Abdominalsegment, nicht gegliedert.

31 (32) Das letzte Glied der Maxillarpalpen geteilt immer in 2 (Abb. 2/24), das letzte Glied der Labialpalpen oft in 3 Teile (Abb. 2/17) . . . .
. . . . *Trechinae* S. 58

32 (31) Das letzte Glied der Maxillar- und Labialpalpen ungeteilt.

33 (38) Beine mit 1 Klaue.

34 (35) Klaue ventral mit 2 kräftigen Borsten . . . . *Broscinae* S. 58

35 (34) Klaue ventral ohne Borsten.

36 (37) Das 1. Antennenglied mindestens so lang wie das 2., meist länger. .
. . . . *Bembidioninae* S. 58

37 (36) Das 1. Antennenglied kürzer als das 2. . . . .
. . . . *Pogoninae* (*Pogonus* Curt.)

38 (33) Beine mit 2 Klauen.

39 (42) Die Klauen gleich lang.

40 (41) Larven über 6 mm groß; Abdominaltergite in der zweiten Reihe mit je 1 Paar Borsten . . . . *Patrobinae* S. 60

41 (40) Larven bis zu 5 mm groß; Abdominaltergite in der zweiten Reihe nur mit je 1 Borste . . *Dromiinae* (*Metabletus* Schmidt-Goeb.)

42 (39) Die Klauen ungleich lang . . . *Perigoninae* (*Perigona* Cast.)

43 (29) Lacinia vorhanden (Abb. 2/25a), selten rudimentär (Abb. 2/25b—d).

44 (45) Antennen mindestens 2mal länger als die Mandibeln. Frontale gerundet viereckig (Abb. 2/26) . . . . *Licininae* S. 60

45 (44) Antennen etwa so lang wie die Mandibeln oder nur etwas länger. Frontale mehr oder weniger dreieckig oder trapezoid.

46 (47) Tergite vollständig, fast die ganze dorsale Fläche des Abdomens bedeckend (Abb. 2/27) . . . . *Callistinae* S. 60

47 (46) Tergite unvollständig, nicht die dorsale Abdominalfläche bedeckend (Abb. 2/28a, b).

48 (49) Ligula unisetos . . . . . . *Psydrinae** (*Nomius pygmaeus* Dej.)

49 (48) Ligula bisetos.

50 (51) Tergite seitlich länger oder kürzer gerandet (Abb. 2/28a); selten sind die Tergite ungerandet, dann aber Lacinia rudimentär. Mandibeln länger und schlanker, etwa 3mal länger als an der Basis breit, ohne

---

* nach Jeannels (1948) unvollständiger Beschreibung.

kräftige Zähne zwischen Retinaculum und Apex** . . . .
. . . . *Pterostichinae* S. 60

51 (50) Tergite seitlich nicht gerandet (Abb. 2/28b, 2/78). Mandibeln kürzer und breiter, weniger als 3mal länger als an der Basis breit; selten schlanker, dann aber das Retinaculum in der Nähe der Mandibelbasis und der Innenrand des Apikalteils der Mandibel mit einigen kräftigen Zähnen. Lacinia gut entwickelt.

52 (53) Klauen der Beine gleich lang. Stipes ventral mit einer membranösen Querbinde (Abb. 2/13) . . . . *Zabrinae* S. 62

53 (52) Klauen ungleich lang. Stipes ventral ohne membranöse Querbinde.

54 (55) Vorderrand des Clypeus breit halbkreisförmig ausgeschnitten und fein gezähnt, von den Anguli frontales nicht deutlich getrennt. Cervikalfurche undeutlich; Stemmata vorhanden; Lacinia mit einer Apikalborste . . . . *Amblystominae* (*Amblystomus* Er.)

55 (54) Vorderrand des Clypeus anders gebaut, wenn halbkreisförmig ausgeschnitten, dann ist der Ausschnitt von den Anguli frontales durch 1—2 Zähne gesondert. Cervikalfurche deutlich, selten nicht vorhanden, dann aber die Stemmata reduziert. Lacinia mit einer Lateralborste, selten ist die Borste apikal, dann der Clypeus mit 2—4 Zähnen.

56 (57) Ligula an der Basis so breit oder breiter als die Basis des 1. Gliedes der Labialpalpen (Abb. 2/29). . . . . *Anisodactylinae, Harpalinae* S.62

57 (56) Ligula an der Basis deutlich schlanker als die Basis des 1. Gliedes der Labialpalpen (Abb. 2/30) . . . . *Stenolophinae* S. 63

58 (30) Urogomphi kürzer als das 10. Abdominalsegment, oder rudimentär bis fehlend, oder von normaler Länge bis auffallend lang, dann aber gegliedert.

59 (70) Urogomphi gegliedert, länger als das 10. Abdominalsegment.

60 (63) Kopf mit deutlicher Halseinschnürung.

61 (62) Innenrand des Apikalteils der Mandibel gezähnt. Klauen einfach. Urogomphi mit 4—5 Gliedern . . *Odacanthinae* (*Odacantha* Payk.)

62 (61) Innenrand des Apikalteils der Mandibel glatt. Klauen ventral mit Ausläufer. Urogomphi mit mehr als 10 Gliedern, länger als das Abdomen . . . . *Dryptinae* (*Drypta* Latr.) (H 4)

63 (60) Kopf manchmal zur Basis verengt, jedoch nicht mit deutlicher Halseinschnürung.

64 (67) Klauen einfach, ohne Basalzahn.

65 (66) Ligula rudimentär, ohne Borsten. Das 2. Galeaglied länger als das Basalglied. Epicranialnaht kürzer als das 4. Antennenglied. Das 10. Abdominalsegment apikal ohne die Gruppe von Häkchen. Klauen ungleich lang . . . . *Lebiinae* (*Lebia* Latr., 1. und 2. Stadium) (3. Stadium weist wegen seiner ektoparasitischen Lebensweise zahlreiche Reduktionen der Körperanhänge, Beine und Urogomphi auf und hat nie den Habitus von Carabidenlarven — Abb. 2/31)

** nach dem Bestimmungsschlüssel wird hier auch das 1. Stadium von *Pelophila borealis* Payk. mit unbeweglich verwachsenen Urogomphi bestimmt. Die Larve ist jedoch durch die 4zähnige Clypeus-Form und die ungleich langen Klauen zu unterscheiden.

66 (65) Ligula mit 2 Borsten, gut entwickelt. Das 2. Galeaglied kürzer als das Basalglied. Epicranialnaht mindestens so lang wie das 4. Antennenglied. Das 10. Abdominalsegment mit einer Gruppe von Häkchen (Abb. 2/32). Klauen gleich lang . . . .
. . . . *Cymindinae* (*Cymindis* LATR.)

67 (64) Klauen mit einem Basalzahn.

68 (69) Retinaculum durch Ausschnitt ersetzt. Beide Klauen gleich, mit langem und scharfem Zahn auf der Basis. Analsegment mit einer Gruppe von Häkchen . . . *Calleidinae* (*Plocionus* LATR. et DEJ.)

69 (68) Retinaculum gut entwickelt. Die Hinterklaue jedes Beines mit einem Zahn, die Vorderklaue blattförmig, ventral leicht gesägt. Analsegment ohne die Gruppe von Häkchen . . . .
. . . . *Demetriinae* (*Demetrias* SAM.)

70 (59) Urogomphi ungegliedert, kürzer als das 10. Abdominalsegment oder nicht vorhanden.

71 (72) Analsegment mit einer Gruppe von kräftigen Häkchen (Abb. 2/33). Klauen mit deutlichem Zahn (Abb. 2/34). Larven einiger Arten unter der Baumrinde . . . . *Dromiinae* (*Dromius* SAM.)

72 (71) Analsegment ohne die Gruppe von Häkchen. Klauen einfach, höchstens mit einem Basalhöcker (Abb. 2/96).

73 (74) Das 3. Antennenglied nur undeutlich breiter als die Glieder 1 und 2, mit kleinem sensorialem Anhangsglied (Abb. 2/35). Ligula höckerförmig, mit Borsten . . . . *Masoreinae* S. 63

74 (73) Das 3. Antennenglied deutlich breiter als die Glieder 1 und 2, mit großem sensorialem Anhangsglied (Abb. 2/36). Ligula und ihre Borsten nicht vorhanden . . . . *Brachininae* S. 63

Carabinae

1 (2) Larven blauviolett oder blaugrün mit Metallschimmer. Das 2. Glied der Labialpalpen kurz und breit, mit 2 auffällig großen Sinnesfeldern; Basalglied der Labialpalpen dorsal mit einem Feld von 9—10 kräftigen Borsten (Abb. 2/37). Basalglied der Maxillarpalpen dorsal mit einer Gruppe von mehr als 5 kräftigen Borsten . . . .
. . . . *Procerus* DEJ.

2 (1) Larven schwarz oder braun, manchmal mit rotem Kopf. Das 2. Glied der Labialpalpen länger und schmäler, mit 1 oder 2 kleinen Sinnesfeldern; Basalglied der Labialpalpen dorsal entweder ohne Borsten oder mit einer Reihe von 1—5 Borsten (Abb. 2/38). Basalglied der Maxillarpalpen dorsal mit 0—1 Borste.

3 (4) Clypeus mit 4 Zähnen, ein breiterer Ausschnitt teilt den Clypeus in zwei 2-zähnige Teile (Abb. 2/39). Labialpalpen mit 1 nierenförmigen Sinnesfeld auf unlobierter Spitze; Innenrand der Mandibel und des Retinaculums oft gezähnt . . . . *Calosoma* WEBER

4 (3) Clypeus von verschiedener Form (Abb. 2/40a, b, c); wenn 4-zähnig, dann die Labialpalpen mit 2 deutlichen Sinnesfeldern auf bilobierter Spitze; Innenrand der Mandibel samt dem Retinaculum glatt . .
. . . . *Carabus* L. (H 2)

Nebriinae

1 (2) Clypeus in ein sechsspitziges Horn vorgezogen (Abb. 2/6a); Maxille ohne Lacinia . . . . *Leistus* FRÖLICH

2 (1) Clypeus nicht in ein Horn vorgezogen, mit 4 Zähnen auf dem Vorderrand (Abb. 2/6b); Maxille mit Lacinia.

3 (6) Kopf mit einer deutlichen Halseinschnürung (Abb. 2/41); Mandibel ohne Penicillus.

4 (5) Kopf ohne die Halseinschnürung fast so breit wie lang; Clypeus vorspringend (Abb. 2/6b). Das 1. Antennenglied ist kaum 2/3 so lang wie das 2. und 3. zusammen . . . . *Nebria* LATR.

5 (4) Kopf ohne die Halseinschnürung deutlich breiter als lang; die Zähne des Clypeus nicht aus dem Umriß des Kopfes vorspringend (Abb. 2/42). Das 1. Antennenglied ist so lang wie das 2. und 3. zusammen. *Eurynebria* GANGLB.

6 (3) Kopf ohne Halseinschnürung; Mandibel mit Penicillus (Abb. 2/43) . . . . *Pelophila* DEJ.

Elaphrinae

1 (2) Beine mit 1 Klaue. Tergite des Abdomens nur mit 2 Paaren längerer Borsten in jeder Reihe . . . . *Diachila* MOTSCH.

2 (1) Beine mit 2 Klauen. Tergite des Abdomens außer den längeren Borsten noch mit einigen kürzeren Börstchen.

3 (4) Lacinia kurz, jedoch deutlich, mit winzigem subterminalen Börstchen; 1 kräftige Borste bei der Basis der Lacinia (Abb. 2/44). Urogomphi mit zahlreichen ungleichen borstentragenden Höckern. 1.—7. Abdominalepipleurit in Vorder- und Hinterteil gesondert. . . . . *Blethisa* BON.

4 (3) Lacinia fehlend oder rudimentär, mit kräftiger Terminalborste (Abb. 2/45). Urogomphi mit wenigen langen, borstentragenden Höckern (Abb. 2/18). Abdominalepipleurite ungeteilt . . . . *Elaphrus* F.

Scaritinae

1 (2) Beine mit 2 Klauen. Anhangsglied des 3. Antennengliedes fehlt und ist durch eine Sensorialfläche ersetzt (Abb. 2/21) . . . . *Scarites* F.

2 (1) Beine mit 1 Klaue. Anhangsglied des 3. Antennengliedes vorhanden.

3 (4) Urogomphi 2mal länger als das Tergit des 9. Segments (Abb. 2/22). Clypeus in der Mitte flach ausgeschnitten. Retinaculum kurz, kürzer als Durchmesser des 1. Antennengliedes. Lacinia kurz, konusförmig, ohne Borste . . . . *Clivina* LATR.

4 (3) Urogomphi deutlich kürzer als das Tergit des 9. Segments (Abb. 2/23). Clypeus mehr oder weniger dreieckig ausgezogen. Retinaculum so lang wie Durchmesser des 1. Antennengliedes. Lacinia nicht vorhanden . . . . *Dyschirius* BON.

Broscinae

1 (2) Clypeus vorn breit abgestutzt (Abb. 2/46); Cervikalfurche auf dem
Kopf vorhanden; Tergite lateral nicht gerandet. Larven groß . . .
. . . . *Broscus* PANZ.

2 (1) Clypeus vorn in einen Zahn ausgezogen (Abb. 2/47); Cervikalfurche
nicht vorhanden; Tergite lateral gerandet. Larven klein . . . . .
. . . . *Miscodera* ESCH.

Bembidioninae

1 (2) Tarsus mit kleinen Börstchen etwa im basalen Drittel seiner dorsalen Oberfläche (Abb. 2/48). Das 2. Galeaglied so lang oder etwas
länger als das Basalglied. Epicranialnaht nicht kürzer als das 1. Antennenglied . . . . . . *Bembidion* LATR., *Asaphidion* GOEZE*

2 (1) Das kleine Börstchen etwa in der Mitte des Tarsus (Abb. 2/49). Das
2. Galeaglied fast zweimal länger als das Basalglied. Epicranialnaht
kürzer als das 1. Antennenglied.

3 (6) Retinaculum unter der Mitte der Mandibel.

4 (5) Innenrand des Apikalteils der Mandibel nicht gezähnt . . . . . .
. . . . *Tachyta* KIRBY

5 (4) Innenrand des Apikalteils der Mandibel gezähnt . . . .
. . . . *Tachys* STEPH. (partim)

6 (3) Retinaculum in der Mitte der Mandibel . . *Tachys* STEPH. (partim)

Trechinae

Larven mancher Arten sind Höhlenbewohner.

1 (2) Beine mit 2 Klauen und mit 2 langen, bandförmigen Borsten auf
ihrer Basis . . . . *Perileptus* SCHAUM

2 (1) Beine mit 1 Klaue, ohne bandförmige Borsten.

3 (4) Apikalglied der Labialpalpen ungeteilt, nur mit einer schiefen ober-
flächlichen Furche versehen. Die Larve dicht behaart, lebt in der
Flut-Ebbe-Zone der atlantischen Meeresküste . . . .
. . . . *Aepopsis* JEANNEL

4 (3) Apikalglied der Labialpalpen zweimal geteilt und so 3 Pseudoglieder
bildend.

5 (10) Clypeus breit gerundet und wenig vorspringend, der Vorderrand
gezähnt (Abb. 2/50).

6 (7) Stemmata vorhanden . . . . *Iberotrechus* JEANNEL

7 (6) Stemmata reduziert.

8 (9) Stipes fast zweimal länger als der Palpus; das 2. Antennenglied länger als das 1. . . . . *Typhlotrechus* J. MÜLLER

---

* Die Trennung der Larven des 2. und 3. Stadiums beider Gattungen nach den Merkmalen,
die VAN EMDEN (1942) und ŠAROVA (1958, 1964) benutzt haben, ist auf Grund meines
Materials, sowie nach den Angaben von ANDERSEN (1966) unmöglich. Die ersten Stadien
sind nach der Zahl und Größe der Zähnchen des Eisprengers auf dem Frontale zu erkennen
(*Asaphidion* 2—6 größere, *Bembidion* 15—20 winzige).

9 (8) Stipes höchstens 1 ¹/₂mal länger als der Palpus; das 2. Antennenglied nicht länger als das 1. . . *Orotrechus* J. MÜLLER (partim)

10 (5) Clypeus von anderer Form.

11 (12) Clypeus auffallend schmal und vorspringend, 2mal enger als Pars
aboralis frontalis, Vorderrand des Clypeus abgestutzt und nicht gezähnt (Abb. 2/51). Mandibel stark gebogen, mit einem langen und
schmalen Retinaculum (Abb. 2/52) . . . . . *Allegretia* JEANNEL

12 (11) Clypeus mindestens so breit wie Pars aboralis frontalis, Vorderrand
mehr oder weniger deutlich gezähnt (Abb. 2/54, 2/55). Mandibel
weniger gebogen, mit kürzerem und breiterem Retinaculum (Abb.
2/53).

13 (20) Clypeus wenig vorspringend, sein Vorderrand (außer den Randzäh-
nen oder Randhöckern) fast gerade, manchmal nur in der Mitte
etwas vorgezogen, feiner oder grober gezähnt (Abb. 2/54, 2/55, 2/56).

14 (15) Seitenrand des Clypeus mit 2 scharfen, größeren Zähnen, Mittelstück nicht vorspringend (Abb. 2/54); je 2 Stemmata vorhanden.
. . . . *Geotrechus* JEANNEL (partim)

15 (14) Seitenrand des Clypeus entweder ohne anders gebaute Zähne (Abb.
2/55), oder mit einem breiten ungezähnten Höcker versehen (Abb.
2/56), Mittelstück mehr oder weniger, immer jedoch nur leicht, vorspringend; Stemmata nicht vorhanden.

16 (17) Urogomphi und das 10. Analsegment fast gleich lang . . . . . .
. . . . *Anophthalmus* STURM

17 (16) Urogomphi länger als das 10. Analsegment.

18 (19) Kopf länger als breit . . . . . . *Doderotrechus* VIGNA-TAGL.

19 (18) Kopf so lang als breit . . . . . *Orotrechus* J. MÜLL. (partim)

20 (13) Clypeus deutlich vorspringend, triangulär (Abb. 2/57), trapezoidal
(Abb. 2/58) oder mehr oder weniger dreilappig (Abb. 2/59, 2/60).

21 (30) Clypeus mehr oder weniger dreieckig oder trapezoidal, nicht dreilappig.

22 (27) Clypeus ausgesprochen dreieckig, seine gezähnten Seiten fast gerad-
linig (Abb. 2/57, 2/61).

23 (24) Clypeus 3mal breiter als hoch, auf der Basis je 1 größerer Zahn vorhanden (Abb. 2/61) . . . . *Geotrechus* JEANNEL (partim)

24 (23) Clypeus nur 2 mal breiter als hoch (Abb. 2/57), Basis ungezähnt oder
alle Zähne sind fast gleich groß.

25 (26) Urogomphi so lang wie das 10. Abdominalsegment . . . .
. . . . *Paraphaenops* JEANNEL

26 (25) Urogomphi länger als das 10. Abdominalsegment . . . .
. . . . *Trichaphaenops* JEANNEL

27 (22) Clypeus mehr oder weniger trapezoid, die Seiten einen stumpfen
Winkel bildend (Abb. 2/58).

28 (29) Kopf mit leicht angedeuteter Halseinschnürung. Die 3 Börstchen
seitlich der Epicranialnaht etwa einen Winkel von 150° bildend . .
. . . . *Neotrechus* J. MÜLLER

29 (28) Kopf ohne Halseinschnürung. Die 3 Börstchen seitlich der Epicranialnaht einen Winkel von etwa 120° bildend . . . .
. . . . *Speotrechus* JEANNEL

30 (21) Clypeus mehr oder weniger dreilappig (Abb. 2/59, 2/60).
31 (32) Medialteil des Clypeus von den lateralen Teilen durch seichtere oder tiefere Ausbuchtung gesondert (Abb. 2/59). Stemmata vorhanden oder nicht vorhanden . . . . . *Trechus* SCHELL., *Duvalius* DELAR
32 (31) Medialteil des Clypeus von den Lateralteilen nicht durch Ausbuchtung gesondert (Abb. 2/60). Stemmata nicht vorhanden . . . . .
. . . . *Trechoblemus* GANGLB.

Patrobinae

1 (2) Der hellbraun gefärbte Kopf mit flachen ventrolateralen Furchen. Alle Tergite sehr quer . . . . *Deltomerus* MOTSCH*
2 (1) Der schwarzbraune Kopf mit breiten und tieferen ventrolateralen Furchen. Die Tergite weniger quer . . . *Patrobus* STEPH.* (H 3)

Licininae

1 (2) Ligula wenig deutlich, mit 2 abstehenden Borsten; Lacinia konusförmig, mit kräftiger Apikalborste. Tergite schwarz, seitlich gerandet; Epipleurite stark nach hinten ausgezogen . . . .
. . . . *Licinus* LATR.
2 (1) Ligula deutlich, mit 2 Borsten, die proximal genähert stehen; Lacinia pfeilförmig, mit seitlichem Börstchen. Die hellbraunen Tergite ungerandet; Epipleurite normal . . . . *Badister* SCHELL.

Callistinae

1 (2) Die Tergite mit zahlreichen Börstchen unregelmäßig bedeckt. Retinaculum steht unter der Mitte der Mandibel. Clypeus mindestens 3mal breiter als jede Pars aboralis frontalis (Abb. 2/62). Urogomphi beweglich eingefügt, lang, fadenförmig pubeszent, mit Pseudoarticulation (Abb. 2/10) oder unbeweglich mit dem 9. Tergit verwachsen, kürzer und dicker, mit borstentragenden Höckern . . . .
. . . . *Chlaenius* BON. s. l.
2 (1) Die Tergite nur mit 2 Reihen von Börstchen. Retinaculum etwa in der Mitte der Mandibel. Clypeus etwa 11/2mal breiter als jede Pars aboralis frontalis (Abb. 2/63). Urogomphi unbeweglich mit dem 9. Tergit verwachsen, mit einigen borstentragenden Höckern . . .
. . . . *Oodes* SAM.

Pterostichinae

1 (26) Lacinia gut entwickelt oder rudimentär, mit apikaler Borste (Abb. 2/25 a—d).
2 (23) Lacinia mehr oder weniger rudimentär (Abb. 2/25 b—d).
3 (22) Epicranialnaht kürzer als das 4. Antennenglied oder überhaupt nicht vorhanden.

---

* Die von VAN EMDEN (1942) und ŠAROVA (1958, 1964) angegebenen Unterschiede in dem Verhältnis der Galeaglieder und der Glieder der Labialpalpen gelten nach meinem Material nicht.

4 (21) Beine mit 2 gleichen Klauen. Cervikalfurche vorhanden. Tergite seitlich gerandet. Stemmata vorhanden oder nicht vorhanden.

5 (12) Epicranialnaht kurz aber deutlich, länger als der Durchmesser des 4. Antennengliedes.

6 (7) Stemmata nicht vorhanden . . . . . . *Sphodropsis* SEIDLITZ

7 (6) Stemmata vorhanden.

8 (11) Lacinia kurz, konusförmig (Abb. 2/25 c); Ligula undeutlich, höchstens schwach höckerartig.

9 (10) Stemmata von üblicher Größe, gut entwickelt . . . .
. . . . *Laemostenus* BON.

10 (9) Stemmata sehr klein, besonders die in der zweiten Reihe . . . . .
. . . . *Antisphodrus* SCHAUFUSS

11 (8) Lacinia sehr kurz, ringförmig (Abb. 2/25 b); Ligula deutlich, stylusförmig. . . . . *Calathus* BON. (partim)

12 (5) Epicranialnaht nicht vorhanden, punktförmig oder winzig kurz, kürzer als der Durchmesser des 4. Antennengliedes.

13 (16) Epicranialnaht kurz aber deutlich; Ligula nicht vorhanden.

14 (15) Clypeus mehr oder weniger dreilappig (Abb. 2/64) . . . .
. . . . *Sphodrus* SCHELL.

15 (14) Clypeus mit 4 Zähnen (Abb. 2/65) . . . . *Taphoxenus* MOTSCH.

16 (13) Epicranialnaht punktförmig oder nicht vorhanden; Ligula deutlich.

17 (18) Lacinia deutlich, konusförmig. Stemmata klein . . . .
. . . . *Pristonychus* DEJEAN

18 (17) Lacinia winzig, ringförmig. Stemmata von üblicher Größe.

19 (20) Clypeus etwa so breit wie jede Pars aboralis frontalis, Frontale etwa so breit wie lang (Abb. 2/66). Retinaculum länger als der Durchmesser des 4. Antennengliedes . . . . *Platyderus* STEPH.

20 (19) Clypeus 4—5mal breiter als jede Pars aboralis frontalis, Frontale deutlich quer (Abb. 2/67). Retinaculum auffällig kurz, kürzer als der Durchmesser des 4. Antennengliedes . . . . . . *Dolichus* BON.

21 (4) Beine mit 2 ungleich langen Klauen. Cervikalfurche nicht vorhanden. Tergite seitlich ungerandet. Stemmata nicht vorhanden . . .
. . . . *Synuchus* GYLL.

22 (3) Epicranialnaht so lang oder länger als das 4. Antennenglied. . . .
. . . . *Calathus* BON. (partim)

23 (2) Lacinia gut entwickelt (Abb. 2/25 a).

24 (25) Clypeus breit dreieckig, von den etwa gleich breiten, schiefgestellten Anguli frontales nicht durch deutliche Höcker gesondert (Abb. 2/68)
. . . . *Olisthopus* DEJ.

25 (24) Clypeus niedrig, mit abgestutztem, konvexem oder bikonvexem Vorderrand, stark quer, breiter als die Anguli frontales; Clypeus von den Anguli meist durch deutlichen, spitzen oder gerundeten Höcker gesondert (Abb. 2/69) . . . . *Agonum* SAM.

26 (1) Lacinia mit seitlicher Borste (Abb. 2/70).

27 (30) Urogomphi mindestens apikal gegliedert.

28 (29) Antennen mit einem basalen (fünften) Pseudosegment (Abb. 2/71). Mandibel sichelförmig, lang und schmal, mit langem, spitzem Retinaculum (Abb. 2/72) . . . . *Abax* SAM.

29 (28) Antennen mit 4 Gliedern, das basale Pseudosegment nicht vorhanden. Mandibel breiter, mit kürzerem Retinaculum (Abb. 2/73).
. . . . *Percus* BON.

30 (27) Urogomphi nicht gegliedert.

31 (34) Antennen mit einem zusätzlichen basalen Pseudosegment (Abb. 2/71). Clypeus in der Mitte mit einer tiefen Ausbuchtung (Abb. 2/74).

32 (33) Anguli frontales nicht den Vorderrand des Clypeus überragend (Abb. 2/74) . . . . *Molops* BON.

33 (32) Vorderwinkel der Anguli frontales den Vorderrand des Clypeus überragend (Abb. 2/75) . . . . *Typhlochoromus* JEDL.

34 (31) Antennen nur mit 4 Gliedern, ohne zusätzliches Pseudosegment. Vorderrand des Clypeus von verschiedener Form, niemals aber mit tiefer Ausbuchtung in der Mitte . . . . . *Pterostichus* BON. s. l.

Zabrinae

1 (2) Clypeus mit 2 kräftigen, breit getrennten Zähnen (Abb. 2/76). Borste der Lacinia apikal . . . . *Zabrus* SCHELL.

2 (1) Clypeus mit 4—6 kleinen Zähnen (Abb. 2/77a, b). Borste der Lacinia lateral . . . . *Amara* BON. sl.

Anisodactylinae, Harpalinae

1 (4) Alle Abdominaltergite mit einem Kiel, der Praetergum vom Tergum deutlich und vollständig teilt (Abb. 2/78).

2 (3) Stipes auf der Innenseite mit dicht bürstenartiger Anordnung der Borsten (Abb. 2/79) . . . *Anisodactylinae* (*Anisodactylus* DEJ.*)

3 (2) Stipes auf der Innenseite mit einer lockeren Reihe von Borsten (Abb. 2/80) . . . . *Trichotichnus* MOR.

4 (1) Alle Abdominaltergite ohne einen Kiel, der Praetergum vom Tergum teilt oder der Kiel unvollständig (Abb. 2/28 b).

5 (6) Clypeus mit 2 kräftigen Zähnen, die manchmal auf der äußeren Basis 1—2 kleine Zähne tragen (Abb. 2/81). Stipes auf dem Innenrand mit einer lockeren Borstenreihe . . . . . *Ophonus* STEPH.

6 (5) Clypeus anders gebaut. Stipes auf dem Innenrand mit einer dichten, bürstenartigen Anordnung der Borsten.

7 (8) Mandibeln mit langem Apikalteil, Innenrand mit 3 Zähnen außer dem Retinaculum, das weit unter der Mitte der Mandibel steht (Abb. 2/82). Clypeus nicht vorspringend, fast gerade, fein gezähnt, durch 1—2 kräftigere Zähne von den Anguli frontales gesondert.
. . . . . *Pseudophonus* MOTSCH. (samt der Sg. *Pardileus* GOZ.)

8 (7) Mandibeln mit kürzerem Apikalteil, Innenrand glatt oder mit 1—2 Zähnen außer dem Retinaculum, das etwa in der Mitte oder dicht unter der Mitte der Mandibel steht (Abb. 2/83, 2/84). Clypeus mehr oder weniger vorspringend.

---

*Die von VAN EMDEN (1942) mit Fragezeichen als *Diachromus* ER. angegebene Larve (übernommen auch von ŠAROVA (1958, 1964) gehört meiner Ansicht nach zur Gattung *Trichotichnus* MOR.

9 (12) Mandibeln mit glattem Innenrand des Apikalteils und mit einem kleinen Ausschnitt vor dem Retinaculum (Abb. 2/84). Urogomphi kürzer als das 10. Abdominalsegment.

10 (11) Clypeus 3mal breiter als hoch, Vorderrand mit 20—22 Zähnchen. Farbe der Sklerite braun . . . . *Osimus* MOTSCH.

11 (10) Clypeus 4—6mal breiter als hoch, Vorderrand mit 9—14 Zähnchen. Farbe der Sklerite gelb . . . . *Acinopus* LATR.

12 (9) Innenrand der Mandibeln mit 1—2 Zähnen oder glatt, ohne den Ausschnitt vor dem Retinaculum (Abb. 2/83). Urogomphi länger als das 10. Abdominalsegment . . . . *Harpalus* LATR.

Stenolophinae

1 (4) Alle Abdominaltergite mit einem Kiel, der Praetergum vom Tergum teilt. Abdominaltergite mit 2 Paaren längerer Borsten in der zweiten Reihe.

2 (3) Innenrand der Mandibel und des Retinaculums gezähnt oder glatt. Clypeus flach halbkreisförmig, mit 8 langen Zähnen (Abb. 2/85). Lacinia mit Seitenborste . . . . *Dicheirotrichus* JACQ.

3 (2) Innenrand der Mandibel und des Retinaculums glatt. Clypeus mit verdoppelter Reihe von Zähnen: 8 in der oberen und 16 in der unteren; die obere Reihe in der Mitte mit deutlicher Lücke (Abb. 2/86). Lacinia mit Apikalborste . . . . *Trichocellus* GANGLB.

4 (1) Mindestens die 3—4 letzten Abdominaltergite ohne den Kiel zwischen Praetergum und Tergum. Abdominaltergite mit mehreren Paaren längerer Borsten in der zweiten Reihe.

5 (6) Clypeus mit 4 breiten gezähnten Höckern (Abb. 2/87) . . . . *Bradycellus* FR.

6 (5) Clypeus trapezoidal oder mehr oder weniger deutlich triangulär bis halbkreisförmig, oft mit 1—2 basalen Zähnen, der Vorderrand gewöhnlich feiner oder gröber gezähnt (Abb. 2/88).

7 (8) Das letzte Glied der Maxillarpalpen etwa so lang oder länger als das vorletzte Glied . . . . *Acupalpus* LATR.

8 (7) Das letzte Glied der Maxillarpalpen deutlich kürzer als das vorletzte Glied . . . . *Stenolophus* STEPH.

Masoreinae

1 (2) Clypeus etwa so breit wie jede Pars aboralis frontalis (Abb. 2/90). Die Klauen der Beine gleich lang . . . . *Masoreus* DEJ.

2 (1) Clypeus schmaler als jede Pars aboralis frontalis (Abb. 2/91). Die Klauen der Beine etwas ungleich lang . . . . . . *Corsyra* DEJ.

Brachininae

Der Bestimmungsschlüssel gilt nur für die ersten, freilebenden Stadien. Die folgenden Stadien (2.—5.) sind Ektoparasiten verschiedener Entwicklungsstadien der Insekten (Eier von Maulwurfsgrillen, Puppen der Käfer) und sind durch ihre

Lebensweise stark umgebildet. Sie sind physogastrisch und die größeren Änderungen betreffen die Kopfanhänge und die Beine (Abb. 2/92).

1 (2) Beine mit 2 Klauen. Urogomphi nicht vorhanden. Mandibeln ohne Retinaculum. Das 2. Galeaglied nur etwas länger als das 1., unbeborstet; Stipes und Cardo verwachsen (Abb. 2/93). Dorsalseite von Thorax und Abdomen pubeszent. Das 10. Abdominalsegment ventral mit einem Paar kräftigen Häkchen . . . . *Pheropsophus* SOLIER

2 (1) Beine mit 1 Klaue. Kurze Urogomphi vorhanden. Mandibeln mit Retinaculum. Das 2. Galeaglied mindestens 3mal länger als das 1., mit Borsten versehen (bei einigen asiatischen und amerikanischen Vertretern ist nur 1 langes verwachsenes Glied vorhanden); Stipes und Cardo getrennt (Abb. 2/94). Dorsalseite von Thorax und Abdomen nur mit üblichen Borstenreihen. Das 10. Abdominalsegment ventral ohne Häkchen.

3 (4) Klauen der Beine einfach (Abb. 2/95). Das 2. Galeaglied nur mit 3 Borsten. . . . . *Aptinus* BON.

4 (3) Klauen der Beine ventral auf der Basis mit einem Höcker, der 1 feine Borste trägt (Abb. 2/96). Das 2. Galeaglied mindestens mit 5 Borsten . . . . *Brachinus* WEBER

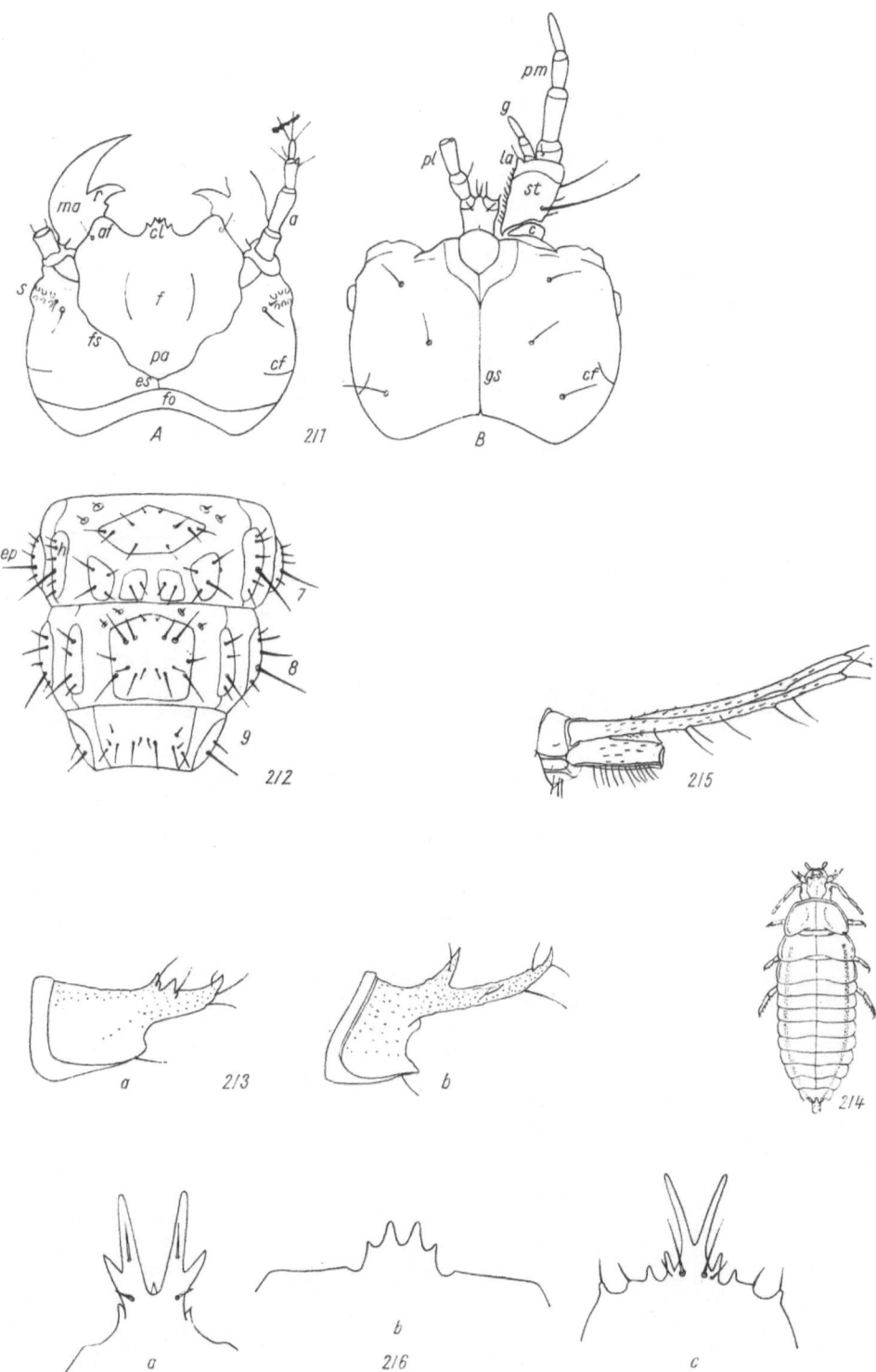

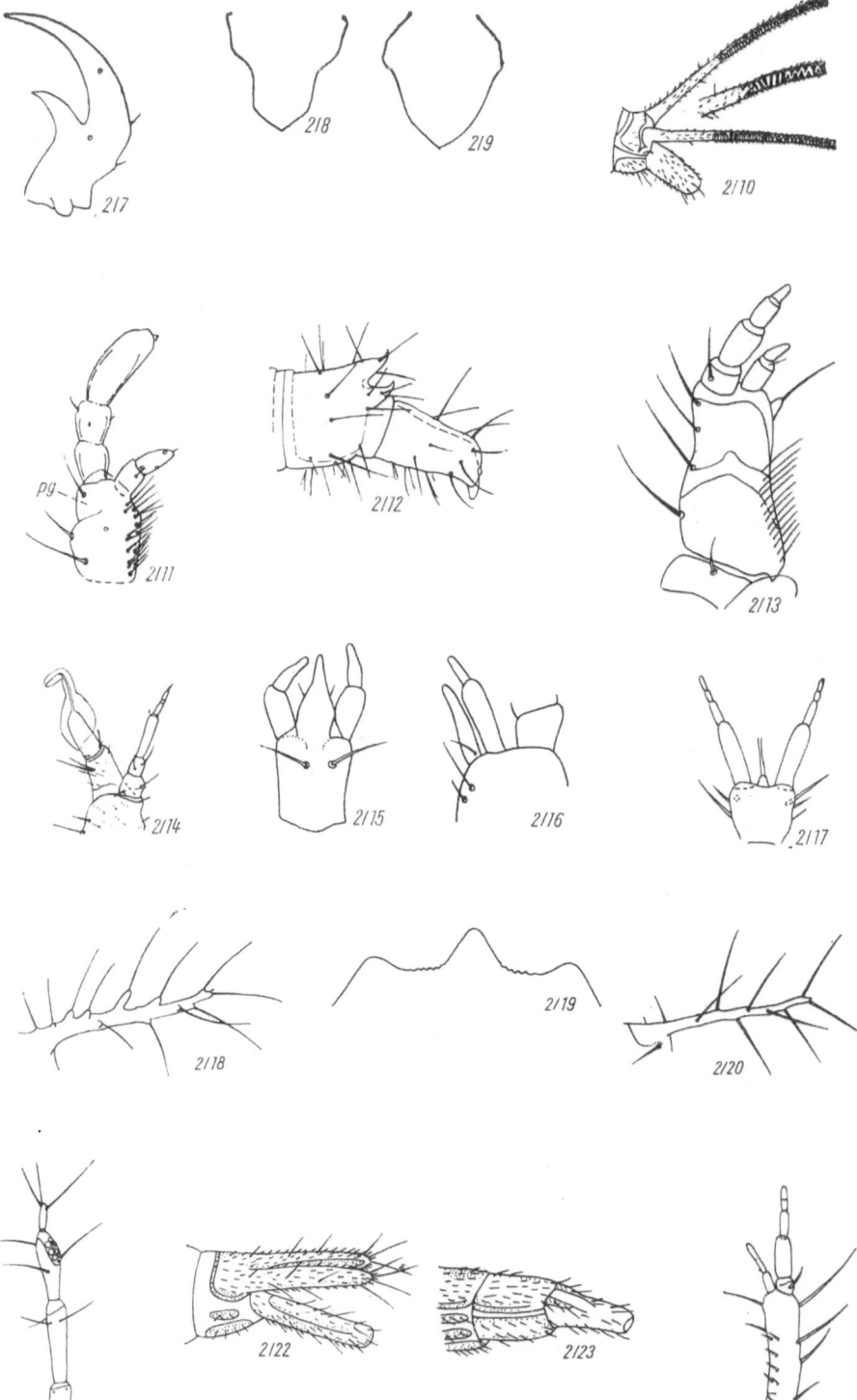

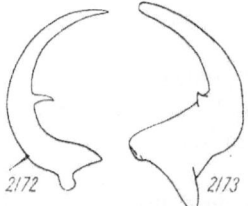
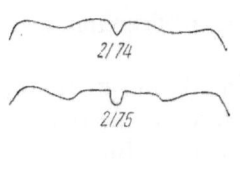
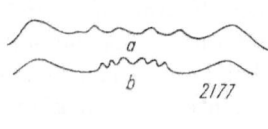

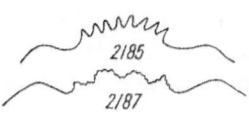
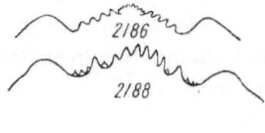

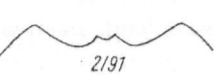

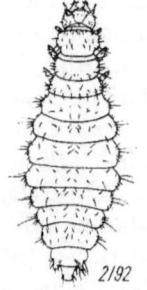

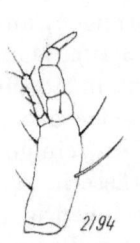
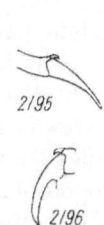

5.3. Hydraenidae

Die *Hydraenidae* sind in dem von Freude-Harde-Lohse gebrauchten Umfang offenbar keine monophyletische Gruppe. Deshalb ist es auch nicht möglich, an den Larven Merkmalskombinationen zu finden, die als Familienkennzeichen betrachtet werden können.

Nach Crowson gehören die hier als *Hydraenidae* zusammengefaßten Gattungen zu 3 Familien:

> *Hydraenidae (Ochthebius, Limnebius, Hydraena)*
> *Hydrochidae (Hydrochus)*
> *Hydrophilidae — Helophorinae (Helophorus)*

Diese Gliederung wird nicht zuletzt durch die tiefgreifenden Unterschiede in der Morphologie der Larven begründet. Familienkennzeichen der *Hydraenidae* im Sinne Crowsons sind: Maxille mit gut entwickelter normaler Galea und Lacinia, normalem Palpifer, der nicht ein Glied des Maxillarpalpus darstellt. Mandibeln kräftig, mit basaler Mola. Beine und Urogomphi gut entwickelt. Das 10. Abdominalsegment ist als Pygopodium ausgebildet und trägt gewöhnlich ein Paar abwärts gebogener Haken.

Die Larve von *Hydrochus* (*Hydrochidae*) ist besonders durch das Fehlen der Galea, die Reduktion der Lacinia und die Form der Atemkammer gekennzeichnet. Die Larve von *Helophorus* hat ein voll entwickeltes 9. Abdominalsegment und dreigliedrige, lange Urogomphi (dadurch ist sie von allen *Hydrophilidae* unterschieden).

Die Larven der meisten *Hydraenidae* sind aquatil und leben sowohl in stehenden als auch fließenden Gewässern unterschiedlichster Art. Die Larven anderer Arten bewohnen die Oberfläche feuchter Böden und werden besonders unter der Substratauflage gefunden.

Bestimmungstabelle für die Gattungen

1 (2) In Dorsalansicht sind 8 Abdominalsegmente deutlich sichtbar. 9. und 10. Abdominalsegment klein, in eine große Tasche am Hinterende des 8. Abdominalsegmentes eingebettet (Abb. 3/1). Metapneustisch. Galea fehlend, Lacinia rudimentär (Abb. 3/9). In stehenden Gewässern. . . . . *Hydrochus* Leach

2 (1) In Dorsalansicht sind 9 Abdominalsegmente deutlich sichtbar, das 9. mit zwei- bis dreigliedrigen Urogomphi. Holopneustisch.

3 (4) Urogomphi lang und dreigliedrig (Abb. 3/2). Maxille mit einer kleinen, streifenförmigen, auf dem Palpifer inserierenden Galea, ohne Lacinia (Abb. 3/10). Mandibelspitze einfach (Abb. 3/3). In Sphagnum, auf feuchtem Moorboden und anderen Böden, auch an trockenen Stellen (Felder usw.), unter Steinen, zwischen Graswurzeln, an Gewässerufern, einige Arten in stehenden, seltener in langsam fließenden Gewässern. . . . . *Helophorus* Leach

4 (3) Urogomphi zweigliedrig (Abb. 3/5, 3/8). Maxille mit einer lappen- bis sichelförmigen Lacinia und deutlicher Galea (Abb. 3/4, 3/14, 3/15). 10. Abdominalsegment als Pygopodium entwickelt, gewöhn-

lich ein Paar abwärts gebogener Haken tragend (Abb. 3/5). Mandibeln mit mehreren großen Zähnen an der Spitze (Abb. 3/6, 3/12).

5 (6) Urogomphi so weit einander genähert, daß sie sich an der Basis gegenseitig fast berühren (Abb. 3/7). Galea und der distale Teil der Lacinia klauenförmig zugespitzt, ohne Härchen und Papillen (Abb. 3/4). Auf jeder Seite des Vorderrandes des Labrums eine zweigeteilte Borste (Abb. 3/11). Mandibeln mit schmaler Prostheca (Abb. 3/6). In fließenden und stehenden Gewässern . . . . . .
. . . . *Ochthebius* LEACH

6 (5) Urogomphi weit voneinander entfernt (Abb. 3/8). Galea und Spitze der Lacinia abgerundet und an der Spitze mit dünnen Haaren oder einem Bündel Papillen (Abb. 3/14, 3/15). Mandibeln mit breiter Prostheca (Abb. 3/12).

7 (8) Galea und Distalteil der Lacinia merkbar voneinander getrennt und mit je einem Büschel Papillen an der Spitze (Abb. 3/15). Alle Borsten am Vorderrand der Oberlippe ohne Abzweigungen (Abb. 3/13). Labium schmal. 10. Abdominalsegment klein. In stehenden und fließenden Kleingewässern . . . . . *Limnebius* LEACH (H11)

8 (7) Galea und Distalteil der Lacinia einander genähert, an der Basis verschmolzen, beide tragen an der Spitze dünne Härchen (Abb. 3/14). An jeder Seite des Vorderrandes des Labrums befindet sich eine kammartige Borste (Abb. 3/16). Labium breit und gerundet (Abb. 3/17). 10. Abdominalsegment groß. In fließenden, seltener stehenden Gewässern . . . . *Hydraena* KUGELANN

Abb. 3/1   *Hydrochus* sp., letzte Abdominalsegmente, dorsal (nach Böving und Henriksen, 1938)

Abb. 3/2   *Helophorus aquaticus* Linnaeus, letzte Abdominalsegmente, lateral (nach Böving und Craighead, 1931)

Abb. 3/3   *Helophorus* sp., rechte Mandibel (Orig.)

Abb. 3/4   *Ochthebius* sp., Maxille (nach Ghilarov, 1964)

Abb. 3/5   *Limnebius* sp., letzte Abdominalsegmente, lateral (nach Ghilarov, 1964)

Abb. 3/6   *Ochthebius minimus* Fabricius, rechte Mandibel (nach Larsson, 1938)

Abb. 3/7   *Ochthebius minimus* Fabricius, letzte Abdominalsegmente, dorsal (nach Böving und Craighead, 1931)

Abb. 3/8   *Limnebius* sp., letzte Abdominalsegmente, dorsal (nach Ghilarov, 1964)

Abb. 3/9   *Hydrochus* sp., Maxille (nach Bertrand, 1972)

Abb. 3/10 *Helophorus* sp., Maxille (Orig.)

Abb. 3/11 *Ochthebius* sp., Labrum (nach Bertrand, 1972)

Abb. 3/12 *Hydraena* sp., Mandibel (Orig.)

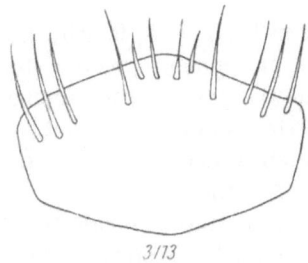
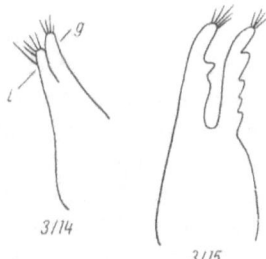

Abb. 3/13 *Limnebius* sp., Labrum (nach GHILAROV, 1964)
Abb. 3/14 *Hydraena* sp., Maxillarladen (Orig.)
Abb. 3/15 *Limnebius* sp., Maxillarladen (Orig.)
Abb. 3/16 *Hydraena* sp., Labrum (nach BERTRAND, 1972)
Abb. 3/17 *Hydraena* sp., Labium (nach BERTRAND, 1972)

5.4. Hydrophilidae

Abdomen aus 8 von der Dorsalseite sichtbaren Segmenten bestehend, 9. Abdominalsegment mehr oder weniger reduziert. Das 8. Abdominalsegment formt außer bei *Berosus* (*Berosinae*) eine terminale Atemkammer, die das letzte Stigmenpaar enthält. Beine fehlend, reduziert oder wohl entwickelt. Urogomphi klein und undeutlich gegliedert. Einige Gattungen mit herausragenden Tracheenkiemen. Lacinia fehlt, Galea am Palpifer inserierend, schmal und palpenförmig.

Nach Crowson wird die Familie in 6 Unterfamilien geteilt, die durch larvale Merkmale sehr gut gekennzeichnet sind. Da die Tabelle zu allen bekannten Gattungen führt, kann auf einen Schlüssel der Unterfamilien verzichtet werden.

Die Larven der meisten Gattungen dieser Familie leben im Wasser, wobei stehende Gewässer gegenüber fließenden deutlich bevorzugt werden. Vor allem die Larven der *Sphaeridiinae* leben in Dung und unter faulender Pflanzensubstanz.

Bestimmungstabelle für die Gattungen

1 (10) Beine kurz, in der Regel ohne Klaue oder ganz fehlend, wenn vollständig vorhanden, dann sehr kurz. Mittelteil des Stirnvorderrandes höchstens ein- bis dreizähnig. Pleuren ohne vorstehende Zapfen. Abdomen am Ende ± abgestutzt. Stemmata meist von verschiedener Größe, aber klein und eng zusammenstehend, so daß scheinbar nur ein Stemmatum auf jeder Seite vorhanden ist.

2 (3) Beine fehlend. Mandibeln asymmetrisch (Abb. 4/1). 3. Abdominalsegment 2—2,5mal so breit wie Kopfkapsel (Abb. 4/2). Abdominalsegmente mit glatten Rändern, ohne deutliche Sklerite. In Mist, Komposthaufen oder pflanzlichem Abfall an Gewässerufern . . .
. . . . *Cercyon* Leach

3 (2) Beine vorhanden. Mandibeln annähernd symmetrisch oder asymmetrisch.

4 (5) Mandibeln asymmetrisch, die rechte mit einem großen Retinaculum (Abb. 4/29). 3. Abdominalsegment 3—3,5mal so breit wie die Kopfkapsel (Abb. 4/3). Abdominalsegmente 1—7 in spitze Fortsätze ausgezogen.

4A (4B) 1.—7. Abdominalsegment trägt je 2 in einer vorderen und 4 in einer hinteren Reihe angeordnete kleine Sklerite (Abb. 4/30). In Dung, unter faulenden Pflanzenteilen. . . . . *Cryptopleurum* Mulsant

4B (4A) 1.—7. Abdominalsegment ohne kleine Sklerite. Larven terrestrisch unter faulenden Pflanzenstoffen, in Dung und Pilzen . . . .
. . . . *Megasternum* Mulsant

5 (4) Mandibeln symmetrisch oder nahezu symmetrisch.

6 (7) Körper spindelförmig (Abb. 4/4), höchstens 4 mm lang. Mandibeln mit 2 Mittelzähnen (Abb. 4/31). An Ufern stehender Gewässer . .
. . . . *Chaetarthria* Stephens

7 (6) Körper konisch, bis 10 mm lang. Mandibeln ohne, mit einem kleinen oder mit 3 Mittelzähnen.

8 (9) Tibiotarsus mit deutlicher Klaue (Abb. 4/32). 8. Abdominalsegment wesentlich schmaler als das 7., mit kleinem Rückenschild, das höchstens 2/3 der Länge des 8. Abdominalsegmentes erreicht. In stehenden Gewässern . . . . *Coelostoma* BRULLÉ

9 (8) Tibiotarsus ohne Klaue (Abb. 4/22). 8. Abdominalsegment nur wenig schmaler als das 7., mit großem Rückenschild, das mindestens 4/5 der Länge des 8. Abdominalsegmentes erreicht (Abb. 4/5). In Kuhdung . . . . *Sphaeridium* FABRICIUS (H 13)

10 {(1) Beine wohl entwickelt, stets mit Klaue. Wenn die Beine von der Dorsalseite nicht sichtbar sind, trägt der Mittelteil des Stirnvorderrandes mehr als drei Zähne. Pleuren oft mit vorstehenden Zapfen oder Tracheenkiemen. Wenn das Abdomen ausgesprochen abgestutzt ist, ist die Ligula wesentlich kürzer als die Labialpalpen. Stemmata gleich groß, weiter auseinanderstehend, jedes einzelne deutlich sichtbar.

11 (32) Das 9. und 10. Abdominalsegment bilden eine Stigmenkammer (Abb. 0/28). Tracheenkiemen nur mäßig vorragend oder nicht vorhanden. Pseudo-metapneustisch.

12 (15) 1. Antennenglied länger als das 2. und 3. zusammen; .3. Glied so lang oder länger als das 2. Glied; am 2. Glied kein fingerförmiger Anhang (Abb. 4/6). Mittelteil des Stirnvorderrandes ohne oder höchstens mit kleinen Zähnen (Abb. 4/33). Mandibeln innen gefurcht. Stipites nicht angeschwollen, Beborstung anders (Abb. 4/34). Vorderecken des Submentums spitz vorstehend (Abb. 4/7). Beine sehr lang, Schenkel mit langen Schwimmhaaren (Abb. 4/8). Mit oder ohne Tracheenkiemen. Mit Prostyli (ventrale Anhänge des 10. Abdominalsegmentes vor dem After) (Abb. 4/23).

13 (14) Die Seitenwülste der 7 ersten Abdominalsegmente nur mit kurzen, dick fadenförmigen seitlichen Anhängen (rudimentäre Tracheenkiemen) (Abb. 4/10). Kopf gerundet (Abb. 4./35). Pronotum mit lederartiger Haut, in die einige irregulär geformte kleine Sklerite eingelagert sind. Linke Mandibel mit einem einfachen und rechte Mandibel mit einem zweispitzigen Mittelzahn (Abb. 4/36). In stehenden Gewässern . . . . *Hydrous* LEACH

14 (13) Die Seitenwülste der 7 ersten Abdominalsegmente mit ziemlich langen, beborsteten Anhängen (Tracheenkiemen) (Abb. 4/9). Kopf rechteckig, nach hinten verschmälert (Abb. 4/37). Pronotum mit einem gut entwickelten glatten Sklerit. Mandibeln nahezu symmetrisch, jede mit 2 Innenzähnen (Abb. 4/24). In stehenden Gewässern . . . . *Hydrophilus* DEGEER

15 (12) 1. Antennenglied nicht länger als das 2. und 3. zusammen. Am 2. Glied meist ein fingerförmiger Anhang vorhanden (Abb. 4/38) (fehlt bei *Hydrobius*). Mittelteil des Stirnvorderrandes in der Regel mit gut ausgeprägten Zähnen. Mandibeln innen nicht gefurcht. Stipites groß und angeschwollen, gewöhnlich innen mit einer Reihe von 5 kräftigen Borsten (Abb. 4/11). Vorderecken des Submentums nicht vorstehend, sondern abgerundet (Abb. 4/25). Beine viel kürzer, Schenkel ohne fransenartige Schwimmhaare. Tracheenkiemen und Pro-

styli (ventrale Anhänge des 10. Abdominalsegmentes vor dem After)
fehlen.

16 (23) Ligula so lang wie die Labialpalpen oder wenigstens so lang wie das
2. Glied derselben (Abb. 4/12). Epicranialnaht fehlt, die Frontalnaht
erreicht den Hinterrand des Kopfes (Abb. 4/39). Beine von oben
nicht oder kaum zu sehen. Urogomphi mit langer Endborste (Abb.
4/26).

17 (20) Vorderrand des Pronotums ohne Wimper- oder Borstenfranse. Beine
sind von der Dorsalseite nicht sichtbar. Mandibeln zweizähnig, zwischen Spitze und distalem Zahn gezähnelt (Abb. 4/40). Frontale zur
Basis verbreitert, mit spitzen basalen Außenecken. Mittellappen
des Stirnvorderrandes fünfzähnig, die beiden seitlichen Zähne jederseits einander stärker genähert (Abb. 4/41). Mentum zur Spitze
verbreitert (Abb. 4/12, 4/42).

18 (19) Ligula so lang wie die Labialpalpen, deren 2. Glied länger als das 1.
(Abb. 4/12). In Küstengewässern und stehenden Gewässern . . .
. . . . . ‚ . . . . *Paracymus* Thomson

19 (18) Ligula die Spitze des 1. Gliedes der Labialpalpen überragend, dessen
2. Glied etwa ebenso lang wie die Ligula (Abb. 4/42). In stehenden
und fließenden Gewässern . . . . . *Anacaena* Thomson (partim)

20 (17) Vorderrand des Pronotums mit einer Wimper- oder Borstenfranse
(Abb. 4/13). Beine von der Dorsalseite kurz sichtbar. Mandibeln
dreizähnig (Abb. 4/43). Frontale zur Basis leicht verschmälert, die
Außenecken dort abgerundet.

21 (22) Körper ohne lang zapfenförmig vorstehende Pleuren. Franse am
Vorderrand des Pronotums aus kräftigen Borsten bestehend (Abb.
4/13). Mittellappen des Stirnvorderrandes vierzähnig. Palpifer etwa
so lang wie breit, das 1. und 2. Glied der Maxillarpalpen mehrfach
breiter wie lang, Mentum parallel. Ligula kürzer als die Labialpalpen,
so lang wie das 2. Glied derselben, dieses viel länger als das 1. Glied.
. . . . *Anacaena* Thomson (partim)

22 (21) Körper mit lang zapfenförmig vorstehenden Pleuren (Abb. 4/14).
Franse am Pronotum-Vorderrand aus langen, feinen, an der Spitze
mehrfach geteilten Borsten bestehend. Mittellappen des Stirnvorderrandes fünfzähnig. Palpifer und die Glieder der Maxillarpalpen
länger als breit. Mentum zur Spitze verbreitert. Ligula so lang wie
die Labialpalpen, das 2. Glied der letzteren etwa so lang wie das
1. Glied (Abb. 4/27). In Sphagnum . . . . . . *Crenitis* Bedel

23 (16) Ligula kürzer als das 2. Glied der Labialpalpen oder überhaupt
nicht vorhanden. Beine von oben deutlich zu sehen. Urogomphi mit
kürzerer Endborste.

24 (31) Ligula vorhanden. Epicranialnaht vorhanden, doch gewöhnlich
sehr kurz, die Frontalnaht erreicht nicht den Hinterrand des Kopfes.
Seitenlappen des Stirnvorderrandes nicht wesentlich verschieden
und gewöhnlich etwa in gleicher Linie mit dem Mittellappen. Bei
Hydrobius ist am Vorderrand beider Seitenlappen eine Reihe kräftiger Borsten vorhanden, sonst fehlt eine Borstenreihe. Die reduzierten Sklerite des Meso- und Metathorax sind in der Mittellinie

nicht so breit getrennt. Klaue meist viel kürzer als der Tibiotarsus.

25 (30) Mandibeln symmetrisch, jede mit 2 oder 3 Zähnen auf der Schneide. Abdomen ohne Bauchfüße.

26 (27) Mittellappen des Stirnvorderrandes mit 5 deutlichen Zähnen (Abb. 4/15). Mandibeln mit 3 Zähnen auf der Schneide, der basale davon ist klein (Abb. 4/16). Submentum etwa quadratisch (Abb. 4/25). 1. Antennenglied so lang oder länger als das 2. (Abb. 4/28).

26A(26B) Linker äußerer Zahn des Mittellappens des Stirnvorderrandes nicht von den übrigen entfernt stehend. In stehenden Gewässern . . . .
. . . . *Limnoxenus* MOTSCHULSKY

26B(26A) Linker äußerer Zahn des Mittellappens des Stirnvorderrandes etwas von den übrigen entfernt stehend (Abb. 4/15). In stehenden Gewässern . . . . *Hydrobius* LEACH

27 (26) Mittellappen des Stirnvorderrandes mit wenigstens 6 Zähnen (Abb. 4/17, 4/18). Mandibelschneide mit 2 Zähnen (Abb. 4/44). Submentum herzförmig (Abb. 4/45, 4/46).

28 (29) Mittellappen des Stirnvorderrandes mit 6 deutlichen, in 2 Gruppen gestellten Zähnen, 2 links und 4 rechts (Abb. 4/17). Submentum in ganzer Ausdehnung mit kleinen Dornen besetzt (Abb. 4/45). Vordere Sklerite des Metathorax caudalwärts vorspringend. In stehenden Gewässern. . . . . *Helochares* MULSANT

29 (28) Mittellappen des Stirnvorderrandes mit mehr als 6 Zähnen, von denen die der rechten Seite nicht scharf begrenzt sind und zum Teil nur als feine Zähnelung in Erscheinung treten (Abb. 4/18). Submentum nur nach der Basis zu mit kleinen Dornen besetzt (Abb. 4/46). Vordere Sklerite des Metathorax rechteckig, nicht caudalwärts vorspringend. In stehenden Gewässern . . . . . *Cymbiodyta* BEDEL

30 (25) Mandibeln asymmetrisch, die Schneide der rechten mit 2 Zähnen, die der linken mit nur einem (Abb. 4/47). Abdomen mit Bauchfüßen am 3. bis 7. Segment (Abb. 4/19). In stehenden Gewässern . . .
. . . . *Enochrus* THOMSON

31 (24) Ligula fehlt (Abb. 4/48). Epicranialnaht fehlt, Frontalnähte parallel, so daß sich das Frontale in gleicher Breite bis zum Hinterhauptsloch erstreckt. Linker Seitenlappen des Stirnvorderrandes viel weiter vorstehend als der rechte und mit einer Reihe kräftiger Borsten versehen (Abb. 4/20). Die reduzierten Sklerite des Meso- und Metathorax sind in der Mittellinie sehr breit getrennt. Klaue ungefähr so lang wie der Tibiotarsus (Abb. 4/49). In stehenden Gewässern . . . .
. . . . *Laccobius* ERICHSON

32 (11) Das 9. und 10. Abdominalsegment sehr stark zurückgebildet, keine Stigmenkammer umschließend. Abdominalsegmente 1—7 mit je einem Paar sehr langer (halb so lang wie der Körper) Tracheenkiemen (Abb. 4/21). Pseudo-apneustisch. In stehenden Gewässern.
. . . . *Berosus* LEACH

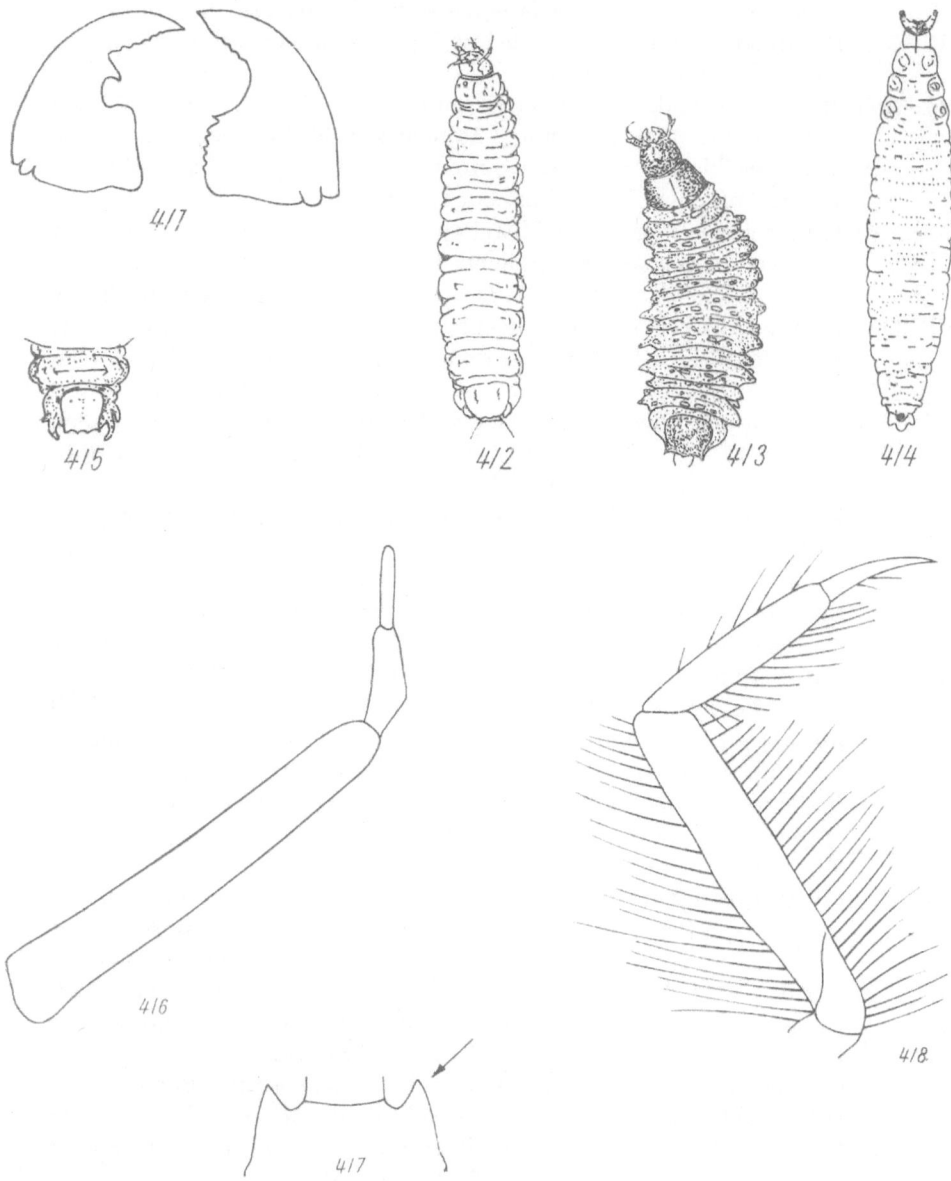

Abb. 4/1   *Cercyon quisquilius* Linnaeus, Mandibeln, ventral (nach Ghilarov, 1964)
Abb. 4/2   *Cercyon analis* Paykull, Körperumriß (nach Larsson, 1938)
Abb. 4/3   *Cryptopleurum* sp. ?, Körperumriß (nach Larsson, 1938)
Abb. 4/4   *Chaetarthria seminulum* Herbst, Körperumriß (nach Böving und Craighead, 1931)
Abb. 4/5   *Sphaeridium scarabaeoides* Linnaeus, 7. und 8. Abdominalsegment, dorsal (nach
              Böving und Henriksen, 1938)
Abb. 4/6   *Hydrophilus caraboides* Linnaeus, Antenne (Orig.)
Abb. 4/7   *Hydrophilus caraboides* Linnaeus, Vorderrand des Submentums (Orig.)
Abb. 4/8   *Hydrophilus caraboides* Linnaeus, Hinterbein (Orig.)

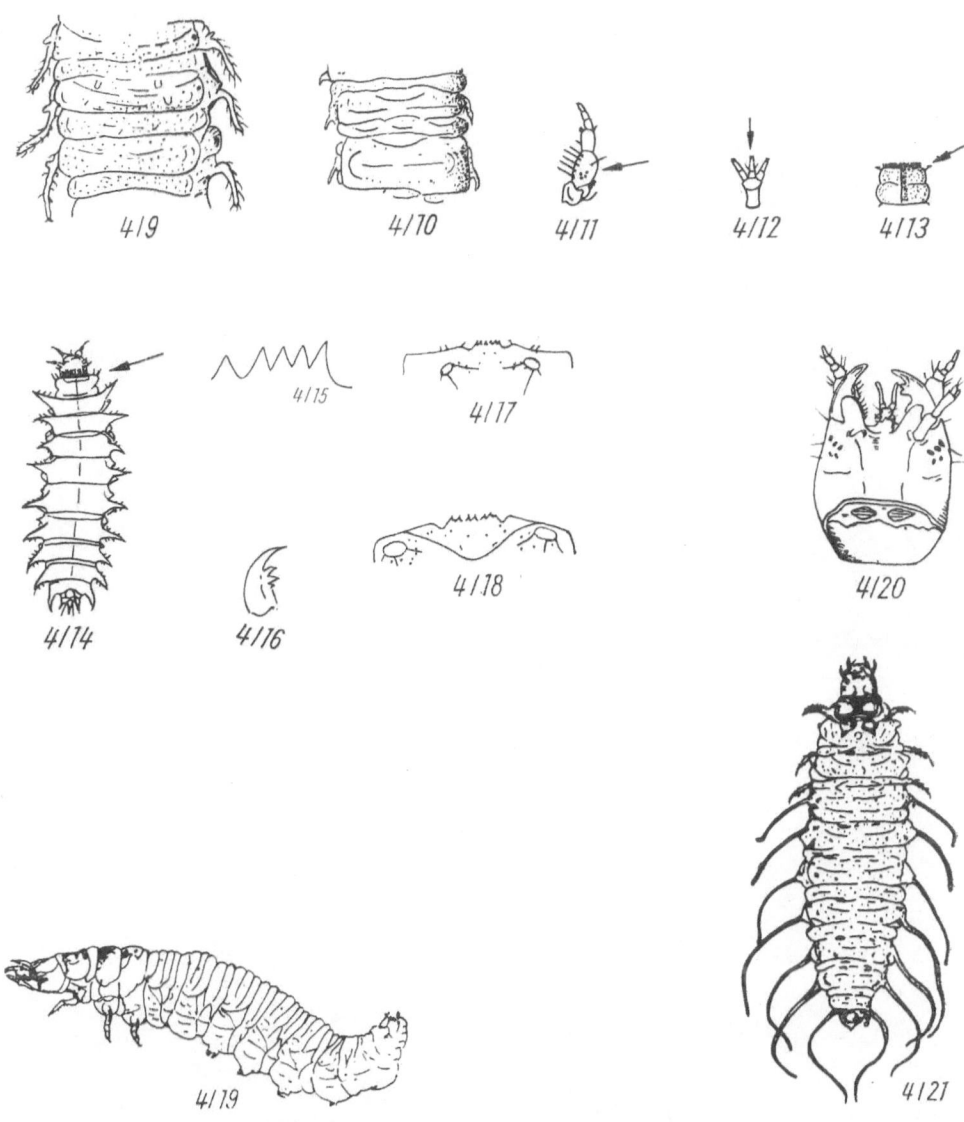

Abb. 4/9   *Hydrophilus caraboides* LINNAEUS, 3. Abdominalsegment (Orig.)
Abb. 4/10 *Hydrous piceus* LINNAEUS, 3. Abdominalsegment (Orig.)
Abb. 4/11 *Paracymus aeneus* GERMAR, Maxille (nach LARSSON, 1938)
Abb. 4/12 *Paracymus aeneus* GERMAR, Labium (nach LARSSON, 1938)
Abb. 4/13 *Anacaena infuscata* MOTSCHULSKY, Pronotum (nach LARSSON, 1938)
Abb. 4/14 *Crenitis punctatostriata* LETZNER, Körperumriß (nach EMDEN, 1932)
Abb. 4/15 *Hydrobius fuscipes* LINNAEUS, Stirnvorderrand (Orig.)
Abb. 4/16 *Hydrobius fuscipes* LINNAEUS, Mandibel (Orig.)
Abb. 4/17 *Helochares* sp., Stirnvorderrand (nach LARSSON, 1938)
Abb. 4/18 *Cymbiodyta marginella* FABRICIUS, Stirnvorderrand (nach LARSSON, 1938)
Abb. 4/19 *Enochrus bicolor* FABRICIUS, Körperumriß (nach LARSSON, 1938)
Abb. 4/20 *Laccobius minutus* LINNAEUS, Kopfkapsel, dorsal (nach BÖVING und CRAIGHEAD, 1931)
Abb. 4/21 *Berosus spinosus* STEVENSON, Körperumriß (nach BÖVING und CRAIGHEAD, 1931)

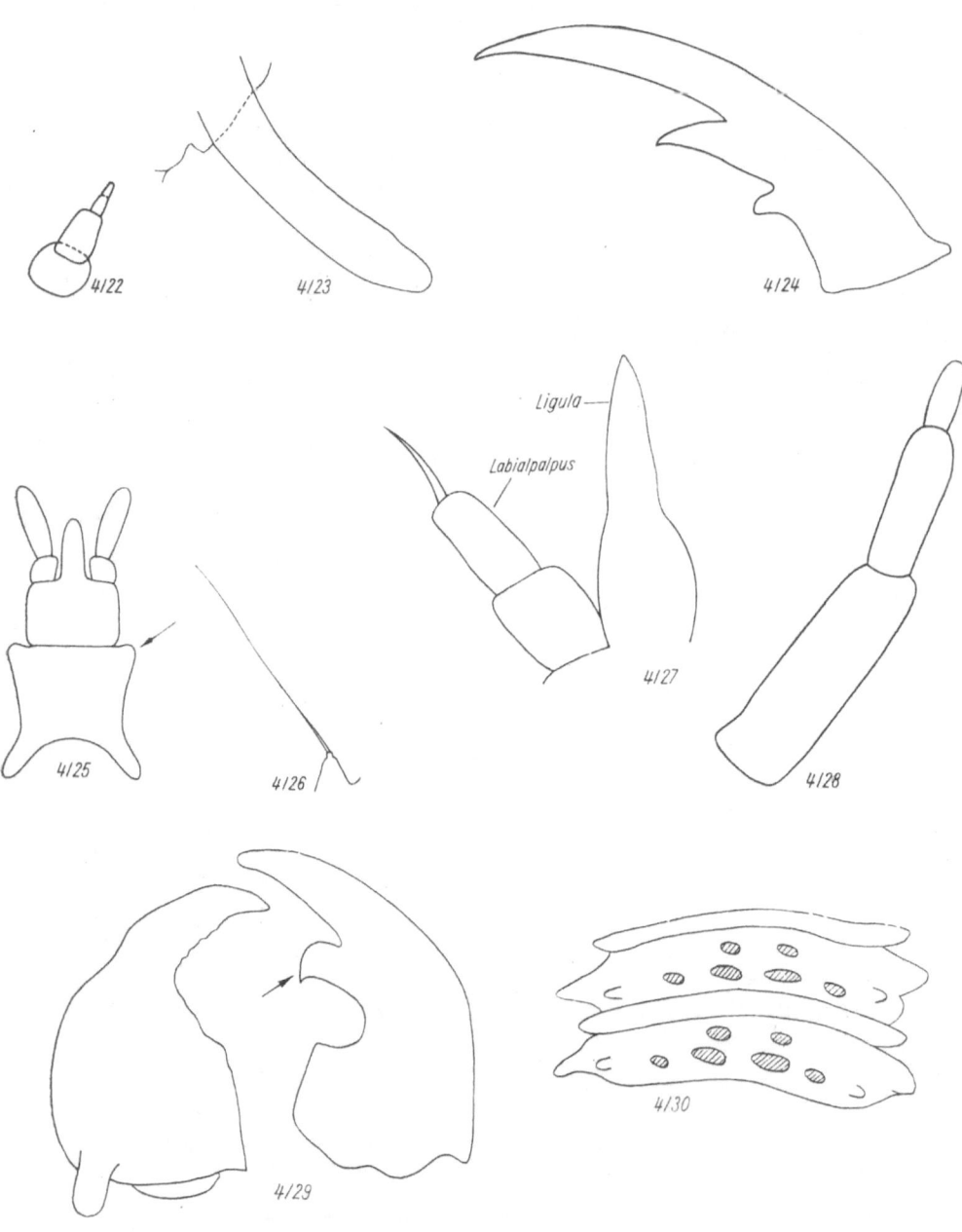

Abb. 4/22 *Sphaeridium bipustulatum* Fabricius, Bein (Orig.)
Abb. 4/23 *Hydrous* sp., Prostylus (Orig.)
Abb. 4/24 *Hydrophilus* sp., Mandibel (Orig.)
Abb. 4/25 *Hydrobius fuscipes* Linnaeus, Labium (Orig.)
Abb. 4/26 *Crenitis punctatostriata* Letzner, Urogomphus (Orig.)
Abb. 4/27 *Crenitis punctatostriata* Letzner, Labialpalpus, Ligula (Orig.)
Abb. 4/28 *Hydrobius fuscipes* Linnaeus, Antenne (Orig.)
Abb. 4/29 *Cryptopleurum* sp., Mandibeln (nach Böving und Henriksen, 1938)
Abb. 4/30 *Cryptopleurum* sp., 3.—4. Abdominalsegment (nach Böving und Henriksen, 1938)

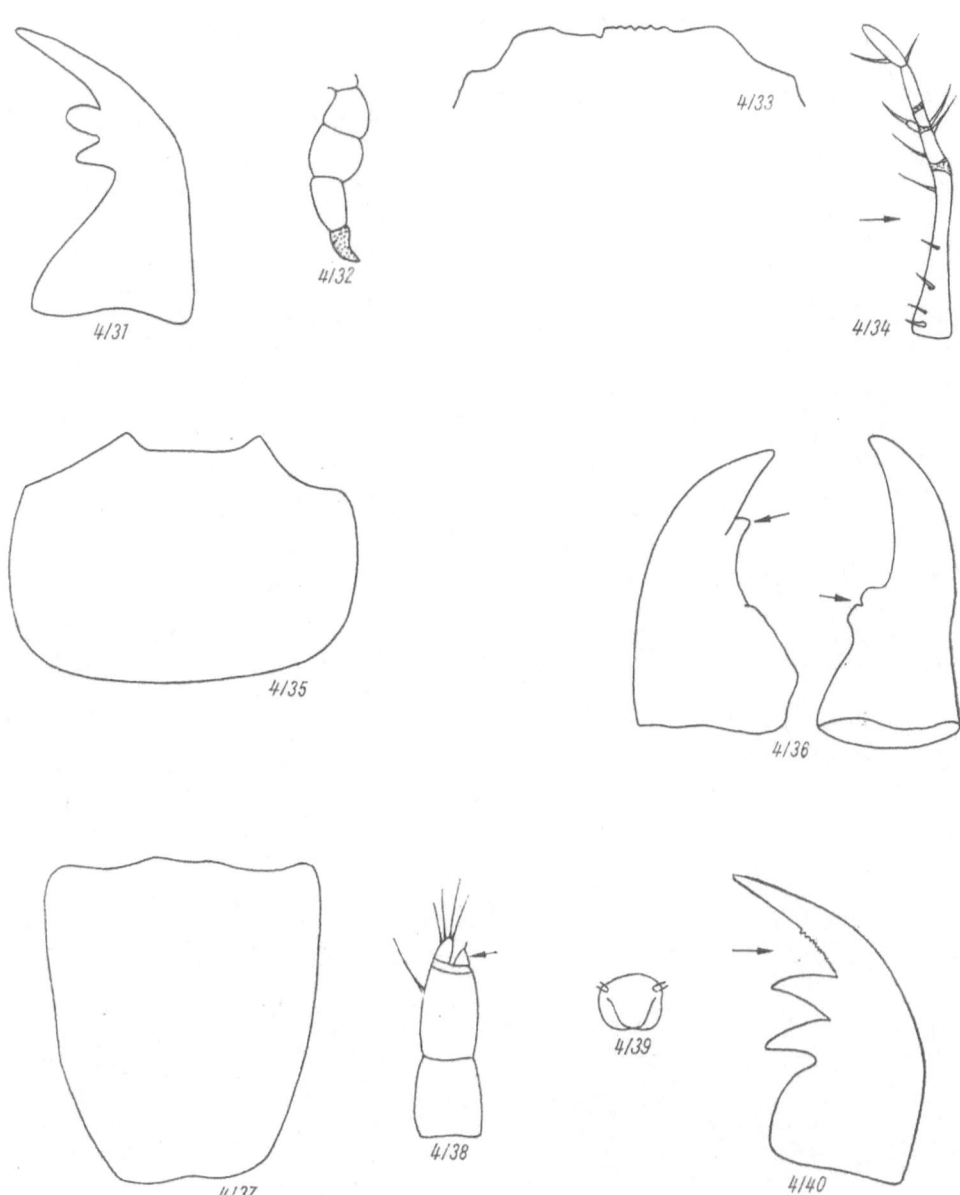

Abb. 4/31   *Chaetarthria seminulum* HERBST, Mandibel (nach BÖVING und HENRIKSEN, 1938)
Abb. 4/32   *Coelostoma orbiculare* FABRICIUS, Tibiotarsus (nach BÖVING und HENRIKSEN, 1938)
Abb. 4/33   *Hydrous* sp., Stirnvorderrand (Orig.)
Abb. 4/34   *Hydrous* sp., Maxille (Orig.)
Abb. 4/35   *Hydrous* sp., Kopfkapsel (Orig.)
Abb. 4/36   *Hydrous piceus* LINNAEUS, Mandibeln (Orig.)
Abb. 4/37   *Hydrophilus* sp., Kopfkapsel (Orig.)
Abb. 4/38   *Enochrus* sp., Antenne (Orig.)
Abb. 4/39   *Crenitis punctatostriata* LETZNER, Kopfkapsel (nach EMDEN, 1932)
Abb. 4/40   *Paracymus* sp., Mandibel (nach BERTRAND, 1972)

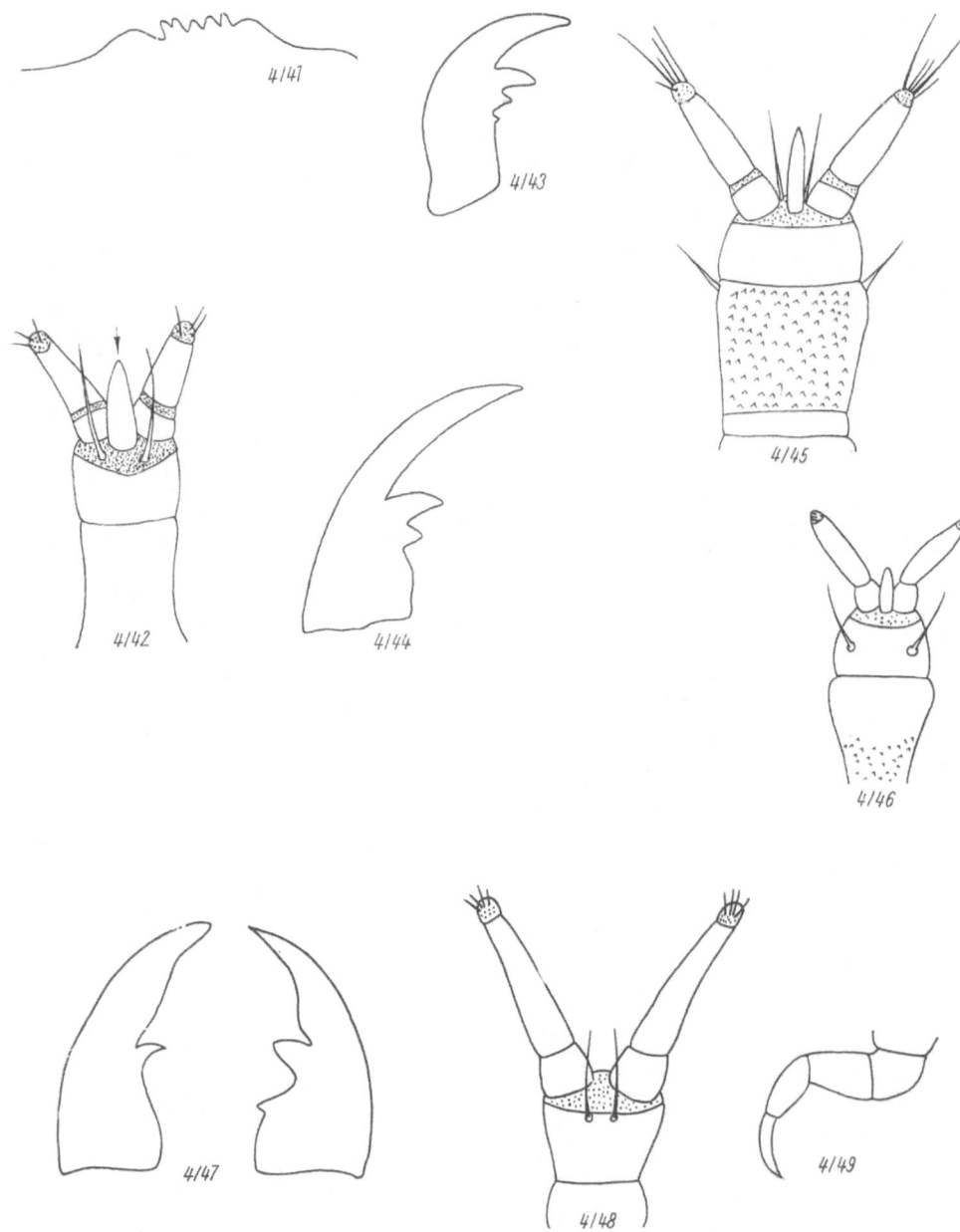

Abb. 4/41 *Paracymus* sp., Stirnvorderrand (nach Bertrand, 1972)
Abb. 4/42 *Anacaena* sp., Labium (nach Bertrand, 1972)
Abb. 4/43 *Crenitis punctatostriata* Letzner, Mandibel (Orig.)
Abb. 4/44 *Helochares* sp., Mandibel (nach Bertrand, 1972)
Abb. 4/45 *Helochares* sp., Labium (nach Bertrand, 1972)
Abb. 4/46 *Cymbiodyta marginella* Fabricius, Labium (nach Bertrand, 1972)
Abb. 4/47 *Enochrus* sp., Mandibeln (Orig.)
Abb. 4/48 *Laccobius* sp., Labium (nach Bertrand, 1972)
Abb. 4/49 *Laccobius* sp., Tibiotarsus (nach Böving und Henriksen, 1938)

5.5. Histeridae

Galea klein und streifenförmig, auf dem Palpifer inserierend (Abb. 5/3). Mandibeln meist mit Retinaculum und einem Borstenbüschel an der vorgewölbten Basis (Abb. 5/4, 1). Labrum mit Kopfkapsel verschmolzen, Vorderrand des Kopfes mit Zähnen (Abb. 5/6—9). Stemmata fehlend oder nur eins auf jeder Seite des Kopfes vorhanden. Kopf und Pronotum meist stark sklerotisiert, übrige Thoraxsegmente und Abdomen weichhäutig, weiß, mit Wülsten und zahlreichen Borsten, Urogomphi zweigliedrig (Abb. 5/2).

Larven räuberisch von anderen Insektenlarven lebend. An Aas, Exkrementen, unter Baumrinde, an Pilzen, in Warmblüternestern, im Detritus.

Da nur von wenigen Gattungen die Larven bekannt sind, ist die folgende Tabelle als provisorisch zu betrachten. Sie stützt sich im wesentlichen auf die Arbeiten von Larsson, für die Gattungen *Hister* Linnaeus, *Saprinus* Erichson und *Gnathoncus* Duval auf Lindner (1967), für andere Gattungen auf Nikitsky (1976).

Bestimmungstabelle für die Gattungen

Es fehlen: zahlreiche Gattungen.

1 (12) Maxillarpalpen dreigliedrig (Abb. 5/3). Labialpalpen zwei- oder dreigliedrig.

2 (7) Körper zylindrisch, verhältnismäßig kurz, oval.

3 (4) Kopf und Prothorax breiter als lang. Mandibeln mit einfachem Retinaculum (Abb. 5/1). Mentum nicht länger als das 1. Glied der Labialpalpen. Meso- und Metathorax lateral jeweils mit nur 1 oder 2 Borsten. Körper schwach abgeplattet. An Dung, Aas, faulenden Pflanzensubstanzen . . . . *Hister* Linnaeus

4 (3) Kopf und Prothorax nicht so breit. Mandibeln über dem Retinaculum mit einem kleinen Zähnchen (Abb. 5/4). Mentum wesentlich länger als das 1. Glied der Labialpalpen (Abb. 5/5). Meso- und Metathorax anders beborstet. Körper fast rund.

5 (6) Stirnvorderrand zweizähnig (Abb. 5/6). Prothorax ohne deutliche Furchen in den Vorderecken. An Aas, Dung und faulenden Pflanzenstoffen . . . . *Saprinus* Erichson

6 (5) Stirnvorderrand vierzähnig (Abb. 5/7). Prothorax in den Vorderecken mit kommaförmigen Furchen (Abb. 5/8). Meist in Vogelnestern . . . . *Gnathoncus* Duval

7 (2) Körper mehr abgeflacht, verhältnismäßig lang, mehr parallelseitig.

8 (9) Kopfkapsel deutlich länger als breit, mit einzelnen langen Borsten an den Seiten (Abb. 5/9). Praementum an den Seiten in der Mitte mit je einem winkligen Vorsprung (Abb. 5/11). Mandibeln vor dem Retinaculum schwach gezähnt, jedoch ohne ein besonders ausgeprägtes Zähnchen (Abb. 5/12). Unter Laub- oder Nadelholzrinde. . . . . *Paromalus* Erichson

9 (8) Kopfkapsel quer oder etwa so lang wie breit, ohne lange Borsten an
den Seiten (Abb. 5/15, 5/16). Praementum an den Seiten gerundet,
ohne eckigen Vorsprung (Abb. 5/13). Mandibeln mit einem einzelnen
kleinen stumpfen Zähnchen vor dem Retinaculum (Abb. 5/14).

10 (11) Kopfkapsel etwas breiter als lang (Abb. 5/15). Die vor dem Seitenrand des 1.—8. Abdominalsegments befindlichen Borsten sind mindestens halb so lang wie die Randborste (Abb. 5/17). Unter Nadel-
baumrinde . . . . *Cylister* Cooman

11 (10) Kopfkapsel so breit wie lang (Abb. 5/16). Die vor dem Seitenrand
des 1.—8. Abdominalsegments befindlichen Borsten sind nur ein
Drittel bis ein Viertel so lang wie die Randborste (Abb. 5/18). Unter
Laubbaumrinde . . . . *Platysoma* Leach

12 (1) Maxillarpalpen viergliedrig (Abb. 5/19). Labialpalpen dreigliedrig
(Abb. 5/20).

13 (14) Mandibeln ohne Retinaculum (Abb. 5/10). Urogomphi lang und
schmal. Unter Laubbaumrinde. . . . . . . *Teretrius* Erichson

14 (13) Mandibeln mit großem Retinaculum (Abb. 5/21). Urogomphi sehr
kurz, dick und konisch (Abb. 5/22).

15 (16) Körper nach vorn nur schwach verengt. Die Furchen auf der Oberseite des Kopfes reichen bis zur Mitte desselben. Vorderes Drittel
des Pronotums weiß. Vordere Abdominalsegmente in der Mitte mit
glatten Flächen. Unter Laub- und Nadelholzrinde. . . . .
. . . . *Plegaderus* Erichson

16 (15) Körper nach vorn bedeutend verengt. Die Furchen auf der Oberseite des Kopfes sind sehr kurz und erreichen niemals die Kopfmitte.
Pronotum fast gleichmäßig rötlichbraun gefärbt. Mesothorax mit
rötlicher Binde. Auf den Abdominalsegmenten fehlen glatte Flächen
oder sind nur wenig entwickelt. In Baummulm, bei Ameisen. . . .
. . . . *Abraeus* Leach

Abb. 5/1   *Hister* sp., Mandibel (nach LINDNER, 1967)
Abb. 5/2   *Hister* sp.,Urogomphi (nach LINDNER, 1967)
Abb. 5/3   *Hister* sp., Maxille (Orig.)
Abb. 5/4   *Saprinus* sp., Mandibel (nach LINDNER, 1967)
Abb. 5/5   *Saprinus* sp., Labium (nach LINDNER, 1967)
Abb. 5/6   *Saprinus* sp., Stirnvorderrand (nach LINDNER, 1967)
Abb. 5/7   *Gnathoncus* sp., Stirnvorderrand (nach LINDNER, 1967)
Abb. 5/8   *Gnathoncus* sp., Prothorax (nach LINDNER, 1967)
Abb. 5/9   *Paromalus parallelepipedus* HERBST, Kopfkapsel (nach NIKITSKY, 1976)
Abb. 5/10 *Teretrius* sp., Mandibel (Orig.)
Abb. 5/11 *Paromalus parallelepipedus* HERBST, Labium (nach NIKITSKY, 1976)
Abb. 5/12 *Paromalus parallelepipedus* HERBST, Mandibel (nach NIKITSKY, 1976)
Abb. 5/13 *Cylister oblongum* FABRICIUS, Labium (nach NIKITSKY, 1976)
Abb. 5/14 *Cylister oblongum* FABRICIUS, Mandibel (nach NIKITSKY, 1976)

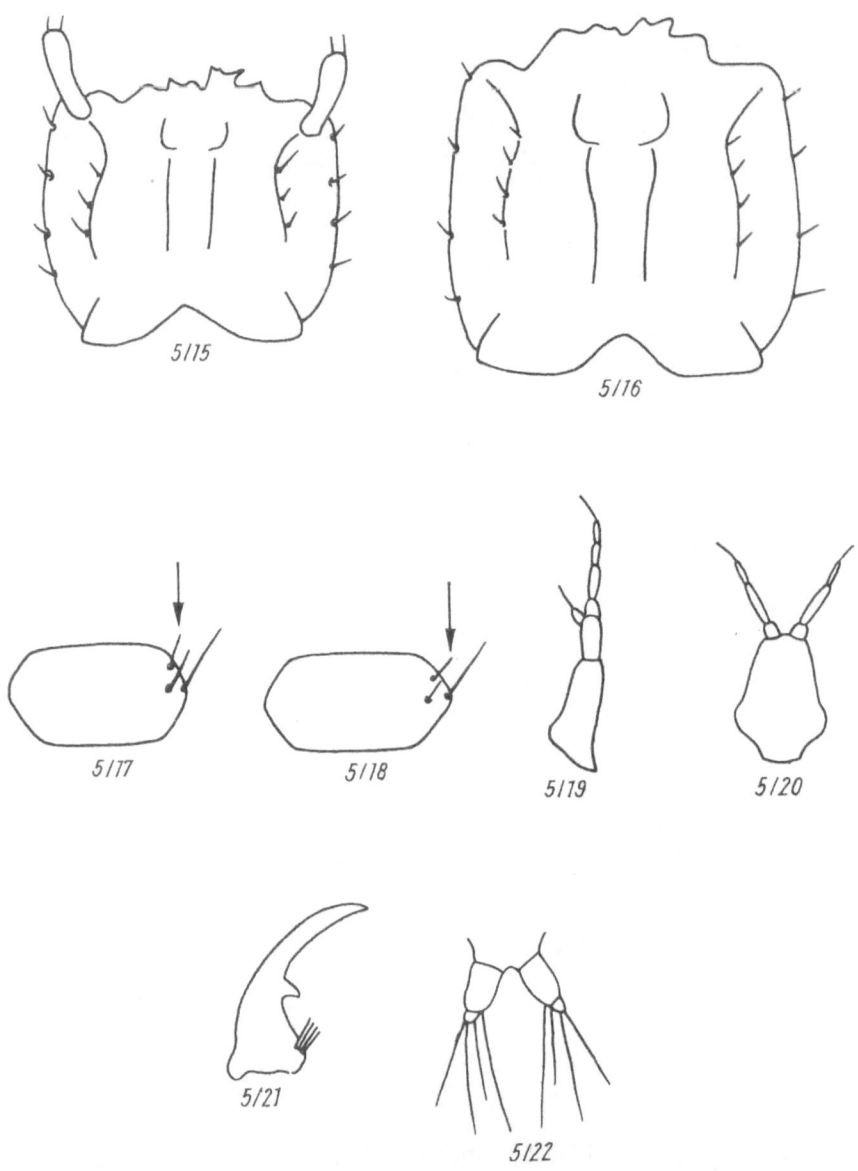

Abb. 5/15 *Cylister lineare* ERICHSON, Kopfkapsel (nach NIKITSKY, 1976)
Abb. 5/16 *Platysoma compressum* HERBST, Kopfkapsel (nach NIKITSKY, 1976)
Abb. 5/17 *Cylister oblongum* FABRICIUS, 3. Abdominaltergit (nach NIKITSKY, 1976)
Abb. 5/18 *Platysoma compressum* HERBST, 3. Abdominaltergit (nach NIKITSKY, 1976)
Abb. 5/19 *Plegaderus vulneratus* PANZER, Maxille (nach NIKITSKY, 1976)
Abb. 5/20 *Plegaderus vulneratus* PANZER, Labium (nach NIKITSKY, 1976)
Abb. 5/21 *Plegaderus vulneratus* PANZER, Mandibel (nach NIKITSKY, 1976)
Abb. 5/22 *Plegaderus saucius* ERICHSON, Urogomphi (nach NIKITSKY, 1976)

5.6. Silphidae

Larven meist mehr oder weniger abgeplattet, asselartig (außer *Necrophorus*), die plattenförmig verbreiterten Seitenteile der Tergite werden als Paratergite bezeichnet. Urogomphi kurz, dick, zweigliedrig. Lacinia nur längs des Innenrandes bedornt (Abb. 6/10). Galea mehr oder weniger verkümmert.

Crowson gliedert die *Silphidae* in 3 Unterfamilien: *Agyrtinae*, *Silphinae*, *Necrophorinae*. Die Larven der *Agyrtinae* sind nicht ausreichend bekannt oder völlig unbekannt, so daß sie in der Bestimmungstabelle fehlen.

Zwischen den *Necrophorinae* und den *Silphinae* bestehen erhebliche Unterschiede im Bau der Larven (siehe Bestimmungstabelle: 1 (2) — 2 (1)).

Die Larven der *Silphidae* leben von Aas und Pilzen. Einige sind Räuber von Gehäuseschnecken oder Raupen, andere leben phytophag von Blättern verschiedener Pflanzen, vor allem Rüben.

Bestimmungstabelle für die Gattungen

Es fehlen: *Pteroloma* Gyllenhal, *Necrophilus* Latreille, *Ecanus* Stephens, *Agyrtes* Frölich.

1 (2) Dorsalsklerite des Thorax und Abdomens klein, niemals das gesamte Segment bedeckend, mit starken Dornen (Abb. 6/1). Körper kaum abgeplattet, zylindrisch, im 3. Stadium über 4mal so lang wie breit, ohne Paratergite. Auf jeder Seite des Kopfes 1 Stemmatum. An Aas und Pilzen, mit hochentwickelter Brutpflege. . . . . *Necrophorus* Fabricius

2 (1) Thorax- und Abdominalsegmente vollständig von Dorsalskleriten bedeckt, die oft nach den Seiten erweitert sind. Körper meist deutlich abgeplattet, oft asselförmig (H 15), höchstens 4mal so lang wie breit, stark pigmentiert, Paratergite deutlich. 6 Stemmata auf jeder Seite des Kopfes.

3 (6) Sternit des 2. Abdominalsegmentes in 3 Sklerite geteilt (Abb. 6/2). Körper verhältnismäßig wenig abgeplattet.

4 (5) Abdominale Stigmen ohne hervorstehende sklerotisierte Kammern. 1. und 2. Glied der Urogomphi etwa gleich lang. Pronotum und Tergite einfarbig dunkel. Körper mit gelben Haaren dünn bedeckt. An Aas. . . . . *Necrodes* Leach

5 (4) Abdominale Stigmen mit hervorstehenden sklerotisierten Kammern. 1. Glied der Urogomphi viel länger als das 2. Pronotum und Tergite mit hellem Seitenrand. Körper dicht behaart. An Aas. . . . . *Thanatophilus* Samouelle

6 (3) Sternit des 2. Abdominalsegmentes ungeteilt. Körper stark abgeplattet.

7 (10) Larven gestreckter (Abb. 6/3), Länge : Breite > 3,7. Länge der Antennen etwa 3/4 der Körperbreite, Urogomphi kürzer als Analsternit.

8 (9) Endborsten der Paratergite auch im 1. Larvenstadium nie unter 0,4 mm. Urogomphi zweigliedrig. Larven leben von Gehäuseschnecken. . . . . *Phosphuga* Leach

9 (8) Endborsten der Paratergite nie länger als 0,2—0,3 mm. Urogomphi eingliedrig. 3. Larvenstadium mehr parallel. Larven leben von Gehäuseschnecken. . . . . *Ablattaria* Reitter

10 (7) Larven weniger gestreckt (H 15), Länge : Breite <3,2. Länge der Antennen erreicht nicht die Hälfte der Körperbreite oder Urogomphi länger als Analsternit.

11 (14) Pronotum mit nach vorn konkaver Bogenlinie (Abb. 6/4). Antennen von halber Körperbreite oder kürzer.

12 (13) Kopf dunkelbraun bis schwarz, wie die Tergite. Klaue dorsal ohne Borste (Abb. 6/5). Phytophag an Rüben. . . . *Blitophaga* Reitter

13 (12) Kopf rotbraun, bedeutend heller als die Tergite. Klaue dorsal mit großer Borste (Abb. 6/6). Karnivor (Raupenfeind). . . . .
. . . . *Xylodrepa* Thomson

14 (11) Pronotum ohne deutliche Bogenlinie. Paratergite in größerem Umfang aufgehellt (Abb. 6/7) oder Antennen etwas länger als halbe Körperbreite.

15 (16) Außenrand der hellen Paratergite des Pronotums mit dunklem Mittelfleck (Abb. 6/8), im ersten Larvenstadium mit dunkler Binde (Abb. 6/9). An Aas, Kot, Stink-Morcheln. . . . .
. . . . *Oeceoptoma* Samouelle

16 (15) Pronotum einfarbig oder anders gefleckt. An Aas und räuberisch lebend. . . . . *Silpha* Linnaeus (H15)

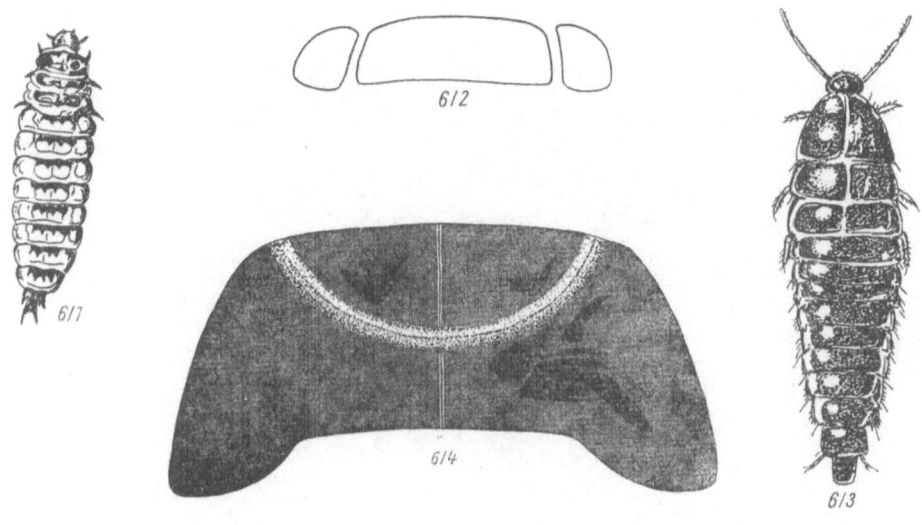

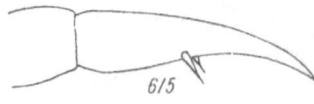

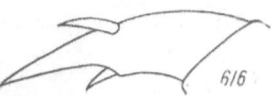

Abb. 6/1 *Necrophorus vespilloides* HERBST, Körperumriß (nach SCHIÖDTE, 1862)
Abb. 6/2 *Necrodes littoralis* LINNAEUS, 2. Abdominalsegment, ventral (Orig.)
Abb. 6/3 *Phosphuga atrata* LINNAEUS, Körperumriß (nach HEYMONS, LENGERKEN und BAYER,
          1927)
Abb. 6/4 *Blitophaga opaca* LINNAEUS, Pronotum (Orig.)
Abb. 6/5 *Blitophaga opaca* LINNAEUS, Klaue (Orig.)
Abb. 6/6 *Xylodrepa quadripunctata* LINNAEUS, Klaue (Orig.)

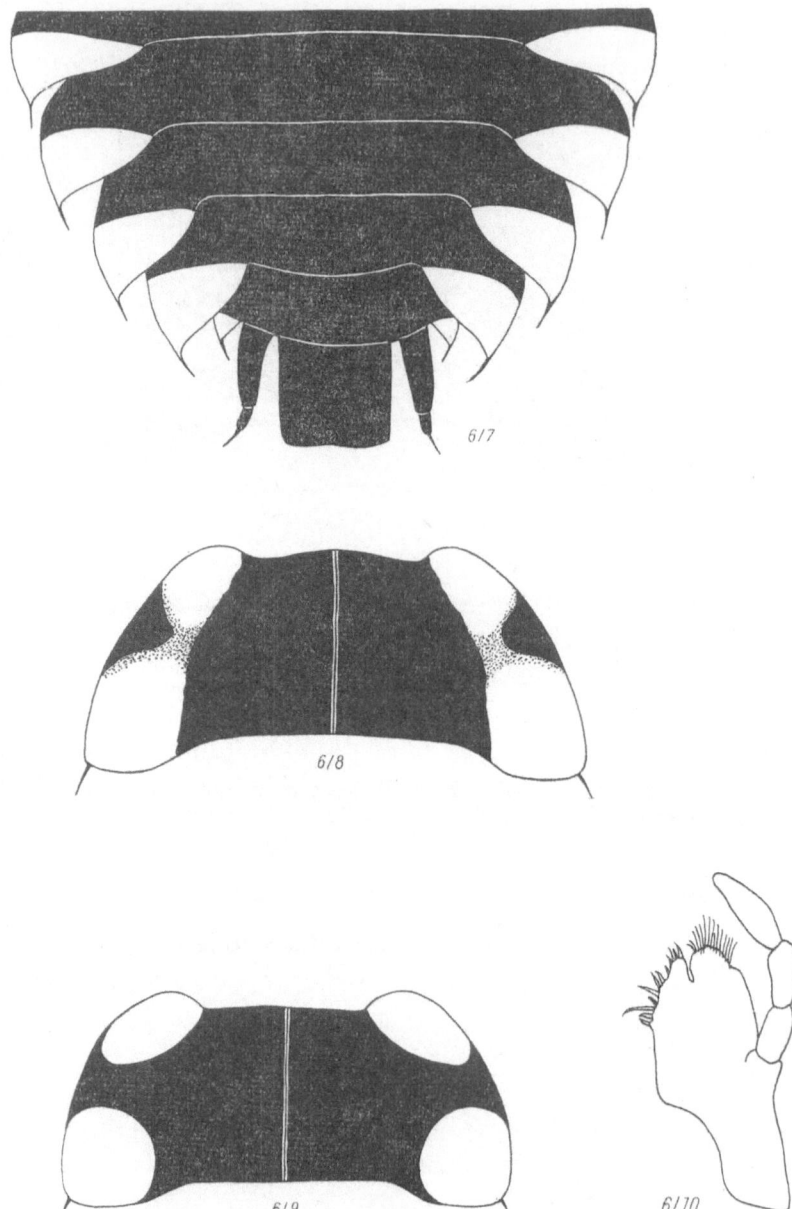

Abb. 6/7   *Oeceoptoma thoracica* Linnaeus, 5.—9. Abdominalsegment (Orig.)
Abb. 6/8   *Oeceoptoma thoracica* Linnaeus, Prothorax, L_3 (Orig.)
Abb. 6/9   *Oeceoptoma thoracica* Linnaeus, Prothorax, L_1 (Orig.)
Abb. 6/10 *Silpha obscura* Linnaeus, Maxille (Orig.)

5.7. Liodidae

CROWSON hat die Systematik der Staphylinoidea gründlich umgestellt und eine große Familie *Anisotomidae* gegründet, in die neben den *Liodidae* auch die *Catopidae*, *Colonidae* und einige Teile der *Silphidae* und *Clambidae* einbezogen worden sind. Die Kenntnisse über die Larven dieser Gruppierung sind verhältnismäßig gering, hier werden die *Liodidae* in dem Umfang den ihnen von PEEZ in seiner Bearbeitung im FREUDE-HARDE-LOHSE gibt behandelt. Diese entsprechen etwa den *Anisotominae* im Sinne CROWSONS.

Mandibeln mit Retinaculum und Mola, letztere mit unregelmäßig angeordneten Tuberkeln. Lacinia und Galea deutlich ausgebildet. Labium mit wohl ausgebildeten Paraglossae. Epicranialnaht fehlt. Urogomphi zweigliedrig.

Obwohl nur von 3 Gattungen die Larven hinreichend bekannt sind, soll eine Bestimmungstabelle gegeben werden, weil es sich um weitverbreitete und häufige Gattungen handelt, zu denen in Mitteleuropa etwa 75% aller Arten der Familie gehören, und auch beide Tribus vertreten sind. Die Lückenhaftigkeit der Tabelle möge dazu anregen, den Liodidenlarven besondere Aufmerksamkeit zu schenken.

Die Larven der *Liodidae* sind Pilzfresser und leben von den Mycelien oder den Fruchtkörpern. Die *Liodini* kommen — soweit bekannt — nur an unterirdischen Pilzen vor, während die *Agathidiini* die oberflächlich wachsenden Pilze als Nahrungsquelle benutzen. Man findet sie vorwiegend in Baumpilzen, unter Baumrinde, in verpilztem Holz und verpilzter Laubstreu.

Bestimmungstabelle für die Gattungen

Es fehlen : *Triarthron* SCHMIDT, *Hydnobius* SCHMIDT, *Colenis* ERICHSON, *Agaricophagus* SCHMIDT, *Cyrtusa* ERICHSON, *Liodopria* REITTER, *Amphicyllis* ERICHSON, *Cyrtoplastus* REITTER.

1 (2) Urogomphi sehr kurz, wesentlich kürzer als die Beine (Abb. 7/1). Kopf etwa so lang wie alle Thoraxsegmente zusammen, mit weit vorgestreckten Mandibeln (Abb. 7/2). An unterirdischen Fruchtkörpern und am Mycel von Ascomyceten . . . *Liodes* LATREILLE

2 (1) Urogomphi lang, fast so lang oder länger als die Beine. Kopf höchstens so lang wie der Metathorax, Mandibeln nicht auffällig vorgestreckt.

3 (4) Prothorax bedeutend länger als Meso- und Metathorax (Abb. 7/3). 3. Antennenglied gedrungen, weniger als halb so lang wie das 2. (Abb. 7/4). 2. Glied der Urogomphi nur wenig länger als das 1. Glied (Abb. 7/5). Urogomphi höchstens 1,5mal so lang wie das 9. Abdominalsegment (Abb. 7/5), mit langer Endborste. Spitze der Maxillarlade fünfspaltig (Abb. 7/9). In Baumschwämmen, unter Baumrinde, in alten Stubben, in verpilzter Laubstreu, an verpilzten Ästen . . . . *Agathidium* PANZER

4 (3) Prothorax nur wenig länger als Meso- und Metathorax (Abb. 7/6). 3. Antennenglied schlank, etwa oder mehr als halb so lang wie das 2. (Abb. 7/7). 2. Glied der Urogomphi fast doppelt so lang wie das 1. (Abb. 7/8). Urogomphi etwa 4mal so lang wie das 9. Abdominalsegment, ohne Endborste. Lacinia scharf zugespitzt, Galea an der Spitze erweitert. In Baumschwämmen, unter Baumrinde, in alten Stubben . . . . *Anisotoma* ILLIGER (H 18)

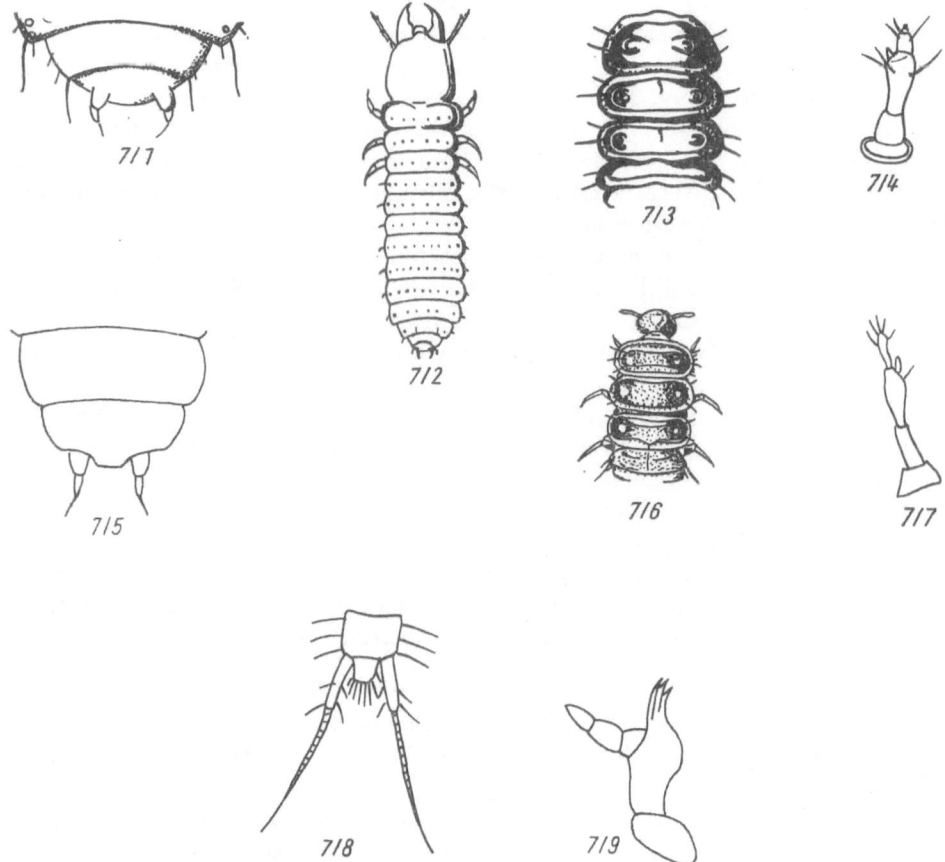

Abb. 7/1   *Liodes cinnamomea* PANZER, 9. Abdominalsegment (nach LABOULBENE, 1864)
Abb. 7/2   *Liodes cinnamomea* PANZER, Körperumriß (nach LABOULBENE, 1864)
Abb. 7/3   *Agathidium mandibulare* STURM, Thorax (nach SCHIÖDTE, 1862)
Abb. 7/4   *Agathidium mandibulare* STURM, Antenne (nach SCHIÖDTE, 1862)
Abb. 7/5   *Agathidium nigripenne* FABRICIUS, Urogomphi (nach SAALAS, 1917)
Abb. 7/6   *Anisotoma glabra* KUGELANN, Thorax (nach SCHIÖDTE, 1862)
Abb. 7/7   *Anisotoma castanea* HERBST, Antenne (nach PERRIS, 1855)
Abb. 7/8   *Anisotoma castanea* HERBST, Urogomphi (nach PERRIS, 1855)
Abb. 7/9   *Agathidium nigripenne* FABRICIUS, Maxille (nach SAALAS, 1917)

5.8. Scydmaenidae

Körper asselförmig, ohne Urogomphi. Mandibeln schlank, sichelförmig, meist fast 8mal so lang wie an der Basis breit, ohne Mola. Maxillarlade stumpf, auf der Oberseite nicht rauh. Labium ohne Ligula. 2. Antennenglied sehr groß.

Die Bestimmungstabelle hat provisorischen Charakter, weil nur drei Gattungen im Larvenstadium bekannt sind, zu denen nur etwa 1/3 der mitteleuropäischen Arten gehören.

Die Larven der *Scydmaenidae* ernähren sich von Milben. Sie kommen besonders an der Bodenoberfläche vor (in Moos, unter Laub, Holz und Steinen). Einige Arten in Ameisennestern oder bei Kleinsäugern.

Bestimmungstabelle für die Gattungen

Es fehlen: *Euthiconus* REITTER, *Euthia* STEPHENS, *Chelonoidum* STRAND, *Neuraphes* THOMSON, *Scydmoraphes* REITTER, *Microscydmus* SAULCY et CROISS, *Euconnus* THOMSON.

1 (2) Ohne Stemmata. Riechkegel auf dem 2. Antennenglied fast doppelt so lang und dick wie das 3. Glied (Abb. 8/1). Außenseite der Mandibeln mit scharfer Abbiegung (Abb. 8/2). 1. Abdominalsegment nur wenig kürzer als die 3 Thoraxsegmente zusammen (Abb. 8/3). In faulenden Pflanzenabfällen, Humus . . . .
. . . . *Cephennium* MÜLLER et KUNZE

2 (1) ·An jeder Seite des Kopfes ein Stemmatum. Riechkegel auf dem 2. Antennenglied etwa so lang und dick wie das 3. Glied (Abb. 8/4) (nach FRANZ (1965) das 3. bzw. 4. Glied). Außenseite der Mandibeln gleichmäßig gebogen (Abb. 8/6). 1. Abdominalsegment höchstens so lang wie Metathorax.

3 (4) 8. Abdominalsegment eingebuchtet, mit deutlich vorgezogenen Hinterecken. 9. Abdominalsegment doppelt so lang wie das 8. in der Mitte. Mandibelinnenrand ohne Zähne. Körper gedrungener. In faulenden Pflanzenresten, auch myrmecophil . . . .
. . . . *Scydmaenus* LATREILLE (H 20)

4 (3) 8. Abdominalsegment nicht eingebuchtet (Abb. 8/5). 9. Abdominalsegment nur etwa so lang wie das 8. Mandibelinnenrand mit mehreren Zähnchen (Abb. 8/6). Körper gestreckter. In Waldstreu, Moosrasen, Baummulm. . . . . *Stenichnus* THOMSON

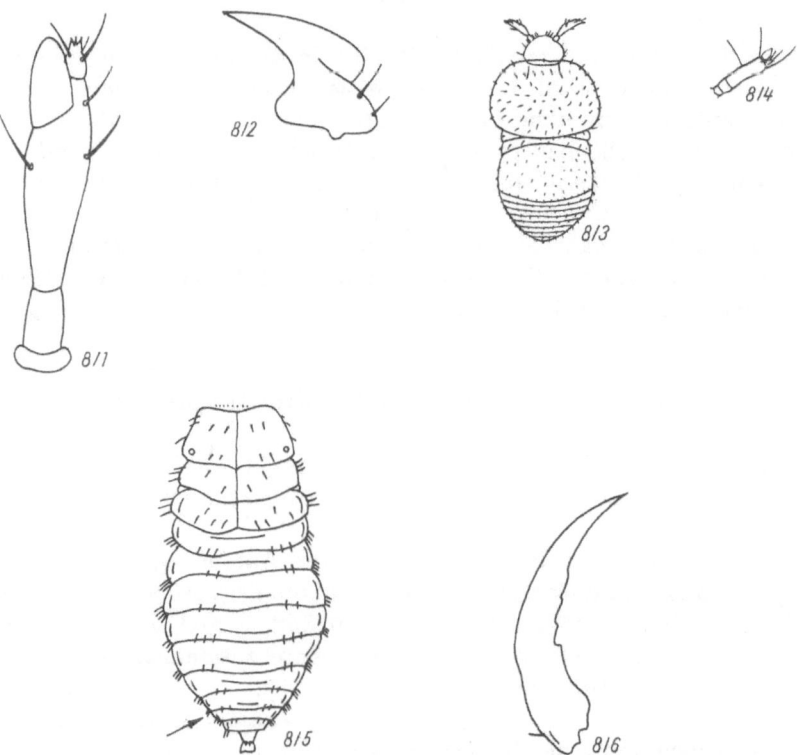

Abb. 8/1   *Cephennium thoracicum* Müller et Kunze, Antenne (nach Ghilarov, 1964)
Abb. 8/2   *Cephennium thoracicum* Müller et Kunze, Mandibel (nach Ghilarov, 1964)
Abb. 8/3   *Cephennium majus* Reitter, Körperumriß (nach Ghilarov, 1964)
Abb. 8/4   *Scydmaenus tarsatus* Müller et Kunze, Antenne (nach Larsson, 1938)
Abb. 8/5   *Stenichnus collaris* Müller et Kunze, Körperumriß (nach Ghilarov, 1964)
Abb. 8/6   *Stenichnus collaris* Müller et Kunze, Mandibel (nach Ghilarov, 1964)

5.9. Orthoperidae

CROWSON stellt die *Orthoperidae* (= *Corylophidae*) zur Sektion Clavicornia der Cucujoidea.

1. und 8. oder 1.—7. Abdominalsegment dorsolateral mit je einem Paar auffallenden Drüsenöffnungen. Rand der Thorax- und Abdominalsegmente meist mit auffallenden Borsten besetzt (spatelförmig, gegabelt). Ohne Urogomphi. Mandibeln mit Mola, Maxille nur mit einer Lade (Lacinia).

Die Bestimmungstabelle ist als provisorisch anzusehen, weil nicht aus allen angeführten Gattungen Originalmaterial untersucht werden konnte.

Die Larven dieser Familie leben vor allem in schimmligem Holz und unter Rinde, außerdem an faulender Pflanzensubstanz und im Detritus.

Bestimmungstabelle für die Gattungen

Es fehlen: *Anisomeristes* MATTHEWS, *Sericoderus* STEPHENS, *Peltinus* MULSANT, *Rhypobius* LECONTE.

1 (4) Körper breit oval, asselförmig (Abb. 9/1), alle Tergite dunkel sklerotisiert. 1.—8. Abdominalsegment mit spatelförmigen Randborsten.

2 (3) 9. Abdominalsegment mit spatelförmigen Randborsten (Abb. 9/2). Meist an faulendem Schilf. . . . . *Corylophus* STEPHENS

3 (2) 9. Abdominalsegment ohne spatelförmige Randborsten (Abb. 9/3). Unter faulender Pflanzensubstanz. . . . . . *Sacium* LECONTE

4 (1) Körper gestreckter (H 21), nur Kopf, Prothorax und 9. Abdominalsegment sklerotisiert. 1.—8. Abdominalsegment ohne spatelförmige Randborsten.

5 (6) Pronotum mit 2 großen dunklen Längsflecken (H 21). Segmente mit gabelförmigen Randborsten. An faulenden Pflanzenteilen, unter Rinde, in Zapfen, Nestern, Pilzen. . . *Orthoperus* STEPHENS (H 21)

6 (5) Pronotum nur mit 2 schmalen Längsflecken (Abb. 9/4) oder 4 dunklen Flecken (Abb. 9/5). Segmente ohne gabelförmige Randborsten (Abb. 9/6). Unter faulender Pflanzensubstanz. . . . .
. . . . *Arthrolips* WOLLASTON

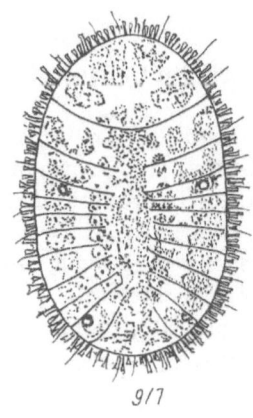

9/2

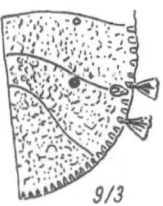

9/3

9/7

9/4

9/5

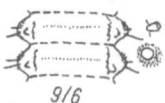

9/6

Abb. 9/1 *Corylophodes marginicollis* LECONTE, Habitus (nach BÖVING und CRAIGHEAD, 1931)
Abb. 9/2 *Corylophodes marginicollis* LECONTE, 9. Abdominalsegment (nach BÖVING und CRAIGHEAD, 1931)
Abb. 9/3 *Sacium* sp., 9. Abdominalsegment (nach BÖVING und CRAIGHEAD, 1931)
Abb. 9/4 *Arthrolips* sp., Pronotum (nach PERRIS, 1877)
Abb. 9/5 *Arthrolips* sp., Pronotum (nach HEEGER, 1853)
Abb. 9/6 *Arthrolips* sp., Abdominalsegmente (nach PERRIS, 1877)

5.10. Ptiliidae

Larven sehr klein. Urogomphi eingliedrig, gewöhnlich mit dem 9. Abdominalsegment gelenkig verbunden. 10. Abdominalsegment fast immer mit einem Paar von sklerotisierten Haken auf der Ventralseite. Mandibeln mit Mola, vor dem Apex mit vielen Sägezähnchen. Galea wohl ausgebildet, Lacinia reduziert. Stemmata fehlen. Antennen dreigliedrig.

Unsere Kenntnis über die Larven der *Ptiliidae* ist außerordentlich gering, die Bestimmungstabelle kann nur als provisorisch betrachtet werden.

Die Larven der *Ptiliidae* ernähren sich von Pilzsporen, vor allem von Schimmelpilzen, kommen aber auch an höheren Pilzen vor. Entsprechend der Nahrung sind sie in den unterschiedlichsten Habitaten aufzufinden.

Bestimmungstabelle für die Gattungen

Es fehlen: *Ptenidium* ERICHSON, *Actidium* MATTHEWS, *Oligella* MOTSCHULSKY, *Micridium* MOTSCHULSKY, *Ptilium* ERICHSON, *Euryptilium* MATTHEWS, *Nanoptilium* FLACH, *Ptiliolum* FLACH, *Microptilium* MATTHEWS, *Plitium* BESUCHET, *Pteryx* MATTHEWS, *Nephanes* THOMSON, *Smicrus* MATTHEWS, *Baeocara* THOMSON, *Actinopteryx* MATTHEWS.

1 (2) Urogomphi kürzer oder höchstens so lang wie das 9. Abdominalsegment (Abb. 10/1). In faulem Holz und Holzpilzen. . . . . . .
. . . . *Nossidium* ERICHSON

2 (1) Urogomphi länger als das 9. Abdominalsegment, am Ende mit 3 bis 4 großen Borsten versehen (Abb. 10/2).

3 (4) 2. Antennenglied ohne einen auffälligen Zapfen (Abb. 10/3). In Baumstümpfen . . . . *Astatopteryx* PERRIS

4 (3) 2. Antennenglied mit einem auffälligen Zapfen (Abb. 10/4).

5 (6) Kopf oben mit 2 dunklen Längsstrichen. Mandibeln innen ohne Zahn (Abb. 10/5). Maxillarpalpus so lang wie Galea (Abb. 10/7). An faulem Holz, unter Rinde. . . . . *Ptinella* MOTSCHULSKY (H 23)

6 (5) Kopf ohne dunkle Längsstriche. Mandibeln innen mit einem Zahn (Abb. 10/6). Maxillarpalpus kürzer als Galea (Abb. 10/8). An Dung, faulenden Pflanzensubstanzen, Aas, in Nestern. . . . .
. . . . *Acrotrichis* MOTSCHULSKY

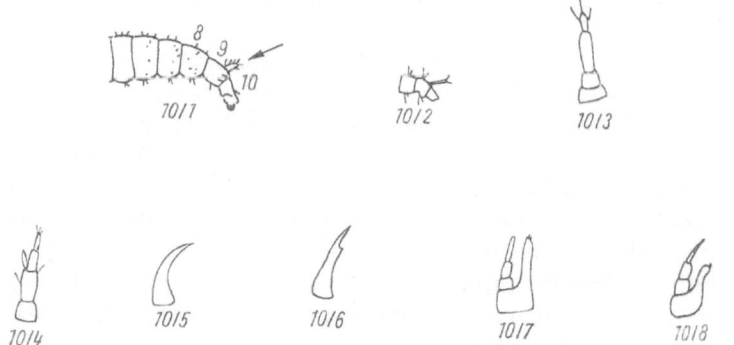

Abb. 10/1　*Nossidium* sp., Abdomenende, seitlich (nach Böving und Craighead, 1931)
Abb. 10/2　*Ptinella aptera* Guèrin, Abdomenende, seitlich (nach Perris, 1853)
Abb. 10/3　*Astatopteryx laticollis* Perris, Antenne (nach Perris, 1853)
Abb. 10/4　*Ptinella aptera* Guèrin, Antenne (nach Perris, 1853)
Abb. 10/5　*Ptinella aptera* Guèrin, Mandibel (nach Perris, 1853)
Abb. 10/6　*Acrotrichis* sp., Mandibel (nach Perris, 1846)
Abb. 10/7　*Ptinella aptera* Guèrin, Maxille (nach Perris, 1853)
Abb. 10/8　*Acrotrichis* sp., Maxille (nach Perris, 1846)

5.11. Scaphidiidae

Mandibeln ohne Mola. Lacinia rauh. Galea fehlend. Labium mit drei Lappen (Ligula und zwei Paraglossae). Antennen dreigliedrig. Urogomphi zweigliedrig. Die Larven der *Scaphidiidae* leben in Baumpilzen und anderen Pilzen.

Bestimmungstabelle für die Gattungen

Es fehlen: *Scaphium* KIRBY, *Caryoscapha* GANGLBAUER.

1 (2) An jeder Seite des Kopfes befinden sich 5 Stemmata (Abb. 11/1). Der Riechkegel entspringt an der Spitze des 2. Antennengliedes (Abb. 11/2). Maxillarpalpus viergliedrig (Abb. 11/3). Urogomphi kürzer als der Analfortsatz, 2. Glied der Urogomphi mehr als doppelt so lang wie das 1. (Abb. 11/4). An alten Baumstubben und Baumschwämmen . . . . *Scaphidium* OLIVIER

2 (1) An jeder Seite des Kopfes befinden sich 6 Stemmata (Abb. 11/5). Der Riechkegel entspringt in der Mitte ·des 2. Antennengliedes (Abb. 11/5). Maxillarpalpus dreigliedrig. Urogomphi länger als der Analfortsatz, 2. Glied der Urogomphi etwas kürzer als das 1. (Abb. 11/6). An Baumschwämmen . . . . . *Scaphisoma* LEACH (H 24)

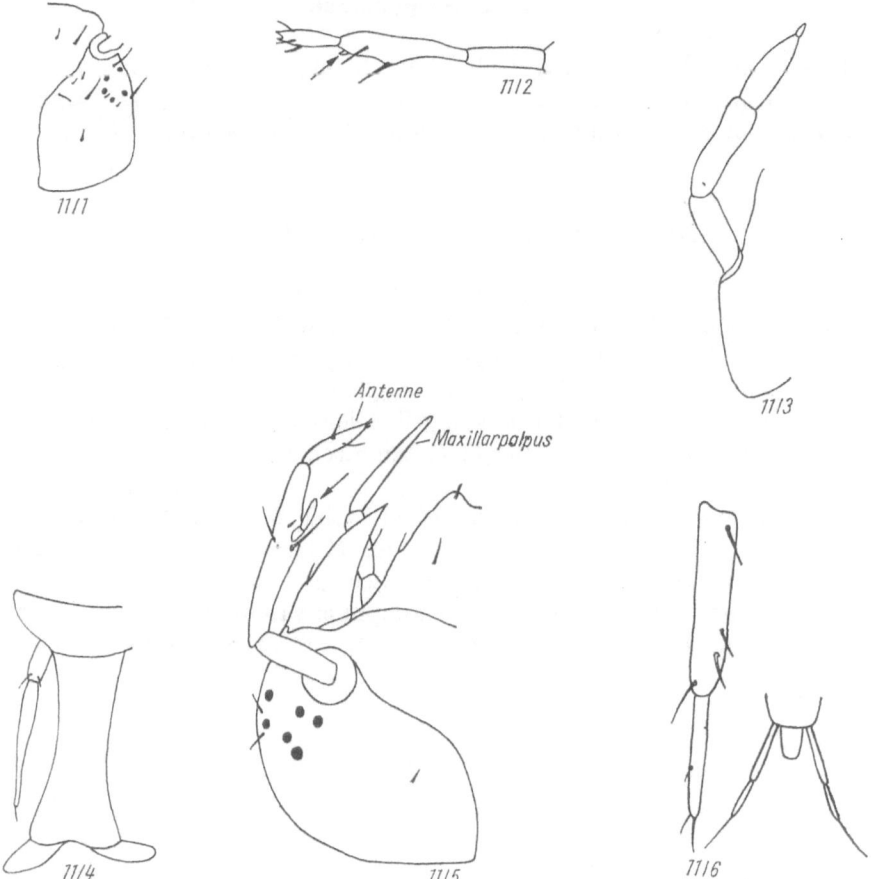

Abb. 11/1   *Scaphidium quadrimaculatum* OLIVIER, Stemmata (nach GHILAROV, 1964)
Abb. 11/2   *Scaphidium quadrimaculatum* OLIVIER, Antenne (nach GHILAROV, 1964)
Abb. 11/3   *Scaphidium quadrimaculatum* OLIVIER, Maxillarpalpus (nach GHILAROV, 1964)
Abb. 11/4   *Scaphidium quadrimaculatum* OLIVIER, 9. Abdominalsegment (nach GHILAROV, 1964)
Abb. 11/5   *Scaphisoma agaricinum* LINNAEUS, Kopfkapsel (nach GHILAROV, 1964)
Abb. 11/6   *Scaphisoma agaricinum* LINNAEUS, Urogomphus, 9. Abdominalsegment (nach PETERSON, 1957 und GHILAROV, 1964)

5.12. Pselaphidae

Larven campodeoid, ohne gegliederte Urogomphi (gelegentlich fehlen diese überhaupt: z. B. *Batrisodes* REITTER). Mandibeln ohne Mola. Maxille mit einer ungeteilten Lade. Labium ohne Ligula. Epicranialnaht vorhanden, kurz. Antennen mit drei Gliedern.

CROWSON teilt die *Pselaphidae* in drei Unterfamilien ein:

Euplectinae, Pselaphinae, Clavigerinae,

die aber vorläufig nicht durch larvale Merkmale umgrenzt werden können.

Da die überwiegende Mehrzahl der Gattungen im Larvenstadium unbekannt ist, hat die Bestimmungstabelle lediglich provisorischen Charakter.

Die Larven leben unter faulenden Pflanzenresten, in Humus, Moos, morschem Holz, unter Rinde, an Uferrändern, Pflanzenwurzeln und unter Steinen. Viele Arten sind Ameisengäste.

Bestimmungstabelle für die Gattungen

Es fehlen: 17 Gattungen

1 (2) Ohne Urogomphi, 9. Abdominalsegment mit gerundetem Hinterrand (Abb. 12/1). Bei Ameisen, unter Baumrinde . . . .
. . . . : *Batrisodes* REITTER

2 (1) Mit Urogomphi.

3 (4) Kopf nach hinten erweitert (Abb. 12/2). Mandibeln mit einigen groben Zähnchen in der Mitte des Innenrandes (Abb. 12/3). Unter faulenden Pflanzenstoffen . . . . *Euplectus* LEACH

4 (3) Kopf verengt sich nach hinten (Abb. 12/4). Mandibeln mit einem groben Zahn auf der Innenseite oder Innenseite der Mandibeln mit feinen Zähnchen.

5 (6) Innenrand der Mandibeln mit feinen Zähnchen (Abb. 12/5). Urogomphi nadelförmig (Abb. 12/6). 2. Antennenglied mit einem groben, glasartigen Auswuchs (Abb. 12/7). Vorderrand des Nasale mit 13 deutlichen Zähnchen (Abb. 12/8). Unter faulenden Pflanzenstoffen . . . . *Plectophloeus* REITTER

6 (5) Innenrand der Mandibeln mit einem groben vorstehenden Zahn (Abb. 12/9). Urogomphi klein, kurz, aber nicht nadelförmig (Abb. 12/10). 2. Antennenglied mit 2 groben glasartigen Auswüchsen (Abb. 12/11). Vorderrand des Nasale mit 2 Hügelchen (Abb. 12/12). Bei Ameisen in alten Bäumen . . . . . . *Trichonyx* CHAUDOIR (H 27)

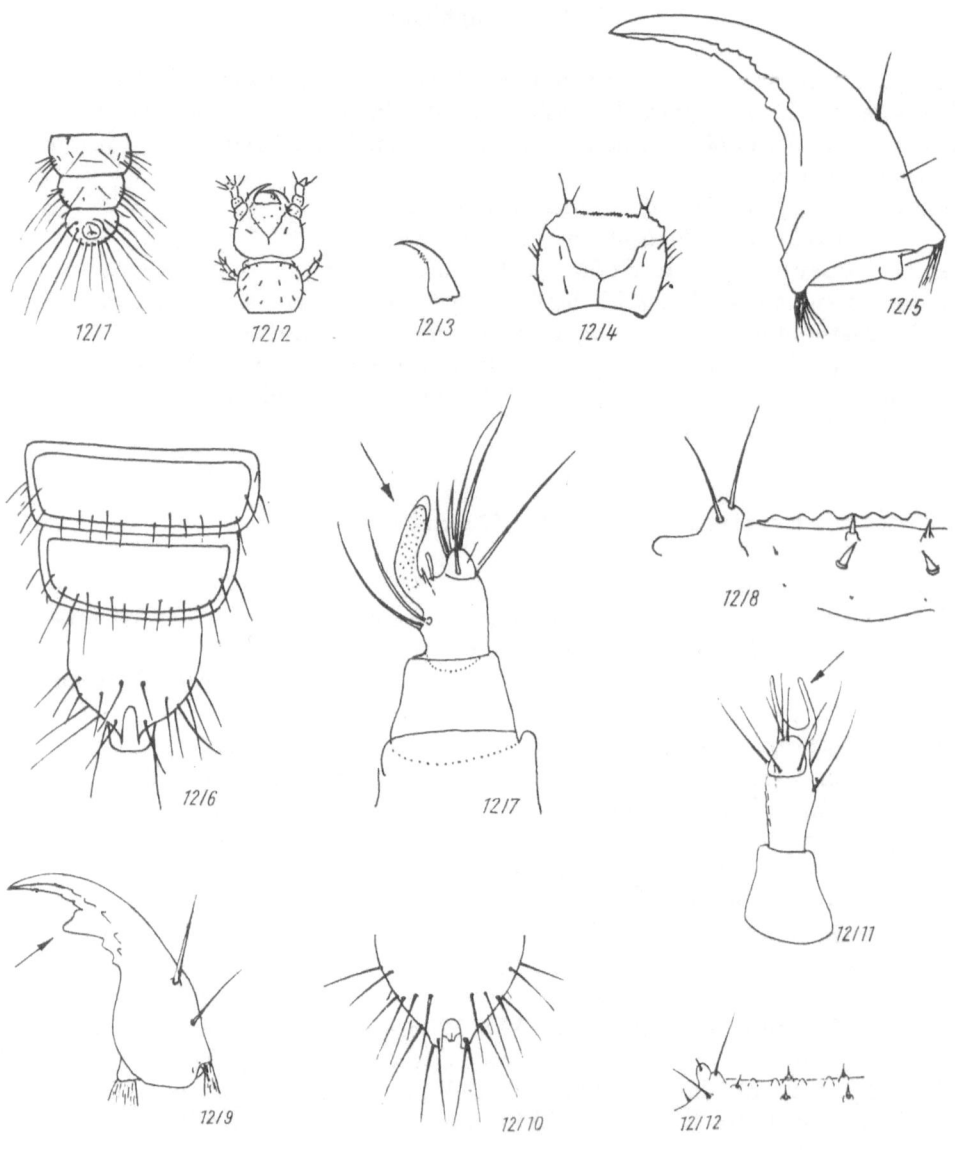

Abb. 12/1　*Batrisodes monstrosus* Leconte, 7.—9. Abdominalsegment (nach Böving und Craighead, 1931)

Abb. 12/2　*Euplectus confluens* Leconte, Kopf (nach Böving und Craighead, 1931)

Abb. 12/3　*Euplectus confluens* Leconte, Mandibel (nach Böving und Craighead, 1931)

Abb. 12/4　*Plectophloeus fischeri* Aubé, Kopf (nach Besuchet, 1952)

Abb. 12/5　*Plectophloeus fischeri* Aubé, Mandibel (nach Besuchet, 1952)

Abb. 12/6　*Plectophloeus fischeri* Aubé, 7.—9. Abdominalsegment (nach Besuchet, 1952)

Abb. 12/7　*Plectophloeus fischeri* Aubé, Antenne (nach Besuchet, 1952)

Abb. 12/8　*Plectophloeus fischeri* Aubé, Nasale (nach Besuchet, 1952)

Abb. 12/9　*Trichonyx sulcicollis* Reichenbach, Mandibel (nach Besuchet, 1956)

Abb. 12/10　*Trichonyx sulcicollis* Reichenbach, 9. Abdominalsegment (nach Besuchet, 1956)

Abb. 12/11　*Trichonyx sulcicollis* Reichenbach, Antenne (nach Besuchet, 1956)

Abb. 12/12　*Trichonyx sulcicollis* Reichenbach, Nasale (nach Besuchet, 1956)

5.13. Scarabaeidae

Larven C-förmig, mit Ausnahme der *Coprinae*, wo die vorderen Abdominalsegmente buckelartig erweitert sind. Kopfkapsel gut entwickelt, Abdomen mit 9 Segmenten. Tergite der Thorax- und Abdominalsegmente, mit Ausnahme von den 2 letzten abdominalen, durch tiefe Furchen in 3, selten nur 2 Partien geteilt. Kopf (Abb. 13/1) mit 3- oder 4-gliedrigen Antennen. Stemmata nur sehr selten vorhanden. Mandibeln kräftig, Maxillen mit gesonderter Galea und Lacinia (Abb. 13/2a), oder diese teilweise oder völlig verwachsen (Abb. 13/2b). Beine meist lang, mit vollständiger Zahl der Segmente, bei *Lethrus* kurz, konusförmig (Abb. 13/4), bei den übrigen *Geotrupinae* und bei *Coprinae* sind die einzelnen Segmente auf verschiedene Weise verwachsen und modifiziert. Stigmen auf der Vorderbrust und auf den ersten 8 Abdominalsegmenten. Das letzte (9.) Abdominalsegment (Analsegment) häufig durch eine vollständige Furche in zwei Pseudosegmente geteilt; die Beborstung seiner dorsalen und ventralen Seite ist oft artspezifisch charakteristisch.

Die Larven sind phytophag oder saprophag, manche sind Aasfresser. Sie leben im Boden oder im morschen Holz.

Bestimmungstabelle für die Unterfamilien

1 (2) Kopfkapsel dicht mit langen Haaren bedeckt, ohne kahle Flächen
. . . . *Glaphyrinae* (*Amphicoma* LATR.)

2 (1) Beborstung der Kopfkapsel spärlicher, manchmal der Kopf fast kahl

3 (6) Antennen 3-gliedrig.

4 (5) Clypeus nicht durch eine vollständige Naht vom Frontale getrennt, Vorderrand des Labrums einfach (Abb. 13/3). Beine mit Klauen.
. . . . *Troginae* (*Trox* F.)

5 (4) Clypeus vom Frontale durch eine deutliche, vollständige Sutur getrennt (Abb. 13/1), Vorderrand des Labrums dreilappig. Beine ohne Klauen, wenn mit Klauen versehen, dann sind die Beine kurz, konusförmig (Abb. 13/4). . . . . *Geotrupinae* S. 105

6 (3) Antennen 4-gliedrig, manchmal scheinbar 5-gliedrig (erstes Glied in der Mitte eingeschnürt).

7 (10) Letztes Antennenglied auffällig schlanker als die vorigen Glieder; Galea und Lacinia völlig getrennt (Abb. 13/2a).

8 (9) Larven C-förmig; Beine deutlich gegliedert, mit Klauen; das 1. Antennenglied oft mit einer Einschnürung in der Mitte; Ende des 9. Abdominalsegments gerundet. . . . . *Aphodiinae* S. 106

9 (8) Larven mit buckelig ausgezogenen Vordersegmenten des Abdomens; Beine undeutlich gegliedert, mit konusförmigen Ausläufern anstatt Klauen; das 1. Antennenglied ohne eine Einschnürung in der Mitte; Ende des 9. Abdominalsegmentes flach. . . . . *Coprinae* S. 105

10 (7) Das letzte Antennenglied nicht auffällig schlanker als das vorletzte; Galea und Lacinia verwachsen oder nur unvollständig geteilt (Abb. 13/2b).

11 (28) Das 4. Antennenglied kürzer als das 2., die Antennenglieder schlank und lang (Abb. 13/5). Das 9. Abdominalsegment ist durch eine ringförmige Querfurche ganz in zwei Hälften geteilt (Abdomen scheinbar mit 10 Segmenten). Kopf etwa so breit wie die Vorderbrust.

12 (21) Afterspalte hat das Aussehen einer mehr oder weniger gebogenen Querspalte.

13 (18) Dorsalseite des Apikalteils des 9. Abdominalsegmentes entweder mit einer halbkreisförmigen Furche (Abb. 13/6) oder mit der Furche, die eine Kreis- oder Ovalfläche begrenzt (Abb. 13/7, 8).

14 (17) 9. Abdominalsegment dorsal mit einer queren Furche, die mehr oder weniger parallel mit der Furche, die die beiden Hälften des Segmentes teilt, verläuft (Abb. 13/6).

15 (16) Im Borstenfeld des 9. Sternits keine symmetrischen Borstenreihen vorhanden; Apikalteil des 9. Tergits nur spärlich mit Haaren bedeckt; die Furche des 9. Tergits immer deutlich. Larven kräftig, 25—100 mm lang . . . . *Dynastinae* S. 108

16 (15) In der Mitte des Borstenfeldes des 9. Sternits steht eine längliche paarige Borstenreihe (Abb. 13/9); Apikalteil des 9. Tergits dicht mit Haaren bedeckt; die Furche des 9. Tergits manchmal kaum deutlich (Abb. 13/42). Larven schlanker, bis zu 30 mm lang . . . .
. . . . *Rutelinae* (*Blitopertha* REITTER)

17 (14) 9. Abdominalsegment dorsal mit einer Furche, die eine hinten offene Kreis- oder Ovalfläche begrenzt (Abb. 13/7, 8) . . . . . .
. . . . *Rutelinae* (partim) S. 107

18 (13) Apikalteil des 9. Tergits ohne jede Furche.

19 (20) Das 3. Antennenglied etwa so lang wie das 4. (Abb. 13/10) . . . .
. . . . *Rutelinae* (partim) S. 107

20 (19) Das 3. Antennenglied deutlich länger als das 4. (Abb. 13/11) . . .
. . . . *Melolonthinae* (*Melolonthini*) S. 107

21 (12) Afterspalte 3-strahlig.

22 (23) Pleuralteil des 9. Abdominalsegments mit einem gelbbraunen Sklerit (mit dunklem Rand) etwa in der Ebene der Atmungsöffnung; 9. Tergit dicht mit kräftigen Borsten bedeckt. . . . .
. . . . *Hopliinae* (*Hoplia* ILLIG.)

23 (22) Pleuralteil des 9. Abdominalsegments ohne das gelbbraune Sklerit in der Ebene der Atmungsöffnung ; 9. Tergit mit üblichen Borsten bedeckt.

24 (25) Das Borstenfeld des 9. Sternits bilden häkchenförmige Borsten (Abb. 13/12a). Symmetrische paarige Borstenreihe in diesem Feld, wenn vorhanden, mindestens in ihrem oberen Teil der länglichen Körperachse folgend . . . . . . *Melolonthinae* (*Rhizotrogini*) S. 107

25 (24) Das Borstenfeld des 9. Sternits bilden gerade, pfeilförmige Borsten (Abb. 13/12b). Symmetrische Borstenreihen, wenn vorhanden, in der Form eines oder zwei querer Bögen (Abb. 13/13, 14).

26 (27) Der längliche Strahl der Afterspalte nicht länger als die seitlichen Strahlen. Kopf mit einigen Gruppen von dicht stehenden Grübchen und feinen Haaren. Auf dem Apikalteil des 9. Sternits 2 quere kon-

vexe Borstenreihen (Abb. 13/13) . . . .
. . . . Pachydeminae (*Tanyproctus* FALD.)

27 (26) Der längliche Strahl der Afterspalte länger als die seitlichen Strahlen. Kopf ohne die Gruppen von Grübchen und Haaren. Auf dem Apikalteil des 9. Sternits 1 quere konkave Borstenreihe (Abb. 13/14)
. . . . *Sericinae* S. 106

28 (11) Das 4. Antennenglied nicht kürzer als das 2., die Antennenglieder breit und kurz (Abb. 13/15). Das 9. Abdominalsegment ist nicht durch eine Furche in zwei Hälften geteilt, höchstens ist eine unvollständige Dorsalfurche vorhanden. Kopf in der Regel viel schmaler als die Vorderbrust.

29 (32) Beine mit Klauen oder mit kurzen kegelförmigen Ausläufern (Abb. 13/16).

30 (31) Dorsalseite des 9. Abdominalsegments mit charakteristisch geformter, durch eine Furche begrenzter Fläche (Abb. 13/17). Ventralseite des 9. Abdominalsegments kahl . . . . *Valginae* (*Valgus*)

31 (30) Dorsalseite des 9. Abdominalsegments ohne durch eine Furche begrenzte Fläche. Ventralseite mit einem Feld von kürzeren und längeren Haaren versehen . . . . *Trichiinae* S. 108

32 (29) Beine mit langen, konusförmigen Ausläufern (Abb. 13/18) . . . .
. . . . *Cetoniinae* S. 109

Geotrupinae

1 (2) Das letzte Antennenglied nicht auffällig schlanker als das vorletzte (Abb. 13/19). Ende des 9. Abdominalsegments gerundet. Larven bis zur Länge von 15 mm . . . . *Odontaeus* KLUG (H 88)

2 (1) Das letzte Antennenglied auffällig schlanker (und kürzer) als das vorletzte (Abb. 13/20). Ende des 9. Abdominalsegments verflacht. Larven größer.

3 (6) Beine ohne Klauen, L-förmig. Anus quer, durch Analschürze gedeckt.

4 (5) Alle Beinpaare etwa gleich lang . . . . *Typhoeus* LEACH

5 (4) Das 3. Beinpaar deutlich kürzer als die zwei ersten. . . . .
. . . . *Geotrupes* LATR.

6 (3) Beine mit Klauen, konusfömig, kurz (Abb. 13/4). Anus rundlich, ohne Analschürze, mit 6 radialen Furchen . . . . *Lethrus* SCOP.

Coprinae

Larven mancher Arten entwickeln sich in kugeligen oder birnförmigen Aasstücken in der Erde.

1 (6) 9. Sternit mit einer Gruppe von kurzen Borsten und mit 2 symmetrischen Dörnchenreihen.

2 (3) Symmetrische Dörnchenreihen kurz, nach vorne zusammenlaufend, jede enthält etwa 20 Dörnchen (Abb. 13/21). Das 3. Antennenglied deutlich länger als das 2. . . . . *Onthophagus* LATR.

3 (2) Symmetrische Dörnchenreihen lang, subparallel, von mehr als 50 Dörnchen zusammengestellt (Abb. 13/22). Das 3. Antennenglied nicht deutlich länger als das 2.

4 (5) Beine mit gesonderter Coxa und mit verwachsenen Trochanter, Femur, Tibia und Tarsus; der apikale Teil dorsal mit einem Organ unbekannter Funktion (Abb. 13/23); Klauen durch ein Paar kräftiger Borsten ersetzt (Abb. 13/24) . . . . *Bubas* MULS.

5 (4) Beine mit gesonderter Coxa und Trochanter und mit verwachsenen Femur, Tibia und Tarsus; weder das dorsale Organ, noch ein Paar Borsten anstatt Klauen vorhanden . . . . . *Chironitis* LAUSB.

6 (1) 9. Abdominalsegment ohne Borsten, kahl.

7 (8) Alle Beinpaare etwa gleich lang; der Buckel der Abdominalsegmente mäßig . . . . *Copris* GEOFFR.

8 (7) Vorderbeine um die Hälfte kürzer als die Beine des 2. und des 3. Paars; der Buckel der Abdominalsegmente auffällig . . . . *Scarabaeus* L. (H 86)

Aphodiinae

1 (2) Das 9. und 10. Abdominalsegment auffallend verengt. In der Waldstreu . . . . *Oxyomus* STEPH.

2 (1) Das 9. und das 10. Abdominalsegment allmählich verengt.

3 (6) Vorderrand des Labrums dreilappig (Abb. 13/25).

4 (5) 9. Sternit mit einem Borstenfeld; wenn symmetrische Borsten- oder Dörnchenreihen vorhanden, dann oft nach vorne zusammenlaufend; wenn die Reihen parallel sind, dann gehen sie von einer queren sklerotisierten Basis aus . . . . *Aphodius* ILLIG.

5 (4) 9. Sternit mit einem Borstenfeld und mit 2 parallelen Dörnchenreihen (jede mit 5 Dörnchen), die nicht von einer sklerotisierten Basis ausgehen . . . . *Heptaulacus* MULS.

6 (3) Vorderrand des Labrums konvex (Abb. 13/26). In Sandböden . . . . *Psammodius* FALL.

Sericinae

1 (4) In der Nähe der Antennenbasis je ein dunkel pigmentiertes Stemmatum vorhanden. Die quere Dörnchenreihe oft leicht bogenförmig, besteht aus 16—30 Dörnchen.

2 (3) Das Borstenfeld auf dem Apikalteil des 9. Sternits kaum die Mitte erreichend, die zentrale Kahlfläche schmal; 22—30 Dörnchen in der Reihe (Abb. 13/27) . . . . *Serica* MAC LEAY

3 (2) Das Borstenfeld auf dem Apikalteil des 9. Sternits etwa bis zum vorderen Viertel reichend, die zentrale Kahlfläche breit (Abb. 13/14). . . . . *Maladera* MULS.

4 (1) Stemmata nicht vorhanden. Die quere Dörnchenreihe, häufig mehr bogenförmig, besteht aus 12—16 Dörnchen (Abb. 13/28) . . . . *Homaloplia* STEPH.

Melolonthinae

1 (6) Afterspalte quer.

2 (3) Das Borstenfeld des 9. Sternits ohne die paarige längliche Dörnchenreihe. Kopf matt, gerunzelt . . . . *Anoxia* LAP.

3 (2) Das Borstenfeld des 9. Sternits in der Mitte mit einer länglichen paarigen Dörnchenreihe. Kopf mehr oder weniger glänzend, glatt.

4 (5) Der Vorderrand der paarigen Dörnchenreihe bei weitem den Vorderrand des Borstenfeldes nicht erreichend; jede Reihe höchstens mit 16 Dörnchen (Abb. 13/29) . . . . *Polyphylla* HARRIS

5 (4) Die paarige Dörnchenreihe überragt den Vorderrand des Borstenfeldes mindestens um 1/3 ihrer Länge; jede Reihe mit 25-30 Dörnchen (Abb. 13/30) . . . . *Melolontha* F.

6 (1) Afterspalte 3-strahlig.

7 (8) Die Dörnchenreihen an ihren beiden Enden zusammenlaufend, so daß sie eine ovale Figur bilden (Abb. 13/31). Kopf, besonders das Frontale, dicht punktiert, matt . . . . . . *Chioneosoma* KRAATZ

8 (7) Die Dörnchenreihen hinten bogenförmig auseinanderlaufend (Abb. 13/33). Kopf glänzend, höchstens leicht quer gefurcht, nicht punktiert.

9 (14) Die symmetrischen Dörnchenreihen mindestens in ihrem Hinterteil verdoppelt oder verdreifacht. Clypeus und Labrum gleich wie die Kopfkapsel gefärbt.

10 (11) Das 6., 7. und 8. Stigma gleich groß, kleiner als die übrigen. Die symmetrischen Dörnchenreihen etwa in ihrem ganzen Verlauf verdoppelt oder verdreifacht (Abb. 13/32) . . . *Rhizotrogus* BERTH.

11 (10) Nur das 8. Stigma das kleinste.

12 (13) Die symmetrischen Dörnchenreihen höchstens in ihrem Hinterteil verdoppelt oder verdreifacht (Abb. 13/33) . . . .
. . . . *Miltotrogus* REITTER

13 (12) Die symmetrischen Dörnchenreihen fast in ihrem ganzen Verlauf verdoppelt (schachbrettartig geordnet) (Abb. 13/34) . . . . . .
. . . . *Lasiopsis* ER.

14 (9) Die symmetrischen Dörnchenreihen einfach; wenn sie teilweise verdoppelt sind, dann sind Clypeus und Labrum anders gefärbt als die Kopfkapsel.

15 (16) Die 3 letzten Stigmen deutlich kleiner als die vorigen. Clypeus und Labrum gleich gefärbt wie die Kopfkapsel. Die symmetrischen Borstenreihen meist einfach (Abb. 13/35) . . . .
. . . . *Amphimallon* BERTH.

16 (15) Nur das letzte Stigma deutlich kleiner als die übrigen. Clypeus und Labrum dunkler gefärbt als die Kopfkapsel. Die symmetrischen Borstenreihen im Hinterteil gewöhnlich verdoppelt (Abb. 13/36).
. . . . *Monotropus* ER.

Rutelinae

1 (8) Apikalteil des 9. Tergits mit etwa halbkreisförmiger Furche (Abb. 13/39, 40), oder mit einer Fläche, die mehr oder weniger in der Form

eines Kreises (Abb. 13/7) oder eines Ovals (Abb. 13/8, 37) durch eine Furche begrenzt wird.

2 (7) 9. Tergit mit einer nach hinten offenen mehr oder weniger kreis- oder ovalförmigen Fläche.

3 (6) Das Borstenfeld des 9. Sternits in der Mitte mit einer länglichen, paarigen Dörnchen- oder Borstenreihe.

4 (5) Der offene, unbegrenzte Teil der Fläche des 9. Tergits schmal, in der Form eines kurzen Stiels (Abb. 13/8, 37); (Kopf glänzend) . . . .
. . . . *Anisoplia* Lap.

5 (4) Der offene, unbegrenzte Teil der Fläche des 9. Tergits breit (Abb. 13/ 38); (Kopf matt, runzelig) . . . . *Anomala* Sam. (partim)

6 (3) Das Borstenfeld des 9. Sternits ohne längliche paarige Dörnchen- reihe . . . . *Adoretus* Latr.

7 (2) 9. Tergit mit einer mehr (Abb. 13/39) oder weniger (Abb. 13/40) deut- lichen, etwa halbkreisförmigen Furche . . . . *Blitopertha* Reitter

8 (1) Apikalteil des 9. Tergits ohne Furche.

9 (10) Das Borstenfeld des 9. Sternits ohne symmetrische paarige Dörn- chen- oder Borstenreihe (nur im Osten des europäischen Teils der UdSSR) . . . . *Rhombonyx* Hope

10 (9) Das Borstenfeld des 9. Sternits in der Mitte mit länglicher paariger Borsten- oder Dörnchenreihe.

11 (12) Die paarige Borstenreihe bildet im Vorderteil kurze Dörnchen, im Apikalteil längere, nadelförmige Borsten . . . .
. . . . *Anomala* Sam. (partim)

12 (11) Die paarige Dörnchenreihe nur aus einer Borstenart gebildet (Abb. 13/41) . . . . *Phyllopertha* Steph.

Dynastinae

Die Larven teilweise auch im morschen Holz oder in Komposthaufen.

1 (2) Kopf mehr oder weniger glatt, mit Borsten in den Porenpunkten; die Querfurche des 9. Tergits zielt zu den Ecken der Afterspalte hin (Abb. 13/42) . . . . *Pentodon* Hope

2 (1) Kopf dicht gerunzelt; die Querfurche des 9. Tergits zielt außerhalb der Ecken der Afterspalte hin (Abb. 13/6).

3 (4) Die Vorderwinkel des Clypeus scharf; das Labrum an der Basis kaum schmaler als der Clypeus (Abb. 13/43) . . . *Phyllognathus* Esch.

4 (3) Die Vorderwinkel des Clypeus mehr oder weniger gerundet; das La- brum an der Basis deutlich schmaler als der Clypeus (Abb. 13/44).
. . . . *Oryctes* Illig.

Trichiinae

Die Larven leben meist im morschen Holz.

1 (4) Beine mit Klauen; Vorderrand des Labrums konvex; je 1 Stemma- tum bei der Antennenbasis.

2 (3) Das Borstenfeld des 9. Sternits ohne symmetrische Dörnchen- reihen . . . . *Trichius* F.

3 (2) Das Borstenfeld des 9. Sternits apikal mit symmetrischen Dörnchen-

reihen in der Form eines Ovals oder eines langen Hufeisens . . . .
. . . . *Gnorimus* SERV.

4 (1) Beine mit kurzen kegelförmigen Ausläufern (Abb. 13/16); Vorderrand des Labrums 3-lappig. Stemmata nicht vorhanden . . . . .
. . . . *Osmoderma* SERV.

Cetoniinae

Die Larven leben im morschen Holz, Kompost und im Boden mit Pflanzenüber-
resten.

1 (4) Die ersten 8 Stigmen fast gleich groß.

2 (3) Die symmetrisch geordneten Dörnchenreihen des 9. Sternits bilden
ein breites Oval (Abb. 13/45). Das 9. Stigma so groß wie die vorigen.
. . . . *Oxythyrea* MULS.

3 (2) Die symmetrisch geordneten Dörnchenreihen des 9. Sternits bilden
zwei nach vorne zusammenlaufende Reihen (Abb. 13/46). Das 9.
Stigma kleiner als die vorigen . . . .*Tropinota* MULS.

4 (1) Das erste Stigma größer als die folgenden.

5 (6) Die Dörnchen der symmetrischen Reihen des 9. Sternits relativ
länger, dünn und zugespitzt (Abb. 13/47). Je 18—28 Dörnchen bilden ein langes Oval, das manchmal hinten etwas offen bleibt (Abb.
13/48) . . . . *Cetonia* F. (H 87)

6 (5) Die Dörnchen der symmetrischen Reihen des 9. Sternits relativ
kürzer, breit, auf der Spitze kurz zugespitzt, stumpf oder abgerundet (Abb. 13/49).

7 (8) Die Dörnchenreihen, die immer aus 17.—21 zu kurz gerundeter Spitze
sich verengenden Dörnchen bestehen, bilden ein langes, hinten
offenes Oval, das 4mal höher als breit ist (Abb. 13/50) . . . . .
. . . . *Liocola* THOMS.

8 (7) Die Dörnchenreihen, die aus 14—22 Dörnchen bestehen, divergieren
in der Regel nach hinten und sind in der breitesten Stelle voneinander
mehr entfernt, als bei der vorigen Gattung, die Länge überhöht
die Breite maximal 2—3 mal (Abb. 13/51), die Dörnchenreihen sind
oft unregelmäßig, mit abschweifenden Dörnchen. Wenn die Reihen
fast 4mal länger sind als ihre gegenseitige Breite, dann besteht jede
mindestens aus 25 Dörnchen (Abb. 13/52) . . . . *Potosia* MULS.

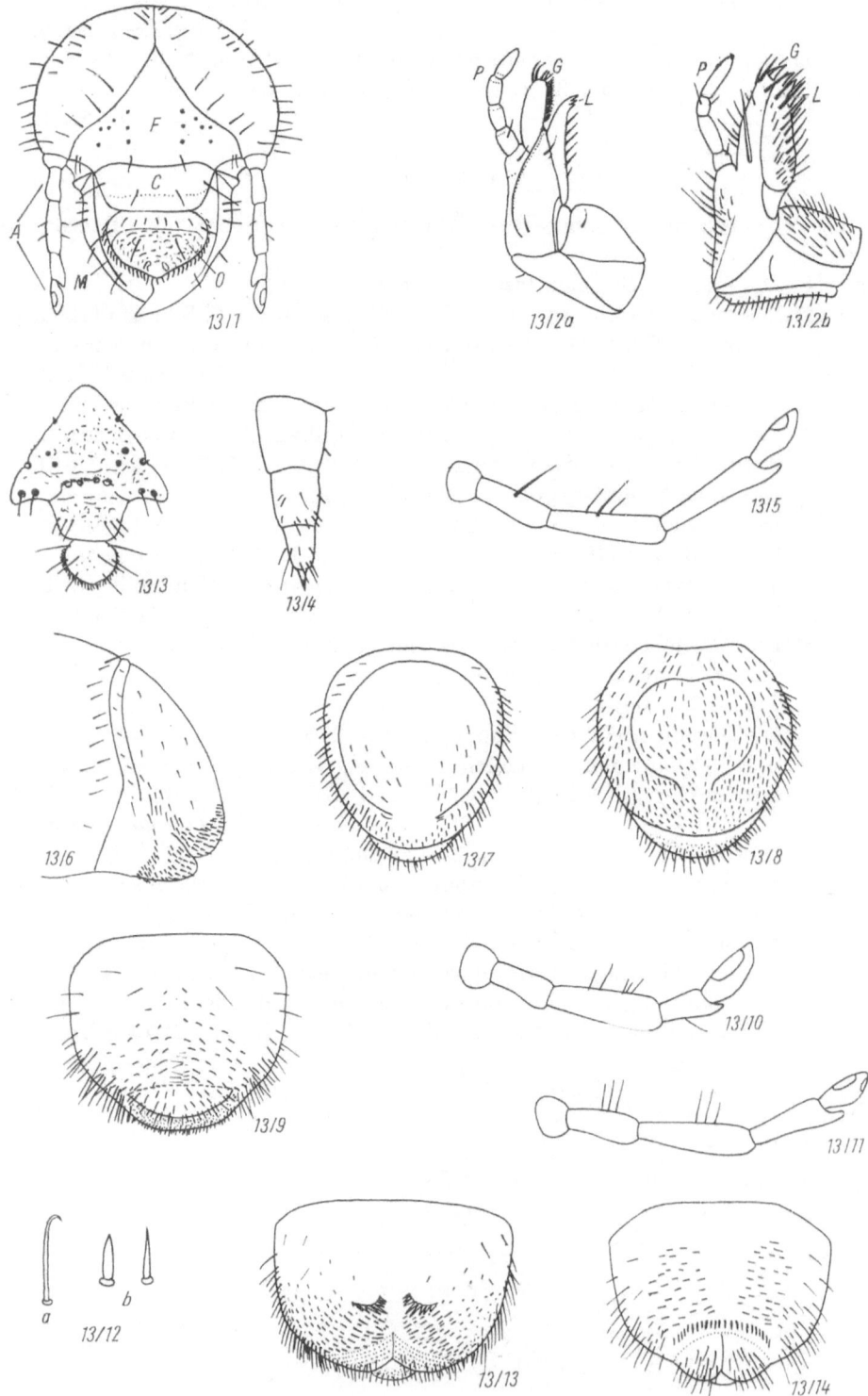

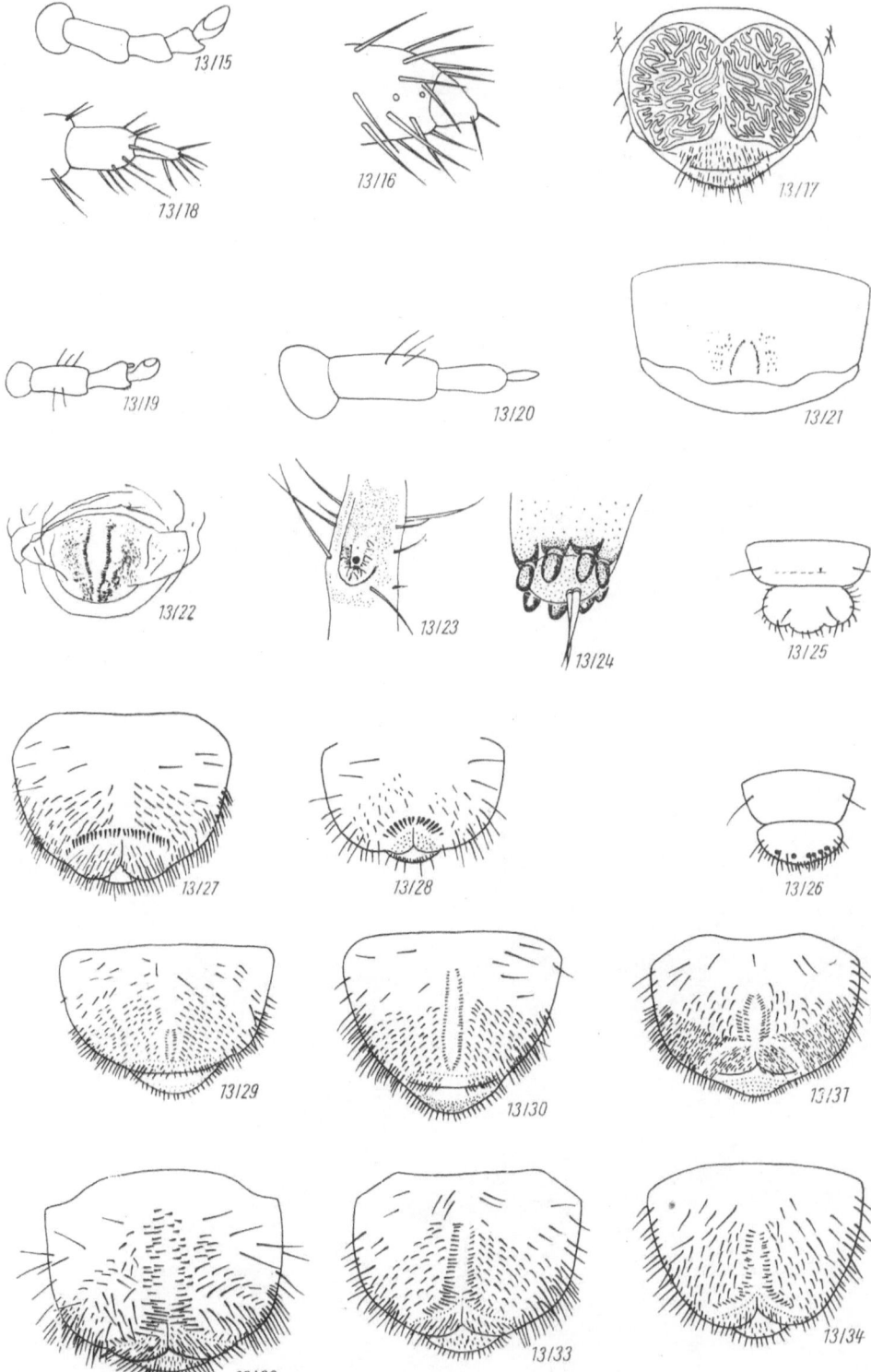

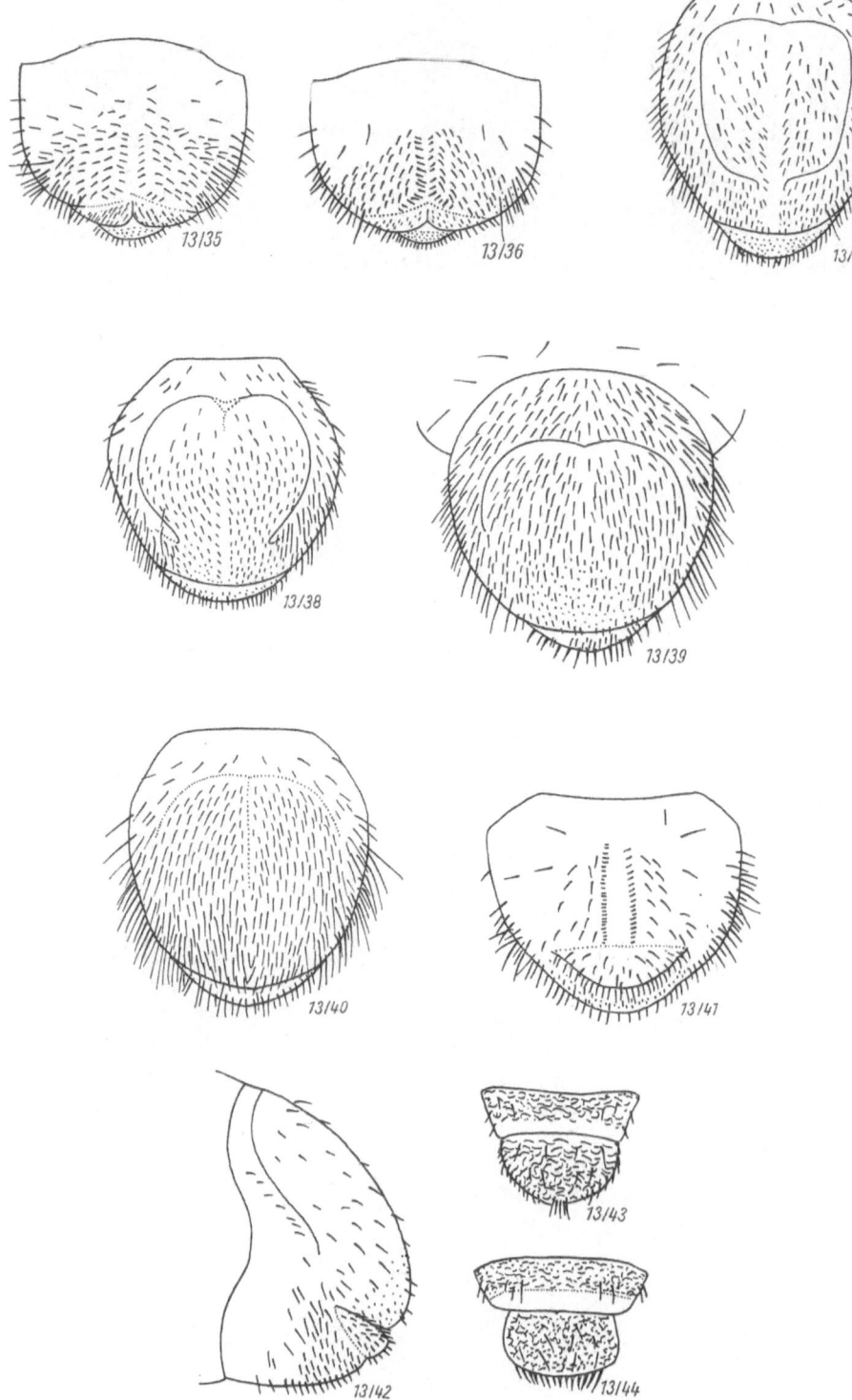

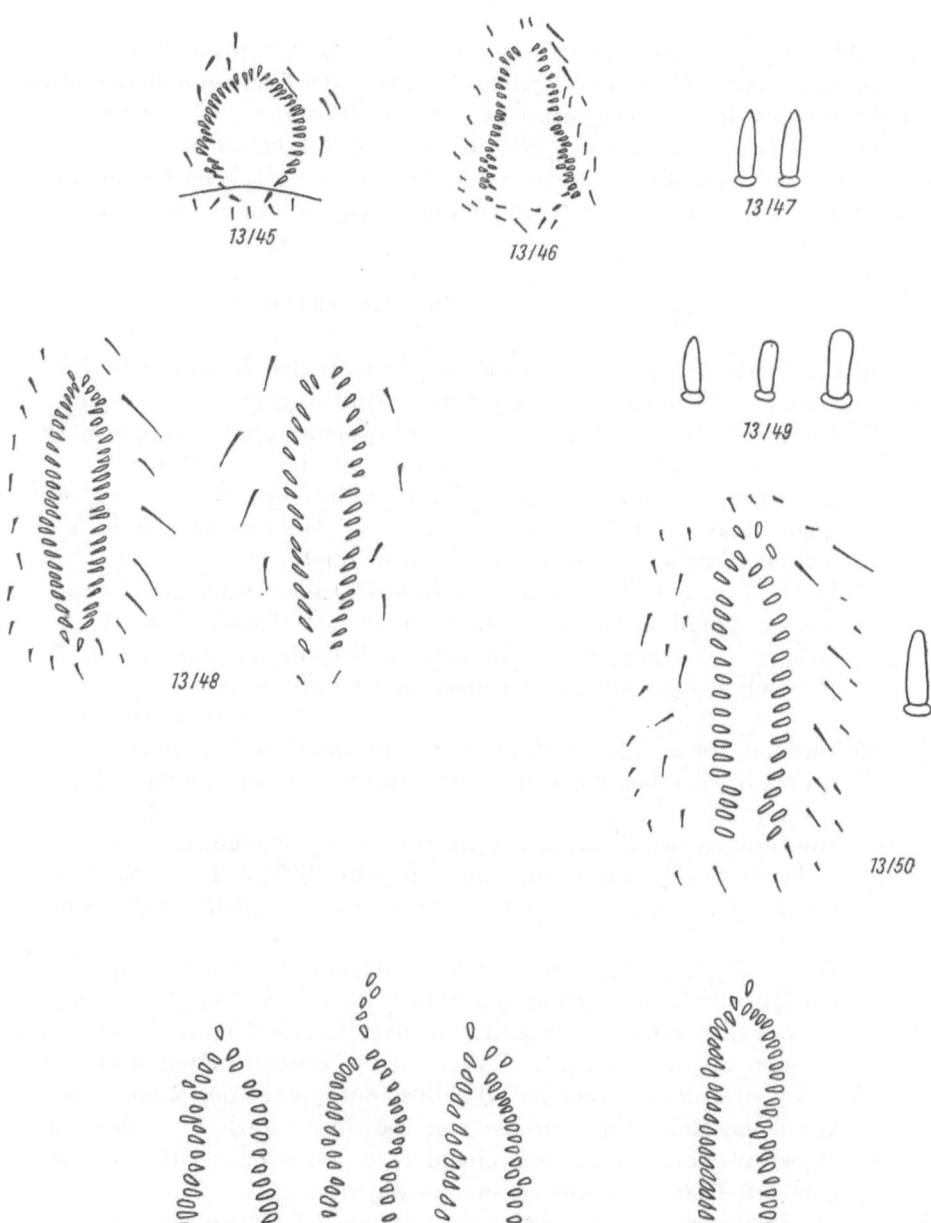

13/45 13/46 13/47 13/48 13/49 13/50 13/51 13/52

5.14. Lucanidae

Larven C-förmig, mit gut entwickelter Kopfkapsel. Antennen 4-gliedrig; Maxillen mit gesonderter Galea und Lacinia. Oberseite der Segmente glatt und nicht durch die Furchen in Pseudosegmente geteilt. Die Hüften der Mittelbeine und die Trochanteren der Hinterbeine mit Stridulationsapparat versehen.
Die Larven entwickeln sich im morschen Holz und so sind sie im Boden mit morschen Wurzeln, unter den Baumstümpfen und liegenden Baumstämmen zu finden.

Bestimmungstabelle für die Gattungen

1 (6) Stridulationsapparat auf den Mittelhüften bildet sklerotisierte Hökkerchen, die nicht in ausgesprochene Reihen geordnet sind (Abb. 14/1). Ventralseite des 9. Abdominalsegments ohne kräftige mehr oder weniger pfeilförmige Borsten, nur mit Haaren versehen.

2 (5) Die ersten 9 Abdominalsegmente mit pfeilförmigen Borsten bedeckt (manchmal mit Ausnahme des 7. und 8). Höckerchen der beiden Stridulationsflächen mehr oder weniger quer.

3 (4) Labrum mit etwa geradem Vorderrand. Alle 9 Abdominaltergite dicht mit pfeilförmigen Borsten versehen . . *Sinodendron* HELLW.

4 (3) Labrum mit dreilappigem Vorderrand. Nur die 6 ersten und das 9. Abdominaltergit mit pfeilförmigen Borsten versehen . . . . . .
. . . . *Ceruchus* MAC LEAY

5 (2) Nur die ersten 7 Abdominaltergite mit pfeilförmigen Borsten bedeckt. Höckerchen der beiden Stridulationsflächen rundlich . . .
. . . . *Aesalus* F.

6 (1) Höckerchen des Stridulationsapparats der Mittelhüften eine oder mehrere regelmäßige Reihen bildend (Abb. 14/2, 3, 4). Ventralseite des 9. Abdominalsegments mit einem Feld von pfeilförmigen Borsten.

7 (8) Bei der Basis der Antennen je ein Stemmatum. Stridulationsapparat der Mittelhüften aus mehreren Reihen kleiner Höckerchen gebildet (Abb. 14/2). Klauen der Beine an der Basis mit einem Paar von Borsten . . . . *Platycerus* FOURCR. (H 89)

8 (7) Stemmata nicht vorhanden. Stridulationsapparat der Mittelhüften aus einer kielförmigen Reihe von kräftigen, stark sklerotisierten Höckern (Abb. 14/3, 4) und einem Feld von winzigen Höckerchen gebildet. Klauen an der Basis ohne Borsten.

9 (10) Stridulationskiel aus mehr oder weniger im Abstand stehenden, rundlichen Höckern gebildet (Abb. 14/3). 9. Tergit spärlich beborstet. Klauen mit einem Paar von Borsten in der Apikalhälfte. . . . .
. . . . *Dorcus* MAC LEAY

10 (9) Stridulationskiel aus dicht stehenden länglichen Höckern gebildet (Abb. 14/4). 9. Tergit dicht beborstet. Klauen mit bis zu 8 Borsten in der Apikalhälfte. . . . . *Lucanus* L.

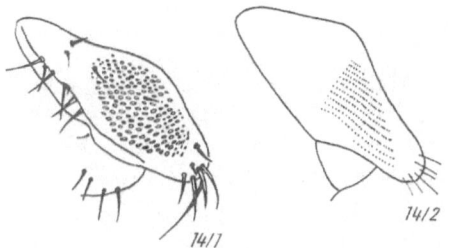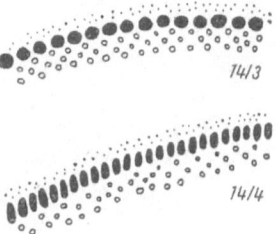

5.15. Lycidae

Kopf in der Aufsicht stets sichtbar und nicht wesentlich unter den Prothorax zurückziehbar. Körper nicht samtig behaart, ohne Segmentaldrüsen. Die Parietalia berühren einander ventral nicht (außer *Homalisus* GEOFFROY). Mandibeln mit geschlossenem Saugkanal, unbehaart, fast gerade, an der Basis einander genähert. Stipites mit Labium verschmolzen.

CROWSON trennt die *Homalisinae* ab und betrachtet sie als eigene Familie *Homalisidae*. Die Larven dieser Familie sind durch ein ungewöhnlich langes, spatelförmiges, vorn ausgerandetes Nasale gekennzeichnet, die Parietalia berühren einander auf der Ventralseite schmal, Larven mit Leuchtvermögen.

Die Larven der *Lycidae* findet man meist unter Rinde und in faulenden Baumstümpfen.

Bestimmungstabelle für die Gattungen

Es fehlt: *Platycis* THOMSON

1 (2) 9. Abdominalsegment gelb mit 2 nach hinten gerichteten und nach innen gebogenen schwarzen, zapfenförmigen Urogomphi (Abb. 15/1) Die übrigen Abdominalsegmente dunkelbraun bis schwärzlich. 2. Antennenglied etwa 3mal so lang wie das 1. und breit abgerundet (Abb. 15/5). In faulenden Baumstümpfen, unter Rinde. . . . . *Lygistopterus* MULSANT

2 (1) 9. Abdominalsegment ohne Urogomphi und von gleicher Farbe wie die übrigen Abdominalsegmente.

3 (4) Mandibeln weit vorgestreckt, fast gerade, mit gekrümmter Spitze (Abb. 15/6), sehr auffällig. Antennen dreigliedrig, etwa so lang wie die Mandibeln. Nasale spatelförmig, ungewöhnlich lang (Abb. 15/2). Prothorax deutlich erweitert. Segmente an den Rändern mit feinen Stacheln besetzt (Abb. 15/7). Mit Leuchtvermögen. Im Gras, unter Steinen. . . . . *Homalisus* GEOFFROY (H 28)

4 (3) Mandibeln in der Aufsicht nicht sichtbar, nach hinten geschlagen. Antennen zweigliedrig, viel kürzer als die Mandibeln (Abb. 15/3). Prothorax nur unwesentlich erweitert (Abb. 15/4). Unter Rinde, in faulenden Baumstümpfen. . . . . *Dictyopterus* MULSANT

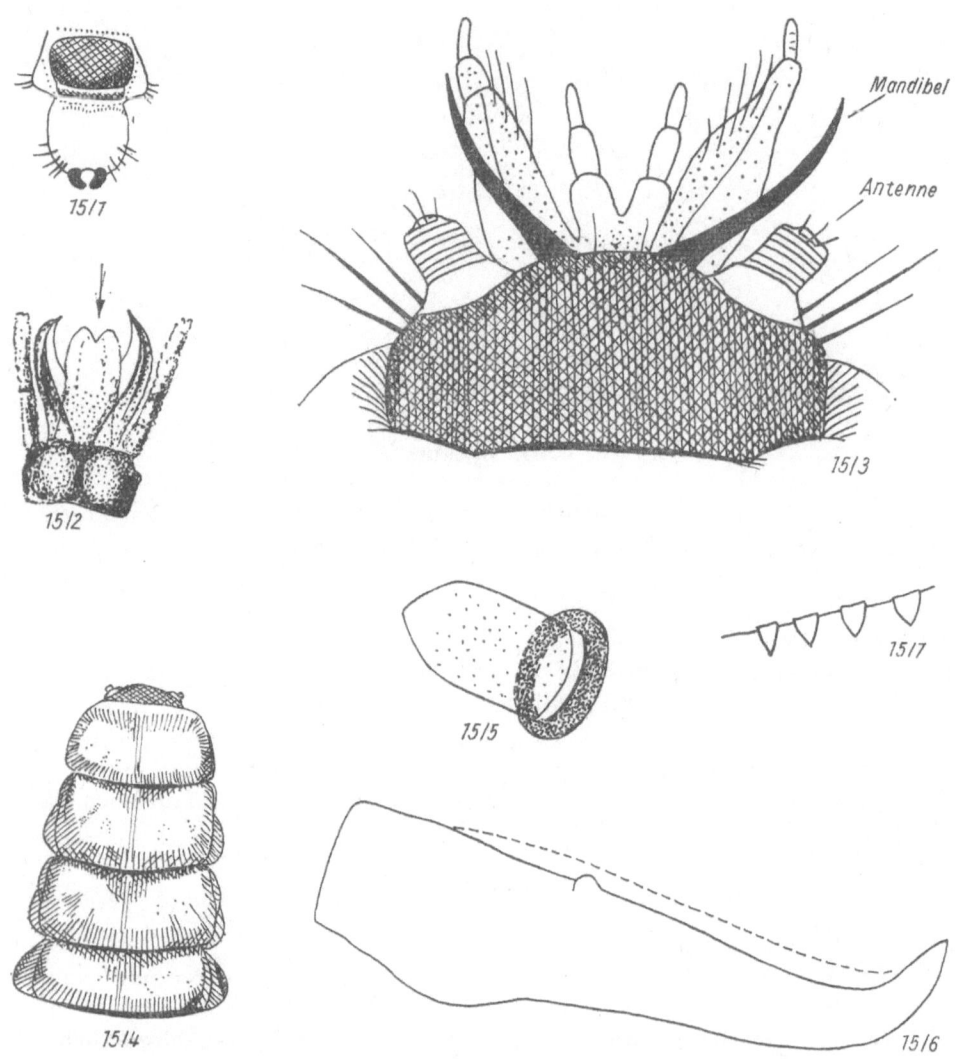

Abb. 15/1   *Lygistopterus sanguineus* LINNAEUS, 8.—9. Abdominalsegment (nach KORSCHEFS-
           KY, 1951)

Abb. 15/2   *Homalisus fontisbellaquei* GEOFFROY, Kopf, dorsal (nach BERTKAU, 1891)

Abb. 15/3   *Dictyopterus* sp., Kopf der Larve mit hochgebogenen Mandibeln (nach KOR-
           SCHEFSKY, 1951)

Abb. 15/4   *Dictyopterus* sp., Thorax (nach KORSCHEFSKY, 1951)

Abb. 15/5   *Lygistopterus sanguineus* LINNAEUS, Antenne (Orig.)

Abb. 15/6   *Homalisus fontisbellaquei* GEOFFROY, Mandibel (Orig.)

Abb. 15/7   *Homalisus fontisbellaquei* GEOFFROY, Segmentrand (Orig.)

5.16. Lampyridae

Kopf von oben meist nicht sichtbar und unter den stets stark vergrößerten Prothorax vollständig zurückziehbar. Larven mit Leuchtvermögen. Ohne Urogomphi, ohne samtige Behaarung, und ohne Segmentaldrüsen. Mandibeln mit geschlossenem Saugkanal und mitunter mit deutlichem Retinaculum, wenigstens bis zur Mitte stark seidig behaart. Die Parietalia treffen einander ventral nicht. Epicranialnaht vorhanden. Die dreigliedrigen Antennen so lang oder länger als die Mandibeln. Die Larven der *Lampyridae* leben unter Steinen, Holz, Moos und faulenden Pflanzensubstanzen. Sie ernähren sich von Schnecken.

Bestimmungstabelle für die Gattungen

1 (2) 9. Abdominalsegment hinten gerade abgestutzt, mit vorgezogenen Ecken (Abb. 16/1). Mandibeln mit einem starken Mittelzahn (Retinaculum) (Abb. 16/2). Körper dunkelbraun bis schwarzbraun mit je einem hellen gelblichen Fleck in der Hinterecke aller Segmente des Thorax und Abdomens. Oberseite der Segmente gekörnelt. Unter Steinen, Holz, Moos, räuberisch . . . *Lampyris* GEOFFROY (H 29)

2 (1) 9. Abdominalsegment ± abgerundet, niemals mit vorgezogenen Ecken. Mandibeln ohne deutlichen Mittelzahn (Retinaculum) (Abb. 16/10).

3 (4) 8. Abdominalsegment nicht eingebuchtet (Abb. 16/3). Die Thorax- und Abdominalsegmente sind nicht nach den Seiten erweitert und ragen nicht über den Larvenkörper hinaus. Alle Thoraxsegmente tragen je 2 geschwungene helle Längslinien (Abb. 16/4). Unter Steinen und faulenden Pflanzenstoffen . . . *Phosphaenus* CASTELNAU

4 (3) 8. Abdominalsegment tief eingebuchtet (Abb. 16/5). Thoraxsegmente ohne Längslinien.

5 (6) Alle Thorax- und Abdominalsegmente jederseits stark erweitert und weit über den eigentlichen Larvenkörper hinausragend (Abb. 16/6), gelblichbraun. 9. Abdominalsegment nicht auffällig vergrößert, wesentlich kleiner als das 8. Abdominalsegment (Abb. 16/5). Seitenränder der Segmente fein gezähnelt. Mandibeln in der Mitte mit einem sehr flachen Höcker (Abb. 16/7). Unter Steinen, Holz, Moos. . . . . *Phausis* LECONTE

6 (5) Die Segmente sind nicht erweitert und ragen nicht über den Larvenkörper hinaus. 9. Abdominalsegment auffallend groß und spatelförmig (Abb. 16/8). Oberseite der Segmente gekörnelt. Mandibeln ohne Mittelzahn oder -höcker (Abb. 16/9). Vorderecken der Segmente mit je einem hellen Fleck . . . . . *Luciola* CASTELNAU

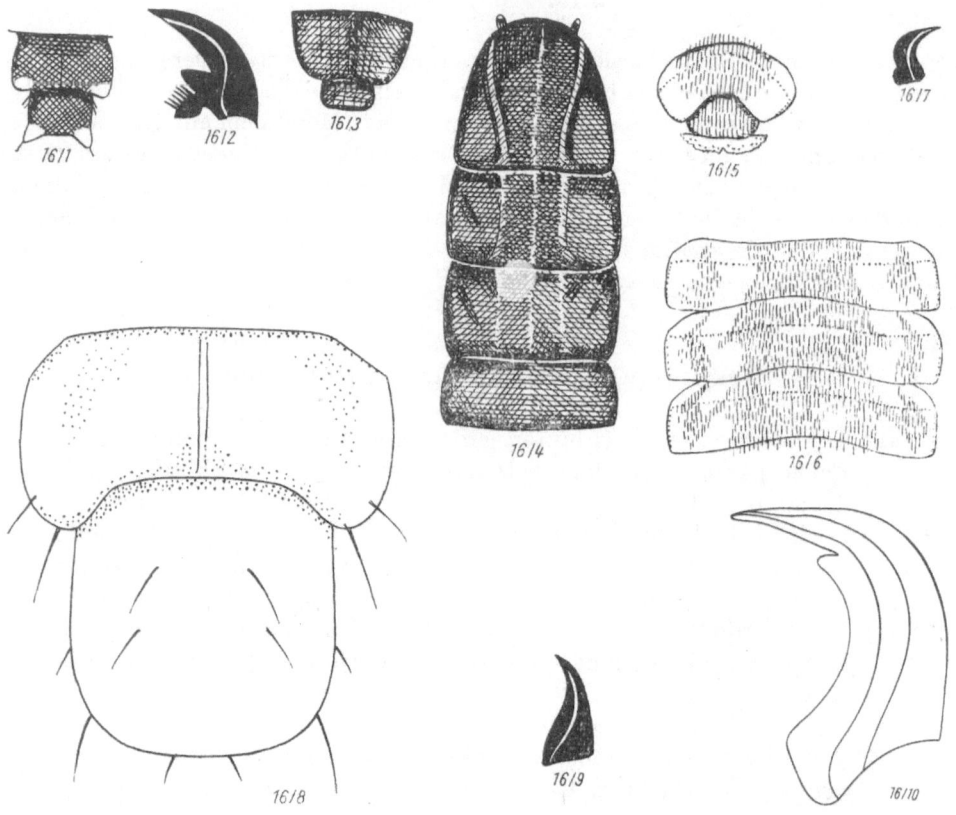

Abb. 16/1 *Lampyris noctiluca* Linnaeus, 8.—9. Abdominalsegment (nach Korschefsky, 1951)
Abb. 16/2 *Lampyris noctiluca* Linnaeus, Mandibel (nach Ghilarov, 1964)
Abb. 16/3 *Phosphaenus hemipterus* Linnaeus, 8. und 9. Abdominalsegment (nach Korschefsky, 1951)
Abb. 16/4 *Phosphaenus hemipterus* Linnaeus, Thorax (nach Korschefsky, 1951)
Abb. 16/5 *Phausis splendidula* Linnaeus, 8. und 9. Abdominalsegment (nach Korschefsky, 1951)
Abb. 16/6 *Phausis splendidula* Linnaeus, 1. bis 3. Abdominalsegment (nach Korschefsky, 1951)
Abb. 16/7 *Phausis splendidula* Linnaeus, Mandibel (nach Ghilarov, 1964)
Abb. 16/8 *Luciola* sp., 8. und 9. Abdominalsegment (nach Korschefsky, 1951)
Abb. 16/9 *Luciola* sp., Mandibel (nach Ghilarov, 1964)
Abb. 16/10 *Phosphaenus hemipterus* Linnaeus, Mandibel (Orig.)

5.17. Cantharidae

Thorax und Abdomen weichhäutig, dicht samtig behaart, mit den Öffnungen von paarigen Segmentaldrüsen (Wehrdrüsen), mitunter auch zusätzlichen Nebendrüsen, versehen. Ohne Urogomphi. Keine dorsalen Kopfnähte vorhanden. Parietalia dorsal und ventral völlig nahtlos miteinander und mit dem Frontale verwachsen. Labrum, Clypeus und Frons verschmolzen, bei einigen Gattungen sind auf der Unterseite des Clypeofrons als Reste des Labrums gedeutete, gezähnte Höcker vorhanden (Labialhöcker). Auf der Ventralseite ist die Kopfkapsel zur Aufnahme des Maxillarkomplexes halbkreisförmig ausgeschnitten. Mandibeln mit einer mehr oder weniger offenen Schlürfrinne, sichelförmig, ohne Mola. Maxillen frei.

Die Larven einiger Gattungen erscheinen bereits sehr früh im Jahr auf der Bodenoberfläche. Man findet sie außerhalb dieser Zeit unter Steinen, Laub und Waldstreu, im Mulm und unter morscher Rinde. Die Larven der *Cantharidae* dürften nach bisheriger Kenntnis räuberisch sein.

Bestimmungstabelle für die Gattungen

Es fehlen: *Metacantharis* BOURGEOIS, *Pygidia* MULSANT, *Malchinus* KIESENWETTER.

1 (4) Auf den Abdominalsegmenten 1—8 je ein Paar Segmentaldrüsen, auf dem 9. Abdominalsegment fehlen diese (Abb. 17/16). Mandibeln ohne Borstenfranse auf der Höhe des Retinaculums (Abb. 17/2, 17/4, 17/14). Der Sinnesanhang des 2. Antennengliedes inseriert unterhalb der Spitze dieses Gliedes (Abb. 17/1, 17/3).

2 (3) Vorderrand des Clypeofrons mit einem Mittelzahn, der von tief eingeschnittenen Paramedianfurchen begrenzt ist und niemals Borsten trägt (Abb. 17/10). 2. Antennenglied an der Seite tief ausgeschnitten (Abb. 17/1). Mandibeln mit kräftigem Retinaculum und vollkommen offener Schlürfrinne (Abb. 17/2). Borsten der Abdominalsegmente von sehr verschiedener Länge, zwischen den kurzen Borsten befinden sich einzelne verhältnismäßig lange Borsten . . . .
. . . . *Malthodes* KIESENWETTER

3 (2) Vorderrand des Clypeofrons in der Mitte dreieckig zugespitzt, aber ohne einen von Paramedianfurchen begrenzten Mittelzahn (Abb. 17/15). Auf dem Mittelfortsatz ein Paar Borsten. 2. Antennenglied an der Seite weniger ausgeschnitten (Abb. 17/3). Mandibeln gewöhnlich ohne Retinaculum (bei *M. sereipunctatus* KIESENWETTER ist ein Retinaculum vorhanden — Abb. 17/14), mit einer nach vorn allmählich geschlossenen Rinnenspalte (Abb. 17/4). Beborstung der Abdominalsegmente relativ gleichmäßig . . . . *Malthinus* LATREILLE

4 (1) Auf dem 1.—9. Abdominalsegment je ein Paar Segmentaldrüsen (Abb. 17/9). Mandibeln mit einer Borstenreihe auf der Höhe des Retinaculums (Abb. 17/7). Der Sinnesanhang des 2. Antennengliedes inseriert an dessen Spitze neben dem 3. Antennenglied (Abb. 17/13).

5   (6) Retinaculum der Mandibeln zu einem kleinen Knötchen an der obe-
        ren Innenecke reduziert (Abb. 17/5). . . . . *Podabrus* Westwood
6   (5) Retinaculum der Mandibeln gut entwickelt. (Abb. 17/7).
7 (12) Auf der Unterseite des Clypeofrons sind als Reste des Labrums
        Zahnhöcker (Labialhöcker) vorhanden (Abb. 17/6). Nebenporen
        fehlen, wenn vorhanden, dann anders gestaltet.
8   (9) An der Basis des Retinaculums der Mandibeln befindet sich ein
        kleines zusätzliches Zähnchen (Abb. 17/7). . . . . . *Silis* Latreille
9   (8) Kein zusätzliches Zähnchen auf der Mandibelinnenseite.
10 (11) Die Thorax- und Abdominalsegmente sind mit sehr kurzen geboge-
        nen Haaren bedeckt (Abb. 17/12), die auf der Dorsalseite der Abdo-
        minalsegmente nach der Mittellinie gerichtet sind. Außerdem sind
        einzelne lange Haare vor allem auf dem 9. Abdominalsegment vor-
        handen. Larven nicht größer als 15 mm, weißlich. . . . .
        . . . . *Rhagonycha* Eschscholz
11 (10) Die Larven sind mit rechtwinklig abstehenden geraden Haaren
        unterschiedlicher Länge dicht bedeckt (Abb. 17/11). Larven größer,
        bei den meisten Arten bis 30 mm lang, dunkelbraun bis grau. Auf der
        Bodenoberfläche, oft zeitig im Jahr („Schneewürmer") . . . . . .
        . . . . *Cantharis* Linnaeus (H 30)
12 (7) Auf der Unterseite des Clypeofrons sind keine Labialhöcker vor-
        handen (Abb. 17/8). Nebenporen auf den Abdominalsegmenten von
        einer dichten Gruppe kleiner Härchen umgeben, die dunkel pigmen-
        tiert erscheinen. Auf dem 9. Abdominalsegment liegen die beiden
        Nebenporen etwas vor der Verbindungslinie der beiden Segmental-
        drüsenporen. Pronotum mit 2 großen, gelbbraunen‘ Flecken, die
        dunkel umrändert sind. Kopf gelbbraun und schwarz. 10—15 mm.
        (*Rhagonycha atra* Linnaeus hat ebenfalls keine Labialhöcker, ist
        aber nur 6—7 mm lang und anders gefärbt) . . *Absidia* Mulsant

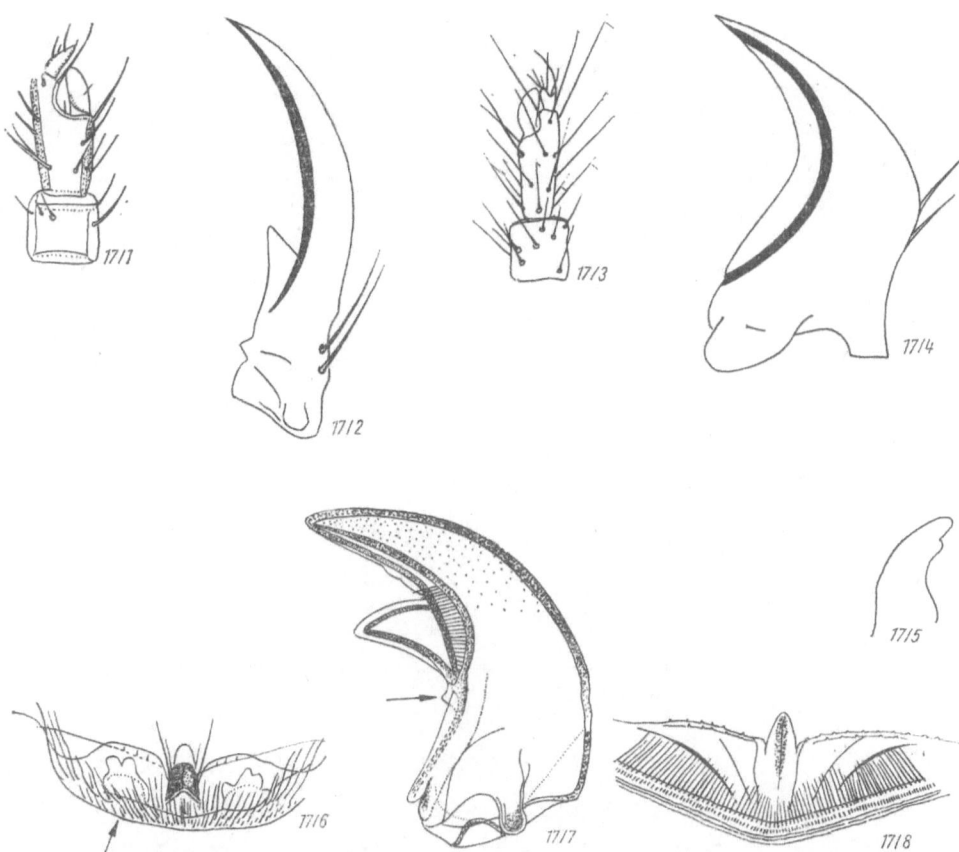

Abb. 17/1 *Malthodes* sp., linke Antenne (nach VERHOEFF, 1922)
Abb. 17/2 *Malthodes* sp., Mandibel (nach GHILAROV, 1964)
Abb. 17/3 *Malthinus* sp., rechte Antenne (nach VERHOEFF, 1922)
Abb. 17/4 *Malthinus flaveolus* PAYKULL, Mandibel (nach GHILAROV, 1964)
Abb. 17/5 *Podabrus alpinus* PAYKULL, Mandibel (nach STRIGANOWA, 1962)
Abb. 17/6 *Silis nitidula* FABRICIUS, subclypeale Region, ventral (nach VERHOEFF, 1922)
Abb. 17/7 *Silis nitidula* FABRICIUS, Mandibel (nach VERHOEFF, 1922)
Abb. 17/8 *Absidia pilosa* PAYKULL, subclypeale Region, ventral (nach VERHOEFF, 1922)

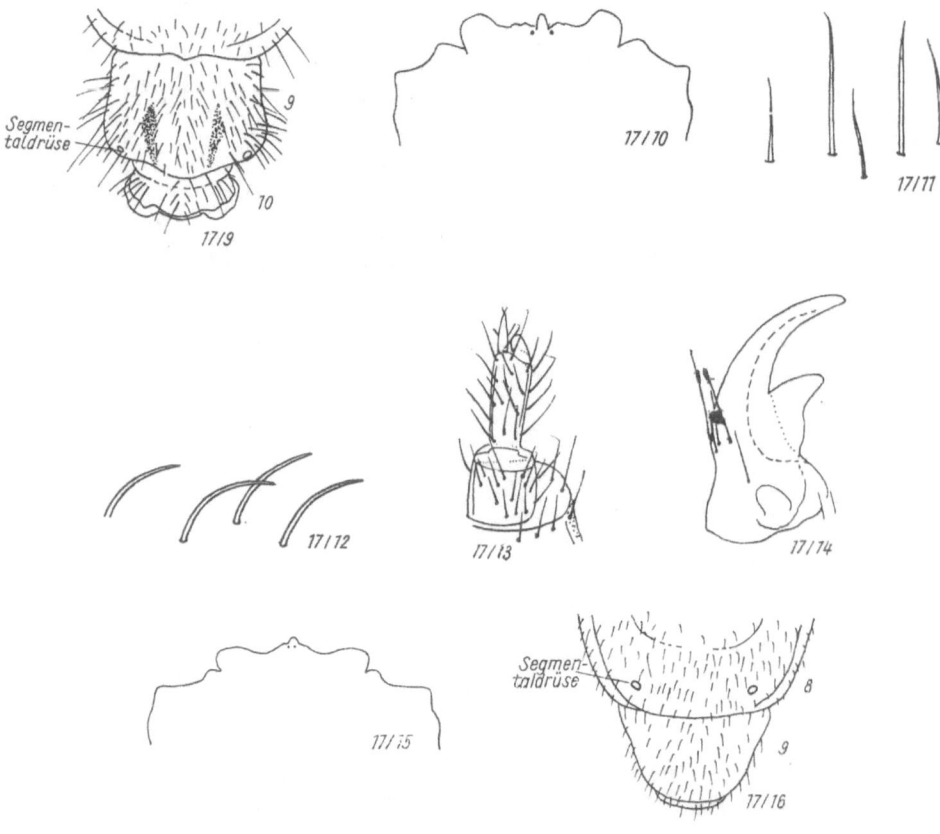

Abb. 17/9   *Cantharis cryptica* Ashe ?, Abdomenende (nach Fitton, 1975)
Abb. 17/10   *Malthodes* sp., Stirnvorderrand (nach Fitton, 1975)
Abb. 17/11   *Cantharis* sp., Borsten auf Abdomen (nach Fitton, 1975)
Abb. 17/12   *Rhagonycha fulva* Scopoli, Borsten auf Abdomen (nach Fitton, 1975)
Abb. 17/13   *Cantharis pallida* Goeze, Antenne (nach Fitton, 1975)
Abb. 17/14   *Malthinus sereipunctatus* Kiesenwetter, Mandibel (nach Fitton, 1975)
Abb. 17/15   *Malthinus flaveolus* Paykull, Stirnvorderrand (nach Fitton, 1975)
Abb. 17/16   *Malthinus sereipunctatus* Kiesenwetter, Abdomenende (nach Fitton, 1975)

5.18. Melyridae

Kopf mit gut entwickelter Epicranialnaht, Stirn ohne Endocarina. Labrum frei, nicht mit Clypeus und Stirn verschmolzen. Ventrale Mundteile tief zurückgezogen. Cardo viel schmaler als Stipes. Mandibeln ohne Mola. Urogomphi vorhanden.

CROWSON faßt in dieser Familie alle *Dasytidae, Malachiidae* und *Melyridae* zusammen, trennt aber die Art *Phloeophilus edwardsi* STEPHENS ab, die er einer eigenen Familie *Phloeophilidae* zuordnet (Larven von obiger Charakteristik völlig abweichend). Die *Melyridae* werden von ihm in vier Unterfamilien gegliedert: *Dasytinae, Prionocerinae, Melyrinae* und *Malachiinae.*

Da die Larven sehr vieler Gattungen unbekannt sind, ist die Bestimmungstabelle als provisorisch zu betrachten.

Die Larven der *Melyridae* sind z. T. Pollenfresser, meist aber räuberisch. Sie leben unter Rinde, im Mulm, in dürren Ästen und in Baumpilzen.

Bestimmungstabelle für die Gattungen

Es fehlen: *Colotes* ERICHSON, *Charopus* ERICHSON, *Dolichosoma* STEPHENS, *Ebaeus* ERICHSON, *Sphinginus* REY, *Attalus* ERICHSON, *Cerapheles* REY, *Cyrtosus* MOTSCHULSKY, *Anthocomus* ERICHSON, *Paratinus* ABEILLE, *Henicopus* STEPHENS, *Divales* CASTELNAU, *Psilothrix* REDTENBACHER, *Danacaea* CASTELNAU, *Zygia* FABRICIUS.

1 (2) Kopfkapsel mit Endocarina, ohne Epicranialnaht. Ventrale Mundwerkzeuge nicht tief zurückgezogen. Mandibel zweispitzig, mit dreizähniger retinaculumähnlicher Struktur (Abb. 18/6). Urogomphi scharf nach oben gebogen, an der Basis mit einem kräftigen Borstenhöcker (Abb. 18/7). In dürren Ästen . . *Phloeophilus* WESTWOOD

2 (1) Kopfkapsel ohne Endocarina, mit Epicranialnaht. Ventrale Mundwerkzeuge tief zurückgezogen. Mandibeln und Urogomphi anders.

3 (6) Kopfkapsel mit 2 ungleich großen Stemmata auf jeder Seite, von denen das vordere das größere ist. Eine gedachte Linie durch diese Stemmata führt durch die Antennengrube.

4 (5) Urogomphi kurz, stumpf, einander genähert. 9. Abdominalsegment dorsal jederseits mit einem kurzen stiftförmigen membranösen Anhang vor den Urogomphi (Abb. 18/3). In totem Holz. . . . . *Haplocnemus* STEPHENS

5 (4) Urogomphi klein, scharf zugespitzt, weit voneinander getrennt. 9. Abdominalsegment dorsal breit abgeplattet, ohne membranöse Anhänge. In Laub- und Nadelholz . . . . *Trichoceble* THOMSON

6 (3) Kopfkapsel mit anderer Stemmatazahl, wenn 2, dann liegen diese übereinander, eine durch sie gelegte gedachte Linie trifft nicht die Antennengrube.

7 (8) Körper ± dicht mit langen zugespitzten Borsten bedeckt. Kopfkapsel mit 4 Stemmata auf jeder Seite. Dorsaldrüsen nur auf dem 1. und 8. Abdominalsegment deutlich. Abdominalsegmente ohne deutlich sklerotisierte Drüsenöffnungen. Urogomphi ± kurz und stumpf, nicht auffallend nach oben gebogen . . . . . *Melyris* FABRICIUS

8   (7) Körper nur sparsam mit nicht sehr langen Haaren bedeckt. Kopf-
        kapsel mit anderer Stemmata-Zahl, wenn mit 4, dann sind Dorsal-
        drüsen auf wenigstens 8 Abdominalsegmenten vorhanden. Drüsen-
        öffnungen sklerotisiert oder nicht.

9   (10) Kopfkapsel mit 5 Stemmata auf jeder Seite. Drüsenöffnungen nicht
        sklerotisiert. Hinterer Ast des Mandibelanhanges befiedert, vorderer
        Ast einfach oder befiedert. In Holz und Baumschwämmen. . . . . .
        . . . . *Dasytes* Paykull (H 33)

10   (9) Kopfkapsel mit 4 Stemmata auf jeder Seite. Dorsaldrüsen mit gut
        sichtbar sklerotisierten Öffnungen. Hinterer Ast des Mandibelan-
        hanges einfach, vorderer Ast $\pm$ befiedert (Abb. 18/12).

11 (12) 1.—8. Abdominalsegment gleichmäßig mit kurze, gleichlange, $\pm$
        anliegenden Borsten bedeckt. In altem Holz.   *Troglops* Erichson ?

12 (11) 1.—8. Abdominalsegment neben kurzer anliegender Grundbehaarung
        mit einzelnen langen aufrechten Borsten, die eine Querreihe am
        Hinterrand der Segmente bilden.

13 (14) Thoraxsegmente ohne sklerotisierte Platten. In totem Holz . . . .
        . . . . *Hypebaeus* Kiesenwetter ?

14 (13) Thoraxsegmente mit deutlichen, $\pm$ stark sklerotisierten Platten.

15 (16) Ein einzelnes abgeteiltes Auge (das hintere) befindet sich auf der
        Höhe des oberen Auges der vorderen Reihe (Abb. 18/1). Kopfkapsel
        schlanker, Länge zu Breite wie 1,2 zu 1,0 (Abb. 18/8). Tibiotarsus
        des Vorderbeines schlank, 1,5mal so lang wie der Femur (Abb. 18/9).
        Körperlänge 4—5 mm. Unter Rinde, in Pflanzenstengeln. . . . . .
        . . . . *Axinotarsus* Motschulsky

16 (15) Ein einzelnes abgeteiltes Auge befindet sich gegenüber dem Zwischen-
        raum zwischen dem oberen und mittleren Auge der vorderen
        Reihe (Abb. 18/2). Kopfkapsel nahezu quadratisch, Länge zu Breite
        etwa 1 zu 1 (Abb. 18/10). Tibiotarsus des Vorderbeines gedrungener,
        ungefähr ebenso lang wie der Femur (Abb. 18/11). Körperlänge
        6—10 mm. Unter Rinde, in Holz und Pflanzenstengeln . . . . . .
        . . . . *Malachius* Fabricius (H 32)

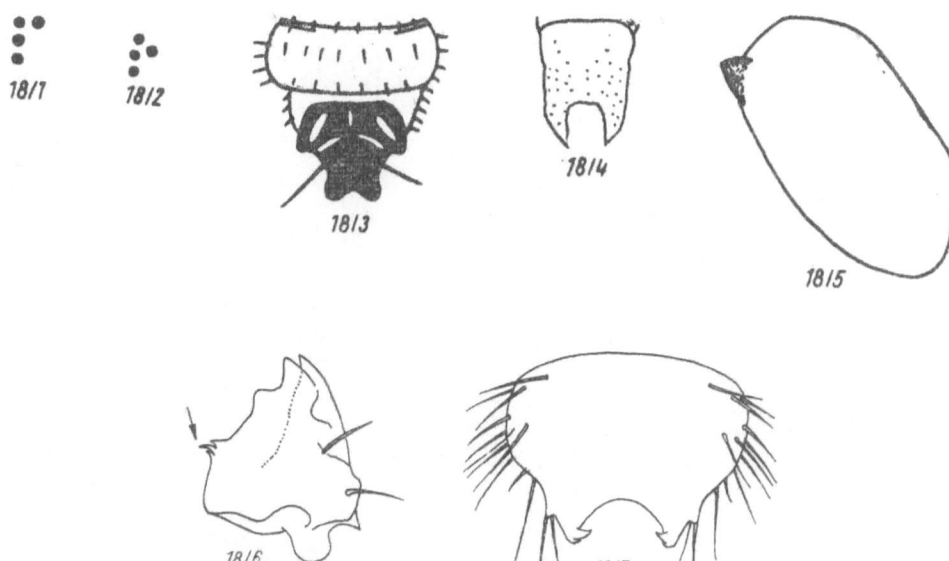

Abb. 18/1   *Axinotarsus pulicarius* FABRICIUS, Stemmata (nach LARSSON, 1938)
Abb. 18/2   *Malachius aeneus* LINNAEUS, Stemmata (nach LARSSON, 1938)
Abb. 18/3   *Haplocnemus* sp. ?, 9. Abdominalsegment (nach GHILAROV, 1964)
Abb. 18/4   *Dasytes coeruleus* DEGEER, 9. Abdominalsegment (nach LARSSON, 1938)
Abb. 18/5   *Dasytes* sp., Chitinplatte des Mesothorax (Orig.)
Abb. 18/6   *Phloeophilus edwardsi* STEPHENS, Mandibel (nach CROWSON, 1964)
Abb. 18/7   *Phloeophilus edwardsi* STEPHENS, 9. Abdominalsegment (nach CROWSON, 1964)

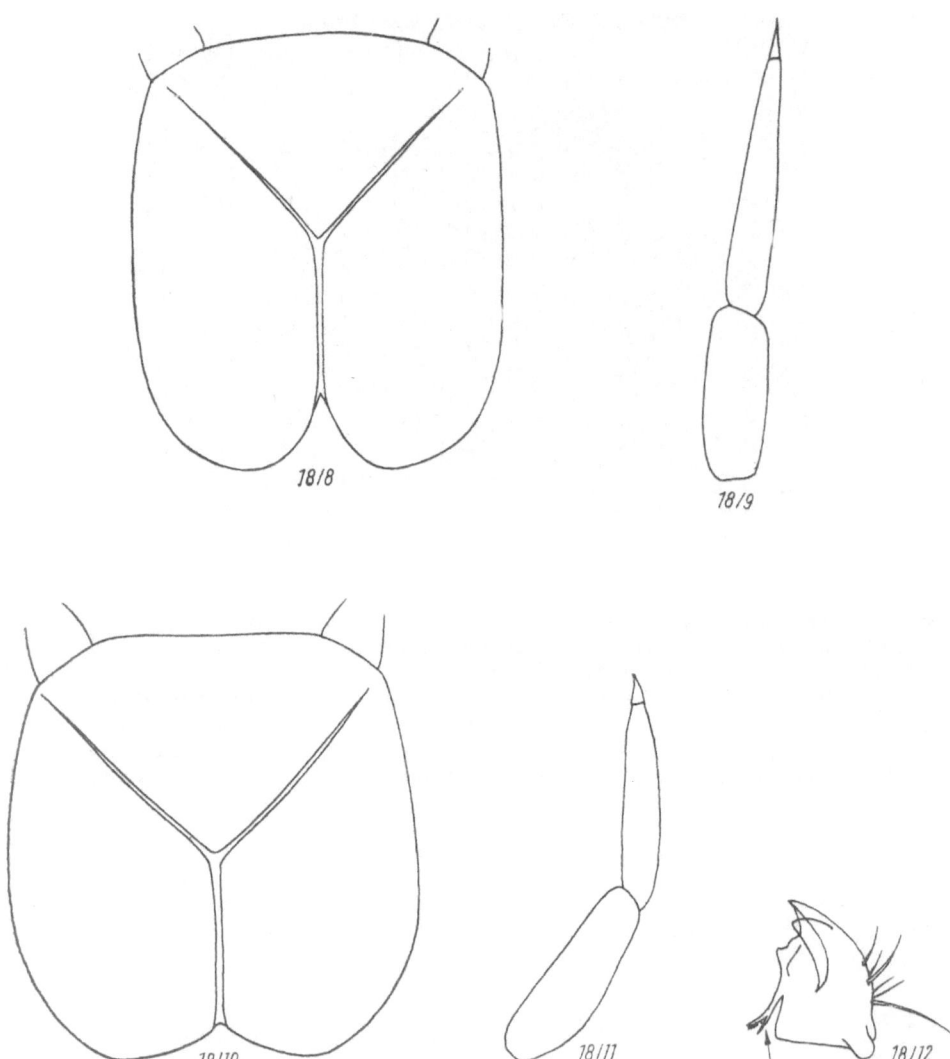

Abb. 18/8   *Axinotarsus* sp., Kopfkapsel (Orig.)
Abb. 18/9   *Axinotarsus* sp., Vorderbein (Orig.)
Abb. 18/10   *Malachius* sp., Kopfkapsel (Orig.)
Abb. 18/11   *Malachius* sp., Vorderbein (Orig.)
Abb. 18/12   *Troglops capitatus* ERICHSON, Mandibel (nach CROWSON, 1964)

5.19. Cleridae

Kopf ohne Epicranialnaht. Die ventralen Mundteile inserieren in einer seichten Ausrandung am Vorderrand des Kopfes. Gula vorhanden, meist sklerotisiert. Mandibeln ohne Mola und Prostheca, aber oft mit einem Retinaculum. Maxillen mit einer Lade, nicht wirklich gegeneinander beweglich, die Gelenkfläche ist nur scheinbar vorhanden. Labrum frei abgegliedert. Urogomphi gut entwickelt, auffallend und stark sklerotisiert, meist über das Hinterende des Körpers herausragend.

Die Larven der *Cleridae* sind meist räuberisch und ernähren sich vor allem von den Entwicklungsstadien holzbewohnender Insekten. Man findet sie deshalb vorwiegend unter Rinde und im Holz, einige Arten auch in Bienenstöcken. Andere Arten haben sich auf Aas, Knochen, Felle, Fleisch und verschiedene tierische Abfälle spezialisiert, wo die Larven hauptsächlich von Fliegenmaden leben dürften.

Bestimmungstabelle für die Gattungen

Es fehlen: *Pseudoclerops* DUVAL, *Allonyx* DUVAL, *Orthopleura* SPINOLA, *Enoplium* LATREILLE, *Opetiopalpus* SPINOLA.

1 (12) Kopf jederseits mit 1 oder 3—5 Stemmata. Vordere oder alle Stigmen ringförmig oder pseudo-annular (d. h. ringförmig mit 2 sehr kleinen Röhrchen, die nur bei starker Vergrößerung sichtbar sind.).

2 (5) Kopf jederseits mit 1 oder 3 Stemmata. Urogomphi schlank, fast parallel, an der Spitze nach oben gebogen, an der Basis mit einem kleinen Höcker oder Zahn (Abb. 19/1, 19/2).

3 (4) Prothorax und 9. Abdominalsegment (Abb. 19/1) mit einem großen rostroten Dorsalschild. Stirn ohne Tuberkel in der Mitte. Kopf jederseits mit 3 Stemmata. Unter Laubholzrinde und in Gangsystemen von Laubholzzerstörern (vielleicht auch Nadelholz) . . . . *Tillus* OLIVIER

4 (3) Prothorax und 9. Abdominalsegment auf der Dorsalseite weißlich, der erstere nur mit einem unterbrochenen transversen Band im vorderen Drittel. Auf dem 9. Abdominalsegment (Abb. 19/2) sind nur die Urogomphi rostrot. Stirn vielleicht mit 1—3 Tuberkeln in der Mitte. Unter Rinde von Laubhölzern . . . . *Denops* FISCHER

5 (2) Kopf jederseits mit 4 oder 5 Stemmata. Urogomphi einfach, ohne einen äußeren basalen, lateralen Höcker oder Fortsatz (Abb. 19/4, 19/6, 19/8, 19/12, 19/13).

6 (7) 6. und 7. Abdominalsegment mit hervorstehenden dorsalen Ampullen (Abb. 19/3). Körper mit violetter Zeichnung. Kopf jederseits mit 4 (2 + 2) Stemmata (Abb. 19/5). Urogomphi divergierend, stark nach oben gebogen (Abb. 19/4). In Laubholz . . . . *Tarsostenus* SPINOLA

7 (6) Abdomen ohne hervorstehende dorsale Ampullen. Kopf jederseits mit 5 (3 + 2) Stemmata.

8 (9) Urogomphi zur Spitze stark divergierend, an der Spitze beträchtlich weiter voneinander entfernt, als in der Mitte, subzylindrisch, an der

Spitze befindet sich ein kleines aufwärts gerichtetes Zähnchen, oder der gesamte Urogomphus ist am Ende scharf aufgerichtet zuge-spitzt (Abb. 19/6). Pronotum vorn gewöhnlich mit heller Mittellinie. Die hinteren 2 Stemmata haben etwa den Abstand ihrer eigenen Breite (Abb. 19/7). In und an altem Holz . . . *Opilo* Latreille

9 (8) Urogomphi parallel oder leicht nach innen gerichtet, am Ende ± deutlich nach oben gebogen. Der Abstand zwischen den Spitzen der Urogomphi ist annähernd genau so groß wie in der Mitte (Abb. 19/8).

10 (11) Abdominalsegmente zum Hinterende des Körpers kaum verbreitert. Pronotum ohne helle Mittellinie, aber mit einem endoskelettalen Kiel in den hinteren 2/3, der von oben als eine einheitliche dunkle Linie zu sehen ist (Abb. 19/14). Meso- und Metanotum mit je zwei deutlich umgrenzten dunklen Skleriten. Die hinteren beiden Stem-mata sind einander sehr weit genähert (Abb. 19/10). Gula länger als die halbe Kopfbreite (Abb. 19/9). Unter Nadelholzrinde. . . . . *Thanasimus* Latreille (H 34)

11 (10) Abdominalsegmente bis zum 6. meist stärker erweitert, so daß das 6. Abdominalsegment wesentlich breiter wie das 1. ist (Abb. 19/11). Pronotum mit heller Mittellinie, ein dunkler endoskelettaler Kiel fehlt. Meso- und Metanotum ohne dunkle Sklerite. Die hinteren beiden Stemmata haben etwa den Abstand ihrer eigenen Breite. Gula kürzer als die halbe Kopfbreite. In Bauten von Apiden, aber auch unter Rinde. . . . . *Trichodes* Herbst

12 (1) Kopf jederseits mit 2 (1 + 1) Stemmata. Alle Stigmen groß und zwei-kammrig.

13 (14) Urogomphi an der Basis ziemlich eng stehend, der Abstand zwi-schen ihnen beträgt etwa die Breite eines einzelnen Urogomphus (Abb. 19/12), diese etwas divergierend, subzylindrisch, ihre Spitze nicht nach oben gebogen, aber deren Dorsalteil ist schwach in Rich-tung der Urogomphi verlängert. Körper ohne hellviolette Zeichnung. In Holz verschiedenster Art. . . . . *Corynetes* Herbst

14 (13) Urogomphi durch das Mehrfache ihrer eigenen Breite voneinander getrennt (Abb. 19/13), divergierend, subkonisch, mit einem schwa-chen Höcker auf der Mitte der Außenseite. Ihr Apikalteil deutlich nach oben gebogen. Körper mit ziemlich dichter hellvioletter Zeich-nung (bei konservierten Exemplaren nicht immer sichtbar). An Aas, Knochen, Tierhäuten. . . . . *Necrobia* Latreille

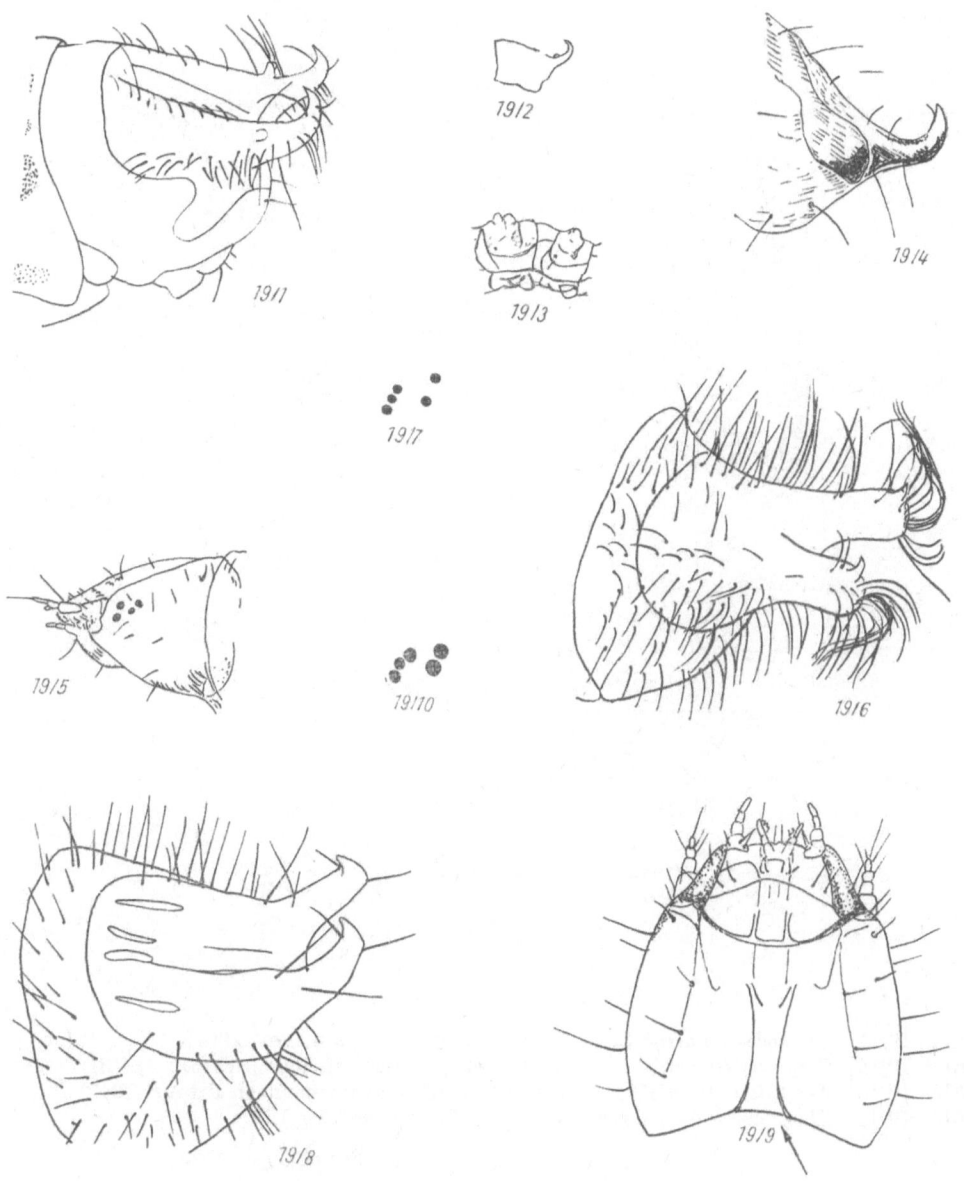

Abb. 19/1 _Tillus elongatus_ LINNAEUS, 9. Abdominalsegment (nach EMDEN, 1943)
Abb. 19/2 _Denops albofasciatus_ CHARPENTIER, 9. Abdominalsegment (nach PERRIS, 1863)
Abb. 19/3 _Tarsostenus univittatus_ ROSSI, 6. und 7. Abdominalsegment (nach BÖVING und CHAMPLAIN, 1921)
Abb. 19/4 _Tarsostenus univittatus_ ROSSI, 9. Abdominalsegment (nach BÖVING und CHAMPLAIN, 1921)
Abb. 19/5 _Tarsostenus univittatus_ ROSSI, Stemmata (nach BÖVING und CHAMPLAIN, 1921)
Abb. 19/6 _Opilo mollis_ LINNAEUS, 9. Abdominalsegment (nach EMDEN, 1943)
Abb. 19/7 _Opilo mollis_ LINNAEUS, Stemmata (nach LARSSON, 1938)
Abb. 19/8 _Thanasimus formicarius_ LINNAEUS, 9. Abdominalsegment (nach EMDEN, 1943)
Abb. 19/9 _Thanasimus formicarius_ LINNAEUS, Kopfunterseite (nach KEMNER, 1913)
Abb. 19/10 _Thanasimus formicarius_ LINNAEUS, Stemmata (nach LARSSON, 1938)

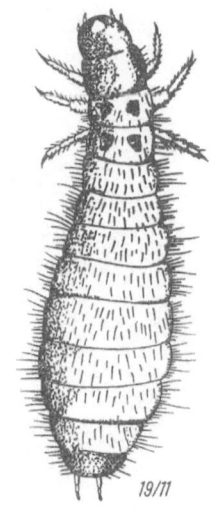

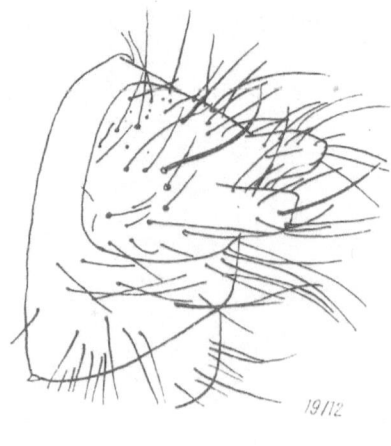

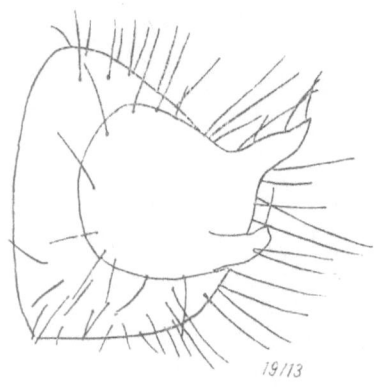

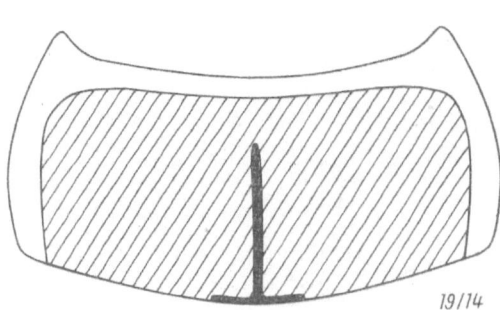

Abb. 19/11   *Trichodes apiarius* Linnaeus, Habitus (nach Ghilarov, 1964)
Abb. 19/12   *Corynetes coeruleus* Degeer, 9. Abdominalsegment (nach Emden, 1943)
Abb. 19/13   *Necrobia ruficollis* Fabricius, 9. Abdominalsegment (nach Emden, 1943)
Abb. 19/14   *Thanasimus formicarius* Linnaeus, Pronotum (Orig.)

5.20. Lymexylonidae

Prothorax verbreitert, stark entwickelt. 9. Abdominalsegment verschieden modifiziert, aber ohne Urogomphi (bei *Hylecoetus* werden die Terminaldornen als solche angesehen). Mandibeln mit undeutlicher Mola. Mala an der Spitze $\pm$ deutlich schwach gespalten. Cardo in einen proximalen und einen distalen Abschnitt geteilt. Labialpalpen zweigliedrig. Epicranialnaht gut entwickelt.

Nach Crowson gehören die beiden europäischen Gattungen zwei verschiedenen Unterfamilien an: den *Hylecoetinae* bzw. den *Lymexylinae*.

Die Larven dieser Familie leben in Holz, ernähren sich aber nicht von diesem, sondern von Ambrosiapilzen. Man begegnet ihnen auch in Baumstümpfen und unter morscher Rinde.

Bestimmungstabelle für die Gattungen

1 (2) 9. Abdominalsegment gerundet und breit konisch, an der Spitze konvex gebogen mit einer fein granulierten Fläche auf der Rückenseite, ohne scharfe Dornen (Abb. 20/1). Meso- und Metanotum mit einem rundlichen, gekörnelten Fleck an den Seiten. Pronotum mit sehr feinen, dichten Rauhigkeiten am vorderen seitlichen Teil. Bei der L_3 formt der Hinterrand der gekörnelten Fläche des Prothorax eine kurvenförmige Reihe von auffälligen tuberkelförmigen Rauhigkeiten. 1.—8. Abdominalsegment länger als breit, ohne dorsale Rauhigkeiten. 10. Abdominalsegment mit einem transversen Fleck feiner Körnchen (bei der L_3 auf jeder Seite) gegenüber dem Anus. Unter Rinde von Laubholz. . . . . *Lymexylon* FABRICIUS

2 (1) 9. Abdominalsegment in eine lange Spitze ausgezogen, die am Ende 1 Paar größere Dornen trägt und auf der Dorsalseite an jeder Kante mit einer Reihe Dörnchen versehen ist (Abb. 20/2). Pronotum mit zahlreichen Rauhigkeiten (Tuberkeln), vor allem an den Seiten, nahe der Mitte sind diese weniger grob. 1.—8. Abdominalsegment breiter als lang. 4.—9., besonders 6.—9. Tergit mit deutlichen Dornen und Körnchen. 9. und 10. Abdominalsegment mit zahlreichen kleinen Rauhigkeiten, das 10. an jeder Seite mit einer Gruppe auffälliger Dörnchen. In Baumstümpfen und Stämmen. . . . . *Hylecoetus* LINNAEUS (H 35)

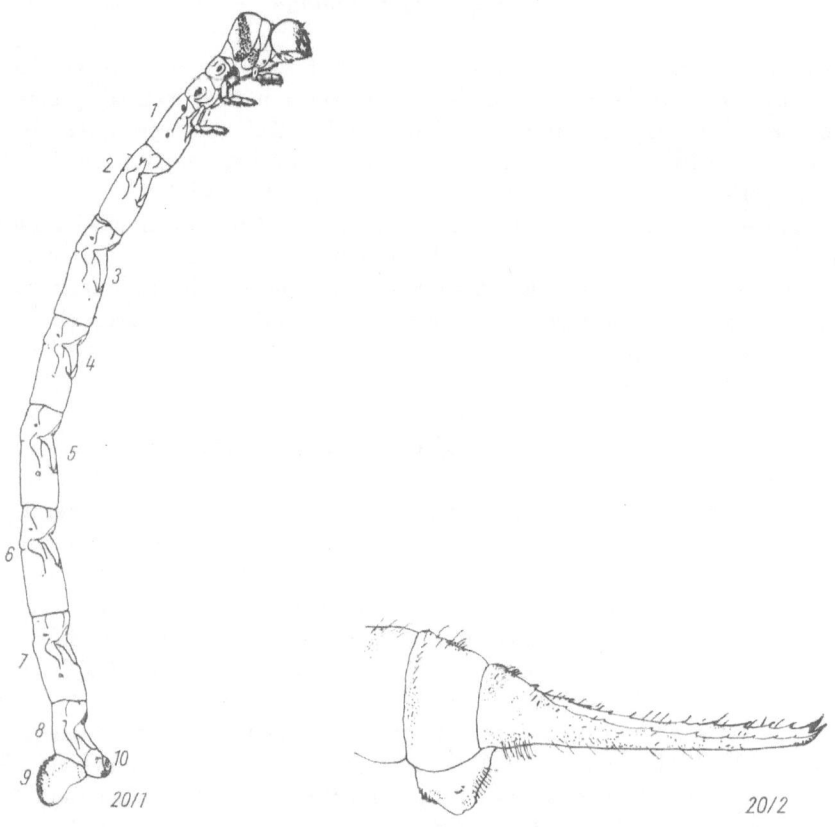

Abb. 20/1 *Lymexylon navale* Linnaeus, Körperumriß (nach Emden, 1943)
Abb. 20/2 *Hylecoetus dermestoides* Linnaeus, 9. Abdominalsegment (nach Germar, 1912)

5.21. Elateridae

Die Familie *Elateridae* ist im europäischen Faunengebiet mit 17 Unterfamilien, zu denen 61 Gattungen gehören, vertreten. Die Unterfamilien *Hypnoidinae* und *Pomachiliinae* lassen sich larvalsystematisch nicht bestätigen. Die Genera dieser Unterfamilien sind mit in den Unterfamilien *Athoinae* und *Agriotinae* erfaßt.

Die Elateridenlarven sind mit Ausnahme der Unterfamilie *Cardiophorinae* stark chitinisiert, beim Anfassen erscheinen sie hart und drahtähnlich (Drahtwürmer, wireworms). Ihr Körper ist zylindrisch, oft jedoch dorsoventral abgeflacht. Die Kopfkapsel ist keilförmig, abgeflacht, niemals gewölbt. Oberlippe fehlend, Mandibeln kräftig, sichel- oder zangenförmig. Beine gut entwickelt, aber klein, alle drei Beinpaare gleichartig gestaltet. Der Hinterleib wird von 10 Segmenten gebildet, von denen das 9. das letzte zu sein scheint (Kaudalsegment). Das 10. Segment ist klein und befindet sich auf der Unterseite des 9. (Nachschieber). Die Larven der Unterfamilie *Cardiophorinae* sind nur schwach chitinisiert, sie sind weichhäutig. Ihre Abdominalsegmente 2—7 besitzen eine zusätzliche Segmentierung. Die genannten Segmente bestehen aus je drei Abschnitten, die teleskopartig ineinandergreifen können und die Larven befähigen, ihren Körper auf das 2- bis 3fache zu verlängern.

Die Elateridenlarven stellen einesteils Mulm- und Fäulnisbewohner dar, zum anderen besiedelt eine nicht unbeträchtliche Anzahl die verschiedenartigsten Böden. Sie sind zum großen Teil pantophag mit einer unterschiedlich ausgeprägten Phytophagie, zum anderen Teil necrophag mit besonderer Neigung zur Saprophagie. Nur ein geringer Teil stellt obligate Räuber dar.

Die Larven der mit einem * versehenen Genera sind unbekannt.

Bestimmungstabelle für die Unterfamilien

1 (16) 9. Abdominalsegment mit einer Aussparung an der Spitze (Abb. 21/1, 21/2). Die Aussparung wird von zwei einfachen (Abb. 21/1) oder astförmigen Urogomphi begrenzt (Abb. 21/2).

2 (9) Postmentum länglich dreieckig, die Stipites der Maxillen berühren sich an der Basis (Abb. 21/3).

3 (8) Abdominaltergite ohne transversale oder longitudinale Impression (Abb. 21/4).

4 (5) Fläche des 9. Abdominalsegmentes mit vielen Zähnchen besetzt (Abb. 21/5). Nachschieber mit 4—5 Analhaken . . *Hemirhipinae* S. 135

5 (4) Fläche des 9. Abdominalsegmentes ohne Zähnchen. Nachschieber nur mit einem Analhaken (Abb. 21/6).

6 (7) Vorderrand des Clypeus neben dem Nasale mit 1—2 zusätzlichen Zähnen (Abb. 21/7) . . . .*Conoderinae* S. 135

7 (6) Vorderrand des Clypeus neben dem Nasale glatt, keine zusätzlichen Zähne vorhanden (Abb. 21/8) . . . .·. . *Agrypninae* S. 135

8 (3) Abdominaltergite mit transversaler und longitudinaler Impression (Abb. 21/9) . . . . *Diminae* S. 135

9 (2) Postmentum länglich trapezförmig bis rechteckig, die Stipites der Maxillen berühren sich nicht an der Basis (Abb. 21/10).

10 (11) Galea eingliedrig (Abb. 21/10). Frons V-förmig (Abb. 21/11). Ab-
           dominaltergite ohne transversale oder longitudinale Impression.
           Urogomphi einfach, ungeteilt (Abb. 21/1) . . . . *Negastriinae* S. 135

11 (10) Galea zweigliedrig. Frons krug- oder birnenförmig. Tergite der Ab-
           dominalsegmente mit mehr oder weniger stark ausgeprägter trans-
           versaler und longitudinaler Impression. Urogomphi geteilt.

12 (13) Praesternit (Sternellum) des Prothorax in drei Sklerite geteilt
           (Abb. 21/12). Hyposternite der Abdominalsegmente fehlen oder sind
           reduziert und überschreiten niemals die Mitte der Segmente
           (Abb. 21/14) . . . . *Ctenicerinae* S. 136

13 (12) Praesternit des Prothorax nicht geteilt (Abb. 21/13). Hyposternite
           gut entwickelt, die Länge der Segmente erreichend (Abb. 21/15).

14 (15) Transversale Impression der Abdominalsegmente 2—8 geschlossen,
           nicht an der Mittellinie unterbrochen. Stigmen des 8. Abdominal-
           segmentes in der Mitte gelegen (Abb. 21/15). Äußere Äste der Uro-
           gomphi sehr lang, bedeutend länger als die inneren . . . .
           . . . . *Denticollinae* S. 137

15 (14) Transversale Impression der Abdominaltergite an der Mittellinie
           unterbrochen. Stigmen des 8. Abdominalsegmentes im vorderen
           Drittel des Segmentes gelegen. Äußerer Ast der Urogomphi kürzer
           oder nicht viel länger als der innere . . . . *Athoinae* S. 137

16   (1) 9. Abdominalsegment ohne Aussparung, es endet in einer Spitze
           oder stumpf (Abb. 21/16, 21/17).

17 (18) Abdominalsegmente 2—7 mit zusätzlicher Segmentierung. Larven
           sehr dünnhäutig und weich . . . . *Cardiophorinae* S. 138

18 (17) Abdominalsegmente 2—7 nicht zusätzlich segmentiert. Larven
           stark chitinisiert, hart.

19 (20) 9. Abdominalsegment parabelförmig, an der Spitze breit abgerun-
           det (Abb. 21/17) . . . . *Elaterinae* S. 138

20 (19) 9. Abdominalsegment an der Spitze nicht abgerundet, es endet mit
           einem Dorn, Zahn oder Warze (Abb. 21/16, 21/18).

21 (22) 9. Abdominalsegment im Spitzendrittel schaufelförmig ausgehöhlt.
           Es endet mit drei Zähnen, von denen manchmal nur der mittlere
           deutlich ausgebildet ist (Abb. 21/18) . . . . . . *Melanotinae* S. 138

22 (21) 9. Abdominalsegment konisch oder zylindrisch, an der Spitze mit
           einem Dorn oder einer Warze (Abb. 21/16).

23 (26) Mesotergite der Abdominalsegmente nur mit zwei, meist unpaaren,
           lateralen Borsten am Hinterrand (Abb. 21/19).

24 (25) Sämtliche Tergite sind deutlich, zum größten Teil sehr kräftig und
           dicht punktiert (Abb. 21/19) . . . . *Ampedinae* S. 138

25 (24) Tergite glatt, sehr spärlich und schwach punktiert . . . .
           . . . . *Physorrhininae* S. 138

26 (23) Mesotergite der Abdominalsegmente am Hinterrand mit mindestens
           drei, meist paarig angeordneten lateralen Borsten (Abb. 21/20).

27 (28) Frons an der Übergangsstelle zum Clypeus breiter als die Quere des
           Nasale (Abb. 21/21). Erstes lateronasales Borstenpaar mit den na-
           sobasalen Borsten eine Reihe bildend (Abb. 21/21) . . *Agriotinae* S. 138

28 (27) Frons an der Übergangsstelle zum Clypeus enger als die Quere des Nasale. Erstes lateronasales Borstenpaar mit den nasobasalen Borsten keine einheitliche Reihe bildend, es ist deutlich vom Vorderrand des Clypeus zurückgesetzt (Abb. 21/22) . . . . . *Adrastinae* S. 139

Agrypninae

Gattungen: *Lacon* LAPORTE, *Agrypnus* ESCHSCHOLTZ, *Campsolacon** REITTER
bodenbewohnend: *Agrypnus* ESCHSCHOLTZ
Kennzeichen der Gattung *Agrypnus* ESCH.: Frons an der Spitze breit abgerundet und ampullenförmig erweitert. Fläche des 9. Abdominalsegmentes stark gerunzelt. Aussparung dieses Segmentes kielförmig.

Conoderinae

Gattungen: *Heteroderes* LATREILLE, *Aeoloderma* FLEUTIAUX, *Drasterius* ESCHSCHOLTZ
Alle Larven sind bodenbewohnend.
1 (4) Nachschieber mit chitinisiertem Hakenpaar (Abb. 21/6).
2 (3) Frons an der Spitze breit abgerundet (Abb. 21/7) . . . . *Heteroderes* LATREILLE
3 (2) Frons an der Spitze stumpf endend (Abb. 21/23) . . . . *Aeoloderma* FLEUTIAUX
4 (1) Nachschieber ohne chitinisiertes Hakenpaar (Abb. 21/25) . . . . *Drasterius* ESCHSCHOLTZ

Hemirhipinae

Gattungen: *Alaus* ESCHSCHOLTZ
Larven nicht bodenbewohnend.

Diminae

Gattungen: *Dima* CHARPENTIER
Larven bodenbewohnend ?

Negastriinae

Gattungen: *Fleutiauxellus* MEQUIGNON, *Negastrius* THOMSON, *Zorochrus* THOMSON, *Quasimus** DES GOZIS.
Larven bodenbewohnend.
1 (2) Nasale dreizähnig, Seitenzähne größer als der mittlere, an ihrem Innenrand gezähnelt (Abb. 21/24) . . . . *Negastrius* THOMSON
2 (1) Nasale dreizähnig, die seitlichen Zähne sind nicht größer als der mittlere, Innenrand glatt (Abb. 21/11).
3 (4) Kaudale Aussparung durch die Äste der Urogomphi fast verschlossen (Abb. 21/26) . . . . *Fleutiauxellus* MEQUIGNON
4 (3) Öffnung der kaudalen Aussparung durch die Äste der Urogomphi nicht eingeengt (Abb. 21/1) . . . . *Zorochrus* THOMSON

Ctenicerinae

Gattungen: *Ctenicera* Latreille, *Anostirus* Thomson, *Orithales* Kiesenwetter, *Actenicerus* Kiesenwetter, *Selatosomus* Stephens, *Prosternon* Latreille, *Hypoganus* Kiesenwetter, *Haplotarsus* Stephens, *Calambus* Thomson, *Paranomus* Kiesenwetter. Die Larven sind alle bodenbewohnend.

1 (8) Hyposternite der Abdominalsegmente fehlend.

2 (5) Äußere Äste der Urogomphi klein, reduziert (Abb. 21/22, 21/28).

3 (4) Fläche des 9. Abdominalsegmentes gut ausgebildet, kaum punktiert, kaudale Aussparung verschlossen (Abb. 21/27) . . . . *Orithales* Kiesenwetter

4 (3) Fläche des 9. Abdominalsegmentes nicht ausgebildet, die dorsale Seite ist gewölbt und grob punktiert. Kaudale Aussparung nicht durch die inneren Äste der Urogomphi verschlossen (Abb. 21/28). . . . . *Paranomus* Kiesenwetter

5 (2) Äußere Äste der Urogomphi gut ausgebildet, astförmig (Abb. 21/29).

6 (7) Nasale einzähnig, kielförmig. Tergite der Abdominalsegmente am Hinterrand mit 5—6 Borsten in Querreihe (Abb. 21/30) . . . . *Ctenicera* Latreille

7 (6) Nasale dreizähnig. Abdominaltergite am Hinterrand nur mit 3—4 Borsten in Querreihe (Abb. 21/31) . . . . *Liotrichus* Kiesenwetter

8 (1) Hyposternite vorhanden, sie überschreiten jedoch nicht die Mitte des Segmentes (Abb. 21/14).

9 (10) Stigmen des 8. Abdominalsegmentes im hinteren Drittel des Segmentes gelegen (Abb. 21/32) . . . . *Actenicerus* Kiesenwetter

10 (9) Die Stigmen liegen im vorderen Drittel, auch vom 8. Abdominalsegment (Abb. 21/33).

11 (14) Der Vorderrand des Clypeus trägt zusätzlich beiderseits noch 6—8 Borsten, so daß an seinem Vorderrand eine dichte Bürste gebildet wird (Abb. 21/34).

12 (13) Distales Ende des 2. Antennengliedes mit 3—5 Sinnespapillen (Abb. 21/35). Frons lanzettförmig, zugespitzt (Abb. 21/34) . . . . *Prosternon* Latreille

13 (12) Distales Ende des 2. Antennengliedes nur mit einer Sinnespapille (Abb. 21/36). Frons kurz, an der Spitze breit abgerundet . . . . *Anostirus* Thomson

14 (11) Der Vorderrand des Clypeus trägt keine zusätzlichen Borsten (Abb. 21/37).

15 (18) Larven dicht behaart, die Länge der Borsten überschreitet die Larvenbreite (Abb. 21/38, 21/39).

16 (17) Äußere und innere Äste der Urogomphi gleichlang, zugespitzt. Aussparung des 9. Abdominalsegmentes kreisförmig (Abb. 21/38) . . . . *Hypoganus* Kiesenwetter

17 (16) Äußere Äste der Urogomphi viel kürzer als die inneren, die Spitzen der Äste sind abgerundet. Kaudale Aussparung länglich (Abb. 21/39) . . . . *Calambus* Thomson

18 (15) Tergite nicht zusätzlich beborstet, die Länge der Borsten niemals die Breite der Larven erreichend (Abb. 21/40, 21/41).

19 (20) Kaudale Aussparung weit, durch die inneren Äste der Urogomphi kaum eingeengt (Abb. 21/41). Mandibeln an der Innenseite nur mit Retinaculum . . . . *Selatosomus* STEPHENS

20 (19) Kaudale Aussparung durch die inneren Äste der Urogomphi fast verschlossen (Abb. 21/40). Mandibeln neben dem Retinaculum mit einem praeapikalen Zahn (Abb. 21/42) . . . .
. . . . *Haplotarsus* STEPHENS

Denticollinae

Gattungen: *Denticollis* PILLER et MITTERPACHER, *Odontoderus** SCHWARZ. Die Larven von *Denticollis* werden manchmal unter vermodernden Vegetabilien aufgefunden, ansonsten leben sie unter der Rinde alter Baumstubben.

Athoinae

Gattungen: *Isidus** MULSANT et REY, *Limonius* ESCHSCHOLTZ (= *Cidnopus* THOMSON), *Pheletes* KIESENWETTER (= *Limonius* ESCHSCHOLTZ), *Limoniscus* REITTER, *Elathoina** REITTER, *Melanathous** REITTER, *Stenagostus* THOMSON, *Harminius* FAIRMAIRE, *Athous* ESCHSCHOLTZ, *Arctapila** CANDEZE, *Leptoschema* HORN, *Hypnoidus* DILLWYN, *Berninelsonius* STIBICK.
bodenbewohnend: *Leptoschema* HORN, *Hypnoidus* DILLWYN, *Berninelsonius* STIBICK, *Limonius* ESCHSCHOLTZ, *Pheletes* KIESENWETTER, *Athous* ESCHSCHOLTZ.

1 (2) Äußere Äste der Urogomphi zylindrisch, an der Spitze abgerundet (Abb. 21/43). Kaudale Aussparung klein, pilzförmig (Abb. 21/43). Tergite schwach punktiert . . . . *Leptoschema* HORN

2 (1) Äußere Äste der Urogomphi konisch, krallenförmig, zugespitzt (Abb. 21/45).

3 (10) Innere Äste der Urogomphi sehr mächtig, bedeutend länger und breiter als die äußeren, die zum Teil nur kleine zugespitzte Warzen darstellen (Abb. 21/44, 21/47).

4 (9) Mandibeln neben dem Retinaculum ohne zusätzliche Zähne am Innenrand.

5 (8) Kaudale Aussparung groß, offen, durch die Äste der Urogomphi nicht eingeengt (Unterfamilie *Hypnoidinae* der Imaginalsystematik (Abb. 21/45).

6 (7) Frons an der Spitze breit abgerundet (Abb. 21/44) . . . .
. . . . *Hypnoidus* DILLWYN

7 (6) Frons kurz, zugespitzt (Abb. 21/46) . . . .
. . . . *Berninelsonius* LESEIGNEUR

8 (5) Kaudale Aussparung klein, durch die Äste der Urogomphi fast oder vollständig verschlossen (Abb. 21/47) . . . *Limonius* ESCHSCHOLTZ

9 (4) Mandibel geteilt, am Innenrand neben dem Retinaculum noch mit einem praeapikalen Zahn (Abb. 21/50) . . . .
. . . .*Pheletes* KIESENWETTER

10 (3) Äußere Äste der Urogomphi genauso lang oder länger als die inneren. Äste krallenförmig (Abb. 21/48) . . . . . . *Athous* ESCHSCHOLTZ

Cardiophorinae

Gattungen: *Cardiophorus* Eschscholtz, *Dicronychus* Brulle, *Paracardiophorus**
Schwarz.
Die Larven sind bodenbewohnend.
Die Larven von *Cardiophorus* und *Dicronychus* lassen sich larvalsystematisch
nicht trennen.

Elaterinae

Gattungen: *Elater* Linnaeus, *Neotrichophorus* Jacobson, *Sericus* Eschscholtz,
Pittonotus Kiesenwetter.
Bodenbewohnend: *Neotrichophorus* Jacobson, *Sericus* Eschscholtz.
  1   (2) Distales Ende des 2. Antennengliedes mit mehreren Sinnespapillen
          (Abb. 21/49). Mandibeln einfach, nicht geteilt . . . .
          . . . . *Neotrichophorus* Jacobson
  2   (1) Distales Ende des 2. Antennengliedes nur mit einer großen Sinnes-
          papille, Mandibel geteilt . . . . *Sericus* Eschscholtz

Melanotinae

Gattungen: *Melanotus* Eschscholtz, *Spheniscosomus* Schwarz. Die Larven sind
bodenbewohnend.
Die Gattungen lassen sich larvalsystematisch nicht sicher trennen.

Ampedinae

Gattungen: *Ampedus* Germar, *Ischnodes* Germar, *Megapenthes* Kiesenwetter,
Procraerus Reitter.
Die Larven sind holzbewohnend, unter bestimmten Umständen werden manchmal
Larven der Gattung *Ampedus* im Boden gefunden.
Kennzeichen der Larven der Gattung *Ampedus*: Nasale einzähnig, 10. Abdominal-
segment nimmt nicht mehr als 2/3 der ventralen Fläche des 9. Abdominalsegmen-
tes ein, Abdominaltergite mit gut ausgeprägten striierten Muskelgruben.

Physorrhininae

Gattungen: *Porthmidius* Germar, *Anchastus* LeConte.
Holzbewohnend.

Agriotinae

Gattungen: *Agriotes* Eschscholtz, *Ectinus* Eschscholtz, *Dalopius* Eschscholtz,
Idolus Desbrochers, *Campylomorphus** Jacquelin du Val.
Die Larven sind bodenbewohnend.
  1   (2) 9. Abdominalsegment an der Basis mit gut entwickelten Stigmen
          („Augenflecke") (Abb. 21/51) . . . . . . *Agriotes* Eschscholtz
  2   (1) 9. Abdominalsegment an der Basis ohne „Augenflecke" (Abb. 21/52,
          21/54).

3　(4) Spitze des 9. Abdominalsegmentes mit chitinisierter Warze (Abb.
　　　21/52). Borsten dieses Segmentes in einfachen, nicht umwallten
　　　Poren (Abb. 21/52). Muskelinsertionsgruben der Abdominalsegmente
　　　ausgebildet . . . . *Ectinus* ESCHSCHOLTZ
4　(3) 9. Abdominalsegment an der Spitze mit einem Dorn. Borsten dieses
　　　Segmentes zumindest im Spitzendrittel in hügelartig umwallten Poren
　　　(Abb. 21/53, 54).
5　(6) Epicranialsklerit trägt in der Mitte ein Borstenpaar (Abb. 21/55).
　　　Mittleres Borstenpaar der mittleren Borstenreihe des 9. Abdominal-
　　　segmentes gut entwickelt (Abb. 21/53). Mittel- und Hinterbrusttter-
　　　git vorn und hinten mit einer queren Borstenreihe . . . .
　　　. . . . . *Dalopius* ESCHSCHOLTZ
6　(5) Epicranialsklerit in der Mitte nur mit einer Einzelborste. Mittleres
　　　Borstenpaar der mittleren Borstenreihe des 9. Abdominalsegmentes
　　　reduziert (Abb. 21/54). Mittel- und Hinterbrusttergit nur am Hinter-
　　　rand mit Borsten. . . . . *Idolus* DESBROCHERS

Adrastinae

Gattungen: *Synaptus* ESCHSCHOLTZ, *Silesis* CANDEZE, *Adrastus* ESCHSCHOLTZ.
Die Larven sind bodenbewohnend.
1　(2) Tergit des 9. Abdominalsegmentes vor der Spitze mit einer grob-
　　　querrunzligen Fläche (Abb. 21/56). Mandibeln neben dem Retinacu-
　　　lum mit einem zusätzlichen Zahn an der Unterseite. . . . .
　　　. . . . . *Synaptus* ESCHSCHOLTZ
2　(1) 9. Abdominalsegment ohne Fläche vor der Spitze, konisch (Abb. 21/
　　　57, 21/58). Mandibeln nur mit Retinaculum.
3　(4) Borsten des 9. Abdominalsegmentes höchstens im Spitzendrittel in
　　　hügelartig aufgeworfenen Poren sitzend (Abb. 21/57). Larven sehr
　　　klein. . . . . *Adrastus* ESCHSCHOLTZ
4　(3) Borsten des 9. Abdominalsegmentes auch im mittleren Drittel be-
　　　reits in tuberkelartig aufgeworfenen großen Poren sitzend (Abb.
　　　21/58) . . . . *Silesis* CANDEZE

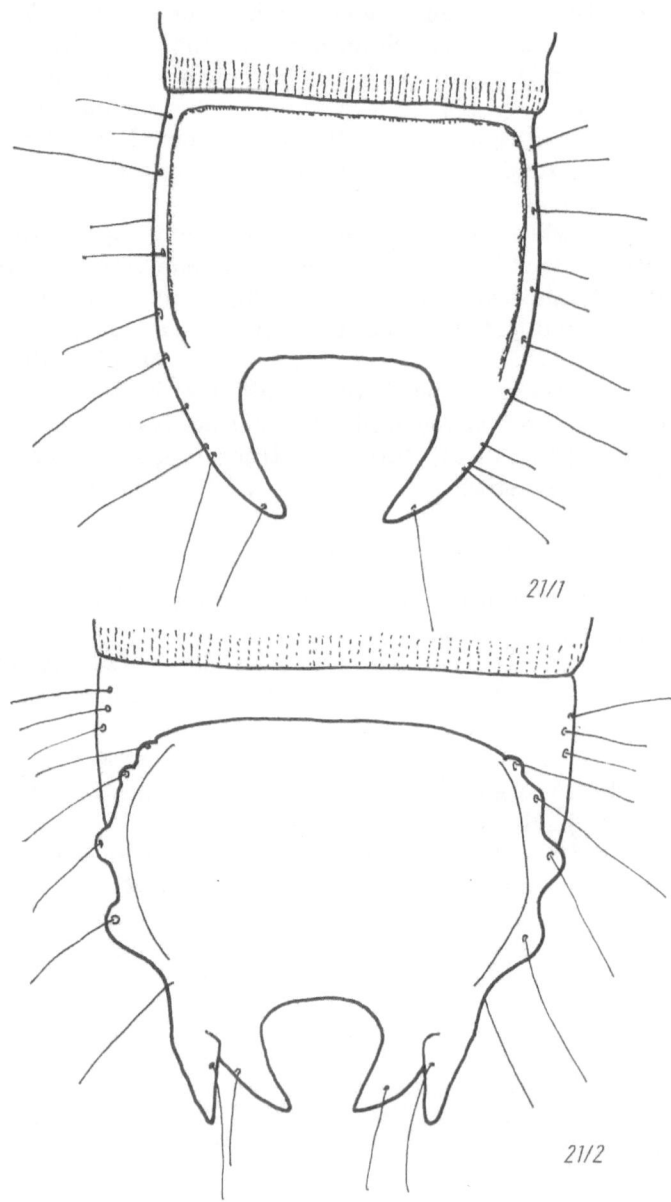

Abb. 21/1 *Negastriinae (Zorochrus* Thomson), 9. Abdominalsegment, dorsal (Orig.)
Abb. 21/2 *Ctenicerinae,* 9. Abdominalsegment, dorsal (Orig.)

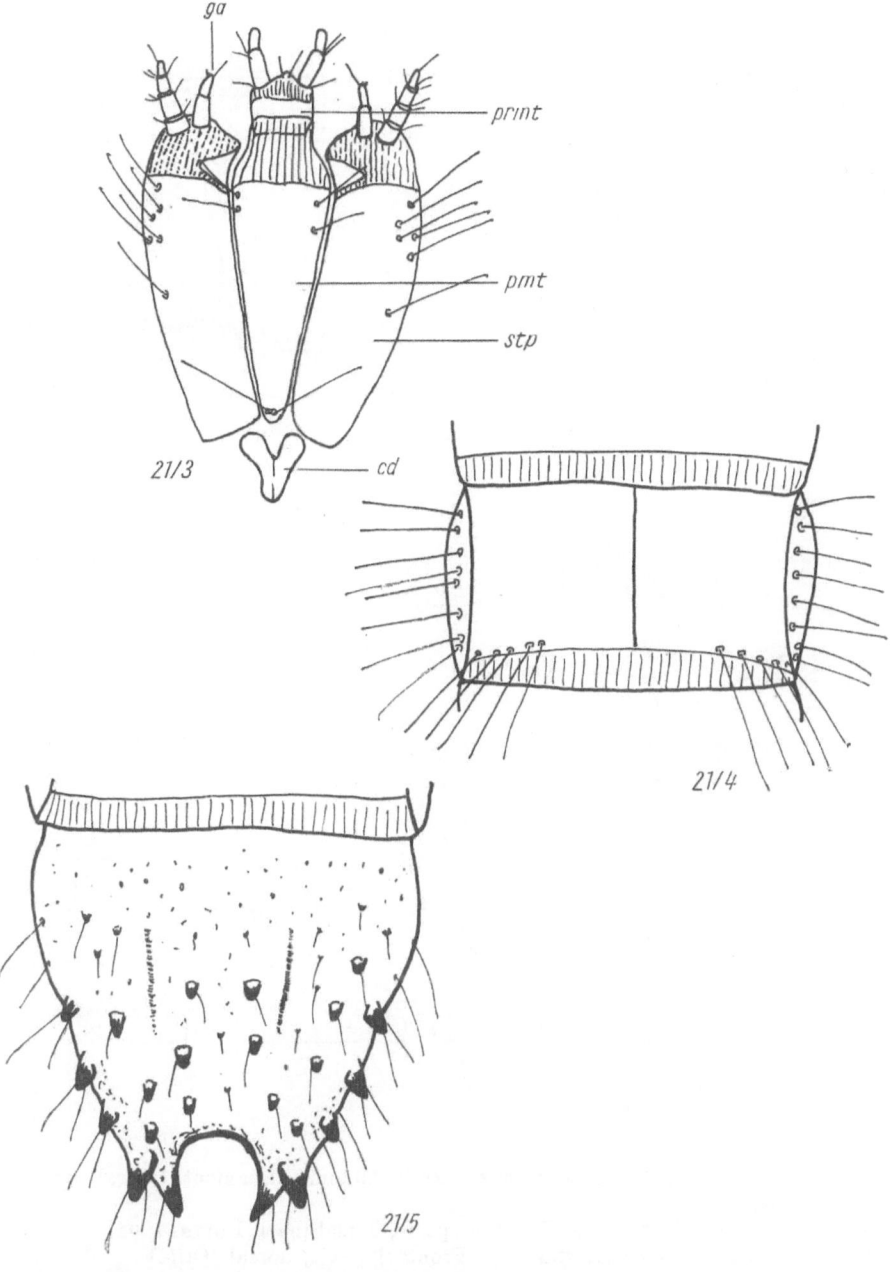

Abb. 21/3 *Agrypninae*, ventrale Mundteile (Orig.)
Abb. 21/4 *Agrypninae*, 4. Abdominalsegment, dorsal (Orig.)
Abb. 21/5 *Hemirhipinae* (*Alaus* ESCHSCHOLTZ), 9. Abdominalsegment, dorsal (nach DOLIN, 1964)

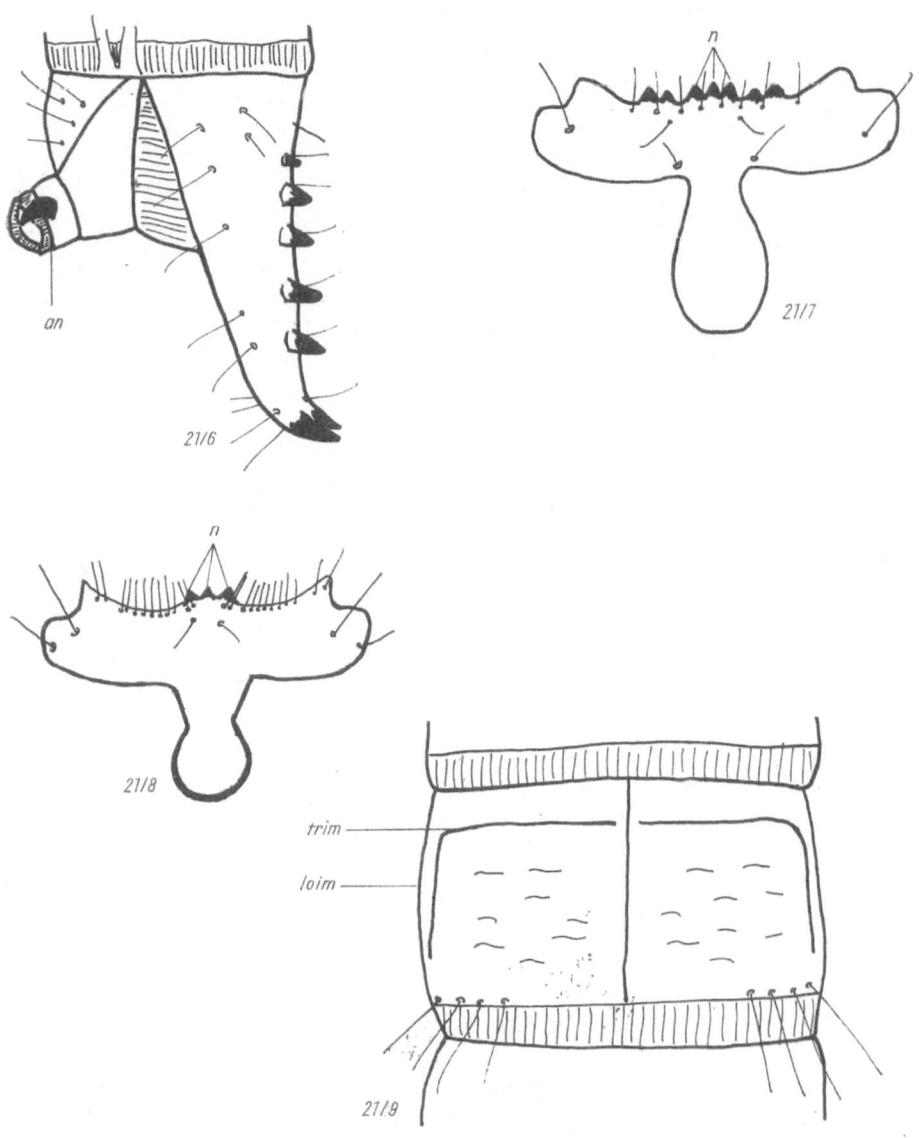

Abb. 21/6   *Conoderinae* (*Heteroderes* Latreille), 9. Abdominalsegment, lateral (nach Dolin, 1964)

Abb. 21/7   *Heteroderes* Latreille, Frontoclypeale, dorsal (nach Dolin, 1964)

Abb. 21/8   *Adelocera murina* (Linnaeus), Frontoclypeale, dorsal (Orig.)

Abb. 21/9   *Dima elateroides* Charpentier, 4. Abdominalsegment, dorsal (Orig.)

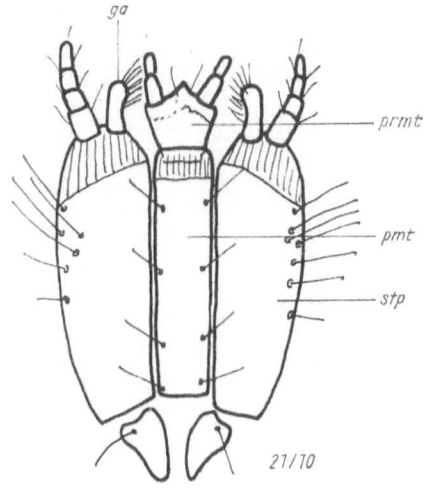

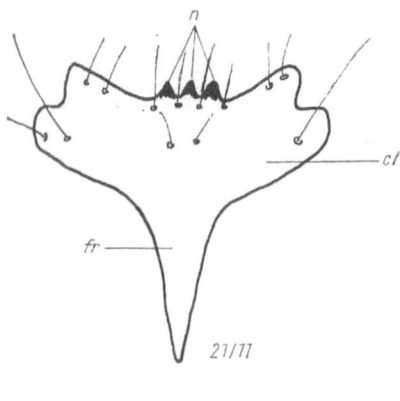

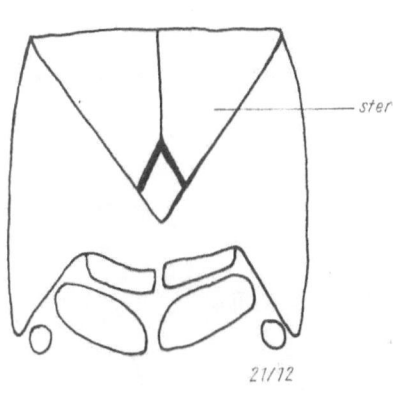

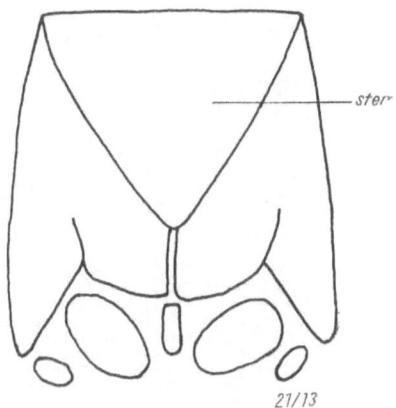

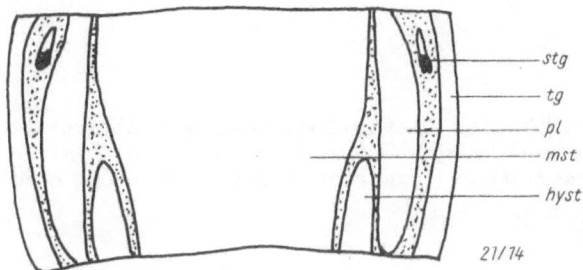

Abb. 21/10   *Negastriinae*, ventrale Mundteile (Orig.)
Abb. 21/11   *Fleutiauxellus* MEQUIGNON, Frontoclypeale, dorsal (Orig.)
Abb. 21/12   *Ctenicerinae*, Prothorax, ventral (Orig.)
Abb. 21/13   *Ctenicerinae* (*Selatosomus* STEPHENS), 2. Abdominalsegment, ventral (Orig.)
Abb. 21/14   *Athoinae*, Prothorax, ventral (Orig.)

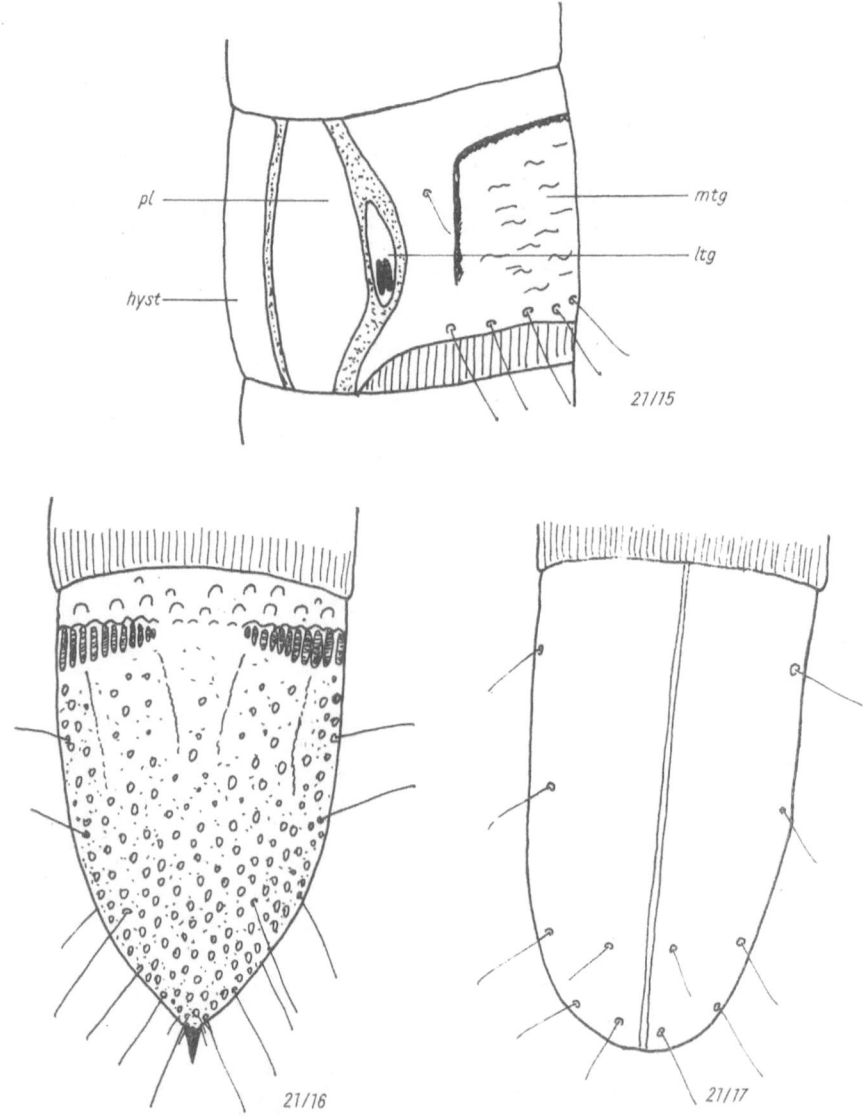

Abb. 21/15 *Denticollis rubens* Piller et Mitterpacher, 8. Abdominalsegment, lateral (Orig.)
Abb. 21/16 *Ampedus* Germar, 9. Abdominalsegment, dorsal (Orig.)
Abb. 21/17 *Sericus brunneus* (Linnaeus), 9. Abdominalsegment, dorsal (Orig.)

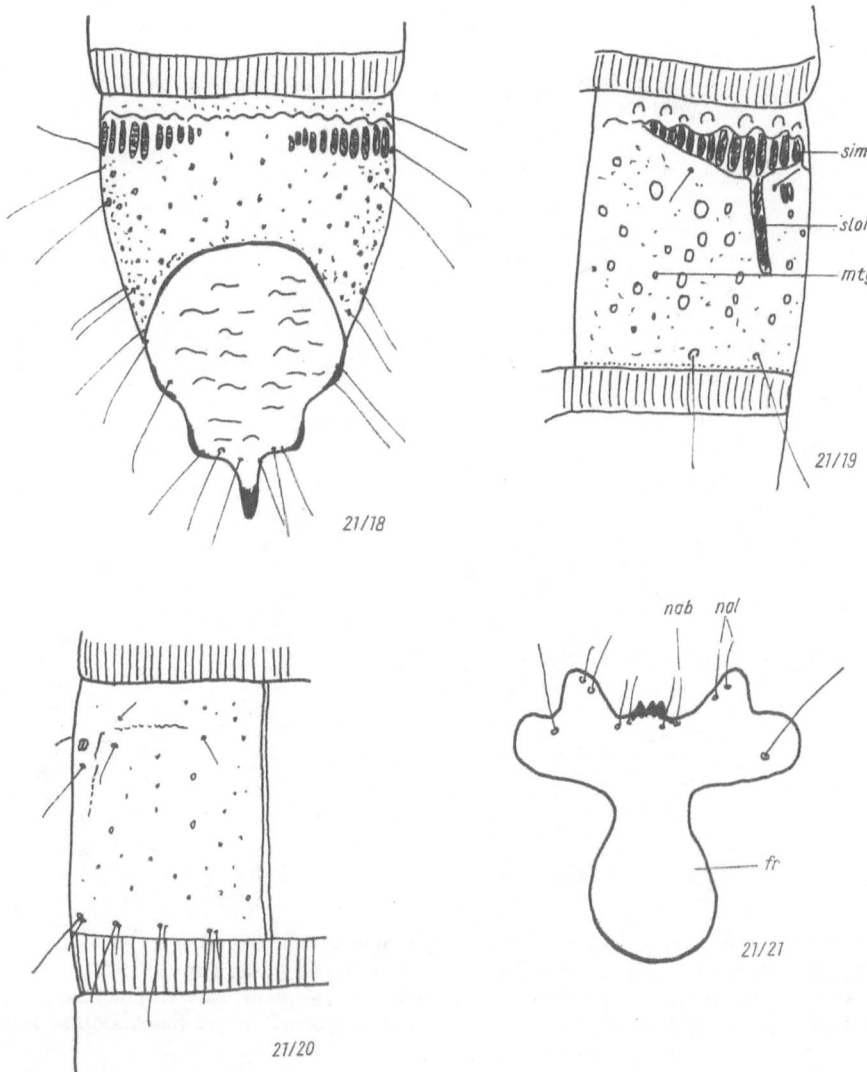

Abb. 21/18   *Melanotus rufipes* (HERBST), 9. Abdominalsegment, dorsal (Orig.)
Abb. 21/19   *Ampedus* GERMAR, 4. Abdominaltergit, dorsal (Orig.)
Abb. 21/20   *Agriotes* ESCHSCHOLTZ, 4. Abdominaltergit, dorsal (Orig.)
Abb. 21/21   *Agriotes obscurus* (LINNAEUS), Frontoclypeale, dorsal (Orig.)

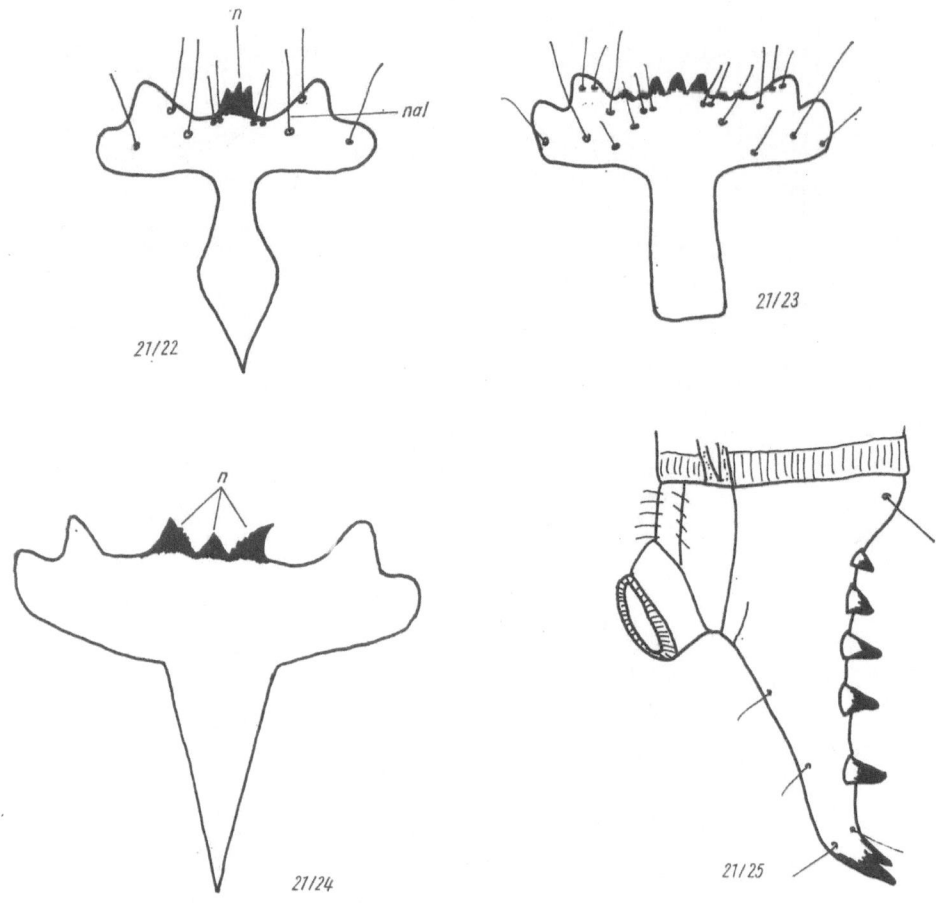

Abb. 21/22   *Adrastus rachifer* (Fourcroy), Frontoclypeale, dorsal (Orig.)
Abb. 21/23   *Aeoloderma* Fleutiaux, Frontoclypeale, dorsal (nach Ohira, 1962)
Abb. 21/24   *Drasterius bimaculatus* (Rossi), 9. Abdominalsegment, lateral (nach Dolin, 1964)
Abb. 21/25   *Negastrius pulchellus* (Linnaeus), Frontoclypeale, dorsal (nach Dolin, 1964)

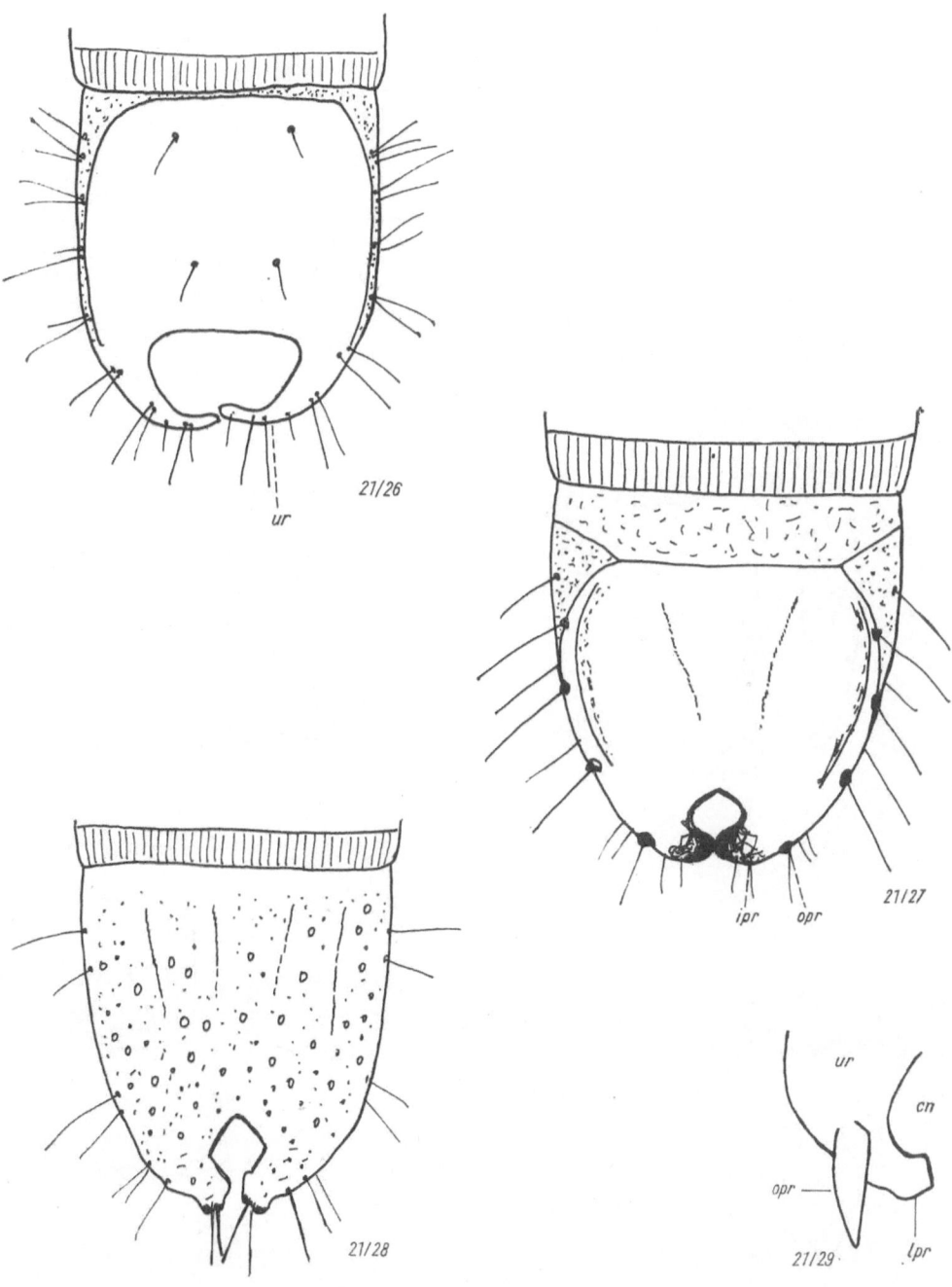

Abb. 21/26 *Fleutiauxellus quadripustulatus* (FABRICIUS), 9. Abdominalsegment, dorsal (nach ČEREPANOV, 1965)

Abb. 21/27 *Orithalea serraticornis* (PAYKULL), 9. Abdominalsegment, dorsal (nach DOLIN und NADVORNYI, 1967)

Abb. 21/28 *Paranomus guttatus* (GERMAR), 9. Abdominalsegment, dorsal (Orig.)

Abb. 21/29 *Ctenicera virens* (SCHRANK), Urogomphus (Orig.)

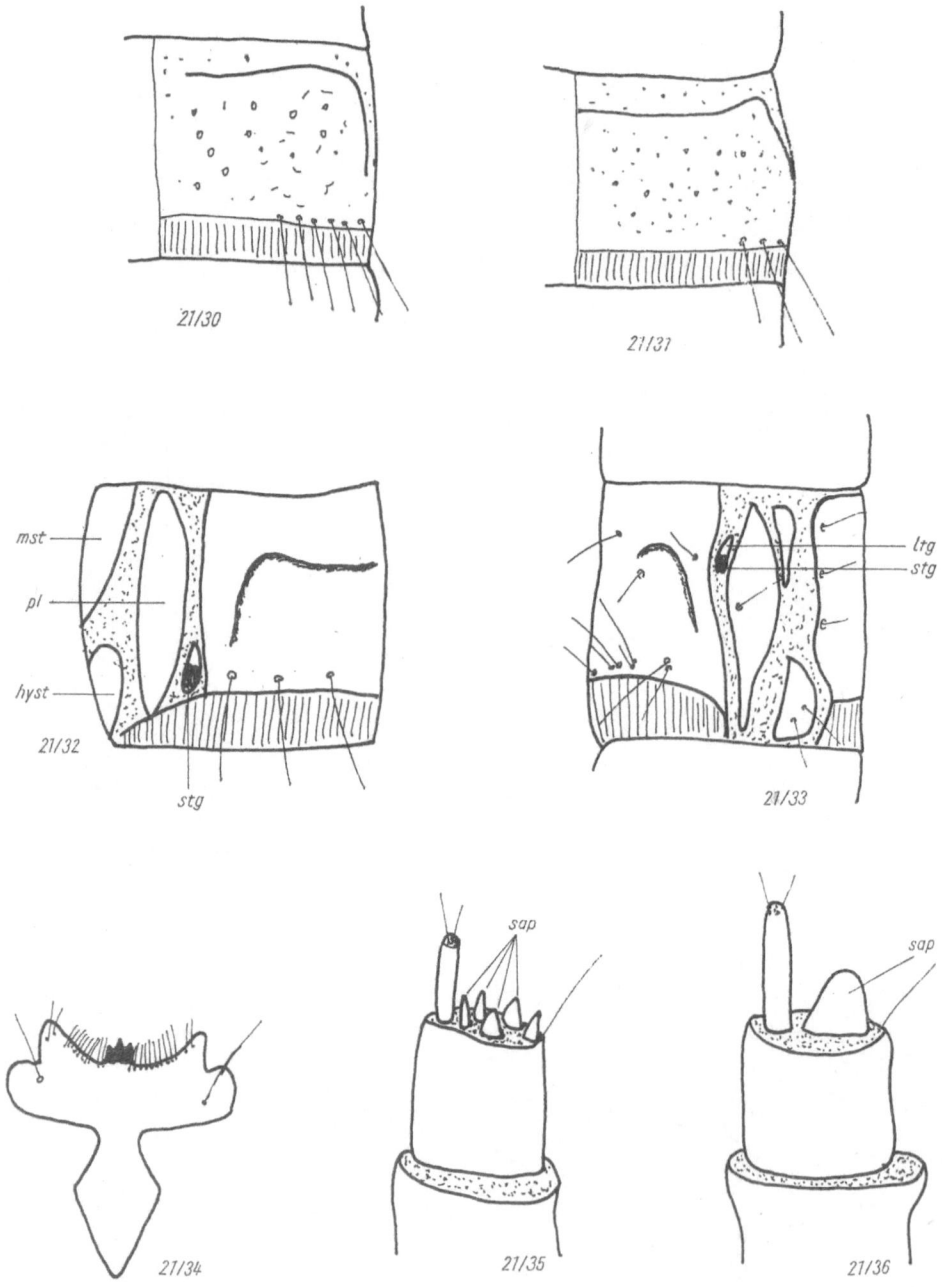

Abb. 21/30   *Ctenicera pectinicornis* (Linnaeus), 4. Abdominaltergit, dorsal (Orig.)
Abb. 21/31   *Liotrichus affinis* (Paykull), 4. Abdominaltergit, dorsal (Orig.)
Abb. 21/32   *Actenicerus sjaelandicus* (Müller), 8. Abdominalsegment, lateral (Orig.)
Abb. 21/33   *Selatosomus aeneus* (Linnaeus), 8. Abdominalsegment, lateral (Orig.)
Abb. 21/34   *Prosternon tesselatum* (Linnaeus), Frontoclypeale, dorsal (Orig.)
Abb. 21/35   *Prosternon tesselatum* (Linnaeus), Antenne (Orig.)
Abb. 21/36   *Anostirus purpureus* (Poda), Antenne (Orig.)

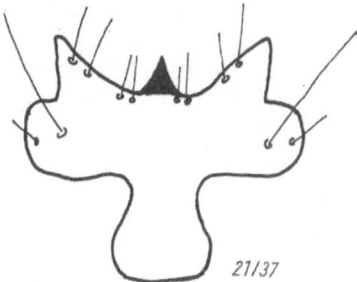

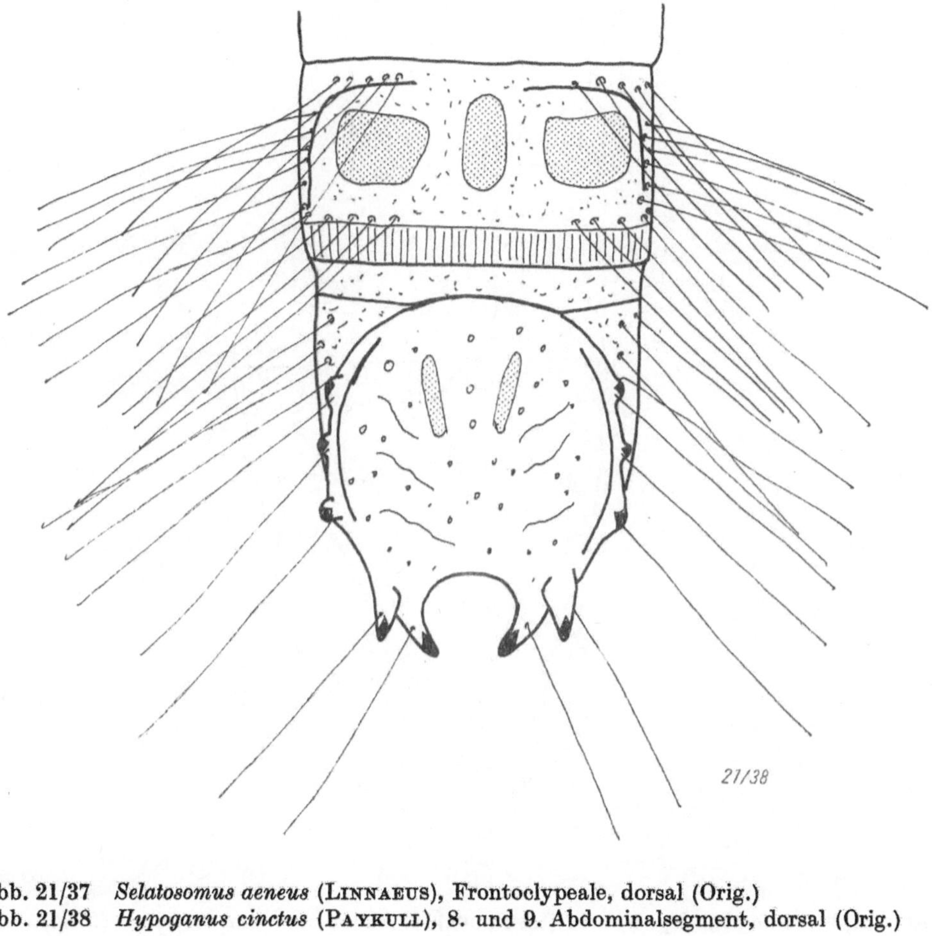

Abb. 21/37   *Selatosomus aeneus* (LINNAEUS), Frontoclypeale, dorsal (Orig.)
Abb. 21/38   *Hypoganus cinctus* (PAYKULL), 8. und 9. Abdominalsegment, dorsal (Orig.)

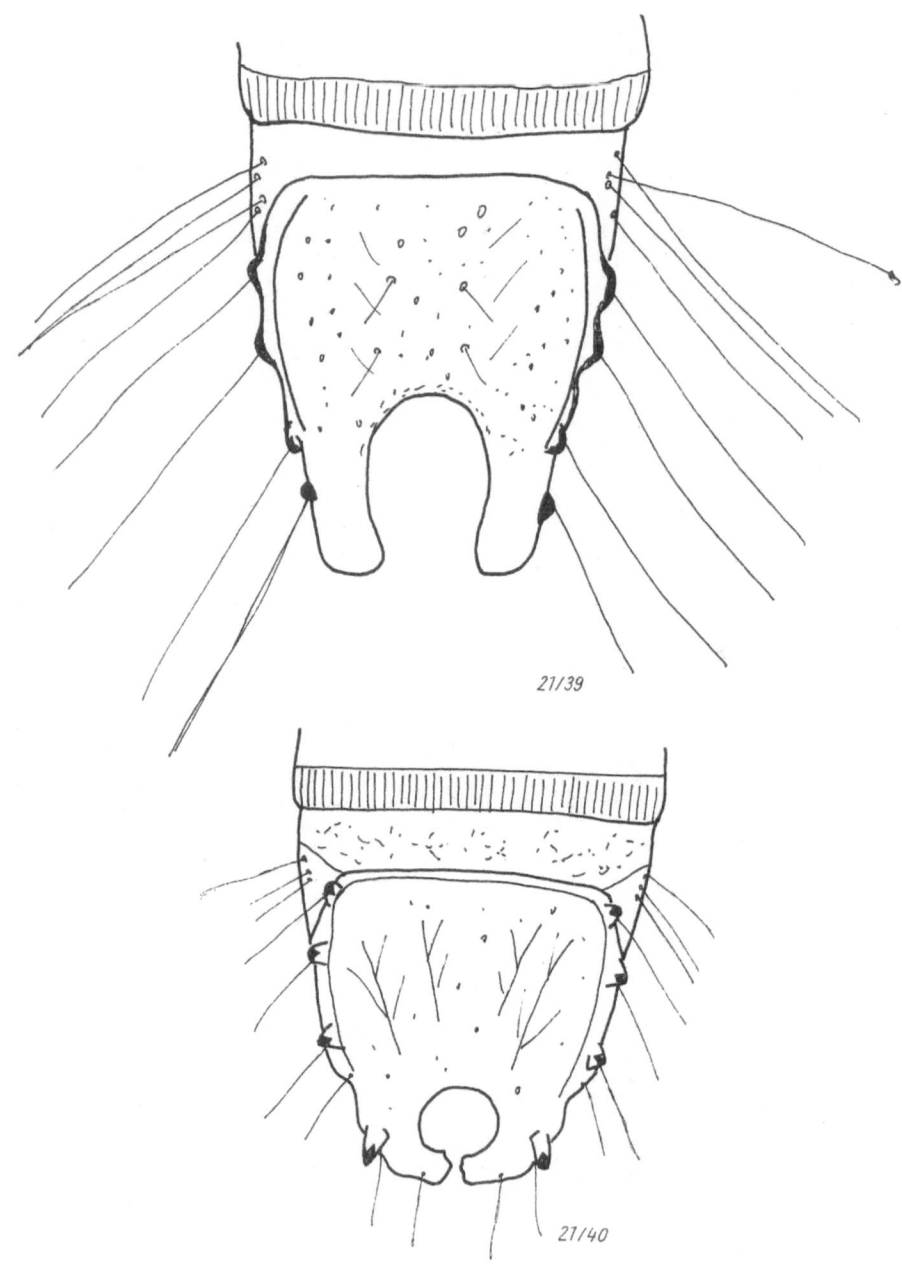

Abb. 21/39   *Calambus bipustulatus* (LINNAEUS), 9. Abdominalsegment, dorsal (Orig.)
Abb. 21/40   *Selatosomus aeneus* (LINNAEUS), 8. und 9. Abdominalsegment, dorsal (Orig.)

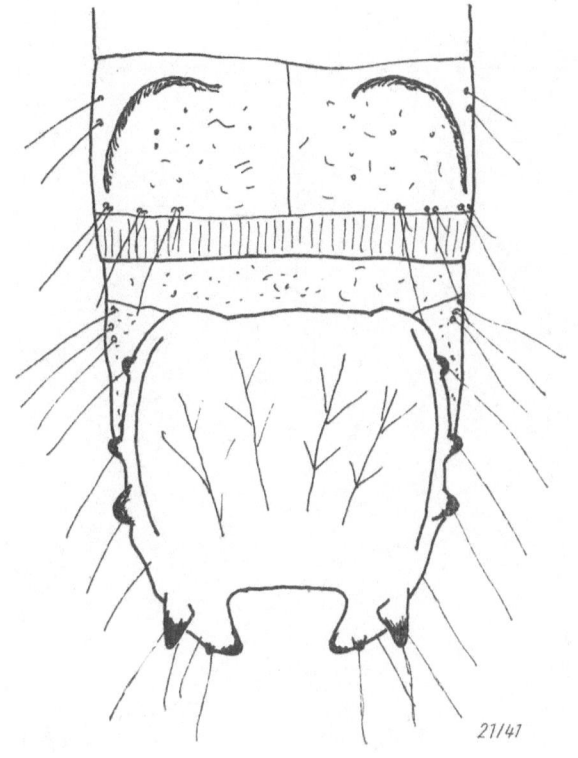

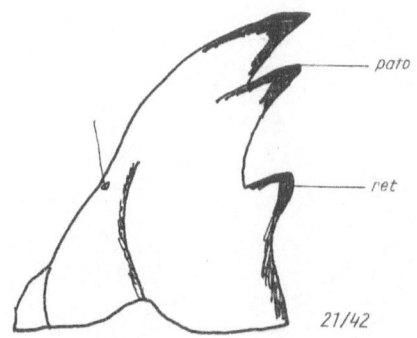

Abb. 21/41 *Haplotarsus angustulus* (KIESENWETTER), 9. Abdominalsegment dorsal (nach
           BURAKOWSKI, 1971)
Abb. 21/42 *Haplotarsus angustulus* (KIESENWETTER), Mandibel, dorsal (Orig.)

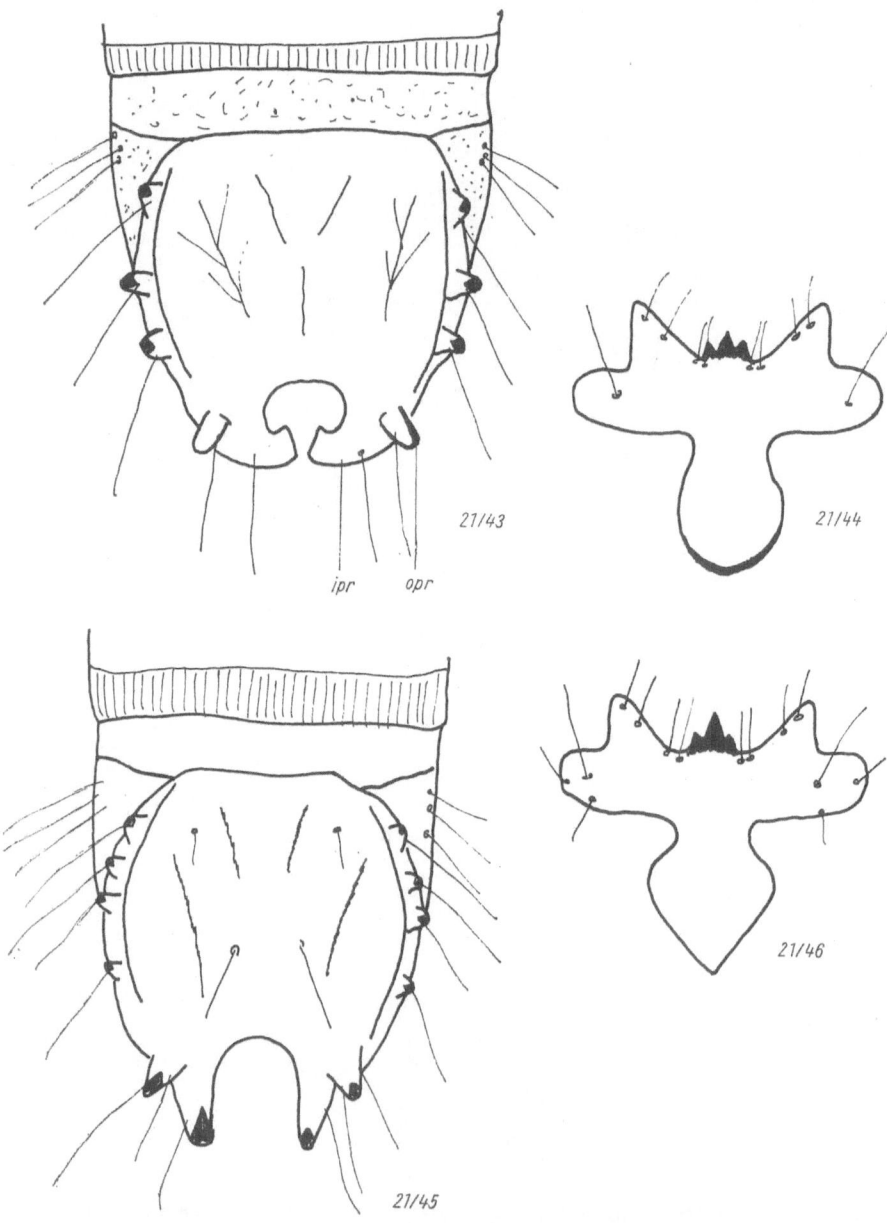

Abb. 21/43 *Leptoschema* REITTER, 9. Abdominalsegment, dorsal (nach DOLIN, 1964)
Abb. 21/44 *Hypnoidus riparius* (FABRICIUS), 9. Abdominalsegment (Orig.)
Abb. 21/45 *Hypnoidus riparius* (FABRICIUS), Frontoclypeale, dorsal (Orig.)
Abb. 21/46 *Berninelsonius hyperboreus* (GYLLENHAL), Frontoclypeale, dorsal (nach DOLIN, 1964)

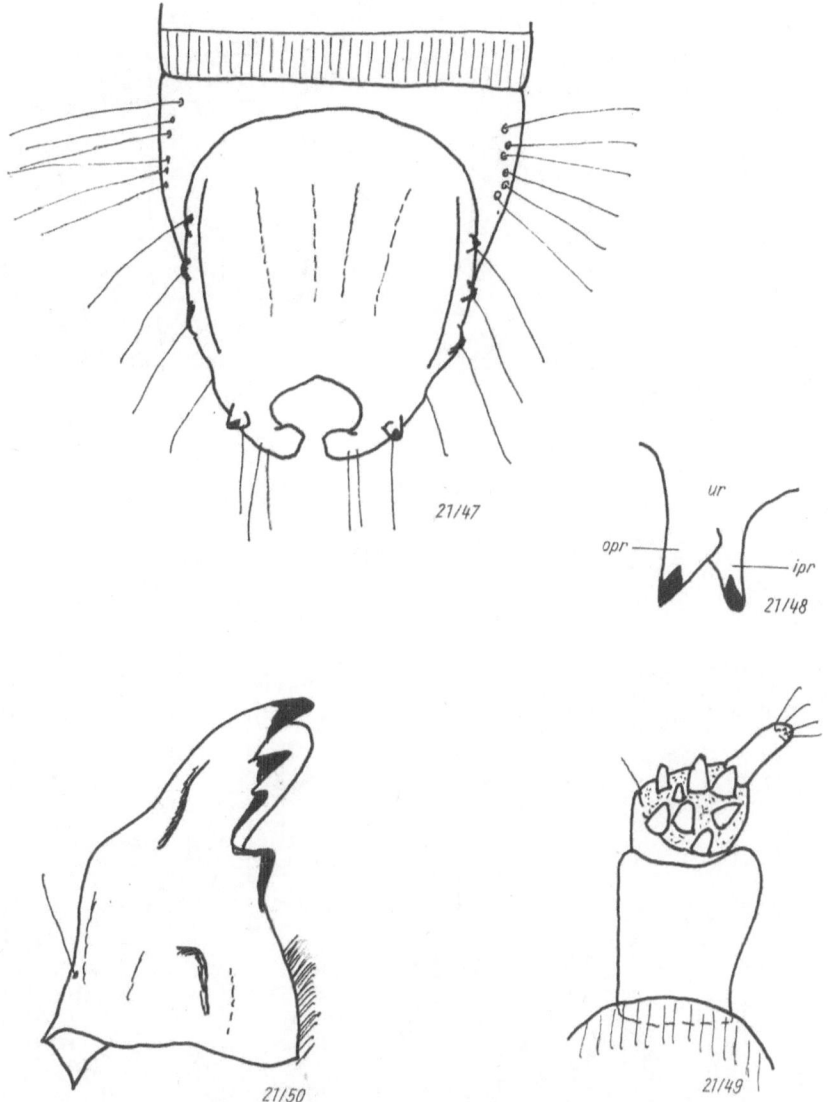

Abb. 21/47 *Limonius aeruginosus* (OLIVIER), 9. Abdominalsegment, dorsal (Orig.)
Abb. 21/48 *Pheletes aeneoniger* (DEGEER), Mandibel, dorsal (Orig.)
Abb. 21/49 *Athous niger* (LINNAEUS), Urogomphus (Orig.)
Abb. 21/50 *Neotrichophorus* JACOBSON, Antenne (nach OHIRA, 1962)

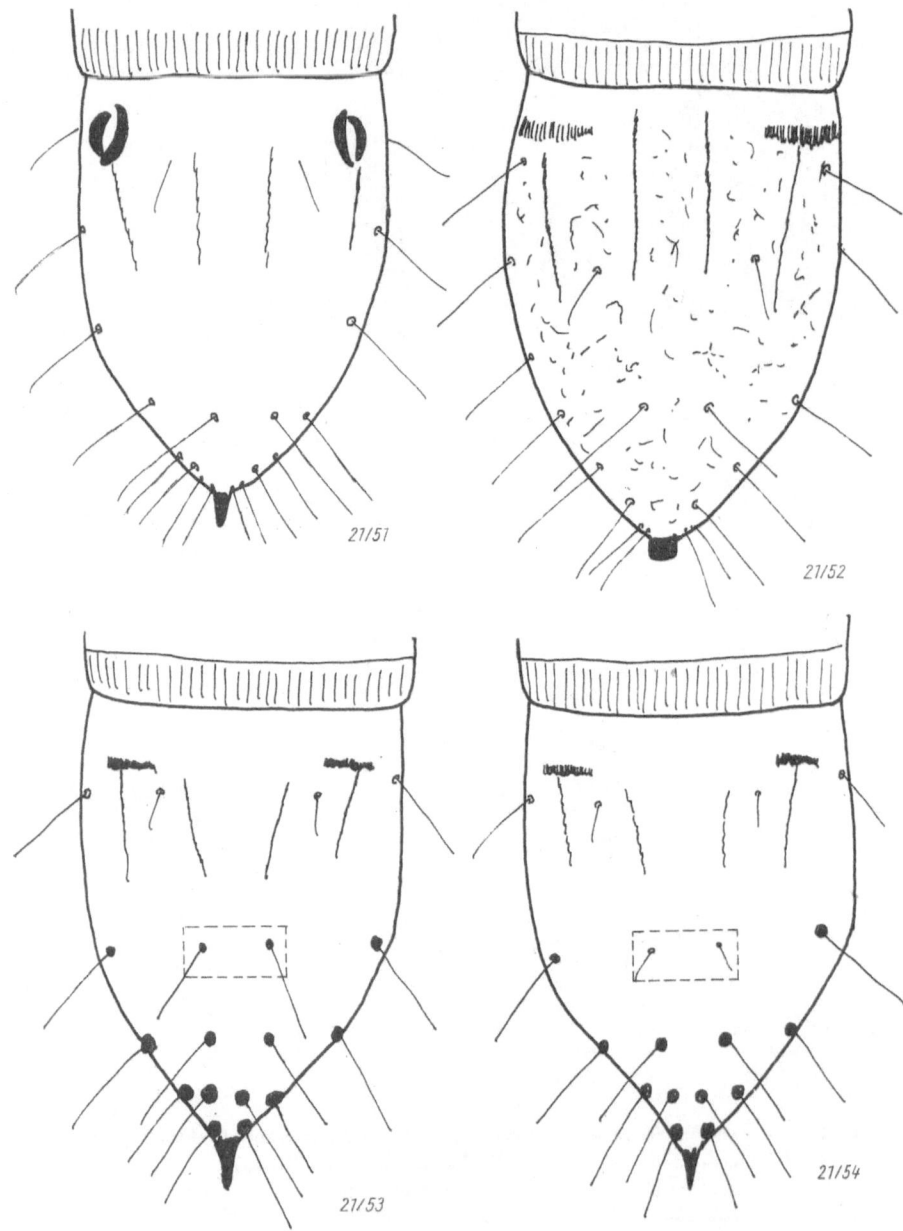

Abb. 21/51 *Agriotes lineatus* (LINNAEUS), 9. Abdominalsegment, dorsal (Orig.)
Abb. 21/52 *Ectinus aterrimus* (LINNAEUS), 9. Abdominalsegment, dorsal (Orig.)
Abb. 21/53 *Dalopius marginatus* (LINNAEUS), 9. Abdominalsegment, dorsal (Orig.)
Abb. 21/54 *Idolus picipennis* (BACH), 9. Abdominalsegment, dorsal (nach DOLIN, 1967)

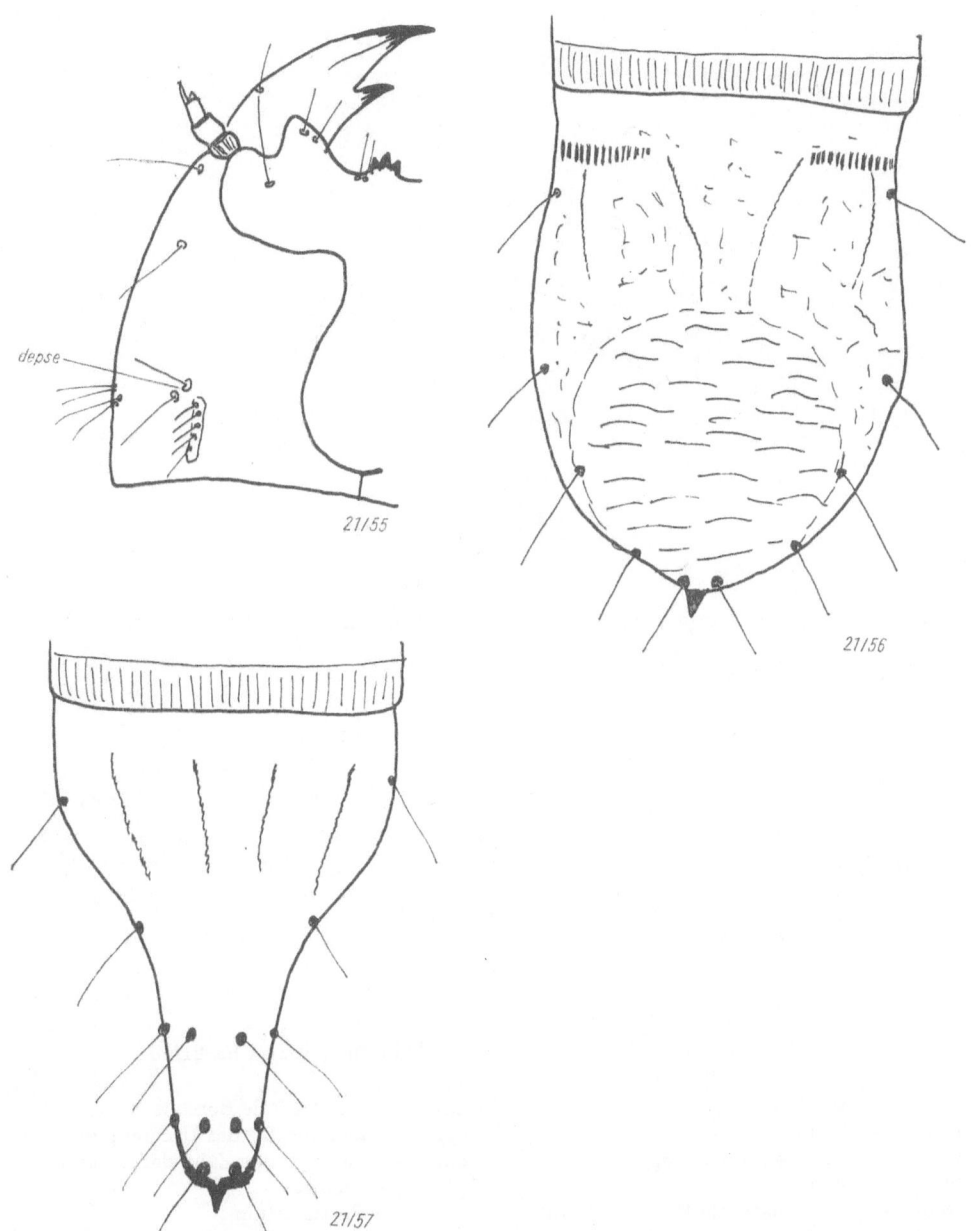

Abb. 21/55 *Dalopius marginatus* (LINNAEUS), Epicranialsklerit, dorsal (Orig.)
Abb. 21/56 *Synaptus filiformis* (FABRICIUS), 9. Abdominalsegment, dorsal (Orig.)
Abb. 21/57 *Adrastus pallens* (FABRICIUS), 9. Abdominalsegment dorsal (Orig.)

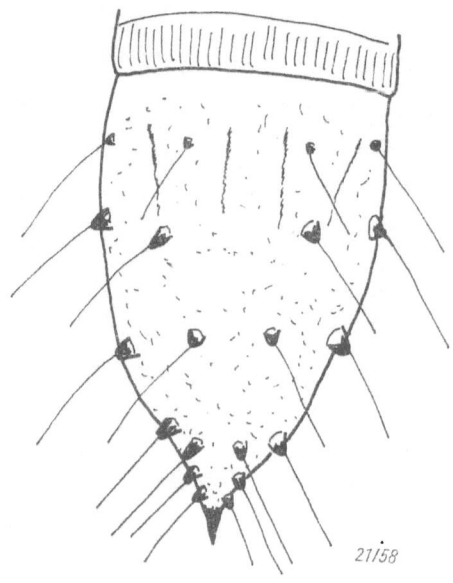

Abb. 21/58   *Silesis* CANDEZE, 9. Abdominalsegment, dorsal (nach OHIRA, 1962)

Erklärung der Abkürzungen zu den Abbildungen 21/1 bis 21/58

an	— Analhaken	nal	— nasolaterale Borsten
cd	— Cardo	opr	— äußerer Ast des Urogomphus
cn	— kaudale Aussparung	pato	— praeapikaler Zahn der Mandibel
cl	— Clypeus	pl	— Pleurit
depse	— dorsale laterale Epicranialseta	pmt	— Postmentum
fr	— Frons	prmt	— Praementum
ga	— Galea	ret	— Retinaculum
hyst	— Hyposternit	sap	— Sinnespapille der Antenne
ipr	— innerer Ast des Urogomphs	sim	— striierte Muskelimpression der Tergite
loim	— longitudinale Impression der Tergite	sloim	— sublaterale longitudinale Impression
ltg	— Laterotergit	ster	— Sternellum (Praesternit)
mst	— Mesosternit	stg	— Stigmum
mtg	— Mesotergit	stp	— Stipes
n	— Nasale	trim	— transversale Impression der Tergite
nab	— nasobasale Borsten	tg	— Tergit
		ur	— Urogomphus

5.22. Eucnemidae

Beine völlig fehlend oder weitgehend reduziert. Mundwerkzeuge außerordentlich zurückgebildet. Mandibeln nach außen gebogen oder unbeweglich, klein, exodont, auf der Innenseite nicht gezähnt. Maxillen ohne deutliche Laden, Stipites kaum breiter als die Maxillarpalpen. Maxillen und Labium zu einheitlicher Chitinplatte verschmolzen. Kopfseiten oft mit zahnartigen Auswüchsen. Augen und Antennen reduziert oder fehlend. Urogomphi gewöhnlich fehlend.

Abdominalsegmente oft mit filziger Platte (Samtplatte) als Lokomotionsorgan, dahinter meist ein querovales Hornplättchen.

Die Entwicklung der Larven erfolgt in faulem Oberflächenholz alter Bäume. Sie gehen meist nur wenig tief und befallen kein gesundes Holz.

Bestimmungstabelle für die Gattungen

1 (12) Larve buprestidenähnlich (Abb. 22/1). Prothorax meist viel breiter als Meso- und Metathorax. Körper wenig chitinisiert, größtenteils weiß und weichhäutig, zylindrisch, Hinterleibsende ohne Chitinisierung. Vorderteil des Kopfes meist nicht auffallend verbreitert, abgeplattet oder an den Seiten gezähnt. Mandibeln verhältnismäßig groß, gut beweglich, mit 2 Zähnchen an ihrer Außenseite (Abb. 0/40). 9. Abdominalsegment etwa so lang wie breit oder länger als breit, immer bis über die Spitze des 8. hinaus erweitert.

2 (5) Prothorax nicht breiter als Meso- und Metathorax, dorsal oft ohne Sklerite (junge Larven von *Eucnemis capucina* haben auf dem Prothorax ein bandförmiges Sklerit).

3 (4) Erwachsene Larve mit 6 Zähnchen an jeder Vorderrandseite des Kopfes (Abb. 22/3) 1. bis 8. Abdominalsegment oben und unten ohne deutliche Samt- und Hornplatten. Thoraxsegmente ohne Hornplatten (bei jungen Larven sind sie vorhanden, aber mit dreieckigen Samtplatten (Abb. 22/17)). In faulem Laubholz, im Mulm hohler Bäume . . . *Eucnemis* AHRENS (verpuppungsreife Larven) (H 39)

4 (3) Erwachsene Larve mit 4 Zähnchen an jeder Vorderrandseite des Kopfes (Abb. 22/18). 1. bis 8. Abdominalsegment mit je einer runden, matten Samtplatte in der vorderen Hälfte, die die sehr kleine querelliptische Hornplatte vollkommen einschließt (Abb. 22/19). Eine 2. kleine Samtplatte befindet sich jeweils an den Seiten hinter den Stigmen (Abb. 22/19). Meso- und Metathorax mit ähnlicher Dorsalstruktur wie die Abdominalsegmente. Prothorax mit 3 Dorsal- und Ventralskleriten (Abb. 22/20). Larve auffallend gelb und flach. In dürrem Laubholz . . . . *Dromaeolus* KIESENWETTER

5 (2) Prothorax viel breiter als Meso- und Metathorax, mindestens auf der Dorsalseite mit auffälligen Skleriten.

6 (9) Prothorax jederseits mit einer runden oder ovalen Chitinplatte (Abb. 22/4).

7 (8) Sklerisierung auf dem Prothorax breit oval (Abb. 22/4). In faulendem Espenholz . . . . *Xylophilus* MANNERHEIM

8   (7) Sklerisierung auf dem Prothorax lang oval (Abb. 22/8). In morschem
          Laubholz . . . . *Hylochares* LATREILLE
9   (6) Prothorax mit strich- oder bandförmigen Sklerisierungen.
9A (9B)   Vorderteil des Kopfes vor den Antennen linien- oder kragenförmig
          abgegrenzt (Abb. 22/9), Hinterteil dorsoventral mit breiter skleroti-
          sierter Platte, in der Mitte erhaben. Prothorax weniger verbreitert.
          9. Abdominalsegment in der Mitte verbreitert und dorsal mit einer
          Hornplatte (Abb. 22/21). In Laubholz . . . *Nematodes* LATREILLE
9B (9A)   Am Kopf ist kein Vorder- und Hinterteil markiert. Frons durch deut-
          liche Frontalnaht abgetrennt. Prothorax sehr stark verbreitert. 9.
          Abdominalsegment dorsal ohne Hornplatte.
10 (11) Clypeus vorn hinter dem Nasale mit 1—3 ± geraden, vollständigen
          Querleisten (Abb. 22/23). (7.)—8. Abdominalsegment dorsal und
          6.—8. Abdominalsegment ventral mit Hornplatten. Abdominalseg-
          mente mit dichten Querfalten, 9. Abdominalsegment schmaler als
          das 8. (Abb. 22/1). Prothoraxsklerite T-förmig (Abb. 22/5). Abdo-
          minalsegmente durch undeutliche Zwischensegmente voneinander
          getrennt. In morschem Laubholz, unter Rinde . . . .
          . . . .*Melasis* OLIVIER
11 (10) Clypeus hinter dem Nasale ± eingeschweift (Abb. 22/24). 1.—8. Ab-
          dominalsegment vollständig mit oder ohne Hornplatten. Abdomi-
          nalsegmente ±| glatt, 9. Abdominalsegment nicht deutlich schmaler
          als das 8. Auf dem Prothorax jederseits eine sklerisierte gebogene
          Linie und außerhalb dieser ein kleiner Fleck (Abb. 22/6), meist aber
          mit T-förmigen Skleriten (Abb. 22/22). 1. bis 8. Abdominalsegment
          durch deutliche Zwischensegmente voneinander getrennt (Abb.
          22/7). In morschem Laubholz, unter Rinde . . . .
          . . . . *Isorhipis* LACORDAIRE
12   (1) Larve elateridenähnlich (Abb. 22/2), Körper stärker chitinisiert,
          weniger dünn- und weichhäutig, überwiegend gelb oder gelbweiß, ±
          abgeplattet, Hinterleibsende ± stark chitinisiert. Vorderteil des
          Kopfes auffallend verbreitert, abgeplattet und an den Seiten ge-
          zähnt. Mandibeln klein, weniger beweglich oder mit Reduktions-
          erscheinungen. Prothorax nicht stärker als Meso- und Metathorax
          entwickelt.
13 (14) 9. Abdominalsegment fast kreisrund, deutlich verbreitert, an der
          Spitze mit 2 kleinen Urogomphi (Abb. 22/10). Segmente ohne oder
          mit Hornplatten. In morschem Holz unterschiedlichster Art . . .
          . . . . *Hypocoelus* LACORDAIRE
14 (13) 9. Abdominalsegment an der Spitze ohne Urogomphi. Segmente
          immer mit Hornplatten (Abb. 22/16).
15 (16) 9. Abdominalsegment hinten ziemlich rund. Hinterpartie des 9. Ab-
          dominalsegmentes nur schwach chitinisiert, an der Spitze nur fein
          punktiert (Abb. 22/12).
15A(15B) Hornplatten unmittelbar hinter den Samtplatten gelegen, ± voll-
          ständig zweigeteilt (Abb. 22/16). 9. Abdominalsegment an der Spitze
          gleichmäßig gerundet. Bis 12 mm lang. In morschem Holz . . . .
          . . . . *Xylobius* LATREILLE

15B(15A) Hornplatten ungeteilt, von den Samtplatten weit entfernt (Abb. 22/
14). 9. Abdominalsegment kurz, an der Spitze etwas eingeschweift
(Abb. 22/15). Bis 23 mm lang. In Laubholz . . . .
. . . . *Otho* KIESENWETTER

16 (15) 9. Abdominalsegment hinten abgestutzt. Hinterpartie des 9. Abdominalsegmentes kräftig chitinisiert, grob und bisweilen runzelig
punktiert (Abb. 22/11, 22/13).

17 (18) 9. Abdominalsegment auf der Dorsalseite und auf der Ventralseite
am Vorderrand mit einer großen, querovalen, durch Chagrinierung
und kurze Behaarung matten Samtplatte (Abb. 22/11). In totem
Laubholz . . . . *Eucnemis* AHRENS (junge Larven)

18 (17) 9. Abdominalsegment auf der Ventralseite ohne matte Samtplatte
(Abb. 22/13). In faulendem Laubholz . . . *Dirrhagus* LATREILLE

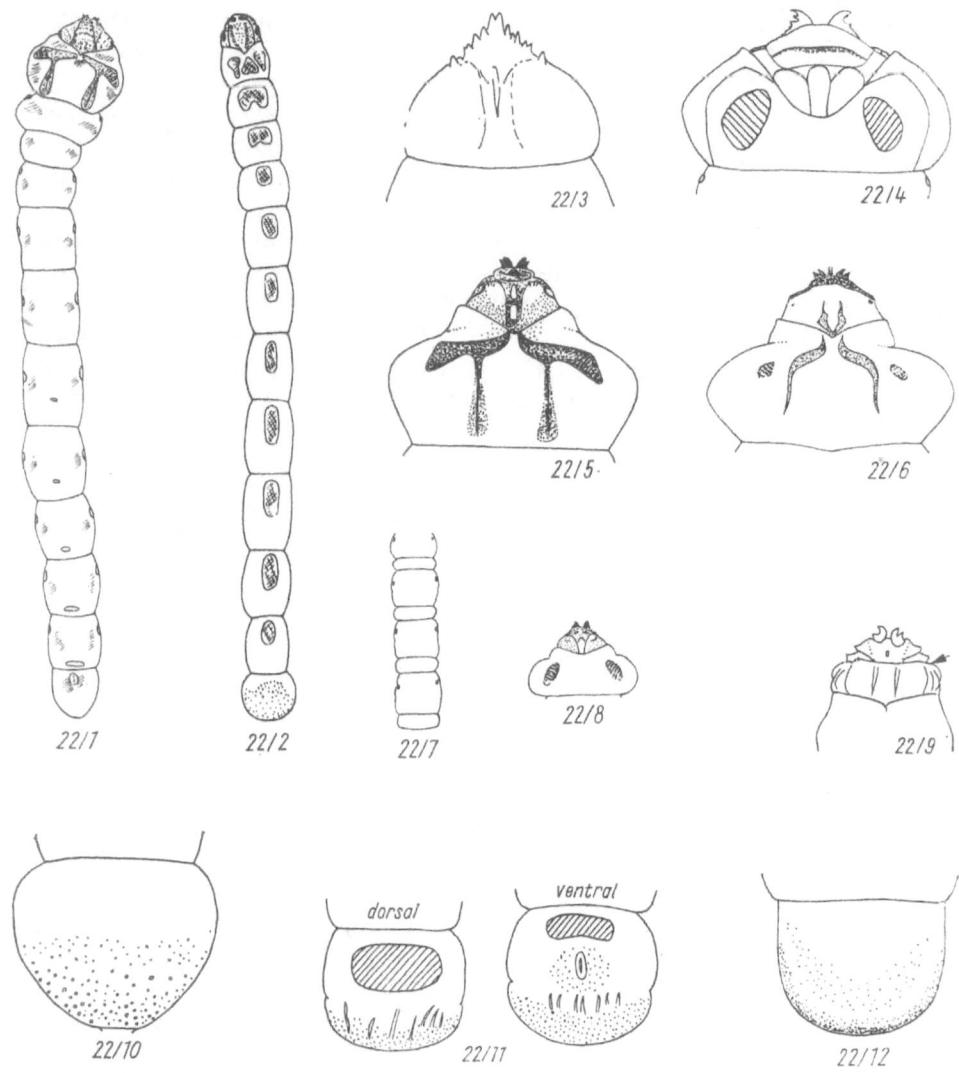

Abb. 22/1 *Melasis buprestoides* Linnaeus, Körperumriß (nach Palm, 1960)
Abb. 22/2 *Hypocoelus fleischeri* Olexa, Körperumriß (nach Palm, 1960)
Abb. 22/3 *Eucnemis capucina* Ahrens, präpupale Larve, Kopf, ventral (nach Lundberg, 1962)
Abb. 22/4 *Xylophilus cruentatus* Gyllenhal, Prothorax (nach Kangas, 1944)
Abb. 22/5 *Melasis buprestoides* Linnaeus, Prothorax (nach Palm, 1960)
Abb. 22/6 *Isorhipis obliqua* Say, Prothorax (nach Peterson, 1951)
Abb. 22/7 *Isorhipis obliqua* Say, 1. bis 3. Abdominalsegment (nach Peterson, 1951)
Abb. 22/8 *Hylochares nigricornis* Say, Prothorax (nach Peterson, 1951)
Abb. 22/9 *Nematodes filum* Fabricius, Kopf, dorsal (nach Leiler, 1976)
Abb. 22/10 *Hypocoelus fleischeri* Olexa, 9. Abdominalsegment (nach Palm, 1960)
Abb. 22/11 *Eucnemis capucina* Ahrens, 9. Abdominalsegment, dorsal und ventral (nach Leiler, 1976)
Abb. 22/12 *Xylobius corticalis* Paykull, 9. Abdominalsegment (nach Palm, 1960)

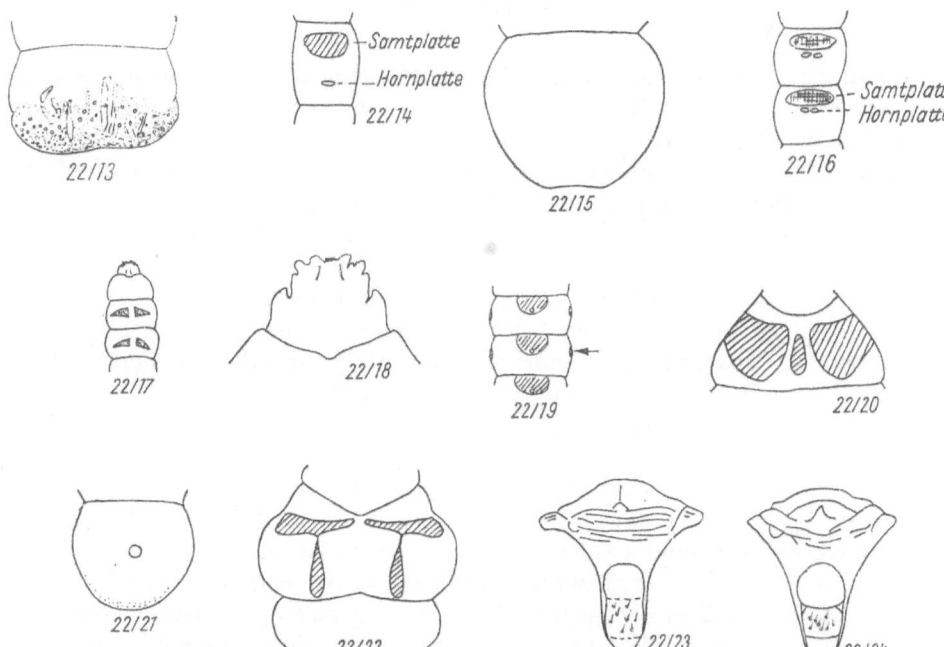

Abb. 22/13   *Dirrhagus pygmaeus* FABRICIUS, 9. Abdominalsegment (nach PALM, 1960)
Abb. 22/14   *Otho spondyloides* GERMAR, 7. Abdominalsegment, dorsal (nach LEILER, 1976)
Abb. 22/15   *Otho spondyloides* GERMAR, 9. Abdominalsegment, dorsal (nach LEILER, 1976)
Abb. 22/16   *Xylobius corticalis* PAYKULL, 4. bis 5. Abdominalsegment (nach PALM, 1960)
Abb. 22/17   *Eucnemis capucina* AHRENS, Kopf, Thorax, dorsal (nach PALM, 1960)
Abb. 22/18   *Dromaeolus barnabita* VILLA, Kopf, dorsal (nach LEILER, 1976)
Abb. 22/19   *Dromaeolus barnabita* VILLA, 5. bis 6. Abdominalsegment, dorsal (nach LEILER, 1976)
Abb. 22/20   *Dromaeolus barnabita* VILLA, Prothorax, dorsal (nach MAMAEV, 1976)
Abb. 22/21   *Nematodes filum* FABRICIUS, 9. Abdominalsegment, dorsal (nach LEILER, 1976)
Abb. 22/22   *Isorhipis melasoides* CASTELNAU, Prothorax, dorsal (nach MAMAEV, 1976)
Abb. 22/23   *Melasis buprestoides* LINNAEUS, Clypeus, Frons (nach LEILER, 1976)
Abb. 22/24   *Isorhipis melasoides* CASTELNAU, Clypeus, Frons (nach LEILER, 1976)

5.23. Throscidae

Die in dieser Familie zusammengefaßten Gattungen unterscheiden sich im Larvenstadium sehr tiefgreifend voneinander, es ist vorläufig nicht möglich, geeignete Familienkennzeichen herauszuarbeiten.

CROWSON trägt den tiefgreifenden Unterschieden Rechnung, indem er die *Throscidae* (= *Trixagidae*) in drei Unterfamilien untergliedert:

Trixaginae (= *Throscinae*) : *Throscus* LATREILLE (= *Trixagus*
KUGELANN)
Lissominae : *Drapetes* REDTENBACHER
Balginae : bisher Unterfamilie der *Eucnemidae*

Die Larven der *Throscidae* leben entweder im Boden und unter faulender Pflanzensubstanz oder in morschem Laubholz und unter Rinde.

Bestimmungstabelle für die Gattungen

1 (2) Körper vollständig sklerotisiert, langgestreckt. Kopf etwa so breit
wie der Prothorax. Kopfkapsel mit gut entwickeltem Nasale (Abb.
23/3). Mandibeln zugespitzt, nach innen gebogen, mit Retinaculum
(Abb. 23/4). Beine lang, gut entwickelt. 2.—6. Abdominalsegment
dorsal mit einer Dörnchenfläche (Abb. 23/5). 9. Abdominalsegment
in der Mitte mit einem kreisförmigen Einschnitt. Urogomphi kräftig
nach innen gebogen (Abb. 23/1). 9. Abdominalsegment fast so breit
wie das 8. In morschem Holz von Laubbäumen, unter Rinde, in faulenden Baumstümpfen . . . . . *Drapetes* REDTENBACHER (H 40)

2 (1) Körper größtenteils weichhäutig, gedrungen. Kopf etwa halb so breit
wie Prothorax (Abb. 23/2). Kopfkapsel ohne Nasale (Abb. 23/6).
Mandibeln stumpf, nach außen gebogen, ohne Retinaculum (Abb.
0/103). Beine sehr kurz. Abdominalsegmente ohne bedornte Flächen.
9. Abdominalsegment nur mit sehr kleinen dornenförmigen Urogomphi (Abb. 23/7). 9. Abdominalsegment deutlich schmaler als das 8.
Unter faulender Pflanzensubstanz, im Boden . . . .
. . . . *Throscus* LATREILLE

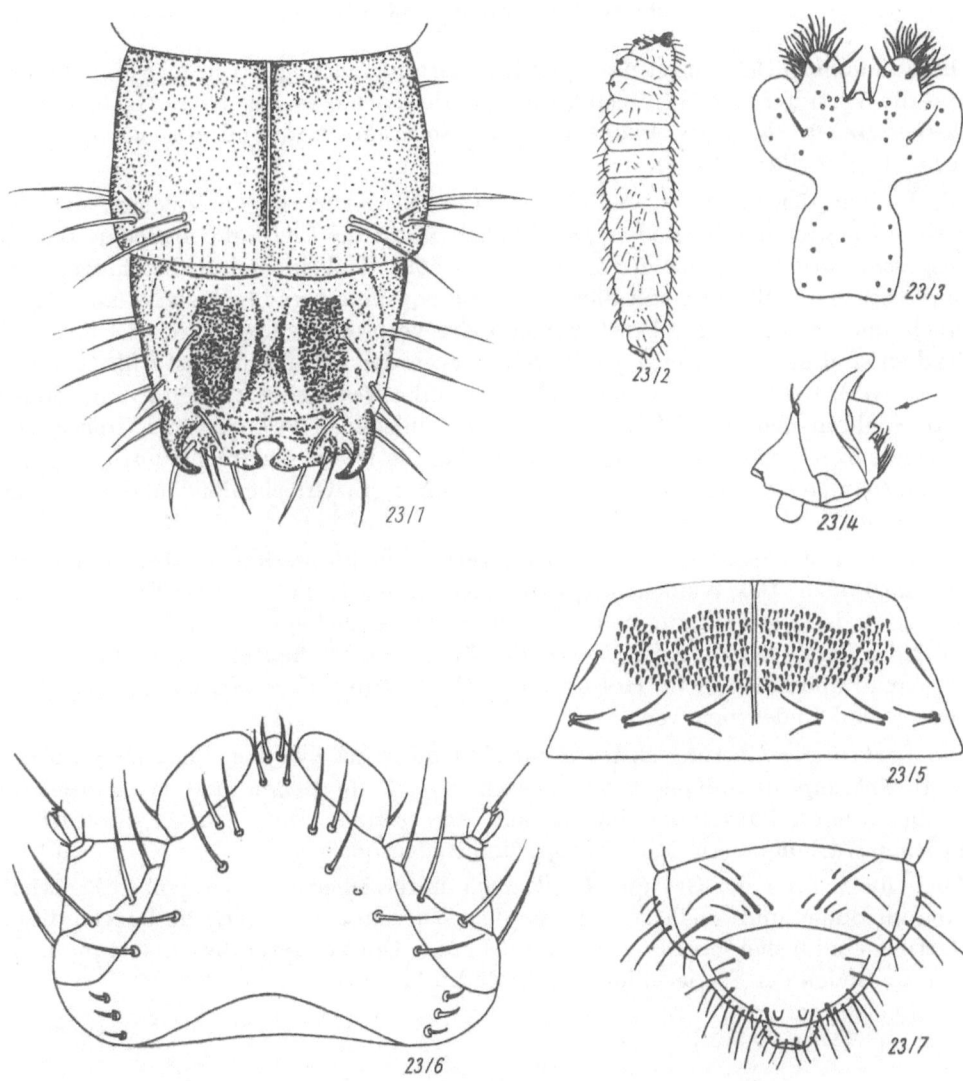

Abb. 23/1   *Drapetes biguttatus* PILLER, 8.—9. Abdominalsegment (nach BURAKOWSKI, 1973)
Abb. 23/2   *Throscus* sp., Körperumriß (nach BÖVING und CRAIGHEAD, 1931)
Abb. 23/3   *Drapetes biguttatus* PILLER, Frontoclypealregion (nach BURAKOWSKI, 1973)
Abb. 23/4   *Drapetes biguttatus* PILLER, Mandibel (nach BURAKOWSKI, 1973)
Abb. 23/5   *Drapetes biguttatus* PILLER, 4. Abdominalsegment, dorsal (nach BURAKOWSKI, 1973)
Abb. 23/6   *Throscus dermestoides* LINNAEUS, Kopf, dorsal (nach BURAKOWSKI, 1975)
Abb. 23/7   *Throscus dermestoides* LINNAEUS, 9. Abdominalsegment (nach BURAKOWSKI, 1975)

5.24. Buprestidae (partim)

Diese Familie enthält meist nur xylophage Arten. Im Boden Europas können wir
nur die Vertreter von vier Gattungen treffen: *Julodis* ESCHSCH. (Unterfamilie
Sternocerinae), *Capnodis* ESCHSCH., *Cyphosoma* MANNH. und *Sphenoptera* SOL.
(Unterfamilie *Buprestinae*).

Die Larven der Vertreter der Unterfamilie *Sternocerinae* unterziehen sich der
ganzen Entwicklung im Boden. Das Weibchen legt die Eier auf den Boden und die
ausgeschlüpfte Larve des ersten Stadiums bohrt sich in den Boden hinein. Die
Larve des ersten Stadiums ist dicht und lang bewimpert und hat relativ lange Mandibeln und Antennen, der Prothorax ist stark verbreitert. Die Larven der späteren
Stadien sind sehr abweichend und den Larven der Familie *Cerambycidae* ähnlich
(Abb. 24/1). Die Larven der ganzen Unterfamilie *Sternocerinae* leben frei im Boden
und ernähren sich von den Wurzeln der verschiedenen Pflanzen und Gräser. Der
einzige europäische Vertreter dieser Unterfamilie ist die Gattung *Julodis*, die nur
in Südspanien, in Südfrankreich und Süditalien, in Griechenland und Bulgarien
vorkommt.

Die Larven der Gattung *Capnodis* (Unterfamilie *Buprestinae*) leben nur kurze
Zeit im Boden. Das Weibchen legt die Eier an das Hypokotyl der Futterpflanze,
die Larve des ersten Stadiums bohrt sich in den Boden ein und greift die Wurzeln
an. Nach der Erreichung der Wurzel der Futterpflanze häutet sich die Larve zum
erstenmal und lebt nur im Holze weiter. Die Gattung *Capnodis* kommt in Mitteleuropa und Südeuropa vor.

Die Larven der Gattung *Sphenoptera* sind meistens xylophag, nur einige Arten
(z. B. *Sphenoptera antiqua* ILL.) entwickeln sich im Boden und leben offenbar
ähnlich wie die Larven der Unterfamilie *Sternocerinae*. Die Vertreter der Gattung
Sphenoptera kommen in Mitteleuropa und Südeuropa vor.

Auch die Larven der Gattung *Cyphosoma* unterziehen sich der ganzen Entwicklung im Boden und ernähren sich von den Wurzeln der Gräser. Die Larven dieser
Gattung sind bisher ganz ungenügend bekannt. Die Vertreter dieser Gattung kommen im Süden der Sowjetunion und in Süditalien vor.

Bestimmungstabelle für die Gattungen

1 (2) Die Mandibeln groß und stark mit einer hohen und scharfen la-
mellenartigen Kante an der dorsalen Seite, die Antennen lang, sie
erreichen die Hälfte der Mandibeln . . . .
. . . . *Sternocerinae* (*Julodis* ESCHSCH.)

2 (1) Die Mandibeln normal, an der Dorsalseite glatt, die Antennen bedeutend kürzer als die Hälfte der Mandibeln . . . . (*Buprestinae*)

3 (6) Das dritte Glied der Antennen in der apikalen Höhle des zweiten
Gliedes versteckt (Abb. 24/2); die dorsalen Rillen des Pronotums in
der Form des umgekehrten V.

4 (5) Die dorsalen und ventralen Sklerite des Prothorax glatt. Im Boden
nur das erste Stadium . . . . *Capnodis* ESCHSCH.

5   (4) Die dorsalen und ventralen Sklerite des Prothorax mit groben und sklerotischen Knollen. Die ganze Entwicklung im Boden . . . . *Cyphosoma* MANNH.

6   (3) Das dritte Glied der Antennen frei, gut sichtbar (Abb. 24/3), die dorsalen Rillen des Prothorax in der Form des umgekehrten Y (Abb. 24/4) . . . . *Sphenoptera* SOLL.

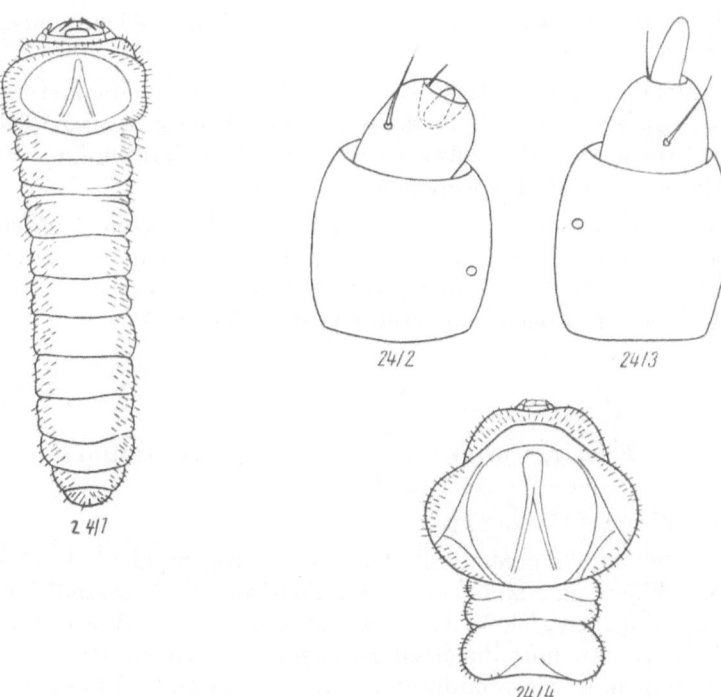

Abb. 24/1   *Julodis onopordi* FABRICIUS, Körperumriß (Orig.)
Abb. 24/2   *Capnodis tenebricosa* OLIVIER, Antenne (Orig.)
Abb. 24/3   *Sphenoptera* sp., Antenne (Orig.)
Abb. 24/4   *Capnodis tenebricosa* OLIVIER, Kopf und Brust (Orig.)

5.25. Dermestidae

Körper mit zahlreichen langen, auffallenden Haaren besetzt, die vor allem am Hinterrand des Körpers eine beträchtliche Länge erreichen können. Bei einigen Gattungen treten Pfeilhaare auf, die zur Artdiagnose gut verwendet werden können. Die *Orphilinae* und *Dermestinae* haben Urogomphi. 10. Abdominalsegment oft als Pygopodium entwickelt. Mandibeln meist ohne Mola. Maxille mit Lacinia und am Stipes inserierender Galea. Die Lacinia endet in einen oder mehrere Sporne (Abb. 0/48). Gula vorhanden.

Die 6 Unterfamilien sind auch im Larvenstadium gut voneinander trennbar. Die Unterscheidungsmerkmale sind in der Gattungstabelle enthalten. Diese Tabelle fußt im wesentlichen auf Korschefskys vorzüglichem Bestimmungsschlüssel und wurde nur in wenigen Punkten ergänzt.

Die Larven der *Dermestidae* leben von den verschiedensten Tierresten (Speck, Knochen, Horn, Häute, Felle, Haare, Wolle, Polster, Teppiche usw.), aber auch in Tiersammlungen, Herbarien und Tabakwaren. Die meisten Arten sind synanthrop, einige leben im Freien von Insektenresten, Aas, in Vogel- und Hymenopterennestern.

Bestimmungstabelle für die Gattungen

Es fehlt: *Phradonoma* Ganglbauer.

1   (4)   9. Abdominalsegment mit deutlichen Urogomphi (Abb. 25/1).

2   (3)   Mandibeln ohne Mola. 10. Abdominalsegment als spezialisiertes Pygopodium entwickelt. Größere Larven, stets borstig und struppig behaart. An mumifizierten Kadavern, Knochen, Häuten, Vogelnestern u. a. Tierprodukten . . . . *Dermestes* Linnaeus (H 48)

3   (2)   Mandibeln mit Mola. 10. Abdominalsegment kein spezialisiertes Pygopodium bildend. Körper mit wenigen, kurzen Haaren . . . .
. . . . *Orphilus* Erichson

4   (1)   9. Abdominalsegment ohne Urogomphi.

5   (10) Die letzten Abdominalsegmente tragen niemals Pfeilhaarbüschel oder einzelne Pfeilhaare. 9. Abdominalsegment meist mit einem kräftigen Haarbüschel („Borstenpinsel").

6   (7)   Körper stets anliegend behaart. Größere langgestreckte und walzenförmige Larven, über 10 mm lang. 9. Abdominalsegment mit einem sehr langen „Borstenpinsel", der meist die halbe Körperlänge überschreitet (Abb. 25/2). In Pelzen und Fellen, in Baummulm, Nestern.
. . . . *Attagenus* Latreille

7   (6)   Körper stets abstehend behaart. Kleinere Larven von höchstens 6 bis 7 mm Länge.

8   (9)   Die Hinterränder aller Segmente sind mit einem dichtgestellten und abstehenden Haarkranz besetzt (Abb. 25/3). Kopf jederseits mit 5 Stemmata. Parasiten von Schaben . . . .
. . . . *Thylodrias* Motschulsky

9 (8) Der gesamte Körper ist mit weitgestellten und abstehenden schwarzen Haaren besetzt. Die Tergite sind nur sehr schwach und nur an den Seiten gebräunt. Kopf jederseits mit 6 Stemmata. In altem Holz . . . . *Trinodes* LATREILLE

10 (5) Die letzten Abdominalsegmente tragen stets Pfeilhaarpolster, oft sind auch die übrigen Segmente mit mehr oder weniger weitgestellten kurzen Pfeilhaaren besetzt (Abb. 25/4). 9. Abdominalsegment ohne auffälliges Haarbüschel.

11 (20) Die letzten Abdominalsegmente an den Seiten nicht ausgerandet und schwach aufgebogen, nur kontinuierlich erweitert. 2. Antennenglied meist nicht auffällig lang.

12 (13) Die 3 Thoraxsegmente seitlich je mit einer großen unregelmäßig geformten und schlecht begrenzten schwarzbraunen Makel, die trotz der Behaarung gut durchscheint. 2. Antennenglied so lang wie das 1. und 3. zusammen und schwach blasig verdickt. Pfeilhaarpolster beginnen sich schon auf dem 2. Abdominalsegment zu bilden. In morschem Holz, unter Rinde, in Insektennestern. . . . *Megatoma* HERBST

13 (12) Niemals alle 3 Thoraxsegmente mit schwarzen Flecken an den Seiten.

14 (15) Segmente dunkelbraun, mit kräftiger, schwarzbrauner Vorderrandkante. Mandibeln vor der Spitze mit einem breiten gerundeten Höcker. Unter Rinde, in morschem Holz. . . . . *Globicornis* LATREILLE

15 (14) Vorderrandkante der Segmente viel weniger scharf ausgeprägt, wenn überhaupt vorhanden, dann weniger gut sichtbar und nie schwarzbraun.

16 (17) Pfeilhaarpolster sehr kräftig entwickelt und schon vom 5. Abdominalsegment an dicht; auch auf den ersten Abdominalsegmenten und den Thoraxsegmenten sind viele einzelne Pfeilhaare vorhanden (Abb. 25/4). In Insektensammlungen . . . . *Entomotrogus* GANGLBAUER

Die Larven der neu eingeschleppten, an Sämereien und in Insektensammlungen lebenden *Reesa vespulae* (MILLIRON) ähneln den *Entomotrogus*-Larven. Die auf den Abdominaltergiten in einer Reihe angeordneten Borsten sind bei *Reesa* feiner und oft bedeutend länger als die Tergite, während sie bei *Entomotrogus* kräftiger sind und in der Mehrzahl nur die Länge der Abdominaltergite erreichen. Der Vorderrand des 8. Tergits von *Reesa* ist im Gegensatz zu *Entomotrogus* deutlich gerandet.

17 (16) Die Pfeilhaarpolster sind erst kräftig und dicht vom 6. Abdominalsegment an, die ersten Abdominalsegmente sind viel weniger oder kaum mit Pfeilhaaren besetzt.

18 (19) Die großen querverlaufenden Borsten in der Mitte des 6. bis 8. Abdominalsegmentes (dorsal) sind fast nur einreihig gestellt. 3. Thoraxsegment an den Seiten oft mit einem schwarzen Haarbüschel. 2. Antennenglied an den Seiten schräg abgestutzt und mit einem Kegelglied neben dem am Außenrand stehenden 3. Antennenglied (Abb. 25/5). . . . . *Pseudomegatoma* PIC

19 (18) Die großen querverlaufenden Borsten in der Mitte des 6. bis 8. Abdominalsegmentes sind unregelmäßig gestellt und meist zweireihig angeordnet. 3. Antennenglied stets auf der Mitte des 2. Antennengliedes stehend, dieses niemals abgeschrägt; auch fehlt stets das Kegelglied neben dem 3. Antennenglied. In Insektennestern und Sammlungen, Vorratsschädlinge. . . . . *Trogoderma* Latreille

20 (11) 4. oder 5. bis 7. Abdominalsegment an den Seiten ausgerandet und schwach aufgebogen (Abb. 25/6). 2. Antennenglied auffällig lang (Abb. 25/7).

21 (22) Larven mit stark verbreiterten Thoraxsegmenten und ebenso verbreitertem 4. bis 7. Abdominalsegment. Thoraxsegmente mit brauner Fleckenzeichnung und 4 Pfeilhaarbüscheln (Abb. 25/6). Unter Rinde, in totem Holz. . . . . *Tiresia* Stephens

22 (21) Larve nur mit wenig verbreiterten Thoraxsegmenten. Thoraxsegmente nicht regelmäßig gezeichnet, mit 3 Pfeilhaarbüscheln. 5. bis 8. Abdominalsegment deutlich erweitert. An mumifizierten Tieren und Tierteilen, in Nestern, Textilien, Insektensammlungen . . . .
. . . . *Anthrenus* Fabricius

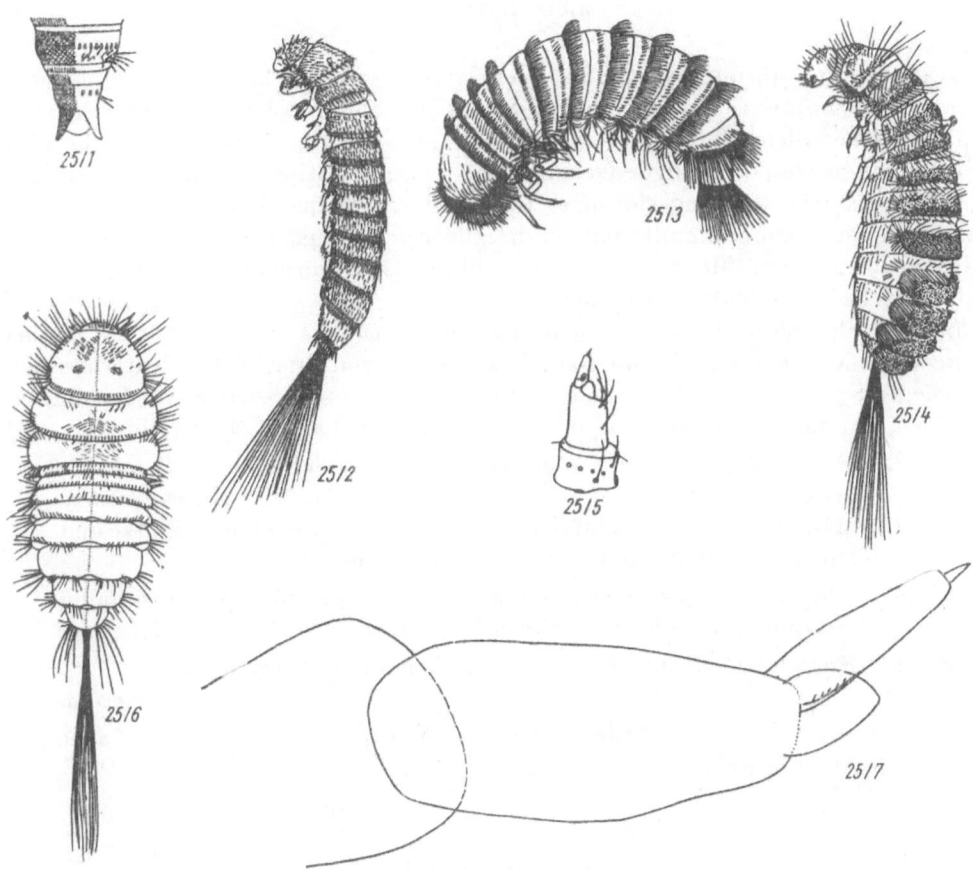

Abb. 25/1   *Dermestes vulpinus* LINNAEUS, 9. Abdominalsegment (nach KORSCHEFSKY, 1944)
Abb. 25/2   *Attagenus pellio* LINNAEUS, Körperumriß (nach KORSCHEFSKY, 1944)
Abb. 25/3   *Thylodrias contractus* MOTSCHULSKY, Körperumriß (nach KORSCHEFSKY, 1944)
Abb. 25/4   *Entomotrogus megatomoides* REITTER, Körperumriß (nach KORSCHEVSKY, 1944)
Abb. 25/5   *Pseudomegatoma boliviensis* PIC, Antenne (nach KORSCHEFSKY, 1944)
Abb. 25/6   *Tiresia serra* FABRICIUS, Körperumriß (nach KORSCHEFSKY, 1944)
Abb. 25/7   *Anthrenus* sp., Antenne (Orig.)

5.26. Byrrhidae

Larven meist C-förmig gekrümmt, Ventralseite konkav, keine Urogomphi vorhanden. *Limnichinae* mit Operculum. Mandibeln ohne Mola oder Prostheca, aber oft mit einer dichten Borstenreihe an der meist entwickelten Pseudomola. Maxillen mit großer dreieckiger Gelenkfläche zwischen Stipes, Cardo und Labium (außer *Limnichinae*), fingerförmiger Galea, die am Stipes inseriert und mit gut entwickelter Lacinia. Maxillarpalpen dreigliedrig. Labrum frei. Labium mit deutlichem Prämentum, Mentum und Submentum. Gula vorhanden. Antennen dreigliedrig. Epicranialnaht vorhanden.

CROWSON eliminiert die *Limnichinae* aus den *Byrrhidae* und stellt sie als *Limnichidae* zu den *Dryopoidea*. Die *Byrrhidae* werden von ihm in drei Unterfamilien gegliedert, deren larvale Merkmale hier (nach CROWSON) gesondert wiedergegeben werden, um die Einordnung von bisher unbekannten Larven zu erleichtern.

1 (2) Mandibeln mit 3 oder 4 scharfen Zähnen an der Spitze der Schneidekante . . . . *Amphicyrtinae*

2 (1) Mandibeln mit einer einfachen oder schwach zweigeteilten Spitze und einem stumpfen Zahn in der Mitte der Schneide.

3 (4) Körper kurz, plump, weichhäutig oder ± asselförmig; schwerfällig beweglich, mit einem gewissen Einrollvermögen. . . . *Byrrhinae*

4 (3) Körper langgestreckt, hartschalig, zylindrisch; relativ aktiv . . . . *Pedilophorinae*

Die Larven der *Byrrhidae* findet man unter Moospolstern, Steinen, auf sandigen Uferstellen und in anderen Habitaten.

Bestimmungstabelle für die Gattungen

Es fehlen: *Lamprobyrrhulus* GANGLBAUER, *Pedilophorus* STEFFAHNY, *Porcinolus* MULSANT, *Curimus* ERICHSON.

1 (4) Mandibeln ohne Borstenbüschel an der Basis der Innenschneide. Zwischen Stipes, Cardo und Labium keine Gelenkfläche. Operculum vorhanden.

2 (3) Stirn im hinteren Teil mit 2 hell markierten Flecken, die dicht außen an der Frontalnaht sitzen. Apikalborste des 3. Antennengliedes höchstens so lang wie der breite Sinneskegel des 2. Gliedes (Abb. 26/4). Pronotumvorderrand ohne längsgerieften Ring (Abb. 26/6). Opercularklauen schwach sklerotisiert, einfach, nicht gezähnt (Abb. 28/8). An Gewässerufern unter Algen-Moos-Rasen . . . . *Pelochares* MULSANT

3 (2) Stirn mit nur einem hell markierten Fleck vorn in der Mitte. Apikalborste des 3. Antennengliedes wesentlich länger als der Sinneskegel des 2. Gliedes (Abb. 26/5). Pronotumvorderrand mit längsgerieftem Ring (Abb. 26/7). Opercularklauen stärker sklerotisiert, gezähnt (Abb. 26/9). An Gewässerufern unter Algen-Moos-Rasen . . . . *Limnichus* LATREILLE

4 (1) Mandibeln mit Borstenbüschel an der Basis der Innenschneide. Zwischen Stipes, Cardo und Labium ist eine deutliche Gelenkfläche vorhanden. Operculum fehlt.

5 (6) Körper asselförmig (Abb. 26/1). Die Tergite bedecken die Rückenseite vollständig und verbergen in Dorsalansicht die Pleuren. Die Tergite der Abdominalsegmente 1 bis 9 werden nach hinten gleichmäßig kürzer. Vorderrand des Prothorax konvex gerundet und den Kopf etwas überdeckend. Praeterga von den Tergiten durch einen leichten Kiel abgesetzt, der Vorderrand des 8. Tergites ist nicht aufgebogen. Dorsalsklerite dicht und grob punktiert, grünlich, erzfarbig. Unter Moos . . . . *Cytilus* Erichson

6 (5) Körper raupenförmig (jedoch ohne Bauchfüße), deutlich eingekrümmt (H 50). Die Tergite bedecken die Rückenseite unvollständig und lassen die Pleuren frei. 9. Tergit stets viel länger, als das 1. bis 6. jeweils einzeln sind. Vorderrand des 8. Tergites meist deutlich aufgebogen, in Seitenansicht leicht kragenförmig vorstehend. Die Sklerite sind braun.

7 (12) 9. Tergit gleichmäßig konvex gewölbt. Der Querkiel hinter dem Vorderrand des 8. Tergites ist glatt.

8 (9) 9. Tergit etwas länger als breit, der Länge nach gleichmäßig stark gewölbt (Abb. 26/2). Pronotum auf der Scheibe fast glatt, Punkte sind nur längs des Randes vorhanden und einige wenige (etwa 5 bis 8 jederseits) sind mehr oder weniger der Querfurche genähert. Unter Steinen und Moos . . . . *Morychus* Erichson

9 (8) 9. Tergit etwas breiter als lang, der Länge nach kaum gewölbt, wohl aber der Breite nach (Abb. 26/3). Pronotum kräftig punktiert.

10 (11) 8. Abdominaltergit nur wenig länger als das 6. Unter Moos und Steinen . . . . *Simplocaria* Marsham

11 (10) 8. Abdominaltergit fast doppelt so lang wie das 6. Unter Steinen, Moos, Polsterpflanzen . . . . *Byrrhus* Linnaeus (H 50)

12 (7) 9. Tergit größtenteils eine konkave, schüsselartige Scheibe bildend, der kurze Basalteil ist zylindrisch. Der Querkiel hinter dem Vorderrand des 8. Tergites gekörnelt. Kopf und Dorsalsklerite außer den Borstenpunkten nicht punktiert. Ventralseite des Kopfes von den Seiten durch einen vollständigen Kiel abgegrenzt, der sich vom Mandibelgelenk bis zum Vorderrand des Prothorax erstreckt. Unter Moos und Steinen . . . . *Syncalypta* Stephens

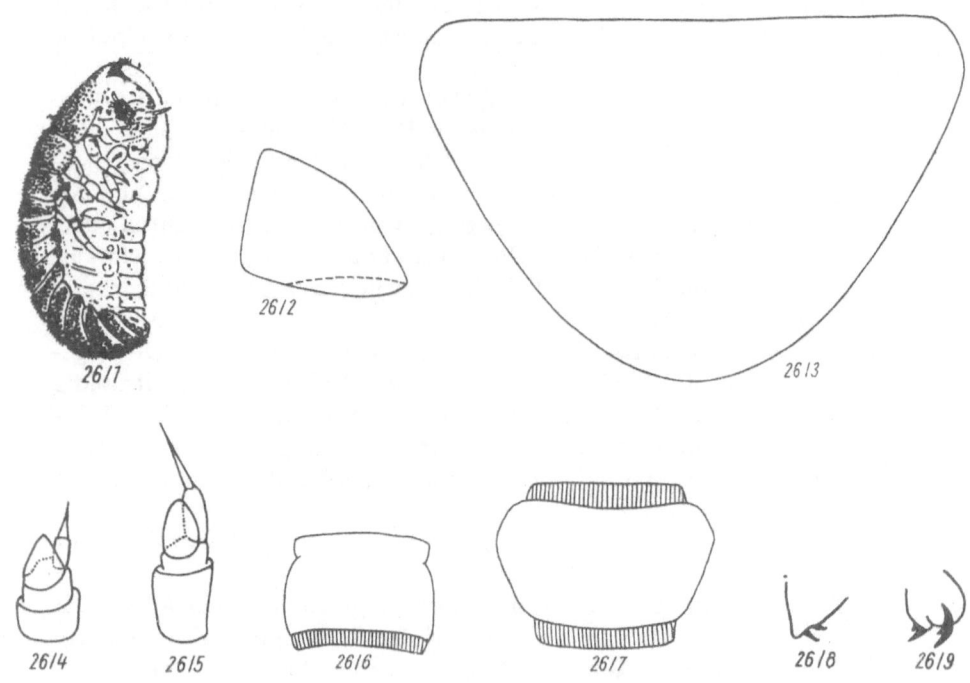

Abb. 26/1   *Cytilus sericeus* Forster, Körperumriß (nach Böving und Craighead, 1931)
Abb. 26/2   *Morychus* sp., 9. Abdominalsegment, lateral (Orig.)
Abb. 26/3   *Byrrhus* sp., 9. Abdominalsegment, dorsal (Orig.)
Abb. 26/4 . *Pelochares versicolor* Waltl, Antenne (nach Paulus, 1970)
Abb. 26/5   *Limnichus sericeus* Duftschmid, Antenne (nach Paulus, 1970)
Abb. 26/6   *Pelochares versicolor* Waltl, Pronotum (nach Paulus, 1970)
Abb. 26/7   *Limnichus sericeus* Duftschmid, Pronotum (nach Paulus, 1970)
Abb. 26/8   *Pelochares versicolor* Waltl, Opercularklauen (nach Paulus, 1970)
Abb. 26/9   *Limnichus sericeus* Duftschmid, Opercularklauen (nach Paulus, 1970)

5.27. Ostomidae

Kopfkapsel mit durchscheinender dunkler Endocarina, ohne Epicranialnaht, Frontalnaht gut ausgebildet. Ventrale Mundteile zurückgezogen. Maxillen gewöhnlich bedeutend länger als die Gula. Cardo viel schmaler als Stipes. Labrum frei, nicht mit Clypeus und Stirn verschmolzen. Urogomphi vorhanden.

Die beiden Unterfamilien *Trogositinae* und *Peltinae* sind nach larvalen Merkmalen gut voneinander abgrenzbar (siehe 1 (6) bzw. 6 (1)).

Die Larven der meisten *Ostomidae* leben unter Rinde, meist räuberisch, aber auch pilzfressend. Einige andere Arten sind synanthrop und Vorratsschädlinge.

Bestimmungstabelle für die Gattungen

1 (6) Prothorax mit gut abgegrenzten, queren, paarigen Prosternalplatten und einem lanzettförmigen mittleren Sternalsklerit (Abb. 27/1). Prägularsklerite vorhanden. Endocarina linear, einfach (Abb. 27/11).

2 (3) Urogomphi subzylindrisch, in Seitenansicht gerade, wenigstens zweimal so lang als breit, nur die äußerste Spitze ist scharf aufwärts gebogen (Abb. 27/2), von oben gesehen ist ihre Basis nur soweit voneinander entfernt, wie ihre scheinbare Länge beträgt. Vorderrand des sklerotisierten Teils des 9. Abdominalsegments deutlich aufgebogen. Pronotum und 9. Tergit dunkelbraun. Meso- und Metanotum mit einem Paar runder oder quadratischer brauner Flecken, die einander nicht berühren (Abb. 27/8). Die mittlere Prosternalplatte hinten deutlich verbreitert (Abb. 27/12), weniger als 3mal so lang wie breit. Meso- und Metathorax ohne deutliche Ventralsklerite. 1. bis 7. Abdominalsegment mit undeutlichen Kletterampullen, die aus einer transversen Furche und je einer transversen Falte davor und dahinter bestehen. Vorratsschädlinge oder unter Baumrinde
. . . . *Tenebrioides* PILLER et MITTERPACHER (H 51)

3 (2) Urogomphi gleichmäßig zugespitzt, ihre apicale Hälfte stark nach oben gebogen (Abb. 27/3), von oben gesehen ist ihre Basis fast doppelt so weit voneinander entfernt, wie ihre scheinbare Länge (Abb. 27/13). Sklerotisierter Teil des 9. Abdominalsegments nicht mit deutlich erhobenem Vorderrand. Mittlere Prosternalplatte 3mal so lang wie maximal breit.

4 (5) Sklerite hellbraun, Meso- und Metanotum braungelb, nur die Urogomphi stärker braun. Die Sklerite des Mesothorax und Metathorax berühren einander nicht. Die mittlere Prosternalplatte leicht nach hinten verbreitert (Abb. 27/14). Meso- und Metathorax ohne Ventralsklerite, 1. bis 7. Abdominalsegment mit Kletterampullen, die besonders auf der Dorsalseite des 3. bis 7. Segmentes deutlich ausgebildet sind, und die nur durch 2 hervortretende, durch eine transverse Furche getrennte, quere membranöse Falten gebildet werden; ohne Ampullartuberkeln. Beborstung des Körpers sehr schwach, fast fehlend. 2. Antennenglied höchstens 1,5mal so lang wie breit. Jede der 2 Hälften des Pronotums länger als maximal breit. Unter Rinde.
. . . . *Nemosoma* LATREILLE

12*

5   (4) Kopfkapsel, Pronotum und 9. Tergit dunkelbraun bis pechbraun,
        Mesonotum pechbraun mit hellbraunen Rändern und heller Mittel-
        linie, auch Pronotum mit heller Mittellinie, Metanotum mit 2 großen,
        pechbraunen Skleriten, die einander nicht berühren (Abb. 27/9).
        Mittlere Prosternalplatte parallelseitig. Meso- und Metathorax mit
        deutlichen Ventralskleriten (Abb. 27/4). Kletterampullen auf dem
        Abdomen stark entwickelt, mit auffallenden Ampullartuberkeln.
        Körper mit auffälligen langen und kräftigen Borsten. 2. Antennen-
        glied mehr als zweimal so lang wie breit. Die beiden Hälften des
        Pronotumsklerits jeweils etwa so breit wie lang. Unter Nadelholz-
        rinde . . . . *Temnochila* Westwood

6   (1) Prothorax ohne klar definierte Prosternalplatten oder eine lanzett-
        förmige Mittelplatte. Kopf ohne abgeteilte Prägularsklerite. Endo-
        carina linear oder gegabelt.

7   (8) Urogomphi zweispitzig (Abb. 27/5). Endocarina lang und einfach,
        nur am Vorderende kurz gegabelt. Prothorax und 9. Abdomi-
        nalsegment mit einem großen Sklerit. Unter verpilzter Nadelholz-
        rinde . . . . *Calitys* Thomson

8   (7) Urogomphi einspitzig.

9 (12) Urogomphi sehr klein, das 9. Abdominalsegment nicht überra-
        gend (Abb. 27/6, 27/15). Prothorax und 9. Abdominalsegment ohne
        Dorsalsklerite.

10 (11) Meso- und Metathorax und 1.—6. Abdominalsegment etwa drei mal
        so breit wie lang. Wangen an der Außenseite mit kurzen, kräftigen,
        dunkelbraunen Borsten dicht besetzt. Mentum breiter als lang, mit
        etwa 14 kurzen durcheinander stehenden Borsten besetzt (Abb. 27/
        16). Urogomphi etwas größer (Abb. 27/6). Körper bis 30 mm lang.
        Unter verpilzter Nadelholzrinde . . . . . . *Zimioma* des Gozis

11 (10) Meso- und Metathorax und 1.—6. Abdominalsegment etwa doppelt
        so breit wie lang. Wangen an der Außenseite mit langen, dünnen
        Borsten spärlich besetzt. Mentum länger als breit, mit 4 langen
        Borsten besetzt (Abb. 27/17). Urogomphi etwas kleiner (Abb. 27/15).
        Körper bis 15 mm lang. Unter verpilzter Rinde *Ostoma* Laicharting

12 (9) Urogomphi groß und auffällig, das 9. Abdominalsegment weit über-
        ragend (Abb. 27/7, 27/10, 27/18). Prothorax und 9. Abdominalseg-
        ment mit deutlichen Dorsalskleriten.

13 (14) 9. Tergit durch eine auffallende, gerade, transverse Naht in einen
        großen hinteren und einen kleineren, meist halbkreisförmigen vor-
        deren Teil getrennt (Abb. 27/10). Endocarina linear und einfach,
        nicht sehr dunkel. Urogomphi einfach, recht lang, ihre Spitze nach
        oben und innen gebogen. Der Hinterrand des 9. Tergites formt einen
        mittleren Winkel oder einen stumpfen, konischen Zahn. Thorax völ-
        lig hell, mit einem schwachen Sklerit auf dem Pronotum. Vorrats-
        schädling . . . . *Lophocateres* Olliff

14 (13) Hinterrand des 9. Tergites ohne Vorsprung, höchstens mit einem
        ganz schwachen Zähnchen. 9. Tergit nicht deutlich geteilt (Abb. 27/
        7, 27/18).

15 (16) Urogomphi (Abb. 27/7) kurz und gerade ansteigend bis zum Spitzen-
punkt, schwach divergierend, mit je einem Dorn dorsal, außen, ventral und innen (ein kleinerer befindet sich ventrolateral). Meso- und
Metathorax ohne Sklerite. Endocarina V-förmig. Unter verpilzter
Rinde, in morschem Holz, in Baumpilzen . . *Thymalus* LATREILLE

16 (15) Urogomphi schlanker, nach oben und innen gebogen, in einer Spitze
endend, ohne Dornen (Abb. 27/18). In morschen Laubbäumen, unter
Rinde, in morschem Holz, an Baumpilzen. . . . .
. . . . *Grynocharis* THOMSON

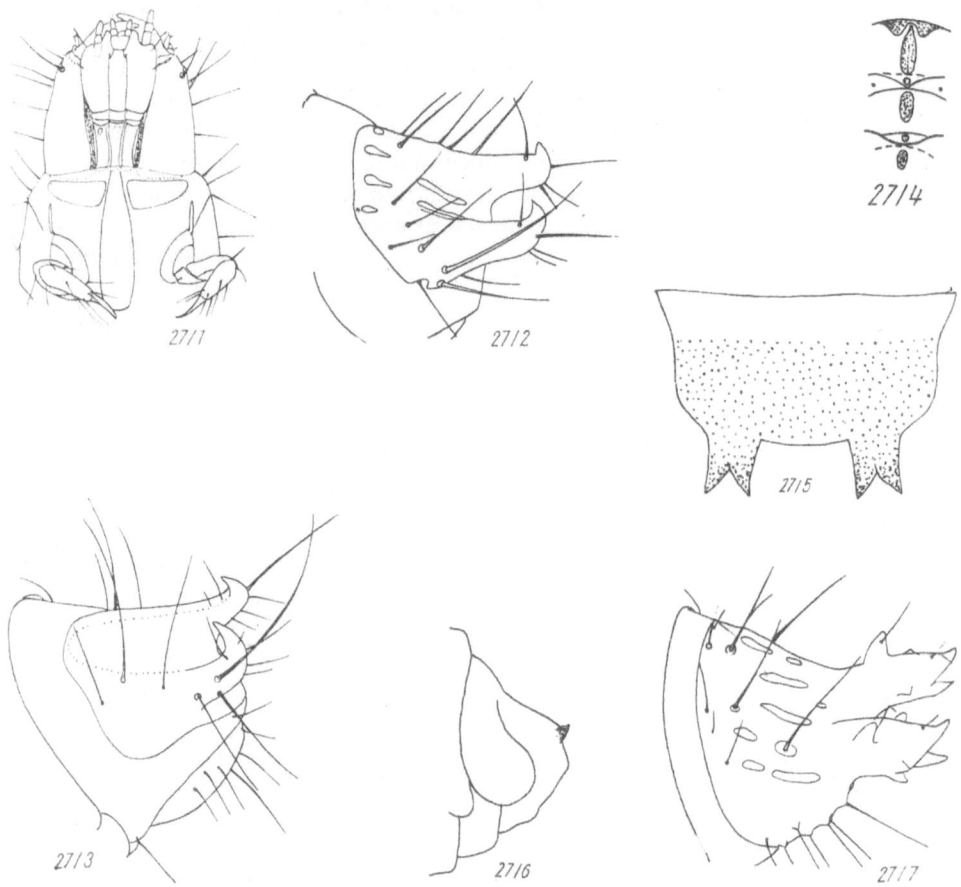

Abb. 27/1 *Nemosoma elongatum* Linnaeus, Prothorax von unten (nach Emden, 1943)
Abb. 27/2 *Tenebrioides mauretanicus* Linnaeus, 9. Abdominalsegment (nach Emden, 1943)
Abb. 27/3 *Nemosoma elongatum* Linnaeus, 9. Abdominalsegment (nach Emden, 1943)
Abb. 27/4 *Temnochila virescens* Fabricius, Thorax von unten (nach Böving und Craighaed, 1931)
Abb. 27/5 *Calitys scabra* Thunberg, 9. Abdominalsegment (nach Saalas, 1917)
Abb. 27/6 *Zimioma grossum* Linnaeus, 9. Abdominalsegment (nach Saalas, 1917)
Abb. 27/7 *Thymalus limbatus* Fabricius, 9. Abdominalsegment (nach Böving und Craighaed 1931)

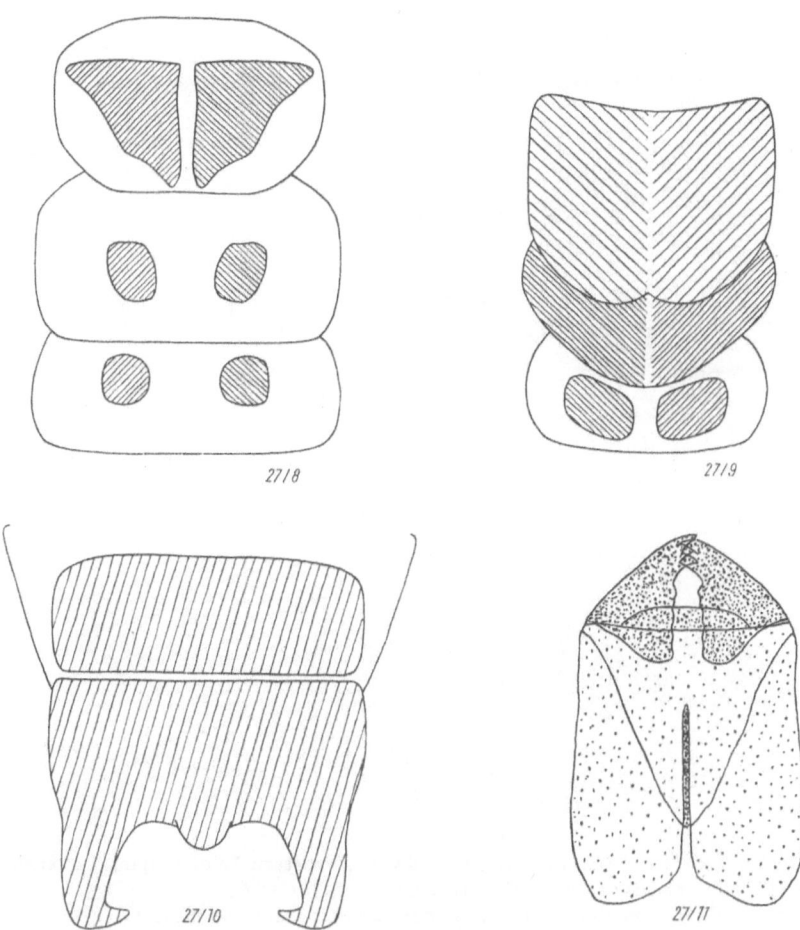

Abb. 27/8   *Tenebrioides mauretanicus* LINNAEUS, Thorax (Orig.)
Abb. 27/9   *Temnochila coerulea* OLIVIER, Thorax (Orig.)
Abb. 27/10   *Lophocateres pusillus* KLUG, 9. Abdominalsegment (Orig.)
Abb. 27/11   *Temnochila coerulea* OLIVIER, Kopf, dorsal (Orig.)

B. KLAUSNITZER

Abb. 27/12 *Tenebrioides mauretanicus* LINNAEUS, Prosternalplatte (nach PETERSON, 1957)
Abb. 27/13 *Temnochila coerulea* OLIVIER, Urogomphi (Orig.)
Abb. 27/14 *Nemosoma elongatum* LINNAEUS, Prosternalplatte (Orig.)
Abb. 27/15 *Ostoma ferruginea* LINNAEUS, 9. Abdominalsegment (nach PALM, 1951)
Abb. 27/16 *Zimioma grossum* LINNAEUS, Mentum (nach SAALAS, 1917)
Abb. 27/17 *Ostoma ferruginea* LINNAEUS, Mentum (nach SAALAS, 1917)
Abb. 27/18 *Grynocharis oblonga* LINNAEUS, Urogomphi (nach PALM, 1951)

5.28. Erotylidae

Labrum abgetrennt. Antennen dreigliedrig. Mandibeln mit oder ohne Mola. Maxille nur mit einer Lade, Cardo deutlich. Labialpalpen zweigliedrig. Urogomphi stets vorhanden.

CROWSON kennzeichnet die *Erotylidae* als heterogene Gruppierung und löst aus dieser Familie die *Diphyllinae* ohne die Gattung *Cryptophilus* REITTER heraus, außerdem einige nichteuropäische Gattungen der *Dacnini*.

Die Larven der *Erotylidae* leben in Baumpilzen, gelegentlich auch unter Rinde. Zur Verpuppung suchen sie die Bodenoberfläche auf.

Bestimmungstabelle für die Gattungen

Es fehlen: *Combocerus* BEDEL, *Cryptophilus* REITTER

1 (4) Mala sichelförmig. Mandibeln mit wohl entwickelter rauher Mola. Zwischen Mola und Incisivus befindet sich ein Büschel streifenförmiger Fortsätze (Abb. 28/5). Auf der Ventralseite der Mandibeln befindet sich innerhalb der Mola ein Zahn.

2 (3) Urogomphi liegen etwas vor der Mitte des 9. Tergites (gemessen vom Vorderkiel zum Hinterrand), vom Hinterkiel weniger als ihre Basalbreite entfernt. Intersegmentalhäute ohne eine Reihe von Granula. Hinterrand der Tergite etwas irregulär gekerbt. In Baumpilzen. . . . . *Diphyllus* STEPHENS

3 (2) Urogomphi liegen etwas hinter der Mitte des 9. Tergites, vom Hinterkiel sind sie etwas mehr als ihre Basalbreite entfernt. Intersegmentalhäute auf der Dorsalseite mit einer Reihe feiner, transverser Granula. Hinterrand der Tergite sehr gleichmäßig. Unter verpilzter Laubbaumrinde . . . . *Diplocoelus* GUÉRIN

4 (1) Mala stumpf, an der Spitze gewöhnlich in Dornen ausgezogen, außerdem befinden sich dornförmige Borsten auf der Außenseite der Mala (Abb. 28/4). Mandibeln mit 3 Apikalzähnen (Abb. 28/2).

5 (6) 9. Tergit mit 4 starken, borstentragenden Tuberkeln gegenüber den Urogomphi (Abb. 28/3). Die letzteren mit einem schmalen Dorn an der Außen- und Innenseite der Basis. Mala mit einer dorsalen Längsreihe von Borsten entlang des Innenrandes (Abb. 28/4). 6. bis 8. Abdominalsegment dorsal mit 2 kräftigen und 4 schwächeren Tuberkeln. Gelenkmembran zwischen Maxille und Labium mit einem länglichen Sekundärsklerit (Abb. 28/6). In Baumpilzen . . . . *Dacne* LATREILLE (H 57)

6 (5) Mala ohne eine dorsale Längsreihe von Borsten entlang des Innenrandes (Abb. 28/7, 28/8). 6.—9. Tergit anders. Gelenkmembran zwischen Maxille und Labium ohne Sekundärsklerit.

7 (8) Die borstentragenden Tuberkeln gegenüber der Basis der Urogomphi sind nicht stärker entwickelt als die Granula, 9. Tergit fast ebenso granuliert wie die anderen Tergite. Alle Segmente mit je einem rötlichbraunen, fein gekörnten Querband, die Querbänder der Thoraxsegmente sind in der Mitte unterbrochen, die der Abdominalsegmente

nicht. 9. Abdominalsegment schwach gekörnelt, mit 2 kurzen, ziemlich dicken, nach vorn gekrümmten und bis auf die rötliche Basis schwarzen Urogomphi. Mala siehe Abb. 28/7. In Baumpilzen. . . .
. . . . *Tritoma* FABRICIUS

8 (7) Zwei Paar starke borstentragende Tuberkeln vor der Basis der Urogomphi, die anderen Tergite auch mit $\pm$ deutlichen paarigen Tuberkeln zusätzlich zu den Granula. Die braunen Querbinden des 1. bis 8. Abdominalsegmentes zeigen außer der Granulierung noch je 2 parallele Querreihen konischer, schwarzer Höckerchen. 9. Abdominalsegment (Abb. 28/1) mit einer solchen Querreihe und einem Haarwirbel an der Basis der Urogomphi. Mala siehe Abb. 28/8. In Baumpilzen . . . . *Triplax* PAYKULL

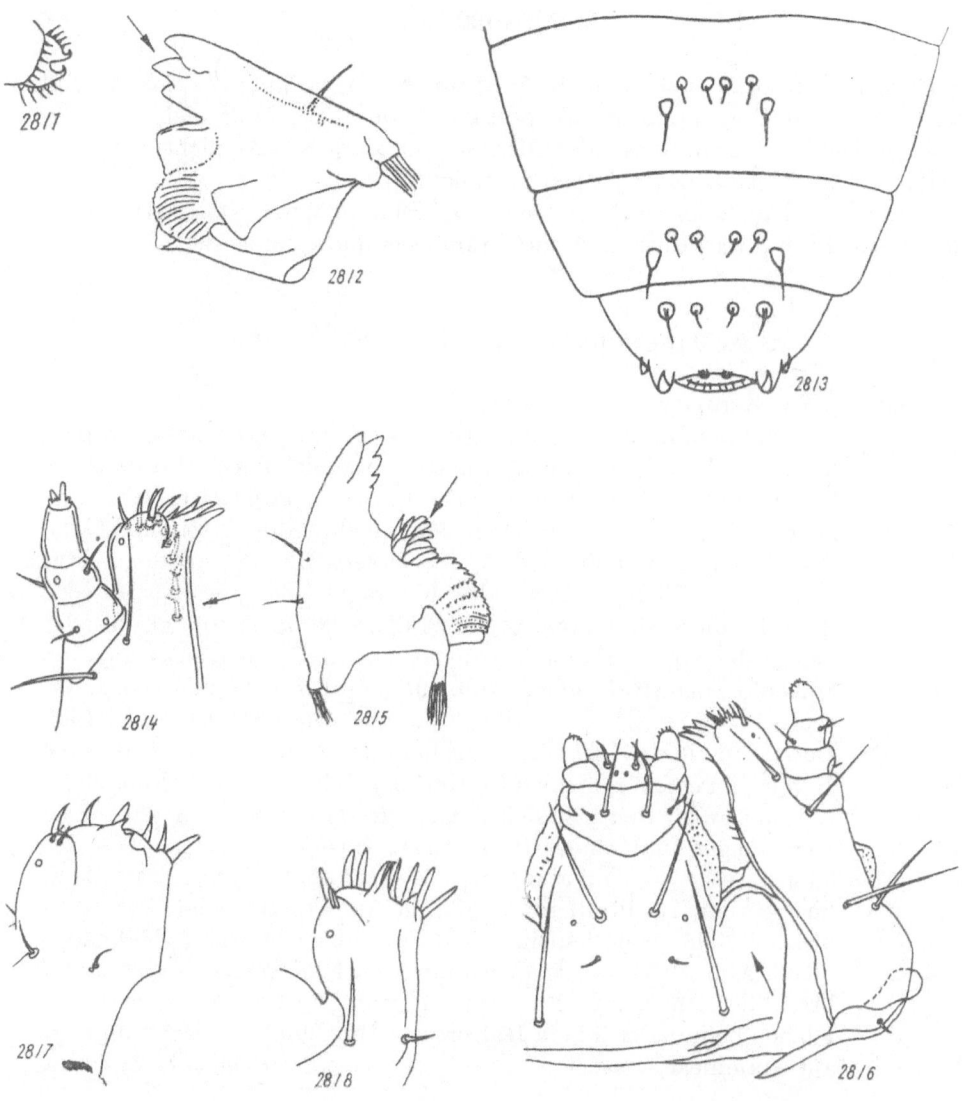

Abb. 28/1   *Triplax russica* LINNAEUS, 9. Abdominalsegment (nach DUFOUR, 1842)
Abb. 28/2   *Dacne humeralis* FABRICIUS, Mandibel (nach RYMER-ROBERTS, 1958)
Abb. 28/3   *Dacne bipustulata* THUNBERG, 7.—9. Abdominalsegment (Orig.)
Abb. 28/4   *Dacne bipustulata* THUNBERG, Maxille (nach RYMER-ROBERTS, 1958)
Abb. 28/5   *Diphyllus lunatus* FABRICIUS, Mandibel (nach RYMER-ROBERTS, 1958)
Abb. 28/6   *Dacne humeralis* FABRICIUS, Maxille, Labium (nach RYMER-ROBERTS, 1958)
Abb. 28/7   *Tritoma pulchrum* SAY, Mala (nach RYMER-ROBERTS, 1958)
Abb. 28/8   *Triplax russica* LINNAEUS, Mala (nach RYMER-ROBERTS, 1958)

5.29. Phalacridae

Auf dem Prothorax und dem 9. Abdominalsegment gut entwickelte Sklerite
vorhanden, mit Urogomphi. Kopfkapsel mit Endocarina. Mola mehr oder weniger
gut entwickelt. Gelenkfläche der Maxille reduziert. Cardo nicht deutlich ausgebildet oder fehlend. Labialpalpen zweigliedrig.
Die Larven entwickeln sich entweder in Blütenköpfen von Asteraceae oder
leben von Brand- und Rostpilzen auf Gramineae und Cyperaceae.

Bestimmungstabelle für die Gattungen

Es fehlt: *Stilbus* Seidlitz
1 (2) Der Hauptsinneskegel (Anhangsglied) der Antennen steht auf dem
        2. Glied (Abb. 29/1). Labrum außer den ziemlich kurzen Vorderrand-
        borsten mit einem Paar sehr großer und einem basalwärts davon ste-
        henden Paar kleinerer Borsten. Mandibeln (Abb. 29/2) ohne Mola,
        der Zwischenabschnitt jedoch mit einem Büschel an der Spitze
        gespaltener Borsten. Die Galea überragt meist die Labialpalpen
        ± weit, diese sind breit getrennt (Abb. 29/3). Cardo als basales
        Sklerit des Stipes erkennbar. Am Grunde der Klauen entspringt ein
        kolbenförmiger Haftballen (Abb. 29/4). In Blütenköpfen von Aster-
        aceae . . . . *Olibrus* Erichson (H 59)
2 (1) Der Hauptsinneskegel (Anhangsglied) der Antennen steht auf dem
        1., nur von einem schmalen Chitinring gebildeten Glied (Abb. 29/5).
        Labrum außer den ziemlich langen Vorderrandborsten mit einem
        Paar langer und einem Paar äußerst kleiner außerhalb von den
        langen Setae stehender Borsten. Mola (Abb. 29/6) gut entwickelt,
        quer gerieft, im Profil regelmäßig gezähnt erscheinend, Zwischen-
        abschnittbildungen fehlen. Die Galea überragt die Labialpalpen
        nicht (Abb. 29/7). Cardo durch ein Hautfeld ersetzt. Labium sehr
        breit, die Palpen jedoch nur mäßig weit getrennt. Am Grunde der
        Klauen befindet sich kein Haftorgan (Abb. 29/8). An Mehltaupilzen
        auf Gramineae . . . . *Phalacrus* Paykull

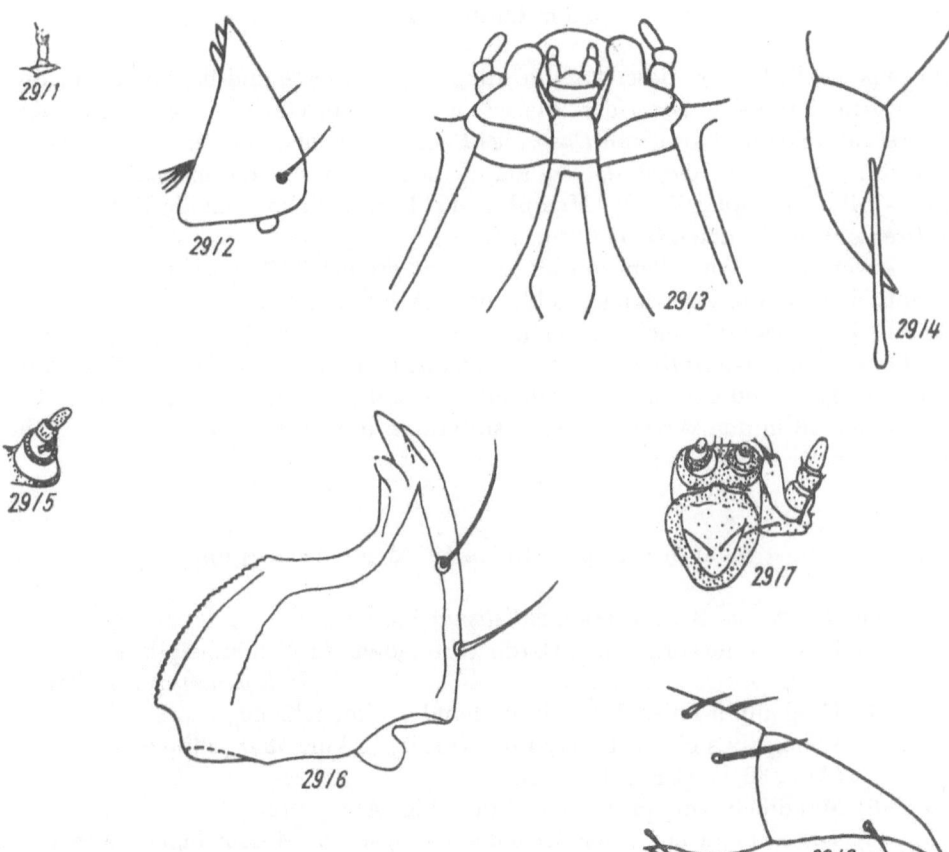

Abb. 29/1 *Olibrus aeneus* Fabricius, Antenne (nach Ghilarov, 1964)
Abb. 29/2 *Olibrus aeneus* Fabricius, Mandibel (nach Ghilarov, 1964)
Abb. 29/3 *Olibrus aeneus* Fabricius, Maxille, Labium (nach Ghilarov, 1964)
Abb. 29/4 *Olibrus aeneus* Fabricius, Klaue (nach Ghilarov, 1964)
Abb. 29/5 *Phalacrus grossus* Erichson, Antenne (nach Emden, 1928)
Abb. 29/6 *Phalacrus grossus* Erichson, Mandibel (nach Emden, 1928)
Abb. 29/7 *Phalacrus grossus* Erichson, Maxille, Labium (nach Emden, 1928)
Abb. 29/8 *Phalacrus caricis* Sturm, Klaue (nach Ghilarov, 1964)

5.30. Lathridiidae

CROWSON schließt aus dieser Familie die *Dasycerini* aus und begründet für diese eine eigene Familie *Dasyceridae*, die er zu den Staphylinoidea stellt. Die sicher äußerst interessante Larve von *Dasycerus* BRONGNIART ist leider unbekannt. Weiter trennt CROWSON die *Holoparamecini* ab, die zusammen mit der ehemaligen *Lathridiidae*-Tribus *Merophysiini* die *Merophysiidae* bilden. Es bleiben die Unterfamilien *Corticariinae* und *Lathridiinae* übrig.

Die Larven sind vor allem durch die zum großen Teil fleischigen Mandibeln gekennzeichnet, die zwei lange, geißelförmige Borsten tragen. Maxillen nur mit einer Lade. Urogomphi meist fehlend.

Die Larven der *Lathridiidae* sind wahrscheinlich alle mycophag und ernähren sich vom Mycel und den Sporen niederer Pilze, gelegentlich auch von Baumpilzen. Man findet sie in den verschiedensten Habitaten mit verschimmelten organischen Substanzen.

Bestimmungstabelle für die Gattungen

Es fehlen: *Dasycerus* BRONGNIART, *Adistemia* FALLÈN.

1 (2) Urogomphi vorhanden. Cardo vorhanden. An Schimmelpilzen . . . . *Holoparamecus* CURTIS
2 (1) Urogomphi fehlend. Cardo vorhanden oder fehlend.
3 (8) Wenigstens einige Borsten der Oberseite kurz und schuppenförmig (Abb. 30/1). Cardo deutlich.
4 (7) Mandibeln zum größten Teil fleischig (Abb. 30/2).
5 (6) 4 Stemmata auf jeder Seite des Kopfes. An schimmelnden Rinden und Holzabfällen . . . . *Corticaria* MARSHAM
6 (5) 5 Stemmata auf jeder Seite des Kopfes. An schimmelnder Pflanzensubstanz . . . . *Corticarina* REITTER
7 (4) Mandibeln normal sklerotisiert (Abb. 30/3). Labialpalpen eingliedrig. An schimmelnden Pflanzenresten. . . . . *Melanophthalma* MOTSCHULSKY
8 (3) Borsten der Oberseite normal, nicht schuppenförmig. Cardo fehlend.
9 (10) Mandibeln mit einem nach innen gerichteten, auffälligen, handförmigen Anhang, der stärker sklerotisiert ist, als die übrige Mandibel (Abb. 30/4). In verschimmeltem Heu, Baummulm, Nestern . . . . *Cartodere* THOMSON (H 61)
10 (9) Mandibelanhang nicht handförmig, sondern schlank und zugespitzt (Abb. 30/5), nicht besonders auffällig sklerotisiert.
11 (12) Abdominalsegmente 1—8 mit einer langen und zwei kürzeren seitlichen Borsten, die auf einer Erhebung stehen (Abb. 30/6). 9. Abdominalsegment mit 8 langen Borsten am Hinterrand, Prothorax mit 5 langen Lateralborsten, die auf kleinen Hügeln stehen. Meso- und Metathorax mit 3 seitlichen Borsten, ähnlich wie die Abdominalsegmente. 3. Antennenglied lang (Abb. 30/7). Tibia und Klaue lang und schlank (Abb. 30/8). An verschimmeltem Holz, Laub- und Nadelstreu . . . . *Enicmus* THOMSON

12 (11) Thorax- und Abdominalsegmente ohne auffällige lange Borsten, höchstens mit sehr kurzen Borsten. 3. Antennenglied kurz (Abb. 30/9). Tibia und Klaue kurz und gedrungen (Abb. 30/10). An verschimmelten Rinden, Hölzern, Laub- und Nadelstreu . . . .
. . . . *Lathridius* Herbst

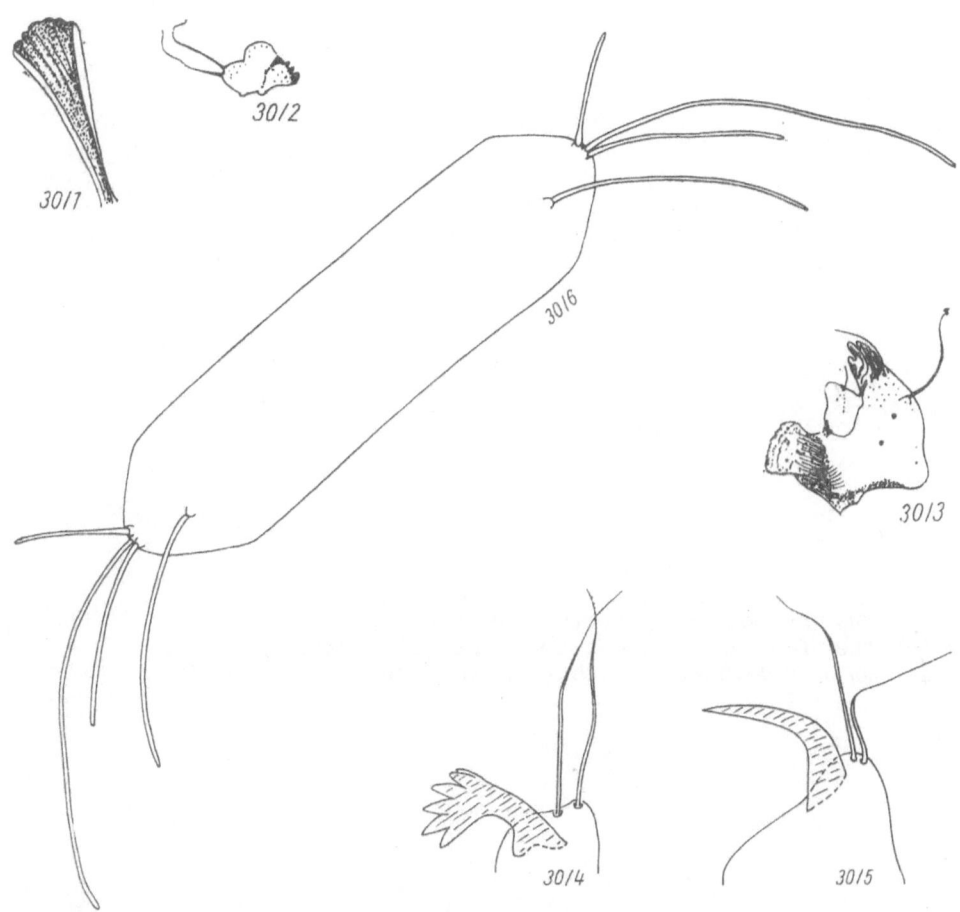

Abb. 30/1   *Corticaria pharaonis* Leconte, Schuppenborste (nach Thevenet, 1874)
Abb. 30/2   *Corticaria dentigera* Lacordaire, Mandibel (nach Böving und Craighead, 1931)
Abb. 30/3   *Melanophthalma chamaeropis* Fallèn, Mandibel (nach Böving und Craighead, 1931)
Abb. 30/4   *Cartodere filum* Aubé, Mandibelfortsatz (Orig.)
Abb. 30/5   *Lathridius angusticollis* Gyllenhal, Mandibelfortsatz (Orig.)
Abb. 30/6   *Enicmus minutus* Linnaeus, 5. Abdominalsegment (Orig.)

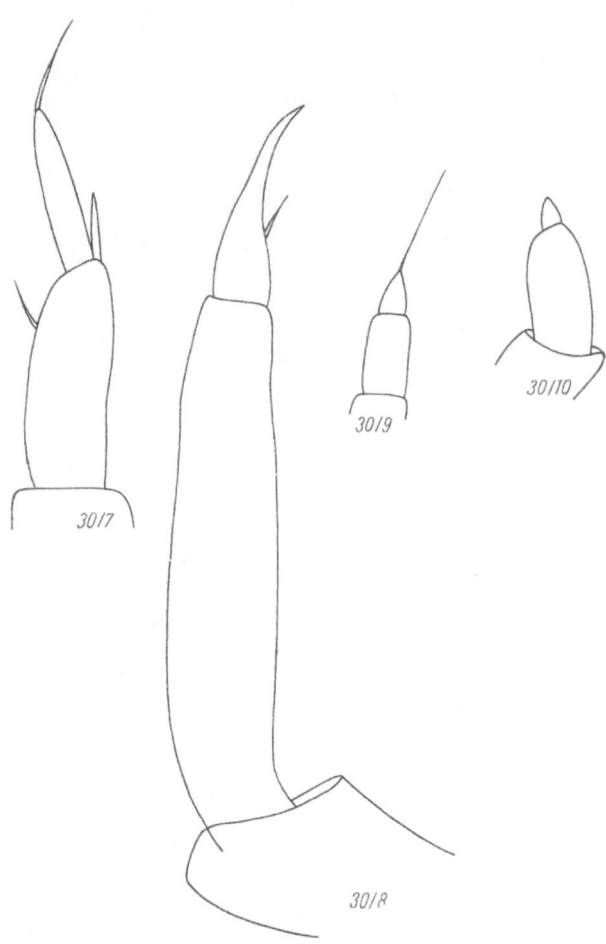

Abb. 30/7 *Enicmus minutus* Linnaeus, Antenne (Orig.)
Abb. 30/8 *Enicmus minutus* Linnaeus, Hinterbein, partim (Orig.)
Abb. 30/9 *Lathridius angusticollis* Gyllenhal, Antenne (Orig.)
Abb. 30/10 *Lathridius angusticollis* Gyllenhal, Hinterbein, partim (Orig.)

5.31. Mycetophagidae

Mandibeln asymmetrisch, bei einigen Gattungen mit deutlicher Mola. Maxillen nur mit einer Lade. Cardo deutlich, ungeteilt. Labialpalpen zweigliedrig. Hypopharynx deutlich sklerotisiert. 9. Abdominalsegment mit mehr oder weniger stark ausgebildeten Urogomphi.

Die Larven dieser Familie ernähren sich von Pilzen, vor allem Baumpilzen, einige leben unter schimmelnden Pflanzenresten.

Bestimmungstabelle für die Gattungen

Es fehlt: *Pseudotriphyllus* REITTER

1   (6) Mandibeln ohne Mola
2   (3) Mandibeln einspitzig (Abb. 31/1). 9. Abdominalsegment in der Aufsicht fast quadratisch (Abb. 31/2). In Baumpilzen.
. . . . *Triphyllus* LATREILLE
3   (2) Mandibeln zweispitzig.
4   (5) 3 Stemmata auf jeder Seite des Kopfes (Abb. 31/3). Labium tief zurückgezogen und von den Galeae weit überragt (Abb. 31/4) . .
. . . . *Berginus* ERICHSON
5   (4) 5 Stemmata auf jeder Seite des Kopfes (Abb. 31/5). Vorderrand des Labiums und Spitze der Galea etwa auf gleicher Höhe liegend (Abb. 31/6). Urogomphi siehe Abb. 31/10. In Baumpilzen, unter verpilzter Rinde . . . . *Litargus* ERICHSON
6   (1) Mandibeln mit Mola (Abb. 31/9).
7   (8) Mala (Galea) konisch, Spitze deutlich abgesetzt und dreieckig zugespitzt (Abb. 31/7). An schimmelnden Pflanzenresten . . . . .
. . . . *Typhaea* CURTIS
8   (7) Mala (Galea) zylindrisch oder breit gelappt, an der Spitze gerundet (Abb. 31/8). Urogomphi siehe Abb. 31/11. In Baumpilzen und verpilztem Holz . . . . *Mycetophagus* HELLWIG (H 62)

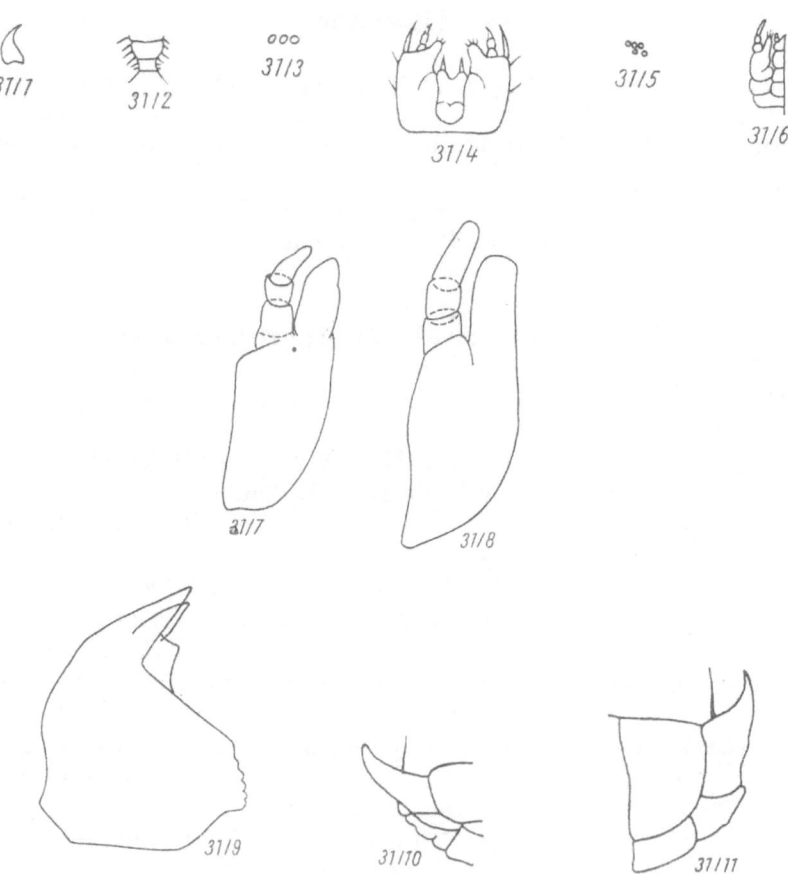

Abb. 31/1 *Triphyllus bicolor* Fabricius, Mandibel (nach Perris, 1877)
Abb. 31/2 *Triphyllus bicolor* Fabricius, 9. Abdominalsegment (nach Perris, 1877)
Abb. 31/3 *Berginus tamarisci* Wollaston, Stemmata (nach Perris, 1853)
Abb. 31/4 *Berginus tamarisci* Wollaston, Maxille, Labium (nach Perris, 1853)
Abb. 31/5 *Litargus connexus* Geoffroy, Stemmata (nach Perris, 1877)
Abb. 31/6 *Litargus connexus* Geoffroy, Maxille, Labium (nach Perris, 1877)
Abb. 31/7 *Typhaea stercorea* Linnaeus, Maxille (Orig.)
Abb. 31/8 *Mycetophagus quadripustulatus* Linnaeus, Maxille (Orig.)
Abb. 31/9 *Mycetophagus quadripustulatus* Linnaeus, Mandibel (Orig.)
Abb. 31/10 *Litargus connexus* Geoffroy, Urogomphi (nach Saalas, 1923)
Abb. 31/11 *Mycetophagus fulvicollis* Fabricius, Urogomphi (nach Saalas, 1923)

5.32. Colydiidae

Familiencharakteristische Merkmale können für die Larven vorläufig nicht gegeben werden. Die *Colydiidae* erscheinen in der Bestimmungstabelle der Familien
an vier Stellen, wodurch ihr heterogener Charakter unterstrichen wird. Erschwerend
tritt hinzu, daß die Larvenkenntnis auffallend lückenhaft ist. Folgende Merkmale
sind bei allen bisher bekannten Larven dieser Familie zu finden: Epicranialnaht
fehlt oder sehr kurz. Urogomphi meist vorhanden. Maxille nur mit einer Lade,
Cardo vorhanden. Labialpalpen zweigliedrig.

CROWSON trennt von den offenbar nicht monophyletischen *Colydiidae* die *Cery-
lonini*, *Pachyochthesini*, *Euxestinae* und *Murmidiinae* ab, die er zur Familie *Cerylonidae* vereinigt. Dem Rest werden noch die *Anommatini* entnommen und mit ?
zu den *Merophysidae* gestellt. Die *Colydiidae* sensu CROWSON gehören den Heteromera an, während die *Cerylonidae* bei den Clavicornia verbleiben.

Trotz der lückenhaften Larvenkenntnis (nur 11 Gattungen bekannt, zu denen
etwa 50% der Arten gehören) wird ein Bestimmungsschlüssel gegeben, der jedoch
als provisorisch anzusehen ist.

Die Larven der meisten Gattungen leben unter Baumrinde, in morschem Holz,
in Baumpilzen, andere unter Fallaub und in Kompost.

Bestimmungstabelle für die Gattungen

Es fehlen: *Pycnomerus* ERICHSON, *Penthelispa* PASCOE, *Rhopalocerus* REDTEN-
BACHER, *Corticus* LATREILLE, *Xylolaemus* REDTENBACHER, *Diodesma* LATREILLE,
Coxelus LATREILLE, *Langelandia* AUBÉ, *Synchita* HELLWIG, *Cicones* CURTIS, *Lado*
WANKOW, *Teredus* SHUCK, *Anommatus* WESMAEL

1 (2) Körper breit oval. Thoraxsegmente jederseits mit zwei, Abdominalsegmente mit einem Büschel verzweigter Borsten am Rande (Abb.
32/1). . . . . *Murmidius* LEACH

2 (1) Körper langgestreckt. Keine dichten Borstenbüschel an den Seiten
der Segmente.

3 (4) Körperoberseite mit einzelnen, abstehenden, keulenförmigen Borsten
besetzt (Abb. 32/10). 9. Abdominalsegment siehe Abb. 32/16 . . . .
. . . . *Myrmecoxenus* CHEVROLAT

4 (3) Körperoberseite ohne auffällige, keulenförmige Borsten. 9. Abdominalsegment anders gebaut.

5 (6) 9. Abdominalsegment zwischen den Urogomphi mit einem Paar
Zähnchen (Abb. 32/2, 32/17).

5A (5B) Zähnchen zwischen den Urogomphi größer, Abstand zwischen den
Urogomphi weiter (Abb. 32/2). Unter Rinde . . . .
. . . . *Ditoma* ERICHSON (H 63)

5B (5A) Zähnchen zwischen den Urogomphi bedeutend kleiner, Abstand
zwischen diesen ebenfalls etwas kleiner (Abb. 32/17). In Scheunen,
Stallungen, Kellern, Kompost . . . . *Aglenus* ERICHSON

6 (5) Zwischen den Urogomphi befinden sich keine Zähnchen.

7 (8) 8. Abdominalsegment mit einem breiten, dunklen Sklerit. Urogomphi
schwach nach außen gebogen, 9. Abdominalsegment dunkel
(Abb. 32/3). Unter Rinde . . . . *Aulonium* ERICHSON

8   (7)   8. Abdominalsegment nicht mit einem auffälligen dunklen Sklerit.
          9. Abdominalsegment anders gebaut und gefärbt.

9 (10)   Urogomphi enden abrupt in 3 konische Fortsätze (2 obere und einen
          unteren). Gegenüber den Urogomphi befinden sich auf dem 9. Ab-
          dominalsegment 2 borstentragende Tuberkeln (Abb. 32/4). Letztes
          Glied der Antennen länger als die anderen 2 zusammen. Unter Rinde,
          in schimmligem Holz . . . . *Cerylon* Latreille

10 (9)   9. Tergit ohne paarige borstentragende Tuberkeln gegenüber den
          Urogomphi, die letzteren ohne Fortsätze.

11 (12)   Klaue mit einem rechteckigen Basalzahn (Abb. 32/5). Antenne mit
          einem auffällig großen Riechkegel (Abb. 32/6). In morschem Laub-
          holz . . . . *Bothrideres* Erichson

12 (11)   Klaue einfach zur Basis verdickt, ohne Zahnbildung (Abb. 32/9).
          Antenne ohne oder nur mit einem kleinen Riechkegel.

13 (14)   Abdominalsegmente mit einer dichten Querreihe von Borsten im
          hinteren Drittel. Unter Rinde und in faulendem Holz . . . . . .
          . . . . *Colydium* Fabricius

14 (13)   Abdominalsegmente ohne dichten Borstenkranz. Die Larve von *Lado*
          Wankow hat nach Saalas (1923) einen Kranz von 6 Borsten im hin-
          teren Drittel der Abdominalsegmente (Abb. 32/18).

15 (18)   8. Abdominalsegment dorsal ohne deutliche Sklerite.

16 (17)   Epicranialnaht fehlend (Abb. 32/11). 9. Abdominalsegment mit
          großen, stark sklerotisierten und hakenförmig nach oben gebogenen
          Urogomphi (Abb. 32/12).

16A(16B) Mandibeln mit Mola (Abb. 32/19). Meso- und Metathorax, 1. und
          9. Abdominalsegment hinter dem Vorderrand mit einer feinen sklero-
          tisierten Querleiste (Abb. 32/18). Unter Nadelholzrinde . . . . . .
          . . . . *Lado* Wankow

16B(16A) Mandibeln ohne deutliche Mola. Meso- und Metathorax, 1. und 9. Ab-
          dominalsegment ohne derartige Sklerite. Unter Flechten . . . . .
          . . . . *Orthocerus* Latreille

17 (16)   Epicranialnaht kurz, aber vorhanden (Abb. 32/13). 9. Abdominal-
          segment mit kurzen, nur schwach nach oben gebogenen Urogomphi
          (Abb. 32/14). Mandibeln mit Mola (Abb. 32/15) . . . .
          . . . . *Oxylaemus* Erichson

18 (15)   8. Abdominalsegment dorsal mit deutlichen, aber nicht auffällig
          dunklen Skleriten.

19 (20)   8. Abdominalsegment dorsal mit 2 Skleriten. 9. Abdominalsegment
          mit 14 sehr kleinen Skleriten (Abb. 32/7). Unter Moos, Flechten,
          Rinde . . . . *Endophloeus* Erichson

20 (19)   8. Abdominalsegment dorsal mit 10 Skleriten. 9. Abdominalsegment
          mit 10 größeren, denen des 8. Abdominalsegmentes gleichenden
          Skleriten (Abb. 32/8) . . . . *Colobicus* Latreille

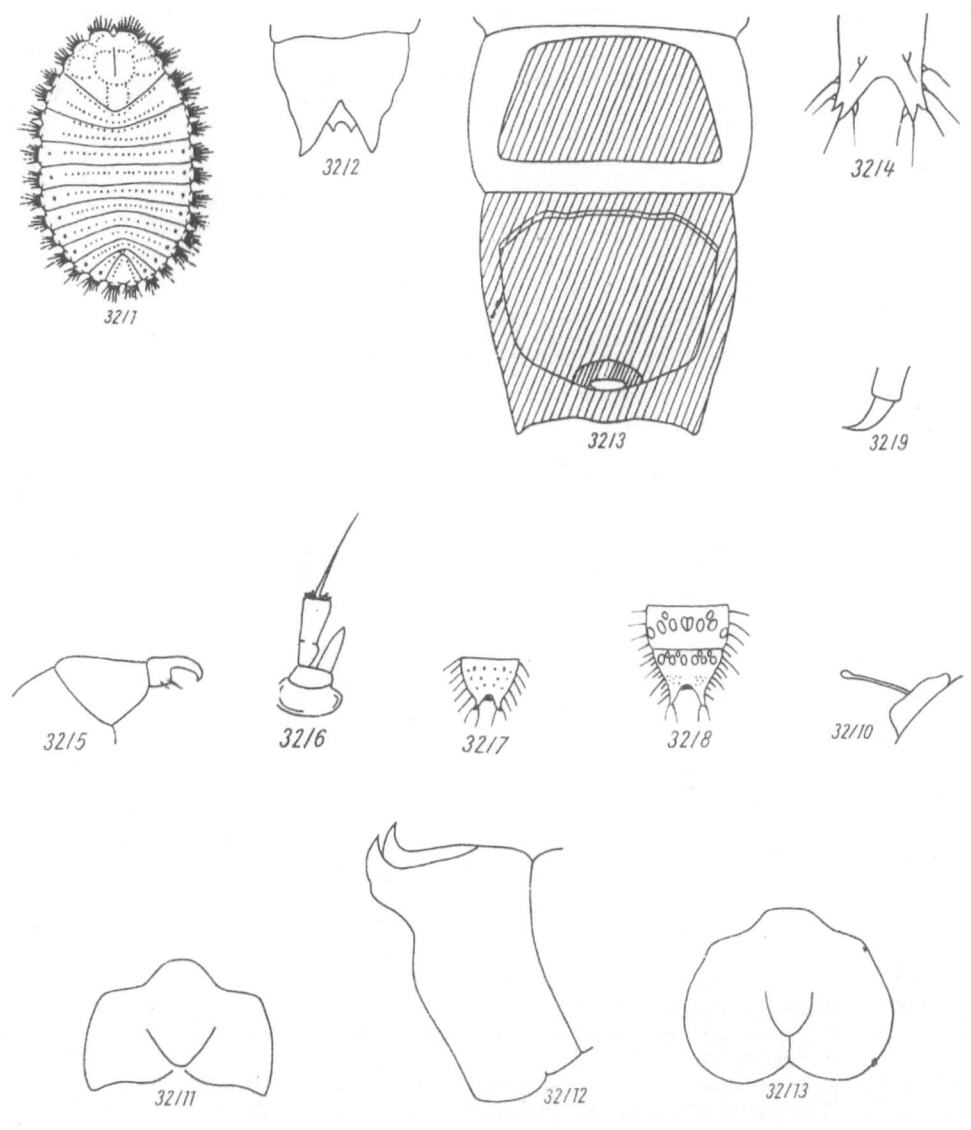

Abb. 32/1   *Murmidius ovalis* BECK, Körperumriß (nach Böving und Craighead, 1931)
Abb. 32/2   *Ditoma crenata* FABRICIUS, 9. Abdominalsegment (nach PERRIS, 1853)
Abb. 32/3   *Aulonium trisulcum* GEOFFROY, 8.—9. Abdominalsegment (Orig.)
Abb. 32/4   *Cerylon histeroides* FABRICIUS, 9. Abdominalsegment (nach PERRIS, 1853)
Abb. 32/5   *Bothrideres geminatus* SAY, Klaue (nach Böving und Craighead, 1931)
Abb. 32/6   *Bothrideres geminatus* SAY, Antenne (nach Böving und Craighead, 1931)
Abb. 32/7   *Endophloeus markovichianus* PILLER, 9. Abdominalsegment (nach PERRIS, 1877)
Abb. 32/8   *Colobicus marginatus* LATREILLE, 9. Abdominalsegment (nach PERRIS, 1877)
Abb. 32/9   *Orthocerus clavicornis* LINNAEUS, Klaue (Orig.)
Abb. 32/10   *Myrmecoxenus subterraneus* CHEVROLAT, Abdominalsegment, paralateraler Fortsatz (nach KLAUSNITZER, 1975)
Abb. 32/11   *Orthocerus clavicornis* LINNAEUS, Kopfkapsel (Orig.)
Abb. 32/12   *Orthocerus clavicornis* LINNAEUS, 9. Abdominalsegment, lateral (Orig.)
Abb. 32/13   *Oxylaemus* sp., Kopfkapsel (Orig.)

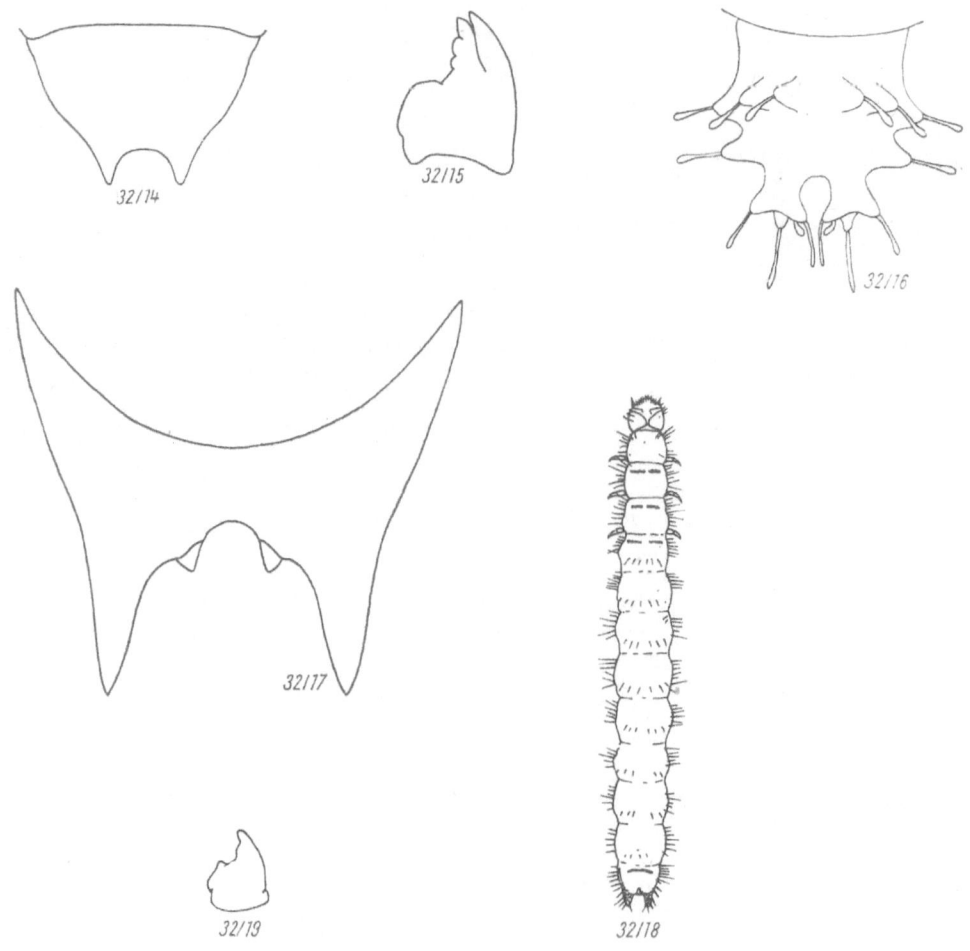

Abb. 32/14　*Oxylaemus* sp., 9. Abdominalsegment (Orig.)
Abb. 32/15　*Oxylaemus* sp., Mandibel (Orig.)
Abb. 32/16　*Myrmecoxenus subterraneus* Chevrolat, 9. Abdominalsegment (nach Klaus-
　　　　　　nitzer, 1975)
Abb. 32/17　*Aglenus brunneus* Gyllenhal, 9. Abdominalsegment (Orig.)
Abb. 32/18　*Lado jelskii* Wankow, Körperumriß (nach Saalas, 1923)
Abb. 32/19　*Lado jelskii* Wankow, Mandibel (nach Saalas, 1923)

5.33. Endomychidae

Larven sehr verschieden gebaut, die Unterfamilien sind scharf gegeneinander abgegrenzt. Körper oft mit dorsalen Fortsätzen oder Warzen. Urogomphi fehlend oder vorhanden. Kopfkapsel mit deutlicher Frontalnaht, ohne Epicranialnaht. Mandibeln mit Mola. Maxille nur mit einer Lade, Cardo deutlich. Labialpalpen zweigliedrig.

Die *Sphaerosominae* weichen in einer Anzahl Merkmalen von den übrigen *Endomychidae* ab, so daß ihre Ausgliederung aus dieser Familie mehrfach erwogen wurde. Die Bestimmungstabelle ist als provisorisch anzusehen. Die Determination der drei wichtigsten Unterfamilien ist aber gesichert: *Sphaerosominae* (6), *Mycetaeinae* (5), *Endomychinae* (1).

Die Larven der *Endomychidae* leben von niederen Pilzen. Zur Verpuppung suchen sie gewöhnlich die Bodenoberfläche auf.

Bestimmungstabelle für die Gattungen

Es fehlen: *Symbiotes* REDTENBACHER, *Clemmus* HAMPE, *Agaricophilus* MOTSCHULSKY, *Mychophilus* FRIVALDSKY, *Liesthes* REDTENBACHER, *Pleganophorus* HAMPE *Dapsa* LATREILLE, *Hylaia* REDTENBACHER, *Mycetina* MULSANT.

1 (4) Körper breit (H 64), mit dorsalen Warzen oder Lateralfortsätzen ausgerüstet. 9. Abdominalsegment ohne Urogomphi. Stigmen nicht vorspringend.

2 (3) Antennen dünn und hervorragend. Abdominalsegmente mit 2 seitlichen Fortsätzen. Färbung lebhaft. An Pilzen und verpilztem Holz. . . . . *Endomychus* PANZER (H 64)

3 (2) Antennen sehr kurz. . Abdominalsegmente mit dorsalen Warzen (Abb. 33/3). Färbung einfarbig weiß. In Bovisten . . . . *Lycoperdina* LATREILLE

4 (1) Körper länglich, ohne seitliche Fortsätze oder Warzen, ausgenommen bisweilen am 8. Abdominalsegment (Abb. 33/1). 9. Abdominalsegment mit gekrümmten Urogomphi (Abb. 33/1).

5 (6) Abdominalstigmen seitlich und einfach. Körper mit langen, kolbenförmigen oder gegabelten Haaren bedeckt (Abb. 33/4). In Kellern und hohlen Bäumen . . . . *Mycetaea* STEPHENS

6 (5) Abdominalstigmen liegen dorsal auf zahnförmigen Erhebungen (Abb. 33/2). Körper trägt wenig entwickelte Borsten, die kaum keulenförmig sind. In verpilzter Waldstreu, unter Moos, Reisig, Laub . . . . *Sphaerosoma* LEACH

 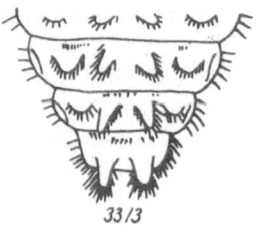 

Abb. 33/1 *Sphaerosoma algiricum* Reitter, 7.—9. Abdominalsegment (nach Peyerimhoff, 1913)

Abb. 33/2 *Sphaerosoma algiricum* Reitter, Stigma (nach Peyerimhoff, 1913)

Abb. 33/3 *Lycoperdina succincta* Linnaeus, 7.—9. Abdominalsegment (nach Ganglbauer, 1899)

Abb. 33/4 *Mycetaea hirta* Marsham, 7./8. Abdominalsegment (nach Böving und Craighead, 1931)

5.34. Coccinellidae

Körper ist oft mit borstentragenden Tuberkeln besetzt, deren verschiedene Ausprägungsstufen als diagnostische Merkmale von großer Bedeutung sind. Tibia oft mit gekeulten Borsten am Distalende. Urogomphi fehlen. Antennen ein- bis dreigliedrig. Mandibeln mit oder ohne Mola, meist mit Retinaculum. Galea vorhanden, Lacinia reduziert. Labialpalpus meist zweigliedrig.

Die Sklerotisierung des Abdomens ist verschieden weit fortgeschritten. Meist sind 12 Sklerite je Segment vorhanden und auf den Abdominalsegmenten 1—8 in 6 dorsalen und 6 ventralen Längsreihen angeordnet. Diese Reihen werden als dorsal (d), dorsolateral (dl) und lateral (l) bzw. ventral (v), ventrolateral (vl) und paralateral (pl) bezeichnet. Sie sind auch auf den Thoraxsegmenten erkennbar und werden dort im gleichen Sinne benannt. Alle diese Sklerite tragen Borsten, die auf den verschiedensten Sockeln stehen können oder direkt entspringen. Es kommen verschiedene Borstentypen vor, die wie folgt benannt werden. Sind nur wenige Borsten vorhanden, so werden sie als Setae bezeichnet.

a) Die Borsten entspringen ohne basale Erhebung direkt auf dem Sklerit und bilden Gruppen: Verrucae

b) Die Borste steht auf einem Sockel (die Höhe des Sockels ist oft taxonomisch wichtig): Chalaza

c) Mehrere (meist eine charakteristische Zahl) Chalazae stehen eng beieinander, berühren einander und bilden eine Struma.

d) Auf einer zentralen Erhebung, die höher als breit oder wenigstens so hoch wie breit ist, stehen mehrere Borsten: Sentus.

e) Die Borsten eines Sentus befinden sich auf astartigen, abzweigenden Sockeln: Scolus (mindestens viermal so hoch wie breit) oder Parascolus (dreimal so hoch wie breit oder niedriger).

Die einzelnen Typen gehen mitunter ineinander über, doch ist gewöhnlich eine Zuordnung möglich. Neben der Sockelhöhe und der Zahl der Borsten ist auch die Länge der Borsten als Merkmal brauchbar. Bei den *Hyperaspini* und *Scymnus* ist die gesamte Dorsalseite der Larven mit Wachsausscheidungen bedeckt.

Coccinellidenlarven werden oft und meist in verhältnismäßig großer Zahl in Bodenfallen gefangen, obwohl sie bis auf sehr wenige Ausnahmen keine Bewohner der Bodenoberfläche sind.

Die Larven der *Coccinellidae* ernähren sich vorwiegend von Blattläusen, aber auch von Schildläusen, Blattflöhen und Spinnmilben. Einige Arten sind phytophag, andere leben von Mehltaupilzen. Entsprechend der sehr unterschiedlichen Nahrung besiedeln sie die verschiedenartigsten Habitate.

Bestimmungstabelle für die Gattungen

Es fehlt: *Chelonitis* WEISE

1 (6) Frontalnaht vorhanden, V-förmig. Epicranialnaht lang. Frontoclypealnaht vollständig (Abb. 34/1). Mandibeln mit 4 oder 5 langen Zähnen an der Spitze (Abb. 34/2). Galea lang-oval mit einer gerundeten Spitze, die viele Borsten trägt. Antennen lang, dreigliedrig, das 2. Glied länger als breit (Abb. 34/7). Körper mit vielästigen Scoli besetzt (Abb. 34/8, 9). Phytophag.

2 (3) Äste der Scoli lang, 5—7mal länger als breit. Dornen der Scoli kurz, 2—3mal kürzer als die Äste oder höchstens von gleicher Länge (Abb. 34/8). Phytophag an Cucurbitaceae . . . . *Henosepilachna* LI

3 (2) Äste der Scoli kurz, so lang oder nur wenig länger als breit. Dornen sehr lang, dünn, 8—10mal länger als die Äste (Abb. 34/9).

4 (5) Mandibeln an der Basis erweitert, mit zwei großen und 3 kleinen Zähnen an der Spitze (Abb. 34/10). Scoli d II* mit 2 Ästen an der Spitze. Phytophag . . . . *Subcoccinella* HUBER

5 (4) Mandibeln schmal, langgestreckt, nur eine kleine Erweiterung an der Basis, mit einem großen und 3 kleinen kurzen Zähnchen an der Spitze (Abb. 34/11). Scoli d II mit 4 Ästen an der Spitze (Abb. 34/9). Phytophag an Gramineae . . . . . . *Cynegetis* REDTENBACHER

6 (1) Frontalnaht fehlend oder Ʊ-förmig (Abb. 34/6). Epicranialnaht fehlend oder vorhanden, wenn sie vorhanden ist, dann sind die Antennen kurz, das 2. Glied so lang wie breit. Mandibeln an der Spitze mit einem oder 2 großen Zähnen (Abb. 34/3—5). Galea von unterschiedlicher Form. Körper mit Setae, Chalazae, Strumae, Parascoli, Senti oder Verrucae; wenn mit Scoli, so sind diese zwei- oder dreiästig.

7 (8) Prothorax mit 6 sklerotisierten Platten (Abb. 34/12). Spitze des Tibiotarsus ohne dichten Haarbusch, 3 einfache Borsten sind etwas unterhalb der Klaue angeordnet (Abb. 34/13). Steppengebiete . . . . *Lithophilus* FRÖLICH

---

* Die Thoraxsegmente werden mit römischen Ziffern (I—III), die Abdominalsegmente mit arabischen Ziffern (1—9) in Indexstellung bezeichnet.

8   (7) Prothorax mit 2 oder 4 sklerotisierten Platten oder ohne solche. Spitze des Tibiotarsus mit einem $\pm$ dichten Haarbusch (Abb. 34/14).

9   (14) Kopf von gerundet dreieckigem Umriß. Mandibeln mit 6—7 Zähnchen, deren Größe zur Basis zu abnimmt (Abb. 34/4). Submentum mit mehreren stabartigen Borsten. Abdominaltergite mit Strumae. Fungivor.

10 (11) Prothorax mit 2 sklerotisierten Platten. D und dl Strumae rund (Abb. 34/16). Mandibeln mit 6 Zähnchen. Zahn an der Basis der Klauen rund. L_{1-3} schwarz, l_{4-8} gelb, dl_1 schwarz . . . . . .
. . . . *Vibidia* MULSANT

11 (10) Prothorax mit 4 sklerotisierten Platten. D und dl Strumae von unterschiedlicher Gestalt.

12 (13) D Strumae oval in der horizontalen Ebene, dl Strumae rund (Abb. 34/17). Mandibeln mit 6 Zähnchen. Zahn an der Basis der Klaue rechteckig. Dl_1 gelb . . . . *Thea* MULSANT

13 (12) D Strumae rund, dl Strumae oval in der vertikalen Ebene (Abb. 34/18). Mandibeln mit 7 Zähnchen. Zahn an der Basis der Klauen rund. L_{1-5} schwärzlich, l_{6-8} gelb, dl_1 schwarz. Laubwälder . . . . . .
. . . . *Halyzia* MULSANT

14   (9) Kopfumriß verschiedenartig. Mandibeln höchstens mit 3 Zähnen an der Spitze (Abb. 34/15). Submentum gewöhnlich mit dünnen, langen, selten kurzen Setae. Abdominaltergite mit verschiedensten Strukturen.

15 (16) Frontalnaht mit scharfen Ecken. Mandibeln mit 3 Zähnen an der Spitze (Abb. 34/15). Abdominaltergite mit viereckigen Strumae. Palynophag . . . . *Bulaea* MULSANT

16 (15) Frontalnaht rund oder fehlend. Mandibeln mit 1 oder 2 Zähnen an der Spitze (Abb. 34/3, 5). Carnivor.

17 (64) Mandibeln mit 2 Zähnen an der Spitze (Abb. 34/3), wenn nur 1, dann sind die Maxillarpalpen oder die Antennen zweigliedrig.

18 (21) Maxillarpalpen und Antennen zweigliedrig.

19 (20) Mandibeln mit 2 Zähnen an der Spitze (Abb. 34/3). Abdominaltergite mit Verrucae (Abb. 34/20). Obstanpflanzungen . . . .
. . . . *Rodolia* MULSANT

20 (19) Mandibelspitze ungeteilt (Abb. 34/5). Abdominaltergite mit Strumae (Abb. 34/21). Frontalnaht annähernd V-förmig. Kiefernwälder . .
. . . . *Novius* MULSANT

21 (18) Maxillarpalpen dreigliedrig. Antennen ein- oder dreigliedrig. Abdominaltergite mit verschiedenartigen Strukturen.

22 (27) Antennen ein- selten zweigliedrig. Kopf gewöhnlich rechteckig, stark und gleichmäßig sklerotisiert. Abdominaltergite mit Senti (Abb. 34/22, 23).

23 (24) Epicranialnaht gut entwickelt. Mandibeln mit 2 Zähnen an der Spitze (Abb. 34/3). Meso- und Metathorax ohne sklerotisierte Platte. Senti lang, dünn, 5—13mal so lang als breit (Abb. 34/23). Wälder . . . . *Chilocorus* LEACH

24 (23) Epicranialnaht fehlt. Mandibeln nur mit einem Zahn an der Spitze (Abb. 34/5). Meso- und Metathorax mit sklerotisierten Platten. Senti kurz, nur 3—4mal so lang wie breit (Abb. 34/24, 25).

25 (26) Prothorax mit 4 sklerotisierten Platten, wenn mit 2, dann sind die d Senti kurz und dreieckig, ähnlich Parascoli (Abb. 34/24). Kiefernwälder, Moore . . . . *Brumus* MULSANT

26 (25) Prothorax mit 2 sklerotisierten Platten, d Senti lang (Abb. 34/25). Wälder, Moore . . . . *Exochomus* REDTENBACHER

27 (22) Antennen dreigliedrig, das letzte Glied meist relativ klein, Kopf gerundet viereckig.

28 (29) Das letzte Antennenglied kuppelförmig. Mandibeln mit dicken, kurzen Setae am Innenrand (Abb. 34/26). Maxillarpalpen, Galea und Mentum bedeckt mit zahlreichen kurzen Borsten (Abb. 34/27). Trockenrasen, Ödländer . . . . *Tytthaspis* CROTCH

29 (28) Das letzte Antennenglied kuppelförmig oder flach. Mandibeln ohne Setae am Innenrand. Maxillarpalpen, Galea und Mentum mit wenigen langen Borsten besetzt.

30 (33) 9. Abdominalsegment $\pm$ abgestutzt bis schwach eingebuchtet (Abb. 34/28). Abdominaltergite mit Strumae.

31 (32) Klauen mit einem gerundeten, viereckigen Zahn an der Basis (Abb. 34/29). Setae auf dem Körper schwach geknöpft (verdickt an der Spitze). Trockenrasen, Wälder . . . *Rhizobius* STEPHENS

32 (31) Klauen ohne deutlichen Zahn, nur erweitert an der Basis (Abb. 34/30). Setae auf dem Körper zugespitzt. Ufervegetation stehender Gewässer . . . . *Coccidula* GYLLENHAL

33 (30) 9. Abdominalsegment gleichmäßig gerundet (Abb. 34/31) oder mit caudaler Spitze (Abb. 34/32). Abdominaltergite mit Scoli, Senti, Parascoli, Strumae oder Verrucae.

34 (37) 9. Abdominalsegment mit caudaler Spitze (Abb. 34/32).

35 (36) Innenrand der Platten des Prothorax gerade. Platten auf Meso- und Metathorax gerundet, so lang wie breit. Klauen mit einem schmalen Zahn an der Basis. Krautschicht verschiedenster Biotope . . . . *Propylaea* MULSANT

36 (35) Innenrand der Platten des Prothorax mit einem dreieckigen Einschnitt an der Basis. Platten auf Meso- und Metathorax von ovaler Form. Klauen mit einem großen, robusten Zahn an der Basis. Erlenbestände und andere Biotope . . . . *Calvia* MULSANT

37 (34) 9. Abdominalsegment ohne caudale Spitze (Abb. 34/31).

38 (39) Abdominaltergite mit Scoli. D und dl Scoli mit 2 bis 3 Armen, die einer $\pm$ langen gemeinsamen Basis entspringen (Abb. 34/33). Nadelwälder . . . . *Harmonia* MULSANT

39 (38) Abdominaltergite ohne Scoli; bedeckt mit Senti, Parascoli, Strumae oder Verrucae.

40 (43) Abdominaltergite mit Senti. Prothorax mit 2 robusten Platten.

41 (42) D Senti auf dem Abdomen 1,5mal so lang wie breit (Abb. 34/34). Pronotum an den Hinterecken und Meso- und Metanotum am Außenrand mit 3 Senti und Chalazae. $L_{1,4-6}$ und dl_1 gelbweiß. Erlenbestände . . . . *Sospita* MULSANT

42 (41) D Senti auf dem Abdomen 3mal so lang wie breit. Hinterrand des
　　　　Pronotums mit 6 Senti in einer einzigen Reihe. Meso- und Meta-
　　　　notum mit je einem Sentus in der d, dl und l Position. Mitte des
　　　　Hinterrandes des Pronotums mit einem roten Fleck. $L_{1,2}$ orange.
　　　　Vorwiegend Nadelwälder . . . . *Anatis* Mulsant

43 (40) Abdominaltergite ohne Senti, Prothorax mit 2 oder 4 robusten
　　　　Platten.

44 (49) Abdominaltergite mit Verrucae (Abb. 34/20), die mit zahlreichen
　　　　schlanken Setae, mit spärlichen Setae oder mit gering entwickelten
　　　　Chalazae bedeckt sind.

45 (46) Verrucae breit, mit zahlreichen schlanken Borsten (Abb. 34/36).
　　　　$D_{1,2}$ Verrucae flach, d_{3-8} konisch. Thoraxplatten ebenfalls mit zahl-
　　　　reichen Setae. Basis der Klauen ohne Zahn (Abb. 34/35). $L_{1,4-6}$ und
　　　　dl_1 rötlichgelb. Tibiotarsus lang. Nadelwälder . . *Neomysia* Casey
　　　　(Ähnlich ist *Adalia conglomerata* Linnaeus, doch ist bei dieser Art
　　　　d, dl_{1-8}; l_{1-8} hell und Tibiotarsus kurz.)

46 (45) Verrucae klein, nur schwach entwickelt, breiter als hoch mit spär-
　　　　lichen Borsten und einer schwach entwickelten Chalaza (Abb. 34/37).
　　　　Basis der Klauen mit einem Zahn.

47 (48) Tibia länger als Dorsalseite des Femur. D und dl Chalazae auf den
　　　　Abdominaltergiten spärlich und schwach (Abb. 34/38). Kiefern-
　　　　wälder . . . . *Myrrha* Mulsant

48 (47) Tibia so lang wie die Dorsalseite des Femur. D und dl Chalazae auf
　　　　den Abdominaltergiten dichter und mit breiterer Basis (Abb. 34/39).
　　　　Nadelwälder . . . . *Aphidecta* Weise

49 (44) Abdominaltergite mit Parascoli oder Strumae.

50 (51) Innenrand der Mandibeln mit feinen und dichten kleinen Zacken
　　　　(Abb. 34/40). Basis der Klaue ohne Zahn. Prothorax mit 4 weit ge-
　　　　trennten Platten. Platten des Mesothorax rund. Ufervegetation
　　　　. . . . . *Anisosticta* Duponchel

51 (50) Innenrand der Mandibeln ohne feine Zacken. Klauenbasis in den
　　　　meisten Fällen mit einem Zahn.

52 (57) Antennen lang, 2. Glied deutlich schmaler und länger als das 1.
　　　　3. Glied gut entwickelt, kuppelförmig.

53 (54) Klauenbasis mit einem gut entwickelten, robusten, viereckigen Zahn
　　　　(Abb. 34/41), umgeben mit dick keulenförmigen, abstehenden Setae.
　　　　Prothorax mit 4 sklerotisierten Platten, wenn mit 2, dann jede von
　　　　ihnen tief ausgeschnitten am Vorderrand oder an einer Seite. Platte
　　　　des Mesothorax oval, robust und mit zahlreichen Chalazae. Unter-
　　　　schiedlichste Biotope . . . . *Semiadalia* Crotch

54 (53) Klauen nur wenig an der Basis erweitert und umgeben von Setae,
　　　　die gerade oder an der Spitze etwas verdickt sind.

55 (56) Prothorax mit 4 Platten, seitliche Platten weit entfernt von den
　　　　mittleren. Basis der d Parascoli oval, mit Chalazae, die gleichmäßig
　　　　verteilt sind oder nur entlang des Innenrandes stehen. Mit orange
　　　　Flecken. Krautschicht verschiedenster Biotope. . *Adonia* Mulsant

56 (55) Prothorax mit 2 oder 4 Platten, die eng nebeneinander liegen. Basis
　　　　der Parascoli rund, mit großen Chalazae, die auf dessen Spitze kon-

zentriert sind. Larven vollständig schwarz oder schwarz mit hellem 4. Abdominalsegment. Ufervegetation, Moore . . . .

. . . . *Hippodamia* MULSANT

57 (52) Antennen kurz, 2. Glied nur wenig länger als das 1. 3. Glied sehr klein, undeutlich.

58 (61) Prothorax mit 2 oval rechteckigen Platten. Wenn diese Platten am Vorderrand ausgeschnitten sind, dann nicht tief, und die Larven sind lebhaft gefärbt (orangegelb und schwarz).

59 (60) Platten des Mesothorax rund bis oval (Abb. 34/42). Abdominaltergite mit kleinen Strumae, die 3—4 große und einzelne kleine Borsten tragen. Larven weiß oder gelb mit schwarzen Flecken. Trockenrasen, Ödländer . . . .

. . . . *Coccinula* DOBZHANSKY

60 (59) Platte des Mesothorax in der Mitte etwas eingeschnürt (Abb. 34/43). Abdominaltergite mit kleinen Parascoli. Larven rosa oder rot mit weißen und schwarzen Flecken. Verschiedenste Biotope . . . .

. . . . *Synharmonia* GANGLBAUER

61 (58) Prothorax mit 4 oder 2 Platten, die vollständig getrennt oder zu Paaren mit $\pm$ wenigen großen Zusammenhängen verbunden sind. Wenn 2 Platten vorhanden sind, dann ist jede sowohl am Vorder- wie auch am Hinterrand oder nur am Vorderrand sehr tief ausgeschnitten, und die Larven sind hellgrau.

62 (63) Parascoli der Abdominalsegmente hoch oder niedrig, aber zahlreiche Chalazae tragend, gewöhnlich mit verlängerter Basis (Abb. 34/44). Wenn die Basis der Chalazae rund ist, dann tragen die Parascoli etwa 10 große Chalazae, oder wenn weniger, dann ist die Basis der Klauen ohne Zahn. Krautschicht verschiedenster Biotope . . . .

. . . . *Coccinella* LINNAEUS (H 65)

63 (62) Parascoli der Abdominalsegmente niedrig, mit 3—5 großen Chalazae mit deutlich runder Basis (Abb. 34/45). Basis der Klauen mit einem gut entwickelten Zahn. Meist ist ein gelber Fleck in der Mitte des 4. Abdominalsegmentes vorhanden. Baum- und Strauchschicht verschiedenster Biotope . . . . *Adalia* MULSANT

64 (17) Mandibeln mit einem Zahn (Abb. 34/5). Epicranialnaht und in den meisten Fällen auch die Frontalnaht fehlend.

65 (68) Kopf streng transvers, 2mal so breit wie lang. Körper oval (Abb. 34/49) oder breit oval (Abb. 34/48), bedeckt mit Chalazae und Setae.

66 (67) 2. Antennenglied zylindrisch (Abb. 34/46). Körper breit oval, fast rund (Abb. 34/48), ohne Wachsbedeckung. Chalazae nur an den Pleuriten, Tergite kahl. Trockenrasen, Ödländer . . . .

. . . . *Platynaspis* REDTENBACHER

67 (66) 2. Antennenglied flach (Abb. 34/47). Körper oval (Abb. 34/49), mit weißer Wachsbedeckung. Chalazae und Setae auf Tergiten und Pleuriten. Steppen- auch Baumbewohner . . . .

. . . . — *Hyperaspis* REDTENBACHER

68 (65) Kopf nur ein wenig breiter als lang, nicht transvers. Körper langgestreckt (Abb. 34/50), mit Verrucae oder Strumae.

69 (70) Thorax mit gut entwickelten sklerotisierten Platten. Verrucae des
Abdomens ebenfalls gut sklerotisiert (Abb. 34/51). Ohne weiße
Wachsausscheidungen. Laubwälder, Obstanpflanzungen . . . .
. . . . *Stethorus* Weise

70 (69) Keine deutlich sklerotisierten Platten auf dem Thorax, höchstens
ganz schwach entwickelte. Verrucae oder Strumae des Abdomens
schwach sklerotisiert. Immer mit weißer Wachsbedeckung.

71 (72) Hinterrand des 9. Abdominalsegmentes mit 2 Paar starken, kurzen,
zugespitzten Setae. Strumae der Abdominalsegmente mit 1—2 langen Setae (Abb. 34/52) . . . . *Clitostethus* Weise

72 (71) Hinterrand des 9. Abdominalsegmentes ohne starke, zugespitzte
Setae (Abb. 34/50). Verschiedenste Biotope. . *Scymnus* Kugelann

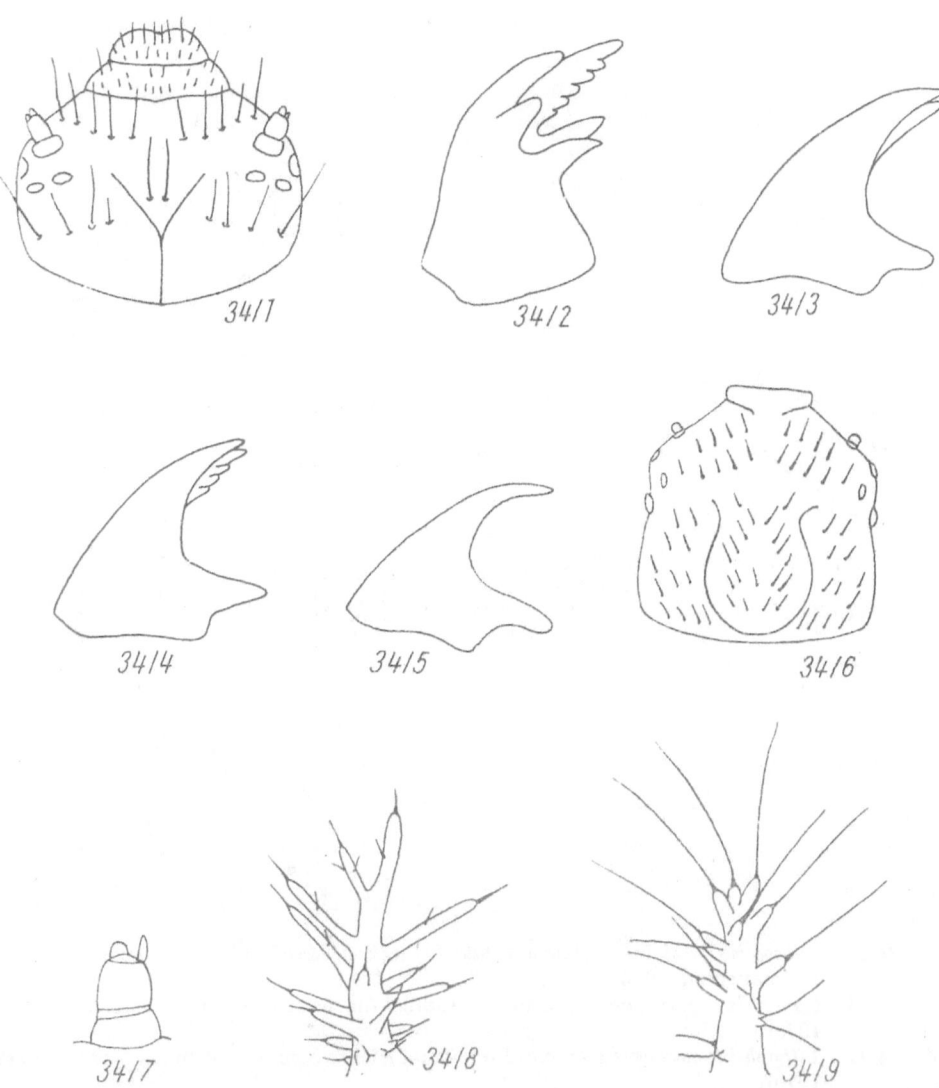

Abb. 34/1 *Henosepilachna elaterii* Rossi, Kopf (nach Sawoiskaja und Klausnitzer, 1973)
Abb. 34/2 *Henosepilachna argus* Geoffroy, Mandibel (nach Klausnitzer, 1970)
Abb. 34/3 *Coccinella septempunctata* Linnaeus, Mandibel (nach Klausnitzer, 1970)
Abb. 34/4 *Thea vigintiduopunctata* Linnaeus, Mandibel (nach Klausnitzer, 1970)
Abb. 34/5 *Exochomus quadripustulatus* Linnaeus, Mandibel (nach Klausnitzer, 1970)
Abb. 34/6 *Scymnus balkhashensis* Sawoiskaja, Kopf (nach Sawoiskaja und Klausnitzer, 1973)
Abb. 34/7 *Henosepilachna argus* Geoffroy, Antenne (nach Sawoiskaja und Klausnitzer, 1973)
Abb. 34/8 *Henosepilachna argus* Geoffroy, Scolus dl₁ (nach Klausnitzer, 1970)
Abb. 34/9 *Cynegetis impunctata* Linnaeus, Scolus dl₃ (nach Klausnitzer, 1970)

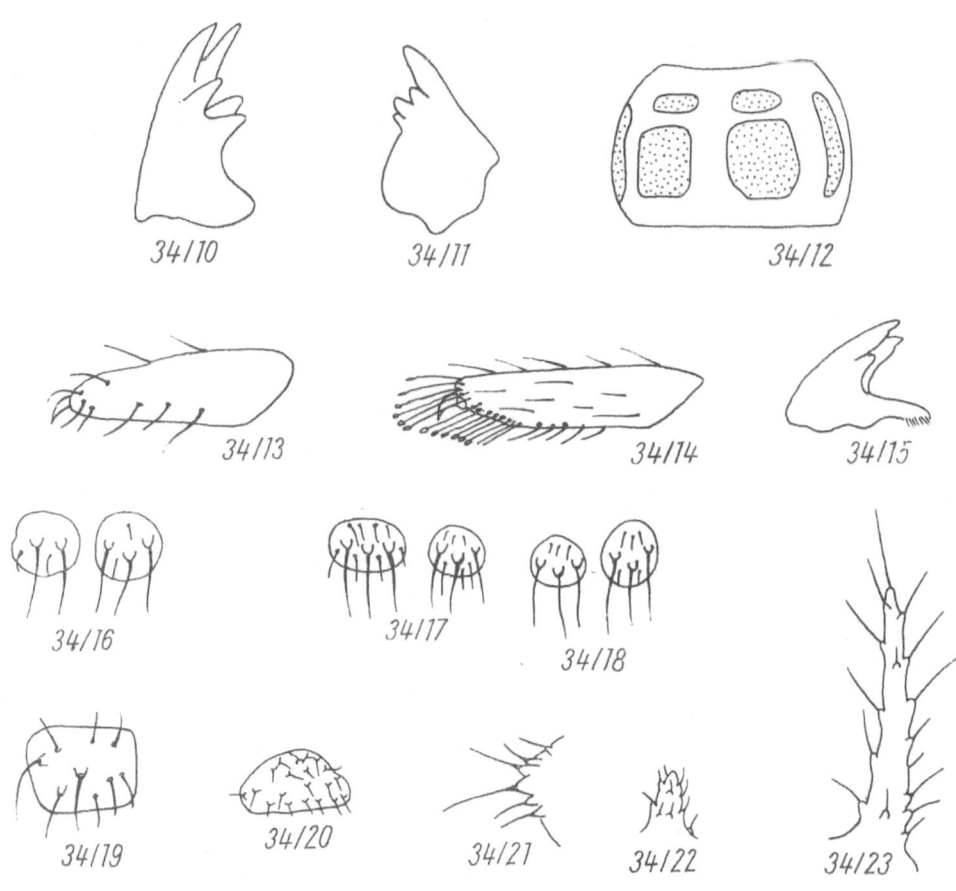

Abb. 34/10   *Subcoccinella vigintiquatuorpunctata* Linnaeus, Mandibel (nach Sawoiskaja und Klausnitzer, 1973)

Abb. 34/11   *Cynegetis impunctata* Linnaeus, Mandibel (nach Sawoiskaja und Klausnitzer, 1973)

Abb. 34/12   *Lithophilus connatus* Panzer, Pronotum, leichte Schrägsicht (nach Klausnitzer, 1970)

Abb. 34/13   *Lithophilus connatus* Panzer, Tibia (nach Klausnitzer, 1970)

Abb. 34/14   *Chilocorus bipustulatus* Linnaeus, Tibia (nach Klausnitzer, 1970)

Abb. 34/15   *Bulaea lichatschovi* Hummel, Mandibel (nach Sawoiskaja und Klausnitzer, 1973)

Abb. 34/16   *Vibidia duodecimguttata* Poda, Strumae d, dl (nach Sawoiskaja und Klausnitzer, 1973)

Abb. 34/17   *Thea vigintiduopunctata* Linnaeus, Strumae d, dl, (nach Sawoiskaja und Klausnitzer, 1973)

Abb. 34/18   *Halyzia tschitscherini* Semenov, Strumae d, dl (nach Sawoiskaja und Klausnitzer, 1973)

Abb. 34/19   *Bulaea lichatschovi* Hummel, Struma dl (nach Sawoiskaja und Klausnitzer, 1973)

Abb. 34/20   *Adalia conglomerata* Linnaeus, Verruca d_2 (nach Klausnitzer, 1970)

Abb. 34/21   *Synharmonia conglobata* Linnaeus, Struma d_8 (nach Klausnitzer, 1970)

Abb. 34/22   *Sospita vigintiguttata* Linnaeus, Sentus d_7 (nach Klausnitzer, 1970)

Abb. 34/23   *Chilocorus renipustulatus* Scriba, Sentus l_3 (nach Klausnitzer, 1970)

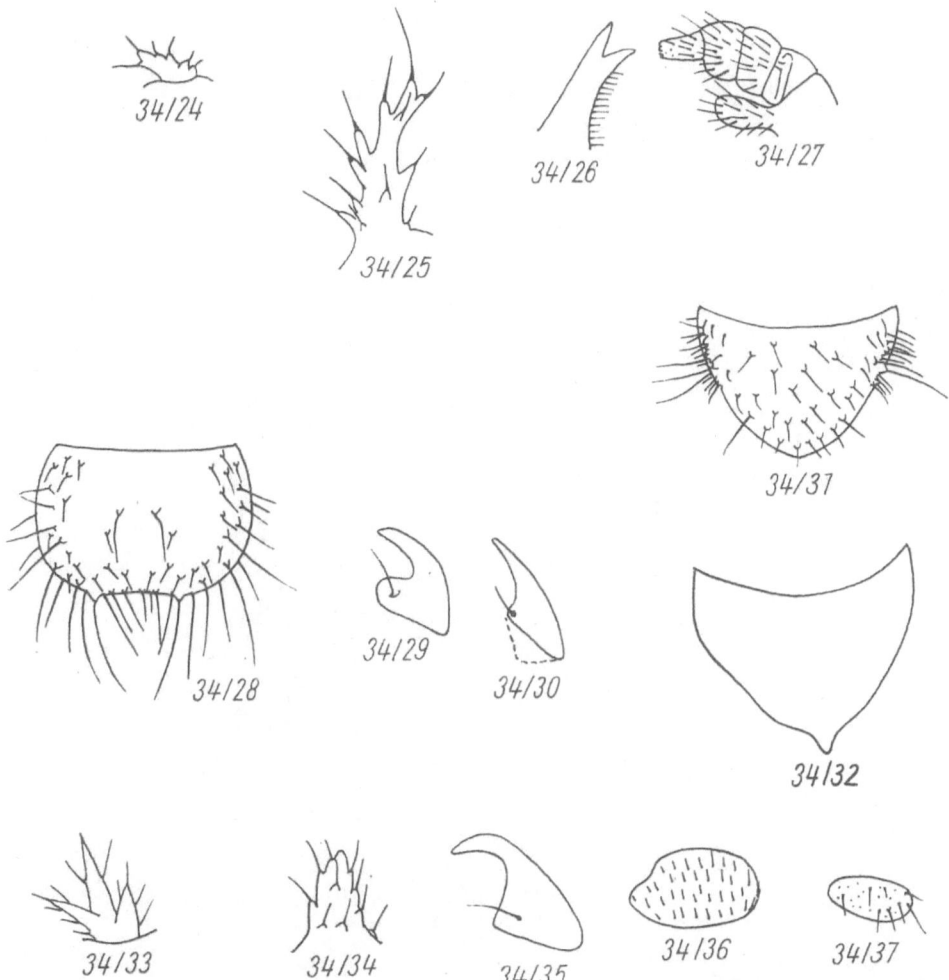

Abb. 34/24   *Brumus oblongus* WEIDENBACH, Parascolus l_3 (nach KLAUSNITZER, 1970)

Abb. 34/25   *Exochomus quadripustulatus* LINNAEUS, Parascolus l_2 (nach KLAUSNITZER, 1970)

Abb. 34/26   *Tytthaspis lineola* GEBLER, Mandibel (nach SAWOISKAJA und KLAUSNITZER, 1973)

Abb. 34/27   *Tytthaspis lineola* GEBLER, Maxille (nach SAWOISKAJA und KLAUSNITZER, 1973)

Abb. 34/28   *Coccidula scutellata* HERBST, 9. Abdominalsegment (nach KLAUSNITZER, 1970)

Abb. 34/29   *Rhizobius litura* FABRICIUS, Klaue (nach EMDEN, 1949)

Abb. 34/30   *Coccidula* sp., Klaue (nach EMDEN, 1949)

Abb. 34/31   *Sospita vigintiguttata* LINNAEUS, 9. Abdominalsegment (nach KLAUSNITZER, 1970)

Abb. 34/32   *Calvia quatuordecimguttata* LINNAEUS, 9. Abdominalsegment (nach KLAUSNITZER, 1970)

Abb. 34/33   *Harmonia quadripunctata* PONTOPPIDAN, Parascolus dl_5 (nach KLAUSNITZER, 1970)

Abb. 34/34   *Sospita vigintiguttata* LINNAEUS, Scolus d_7 (nach KLAUSNITZER 1970)

Abb. 34/35   *Neomysia oblongoguttata* LINNAEUS, Klaue (nach SAWOISKAJA und KLAUSNITZER, 1973)

Abb. 34/36   *Neomysia oblongoguttata* LINNAEUS, Verruca d_1 (nach SAWOISKAJA und KLAUSNITZER, 1973)

Abb. 34/37   *Myrrha octodecimguttata* LINNAEUS, Struma d (nach SAWOISKAJA und KLAUSNITZER, 1973)

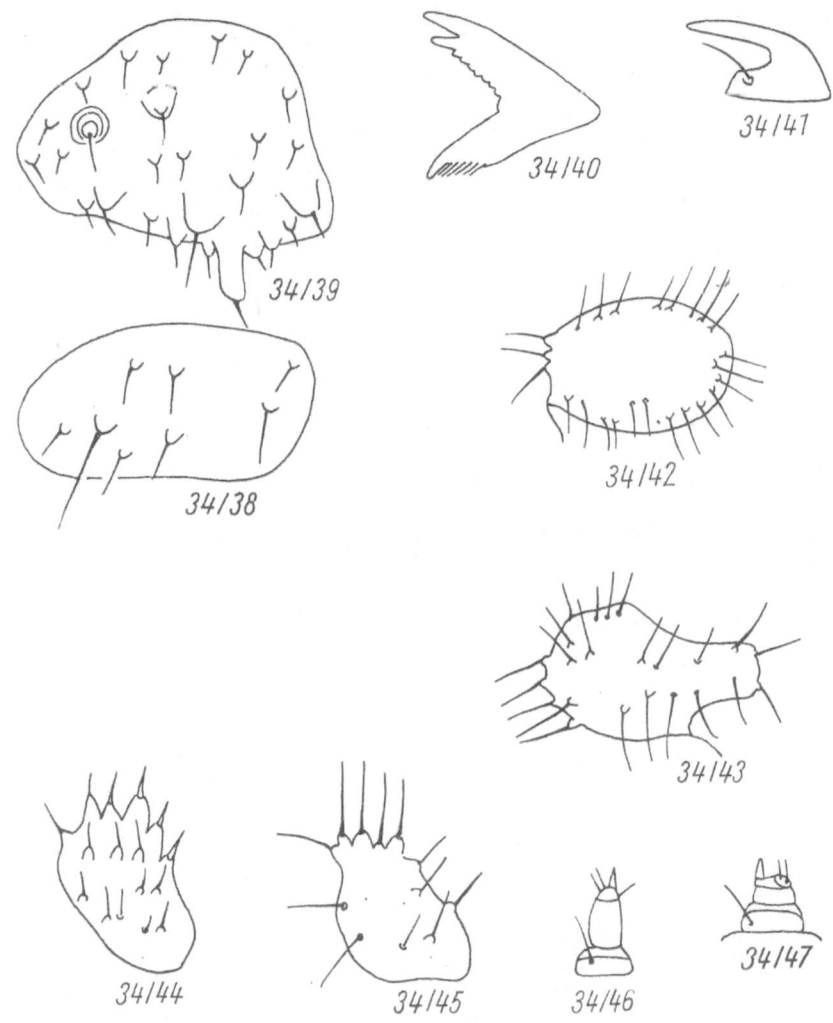

Abb. 34/38 *Myrrha octodecimguttata* Linnaeus, Struma d₃ (nach Emden, 1949)

Abb. 34/39 *Aphidecta obliterata* Linnaeus, Struma d₃ (nach Emden, 1949)

Abb. 34/40 *Anisosticta novemdecimpunctata* Linnaeus, Mandibel (nach Sawoiskaja und Klausnitzer, 1973)

Abb. 34/41 *Semiadalia przevalskii* Sawoiskaja, Klaue (nach Sawoiskaja und Klausnitzer, 1973)

Abb. 34/42 *Coccinula principalis* Weise, Mesothoraxplatte (nach Sawoiskaja und Klausnitzer, 1973)

Abb. 34/43 *Synharmonia conglobata* Linnaeus, Mesothoraxplatte (nach Sawoiskaja und Klausnitzer, 1973)

Abb. 34/44 *Coccinella distincta* Faldermann, Parascolus d₂ (nach Sawoiskaja und Klausnitzer, 1973)

Abb. 34/45 *Adalia bipunctata* Linnaeus, Parascolus d₂ (nach Sawoiskaja und Klausnitzer, 1973)

Abb. 34/46 *Platynaspis luteorubra* Goeze, Antenne (nach Sawoiskaja und Klausnitzer, 1973)

Abb. 34/47 *Hyperaspis alexandrae* Weise, Antenne (nach Savoiskaja und Klausnitzer, 1973)

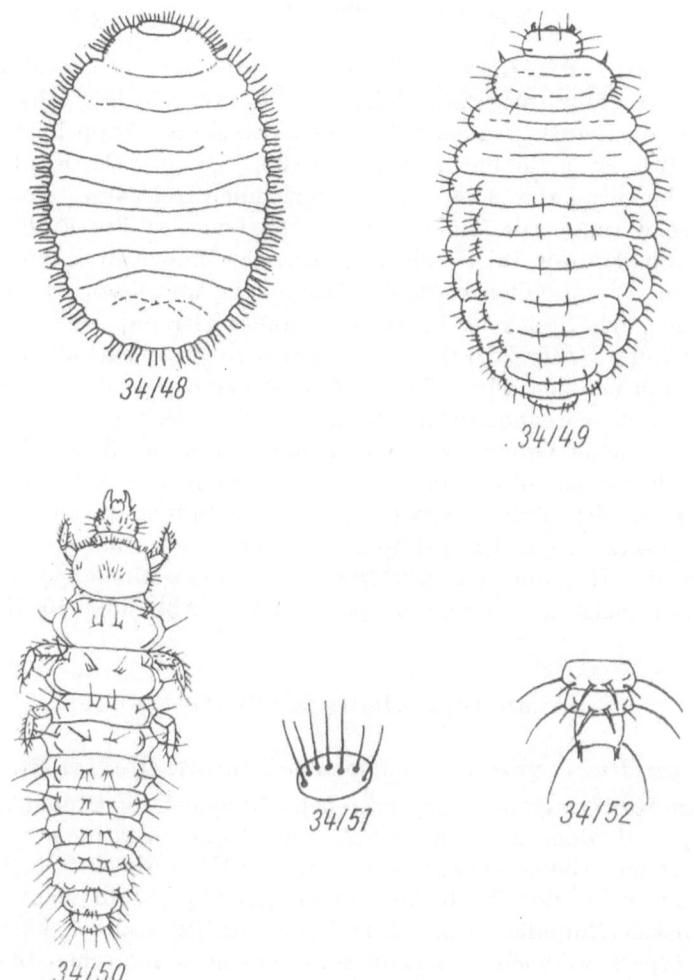

Abb. 34/48   *Platynaspis luteorubra* GOEZE, Körperumriß (nach KORSCHEFSKY, 1934)
Abb. 34/49   *Hyperaspis* sp., Körperumriß (nach SASAJI, 1948)
Abb. 34/50   *Scymnus* sp., Körperumriß (nach BINAGHI, 1941)
Abb. 34/51   *Stethorus punctillum* WEISE, Verruca d (nach SAWOISKAJA und KLAUSNITZER, 1973)
Abb. 34/52   *Clitostethus arcuatus* ROSSI, 9. Abdominalsegment (nach EMDEN, 1949)

5.35. Oedemeridae

Als Nahrung dient den Larven der *Oedemeridae* das weiche Mark krautiger
Pflanzen oder feuchtes, morsches Holz. Nach Westwood hat Ingpen die Larve
von *Chrysanthia* am auslaufenden Saft einer beschädigten Pappel gefunden.
Die Larve selbst ist klein bis mittelgroß (Abb. 35/1, 14). Der Kopf in der Regel
breit, aber sehr kurz (Abb. 35/4, 12). Er ist ziemlich frei vorgestreckt, ohne hals-
förmige Einschnürung. Die Mundwerkzeuge sind von großer Einförmigkeit, die
Mandibeln (Abb. 35/5—9, 16, 17) an der Spitze gewöhnlich dreizähnig, am Innenrand gezähnelt. Die Maxillen breit, die Taster lang und dünn. Die kurzen Beine
sind durch die ganze Breite der Brust voneinander getrennt, ziemlich schlank mit
sehr kurzen Hüften (Abb. 35/13). Das Abdomen ist gestreckt, alle Segmente sind
weichhäutig und nehmen allmählich an Länge und Breite ab. Urogomphi fehlen
oft, aber wenn sie vorhanden sind, dann sind sie scharf zugespitzt (Abb. 35/2).
Labium von normaler Größe, gut entwickelt und frei zur Basis. Clypeus ist mit
dem Kopfschild verschmolzen, die Oberlippe getrennt, die Mandibeln bedeckend.
Praehypopharynx ist normal entwickelt, an der Spitze ist ein säulenförmiger
behaarter Fortsatz (Appendix) gelegen. Zwischen Praelabium und Hypopharynx
befindet sich das Hypopharyngealsclerom, dies ist ein einmaliges Merkmal ver-
glichen mit den meisten anderen Coleopterenlarven (Abb. 35/3, 10, 15).

Bestimmungstabelle für die Gattungen

Es fehlen: *Sparedrus* Latreille, *Xanthochroa* Schmidt, *Opsimea* Miller.

1   (2) Am Hinterrand des Körpers stehen 2 hornige Urogomphi (Abb. 35/1,
         2), auf dem Rücken des 2. und 3. Thoraxsegments und der
         5 ersten Abdominalsegmente deutliche Kletterhöcker, und auf der
         Unterseite des 2.—5. Abdominalsegments je ein Paar Kletter-
         höcker (Ampullae, Abb. 35/1). Stemmata jederseits 4, Färbung des
         Körpers weißlich. Nahrung sind faulendes morsches Laub- und
         Nadelholz. L 35 mm . . . . *Calopus* Fabricius

2   (1) Am Hinterende des Körpers keine Urogomphi (Abb. 35/14).

3   (4) Zehntes Abdominaltergit in Seitenansicht hinten gerundet.
         (Abb. 35/20), das erste Antennenglied lang, um ein und einhalbmal
         so lang wie breit (Abb. 35/21) . . . . *Oncomera* Stephens

4   (3) Zehntes Abdominaltergit in Seitenansicht zugespitzt (Abb. 35/18),
         das erste Antennenglied kurz, ungefähr so breit wie lang (Abb. 35/19).

5   (6) Kletterhöcker fehlen vollkommen, Stemmata jederseits 2, Antennen
         mit einem Supplementärglied neben dem 4. Gliede. Entwicklung
         in den dürren Stengeln krautiger Pflanzen . . . *Oedemera* Olivier

6   (5) Auf der Unterseite und Oberseite der Abdominalsegmente und
         Thoraxsegmente sind Kletterhöcker erkennbar; bei *Chrysanthia*
         fehlen sie an der Unterseite des Abdomens (Abb. 35/14).

7   (10) Auf der Unterseite des 2. Abdominalsegments keine Kletterhöcker.

8   (9) Auf der Unterseite des 3. und 4. und auf der Oberseite des 1. und
         2. Abdominalsegments je ein Paar Kletterhöcker, Stemmata fehlen.

Entwicklung in faulendem, morschem Holz (Fichte, Kiefer, Eiche).
. . . . *Nacerda* STEPHENS

9 (8) Kletterhöcker befinden sich am Thorax auf dem 1.—3. Tergit, am
Abdomen auf dem 1.—3. Tergit und dem 3. und 4. Sternit, Stemmata fehlen. Körper vorn sehr breit, weißlich, mit zerstreuten braunen Haaren besetzt. L 24—36 mm . . . .
. . . . *Ditylus* FISCHER/WALDHEIM

10 (7) Hinterleib mit Kletterhöckern auf dem 1.—3. Tergit, sternal befinden sie sich am 2.—4. Abdominalsegment oder fehlen.

11 (12) Ampullae am 1.—3. Tergit und an den Sterniten 2—4 des Abdomens, Stemmata fehlen. Fraßpflanzen sind das morsche Holz
der Buchen und Ulmen . . . . *Ischnomera* STEPHENS

12 (11) Auf der Oberseite des Abdomens sind Kletterhöcker an den Tergiten 1 und 2, an der Unterseite des Abdomens fehlen sie (Abb. 35/11).
. . . . *Chrysanthia* SCHMIDT

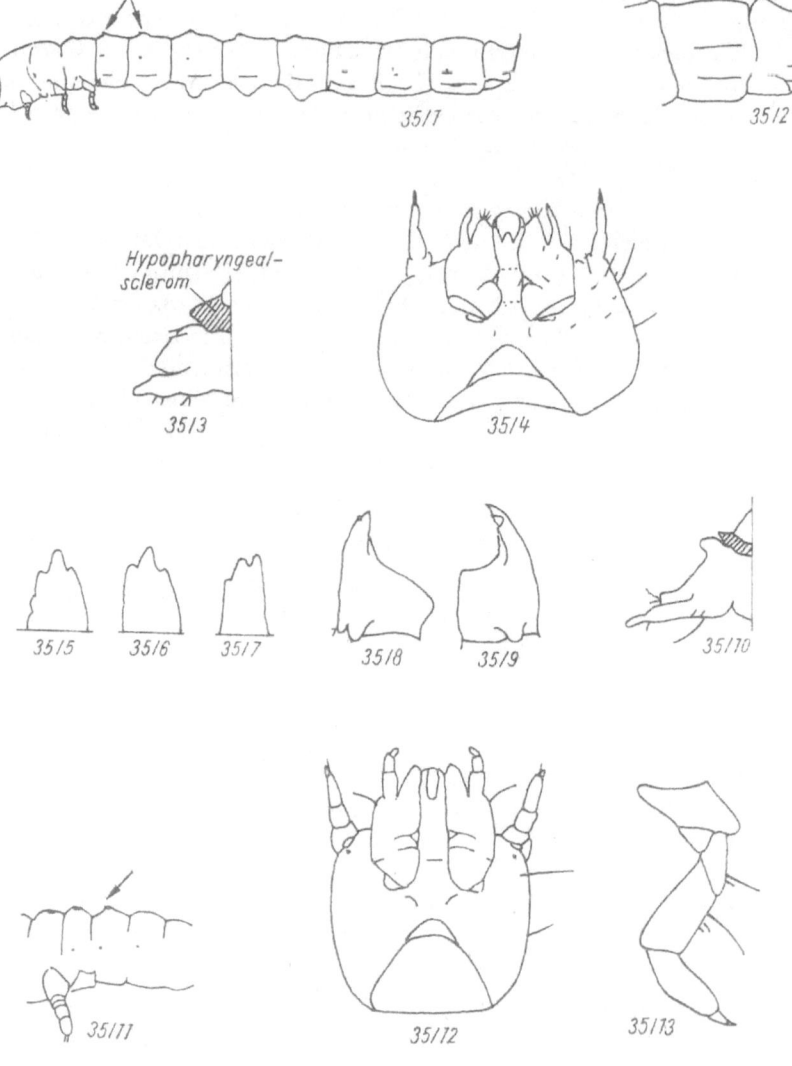

Abb. 35/1   *Calopus* sp., Larve, lateral (nach Rozen, 1960)
Abb. 35/2   *Calopus* sp., Spitze des Abdomens, lateral (nach Rozen, 1960)
Abb. 35/3   *Calopus* sp., Praelabium und Hypopharynx, lateral (nach Rozen, 1960)
Abb. 35/4   *Nacerda melanura* Linnaeus, Kopf, ventral (nach Rozen, 1960)
Abb. 35/5   *Nacerda melanura* Linnaeus, Spitze der linken Mandibel, innen (nach Rozen, 1960)
Abb. 35/6   *Nacerda malanura* Linnaeus, Spitze der linken Mandibel, außen (nach Rozen, 1960)
Abb. 35/7   *Nacerda melanura* Linnaeus, Spitze der rechten Mandibel, außen (nach Rozen, 1960)
Abb. 35/8   *Nacerda melanura* Linnaeus, rechte Mandibel, ventral (nach Rozen, 1960)
Abb. 35/9   *Nacerda melanura* Linnaeus, linke Mandibel, ventral (nach Rozen, 1960)
Abb. 35/10   *Nacerda melanura* Linnaeus, Praelabium und Hypopharynx, lateral (nach Rozen, 1960)
Abb. 35/11   *Chrysanthia viridissima* Linnaeus, Metathorax und Abdominalsegmente 1—3, lateral (nach Rozen, 1960)
Abb. 35/12   *Oedemera virescens* Linnaeus, Kopf, ventral (nach Rozen, 1960)
Abb. 35/13   *Oedemera virescens* Linnaeus, rechtes Vorderbein (nach Rozen, 1960)

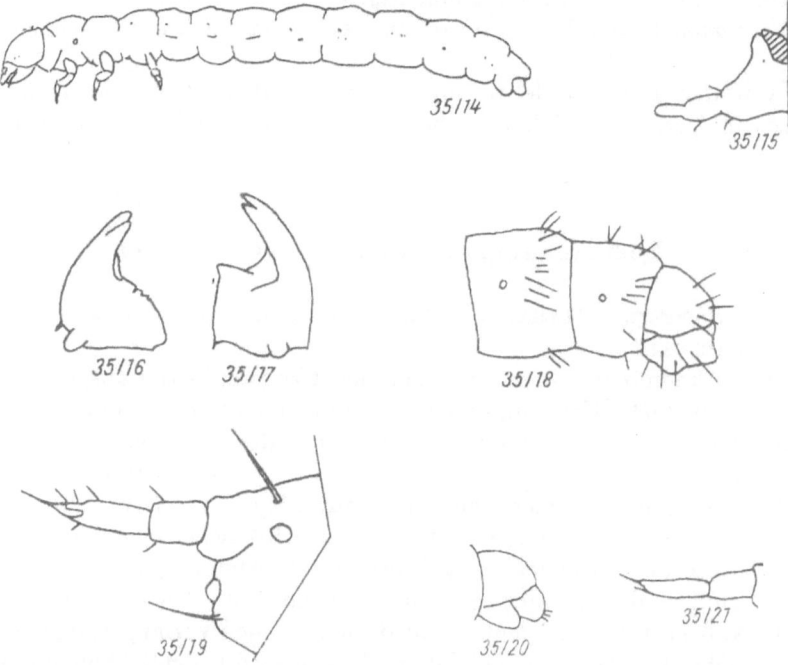

Abb. 35/14   *Oedemera virescens* LINNAEUS, Larve, lateral (nach ROZEN, 1960)
Abb. 35/15   *Oedemera virescens* LINNAEUS, Praelabium und Hypopharynx, lateral (nach ROZEN, 1960)
Abb. 35/16   *Oedemera virescens* LINNAEUS, rechte Mandibel, ventral (nach ROZEN, 1960)
Abb. 35/17   *Oedemera virescens* LINNAEUS, linke Mandibel, ventral (nach ROZEN, 1960)
Abb. 35/18   *Oedemera virescens* LINNAEUS, Spitze des Abdomens, lateral (nach ROZEN, 1960)
Abb. 35/19   *Oedemera virescens* LINNAEUS, Antenne und Vorderteil der Kopfkapsel, lateral (nach ROZEN, 1960)
Abb. 35/20   *Oncomera femorata* FABRICIUS, Spitze des Abdomens, lateral (nach ROZEN, 1960)
Abb. 35/21   *Oncomera femorata* FABRICIUS, linke Antenne, lateral (nach ROZEN, 1960)

5.36. Pythidae

Körper meist abgeplattet und parallelseitig. Urogomphi kräftig und von komplizierter Struktur. 9. Abdominalsegment so lang oder länger als das 8. Frontalnaht vorhanden. Epicranialnaht fehlt. Mandibeln mit Mola. Maxille nur mit einer Lade. Cardo auffällig in einen distalen und basalen Abschnitt geteilt.

CROWSON unterteilt die *Pythidae* in mehrere Familien: *Pythidae* (= *Pythinae*, hier nur *Pytho* LATREILLE), *Salpingidae* (= *Salpinginae*), *Cononotidae* (= *Cononotinae*), *Mycteridae* (= *Mycterinae* und *Lacconotinae*).

Damit wird der zweifellos heterogene Charakter der herkömmlichen Familie *Pythidae* beseitigt. Hier wird die Familie *Pythidae* im alten Sinne umgrenzt und die Gattung *Agnathus* Germar bei den *Lagriidae* behandelt (nach Crowson gehört sie zu den *Cononotidae*). Die Bestimmungstabelle ist als provisorisch zu betrachten.

Die Larven der *Pythidae* leben unter Rinde und in trockenem Holz. Sie sind räuberisch und ernähren sich von anderen holzbewohnenden Insekten und deren Larven.

Bestimmungstabelle für die Gattungen

Es fehlen: *Rabocerus* Mulsant, *Salpingus* Gyllenhal, *Vincenzellus* Reitter, *Mycterus* Clairville

1 (2) 9. Abdominalsegment zwischen den Urogomphi tief ausgeschnitten (Abb. 36/1). Urogomphi schlank, aufgebogen, nach hinten konisch zugespitzt und einspitzig. 9. Sternit mit Dörnchenreihen. Unter Rinde . . . . *Pytho* Latreille (H 74)

2 (1) 9. Abdominalsegment hinten gerade abgestutzt (Abb. 36/2). Urogomphi zweispitzig, ein Ast fast rechtwinklig nach innen gerichtet, einen kreisförmigen Ausschnitt des 9. Abdominalsegmentes umschließend, der andere gerade. 9. Sternit ohne Dörnchenreihen.

3 (4) Außenast der Urogomphi eine dornenförmige Verlängerung bildend, nicht mit dem inneren Ast in einer Ebene liegend (Abb. 36/3). In morschem Holz . . . . *Rhinosimus* Latreille

4 (3) Außenast der Urogomphi nicht dornenförmig verlängert, Innen- und Außenast gleich weit nach hinten reichend (Abb. 36/2).

5 (6) Außenast der Urogomphi zugespitzt (Abb. 36/4). In dürren Laubholzästen . . . . *Lissodema* Curtis

6 (5) Außenast der Urogomphi abgerundet, auf der Oberseite mit einem schwach gebogenen Dorn (Abb. 36/2) . . . . *Colposis* Mulsant

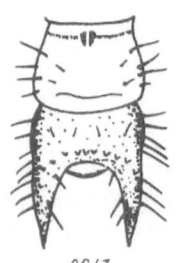
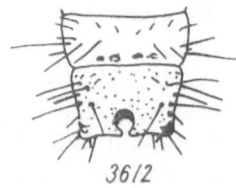

Abb. 36/1 *Pytho depressus* Latreille, 9. Abdominalsegment (nach Ghilarov, 1964)
Abb. 36/2 *Colposis mutilatus* Beck, 9. Abdominalsegment (nach Franz, 1955)
Abb. 36/3 *Rhinosimus ruficollis* Linnaeus, 9. Abdominalsegment (nach Böving und Craighead, 1931)
Abb. 36/4 *Lissodema quadripustulatum* Marsham, 9. Abdominalsegment (nach Perris, 1877)

5.37. Pyrochroidae

Körper abgeplattet und parallelseitig. Urogomphi kräftig. 8. Abdominalsegment länger als das 7. und wenigstens 2mal so lang wie das 9. (ohne die Urogomphi). Mandibeln mit Mola. Maxillen nur mit einer Lade. Cardo auffällig in einen distalen und basalen Abschnitt getrennt. Labialpalpen zweigliedrig.

Die Larven dieser Familie leben unter morscher Laubbaumrinde und ernähren sich räuberisch.

Bestimmungstabelle für die Gattungen

1 (2) Urogomphi (Abb. 37/1) gerade, ihr Abstand zwischen den Spitzen größer als in der Mitte. 8. Abdominalsegment allmählich, aber deutlich nach hinten verengt. Auf der Ventralseite des 9. Abdominalsegmentes befindet sich in der Nähe der Basis der Urogomphi je ein stumpfer oder spitzer Zahn. Unter Rinde. . . . .
. . . . *Pyrochroa* FABRICIUS (H 75)

2 (1) Urogomphi (Abb. 37/2) gebogen, ihre Spitzen einander genähert. 8. Abdominalsegment kaum nach hinten verengt, fast parallelseitig. Unter Rinde. . . . . *Schizotus* NEWMAN

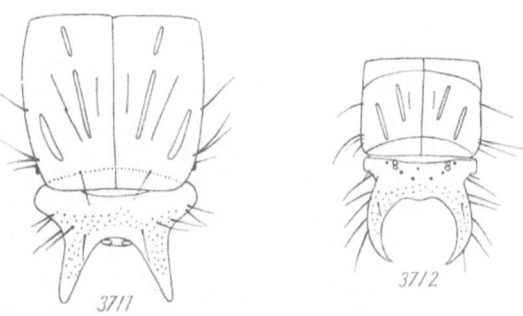

Abb. 37/1 *Pyrochroa coccinea* LINNAEUS, 8./9. Abdominalsegment (nach EMDEN, 1943)
Abb. 37/2 *Schizotus pectinicornis* LINNAEUS, 8./9. Abdominalsegment (nach EMDEN, 1943)

5.38. Anthicidae

Epicranialnaht fehlt. Mandibeln mit Mola und einem fleischigen oder haarigen Postmolaranhang. Maxille nur mit einer Lade. Labialpalpen zweigliedrig. Urogomphi vorhanden. Die Tabelle ist als provisorisch anzusehen.

Die Larven der *Anthicidae* leben im Detritus unter Laub, Pflanzenabfällen, auch unter morscher Rinde und in Baummulm.

Bestimmungstabelle für die Gattungen

Es fehlen: *Formicomus* Laferte, *Endomia* Castelnau

1 (2) Mandibelinnenrand ohne Zähnchen, Apex geteilt (Abb. 38/1).
9. Abdominalsegment zwischen den Urogomphi dreieckig eingeschnitten (Abb. 38/2). Unter faulender Pflanzensubstanz, im Detritus . . . . *Notoxus* Geoffroy

2 (1) Mandibelinnenrand mit 2 Zähnchen (Abb. 38/3). 9. Abdominalsegment zwischen den Urogomphi bogenförmig eingeschnitten
(Abb. 38/4).

3 (4) Mola gerundet (Abb. 38/3). Bucht des 9. Abdominalsegmentes
flacher (Abb. 38/4). . . . . *Mecynotarsus* Laferte

4 (3) Mola mit einem hakenförmigen Zahn (Abb. 38/5). Bucht des 9. Abdominalsegmentes tiefer (Abb. 38/6). Im Detritus. . . . .
. . . . *Anthicus* Paykull (H 77)

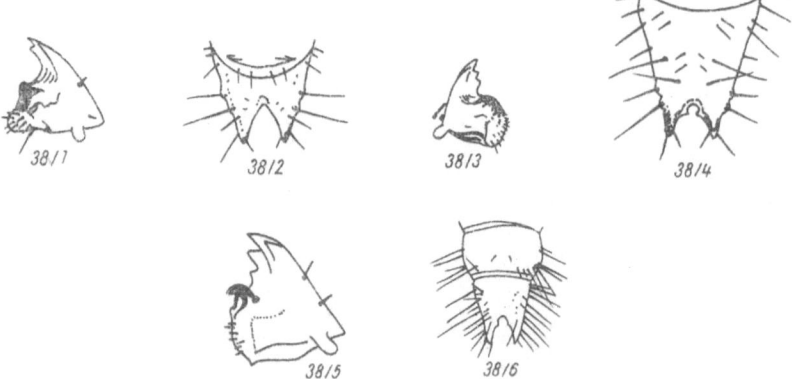

Abb. 38/1   *Notoxus monoceros* Linnaeus, Mandibel (nach Böving und Craighead, 1931)
Abb. 38/2   *Notoxus monoceros* Linnaeus, 9. Abdominalsegment (nach Böving und Craighead, 1931)
Abb. 38/3   *Mecynotarsus* sp., Mandibel (nach Böving und Craighead, 1931)
Abb. 38/4   *Mecynotarsus* sp., 9. Abdominalsegment (nach Böving und Craighead, 1931)
Abb. 38/5   *Anthicus* sp., Mandibel (nach Ghilarov, 1964)
Abb. 38/6   *Anthicus* sp., 9. Abdominalsegment (nach Larsson, 1945)

5.39. Serropalpidae

Kopf prognath. Epicranialnaht immer vorhanden, kurz. Labrum frei. Basalteil der Mandibeln meist keine Mola formend (bei *Hallomenus* PANZER und *Mycetoma* MULSANT ist eine Mola vorhanden). Maxillen mit nur einer, an der Spitze meist abgerundeten Lade. Cardo ungeteilt (bei *Hallomenus* PANZER in einen deutlichen basalen und distalen Teil getrennt). Gelenkmembran zwischen Cardo, Stipes und Submentum gut entwickelt. Submentum zum größten Teil mit Tentorium und Kopfkapsel verwachsen (bei *Tetratoma* FABRICIUS ist es mit den Stipites verwachsen). Nur die Spitze des Distalabschnittes des Submentums ist frei. Gula vorhanden, membranös. Die ventralen Mundteile inserieren in einer tiefen Ausrandung auf der Unterseite des Kopfes. Bei vielen Arten ist der Körper dorsal mit Höckern und Warzen bedeckt, die der Fortbewegung dienen und als Kriechwülste bezeichnet werden. Urogomphi vorhanden oder fehlend.

Die Umgrenzung dieser Familie wird unterschiedlich gehandhabt. CROWSON begründet die Abtrennung eines Teils der *Tetratominae*, und errichtet die Familie *Tetratomidae*, der aus der mitteleuropäischen Fauna lediglich *Tetratoma* FABRICIUS angehört. Der gleiche Autor gliedert die *Stenotrachelini* aus den *Serropalpidae* aus und stellt sie zu den *Cephaloidae*. Unklar bleibt die Stellung der Gattung *Mycetoma* MULSANT, die zunächst bei den *Serropalpidae* verbleibt. Verschiedene Autoren haben die Gattung *Hallomenus* PANZER der Familie *Synchroidae* zugeteilt.

Die Larven der *Serropalpidae* leben in verpilztem Holz und unter loser Rinde. Sie sind pilzfressend, einige Arten leben sogar ausschließlich von Baumpilzen.

Bestimmungstabelle für die Gattungen

Es fehlen: *Rushia* FOREL, *Marolia* MULSANT, *Eustrophus* LATREILLE

1 (2) Mentum in seiner ganzen Länge mit der Gelenkfläche der Maxille verbunden, vom Submentum durch eine Naht getrennt. Submentum größtenteils mit den Stipites verwachsen. Thorax und Abdomen auf jedem Segment mit einem gelbbraunen Querfleck (Sklerit) auf hellem Grund, Körper dadurch zweifarbig wirkend. 9. Abdominalsegment mit aufrechten Urogomphi und einem Paar praegomphaler Tuberkeln (Abb. 39/20). An verpilztem Laubholz und Baumpilzen. . . . . *Tetratoma* FABRICIUS

2 (1) Mentum nicht in seiner ganzen Länge mit der Gelenkfläche der Maxille verbunden oder ohne Naht zum Submentum. Submentum größtenteils mit Tentorium und Kopfkapsel verwachsen. Thorax und Abdomen einfarbig weiß oder gelb.

2A (2B) Meso- und Metathorax, 1.—6. Abdominalsegment dorsal mit zahlreichen kleinen braunen Höckern besetzt. 9. Abdominalsegment mit langen Urogomphi, deren Basis und die distale Hälfte des Segments ebenfalls mit solchen Höckern besetzt. Körper sehr breit und flach. Unter Nadelholzrinde . . . . *Stenotrachelus* BERTHELEMY

2B (2A) Körperoberseite ohne solche Höckerchen, höchstens auf dem Meso- und Metathorax, 1. und 2. Abdominalsegment eine Querreihe kleiner Höcker. 9. Abdominalsegment mit oder ohne Urogomphi.

3 (6) Mandibeln mit deutlicher Mola. Urogomphi stark ausgebildet (Abb. 39/13). Segmente ohne Kriechwülste. Labialpalpen ± weit voneinander getrennt. 9. Sternit mit einer konischen, sklerotisierten Spitze an jeder Seite (Abb. 39/5). Prothorax nicht breiter als Meso- und Metathorax.

4 (5) Mola verhältnismäßig unscheinbar (Abb. 39/4). Kopf weniger konvex. Labrum fast zweimal so breit wie lang. Cardo deutlich in einen basalen und distalen Teil getrennt. In Baumpilzen und verpilztem Holz. . . . . *Hallomenus* PANZER

5 (4) Mola sehr deutlich und gut entwickelt (Abb. 39/12). Kopf mehr konvex. Labrum etwa nur so breit wie lang. Cardo nicht deutlich geteilt. In Baumpilzen. . . . . *Mycetoma* MULSANT

6 (3) Mandibeln niemals mit Mola. Urogomphi meist schwach ausgebildet oder fehlend. Segmente oft mit Kriechwülsten. Labialpalpen einander gewöhnlich genähert. 9. Sternit ohne seitliche Spitze. Prothorax meist deutlich breiter als Meso- und Metathorax.

7 (10) 9. Abdominalsegment mit einem sklerotisierten Mittelfortsatz (Abb. 39/2, 3), ohne Urogomphi. Kopf jederseits mit 2 Stemmata.

8 (9) 9. Abdominalsegment länger (Abb. 39/2). In Laubholzästen. . . . . *Conopalpus* GYLLENHAL

9 (8) 9. Abdominalsegment kürzer (Abb. 39/3). . . . . . *Osphya* ILLIGER

10 (7) 9. Abdominalsegment hinten gerundet, mit oder ohne Urogomphi. Kopf jederseits mit 5 Stemmata.

11 (14) Tergite des Thorax und der Abdominalsegmente ohne Kriechwülste. 9. Abdominalsegment mit 2 Urogomphi.

12 (13) Prothorax quer, mit spitz gerundeten Seiten (Abb. 39/6). Keine dorsalen Dörnchenreihen vorhanden. In Nadelholz. . . . . *Serropalpus* HELLEN

13 (12) Prothorax rundlich, Seiten ohne vorstehende Ecken (Abb. 39/7). Querreihen von Dornen oder sklerotisierten Körnchen auf der Dorsalseite des Meso- und Metathorax und des 1. und 2. Abdominalsegmentes vorhanden. 9. Abdominalsegment Abb. 39/8. In verpilztem Nadelholz . . . . *Xylita* PAYKULL

14 (11) Thorax- und Abdominalsegmente dorsal meist mit Kriechwülsten. 9. Abdominalsegment mit oder ohne Urogomphi.

15 (18) Dorsalseite ohne Kriechwülste. 9. Abdominalsegment ohne Urogomphi.

16 (17) 3. Antennenglied kurz, Terminalborste sehr kurz (Abb. 39/14). Winkel zwischen den beiden Frontalnähten 30°—50°. In Baumpilzen, unter Rinde, in Baumstümpfen, unter Laub . . . . *Orchesia* LATREILLE

17 (16) 3. Antennenglied zweimal so lang wie breit, Terminalborste lang (Abb. 39/15). Winkel zwischen den beiden Frontalnähten weniger als 15°. Unter verpilzter Nadelholzrinde . . . . *Abdera* STEPHENS (*triguttata* GYLLENHAL)

18 (15) Dorsalseite mit Kriechwülsten. 9. Abdominalsegment mit oder ohne Urogomphi.

19 (20) Nur auf den Abdominalsegmenten sind Kriechwülste vorhanden. In morschem Holz. . . . .
. . . . *Dircaea* Fabricius (*Phloeotrya* Stephens ?)

20 (19) Kriechwülste befinden sich auf Thorax und Abdomen.

21 (28) Prothorax mit Kriechwülsten. Urogomphi fehlen.

22 (23) Peritrema der Abdominalstigmen länglich oval (Abb. 39/17). Kriechwülste der Abdominalsegmente aus 2 Teilen bestehend (Abb. 39/9). Clypeofrontale ohne Rippen. In morschem Laubholz. . . . . . .
. . . . *Hypulus* Paykull

23 (22) Peritrema der Abdominalstigmen ± gerundet (Abb. 39/16).

24 (25) Kopf lang, Hinterrand tief zweilappig (Abb. 39/19). In morschem Holz. . . . . *Phloeotrya* Stephens

25 (24) Kopf breit, Hinterrand schwach zweilappig (Abb. 39/18).

26 (27) Winkel zwischen den Frontalnähten schmaler. Hinterrand des Kopfes etwas tiefer gespalten. 2. Glied des Maxillarpalpus lang, fast zweimal so lang wie breit. In morschem Laubholz. . . . . .
. . . . *Phryganophilus* Sahlberg

27 (26) Winkel zwischen den Frontalnähten breiter. Hinterrand des Kopfes etwas weniger gespalten (Abb. 39/11). 2. Glied des Maxillarpalpus nur etwas länger als breit (Abb. 39/10). In morschem Laubholz. . .
. . . . *Melandrya* Fabricius (H 81)

28 (21) Prothorax ohne Kriechwülste. Mit oder ohne Urogomphi.

29 (32) Ohne Urogomphi.

30 (31) 8. Abdominalsegment ohne Kriechwülste. Mandibeln zweispitzig. In Baumpilzen . . . . . . *Abdera* Stephens (*flexuosa* Paykull)

31 (30) 8. Abdominalsegment mit Kriechwülsten. Mandibelspitze ungeteilt. In dürren Laubholzästen. . . . . *Anisoxya* Mulsant

32 (29) Mit kurzen, fast geraden Urogomphi (Abb. 39/1). Unter Rinde von Nadelhölzern. . . . . *Zilora* Mulsant

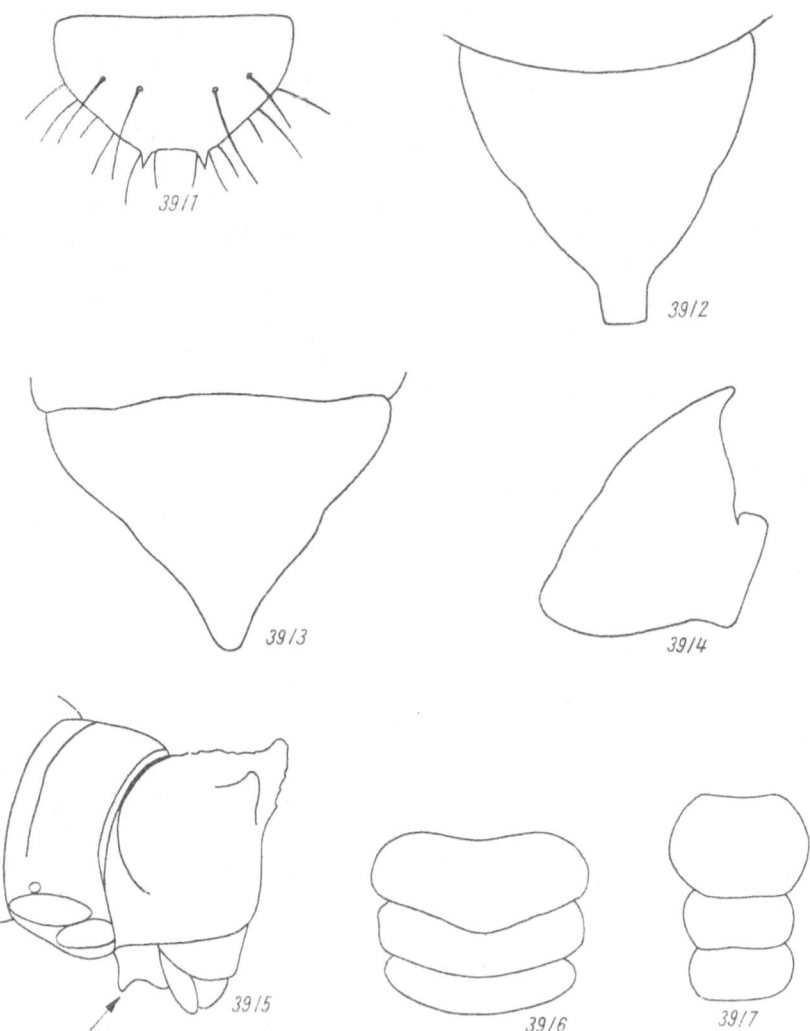

Abb. 39/1   *Zilora sericea* Sturm, 9. Abdominalsegment (Orig.)
Abb. 39/2   *Conopalpus testaceus* Olivier, 9. Abdominalsegment (nach Larsson, 1938)
Abb. 39/3   *Osphya bipunctata* Fabricius, 9. Abdominalsegment (nach Larsson, 1938)
Abb. 39/4   *Hallomenus binotatus* Quensel, Mandibel (Orig.)
Abb. 39/5   *Hallomenus binotatus* Quensel, 9. Abdominalsegment, Seitenansicht (nach Emden, 1943)
Abb. 39/6   *Serropalpus barbatus* Schaller, Prothorax (nach Ernè, 1872)
Abb. 39/7   *Xylita laevigata* Hellèn, Prothorax (nach Perris, 1877)

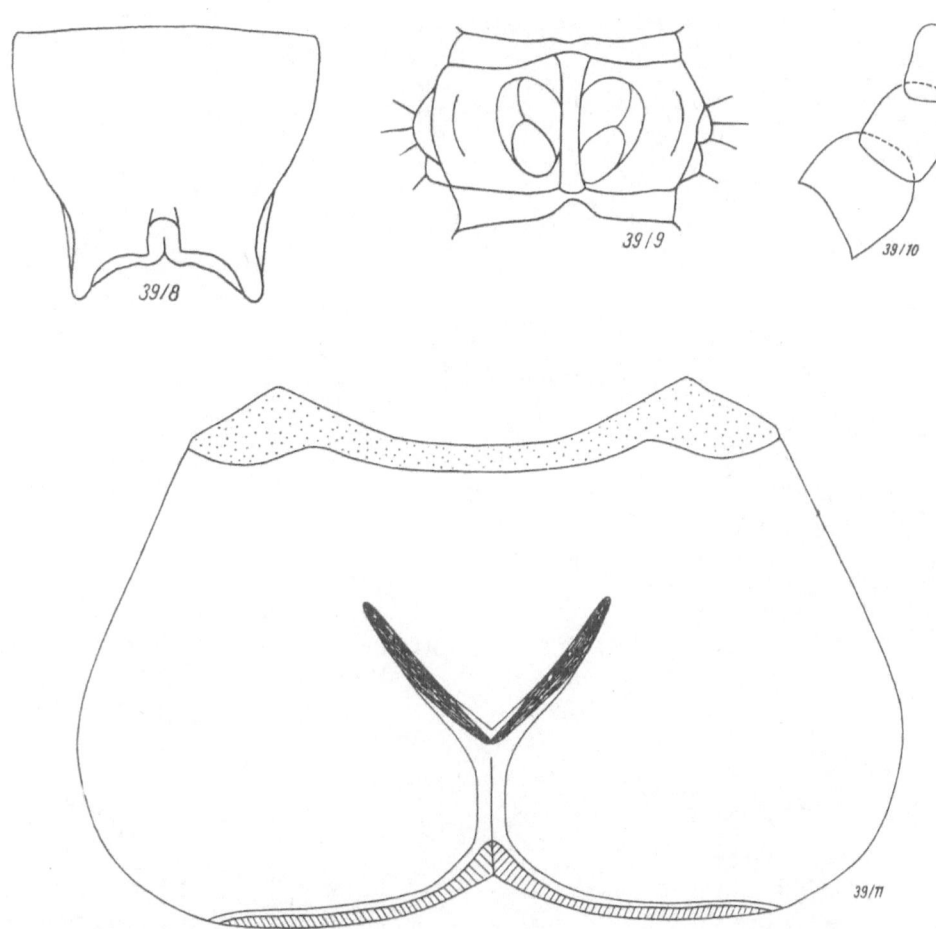

Abb. 39/8   *Xylita laevigata* HELLÈN, 9. Abdominalsegment (nach LARSSON, 1938)
Abb. 39/9   *Hypulus bifasciatus* FABRICIUS, 2. Abdominalsegment (nach SCHIÖDTE, 1879)
Abb. 39/10 *Melandrya caraboides* LINNAEUS, Maxillarpalpus (Orig.)
Abb. 39/11 *Melandrya caraboides* LINNAEUS, Kopfkapsel (Orig.)

Abb. 39/12   *Mycetoma suturale* Panzer, Mandibel (nach De Viedma, 1965)
Abb. 39/13   *Mycetoma suturale* Panzer, 9. Abdominalsegment, Seitenansicht (nach De Vied-
             ma, 1965)
Abb. 39/14   *Orchesia undulata* Kraatz, Antenne (nach De Viedma, 1965)
Abb. 39/15   *Abdera triguttata* Gyllenhal, Antenne (nach De Viedma, 1965)
Abb. 39/16   *Hypulus bifasciatus* Fabricius, Abdominalstigma (nach De Viedma, 1965)
Abb. 39/17   *Melandrya caraboides* Linnaeus, Abdominalstigma (nach De Viedma, 1965)
Abb. 39/18   *Melandrya caraboides* Linnaeus, Kopfkapsel, dorsal (nach De Viedma, 1965)
Abb. 39/19   *Phloeotrya rufipes* Gyllenhal, Kopfkapsel (nach De Viedma, 1965)
Abb. 39/20   *Tetratoma ancora* Fabricius, 9. Abdominalsegment (nach Crowson, 1963)

5.40. Lagriidae

Antennen zweigliedrig, 2. Antennenglied mehr oder weniger verlängert, schwach keulenförmig (Abb. 0/15). Mandibeln mit Mola. Maxille nur mit einer Lade. Labialpalpen zweigliedrig. Epicranialnaht wohl entwickelt. Urogomphi vorhanden. CROWSON stellt die Gattung *Agnathus* GERMAR zur Familie *Cononotidae*. Die Larven dieser Familie leben in abgefallenem, trockenem Laub und altem Holz.

Bestimmungstabelle für die Gattungen

1   (2) Kopf jederseits mit 5 Stemmata, Körper gedrungen, höchstens 5
        mal so lang als breit, lang behaart. 9. Abdominalsegment hinten mit
        2 kurzen Urogomphi (Abb. 40/1). In Laubstreu . . . .
        . . . . *Lagria* FABRICIUS (H 82)
2   (1) Kopf ohne Stemmata. Körper schmal, gestreckt. 9. Abdominal-
        segment mit 2 großen aufgebogenen Urogomphi (Abb. 40/2). In ab-
        gestorbenem Holz (Erlen) . . . . *Agnathus* GERMAR

Abb. 40/1   *Lagria hirta* LINNAEUS, 9. Abdominalsegment (nach LARSSON, 1938)
Abb. 40/2   *Agnathus decoratus* GERMAR, 9. Abdominalsegment (nach MULSANT und REY, 1856)

5.41. Alleculidae

Larven rund, zylindrisch, gewöhnlich ohne Urogomphi. Sind diese vorhanden, fehlt die Pleuralnaht (*Omophlus* SOLARI). 9. Abdominalsegment subkonisch, Epicranialnaht vorhanden. Die Gelenklöcher der Antennen und der Mandibeln sind nicht durch ein sklerotisiertes Band getrennt. Mandibeln mit Mola. Maxille mit einer Lade, Cardo deutlich, ungeteilt. Labialpalpen zweigliedrig. Gula vorhanden.

Die Biologie dieser Familie ist sehr vielfältig. Die Larven leben in Baumpilzen, in morschem Holz oder im Boden, wo sie sich vorwiegend von Wurzeln ernähren.

Bestimmungstabelle für die Gattungen

Es fehlt: *Hymenalia* MULSANT
1   (6) Dorsal- und Ventralplatte der Abdominalsegmente nahtlos mitein-
        ander verbunden, Seiten daher völlig glatt und ohne Falte (Abb.

41/1). Mandibelspitze zweizähnig. Vorderbeine mit kugelförmigen Borsten an Femur und Trochanter (Abb. 41/2). Antennen dreigliedrig (Abb. 41/3).

2　(3)　9. Abdominalsegment mit 2 kurzen Urogomphi (Abb. 41/1) . . .
. . . . *Omophlus* Solari

3　(2)　9. Abdominalsegment ohne Urogomphi oder ähnliche Bildungen, am Ende stumpf gerundet, höchstens 2 winzige Dörnchen vorhanden.

4　(5)　Femur des Vorderbeines mit einer Kugelborste auf dem Innenrand. 9. Abdominalsegment 1/4 so lang wie breit, sein Tergit 2,5 mal so lang wie das Sternit. Klauen der Vorderbeine verlängert, mit abgerundeter Spitze. Im Boden . . . . *Cteniopus* Solari

5　(4)　Femur des Vorderbeines mit 2 Kugelborsten am Innenrand. Tergit des 9. Abdominalsegmentes 3mal so lang wie das Sternit (Abb. 41/6). Abdominaltergite mit dichter, tiefer Punktierung. Körper mit ziemlich dichter, kurzer Behaarung . . . . *Podonta* Mulsant

6　(1)　Dorsal- und Ventralplatte der Abdominalsegmente stets durch eine Naht, Randleiste oder ein weichhäutiges Zwischenstück voneinander getrennt (Abb. 41/4). Mandibeln zwei- oder dreispitzig. Antennen viergliedrig (Abb. 41/5). Beine ohne Kugelborsten.

7　(12)　10. Abdominalsegment konvex, mit 2 langen Fortsätzen (Nachschieber) (Abb. 41/7). Auf dem 9. Abdominalsegment befinden sich lange, emporragende Borsten. 3. Antennenglied mit einem Borstenkranz um die Sensillen herum (Abb. 41/8). 2. Antennenglied viel kürzer als das 3.

8　(9)　Körper weiß-rötlich. Mandibeln zweispitzig. 4. Antennenglied klein (Abb. 41/10). In morschem Kiefernholz . . . .
. . . . *Hymenorus* Mulsant

9　(8)　Körper rot-gelb. Mandibeln dreispitzig. 4. Antennenglied sehr klein (Abb. 41/8).

10　(11)　Tibiotarsus der Hinterbeine auf der Innenseite höchstens mit 2 dornenartigen Borsten besetzt, Tibiotarsus der Vorderbeine auf der Unterseite mit 3 großen Stacheln (Abb. 41/11). Abdominalstigmen in eine längliche Grube leicht eingesenkt. In morschem, verpilztem Holz. . . . . *Mycetochara* Berthelin

11　(10)　Tibiotarsus der Hinterbeine auf der Innenkante mit mindestens 3, meist noch mehr dornenartigen Borsten besetzt (Abb. 41/12). Vorderer Tibiotarsus auf der Unterseite mit 4—5 großen Stacheln (Abb. 41/13). Abdominalstigmen nicht eingesenkt. Unter Rinde, in morschem Holz . . . . *Allecula* Fabricius

12　(7)　10. Abdominalsegment flach, nur mit 2 kurzen Fortsätzen am Kaudalende (Abb. 41/9). Das 9. Abdominalsegment trägt nur kurze dünne Borsten, die lediglich bei starker Vergrößerung sichtbar werden. 2. Antennenglied so lang wie das 3. oder nur sehr wenig kürzer.

13　(14)　Oberseite des Labrums mit einer großen Menge Dörnchen, die in 2 unregelmäßigen Reihen angeordnet sind (Abb. 41/14). Auf dem Außenrand der Mandibeln 3 lange, dünne Zähnchen (Abb. 41/18). Körperdecke blaß und dünn. Kopf dunkler als Körper. 10. Abdo-

minalsegment schwach blasig aufgetrieben (Abb. 41/15). Larve dünn,
langgestreckt, hochglänzend. Stigmen dunkelbraun. Larve bis
30 mm lang. In faulendem Laubholz. . . . *Pseudocistela* CROTCH

14 (13) Oberseite des Labrums am Vorderrand mit 6 Borsten, dahinter eine
Querreihe von 4 oder 5 Borsten (Abb. 41/16, 17). Mandibeln außen
ohne Zähnchen.

15 (16) Auf der Oberseite des Labrums eine Querreihe von 5 Borsten im
Distalteil (Abb. 41/16). . . . . *Gonodera* MULSANT

16 (15) Auf der Oberseite des Labrums im Distalteil eine Querreihe von
4 Borsten (Abb. 41/17).

17 (18) 9. Abdominalsegment stark abfallend zugespitzt (Abb. 41/9). Auf
dem Tergit des Mesothorax befindet sich ein schmaler dunkler Quer-
streifen. Große dicke Larven, bis 35 mm lang. Unter Rinde, in
Baummulm . . . . *Prionychus* SOLARI

18 (17) 9. Abdominalsegment schwach abfallend zugespitzt und mit breitem
abgerundetem Ende (Abb. 41/4). Tergit des Mesothorax ohne Quer-
streifen. Relativ kleine dünne Larven, bis 13 mm lang . . . . . .
. . . . *Isomira* MULSANT

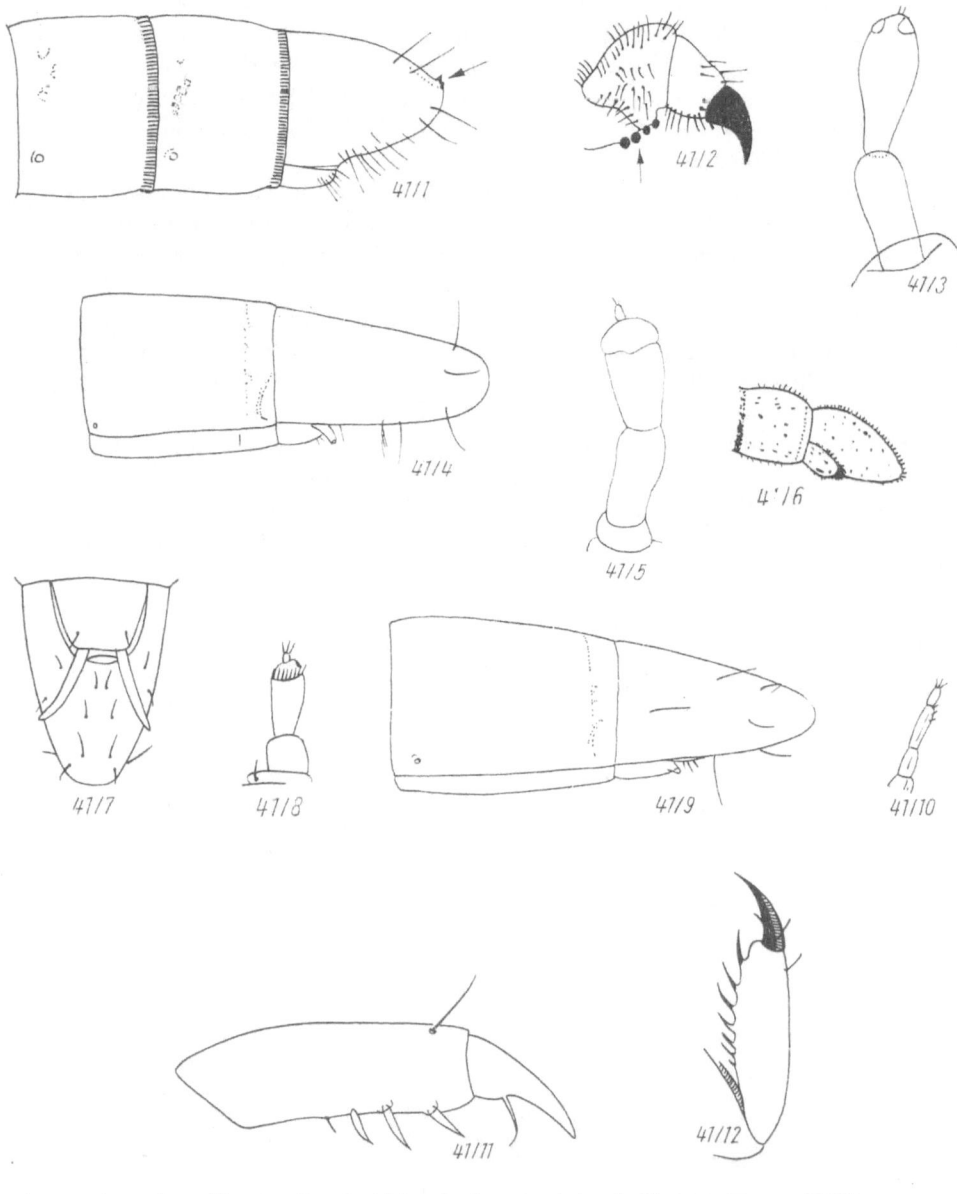

Abb. 41/1   *Omophlus* sp., 7.—9. Abdominalsegment (nach Korschefsky, 1943)
Abb. 41/2   *Omophlus proteus* Kirsch, Bein (nach Ghilarov, 1964)
Abb. 41/3   *Omophlus proteus* Kirsch, Antenne (nach Ghilarov, 1964)
Abb. 41/4   *Isomira* sp., 8.—9. Abdominalsegment (nach Korschefsky, 1943)
Abb. 41/5   *Isomira murina* Linnaeus, Antenne (nach Ghilarov, 1964)
Abb. 41/6   *Podonta daghestanica* Reitter, 9. Abdominalsegment (nach Ghilarov, 1964)
Abb. 41/7   *Mycetochara* sp., Körperende ventral (nach Ghilarov, 1964)
Abb. 41/8   *Mycetochara* sp., Antenne (nach Ghilarov, 1964)
Abb. 41/9   *Prionychus ater* Fabricius, Abdomenende (nach Ghilarov, 1964)
Abb. 41/10   *Hymenorus* sp., Antenne (nach Kuhnt, 1913)
Abb. 41/11   *Mycetochara linearis* Illiger, Vorderbein, Tibiotarsus (Orig.)
Abb. 41/12   *Allecula* sp., Tibiotarsus des Hinterbeines (nach Korschefsky, 1943)

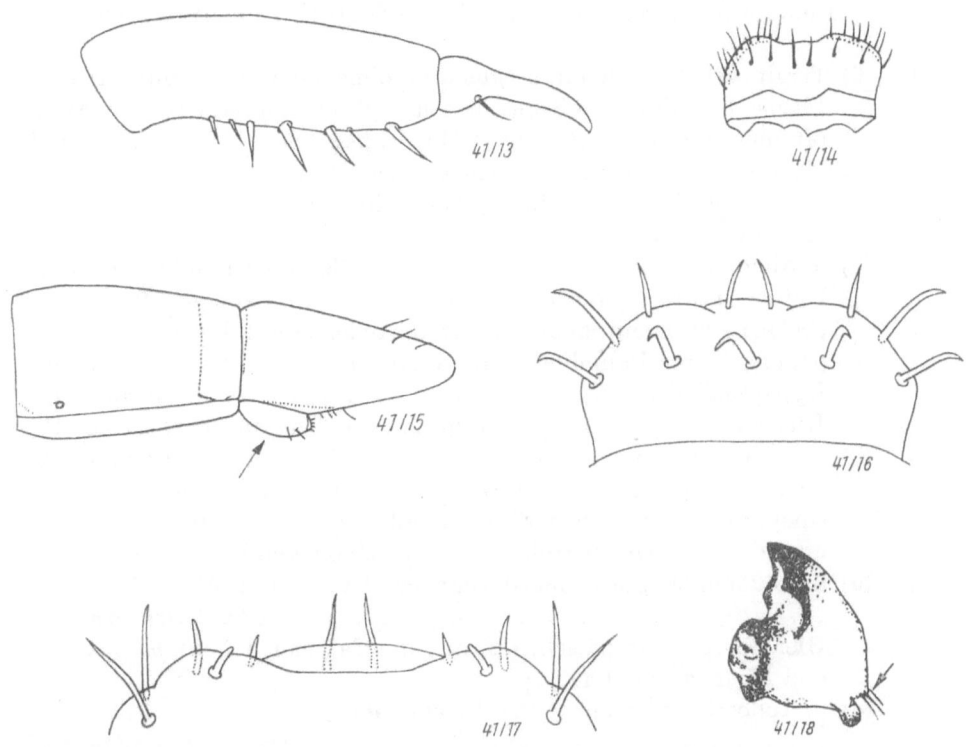

Abb. 41/13   *Allecula morio* FABRICIUS, Vorderer Tibiotarsus (Orig.)
Abb. 41/14   *Pseudocistela cerambycoides* LINNAEUS, Labrum (nach GHILAROV, 1964)
Abb. 41/15   *Pseudocistela cerambycoides* LINNAEUS, 8./9. Abdominalsegment (nach KOR-
        SCHEFSKY, 1943)
Abb. 41/16   *Gonodera luperus* HERBST, Labrum (Orig.)
Abb. 41/17   *Prionychus ater* FABRICIUS, Labrum (Orig.)
Abb. 41/18   *Pseudocistela cerambycoides* LINNAEUS, Mandibel (nach STRIGANOWA, 1961)

5.42. Tenebrionidae

Die *Tenebrionidae* sind hauptsächlich Bewohner der süd- und südwesteuropä-
ischen Steppengebiete. In Nord-, West- und Mitteleuropa kommen nur verhältnismäßig wenige Arten vor.
Viele Tenebrionidenlarven stellen Bodenbewohner dar, andere entwickeln sich
jedoch vornehmlich in Baumpilzen, vermodertem Holz, unter der Rinde alter
Bäume oder in Höhlen und Nestern von Wirbeltieren. Pedobiologische Untersuchungen ergeben jedoch immer wieder das Auffinden von Larven aus dieser
Gruppe. In den nachfolgenden Bestimmungstabellen ist dieses berücksichtigt, indem die nicht bodenbewohnenden Larven bis zur Tribus miterfaßt worden sind.

Bestimmungstabelle für die Unterfamilien und Tribus

1 (6) Tergit des 9. Abdominalsegmentes ohne deutliche ventrokaudale
Fläche. Sternit dieses Segmentes fast gleich lang wie Tergit. Analöffnung terminal liegend (Abb. 42/49, 50). Antennal- und
Mandibulargelenkhöhlen voneinander durch eine Epicraniums-
schwelle isoliert (Abb. 42/8). Alle Beine gleich schwach entwickelt
und bewehrt, keine Grabbeine.

2 (3) 9. Abdominalsegment mit deutlichen großen Pleuriten, Tergit parabolisch, schwach gewölbt, ohne Urogomphi (Abb. 42/50). Hautdecke nicht membranös. 2. Antennenglied ohne konische Sinnespapille. Unter Baumborke. Im Boden nur zufällig. (Unterfamilie:
Hypophloeinae) . . . . Tribus: *Hypophloeini*
Hier aus der europäischen Fauna nur die Gattung *Hypophloeus* F.

3 (2) 9. Abdominalsegment ohne Pleurite, Tergit nicht parabolisch.
Hautdecke des ganzen Körpers membranös. 2. Antennenglied mit
einer großen konischen Sinnespapille (Abb. 42/7). In Baumpilzen
und im verwesenden Holz. . . . . (Unterfamilie: *Bolitophaginae*)

4 (5) 9. Abdominalsegment mit dornartigen Urogomphi (Abb. 42/49) . .
. . . . Tribus: *Bolitophagini*
Hier aus der europäischen Fauna die Gattungen *Bolitophagus* Ill.
und *Eledonoprius* Rtt.

5 (4) 9. Abdominalsegment ohne Urogomphi . . . .
. . . . Tribus: *Rhipidandrini*
Hier aus der europäischen Fauna nur die Gattung *Eledona* Latr.

6 (1) Tergit des 9. Abdominalsegmentes mit deutlicher ventrokaudaler
Fläche, Sternit bedeutend kürzer als Tergit. Analöffnung weit von
der Abdominalspitze entfernt (Abb. 42/5, 42/6b). Antennen- und
Mandibulargelenkhöhlen voneinander nicht oder undeutlich isoliert
(Abb. 42/9).

7 (8) 9. Abdominalsegment mit einer Aushöhlung am Hinterrand zwischen der Basis der Urogomphi (Abb. 42/67). Trochanter aller Beine
mit der Coxa lateral vor der Spitze zusammengefügt (Abb. 42/30).
2. Antennenglied mit einer großen konischen Sinnespapille. Hypopharyngealsklerome fehlen. Vorderbeine gleich wie die übrigen entwickelt und bewehrt, keine Grabbeine. Unter Baumborke. Im Boden
nur zufällig. (Unterfamilie: *Biuinae*) . . . . . . Tribus: *Biuini*
Hier aus der europäischen Fauna nur die Gattung *Bius* Muls.

8 (7) Tergit des 9. Abdominalsegmentes ohne eine Aushöhlung am Hinterrand. Trochanter aller Beine mit der Coxa terminal zusammengefügt (Abb. 42/31—40). 2. Antennenglied stets ohne konische
Sinnespapille (Abb. 42/8—20).

9 (10) Pleurosternalnähte des 8. Abdominalsegmentes unvollständig oder
ganz fehlend. Tergit des 9. Abdominalsegmentes von oben und von
der Seite betrachtet symmetrisch kuppelförmig, mit einer ganz zentrisch liegenden Tuberkel bewehrt (Abb. 42/53). Hypopharyngealsklerome äußerst lang, wie bei Alleculidenlarven gebaut (Abb. 42/25).
Vorderbeine gleich wie übrige entwickelt und bewehrt, keine Grab-

beine. Postpedes fehlen. 1. Antennenglied stark quer. Unter Baumborke und im verwesenden Holz. Im Boden nur zufällig. (Unterfamilie: *Ulominae*) . . . . Tribus: *Ulomini*
Hier aus der europäischen Fauna nur die Gattung *Uloma* LAP.-CAST.

10 (9) Pleurosternalnähte des 8. Abdominalsegmentes vollständig (Abb.
42/54—66). Tergit des 9. Abdominalsegmentes sowie Hypopharyngealsklerome falls vorhanden, anders gebaut.

11 (64) Ventrokaudalfläche des Tergites des 9. Abdominalsegmentes mehr
oder weniger stark nach oben gebogen und nach unten-hinten gerichtet, oft vertikal. Die Spitze dieses Tergites liegt, von der Seite
betrachtet, bedeutend höher als der untere Tergitrand, oftmals mit
Urogomphi, Auswüchsen, unpaariger Terminalspitze oder randstän-
digen Dörnchen oder Zähnchen bewehrt (Abb. 42/54—62). Hypopharyngealsklerome stets vorhanden.

12 (39) Hypopharyngealsklerome massiv, zahnförmig, mit oligophodonti-
scher Kaufläche sowie meist dreizackartigem Vorderrand (Abb. 42/
24). 1. Antennenglied stets länger als breit. Postpedes, falls vorhanden, konisch zitzenartig, bis zur Spitze mit Borsten bewimpert,
bisweilen auch mit dünnen nadelförmigen Dörnchen bewehrt (Abb.
42/54—57).

13 (14) Antennen ohne Spur eines 3. Gliedes. 2. Antennenglied trägt distal
eine breite gewölbte Sinnespapille (Abb. 42/8). Vorderbeine ebenso
wie übrige entwickelt und bewehrt, keine Grabbeine. Ventrokaudalfläche des Tergites des 9. Abdominalsegmentes vertikal. Urogomphi
vorhanden. Postpedes fehlen (Abb. 42/52). (Unterfamilie: *Adeliinae*)
. . . . Tribus: *Laenini*
Hier aus der europäischen Fauna nur die Gattung *Laena* LATR.

14 (13) Antennen mit einem kurzen und dünnen, jedoch stets deutlichen
3. Glied, ohne vorspringende Sinnespapille (Abb. 42/19, 20).

15 (22) Klaue aller Beine ohne abgesonderte schwach sklerotisierte Basis
(Abb. 42/31). Vorderbeine nicht oder wenig stärker als Mittel- und
Hinterbeine entwickelt. 9. Abdominalsegment in der Regel mit Uro-
gomphi bewehrt. (Unterfamilie: *Tenebrioninae*).

16 (21) 3. Antennenglied länger als breit, sehr deutlich, zentrisch gelegen
(Abb. 42/9). Im Boden selten, meist zufällig.

17 (20) Tergit des 9. Abdominalsegments nur wenig oder nicht quer. Urogomphi kurz, mit den Spitzen nach oben-hinten oder nach oben gerichtet (Abb. 42/54).

18 (9) Postpedes vorhanden (Abb. 42/54) . . . . Tribus: *Tenebrionini*
Hier aus der europäischen Fauna nur die Gattungen *Tenebrio* L.
und *Neatus* LEC.

19 (18) Postpedes fehlen . . . . Tribus: *Upini*
Hier aus der europäischen Fauna nur die Gattung *Upis* F.

20 (17) Tergit des 9. Abdominalsegments stark quer. Urogomphi lang, mit
den Spitzen vorwärts gerichtet . . . . Tribus: *Menephilini*
Hier aus der europäischen Fauna nur die Gattung *Menephilus* MULS.

21 (16) 3. Antennenglied nicht oder kaum länger als breit, exzentrisch gelagert (Abb. 42/20). Tergit des 9. Abdominalsegments stark quer.

Urogomphi lang, stark gebogen, mit den Spitzen vorwärts gerichtet (Abb. 42/68, 42/71) . . . . Tribus: *Helopini* S. 230

22 (15) Klaue mindestens der Vorderbeine mit deutlich abgesonderter schwach sklerotisierter Basis (Abb. 42/32). Vorderbeine stets viel stärker entwickelt und anders bewehrt als die übrigen. 9. Abdominalsegment ohne Urogomphi. Postpedes stets vorhanden. (Unterfamilie: *Opatrinae*).

23 (36) In der Diskalreihe auf dem Labrum nicht mehr als 4 Borsten oder Dörnchen. Clypeus ohne dichte Querreihe von starken Borsten oder Dörnchen (Abb. 42/10, 42/13, 42/14). Postpedes stets nur mit feinen Börstchen bewimpert.

24 (29) Submentum mit zahlreichen Borsten bewimpert (Abb. 42/15). 9. Abdominaltergit am Spitzenrand mit nicht mehr als 8 strikt paarig gestellten beweglichen Dörnchen bewehrt.

25 (28) 9. Abdominaltergit seitlich schwach abgerundet, hinten etwas konisch ausgezogen oder parabolisch abgerundet, seine Spitze sowie Seitenrand ohne vorspringende Tuberkel.

26 (27) Trochanter, Schenkel und Schienen der Vorderbeine am Innenrand mit nur je 2 Dörnchen bewehrt. Tergit des 9. Abdominalsegments auf der Spitze stets nur mit 2 Paar Dörnchen bewehrt (Abb. 42/72) . . . . .Tribus: *Crypticini* Hier aus der europäischen Fauna nur die Gattung *Crypticus* Latr.

27 (26) Mindestens die Schenkel oder Trochanteren der Vorderbeine mit mehr als 2 Dörnchen bewehrt. Die Spitze des Tergites des 9. Abdominalsegments mit 2 bis 4 Paar Dörnchen bewehrt (Abb. 42/55—57) . . . . Tribus: *Dendarini* S. 231

28 (25) Tergit des 9. Abdominalsegments seitlich sehr stark abgerundet und hinter der Mitte plötzlich abgerundet verengt, helmförmig, auf der Spitze mit 2 einander genäherten konischen Tuberkeln bewehrt (Abb. 42/74), beiderseits des Apikaltuberkelpaares noch mit 1—3 dörnchentragenden Tuberkelpaaren . . . . . Tribus: *Litoborini* Hier aus der europäischen Fauna nur die Larven der Gattung *Allophylax* Bed. bekannt.

29 (24) Submentum nur mit 1 bis 4 Börstchenpaaren bewimpert (Abb. 42/16), falls mit mehreren Borsten — Tergit des 9. Abdominalsegments mit zahlreichen, nicht strikt paarig gestellten Dörnchen bewehrt.

30 (31) Tergit des 9. Abdominalsegments auf der Spitze nur mit 2 symmetrischen Paaren von Dörnchen bewehrt (Abb. 42/73). Innenrand der Vorderschenkel stets nur mit 2 Dörnchen. Hinterbrust nahe dem Seitenrand mit einer stigmenartigen dunkel geringelten Vertiefung . . . . Tribus: *Pedinini* Hier aus der europäischen Fauna nur die Gattung *Pedinus* Latr.

31 (30) Tergit des 9. Abdominalsegments auf der Spitze mindestens mit 8 Dörnchen bewehrt, die beiderseits von der Spitzenmitte meist nicht strikt paarig gestellt sind.

32 (35) Mesosternalstigmen regelmäßig oval (Abb. 42/28). Die Basis des Tergites des 9. Abdominalsegments im Profile meist deutlich gewulstet und die Scheibe hinter der Basis deutlich quergewölbt. Hinterrand

des 8. Abdominaltergites meist deutlich mit Härchen oder Borsten bewimpert. Auf dem Labrum stets nur 1 Paar Diskalborsten oder Diskaldörnchen.

33 (34) Die Spitze des Tergites des 9. Abdominalsegments ohne ein Terminalplätzchen und mit 8 bis 10 Dörnchen bewehrt (Abb. 42/75). Körper gleichmäßig hell gefärbt . . . . Tribus: *Melanimini* S. 231

34 (33) Die Spitze des Tergites des 9. Abdominalsegments mit einem Terminalplätzchen und einem abgesonderten Apikaldörnchenpaar, oftmals konisch ausgezogen oder mit einem Terminalauswuchs bewehrt . . . . Tribus: *Opatrini* S. 231

35 (32) Mesosternalstigmen nicht regelmäßig oval; sie sind entweder nach innen stark verschmälert (Abb. 42/29), oder ihr Hinterrand ausgerandet, zur Längsachse des Körpers zirka in 45° geneigt. Die Basis des Tergites des 9. Abdominalsegments nicht oder kaum gewulstet; die Scheibe hinter der Basis meist flach. Hinterrand des 8. Abdominaltergits meist unbewimpert. In Querreihe auf der Scheibe des Labrums 2, 3, oder 4 Borsten (Abb. 42/13, 14) . . . . Tribus: *Platyscelini* S. 232

36 (23) In Diskalreihe auf dem Labrum mindestens 6 Borsten oder Dörnchen (Abb. 42/11, 12). Postpedes außer feinen Borsten auch mit einigen dünnen nadelartigen Dornen bewehrt.

37 (38) Clypeus nur an der Basis einzeln beborstet, ohne Querreihe von dichten Dörnchen oder groben Borsten (Abb. 42/11). Tergit des 9. Abdominalsegments an der Spitze mehr oder weniger stark angehoben, mit mehreren Dörnchen bewehrt, oft konisch ausgezogen oder mit einem Terminalauswuchs versehen, vor der Spitze nicht eingedrückt. . . . . Tribus: *Blaptini* S. 232

38 (37) Clypeus, wie Labrum, mit einer Querreihe von dichten Dörnchen oder groben Borsten (Abb. 42/12). Tergit des 9. Abdominalsegments an der Spitze kaum oder gar nicht angehoben, nur mit 2 bis 4 Dörnchenpaaren bewehrt, parabolisch abgerundet, vor der Spitze mehr oder weniger stark eingedrückt (Abb. 42/76) . . Tribus: *Scaurini* Hier aus der europäischen Fauna nur die Larven der Gattung *Scaurus* F.

39 (12) Hypopharyngealsklerome klein, ring-, schaufel- oder trichterförmig, keine zahnartigen Kauorgane (Abb. 42/21—23). Postpedes, falls vorhanden, nicht konisch-zitzenartig.

40 (41) Urogomphi sehr massiv, klotzartig, grob längs-runzelig skulpturiert. Vorderrand des Tergites des 9. Abdominalsegments mit vollständigem Kielchen, ringsum gekantet (Abb. 42/58). 1. Antennenglied stark quer. Postpedes fehlen. Klaue aller Beine ohne abgesonderte schwach sklerotisierte Basis. Vorderbeine gleich entwickelt und bewehrt wie die übrigen, keine Grabbeine. Unter Baumborke. Im Boden nur zufällig. (Unterfamilie: *Toxicinae*) . Tribus: *Toxicini* Hier aus der europäischen Fauna nur die Gattung *Cryphaeus* KLUG.

41 (40) Urogomphi, falls vorhanden, zur Spitze allmählich zugespitzt, fast glatt (Abb. 42/60). Vorderrand des Tergites des 9. Abdominalsegments mindestens unten ungekantet.

42 (57) Klaue aller Beine ohne abgesonderte schwach sklerotisierte Basis, symmetrisch krallenförmig (Abb. 42/36). Vorderbeine gleich entwickelt und bewehrt wie die übrigen, keine Grabbeine.

43 (46) Postpedes fehlen. 9. Abdominalsegment mit Urogomphi. Hautdecke des ganzen Körpers mehr oder weniger stark sklerotisiert. Pleurite der Abdominalsegmente von den Tergiten abgesondert (Abb. 42/51). (Unterfamilie: *Belopinae*).

44 (45). 1. Antennenglied viel länger als breit . . . . . . .Tribus: *Belopini*
Hier nur die Gattung *Belopus* Gb.

45 (44) 1. Antennenglied quer, ringelförmig . . .   Tribus: *Boromorphini*
Hier nur die Gattung *Boromorphus* Woll.

46 (43) Postpedes vorhanden, weich, einsaugend, unbewimpert oder nur an der Basis bewimpert. In Vorräten, in Höhlen und Nestern von Wirbeltieren, unter Baumborke, in Baumpilzen sowie im verwesenden Holz. Im Boden zufällig.

47 (50) Hautdecke des ganzen Körpers, ausgenommen Kopfkapsel, membranös. Pleurite der Abdominalsegmente von den Tergiten abgesondert. Tergit des 9. Abdominalsegments an der Spitze mit einem weichen Auswuchs, Tuberkel oder einigen Zähnchen bewehrt (Abb. 42/59). 1. Antennenglied quer, ringelförmig. (Unterfamilie: *Diaperinae*).

48 (49) Vorderrand der Kopfkapsel über der Mandibelbasis mit einem Vorsprung (Abb. 42/4) . . . .   Tribus: *Diaperini*
Hier aus der europäischen Fauna die Gattungen *Diaperis* Geoffr., *Hoplocephala* Lap.-Cast. und *Pentaphyllus* Latr.

49 (48) Vorderrand der Kopfkapsel ohne einen Vorsprung über der Mandibelbasis . . . . .Tribus: *Platydemini*
Hier nur die Gattung *Platydema* Lap.-Cast.

50 (47) Hautdecke nicht membranös. Kaudaltergit mit Urogomphi oder mit einer stark sklerotisierten hörnchenartigen Terminalspitze bewehrt (Abb. 42/60, 61). (Unterfamilie: *Triboliinae*).

51 (54) 9. Abdominalsegment mit Urogomphi.

52 (53) Urogomphi an der Basis divergierend (Abb. 42/60) . . . .
. . . . Tribus: *Triboliini*
Hier die Gattungen: *Latheticus* Wat., *Tribolium* Macleay und *Palorus* Muls.

53 (52) Urogomphi sitzen auf gemeinsamer Basis (Abb. 42/77) . . . . .
. . . . Tribus: *Scaphidemini*
Hier nur die Gattung *Scaphidema* Redtb.

54 (51) Tergit des 9. Abdominalsegments mit einer hörnchenartigen Terminalspitze (Abb. 42/61).

55 (56) Tergit des 9. Abdominalsegments beiderseits der Terminalspitze mit zahlreichen, nicht strikt paarig geordneten Dörnchen (Abb. 42/61).
. . . . Tribus: *Alphitobiini*
Hier nur die Gattung *Alphitobius* Steph.

56 (55) Tergit des 9. Abdominalsegments beiderseits der Terminalspitze nur mit 2—3 symmetrisch paarig geordneten Dörnchen oder groben Borsten . . . . Tribus: *Gnathocerini*

Hier die Gattungen *Gnathocerus* THUNB. und *Alphitophagus* STEPH.

57 (42) Klaue zumindest der Vorderbeine mit scharf abgesonderter, schwach sklerotisierter Basis (Abb. 42/33). Vorderbeine viel stärker entwickelt und anders bewehrt als die übrigen.

58 (59) 1. Antennenglied quer, ringelförmig, Postpedes weich, einsaugend, unbewimpert. (Unterfamilie: *Phaleriinae*) . . Tribus: *Phaleriini* S. 232

59 (58) 1. Antennenglied deutlich länger als breit. Postpedes nicht einsaugend, mindestens mit Borsten bewimpert. (Unterfamilie: *Asidinae*).

60 (61) Tergit des 9. Abdominalsegments ohne Urogomphi oder Auswüchse (Abb. 42/80), mit einigen dünnen nadelartigen Dornen bewehrt. Postpedes lang, nach innen geneigt, vor der Spitze mit einem warzenförmigen Anhängsel (Abb. 42/42) . . . . Tribus: *Elenophorini*
Hier in der europäischen Fauna nur die Gattung *Elenophorus* LATR.

61 (60) Tergit des 9. Abdominalsegments mit Urogomphi, Zähnen oder anderen Auswüchsen.

62 (63) Tergit des 9. Abdominalsegments am Hinterrand mit 4 zahnartigen oder warzenförmigen Auswüchsen bewehrt (Abb. 42/83—85). Scheibe des Tergites ohne Dornen. Postpedes 2-spaltig, ohne starke Dornen (Abb. 42/44) . . . . Tribus: *Akidini* S. 233

63 (62) Tergit des 9. Abdominalsegments am Hinterrand mit 2 urogomphiartigen Zähnen bewehrt (Abb. 42/62, 81, 82). Scheibe des Tergites mit zahlreichen starren Dornen bekleidet. Postpedes querwarzenförmig, mit starken Dornen bewehrt (Abb. 42/43) . . . .
. . . . Tribus: *Asidini* S. 233

64 (11) Ventrokaudalfläche des Tergites des 9. Abdominalsegments ganz horizontal, nach unten gerichtet (Abb. 42/63—66). Die Spitze dieses Tergites bildet, von der Seite betrachtet, seinen tiefsten Punkt. Urogomphi, Terminalspitze oder andere Auswüchse sowie seitenständige starke Dörnchen fehlen stets. Hypopharyngealsklerome kurz, ring-, schaufel- oder trichterförmig, oft ganz fehlend. Vorderbeine stets viel stärker entwickelt und anders bewehrt als die übrigen, Klaue mit schwach sklerotisierter Basis.

65 (68) Mesosternum vor den Hüften mit einer großen, nach unten herabhängenden Lamelle versehen (Abb. 42/26). (Unterfamilie: *Pimeliinae*).

66 (67) Basis der Klaue der Mittel- und Hinterbeine innen nur mit einer Borste oder einem Dörnchen bewehrt (Abb. 42/34) . . . . . .
. . . . Tribus: *Pimeliini* S. 233

67 (66) Basis der Klaue aller Beine innen mit mehr als einer Borste oder einem Dörnchen bewehrt (Abb. 42/35) . . . . Tribus: *Platyopini*
Hier in der europäischen Fauna nur die Gattung *Platyope* FISCH.-W.

68 (65) Mesosternum vor der Hüfte nur etwas gewölbt, ohne herabhängende Lamelle (Abb. 42/27). (Unterfamilie: *Erodiinae*).

69 (74) Tarsus und Tibia der Vorderbeine voneinander deutlich abgesondert, der erste innen nur mit 1 Borste bewimpert (Abb. 42/39). Tergit des 9. Abdominalsegments, von der Seite betrachtet, zur Spitze allmählich abfallend (Abb. 42/64, 65).

70 (73) Oberkopf ohne Stachelfeld, höchstens schwach beborstet, oft fast kahl.

71 (72) Äußeres Stachelfeld der Postpedes rundlich, oval, ringel- oder hufeisenförmig (Abb. 42/45—47) . . . . Tribus: *Tentyriini* S. 234

72 (71) Außenseite der Postpedes mit 5—8 nadelförmigen Dornen oder starken Borsten, die zu zwei Vertikalreihen angeordnet sind (Abb. 42/48) . . . . Tribus: *Zophosini*
Hier nur die Gattung *Zophosis* Latr.

73 (70) Oberkopf mit geräumigem Stachelfeld (Abb. 42/7) . . . .
. . . . Tribus: *Adesmiini*
Hier nur die Gattung *Adesmia* Fisch.-W.

74 (69) Tarsus und Tibia der Vorderbeine voneinander nicht abgesondert und einen gleichmäßigen Tibiotarsus bildend, der innen mit mehreren Borsten bewimpert ist (Abb. 42/40). 9. Tergit, von der Seite betrachtet, zur Spitze steil abfallend, kapuzenförmig (Abb. 42/66) . . . .
. . . . Tribus: *Erodiini* S. 234

Bestimmungstabelle für die Gattungen der Tribus *Helopini*

1 (8) Beschränkungsvorsprünge des 9. Tergites lang, mit schmalen, hakenartig nach vorn gekrümmten Spitzen (Abb. 42/68—70).

2 (5) 8. Abdominaltergit in der Mitte des Hinterrandes ohne einen Vorsprung (Abb. 42/68). 7. und 8. Tergit mit zahlreichen grubenartigen Punkten besetzt.

3 (4) Die Scheibe des 8. Abdominaltergits längs der Mitte in den basalen 2/3 grob grubenartig punktiert, gegen die Urogomphispitzen mit einer Querreihe aus 2—4 Zähnchen, Tuberkelchen oder zumindest unscharfen Erhabenheiten . . . . *Catomus* All.

4 (3) Die Scheibe des 8. Abdominaltergits längs der Mitte nur im basalen Drittel grob grubenartig punktiert, nach hinten im weiteren Umfang glatt, ohne Querreihe von Erhabenheiten . . . .
. . . . *Hedyphanes* Fisch.-W.

5 (2) 8. Abdominaltergit in der Mitte des Hinterrandes mit einem Vorsprung bewehrt (Abb. 42/69—70), auf der Scheibe gegen die Urogomphispitzen mit 1 Paar scharfen Zähnchen.

6 (7) Hinterer Vorsprung des 8. Abdominaltergites konisch-tuberkelartig, rauh (Abb. 42/70) . . . . *Probaticus* Seidl.

7 (6) Hinterer Vorsprung des 8. Abdominaltergites glatt, zweispitzig (Abb. 42/69) . . . . *Helops* F.

8 (1) Beschränkungsvorsprünge des 9. Tergites einfach tuberkelartig (Abb. 42/71).

9 (10) Die Basis der Urogomphi außen mit einem stark sklerotisierten borstentragenden Korn oder Zähnchen (Abb. 42/71) . . . .
. . . . *Cylindronotus* Fald.

10 (9) Die Basis der Urogomphi ohne Korn oder Zähnchen . . . . . .
. . . . *Nesotes* All.

Bestimmungstabelle für die Gattungen der Tribus *Dendarini*

1 (2) Hinterrand des 9. Tergites mit 4 Dörnchen bewehrt (Abb. 42/55).
. . . . *Dendarus* LATR.

2 (1) Hinterrand des 9. Tergites mit 8 Dörnchen bewehrt.

3 (4) Die Spitze des 9. Tergites, von der Seite betrachtet, gar nicht angehoben (Abb. 42/56). Trochanter nur mit 2 Dörnchen bewehrt.
. . . . *Phylan* STEPH.

4 (3) Die Spitze des 9. Tergites, von der Seite betrachtet, deutlich angehoben (Abb. 42/57). Trochanter mit 5—6 Dörnchen bewehrt . . .
. . . . ·*Heliopathes* MULS.

Bestimmungstabelle für die Gattungen der Tribus *Melanimini*

1 (2) Labrum und Clypeus mit je 2 diskalen Borsten . . . .
. . . . *Melanimon* STEV.

2 (1) Labrum und Clypeus mit je 2 diskalen Dörnchen.

3 (4) 9. Tergit am Hinterrand abgerundet, ohne ausgesprochene Spitze
(Abb. 42/75) . . . . *Anemia* LAP.-CAST.

4 (3) 9. Tergit am Hinterrand mit etwas eckig vortretender Spitze . . .
. . . . *Ammidanemia* RTT.

Bestimmungstabelle für die Gattungen der Tribus *Opatrini*

1 (10) Mentum und Submentum mit nicht mehr als 4 Borstenpaaren bewimpert. Seitenrand des Kopfes nur spärlich behaart.

2 (5) Oberkörper der Larven mindestens spärlich und zerstreut beborstet, aber Behaarung deutlich sichtbar.

3 (4) Oberkörper spärlich beborstet, hell gefärbt . . . .
. . . . *Gonocephalum* CHEVR.

4 (3) Der gesamte Oberkörper ist dicht beborstet und dunkel gefärbt.
. . . . *Scleropatrum* SEIDL.

5 (2) Oberkörper der Larven fast kahl. 9. Tergit nur bis zur Mitte spärlich behaart.

6 (7) Ventrokaudalfläche des 9. Tergites mit zahlreichen Borsten. Labrum und Clypeus mit diskalen Dörnchen bewehrt. Oberkörper unregelmäßig verdunkelt. Die Spitze des 9. Tergites mit mehreren Dörnchen bewehrt . . . . *Opatrum* F.

7 (6) Ventrokaudalfläche des 9. Tergites mit nicht mehr als 9 Borstenpaaren. Labrum und Clypeus mit diskalen Borsten bewimpert. Die Spitze des 9. Tergites mit nicht mehr als 18 Dörnchen bewehrt. Tergite an der Basis meist heller, nach hinten zu dunkler werdend.

8 (9) Körper robust. 9. Tergit viel breiter als lang, an der Spitze mit 12 bis 18 Dörnchen bewehrt. Labrum und Clypeus mit diskalen Borsten oder Dörnchen. . . . . *Penthicus* FALD.

9   (8) Körper schlank. 9. Tergit nicht breiter als lang, an der Spitze mit
        8—10 Dörnchen bewehrt. Labrum und Clypeus mit diskalen Bor-
        sten . . . . *Opatroides* Brull.
10 (1) Mentum und Submentum mit zahlreichen Borsten bewimpert. Sei-
        tenrand des Kopfes mit dichten, groben Borsten und Dörnchen be-
        kleidet. Labrum und Clypeus mit diskalen Dörnchen bewehrt.
        Spitze des 9. Tergites mit mehreren Dörnchen bewehrt. Oberkörper
        hell . . . . *Melanesthes* Lac.

Bestimmungstabelle für die Gattungen der Tribus *Platyscelini*

1   (2) Labrum mit 1 oder 2 Diskalborstenpaaren, ohne Zentralborste
        (Abb. 42/14). Oberkörper mit Ausnahme des Kopfes gleichmäßig
        gefärbt . . . . *Platyscelis* Latr.
2   (1) Labrum mit 3 Diskalborsten, die mittlere stets zentrisch gelagert
        (Abb. 42/13). Abdominaltergite, mindestens das 9., an der Basis mit
        einem hellen Band . . . . *Oodescelis* Motsch.

Bestimmungstabelle für die Gattungen der Tribus *Blaptini*

1   (4) Scheitel am Hinterrand ohne Querreihe von Borsten (Abb. 42/5).
        Vorderkörper nicht merklich dunkler als Abdominaltergite.
2   (3) Labrum mit nicht mehr als 8 Diskalborsten (Abb. 42/11). Basis des
        9. Tergites nur an den Seiten mit feinen Härchen bewimpert . . .
        . . . . *Blaps* F.
3   (2) Labrum mit mehr als 10 Diskalborsten. Basis des 9. Tergites in der
        ganzen Breite mit feinen Härchen bewimpert . . . .
        . . . . *Lithoblaps* Motsch.
4   (1) Scheitel am Hinterrand mit einer deutlichen Querreihe Borsten
        (Abb. 42/6). Vorderkörper bedeutend dunkler gefärbt als die Abdo-
        minaltergite.
5   (6) Labrum mit nicht mehr als 3 Diskalborstenpaaren. 9. Tergit, von oben
        betrachtet, konisch, von der Basis zur Spitze fast geradlinig verengt.
        Terminalspitze mit Praeapikalborsten . . . .
        . . . . *Prosodes* Eschsch.
6   (5) Labrum mit 5 Diskalborstenpaaren. 9. Tergit kurz, mit mehr oder
        weniger abgerundeten Seiten. Terminalspitze mit Praeapikaldörn-
        chen . . . . *Gnaptor* Brull.

Bestimmungstabelle für die Gattungen der Tribus *Phaleriini*

1   (2) 9. Tergit, von oben betrachtet, fast halboval, auf der Scheibe stark
        eingedrückt, am Hinterrand mit Dörnchen bewehrt (Abb. 42/78).
        . . . . *Phaleria* Latr.
2   (1) 9. Tergit, von oben betrachtet, parabolisch, auf der Scheibe ohne
        Eindrücke, am Hinterrand mit Borsten bewimpert. (Abb. 42/79).
        . . . . *Halammobia* Sem.

Bestimmungstabelle für die Gattungen der Tribus *Akidini*

1 (4) Hinterrand des 9. Tergites nur mit 2 Paar großer Zähne bewehrt, ohne kleine Zwischenzähnchen (Abb. 42/83, 84).

2 (3) 9. Tergit, von oben betrachtet, halboval, hinten breit abgerundet (Abb. 42/83). Körper kurz und spärlich behaart . . . .
. . . . *Cyphogenia* SOL.

3 (2) 9. Tergit parabolisch, von der Basis zur Spitze deutlich verengt (Abb. 42/84). Körper dicht und zottig behaart . . . .
. . . . *Akis* HERBST.

4 (1) Hinterrand des 9. Tergites zwischen den großen Zähnen noch mit kleineren Zwischenzähnen bewehrt (Abb. 42/85) . . . .
. . . . *Morica* SOL.

Bestimmungstabelle für die Gattungen der Tribus *Asidini*

1 (2) Urogomphi ohne gemeinsame Basis (Abb. 42/81). 9. Tergit nicht kürzer als breit . . . . *Asida* LATR.

2 (1) Urogomphi auf gemeinsamer Basis sitzend (Abb. 42/82). 9. Tergit breiter als lang . . . . *Alphasida* ESC.

Bestimmungstabelle für die Gattungen der Tribus *Pimeliini*

1 (8) Stachelfeld des 9. Tergites nicht bis zur Basis reichend, letztere fein beborstet oder kahl (Abb. 42/86—88).

2 (3) Kopfkapsel dorsal mit Dörnchen bedeckt. Labrum mit sehr langen Borsten . . . . *Lasiostola* SOL.

3 (2) Kopfkapsel dorsal nur mit spärlichen Börstchen bedeckt, oder fast kahl.

4 (7) Apikalstachelfeld des 9. Tergites ohne Lichtung in der Mitte (Abb. 42/86, 87).

5 (6) Apikalstück des Stachelfeldes des 9. Tergites von mehr als 12 verwickelten Querreihen konischer Dörnchen gebildet (Abb. 42/86). . . .
. . . . *Trigonoscelis* SOL.

6 (5) Apikalstück des Stachelfeldes des 9. Tergites von nicht mehr als 10 verwickelten Querreihen konischer Dörnchen gebildet (Abb. 42/87).
. . . . *Sternoplax* FRIV.

7 (4) Apikalstachelfeld des 9. Tergites mit großer Lichtung in der Mitte (Abb. 42/88) . . . . *Platyesia* SKOPIN

8 (1) Stachelfeld des 9. Tergites reicht bis zur Basis, und die Scheibe des Tergites ringsum gerandet (Abb. 42/89—90).

9 (10) Hinterrand des 4. und 6. Abdominalsternites mit einer Querreihe von dörnchenartigen Borsten bewehrt. Basis der Klaue der Vorderbeine innen mit 4—5 Borsten bewimpert . . . . *Pterocoma* SOL.

10 (9) Hinterrand des 4. und 6. Abdominalsternites ohne Borstenreihe. Basis der Klaue der Vorderbeine innen nur mit 1 Borste.

11 (12) 8. Abdominaltergit ganz ohne Spur von Dörnchen, nur beborstet.
. . . . *Pimelia* F.

12 (11) 8. Abdominaltergit an der Basis außer Borsten auch mit Dörnchen.

13 (14) 8. Abdominaltergit, von der Seite betrachtet, gleichmäßig schwach
gewölbt. Spitze des 9. Tergites schmal, stark vortretend (Abb. 42/90)
. . . . *Camphonota* Sol.

14 (13) 8. Abdominaltergit, von der Seite betrachtet, vorn buckelig gewölbt,
Spitze des 9. Tergites breit abgerundet, wie bei *Pimelia* . . . . .
. . . . *Podhomala* Sol.

Bestimmungstabelle für die Gattungen der Tribus *Tentyriini*

1 (2) 8. Abdominaltergit deutlich länger als breit. Pleuralsklerit des 9.
Abdominalsegmentes über der Basis der Postpedes mit einigen na-
delförmigen Dörnchen bewehrt (Abb. 42/64) . . . .
. . . . *Psammocryptus* Kr.

2 (1) 8. Abdominaltergit nicht länger als breit. Pleuralsklerit des 9. Abdominalsegmentes überall nur mit feinen Börstchen bewimpert.

3 (10) Vorderschenkel auf der Unterseite nahe der Basis ohne Dörnchen.

4 (5) 9. Tergit äußerst kurz, breiter als lang (Abb. 42/9). Körper robust,
C-förmig gebogen . . . . *Scythis* Schaum.

5 (4) 9. Tergit länger als breit. Körper schlank, fast gerade.

6 (9) Diskaldörnchengruppe des Labrums einreihig oder undeutlich zweireihig. Abstand der Dörnchen deutlich.

7 (8) 9. Tergit birnenförmig, hinter der Mitte plötzlich verengt (Abb. 42/
92) . . . . *Calyptopsis* Sol.

8 (7) 9. Tergit eiförmig oder oval, zur Spitze allmählich verengt (Abb. 42/
93). . . . . *Dailognatha* Eschsch.

9 (6) Diskaldörnchengruppe des Labrums deutlich zweireihig, der Abstand
der Dörnchen sehr gering (Abb. 42/94) . . . . . *Tentyria* Latr.

10 (3) Vorderschenkel auf der Unterseite nahe der Basis mit einigen Dörnchen bewehrt (Abb. 42/4).

11 (12) Kopfkapsel dorsal fast kahl und glatt . . . .
. . . . *Microdera* Eschsch.

12 (11) Kopfkapsel dorsal deutlich beborstet oder scharf punktiert . . . .
. . . . *Anatolica* Eschsch.

Bestimmungstabelle für die Gattungen der Tribus *Erodiini*

1 (2) 9. Tergit und die Basis des 8. Abdominaltergites mit massiven
Dörnchen bekleidet, der übrige Körper nur dicht beborstet . . . .
. . . . *Diaphanidus* Rtt.

2 (1) Nur 9. Tergit mit massiven Dörnchen bedeckt, der übrige Körper
mit nadelartigen langen Dörnchen bedeckt, Hinterränder der Tergite mit sehr langen Borsten bewimpert . . . . *Erodius* F.

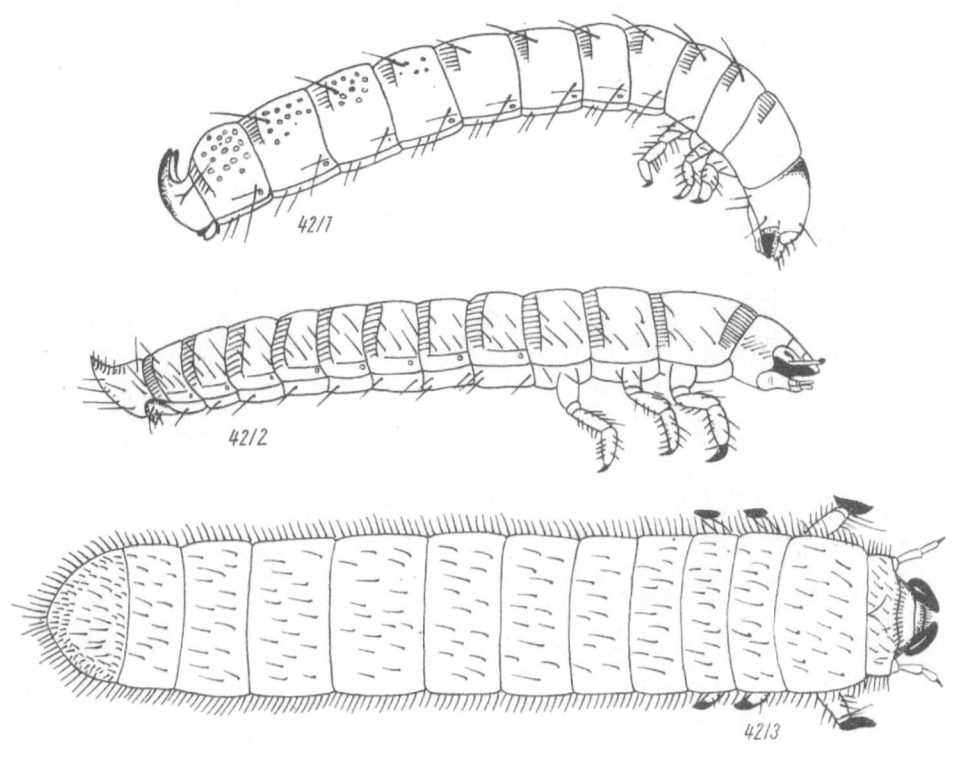

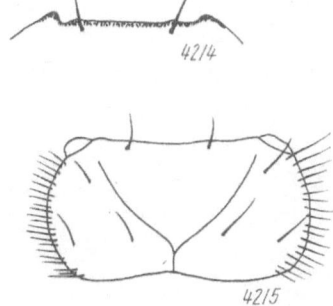

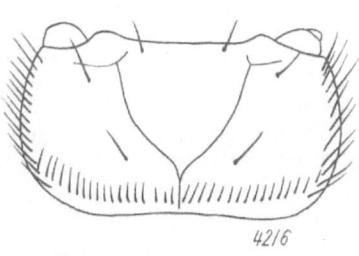

Abb. 42/1 *Cylindronotus laevioctostriatus* GOEZE, Körperumriß (Orig.)
Abb. 42/2 *Blaps lethifera* MARSHAM, Körperumriß (Orig.)
Abb. 42/3 *Pimelia cephalotes* PALLAS, Körperumriß (Orig.)
Abb. 42/4 *Diaperis boleti* LINNAEUS, Vorderrand der Kopfkapsel (Orig.)
Abb. 42/5 *Blaps lethifera* MARSHAM, Kopfkapsel von oben (Orig.)
Abb. 42/6 *Prosodes obtusa* FABRICIUS, Kopfkapsel von oben (Orig.)

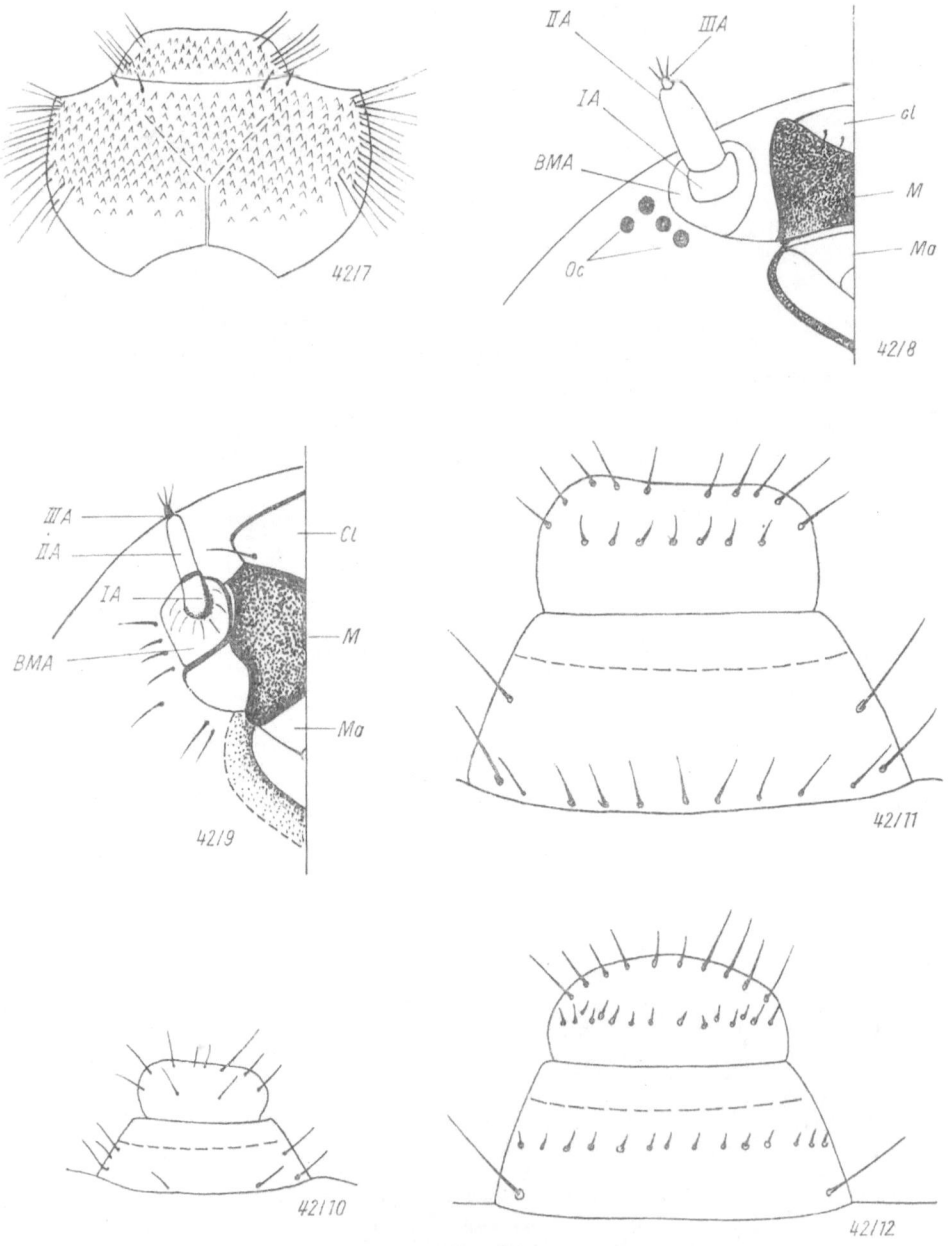

Abb. 42/7 *Adesmia karelini* Fischer-Waldheim, Kopfkapsel von oben (Orig.)
Abb. 42/8 *Hypophloeus* sp., Antennen-Mandibularregion der Kopfkapsel (Orig.)
Abb. 42/9 *Tenebrio* sp., Antennen-Mandibularregion der Kopfkapsel (Orig.)
Abb. 42/10 *Pedinus femoralis* Linnaeus, Labrum und Clypeus (Orig.)
Abb. 42/11 *Blaps lethifera* Marsham, Labrum und Clypeus (Orig.)
Abb. 42/12 *Scaurus tristis* Olivier, Labrum und Clypeus (Orig.)

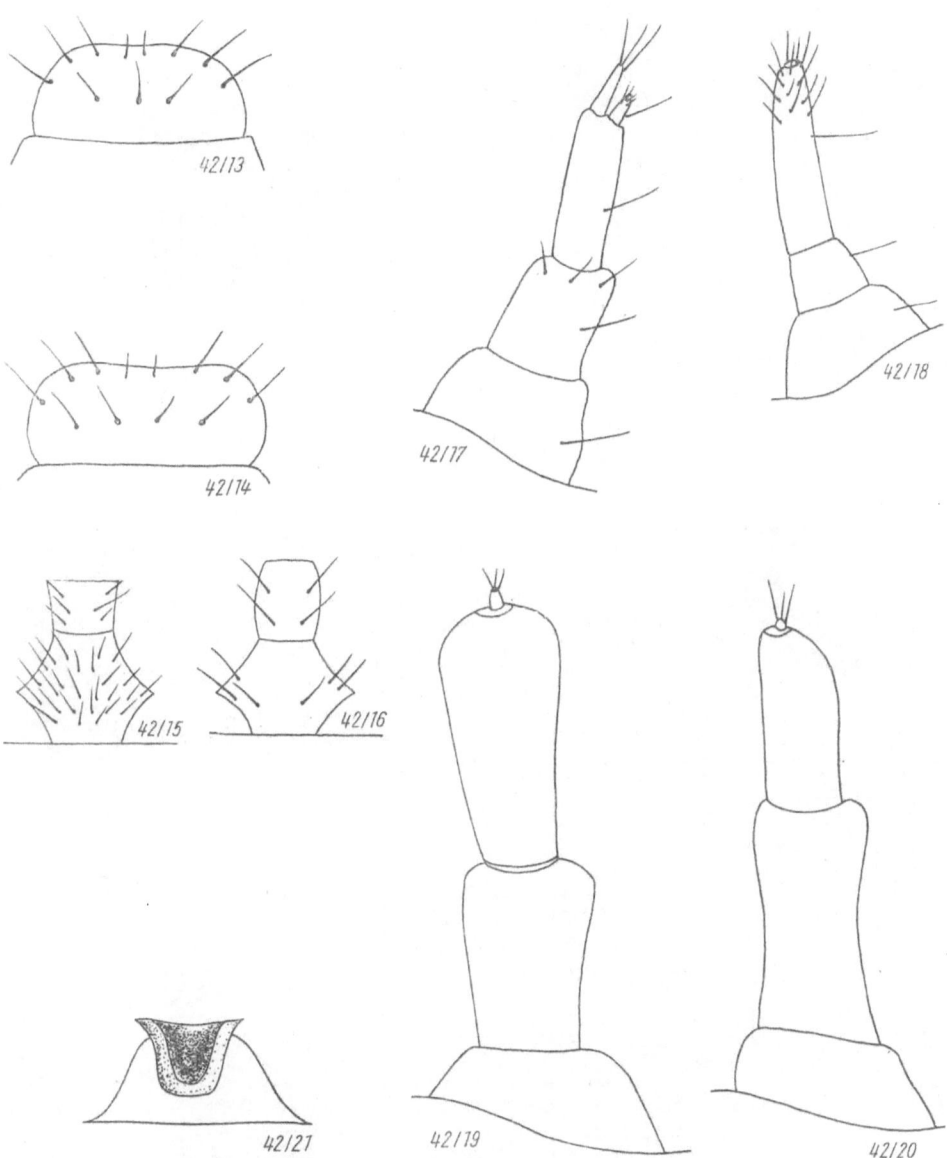

Abb. 42/13 *Oodescelis polita* STURM, Labrum (Orig.)
Abb. 42/14 *Platyscelis hypolithos* PALLAS, Labrum (Orig.)
Abb. 42/15 *Crypticus quisquilius* LINNAEUS, Submentum und Mentum (Orig.)
Abb. 42/16 *Pedinus femoralis* LINNAEUS, Submentum und Mentum (Orig.)
Abb. 42/17 *Bolitophagus reticulatus* LINNAEUS, Antenne (Orig.)
Abb. 42/18 *Laena* sp., Antenne (Orig.)
Abb. 42/19 *Tenebrio obscurus* FABRICIUS, Antenne (Orig.)
Abb. 42/20 *Cylindronotus laevioctostriatus* GOEZE, Antenne (Orig.)
Abb. 42/21 *Belopus procerus* MULSANT, Hypopharyngealsklerom, von oben (Orig.)

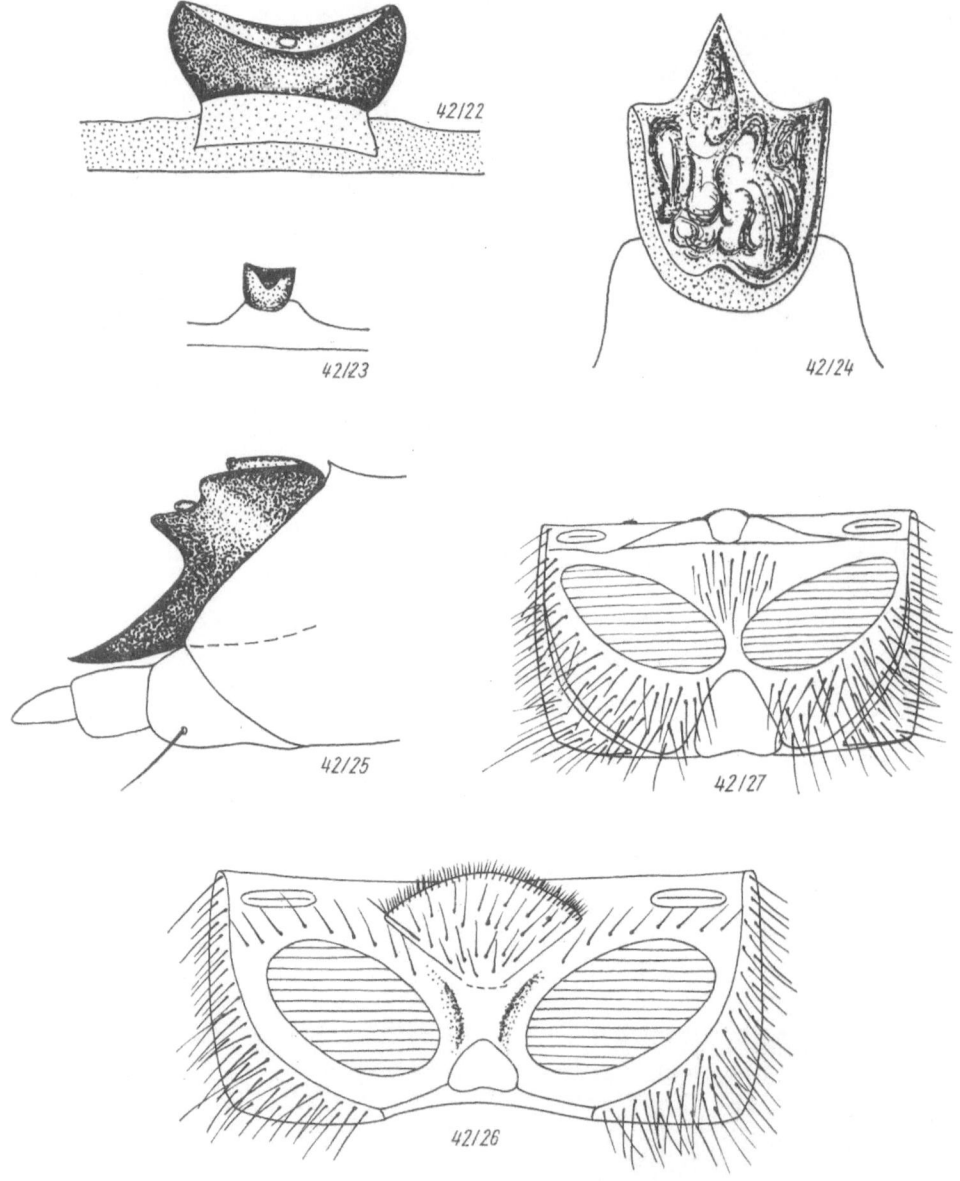

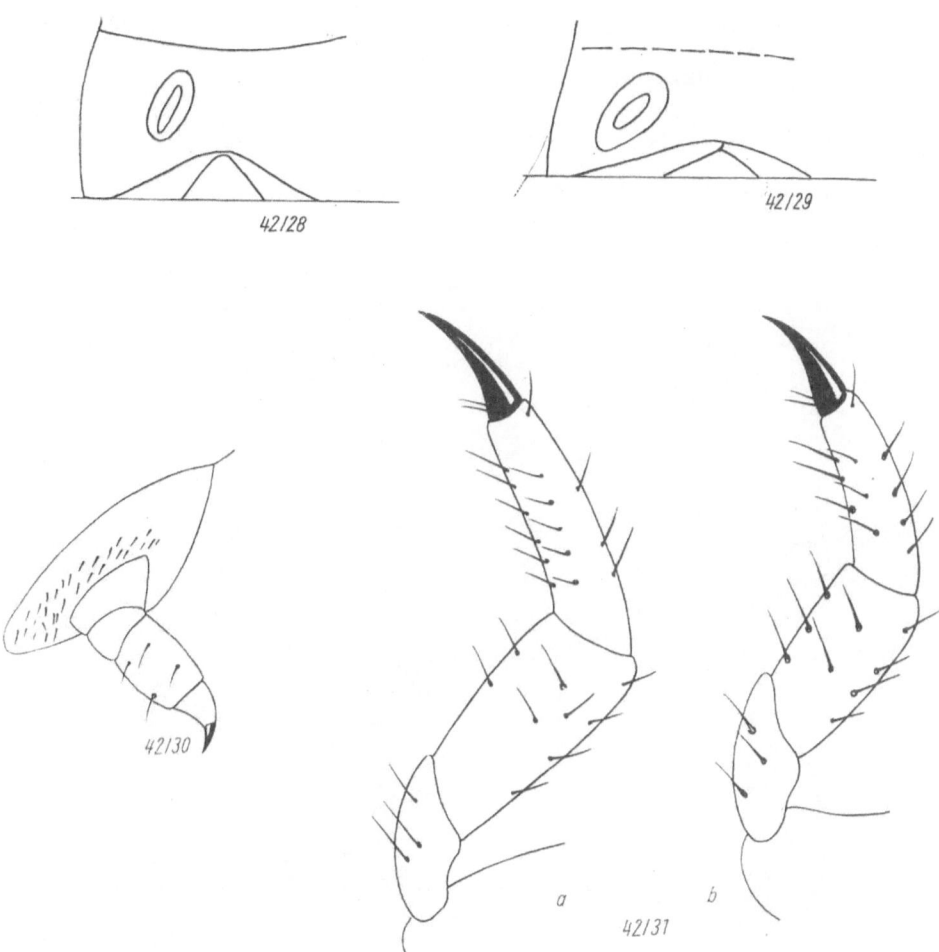

Abb. 42/28 *Opatrum* sp., Mesosternalstigma (Orig.)
Abb. 42/29 *Platyscelis hypolithos* PALLAS, Mesosternalstigma (Orig.)
Abb. 42/30 *Bius thoracicus* FABRICIUS, Bein (Orig.)
Abb. 42/31 *Cylindronotus laevioctostriatus* GOEZE, Vorder- und Mittelbeine von unten (Orig.)

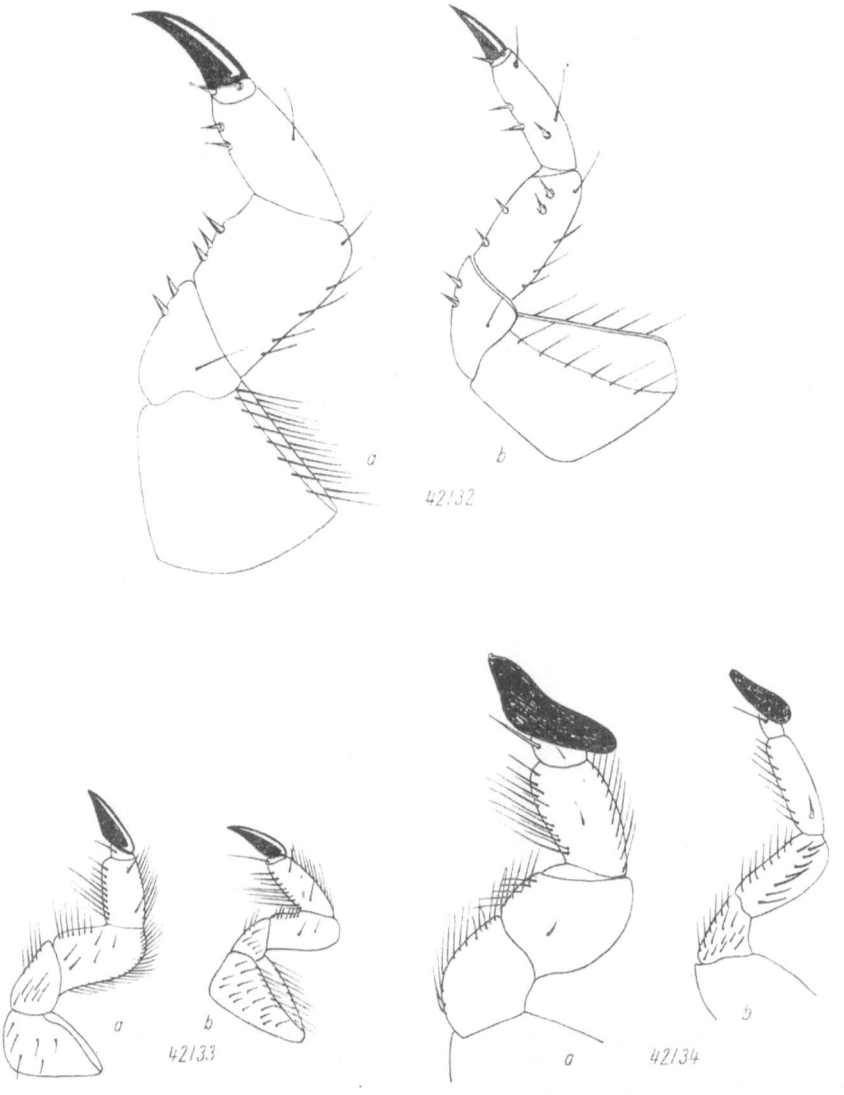

Abb. 42/32   *Opatrum sabulosum* Linnaeus, Vorder- und Mittelbeine von unten (Orig.)
Abb. 42/33   *Cyphogenia gibba* Fischer-Waldheim, Vorder- und Mittelbeine von unten (Orig.)
Abb. 42/34   *Pimelia cephalotes* Pallas, Vorder- und Mittelbeine von unten (Orig.)

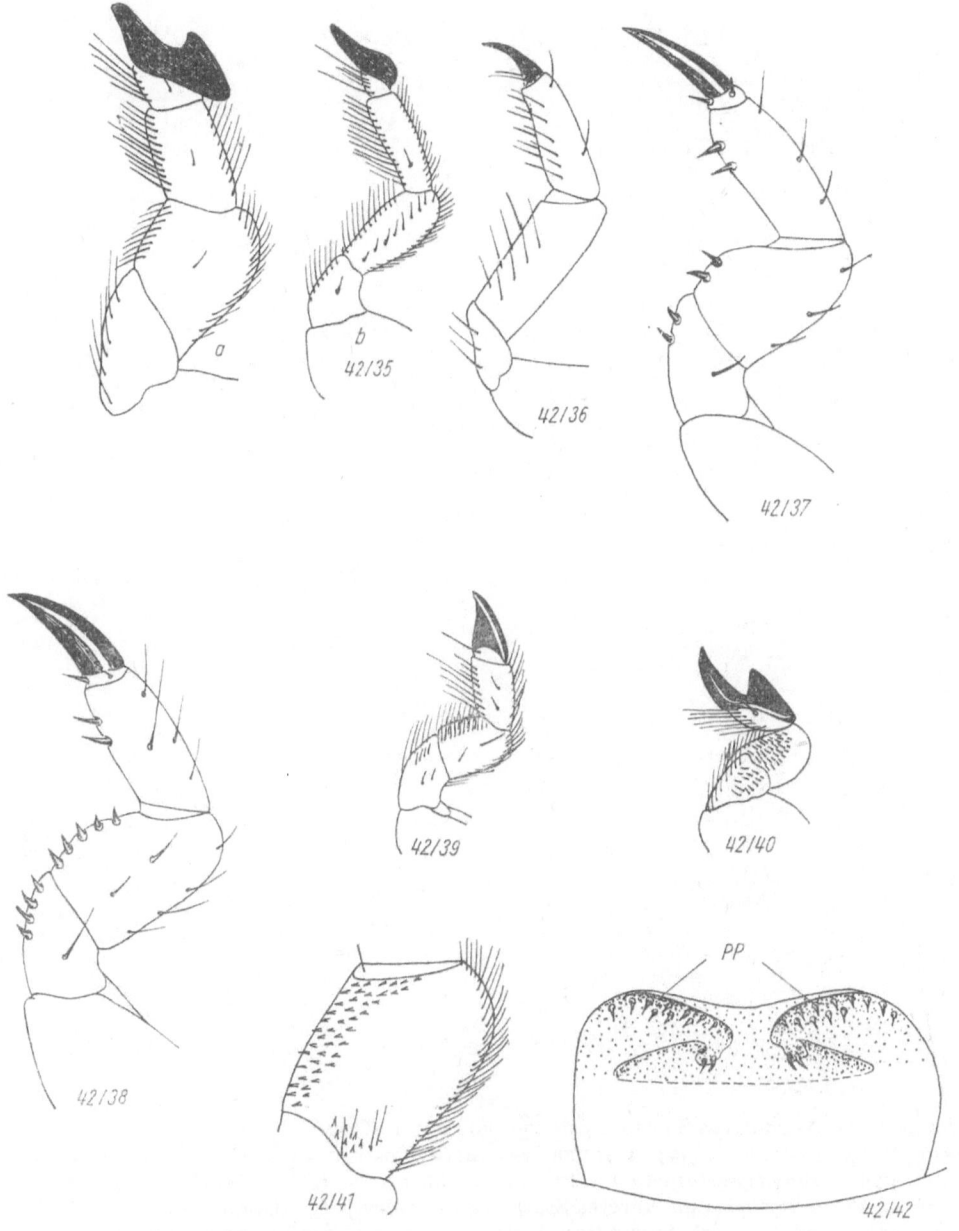

Abb. 42/35 *Platyope leucographa* PALLAS, Vorder- und Mittelbeine von unten (Orig.)
Abb. 42/36 *Belopus procerus* MULSANT, Vorderbein von unten (Orig.)
Abb. 42/37 *Crypticus quisquilius* LINNAEUS, Vorderbein von unten (Orig.)
Abb. 42/38 *Dendarus punctatus* SERVILLE, Vorderbein von unten (Orig.)
Abb. 42/39 *Tentyria nomas* PALLAS, Vorderbein von unten (Orig.)
Abb. 42/40 *Diaphanidus ferrugineus* FISCHER-WALDHEIM, Vorderbein von unten (Orig.)
Abb. 42/41 *Anatolica* sp., Vorderschenkel von unten (Orig.)
Abb. 42/42 *Elenophorus collaris* LINNAEUS, Postpedes von unten (Orig.)

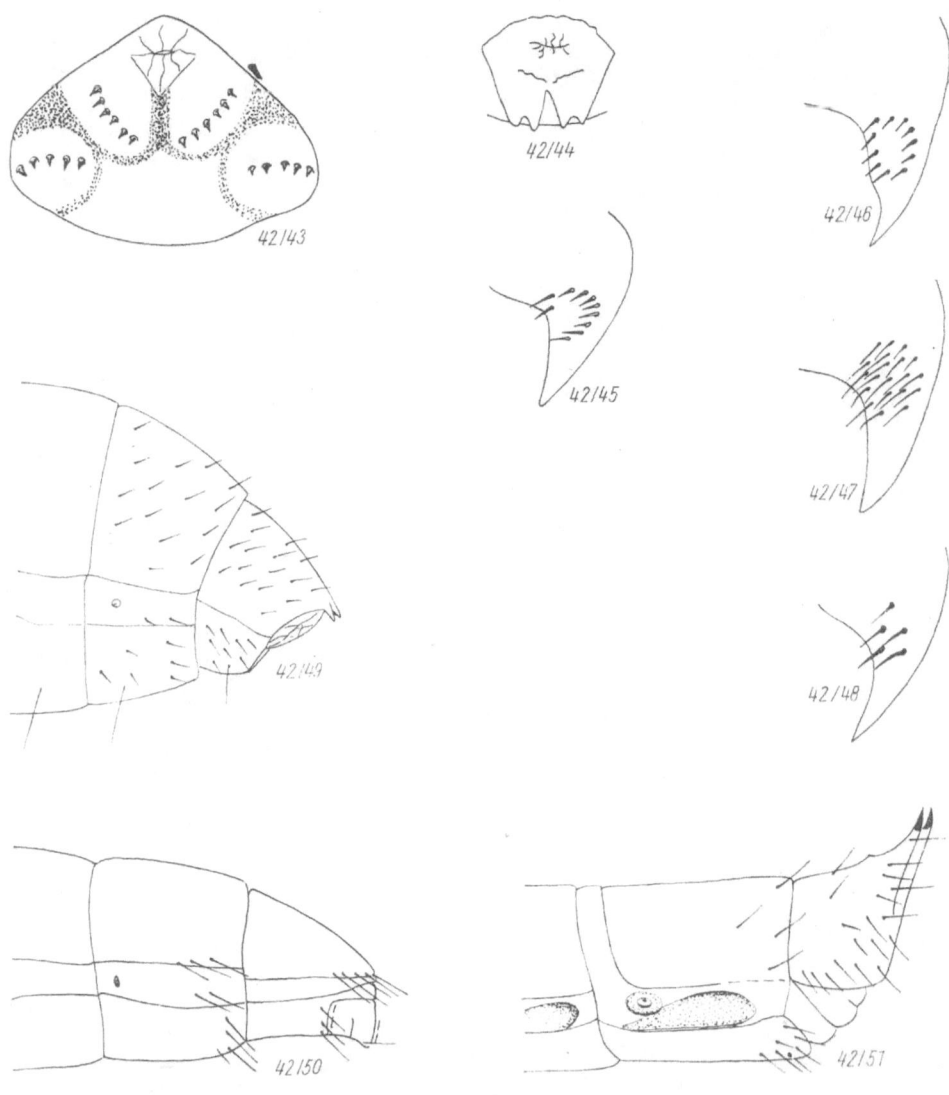

Abb. 42/43 *Asida lutosa* SOLARI, Postpedes von unten (Orig.)
Abb. 42/44 *Cyphogenia gibba* FISCHER-WALDHEIM, Postpedes von unten (Orig.)
Abb. 42/45 *Psammocrytus minutus* TAUSCHER, äußeres Stachelfeld des Postpedes (Orig.)
Abb. 42/46 *Calyptopsis* sp., äußeres Stachelfeld des Postpedes (Orig.)
Abb. 42/47 *Anatolica lata* STEVENSON, äußeres Stachelfeld des Postpedes (Orig.)
Abb. 42/48 *Zophosis punctata* BRULEE, äußeres Stachelfeld des Postpedes (Orig.)
Abb. 42/49 *Bolitophagus reticulata* LINNAEUS, letzte Abdominalsegmente im Profil (Orig.)
Abb. 42/50 *Hypophloeus bicolor* OLIVIER, letzte Abdominalsegmente im Profil (Orig.)
Abb. 42/51 *Belopus procerus* MULSANT, letzte Abdominalsegmente im Profil (Orig.)

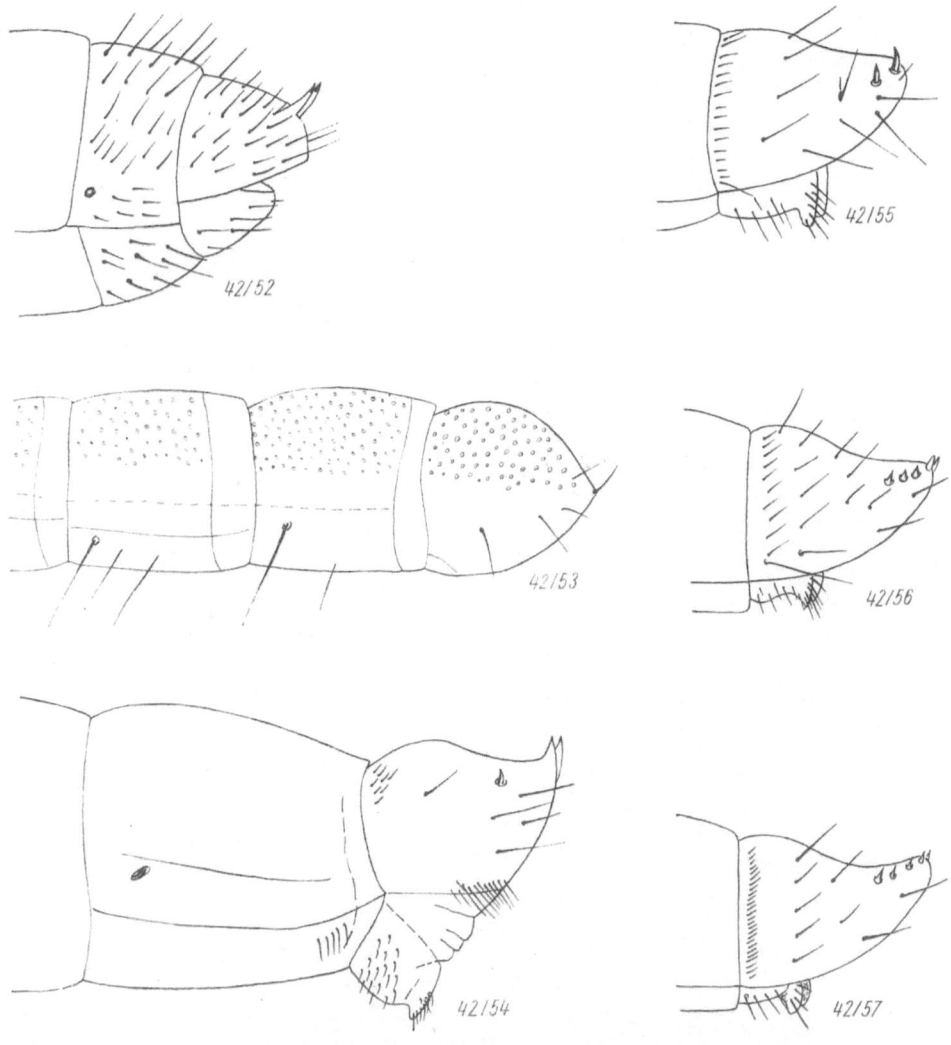

Abb. 42/52 *Laena* sp., letzte Abdominalsegmente im Profil (Orig.)
Abb. 42/53 *Uloma culinaris* LINNAEUS, letzte Abdominalsegmente im Profil (Orig.)
Abb. 42/54 *Tenebrio obscurus* FABRICIUS, letzte Abdominalsegmente im Profil (Orig.)
Abb. 42/55 *Dendarus punctatus* SERVILLE, letzte Abdominalsegmente im Profil (Orig.)
Abb. 42/56 *Phylan gibbus* FABRICIUS, letzte Abdominalsegmente im Profil (Orig.)
Abb. 42/57 *Helipathes avarus* MULSANT ?, letzte Abdominalsegmente im Profil (Orig.)

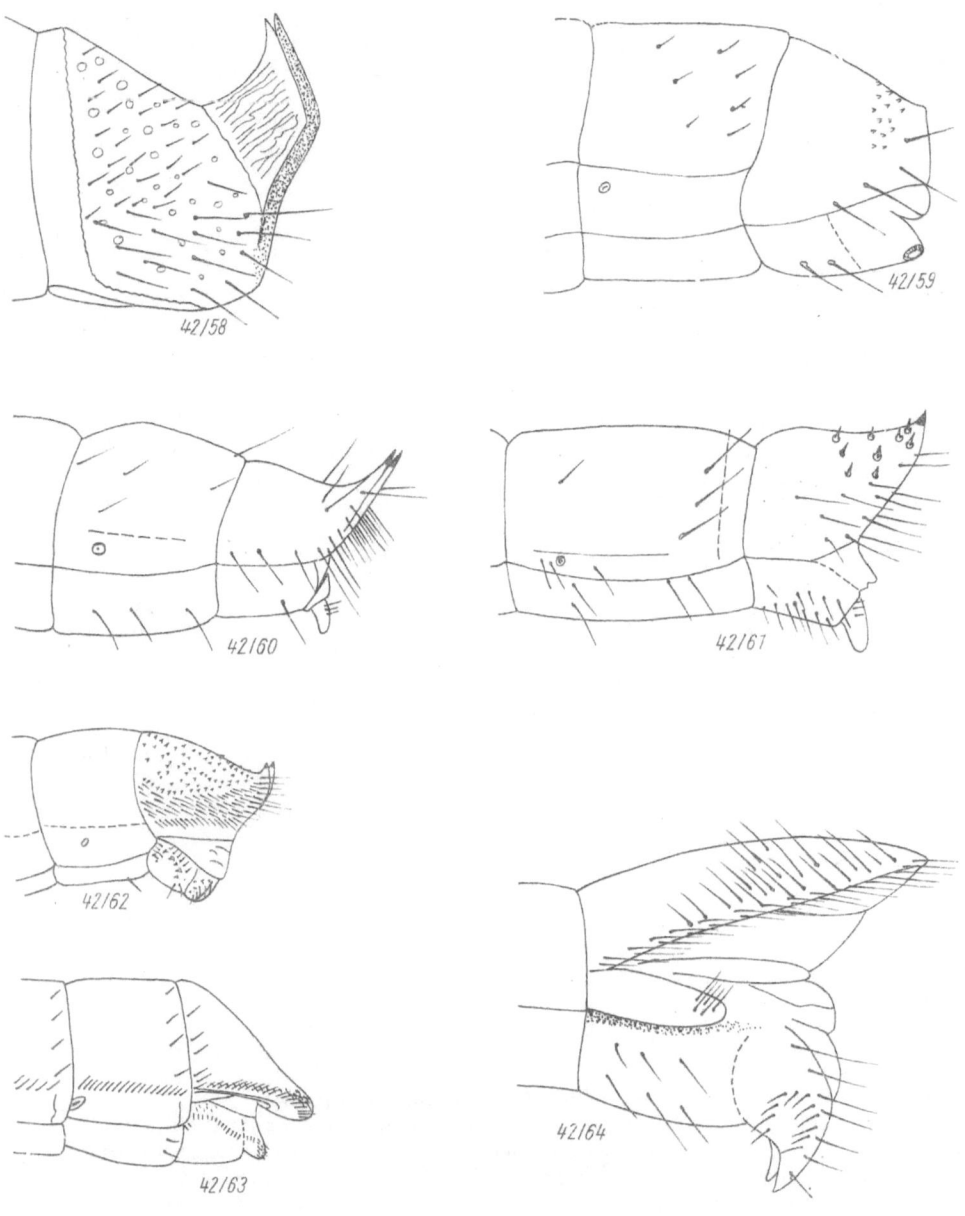

Abb. 42/58 *Crypaeus cornutus* Fischer-Waldheim, letzte Abdominalsegmente im Profil (Orig.)

Abb. 42/59 *Diaperis boleti* Linnaeus, letzte Abdominalsegmente im Profil (Orig.)

Abb. 42/60 *Tribolium confusum* Duval, letzte Abdominalsegmente im Profil (Orig.)

Abb. 42/61 *Alphitobius diaperinus* Panzer, letzte Abdominalsegmente im Profil (Orig.)

Abb. 42/62 *Asida lutosa* Solier, letzte Abdominalsegmente im Profil (Orig.)

Abb. 42/63 *Trigonoscelis muricata* Pallas, letzte Abdominalsegmente im Profil (Orig.)

Abb. 42/64 *Psammocryptus minutus* Tauscher, letzte Abdominalsegmente im Profil (Orig.)

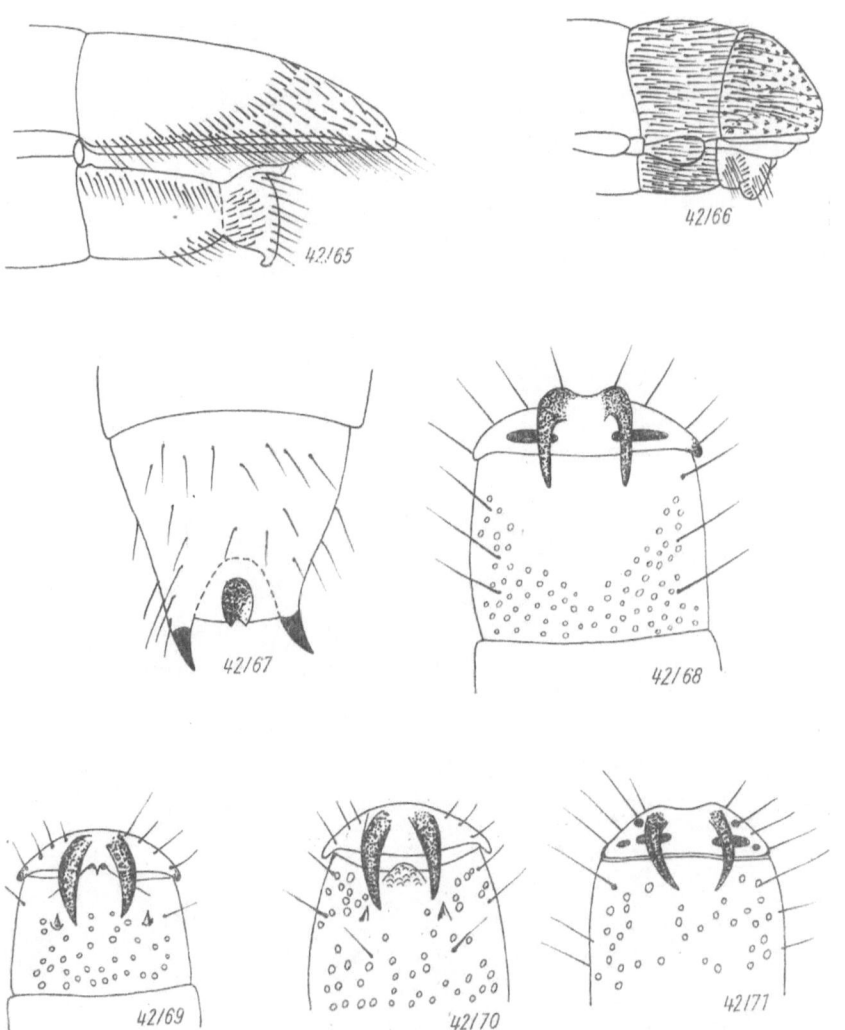

Abb. 42/65 *Adesmia karelini* FISCHER-WALDHEIM, letzte Abdominalsegmente im Profil (Orig.)
Abb. 42/66 *Diaphanidus ferrugineus* FISCHER-WALDHEIM, letzte Abdominalsegmente im Profil (Orig.)
Abb. 42/67 *Bius thoracicus* FABRICIUS, Kaudaltergit von oben (Orig.)
Abb. 42/68 *Hedyphanes coerulescens* FISCHER-WALDHEIM, Kaudaltergit von oben (Orig.)
Abb. 42/69 *Helops coeruleus* LINNAEUS, Kaudaltergit von oben (Orig.)
Abb. 42/70 *Probaticus subrugosus* DUFTSCHMID, Kaudaltergit von oben (Orig.)
Abb. 42/71 *Cylindronotus laevioctostriatus* GOEZE, Kaudaltergit von oben (Orig.)

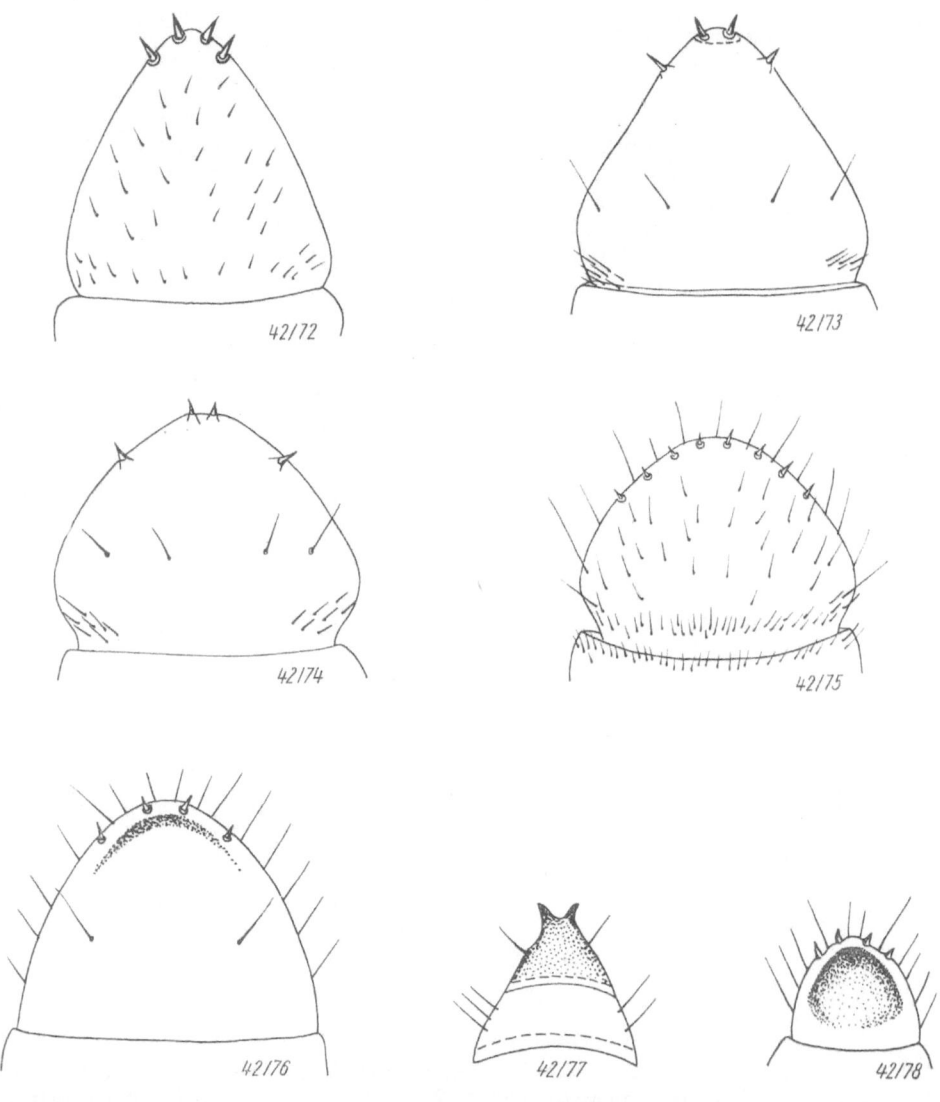

Abb. 42/72   *Crypticus quisquilius* Linnaeus, Kaudaltergit von oben (Orig.)
Abb. 42/73   *Pedinus femoralis* Linnaeus, Kaudaltergit von oben (Orig.)
Abb. 42/74   *Allophilax picipes* Olivier, Kaudaltergit von oben (Orig.)
Abb. 42/75   *Anemia dentipes* Ball., Kaudaltergit von oben (Orig.)
Abb. 42/76   *Scaurus tristis* Olivier, Kaudaltergit von oben (Orig.)
Abb. 42/77   *Scaphidema metallicum* Fabricius, Kaudaltergit von oben (Orig.)
Abb. 42/78   *Phaleria cadaverina* Fabricius, Kaudaltergit von oben (Orig.)

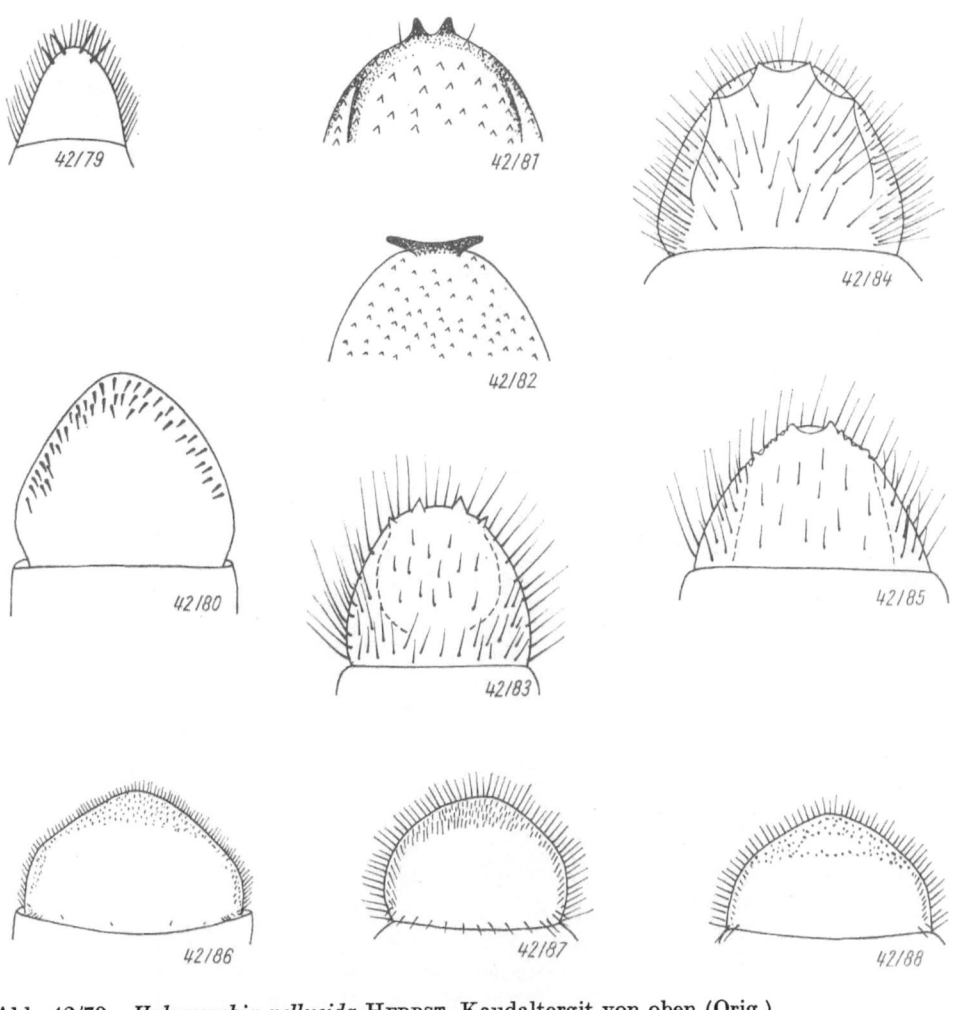

Abb. 42/79   *Halammobia pellucida* HERBST, Kaudaltergit von oben (Orig.)
Abb. 42/80   *Elenophorus collaris* LINNAEUS, Kaudaltergit von oben (Orig.)
Abb. 42/81   *Asida lutosa* SOLIER, Kaudaltergit von oben (Orig.)
Abb. 42/82   *Alphasida* sp., Kaudaltergit von oben (Orig.)
Abb. 42/83   *Cyphogenia gibba* FISCHER-WALDHEIM, Kaudaltergit von oben (Orig.)
Abb. 42/84   *Akis bacarozzo* SCHRANK, Kaudaltergit von oben (Orig.)
Abb. 42/85   *Morica favieri* LUC., Kaudaltergit von oben (Orig.)
Abb. 42/86   *Trigonoscelis muricata* PALLAS, Kaudaltergit von oben (Orig.)
Abb. 42/87   *Sternoplax deplanata* KRYNICKI, Kaudaltergit von oben (Orig.)
Abb. 42/88   *Platyesia sericata* ZOUBKOV, Kaudaltergit von oben (Orig.)

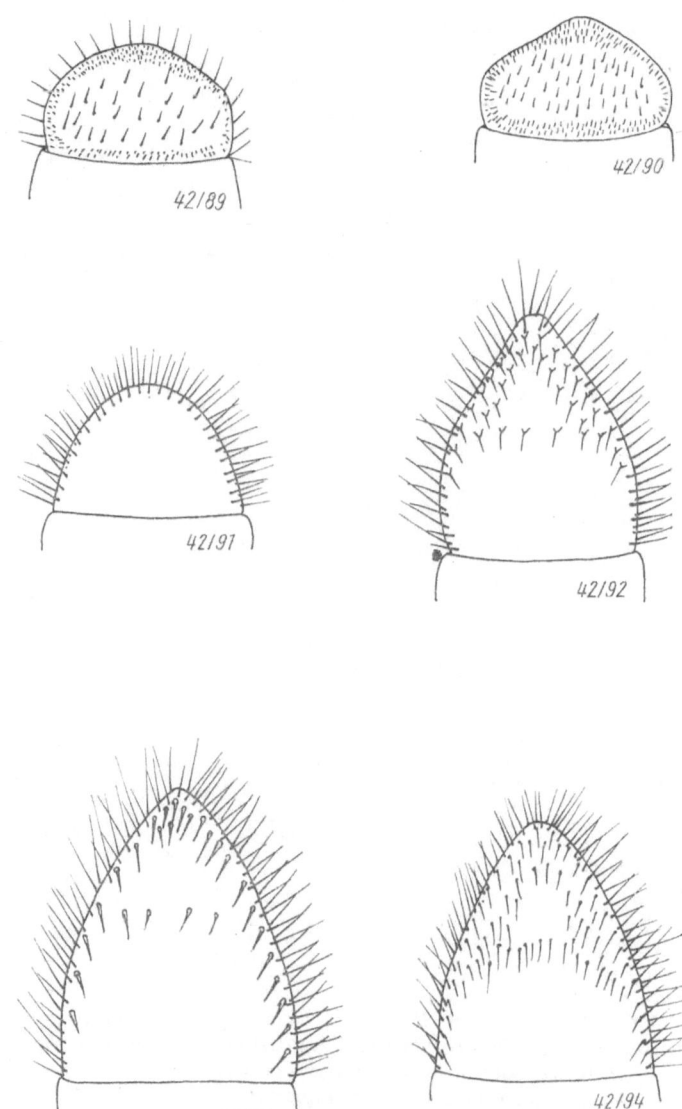

Abb. 42/89 *Pimelia cephalotes* Pallas, Kaudaltergit von oben (Orig.)
Abb. 42/90 *Camphonota subglobosa* Pallas, Kaudaltergit von oben (Orig.)
Abb. 42/91 *Scythis* sp., Kaudaltergit von oben (Orig.)
Abb. 42/92 *Calyptopsis* sp., Kaudaltergit von oben (Orig.)
Abb. 42/93 *Dailognatha* sp., Kaudaltergit von oben (Orig.)
Abb. 42/94 *Tentyria nomas* Pallas, Kaudaltergit von oben (Orig.)

6. LITERATUR

ABDULLAH, M. (1973): Larvae of the families of *Coleoptera* III. *Heteromera, Cucujoidea*: a key to the world families including their distinguishing characters — J. nat. Hist. **7**: 535—544.

ALEKSEEV, A. V. (1960): On the morphology and systematics of larvae of some species of the genus *Agrilus* CURT. in the European part of the U.S.S.R. (russisch) — Zool. Zh. **39**: 1497—1510.

ANDERSON, J. (1966): The larval stages of the genus *Bembidion* LATR. (Col. *Carabidae*) I. The larvae of the subgenus *Chrysobracteon* NET. and *B. dentellum* THUNB. — Norsk ent. Tidsskr. **13**: 440—453.

ANDERSON, W. H. (1936): A comparative study of the labium of coleopterous larvae — Smithsonian Misc. Col. **95**: 1—29.

ANDERSON, W. H. (1936): A terminology for the anatomical characters useful in the taxonomy of weevil larvae — Proc. ent. Soc. Washington **49**: 123—132.

ANDERSON, W. H. (1939): A key to the larval *Bostrichidae* in the United States National Museum (*Coleoptera*) — J. Wash. Acad. Sci. Menasha **29**: 382—391.

ANDERSON, W. H. (1947): Larvae of some genera of *Anthribidae* (*Coleoptera*) — Ann. ent. Soc. Amer. **40**: 489—517.

ANGUS, R. B. (1973): The habitats life histories and immature stages of *Helophorus* F. (Coleoptera: *Hydrophilidae*) — Trans. R. ent. Soc. London **125**: 1—26.

ANTHON, H. (1943): Der Kopfbau der Larven — Spolia Zool. Mus. Haun. **3**: 1—61.

BAHR, I. und P. NUSSBAUM (1974): *Reesa vespulae* (MILLIRON) (Coleoptera: *Dermestidae*), ein neuer Schädling an Sämereien in der Deutschen Demokratischen Republik — Nachrbl. Pflanzenschutz DDR **28**: 229—231.

BALACHOWSKI, A. (1928): Observations biologiques sur les parasites des Coccides du Nord Africain — Ann. Epiphyties Paris **14**: 280—312.

BAYFORD, E. G. (1906): *Drilus flavescens* ROSSI, ♀, and its larva — Ent. Mag. London **42**: 267—268.

BEIER, M. (1926): Über eine Invaginationsmißbildung bei einer Chrysomelidenlarve — Zool. Anz. **66**: 240—242.

BEIER, M. (1927): Die Larve von *Agabus melanarius* AUBÉ (Col. *Dytiscidae*) — Z. wiss. Ins. biol. **22**: 310—318.

BEIER, M. (1928): Die Larve von *Lancetes claussi* MÜLL. (Col. *Dytiscidae*) — Ibid. **23**: 164—172.

BEIER, M. (1928): Die Larven der Gattung *Quedius* (Col., *Staphylinidae*) — Zool. Jb. **55**: 329—350.

BEIER, M. (1948): Zur Kenntnis von Körperbau und Lebensweise der Helminen (*Elminthidae, Dryopoidae*) — Eos Madrid **24**: 123—211.

BEIER, M. (1952): Zur Kenntnis der Larve von *Eubria palustris* L. (Col. *Dascillidae*) — Ibid. **28**: 59—85.

BEIER, M. und E. POMEISL (1959): Einiges über Körperbau und Lebensweise von *Ochthebius exsculptus* GERM. und seiner Larve (Col. *Hydroph. Hydraen.*) — Z. Morphol. Ökol. **48**: 72—88.

BEIER, M. und H. STROUHAL (1928): Käferlarven und Käferpuppen aus Maulwurfsnestern — Z. wiss. Ins. biol. **23**: 1—34.

BENGTSSON, S. (1927): Die Larven der Nordischen Arten von *Carabus* L. — Lunds Univ. Arsskrift. N.F. Adv. 2, **24**, 2: 1—89.

BERNET-KEMPERS, K. J. W. (1941): Larven von *Staphylinidae* — Tijdschr. Ent. **83**: 61—62; **84**: 31—43.

BERNET-KEMPERS, K. J. W. (1945): De Larven der *Helodidae* (*Cyphonidae*) — Tijdschr. Ent. **86**: 85—91.

BERRIOS-ORTIZ, A. and R. B. SELANDER (1972): Sexing immature blister beetles — J. Kans. Entomol. Soc. **45**: 376—380.

BERTHELÉMY, C. (1965): Taxonomie larvaire et cycle biologique de six espèces d'*Esolus* et d'*Oulimnius* européens (*Elminthidae*) — Ann. Limn. Toulouse **1**: 257—276.

BERTHELÉMY, C. et J. DE RIOLS (1965): Les Larves d'*Elmis* du groupe d'*E. maugetti* (Coleoptéres *Dryopoidea*) — Ann. Limn. Toulouse **1**: 21—38.

BERTHELÉMY, C. et STRAGIOTTI, B. (1965): Étude taxonomique de quelques larves de *Limnius* et de *Riolus* s. l. européens (*Elminthidae*). — Hydrobiologica **25**: 501—517.

BERTRAND, H. (1928): Les larves et nymphes des Dytiscides, Hygrobiides, Haliplides — Encycl. Ent. **19**: 1—366.

BERTRAND, H. (1939): Les premiers états des *Eubria* (*Helodidae*). — Bull. Mus. Hist. Nat. Paris (2) **11**: 291—299.

BERTRAND, H. (1939): Les larves et nymphes des Dryopides paléarctiques — Ann. Sci. Nat. Zool. **11**: 142—299.

BERTRAND, H. (1940): Les larves et nymphes des Dryopides paléarctiques — Ann. Sci. Nat. Zool. **12**: 299—412.

BERTRAND, H. (1955): Captures et élevages de larves de Coléoptères aquatiques — Bull. Soc. ent. France **60**: 50—59.

BERTRAND, H. (1956): Captures et élevages de larves de Coléoptères aquatiques. Dytiscides de l'Europe méridionale — Ibid. **61**: 153—157.

BERTRAND, H. (1956): Les larves des *Anchytarsini* — Paris Mus. Nat. Hist. Nat. (Series 2) **28**: 275—281.

BERTRAND, H. (1966): Clé de détermination des genres de larves d'Hydrophilides holarctiques — Can. Nat. **22**: 85—88.

BERTRAND, H. (1972): Larves et Nymphes des Coléoptères aquatiques du Globe — Paris.

BERTRAND, H. (1973): Larves et nymphes de Coléoptères aquatiques — Bull. Soc. ent. France **78**: 89—97.

BESUCHET, C. (1952): Larves et nymphes de *Plectophloeus* (Col., *Pselaphidae*) — Mitt. Schweiz. ent. Ges. **25**: 251—256.

BESUCHET, C. (1956): Larves et nymphes de Pselaphides (Col.) — Rev. Suisse Zool. **63**: 697—705.

BESUCHET, C. (1956): Biologie, morphologie et systematique des *Rhipidius* (*Rhipiphoridae*) — Mitt. Schweiz. ent. Ges. **29**: 73—144.

BÍLÝ, S. (1971): The larva of *Amara* (*Celia*) *erratica* (DUFTSCHMIDT) and notes on the bionomy of this species — Acta ent. bohemoslov. **68**: 89—94.

BÍLÝ, S. (1972): The larva of *Ptosima flavoguttata* (ILLIGER) (Coleoptera, *Buprestidae*) — Ibid. **69**: 18—22.

BÍLÝ, S. (1972): The larva of *Dicerca* (*Dicerca*) *berolinensis* (HERBST) (Coleoptera, *Buprestidae*), and a case of prothetely in this species — Ibid. **69**: 266—269.

BÍLÝ, S. (1972): The larva of *Amara* (*Amara*) *eurynota* (PANZER) (Coleoptera, *Carabidae*) and notes on the bionomy of this species — Ibid. **69**: 324—329.

BILÝ, S. (1975): Larvae of European species of the Genus *Chrysobothris* ESCHSCH. (Col., *Buprestidae*) — Acta ent. bohemoslov. **72**: 418—424.

BILÝ, S. (1975): The larvae of eight species of genus *Anthaxia* ESCHSCHOLTZ, 1829 from the Central Europe (Col., *Buprestidae*) — Studia ent. forestalia **2**: 63—82.

BLAIR, K. G. (1934): Beetle Larvae — Proc. Trans. South London Ent. Nat. Hist. Soc. 1933—1934: 89—110.

BLUNCK, H. (1932): Zur Kenntnis der Lebensgewohnheiten und der Metamorphose getreidebewohnender *Halticinae* — Z. angew. Ent. **19**: 358—394.

BÖRNER, C. und H. BLUNCK (1919): Larven der Flohkäfergattung *Phyllotreta* — Illustr. Land. Zeitg. **39**: 282—283.

BÖVING, A. G. (1910): Natural history of the larvae of *Donaciinae* (*Chrysomelidae*) — Int. Rev. Hydrobiol. **3** (Suppl.): 1—108.

BÖVING, A. G. (1914): On the abdominal structure of certain beetle larvae of the campodeiform type — Proc. ent. Soc. Wash. D.C. **16**: 55—63.

BÖVING, A. G. (1927): Description of larvae of the genera *Diabrotica* and *Phyllobrotica*, with a discussion of the taxonomic validity of the subfamilies *Galerucinae* and *Halticinae* (*Coleoptera*: *Chrysomelidae*) — Ibid. **29**: 193—205.

BÖVING, A. G. (1929): Beetle larvae of the subfamily *Galerucinae* — Proc. Nat. Mus. Wash. **75** art. 2 no. 2773, 1—48.

Böving, A. G. (1943): A classification of larvae and adults of the genus *Phylophaga* (Coleoptera: *Scarabaeidae*) — Mem. ent. Soc. Wash. no. 2, 1—96.

Böving, A. G. (1954): Mature larvae of the beetle family *Anobiidae* — Biol. Medd. 22: 1—297.

Böving, A. G. and A.'B. Champlain (1920): Larvae of North American beetles of the family *Cleridae* — Proc. Nat. Mus. Wash. 57: 575—649.

Böving, A. G. and F. C. Craighead (1931): An illustrated synopsis of the principal larval forms of the order Coleoptera — Ent. Amer. 11 (N.S.): 1—351.

Böving, A. G. and K. Henriksen (1938—1939): The developmental stages of the danish *Hydrophilidae* — Vidensk. Meddel. Dansk naturh. Foren. 102: 27—162.

Böving, A. G. and J. G. Rozen, Jr. (1962): Anatomical and systematic study of the mature larvae of the *Nitidulidae* — Ent. Medd. 31: 265—299.

Boldori, L. (1935): Appunti sulle larve degli *Sphodrini*. II. La larva di *Antisphodrus mairei* Peyerh. — Bull. Soc. ent. France 40: 150—157.

Boldori, L. (1936): Larve di *Amara* (Nota preliminare) — Bull. Soc. ent. Ital. 67: 150—151.

Boldori, L. (1958): Larve di Coleotteri. I. Larve di *Trechini* (*Carabidae*). — Mem. Soc. ent. Ital. 37: 149—161.

Brass, P. (1914): Das 10. Abdominalsegment der Käferlarven als Bewegungsorgan — Zool. Jb. Syst. 37: 1.

Breuning, St. et P. Teocchi (1972): Description de trois espèces nouvelles de *Xystrocera* Serv., et des stades larvaires de l'une d'elles (Col. *Cerambycidae Cerambycinae*) — Bull. Inst. fondam. Afr. noire A 34: 924—935.

Britton, E. B. (1966): On the larva of *Sphaerius* and the systematic position of the *Sphaeriidae* — Australian J. Zool. 14: 1193—1198.

Browne, F. G. (1972): Larvae of the principal old world genera of the *Platypodinae* (*Coleoptera*: *Platypodidae*) — Trans. R. ent. Soc. London 124: 167—190.

Burakowski, B. (1962): Biologia oraz opis larwy *Ampedus elegantulus* (Schönh.) (Col., *Elateridae*) — Fragm. Faunist. Warszawa 10: 47—62.

Burakowski, B. (1962): Biologisch-morphologische Beobachtungen über *Pytho kolwensis* C. Sahlb. (Col., *Pythidae*) in Polen — Ibid. 10: 173—204.

Burakowski, B. (1967): Biology, Ecology and Distribution of *Amara pseudocommunis* Burak. (Col., *Carabidae*) — Ann. Zool. Warszawa 24: 485—526.

Burakowski, B. (1973): Immature Stages and Biology of *Drapetes biguttatus* (Piller) (Col., *Lissomidae*) — Ibid. 30: 335—347.

Burakowski, B. (1975): Descriptions of larva and pupa of *Rhysodes sulcatus* (F.) (Col., *Rhysodidae*) and notes on the bionomy of this species — Ibid. 32: 271—287.

Burakowski, B. (1975): Development, distribution and habits of *Trixagus dermestoides* (L.), with notes on the *Throscidae* and *Lissomidae* (Col., *Elateroidea*) — Ibid. 32: 375—405.

Byzova, I. B. (1958): Tenebrionid larvae of some tribes of the subfamily *Tenebrioninae* — Zool. Zh. 37: 1823—1830 (russisch).

Byzova, I. B. and M. S. Ghilarov (1956): Soil inhabiting larvae of the tribe *Helopini* — Ibid. 34: 1493—1508 (russisch).

Chapuis, F. et E. Candeze (1853): Catalogue des Larves des Coléoptères — Mem. Soc. Sc. Liège (Original nicht gesehen).

Chernova, N. M. (1960): The structure of the frontal plate in the larvae of click beetles — Rev. Entomol. URSS 39: 838—849 (russisch).

Clausen, C. P. and P. A. Berry (1932): The citrus blackfly in Asia and the important of its natural enemies in the Tropical America. U.S. Dept. — Agr. Techn. Bull. 320: 1—59.

Cornell, J. F. (1972): Larvae of the families of Coleoptera: a bibliographic survey of recent papers and tabular summary of 7 selected english language contributions — Col. Bull. 26: 81—96.

Crome, W. (1957): Zur Morphologie und Anatomie der Larve von *Oryctes nasicornis* L. (Col. *Dynastidae*) — Dtsch. ent. Z. N.F. 4: 228—262.

Cros, A. (1929): Notes sur les larves primaires des *Meloidae* — Ann. Soc. ent. France 98: 193—222.

Crowson, R. A. (1963): Observations on British *Tetratomidae* with a key to the larvae — Entomol. monthly Mag. 99: 82—86.

CROWSON, R. A. (1964): A review of the classification of the *Cleroidea* (*Coleoptera*) with descriptions of two new genera of *Peltidae* and of several new larval types — Trans. R. ent. Soc London **116**: 275—327.

CROWSON, R. A. (1965): Observations on the Constitution and Subfamilies of the Family *Melandryidae* — Eos Madrid **41** : 507—513.

CROWSON, R. A. (1967): The natural classification of the families of Coleoptera — Hampton, Middlesex.

DAJOZ, R. (1960): Description de la larve de *Leptusa doderoi* BERNHAUER — Bull. Soc. ent. France **65**: 126—131.

DAJOZ, R. (1965): Morphologie et biologie de la larve de *Scaphosoma assimile* ER. (Coléoptères, *Scaphidiidae*) — Bull. mes. Soc. linn. Lyon **34**: 105—110.

DELEURANCE-GLACON, S. (1963): Recherches sur les Coléoptères troglobies de la sous famille des *Bathyscinae* — Ann. Sci. Nat. Zool. **5**: 1—172.

DEMELT, C. (1966): Bockkäfer oder *Cerambycidae*, Tierwelt Deutschlands 52. Teil — Jena.

DOLIN, W. G. (1960): Neue und wenig bekannte Elateriden aus der Ukraine — Beitr. Ent. **10**: 189—201.

DOLIN, W. G. (1960): Die Larven der Elateridengattung *Melanotus* des europäischen Teiles der UdSSR — Zool. Zh. **39**: 1032—1038 (russisch).

DOLIN, W. G. (1960): Die Larven der Elateridengattung *Athous* des europäischen Teiles der UdSSR — Ibid. **39**: 1156—1168 (russisch).

DOLIN, W. G. und W. G. OSTAFITSCHUK (1973): Neue Schnellkäferlarven (*Elateridae*) aus Moldawien — Fauna und Biologie der Insekten Moldawiens, Kishinew: 82—87 (russisch).

DONISTHORPE, H. (1930): The larva of *Trinodes hirtus* F. (*Dermestidae*, Col.) — Entomol. Rec. **42**: 129—131.

DORN, K. (1909): Zur Lebensgeschichte einiger *Tetratoma*-Arten — Ent. Jb. 165—168.

DUFFY, E. A. J. (1953): A monograph of the immature stages of British and imported timber beetles (*Cerambycidae*). — London (Brit. Mus. Hist. nat.)

EGGER, A. (1974): Beiträge zur Morphologie und Biologie von *Hylecoetus dermestoides* L. (Col., *Lymexylonidae*) — Anz. Schädlingskde. **47**: 7—11.

EICHELBAUM, F. (1907): Die Larven von *Cis festivus* PANZ. und von *Emphylus glaber* GYLL. — Z. wiss. Ins. biol. **3**: 25—30.

EICHELBAUM, F. (1926): Die Larve und Puppe von *Cis bidentatus* OLIVER und die Larve von *Psammodes* spec. ? nebst Bemerkungen zur Anatomie der Larve von *Caryoborus nucleorum* FBR. (Col.) — Ent. Mitt. **4**: 131—137.

EMDEN, F. I. VAN (1922): Beitrag zur Kennzeichnung der holometabolen (heteromorphen) Insektenlarven — Zool. Anz. **54**: 231—235.

EMDEN, F. I. VAN (1928): Die Larve von *Phalacrus grossus* ER. und Bemerkungen zum Larvensystem der Clavicornia — Ent. Bl. **24**: 9—20.

EMDEN, F. I. VAN (1931): Beschreibung der Larve von *Telephanus costaricensis* NEVERM. — Stettin. ent. Ztg. **92**: 113—117.

EMDEN, F. I. VAN (1932): Die Larven von *Discoloma cassideum* REITT. (Col. *Colyd.*) und *Skwarraia paradoxa* LAC. (Col. *Chrysom.*) — Zool. Anz. **101**: 1—17.

EMDEN, F. I. VAN (1932): Die Larven der *Callirrhipini*, eine mutmaßliche *Cerophytum*-Larve und Familien-Bestimmungstabellen der Larven der *Malacodermata-Sternoxia*-Reihe — Bull. Ann. Soc. ent. Belg. **72**: 199—260.

EMDEN, F. I. van (1932): Ergebnisse einer Moorexkursion im West-Erzgebirge — Kol. Rundschau **18**: 140—150.

EMDEN, F. I. VAN (1934): Sind Polyphaga-Larven mit selbständigem Tarsus bekannt ? (Col.) — Stettin. ent. Ztg. **95**: 61—64.

EMDEN, F. I. VAN (1935): Die Larven der *Cicindelinae* I. Einleitendes und alocosternale Phyle — Tijdschr. Ent. **78**: 134—183.

EMDEN, F. I. VAN (1935): Beschreibung der Larve von *Plastoleptops solanivorax* HELLER (Coleoptera: *Curculionidae*) — Arb. physiol. angew. Ent. **2**: 278—282.

EMDEN, F. I. VAN (1935): Die Gattungsunterschiede der Hirschkäferlarven, ein Beitrag zum natürlichen System der Familie (Coleoptera: *Lucanidae*) — Stettin. ent. Ztg. **96**: 178—200.

EMDEN, F. I. VAN (1936): Käferlarven aus belgischen Höhlen (1) — Bull. Mus. Hist. nat. Belg. **12**: no. 11.

EMDEN, F. I. VAN (1936): Discription préliminaire d'une larve de Pogonostome — Bull. Ac. Malgache 18: 150—151.

EMDEN, F. I. VAN (1936): Zwei neue *Callirrhipis* mit ihren Larven (*Sandalidae*, Col.) — Ind. For. Rec. New Delhi 2: 151—156.

EMDEN, F. I. VAN (1936): Eine interessante, zwischen *Carabidae* und *Paussidae* vermittelnde Käferlarve — Arb. physiol. angew. Ent. 3: 250—256.

EMDEN, F. I. VAN (1937): On the larval characters of *Anthia* (Coleoptera, *Carabidae*) — Entomol. monthly Mag. 37: 58—61.

EMDEN, F. I. VAN (1938): On the taxonomy of *Rhynchophora* larvae (Coleoptera) — Trans. R. ent. Soc. London 87: 1—37.

EMDEN, F. I. VAN (1939): Larvae of British beetles. — 1. A key to the genera and most of the species of British Cerambycid larvae — Entomol. monthly Mag. 75: 257—273.

EMDEN, F. I. VAN (1941): Larvae of British beetles. — 2. A key to the British *Lamellicornia* larvae — Ibid. 77: 117—127, 181—192.

EMDEN, F. I. VAN (1942): Larvae of British beetles. — 3. Keys to the families — Ibid. 78: 206—226, 253—272.

EMDEN, F. I. VAN (1942): A key to the genera of larval *Carabidae* (Col.) — Trans. R. ent. Soc. London 92: 1—99.

EMDEN, F. I. VAN (1942): The collection and study of beetle larvae — Entomol. monthly Mag. 78: 73—79.

EMDEN, F. I. VAN (1943): Larvae of British beetles. — 4. Various small families — Ibid. 79: 209—233, 259—270.

EMDEN, F. I. VAN (1945): Larvae of British beetles. — 5. *Elateridae* — Ibid. 81: 13—37.

EMDEN, F. I. VAN (1946): Eggbursters in some more families of polyphagous beetles and some general remarks on egg-bursters — Proc. R. ent. Soc. London (A) 21: 89—97.

EMDEN, F. I. VAN (1947): Larvae of British beetles. — 6. *Tenebrionidae* — Entomol. monthly Mag. 83: 154—171.

EMDEN, F. I. VAN (1948): On the larva of *Palorus* (Col., *Tenebrionidae*) — Ibid. 84: 10.

EMDEN, F. I. VAN (1948): A *Trox* larva feeding on locust eggs in Somalia — Proc. R. ent. Soc. London 17: 145—148.

EMDEN, F. I. VAN (1949): Larvae of British beetles. — 7. *Coccinellidae* — Entomol. monthly Mag. 85: 265—283.

EMDEN, F. I. VAN (1950): Eggs, egg-laying habits and larvae of short-nosed weevils — Proc. Eighth Intern. Congr. Entomol.: 365—372. Stockholm.

EMDEN, F. I. VAN (1952): On the taxonomy of *Rhynchophora* larvae: *Adelognatha* and *Alophinae* (Insecta, Coleoptera) — Proc. zool. Soc. London 122: 651—795.

EMDEN, F. I. VAN (1952): The larvae of *Dendezia* and *Figulus* with notes on some other larvae of *Lucanidae* — Rev. Zool. Bot. Afrique. 46: 301—310.

EMDEN, F. I. VAN (1956): The *Georyssus* larva — a Hydrophilid. — Proc. R. ent. Soc. London A 31: 20—24.

EMDEN, F. I. VAN (1957): The taxonomic significance of the characters of immature insects — Ann. Rev. Entomol. 2: 91—106.

EMDEN, F. I. VAN (1958): Über die Larvenmerkmale einiger deutscher Byrrhidengattungen — Mitt. Dtsch. Ent. Ges. Berlin 17: 39—40.

EMDEN, F. I. VAN (1958): The two larval forms of *Meloe violaceus* MARSH., and species distinguishable only in early stages — Proc. Tenth Intern. Congr. Entomol. Montreal 1956, 1: 217—221.

EMDEN, F. I. VAN (1962): Key to species of British *Cassidinae* larvae (*Chrysomelidae*) — Entomol. monthly Mag. 98: 33—36.

EMDEN, H. F. VAN (1956): Morphology and identification of the British larvae of the genus *Elater* (Col., *Elateridae*) — Ibid. 92: 167—188.

ERICHSON, W. F. (1841): Zur systematischen Kenntnis der Insectenlarven. 1. Beitrag. Die Larven der Coleopteren — Arch. Naturg. 7: 60—110.

ERNÉ, J. (1872): Über die Entwicklung und Lebensweise von *Serropalpus striatus* HELLEN — Mitt. Schweiz. ent. Ges. 3: 525—530.

FAHY, E. (1972): A short account of the *Elminthidae* in Ireland with an key to the larvae — Irish Natur. J. 17: 264—267.

FALCOZ, L. (1926): Matériaux pour l'étude des larves de Curculionides — Ann. Epiphyties Paris 12: 109—129.

FALCOZ, L. (1926): Sur les stigmates des larves de Curculionides — Bull. Soc. ent. France 95: 141—142.

FALCOZ, L. (1930): La larve de *Melanophthalma transversalis* GYLL. (Col. *Lathridiidae*) — Ibid. 99: 210—215.

FIORI, G. (1948): Contributo alla conoscenza morfologica ed etologica dei Coleotteri. I. *Mycetochara linearis* ILL. (*Alleculidae*) — Boll. Ist. Entomol. Univ. Bologna 17: 180—187.

FIORI, G. (1948/49): Contributo alla conoscenza morfologica ed etologica dei Coleotteri. IV. *Cantharis livida* L. — Ibid. 17: 265—274.

FIORI, G. (1949): Contributo alla conoscenza morfologica ed etologica dei Coleotteri. II. *Lachnaea italica* WEISE (Col., *Chrysomelidae*) — Ibid. 17: 188—195.

FIORI, G. (1949): Contributo alla conoscenza morfologica ed etologica dei Coleotteri. III. Larve dell' *Acilius sulcatus* L. e del *Cybister lateralimarginatus* DE GEER (Col., *Dytiscidae*) — Ibid. 17: 234—264.

FIORI, G. (1950—1951): Contributo alla conoscenza morfologica ed etologica dei Coleotteri. V. *Coptocephala küsteri* KRAATZ e *Cryptocephala frenatus* LAICH. (Col., *Chrysomelidae*) — Ibid. 18: 182—196.

FIORI, G. (1957): Contributo alla conoscenza morfologica ed etologica dei Coleotteri. VI. La larva del Crisomelide Clitrino *Tituboea biguttata* OL. — Stud. sassaresi, Sez. III, Ann. fac. agr. 5: 1—10.

FIORI, G. (1960): Le larve degli insetti olometabolici e la sistematica — Atti Acc. Ital. Entomol. 7: 60—77.

FIORI, G. (1960): Contributo alla conoscenza morfologica ed etologica dei Coleotteri. VII. Su alcune larve di Malachiidi — Stud. sassaresi (3) 7 (1959): 232—259.

FIORI, G. (1963): Alcuni appunti sulla sistematica dei Coleotteri Malachiidi e Dasitidi a livello delle familie e sulla loro etologica — Atti Acc. Sci. 97: 265—288.

FITTON, M. G. (1976): The larvae of the British genera of *Cantharidae* (Col.) — J. Entomol. B44: 243—254.

FOSTER, D. E. and A. L. ANTONELLI (1973): Larval description and notes on the biology of *Anthocomus horni* (Coleoptera: *Melyridae*) — Pan-Pacif. Entomol. 49: 56—59.

FRANZ, H. (1965): I. Beitrag zur Bodenfauna der Kanarischen Inseln. Zur Kenntnis der Coleopterenfauna von Tenerife und La Gomera — Eos Madrid 41: 59—66.

FRANZ, J. M. (1958): Studies on *Laricobius erichsonii* ROSENH. (Col., *Derodontidae*) a predator on Chermesids — Entomophaga 3: 109—196.

FUKUDA, A. (1963): Studies on the larva of *Peltastica reitteri* LEWIS with comments on the classification of *Derodontidae* based on larval characters — Kontyu 31: 189—193.

GAEDIKE, R, (1969): Bibliographie der Elateridenlarven-Literatur der Welt — Beitr. Ent. 19: 159—266.

GAGE, I. H. (1926): The larvae of the *Coccinellidae* — Ill. Biol. Monogr. Urbana 6 (1920): 143—294.

GALEWSKI, K. (1963): The immature stages of central European species of *Rhantus* DEJ. (*Dytiscidae*) — Polsk. Pismo Ent. 33: 3—93.

GALEWSKI, K. (1964): Immature stages of the central European species of *Colymbetes* CLAIRVILLE — Ann. Zool. Warszawa 22: 23—55.

GALEWSKI, K. (1968): The descriptions of larvae of *Colymbetes dolabratus* (PAYK.) with keys to the identification of larvae of the European species of *Colymbetes* CLAIRV. (Coleoptera, *Dytiscidae*) — Ibid. 26: 227—238.

GALEWSKI, K. (1968): Descriptions of larvae of *Agabus uliginosus* (L.) and *A. congener* (THUNB.) (Coleoptera, *Dytiscidae*) — Ibid. 26: 323—332.

GALEWSKI, K. (1973): Some notes on the generic characters of the larvae of the subfamily *Colymbetinae* (*Dytiscidae*, Coleoptera) with a key for the identification of the European genera — Polsk. Pismo Ent. 43: 215—224.

GALEWSKI, K. (1973): On syntopic (sympatric s. str.) species and a pair-species occurrence pattern in larvae of the *Dytiscidae* (Coleoptera) — Ibid. 43: 225—231.

GALEWSKI, K. (1973): Diagnostic characters of larvae of central European species of *Hydaticus* LEACH (Coleoptera, *Dytiscidae*) with some notes on their biology — Bull. Acad. pol. sci. Ser. sci. biol. 21: 511—518.

GALEWSKI, K. (1973): Description of the second and third stage larvae of *Agabus subtilis* ER. and *A. nigroaeneus* ER. (Coleoptera, *Dytiscidae*) with some data on their biology — Ibid. 21: 519—529.

GALEWSKI, K. (1973): Generic characters of the larvae of the subfamily *Dytiscinae* with a key to the central European genera — Polsk. Pismo Ent. 43: 491—498.

GALEWSKI, K. (1974): Diagnostic characters of larvae of European species of *Graphoderus* DEJEAN with an identification key and same notes on their biology — Bull. Acad. pol. sci. Ser. sci. biol. 22: 485—494.

GALEWSKI, K. (1974): The third stage larvae of the *Agabus affinis* PAYK. group with the description of the larva of *A. biguttulus* THOMS. — Ibid. 22: 569—576.

GALEWSKI, K. (1974): Description of the third stage larva of *Hydrovatus cuspidatus* KUNZE — Ibid. 22: 577—582.

GALEWSKI, K. (1974): The description of the third stage larvae of *Agabus neglectus* ER. and *A. chalconotus* (PANZ.) — Ibid. 22: 685—691.

GALEWSKI, K. (1975): Descriptions of the unknown larvae of the genera *Hydaticus* LEACH and *Graphoderus* DEJEAN (Col., *Dytiscidae*) with some data on their biology — Ann. Zool. Warszawa 32: 249—268.

GARDNER, I. C. M. (1930): The early stages of *Niponius andrewesi* LEW. (Col., *Histeridae*) — Bull. ent. Res. 21: 15—17.

GARDNER, I. C. M. (1936): A larva of the subfamily *Balginae* (Col., *Elateridae*) — Proc. R. ent. Soc. London 5: 3—5.

GARDNER, I. C. M. (1947): Larvae of *Cantharoidae* (Coleoptera) — Indian I. Ent. New Delhi 8 (1946): 121—129.

GEORGE, R. A. ST. (1940): A note concerning the larva of a beetle, *Boros schneideri* (PANZER), a european species — Proc. ent. Soc. Washington 42: 68—73.

GERSDORF, E. (1962): Zur Biologie einiger Arten der Gattung *Aleochara* GRAV. — Ent. Bl. 58: 178—182.

GHILAROV, M. S. (1952): Larvae of beetles with pectinate antennae (*Lucanidae*) of the European part of the U.S.S.R. — Zool. Zh. 31: 253—265 (russisch).

GHILAROV, M. S. (1964): Bestimmungsbuch für bodenbewohnende Insektenlarven — Moskau (russisch).

GHILAROV, M. S. & I. K. SHAROVA (1954): Larvae of tiger beetles (*Cicindelidae*) — Zool. Zh. 33: 598—615 (russisch).

GHILAROV, M. S. und J. A. SVETOVA (1963): Die Larve von *Hedyphanes seidlitzi* REITTER — Beitr. Ent. 13: 327—334.

GLEN, R. (1935): Contribution to the morphology of the larval *Elateridae* (Col.), 1. — Canad. Entomol. 67: 231—238.

GLEN, R. (1944): Contribution to a knowledge of the larval *Elateridae* (Col.), 3. *Agriotes* ESCH. and *Dalopius* ESCH. — Ibid. 76: 73—87.

GLEN, R. (1950): Larvae of the Elaterid beetles — Smithson. misc. Coll. 111: 11.

GLEN, R., KING, K. M. and A. P. ARNASON (1943): The identification of wireworms of economic importance in Canada — Canad. J. 21: 358—387.

GOLOVIANKO, Z. S. (1936): Les larves plus communes des Coléoptères lamellicornes de la partie Européene de l'U.R.S.S. — Tabl. analyt. Fauna URSS, Leningrad 20 (russisch).

GOMY, Y. (1965): La larve de *Dendrophilus pygmaeus* L. Morphologie et biologie (Col., *Histeridae*) — Ann. Soc. ent. France N.S. 1: 23—28.

HACHFELD, G. (1928): Über die Biologie und Metamorphose einer bei *Trachusa serratulae* Pz. schmarotzenden *Meloidae* — Z. wiss. Ins. biol. 23: 177.

HACHFELD, G. (1931): Über die Primärlarve der *Meloë brevicollis* PANZ. und über die bis jetzt bekannten Primärlarven deutscher Meloiden — Z. wiss. Ins. biol. 26: 42—47.

HAFEZ, M. (1939): The life-history of *Sphaeridium scaraboides* L. (*Hydrophilidae*) — Bull. Soc. ent. Egypte 23: 312—318.

HAFEZ, M. (1939): The external morphology of the full grown larva of *Cercyon* (*Hydrophilidae*) — Ibid. 23: 339—343.

HAFEZ, M. (1939): The external morphology of the full grown larva of *Hister bimaculatus* L. — Ibid. 23: 344—351.

HALL, D. W. and R. W. HOWE (1953): A revised key to the larvae of the *Ptinidae* associated with stored products — Bull. ent. Res. 44: 1—216.

256   Literatur

HANSEN, V. (1930): Biller, VIII. Vand kalve og Hvirvlere (*Haliplidae, Dytiscidae* and *Gyrinidae*). Larven ved. K. HENRIKSEN — Danmarks Fauna, Copenhagen **34**: 1—233.

HANSEN, V. (1956): Barkbeetles of Denmark — Danmarks Fauna, Copenhagen **62**: 1—196.

HANSEN, V. (1957): Biller, XIX. Almindelig del. Larveafsnittet ved. D. G. LARSSON — Danmarks Fauna, Copenhagen 63.

HAYASHI, N. (1964): On the larvae of *Lagriidae* occurring in Japan — Insecta Matsumurana **27**: 24—30.

HAYASHI, N. (1972): On the larvae of some species of *Colydiidae, Tetratomidae* and *Aderidae* occuring in Japan (Coleoptera: Cucujoidea) — Kontyu **40**: 100—111.

HEEGER, E. (1853): Beiträge zur Naturgeschichte der Insekten — Sitz.ber. Kaiserl. Akad. Wiss. Wien 10.

HENNIG, W. (1938): Übersicht über die Larven der wichtigsten deutschen Chrysomelinen — Arb. physiol. angew. Ent. **5**: 85—136.

HENRIKSEN, K. L. (1912): Oversigt over de danske Elateride larver. An account of the larvae of the Danish *Elateridae* — Ent. Medd. **4**: 225—331.

HENRIKSEN, K. L. (1925): Biller. VI. Torbister (V. HANSEN), 125—170.

HENRIKSEN, K. L. (1927): Laverne. In: V. HANSEN, Biller, VII. Bladbiller og Bonnebiller. 290—376.

HENRIKSEN, K. L. (1930): Adephaga. Danmarks Fauna 34 (8): 150—151; 1931 dto., l.c. **36** (9): 103—104.

HEQVIST, K. J. (1952): Beiträge zur Kenntnis der Käferlarven I. — Ent. Tidskr. 73: 228—230.

HEYMONS, R. und H. LENGERKEN (1929): Biologische Untersuchungen an coprophagen Lamellicorniern. I. — Z. Morphol. Ökol. **14**: 531—613.

HEYMONS, R. und H. LENGERKEN (1930): Studien über die Lebenserscheinungen der *Silphini*. V. — Ibid. **17**: 262.

HEYMONS, R. und H. LENGERKEN (1930): Studien über die Lebenserscheinungen der *Silphini*. VII. — Ibid. **20**: 691—706.

HEYMONS, R. und H. LENGERKEN (1932): Studien über die Lebenserscheinungen der *Silphini*. VIII. — Ibid. **24**: 259—287.

HEYMONS, R. und H. LENGERKEN (1932): Studien über die Lebenserscheinungen der *Silphini*. IX. — Ibid. **25**: 534—548.

HEYMONS, R. und H. LENGERKEN (1934): Studien über die Lebenserscheinungen der *Silphini*. X. — Ibid. **28**: 469—479.

HEYMONS, R., LENGERKEN, H. und M. BAYER (1926): Studien über die Lebenserscheinungen der *Silphini*. I. — Ibid. **6**: 287.

HEYMONS, R., LENGERKEN, H. und M. BAYER (1927): Studien über die Lebenserscheinungen der *Silphini*. II. — Ibid. **9**: 271—312.

HEYMONS, R., LENGERKEN, H. und M. BAYER (1928): Studien über die Lebenserscheinungen der *Silphini*. III. — Ibid. **10**: 336—352.

HEYMONS, R., LENGERKEN, H. und M. BAYER (1929): Studien über die Lebenserscheinungen der *Silphini*. IV. — Ibid. **14**: 234—260.

HEYMONS, R., LENGERKEN, H. und M. BAYER (1930): Studien über die Lebenserscheinungen der *Silphini*. VI. — Ibid. **18**: 170—180.

HINTON, H. E. (1941): The larva and pupa of *Tachinus subterraneus* (L.) (Col., *Staphylinidae*) — Proc. R. ent. Soc. London, Ser. A, **16**: 93—98.

HINTON, H. E. (1944): The *Histeridae* associated with stored products — Bull. ent. Res. **35**: 309—340.

HINTON, H. E. (1945): A monograph of the beetles associated with stored products. Vol. 1. British Museum. 443 p.

HO, F. K. (1967): Identification of *Tribolium* larvae by their setal characteristics — Ann. ent. Soc. Amer. **60**: 729—732.

HOFENEDER, K. (1935): Über eine neue Nitidulidenlarve — Zool. Anz. **111**: 331—332.

HOLLAND, D. G. A. (1972): A key to the larvae, pupae and adults of the British species of *Elminthidae* (Insecta) — Freshwater Biol. Assoc. Sci. Publ. No. 26.

HOULIHAN, D. F. (1969): Respiratory physiology of the larvae of *Donacia simplex*, a root-piercing beetle — J. Insect Phys. **15**: 1517—1536.

HOUSTON, W. W. K. and M. L. LUFF (1975): The larvae of the British *Carabidae* (Col.) III. *Patrobini* — Entomol. Gaz. **26**: 59—64.

HRBAČEK, J. (1944): O larvach rody *Hydraena* — Sbornik ent. odd. Zem. Musea Praze, 21—22, 84—89.

HŮRKA, K. (1969): Zur Kenntnis der Larven der mitteleuropäischen *Chlaenius*-Arten (Col. *Carabidae*) — Acta ent. bohemoslov. 63: 203—212.

HŮRKA, K. (1969): Über die Larven der mitteleuropäischen *Cymindis*-Arten (Col. *Carabidae*) — Ibid. 66: 100—108.

HŮRKA, K. (1971): Die Larven der mitteleuropäischen *Carabus*- und *Procerus*-Arten — Rozpravy ČSAV, Řada mat. přir. ved. 81: 1—136, Academia Praha.

HYSLOP, J. A. (1917): The phylogeny of the *Elateridae* based on larval characters — Ann. ent. Soc. Amer. 10: 241—263.

JABOULET, M. C. (1966): Contribution á l'étude des larves d'Haliplides — Trav. Lab. Zool. Dijon 31: 1—22.

JANECEK, M. (1942): *Cybocephalus politus* GERM., ein Feind der San José Schildlaus — Arb. physiol. angew. Ent. 9: 237—241.

JANSSEN, W. (1963): Untersuchungen zur Morphologie, Biologie und Ökologie von *Cantharis* L. und *Rhagonycha* ESCHSCH. (Col., *Cantharidae*) — Z. wiss. Zool. 169: 115—202.

JEANNEL, R. (1948): Sur deux larves de Carabiques — Rev. Franc. Ent. 15: 74—78.

JOLIVET, P. (1952): Quelques données sur la myrmécophilie des Clytrides (Col., *Chrysomelidae*) — Bull. Inst. Sci. nat. Belg. 28: 1—12.

JONESCO, M. A. (1939): La larve de *Cephennium carnicum* REITTER (Coleoptera) — Etud. morphol. Bucharest 101—109.

KAMIYA, H. (1965): Comparative morphology of larvae of the Japanese *Coccinellidae*, with special reference to the tribal phylogeny of the family (Coleoptera) — Mem. Fac. Lib. Arts. Fukui Univ., Sc. II, Nat. Sc., No. 14, 83—100.

KASULE, F. K. (1966): The subfamilies of the larvae of *Staphylinidae* (Coleoptera) with keys to the larvae of British genera of *Steninae* and *Proteininae* — Trans. R. ent. Soc. Lond. 118: 261—283.

KASULE, F. K. (1968): The larval characters of some subfamilies of British *Staphylinidae* (Coleoptera) with keys to the known genera — Ibid. 120: 115—138.

KASULE, F. K. (1970): The larvae of *Paederinae* and *Staphylininae* (Coleoptera: *Staphylinidae*) with keys to the known British genera — Ibid. 122: 49—80.

KELEINIKOVA, S. I. (1959): Larvae of tenebrionids of the tribe *Tentyrini* — Zool. Zh. 38: 1835—1843 (russisch).

KELEINIKOVA, S. I. (1961): Larvae of darkling beetles of the subfamily *Pimeliinae* (Col. *Tenebrionidae*) from western Kazakhstan — Rev. Entomol. URSS 40: 371—384 (russisch).

KELEINIKOVA, S. I. (1966): Descriptions of some Palaearctic genera of darkling beetles of the tribe *Pedinini* — Ibid. 45: 589—598 (russisch).

KEMNER, N. A. (1912—1913): Beiträge zur Kenntnis einiger schwedischer Coleopterenlarven — Ark. zool. 7: 9—15; 8: 1—13, 15—23.

KEMNER, N. A. (1913): Våra Clerider, deras leftnadssät och larver — Ent. Tidskr. 34: 191—210.

KEMNER, N. A. (1918): Vergleichende Studien über das Analsegment und das Pygopodium einiger Koleopterenlarven — Uppsala (104), Akad. Abh. Lund.

KEMNER, N. A. (1925): Zur Kenntnis der Staphylinidenlarven. I. Die Larven der Tribus *Proteinini* und *Diglossini* — Ent. Tidskr. 46: 61—77.

KEMNER, N. A. (1926): Zur Kenntnis der Staphylinidenlarven. II. Die Lebensweise und die parasitische Entwicklung der echten Aleocháriden — Ibid. 47: 133—170.

KIRK, V. M. (1972): Identification of ground beetle larvae found in cropland in South Dakota — Ann. ent. Soc. Amer. 65: 1349—1356.

KLAUSNITZER, B. (1969): Zur Kenntnis der Larve von *Lithophilus connatus* (PANZER) (Col. *Coccinellidae*) — Ent. Nachr. 13: 33—36.

KLAUSNITZER, B. (1970): Die Larve von *Phytodecta quinquepunctatus* (F.) (Col. *Chrysomelidae*) — Ent. Ber. 14: 34—36.

KLAUSNITZER, B. (1970): Zur Kenntnis der Larven der palaearktischen *Brumus*-Arten (Col. *Coccinellidae*) — Ent. Nachr. 14: 52—55.

KLAUSNITZER, B. (1970): Zur Larvalsystematik der mitteleuropäischen *Coccinellidae* (Col.) — Ent. Abh. Mus. Tierk. Dresden 38: 55—110.

KLAUSNITZER, B. (1971): Zur Stellung der *Lithophilinae* unter besonderer Berücksichtigung larvaler Merkmale (Col. *Coccinellidae*) — Proc. XIII. Int. Congr. Ent. Moskau 1: 155.

KLAUSNITZER, B. (1971): Zur Kenntnis der Larven kubanischer *Chilocorini* (Col. *Coccinellidae*) — Zool. Anz. 186: 224—229.

KLAUSNITZER, B. (1973): Zur Kenntnis der Larven der paläarktischen Arten von *Harmonia* MULS., *Adonia* MULS. und *Tytthaspis* CROTCH (Col. *Coccinellidae*) — Ann. Zool. Warszawa 30: 375—385.

KLAUSNITZER, B. (1973): Bestimmungstabelle für mitteleuropäische Coccinellidenlarven nach leicht sichtbaren Merkmalen — Beitr. Ent. 23: 93—98.

KLAUSNITZER, B. (1974): Beschreibung der Larve von *Zilora sericea* (STURM) mit einer Bestimmungstabelle für die Larven der mitteleuropäischen *Serropalpidae* (Col.) — Ent. Nachr. 18: 113—124.

KLAUSNITZER, B. (1974): Mißbildung der Urogomphi bei einer *Thanasimus*-Larve (Col. *Cleridae*) — Ent. Nachr. 18: 184—185.

KLAUSNITZER, B. (1974): Zur Unterscheidung der Larven von *Typhaea* CURTIS und *Mycetophagus* HELLWIG (Col. *Mycetophagidae*) — Ent. Nachr. 18: 188.

KLAUSNITZER, B. (1976): Über die Larven der *Ostomidae* (Col.) — Ent. Nachr. 20: 4—9.

KLAUSNITZER, B. (1975): Zur Kenntnis der Larven der mitteleuropäischen *Helodidae* — Dtsch. ent. Z. N. F. 22: 61—65.

KLAUSNITZER, B. (1975): Zur Kenntnis der Larven von *Myrmecoxenus* CHEVROLAT und *Oxylaemus* ERICHSON (Col., *Colydiidae*) — Beitr. Ent. 25: 209—211.

KLAUSNITZER, B. (1975): Zur Kenntnis der Larven der *Lathridiidae* (Col.) — Ent. Ber. 19: 70—72.

KLAUSNITZER, B. (1975): Zur Situation der Erforschung der mitteleuropäischen Polyphaga-Larven (Col.) — Ent. Nachr. 19: 2—6.

KLAUSNITZER, B. (1975): Eine neue Methode zur Determination von Käferlarven — Ent. Nachr. 19: 27—31.

KLAUSNITZER, B. (1975): Probleme der Abgrenzung von Unterordnungen bei den Coleoptera — Ent. Abh. Mus. Tierk. Dresden 40: 269—275.

KLAUSNITZER, B. (1977): Zur Kenntnis der Larve von *Axinotarsus* MOTSCHULSKY (Col., *Malachiidae*) — Ent. Nachr. 20:

KLAUSNITZER, B. (1977): Bestimmungstabellen für die Gattungen der aquatischen Coleopteren-Larven Mitteleuropas — Beitr. Ent. 27: 145—192.

KLAUSNITZER, B. und CH. BELLMANN (1969): Zum Vorkommen von Coccinellidenlarven (Col.) in Bodenfallen auf Fichtenstandorten — Ent. Nachr. 13: 128—132.

KLAUSNITZER, B. und G. FÖRSTER (1973): Zur Kenntnis der Variabilität der Larven von *Adalia bipunctata* (L.) (Col. *Coccinellidae*) — Zool. Anz. 191: 258—262.

KLAUSNITZER, B. and I. KOVAŘ (1973): A simple key for field use — In: I. HODEK, Biology of Coccinellidae, Academia Prague, 53—55.

KLAUSNITZER, B. and G. I. SAWOISKAJA (1973): Morphology and taxonomie of the larvae with keys for their identification — Ibid. 36—53.

KLAUSNITZER, B. und J. SCHULZE (1975): Die Larve von *Novius cruentatus* (MULSANT) (Col., *Coccinellidae*) — Dtsch. ent. Z. N. F. 22: 359—361.

KOLBE, W. (1894): Beiträge zur Larvenkenntnis schlesischer Käfer — Z. Ent. Breslau 19.

KOLBE, W. (1896): Beiträge zur Larvenkenntnis schlesischer Käfer — Z. Ent. Breslau 21.

KORSCHEFSKY, R. (1934): *Platynaspis luteorubra* GOEZE, ein neuer Larventypus der Coccinelliden — Arb. physiol. angew. Ent. 1: 278—279.

KORSCHEFSKY, R. (1940): Bestimmungstabellen der häufigsten deutschen Scarabaeidenlarven — Ibid. 7: 41—52.

KORSCHEFSKY, R. (1941): Bestimmungstabellen der bekanntesten deutschen Elateridenlarven — Ibid. 8: 217—230.

KORSCHEFSKY, R. (1943): Bestimmungstabellen der bekanntesten deutschen Tenebrioniden- u. Alleculidenlarven — Ibid. 10: 58—68.

KORSCHEFSKY, R. (1944): Bestimmungstabellen der bekanntesten deutschen Dermestidenlarven — Ibid. 11: 140—152.

KORSCHEFSKY, R. (1944): Über Käfer und Käferlarven aus einem mazedonischen Weidensperlingsnest — Arb. morphol. taxon. Ent. Nr. 635.

KORSCHEFSKY, R. (1951): Bestimmungstabellen der bekanntesten Lyciden-, Lampyriden- und Drilidenlarven — Beitr. Ent. 1: 60—64.

KRUEL, W. (1959): Didaktische Typologie wirtschaftlich wichtiger Käferlarven — Wiss. Z. Univ. Halle-Wittenberg 8: 557—564.

KUHNT, R (1913): Illustrierte Bestimmungstabellen der Käfer Deutschlands — Stuttgart.

KURCHEVA, G. F. (1958): Soil-inhabiting larvae of some *Eumolpinae* European U.S.S.R. — Acta Soc. Ent. Čsl. 55: 383—393.

LAMPRECHT, H. (1924): Zur Biologie von *Dacne bispustulata* THUNBG. — Ent. Tidskr. 45: 83—89.

LAPOUGE, P. A. G. (1929): Synopsis morphologique des larves des *Carabinae*. — In: WYTSMANN: Genera insectorum 192: 44—60.

LARSSON, S. G. (1938): Laverne. In: V. HANSEN: Danmarks Fauna, Band 10 — Kopenhagen.

LARSSON, S. G. (1941): Laverne. Sandsprengere og Løbebiller V. HANSEN (*Cicindelidae* og *Carabidae*). Danmarks Fauna, 47, Biller — Blødvinger.

LARSSON, S. G. (1941): Danske Billelarver, Bestemmelsesnogle til Familie — Ent. Medd. 22: 239—259.

LARSSON, S. G. (1945): Larver (*Heteromera*). Danmarks Fauna 50: 152—280.

LARSSON, S. G. (1946): Une larve de *Loxomerus* des îles Auckland (*Carabidae, Migadopini*) — Ent. Medd. 23: 420—431.

LARSSON, S. G. (1946): Danske Insektlarver. Bestemmelsesnogle til Orden — Ibid. 22: 221 bis 238.

LARSSON, S. G. (1965): Larver til *Rhynchophora*. In: V. HANSEN: Danmarks Fauna 69, Biller XXI, Snudebiller, 457—497.

LARSSON, S. G. (1968): Løbillernes larver. In: V. HANSEN: Biller 24, Sandsptigere og Løbiller. Danmarks Fauna 76: 282—433.

LEILER. T. E. (1950): Bestimmungstabelle der schwedischen Lucanidenlarven (Col.) — Opusc. Ent. 15: 157—160.

LEILER, T. E. (1973): Beschreibung der Larve von *Hypocoelus procerulus* (Col., *Eucn.*) — Ent. Tidskr. 94: 42—44.

LENGERKEN, H. (1938): Studien über die Lebenserscheinungen der *Silphini*. XI—XIII — Z. Morphol. Ökol. 33: 654—666.

LENGERKEN, H. (1941): In Blättern minierende Käferlarven — Biol. gen. 15: 236—281.

LINDNER, W. (1967): Ökologie und Larvalbiologie einheimischer Histeriden-Z. Morphol. Ökol. 59: 341—380.

LINDROTH, C. (1954): Die Larve von *Lebia chlorocephala* HOFFM. — Opusc. Ent. 1: 29—32.

LINDROTH, C. (1956): A revision of the genus *Synuchus* GYLL. (Col., *Carabidae*) in the widest sense, with notes on *Pristosia* MOTSCHULSKY (*Eucalathus* BATES) and *Calathus* BON. — Trans. R. ent. Soc. London 108: 485—585.

LINDROTH, C. (1960): The larvae of *Trachypachus* MTSCH., *Gehringia* DARL. and *Opisthius* KBY. (Col. *Carabidae*) — Opusc. Ent. 24: 30—42.

LUFF, M. L. (1972): The larvae of the British *Carabidae* (Coleoptera). II. *Nebriini* — Entomologist 105: 161—179.

LUTERSK, D. (1966): Observations on the larvae of some species of click-beetles feeding on mushrooms — Polsk. Pismo Ent. 8: 341—345.

MACGILLIVRAY, A. D. (1903): Aquativ *Chrysomelidae* and a table of coleopterous larvae — New York State Mus. Bull. 68: 288—327.

MACSWAIN, J. W. (1956): A classification of the first instar larvae of the *Meloidae* (Coleoptera) — Univ. California Publ. Ent. 12: 1—182.

MADLE, H. (1935—1936): Die Larven der Gattung *Aphodius* L. — Arb. physiol. angew. Ent. 2: 289—304 (1935); 3: 1—20 (1936).

MAMAJEW, B. M. (1972): Bestimmungstabelle für Insektenlarven. Lehrmittel für Lehrer — Moskau (russisch).

MAMAJEW, B. M. (1973): Morphology of the larva of *Nematoplus* LEC. and phylogenetics relations between some families of *Heteromera* (Coleoptera, *Cucujoidea*) — Rev. Entomol. URSS 52: 586—598 (russisch).

MAMAJEW, B. M. (1974): Preimaginal phases of *Syntelia histeroides* LEWIS (*Synteliidae*) in comparison with some *Histeridae* (Coleoptera) — Ibid. 53: 866—871 (russisch).

MAMAJEW, B. M. (1976): Morphologische Typen der Eucnemiden-Larven und ihre evolutionäre Bedeutung — In: Evolutionsmorphologie der Insektenlarven, Moskau (russisch).

MANTON, S. M. (1945): The larvae of the *Ptinidae* associated with stored products. With an introduction by lt. E. HINTON — Bull. ent. Res. 35: 341—365.

MARCUZZI, G. & L. RAMPASSO (1960): Contributo alla conoscenza delle forme larvali dei Tene-brionidi (Heteromera) — Eos Madrid 36: 63—117.

MARUILLET, C. (1960): Contribution à la connaissance des formations squelettiques de la larve de *Riolus* (Coleoptera — *Dryopidae*) — Trav. Lab. Zool. Dijon 32: 1—31.

MASAITIS, A. I. (1931): On the morphology of the *Selatosomus spretus* MANNH. larvae — Plant. Prot. Leningrad 8: 293—298.

MAULIK, S. (1932): On the structure of larvae of Hispine beetles. II. — Proc. zool. Soc. London 4: 293—322.

MAULIK, S. (1938): On the structure of larvae of Hispine beetles. V. (With a revision of the genus *Brontispa* SHARP) — Ibid. 108: 49—71.

MAY, B. M. (1966): Identification of the immature forms of some common soil-inhabiting weevils with notes on their biology — New Zealand J. Agr. Res. 9: 286—316.

McDOUGALL, W. A. (1934): The determination of larval instars and stadia of some wire worms (*Elateridae*) — Queensl. agr. J. 42: 43—70.

MEDVEDEV, L. N. (1962): Systematics and biology of the larvae of the sub-family *Clytrinae* — Zool. Zh. 41: 1334—1344 (russisch).

MEDVEDEV, S. I. (1952): Larvae of scarabaeid beetles of the fauna of the USSR — Opred. Faune SSSR (Moscow) 47: 1—343 (russisch).

MEDVEDEV, S. I. (1960): Descriptions of the larva of eight species of lamellicorn beetles from the Ukraine and Central Asia — Zool. Zh. 39: 381—393 (russisch).

MEDVEDEV, S. I. und R. SABÜROVA-OGULBACHT (1973): Larven von Blatthornkäfern (Col., *Scarabaeidae*) aus Repetek in der Turkmenischen SSR — 1. Mitteilung — Zool. Zh. 52: 1086—1088; 2. Mitteilung — Ibid. 52: 1255—1257 (russisch).

MOORE, B. P. (1972): Description of the larva of *Siagona* (Coleoptera: *Carabidae*) — J. Entomol. B 41: 155—157.

MOULINS, M. (1959): Contribution à la connaissance de quelques types larvaires d'*Hydrophili-dae* (Coléoptères) — Trav. Lab. Zool. Dijon 30: 1—46.

MÜLLER, G. W. (1912): Der Enddarm einiger Insektenlarven als Bewegungsorgan — Zool. Jb. 3: 219—240.

MUKERJI, D. (1938): Anatomy of the larval stages of the Bruchid beetle *Bruchus quadrimacu-latus* FABR., and the method of emergence of the larva from the eggshell — Z. angew. Ent. 25: 442—460.

MULSANT, E. (1856): Histoire des coléoptères de France — Ann. Soc. Linn. Lyon (Original nicht gesehen).

MULSANT, E. et E. REVELIERE (1859): Notes pour servir al'histoire de quelques Coléoptères — Ann. Soc. Linn. Lyon 6: 43—48.

MULSANT, E. et C. REY (1863): Description de la larve à l'*Hypulus quercinus* — Ann. Soc. Linn. Lyon 10: 245—246.

NEWTON, H. C. F. (1932): On *Atomaria linearis* STEPHENS (Coleoptera, *Cryptophagidae*) and its larval stages — Ann. appl. Biol. Cambridge 19: 87—97.

NIKITSKY, N. B. (1974): Morphologie der Larve und Lebensweise von *Nemosoma* (Col., *Trogos-sitidae*) im Nordwestkaukasus — Zool. Zh. 53: 563—568 (russisch).

NIKITSKY, N. B. (1976): Morphology of larvae and ecology of beetles of the genus *Hypophloeus* F. (Col., *Tenebrionidae*) — Ibid. 55: 41—51 (russisch).

NIKITSKY, N. B. (1976): Morphologie der Larven von Räubern und Begleitarten der Borken-käfer im Nordwestkaukasus — In: Evolutionsmorphologie der Insektenlarven, Moskau (russisch).

NOARS, R. (1956): Contribution á la connaissance de la larve d'*Orectochilus villosus* MÜLL. (Co-leopteres Gyrinides) — Trav. Lab. Zool. Dijon 17: 1—32.

OERTEL, R. (1924): Biologische Studien über *Carabus granulatus* L. — Zool. Jb. Geogr. Biol. 48: 299—366.

OGLOBIN, D. A. (1927): Description de la larve de *Chaetocnema breviuscula* FALD. — Défense Plant. Leningrad 4: 245—250.

OGLOBIN, D. A. und L. N. MEDVEDEV (1965): Eine Übersicht über die Larven der *Cryptocepha-linae* der Waldzone im europäischen Teil der UdSSR (*Chrysomelidae*) — Zool. Zh. 44: 1018—1027 (russisch).

PALM, T. (1940): Über die Entwicklung und Lebensweise einiger wenig bekannter Käfer-Arten im Urwaldgebiet am Fluß Dalälven (Schweden). I. *Phryganophilus ruficollis* F. — Opusc. Ent. **5**: 7—15.

PALM, T. (1951): Anteckninger om svenska akalbaggar VI — Ent. Tidskr. **72**: 39—53.

PALM, T. (1957): Determining genera of free inhabiting Coleoptera larvae and pupae — Ent. Tidskr. **78**: 66—70.

PALM, T. (1960): Zur Kenntnis der früheren Entwicklungsstadien schwedischer Käfer. 1. Bisher bekannte Eucnemiden-Larven — Opusc. Ent. **25**: 157—169.

PALM, T. (1962): Zur Kenntnis der frühen Entwicklungsstadien schwedischer Käfer. 2. Buprestidenlarven, die in Bäumen leben — Ibid. **27**: 65—78.

PALM, T. (1972): Die skandinavischen Elateriden-Larven (Coleoptera) — Entomol. scand. **2**, No. 2.

PANZERA, O. (1932): Descrizione delle larve di *Helochares griseus* FABR. e *H. lividus* FORST. (Coleoptera, *Hydrophilidae*) — Mem. Soc. ent. Ital. **11**: 52—63.

PARKER, H. L. (1951): Notes on *Pycnocephalus argentinus* BRÈTHES, parasitic on *Ceroplastes* sp. in Uruguay — Proc. ent. Soc. Washington **53**: 35—41.

PARKIN, E. A. (1933): The larvae of some wood-boring *Anobiidae* (Coleoptera) — Bull. ent. Res. **24**: 33—68.

PATERSON, N. F. (1930): Studies on *Chrysomelidae* Pt. 1 — Proc. zool. Soc. London **2**: 627—676.

PATERSON, N. F. (1931): Studies on the *Chrysomelidae*, 2. On the bionomics and comparative morphology of the early stages of certain *Chrysomelidae* — Ibid. **3**: 879—949.

PAULIAN, R. (1938): Les larves des espèces françaises du genre *Bledius* MANN. — Bull. Labor. mar. Dinard **19**: 25—32.

PAULIAN, R. (1938): Trois larves de Staphylinides d'Afrique orientale — Rev. Franc. Ent. **5**: 205—211.

PAULIAN, R. (1938): Les larves des *Staphylinidae* cavernicoles — Arch. Zool. exp. gén. **79**: 381—407.

PAULIAN, R. (1940): Les caractères larvaires des *Geotrupidae* (Col.) et leur importance pour la position systématique du groupe — Bull. Soc. zool. France **64**: 351—360.

PAULIAN, R. (1941): Les premiers états des *Staphylinoidea* — Mem. Mus. Hist. nat. Paris (new series) **15**: 1—361.

PAULIAN, R. (1942): The larvae of the subfamily *Orphilinae* and their bearing on the systematic status of the family *Dermestidae* (Col.) — Ann. ent. Soc. Amer. **35**: 393—396.

PAULIAN, R. (1950): La vie larvaire des insectes — Mem. Mus. Hist. nat. Paris (N.S.) **30**: 1—206.

PAULIAN, R. (1956): Atlas des larves d'insects de France — Paris.

PAULIAN, R. (1959): Coléoptères Scarabéides. Faune de France 63 — Paris.

PAULIAN, R. et J. P. LUMARET (1972): Les larves des coléoptères *Scarabaeidae*. I. Le genre *Bubas* — Ann. Soc. ent. France **8**: 629—635.

PAULIAN, R. et A. VILLIERS (1941): Les larves des *Cerambycidae* français (Coleoptera) — Rev. Franc. Ent. **8**: 202—217.

PAULUS, H. F. (1969): Zur Unterscheidung der Larven der Gattung *Rhagium* (*Cerambycidae*) — Z. Arbeitsgem. österr. Ent. **21**: 4—11.

PAULUS, H. F. (1970): Zur Morphologie und Biologie der Larven von *Pelochares* MULSANT et REY (1869) und *Limnichus* LATREILLE (1899) (Coleoptera *Dryopoidea*: *Limnichidae*) — Senckenbergiana biol. **51**: 77—87.

PERFILIEV, P. P. (1926): Zur Biologie und zum Bau der Gyrinuslarven — Russ. hydrobiol. Z. **4**: 139—145.

PERRIS, E. (1853—1857): Histoire des insectes du Pin maritime — Ann. Soc. ent. France (Original nicht gesehen).

PERRIS, E. (1855): Histoire des metamorphoses de divers insectes — Mem. Soc. R. Sci. Liège **10** (Original nicht gesehen).

PERRIS, E. (1877): Larves de Coléoptères — Paris.

PETERSON, A. (1957): Larvae of insects, II. — Columbus, Ohio.

PEYERIMHOFF, P. (1906): Sur quelques larves de Coléoptères cavernicoles — Bull. Soc. ent. France **8**: 112—118.

PEYERIMHOFF, P. (1922): Etudes sur les larves des Coléoptères — Ann. Soc. ent. France **90**: 97—111.

PIERRE, F. (1945): Les larves d'*Heterocerus* (*Heteroceridae*) — Rev. Franc. Ent. **12**: 166—174.

PINTO, J. D. (1972): Notes on the caviceps group of the genus *Epicauta* with descriptions of first instar larvae (Coleoptera: *Meloidae*) — Pan-Pacif. Entomol. **48**: 253—260.

POTOCKAYA, V. A. (1966): The larvae of four species of the subfamily *Tachyporinae* — Beitr. Ent. **16**: 615—631.

POTOCKAYA, V. A. (1966): Some larvae of the beetles of the genus *Staphylinus* — Rev. Entomol. URSS **45**: 354—363 (russisch).

POTOCKAYA, V. A. (1966): Les larves de la tribu *Philonthini* (Col., *Staphylinidae*) — Rev. Ecol. Biol. Sol. **3**: 141—161.

POTOCKAYA, V. A. (1967): Bestimmungsschlüssel für die Larven der Kurzflügler (*Staphylinidae*) des europäischen Teils der UdSSR — Nauka, Moskau 1—120 (russisch).

POTOCKAYA, V. A. (1973): Zur Morphologie der Larven einiger xylobionter Staphyliniden — Zool. Zh. **52**: 54—63 (russisch).

PRIESNER, H. (1941): The larva of *Trinodes flavus* MOTSCH. (Coleoptera: *Dermestidae*) — Bull. Soc. ent. Egypte **24**: 2—5.

PRYAMIKOVA, M. A. and L. A. YUKHNEVICH (1958): Key to triungulins of blister-beetles (Coleoptera, *Meloidae*) of the tribe *Mylabrini* of the fauna of the USSR — Rev. Entomol. URSS **37**: 176—182 (russisch).

PUKOWSKI, E. (1934): Zur Systematik der *Necrophorus*-Larven (Col.) — Stettin. ent. Ztg. **95**: 53—60.

QUENNEDEY, A. (1965): Contribution à la connaissance de quelques types larvaires de *Sphaeridiinae* (*Hydrophilidae*) — Trav. Lab. Zool. Dijon 66: 1—56.

RADU, V. G. (1965): Coleoptera larvae in soil. II. *Elateridae* — Cluj. Univ. Babes — Boulai. Stud. Ser. Biol. **10**: 41—46.

RAHMAN, M. L. and M. AHMAD (1972): The immature stages of the mango fruit weevil, *Sternochetus frigidus* FABRICIUS (Coleoptera: *Curculionidae*) — Pakistan J. Sci. and Ind. Res. **15**: 188—190.

RAYNAUD, P. (1937): Contribution a l'étude des larves, Les *Pterostichini* — Misc. Ent. **38**: 57—71; **40**: 73—88; **41**: 89—104.

RAYNAUD, P. (1974): Stades larvaires de coléoptères *Carabidae* — Bull. mens. Soc. Linn. Lyon **43**: 229—246.

RAYNAUD, P. (1975): Synopsis morphologique des larves de *Carabus* L. (Col., *Carabidae*) connues à ce jour — Ibid. **44**: 297—328, 349—372.

REES, B. E. (1943): Classification of the *Dermestidae* (larder, hide, and carpet beetles) based on larval characters, with a key to the North American genera — Misc. Publ. U.S. Dep. Agric. Washington, D.C. no. 511.

REY, C. (1886): Essai d'études sur certaines larves de Coléoptères — Ann. Soc. Linn. Lyon **33**: 159—160.

RITCHER, P. O. (1947): Larvae of *Geotrupinae* with keys to tribes and genera (Coleoptera: *Scarabaeidae*) — Bull. Kentucky agric. Lexington no. 506.

RITCHER, P. O. (1948): Descriptions of the larvae of some Ruteline beetles with keys to tribes and species — Ann. ent. Soc. Amer. **41**: 206—212.

RITCHER, P. O. (1949): Larvae of *Melolonthinae* with keys to tribes, genera and species (Coleoptera: *Scarabaeidae*) — Bull. Kentucky agric. Lexington no. 537.

RITCHER, P. O. (1967): Keys for identifying larvae of *Scarabaeoidea* to the family and subfamily (Coleoptera) — California Dep. Agric. Sacramento, No. 10.

ROGER, O. (1925): Über Larvenzucht. Eine allgemeine Besprechung — Arb. biol. Reichsanst. Dahlem Nr. 761: 182—185.

ROSENBERG, E. C. (1939): Neue Lyciden-Larven. I. Teil (Coleoptera: *Lycidae*) — Arb. morphol. taxon. Ent. **6**: 124—128.

ROUSSEAU, E. (1926): Les larves et nymphes aquatiques des insectes d'Europe. 1. — Brüssel.

ROZEN, J. G. (1958): The externae anatomy of *Nacerdes melanura* (LINNAEUS) — Ann. ent. Soc. Amer. **51**: 222—229.

ROZEN, J. G. (1960): Phylogenetic-systematic study of larval *Oedemeridae* (Coleoptera) — Ent. Soc. Amer. Misc. Publ. **1**: 33—68.

RUDOLPH, K. (1970): Zur Morphologie der Elateridenlarven — Ent. Nachr. **14**: 33—46.

RUDOLPH, K. (1970): Zur Kenntnis der Larve von *Elater hjorti* RYE. (Col., *Elateridae*) — Ent. Nachr. **14**: 189—192.

RUDOLPH, K. (1971): Beitrag zur Morphologie der Larven von *Elater cardinalis* SCHIÖDTE und *Ischnodes sanguinicollis* PANZER (Col., *Elateridae*) — Ent. Nachr. 15: 82—89.

RUDOLPH, K. (1972): Zur Kenntnis der Larve von *Athous zebei* BACH. (Col. *Elateridae*) — Ent. Nachr. 16: 109—114.

RUDOLPH, K. (1972): Beitrag zur Morphologie der Larve von *Cardiophorus nigerrimus* ER. mit differentialdiagnostischen Angaben zu allen in der DDR und BRD vorkommenden *Cardiophorus*-Arten (Col., *Elateridae*) — Ent. Nachr. 16: 121—126.

RUDOLPH, K. (1974): Beitrag zur Kenntnis der Elateridenlarven der Fauna der DDR und der BRD — Zool. Jb. Syst. 101: 1—151.

RUŠEK, J. (1973): *Dryops rudolfi* sp. n. und seine Larve (Coleoptera, *Dryopidae*) — Acta ent. bohemoslov. 70: 86—97.

RYMER-ROBERTS, A. W. (1919): On the life history of "wireworms" of the genus *Agriotes* ESCH., with some notes on that of *Athous haemorrhoidalis* F. — Ann. Appl. Biol. 6: 116—135.

RYMER-ROBERTS, A. W. (1921): On the life history of "wireworms" of the genus *Agriotes* ESCH., with some notes on that of *Athous haemorrhoidalis* F. — Ibid. 8: 193—215.

RYMER-ROBERTS, A. W. (1928): On the life history of "wireworms" of the genus *Agriotes* ESCH., IV. — Ibid. 15: 90—94.

RYMER-ROBERTS, A. W. (1930): Key to principal families of coleopterous larvae — Bull. ent. Res. 21: 57—72.

RYMER-ROBERTS, A. W. (1939): On the taxonomy of *Erotylidae* (Col.), with special reference to the morphological characters of the larvae — Trans. R. ent. Soc. London 88: 89—118.

RYMER-ROBERTS, A. W. (1956): On the larva of *Cryptohypnus quadripustulatus* FABRICIUS (Coleoptera, *Elateridae*) — Proc. R. ent. Soc. London (A) 31: 76—80.

RYMER-ROBERTS, A. W. (1958): On the taxonomy of the *Erotylidae* with special reference to the morphological characters of the larvae. II. — Trans. R. ent. Soc. London 110: 245—285.

SAALAS, U. (1913): Die Larven der *Stenotrachelus aeneus* PAYK. und *Upis ceramboides* L. sowie die Puppe der letzteren — Acta Soc. Fauna Flora Fennica 37: 1—7.

SAALAS, U. (1917): Die Fichtenkäfer Finnlands. — Ann. Ac. Fenn. A 8 No. 1.

SAALAS, U. (1923): Die Fichtenkäfer Finnlands II — Ibid. 22, No. 1.

SAALAS, U. (1937): Die Larve von *Boros schneideri* PANZ. (Col., *Boridae*) — Ann. ent. fenn. 3: 198—203.

SAALAS, U. (1937): Ein neuer Larventyp der Elateriden — Ibid. 3: 65—73.

SAALAS, U. (1948): On beetles leaving in decayed wood and their significance — Ibid. 14: 189—196.

SAALAS, U. (1949): Lahopuussa Elävistä Kovakuoriaisista ja Niiden Merkityksestä — Ibid. 14: 189—196.

SARINGER, G. (1960): Adatok a mustárbogár (*Colaphellus sophiae* SCHALL., Col., *Chrysom.*) fejlödési alakjainak, elterjedének és kartélésének ismeretéhez — Rovartani Közlemények., 13: 207—250.

SASAJI, H. (1968): Descriptions of the Coccinellid Larvae of Japan and the Ryukyus (Coleoptera) — Mem. Fac. Edu. Fukui Univ. Ser. II, Nat. Sci., No. 18.

SAWOISKAJA, G. I. (1960): On the morphology and taxonomy of the ladybird's larvae from South East Kazakhstan — Rev. Entomol. URSS 39: 122—133 (russisch).

SAWOISKAJA, G. I. (1973): Bestimmungstabelle für Marienkäferlarven (Col., *Coccinellidae*) — Trudy sapowedn. Kasachstana 3: 94—110 (russisch).

SAXOD, R. (1965): Larvae and nymphs of four species of French *Gyrinidae* — Soc. zool. France Bull. 90: 163—174.

SCHAEFER, L. (1947): Notes sur la systématique et la morphologie des larves de *Buprestidae*. — Bull. Soc. Linn. Lyon 16: 140—143, 162—167.

SCHAERFFENBERG, B. (1941): Bestimmungsschlüssel der wichtigsten deutschen Scarabaeidenlarven — Z. Pflanzenkrankh. 51: 24—42.

SCHAERFFENBERG, B. (1942): Die Elateridenlarven der Kiefernwaldstreu — Z. angew. Ent. 13: 85—115.

SCHAWALLER, W. (1973): Die Larve von *Parabemus fossor* (Col., *Staphylinidae*) — Ent. Z. 83: 49—51.

SCHERF, H. (1947): Zur Kenntnis und Untersuchung von Oberealarven — Dtsch. ent. Z. N.F. 4: 184—190.

Scherf, H. (1960): Zur Morphologie und Biologie der Metamorphosenstadien einiger an *Lathyrus vernus* lebender Coleopteren aus den Gattungen *Bruchus*, *Apion* und *Aoromius* — Dtsch. ent. Z. N.F. 7: 236—259.

Scherf, H. (1964): Die Entwicklungsstadien der mitteleuropäischen Curculioniden (Morphologie, Bionomie, Ökologie) — Abh. Senckenberg. naturf. Ges. 506: 1—335.

Schiödte, J. C. (1861—1883): De metamorphosi eleutheratorum observations; bidrag til insekternes udviklingshistorie — Naturalist. Tidskr. 1: 193—232; 3: 131—224; 4: 415—552; 6: 353—378, 467—536; 8: 165—226, 545—564; 9: 227—376; 10: 369—458; 11: 479—598; 12: 513—598; ˙13: 415—426. (siehe auch: Ann. Soc. Linn. Lyon 20: 259—264).

Selander, R. B. (1959): The first instar larvae of some North American species of *Meloidae* — Proc. ent. Soc. Washington 61: 205—213.

Sharova, I. K. (1957): Larvae of *Calosoma* beetles (*Carabidae*) — Zool. Zh. 36: 873—884 (russisch).

Sharova, I. K. (1958): Laufkäferlarven, die nützlich oder schädlich in der Landwirtschaft sind — Uč. zap. Mosk. ped. Inst. 124: 4—165 (russisch).

Silvestri, F. (1905): Metamorfosi e costumi della *Lebia scapularis* — Redia 2: 68—84.

Silvestri, F. (1909): Metamorfosi del *Cybocephalus rufifrons* Reitt. e notizie sui suoi costumi — Boll. Labor. Zool. Portici 4: 221—227.

Skopin, N. G. (1960): Materials on the morphology and ecology of the tribe *Blaptini* — Zool. Trud. 11: 36—84 (russisch).

Skopin, N. G. (1960): On the larvae of the genus *Adesmia* Fisch. — Zool. Zh. 39: 1039—1043 (russisch).

Skopin, N. G. (1960): Über die Larven der Tribus *Akidini* — Acta Zool. Budapest 6: 149—165.

Skopin, N. G. (1964): Die Larven der Tenebrioniden der Tribus *Pycnocerini* — Mus. Roy. Afrique Centrale Ann. Sci. Zool. 127: 1—35.

Smetana, A. (1957): Eine bisher unbekannte Larve der Gattung *Quedius* St. aus Nestern von *Microtus arvalis* Pallas — Beitr. Ent. 7: 333—337.

Smetana, A. (1962): Beschreibung der Larven von *Philonthus carbonarius* Gyll., *Quedius molochinus* Grav. und *Quedius alpestris* Heer (Col., *Staphylinidae*) — Časop. Česk. entomol. 59: 131—141.

Spangler, P. J. and J. M. Gillespie (1973): The larva and pupa of the predaceous water beetle, *Hygrotus sayi* (Coleoptera: *Dytiscidae*) — Proc. biol. Soc. Washington 86: 143—151.

Stammer, H. J. (1957): Die Bedeutung der Larvalsystematik für die Entomologie — Ber. 8. Wandervers. Dtsch. Ent. 1957 München, Tagungsber. 11: 151—154.

Steel, W. O. (1966): A revision of the staphylinid subfamily *Proteininae* (Coleoptera) I. — Trans. R. ent. Soc. London 118: 285—311.

Steel, W. O. (1970): The larvae of the genera of *Omaliinae* (Col., *Staphylinidae*), with particular reference to the British fauna — Ibid. 122: 1—47.

Steinhausen, W. (1950): Vergleichende Morphologie, Biologie, Ökologie der Entwicklungsstadien der in Niedersachsen heimischen Schildkäfer (*Cassidinae*, *Chrysomelinae*, Coleoptera) und deren Bedeutung für die Landwirtschaft — Diss. T.H. Braunschweig.

Steinhausen, W. (1966): Vergleichende Morphologie des Labrum von Blattkäferlarven (Col. *Chrys.*) — Dtsch. ent. Z. N.F. 13: 313—322.

Strambi, C. (1963): Etude de la morphologie larvaire d'un Coléoptère de la famille des *Catopidae* (sous-famille des *Catopinae*) *Choleva angustata* Fabr. — Ann. Spéléol. Moulis 18: 495—510.

Striganowa, B. R. (1961): Morpho-functional characters of a larva of *Prionocyphon serricornis* Müll. (Col., *Helodidae*) with respect to inhabitation in water — Rev. Entomol. URSS 40: 577—583 (russisch).

Striganowa, B. R. (1961): Morphological peculiarities and identification key to alleculid larvae of the subfamily *Alleculinae* (Coleoptera) — Zool. Zh. 40: 193—200 (russisch).

Striganowa, B. R. (1962): The larva of *Podabrus alpinus* L. and several morphological peculiarities of cantharid larvae (Col.) — Ibid. 41: 546—551 (russisch).

Striganowa, B. R. (1964): Peculiarities of the structure of the mouth apparatus of the plant-feeding Coleoptera-larvae — Ibid. 43: 560—571 (russisch).

Striganowa, B. R. (1966): Gesetzmäßigkeiten im Bau der Ernährungsorgane der Käferlarven — Moskau (russisch).

Literatur 265

STROUHAL, H. (1926): Die Larven der paläarktischen *Coccinellini* und *Psylloborini* (Coleoptera) — Arch. Naturg. A 92: 1—63.

STROUHAL, H. (1934): Die Larve des troglophilen *Laemostenus* (*Antisphodrus*) *schreibersi* KÜST. v. *carinthiacus* MÜLL. (Col.) — Mitt. Höhlen Karstforsch. (Berlin): 80—88.

SUBKLEW, W. (1937): Zur Kenntnis der Larven der *Melolonthinae* — Z. Pflanzenkrankh. 47: 18—34.

TASCHENBERG, O. (1906): Beitrag zur Lebensweise von *Necrobia* (*Corynetes*) *ruficollis* F. und ihrer Larve — Z. wiss. Ins. biol. 2: 13—17.

TEPPNER, H. (1963): Zur Kenntnis der mitteleuropäischen *Saperdini* — Z. Arbeitsgem. österr. Ent. 15: 68—94.

TEPPNER, H. (1968/69): Bestimmungstabelle der mitteleuropäischen *Lamiinae*-Larven mit Bemerkungen zur Biologie — Verh. zool.-bot. Ges. Wien 108/109: 19—58.

THOMAS, J. B. (1960): The immature stages of *Scolytidae*: the tribe *Xyloterini* — Canad. Entomol. 92: 410—419.

THOMAS, J. B. (1964): A key to the larvae and pupae of three weevils (Coleoptera: *Curculionidae*) — Ibid. 96: 1417—1420.

THOMAS, J. B. (1965): The immature stages of *Scolytidae*: the genus *Dendroctonus* ERICHSON — Ibid. 97: 374—400.

TOPP, W. (1971): Zur Biologie und Larvalmorphologie von *Atheta sordida* MARSH. (Col., *Staphylinidae*) — Ann. ent. fenn. 37: 85—89.

TOPP, W. (1973): Über Entwicklung, Diapause und Larvalmorphologie der Staphyliniden *Aleochara moerens* GYLL. und *Bolitochara lunulata* PAYK. in Nordfinnland — Ibid. 39: 145—152.

TOSKINA, J. N. (1967): Ecology of early development stages of some *Anobiidae* — Zool. Zh. 45: 1644—1649 (russisch).

TREMBLAY, E. (1958): Studio morfo-biologico sulla *Necrobia rufipes* DEG. — Boll. Labor. Ent. Portici 16: 49—140.

TSCHEREPANOV, A. I. und H. E. TSCHEREPANOVA (1971): Zur Morphologie und Biologie der Larven der *Saperda* F.-*Oberea* MULS.-Gruppe aus Westsibirien (Col., *Cerambycidae*, *Lamiinae*) — In: Neue und wenig bekannte Arten der sibirischen Fauna, Nowosibirsk 5: 25—53 (russisch).

URBAN, C. (1927): Über die *Olibrus*-Larve (Col., *Phalacridae*) — Dtsch. ent. Z. 401—412.

URBAN, C. (1931): Über die Larve des *Olibrus millefolii* PAYK. (Col. *Phalacr.*) — Mitt. Dtsch. Ent. Ges. 2: 39—42.

URBAN, C. (1933): Über das Leben und die Larve von *Opatrum riparium* SCRIBA — Ent. Bl. 29: 70—74.

URBAN, C. (1933): Die Larve des *Heterocerus parallelus* GEBL. — Ibid. 29: 9—12.

USINGER, R. L. (1963): Aquatic insects of California with keys to North America genera and California species — Berkley und Los Angeles.

VARLEY, G. C. (1939): On the structure and function of the hind spiracles of the larva of the beetle *Donacia* (Coleoptera, *Chrysomelidae*) — Proc. R. ent. Soc. London (A) 14: 115—123.

VATS, L. K. (1972): Tracheal system in the larvae of the *Bruchidae* (Coleoptera: *Bruchidae*) — J. N.Y. Entomol. Soc. 80: 12—17.

VERHOEFF, K. W. (1919): Zur Entwicklung, Morphologie und Biologie der Vorlarven und Larven der Canthariden — Arch. Naturg. A 83: 102—140.

VERHOEFF, K. W. (1921): Zur Kenntnis der Clavicornierlarven — Zool. Anz. 53: 30—40.

VERHOEFF, K. W. (1923): Zur Kenntnis der Canthariden-Larven — Arch. Naturg. A 89: 110—137.

VERHOEFF, K. W. (1923): Beitrag zur Kenntnis der Coleopteren-Larven mit besonderer Berücksichtigung der *Clavicornia* — Ibid. 89: 1—109.

VIEDMA, M. G. DE (1963): Contribucion al conocimienti de las larvas de *Curculionidae* lignivoros europeos. — Eos Madrid 39: 257—277.

VIEDMA, M. G. DE (1965): Contribucion al conocimiento de las larvas de *Melandryidae* de Europa — Eos Madrid 41: 483—506.

VIEDMA, M. G. DE (1965): Larvae de Coleopteros II. Determinacion de familias — Bol. Serv. Plag. Forest Madrid 6: 103—121.

VOGEL, R. (1915): Beitrag zur Kenntnis des Baues und der Lebensweise der Larve von *Lampyris noctiluca* — Z. wiss. Zool. 112: 292—432.

WAUTIER, V. (1964): Larves primaires de *Brachinus* (Col. *Carabidae*) obtenues en élevage —
    Bull. Soc. Linn. Lyon **33**: 350—362.
WEISS, H. B. (1919): Notes on *Eustrophus bicolor* FABR., bred from fungi (*Coleoptera*) — Psyche
    26: 132—133.
WELCH, R. C. (1972): The Biology of *Hermaeophaga mercurialis* F. (Col. *Chrys.*) — Entomol.
    Gaz. **23**: 153—166.
WEST, L. S. (1929): A preliminary study of larval structure in the *Dryopidae* — Ann. ent. Soc.
    Amer. **22**: 691—721.
WESTWOOD, J. O. (1839): Introduction to the modern classification of insects; founded on
    the natural habits and corresponding organisation of the different families — London.
WILLIAMS, P. (1968): The larvae of *Apion immune* KIRBY and *Apion malvae* (F.) — Proc. R.
    ent. Soc. London **43**: 21—26.
WITZKE, G. (1974): Die Larve von *Pterostichus* (*Platysma*) *niger* (SCHALLER 1783) — Ent. Bl.
    70: 5—11.
YAKHONTOV, V. V. (1931): The pseudopupa and the last larval instar of *Epicauta erytrocephala*
    PALL. (Col. *Meloidae*) — Bull. ent. Res. **22**: 379—882.
ZACHARUK, R. Y. (1962): Some new larval characters for the classification of the *Elateridae*
    into major groups — Proc. R. ent. Soc. London (B) **31**: 29—32.
ZAKHVATKIN, A. A. (1955): Larvae of *Anobiidae* — Zakhvatkin Coll. sci. works Moscow 1953:
    251—264 (russisch).
ZASLAVSKI, V. A. (1959): Material on the study of weevil larvae of the subfamily *Hyperinae* —
    Zool. Zh. **38**: 208—220 (russisch).
ZURANSKA, I. (1970): On the morphology of larvae of the genera *Tachinus* GRAV. and *Tachy-
    porus* GRAV. (Col., *Staphylinidae*, *Tachyporinae*) — Polsk. Pismo Ent. **40**: 83—89.

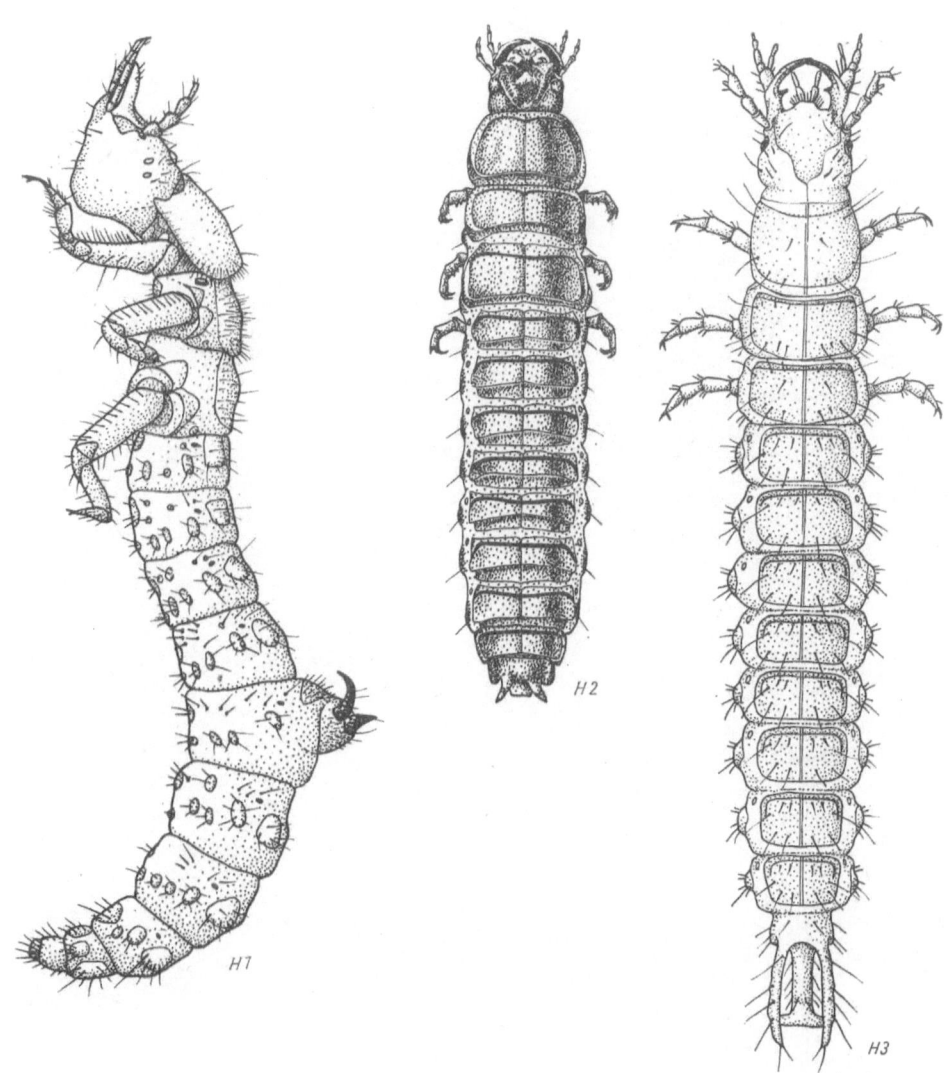

H 1   *Cicindela* sp. (*Cicindelidae*), nach PETERSON, 1957
H 2   *Carabus nemoralis* MÜLLER (*Carabidae*), nach HŮRKA (Orig.)
H 3   *Patrobus atrorufus* STROEM (*Carabidae*), nach HŮRKA (Orig.)

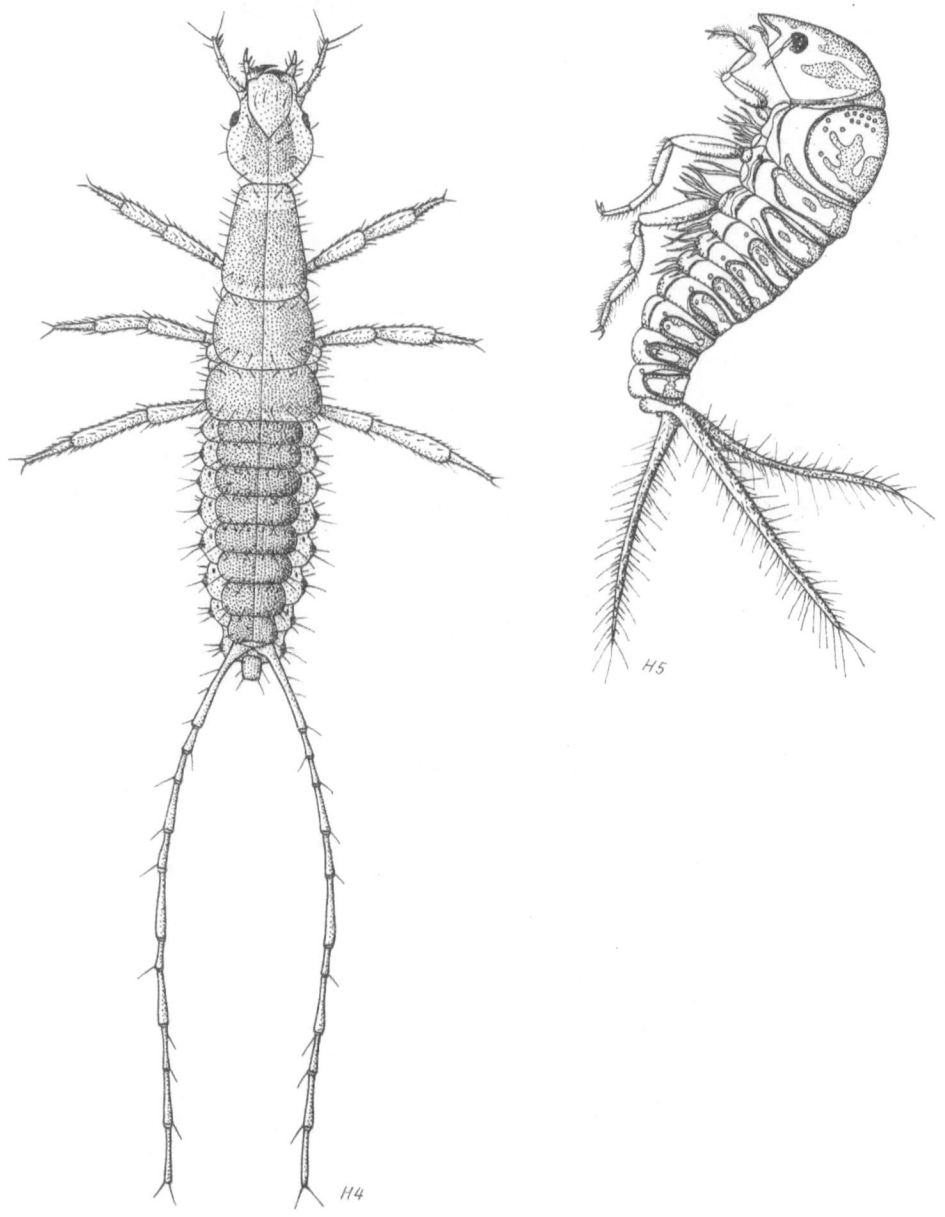

H 4   *Drypta japonica* Bates (*Carabidae*), nach Hůrka (Orig.)
H 5   *Hygrobia tarda* Herbst (*Hygrobiidae*), nach Schiödte, 1872

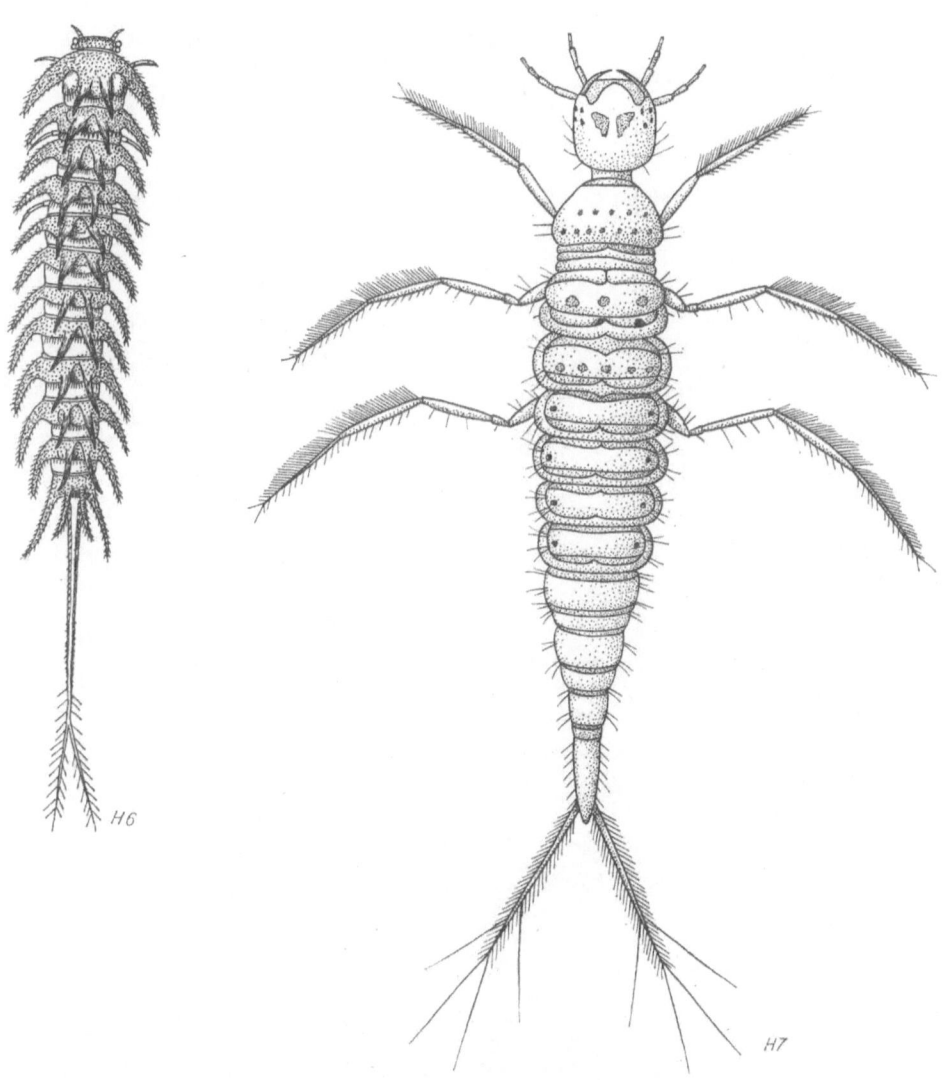

H 6 *Haliplus fulvus* FABRICIUS (*Haliplidae*), nach SCHIÖDTE, 1864
H 7 *Laccophilus hyalinus* DEGEER (*Dytiscidae*), nach REITTER, 1908

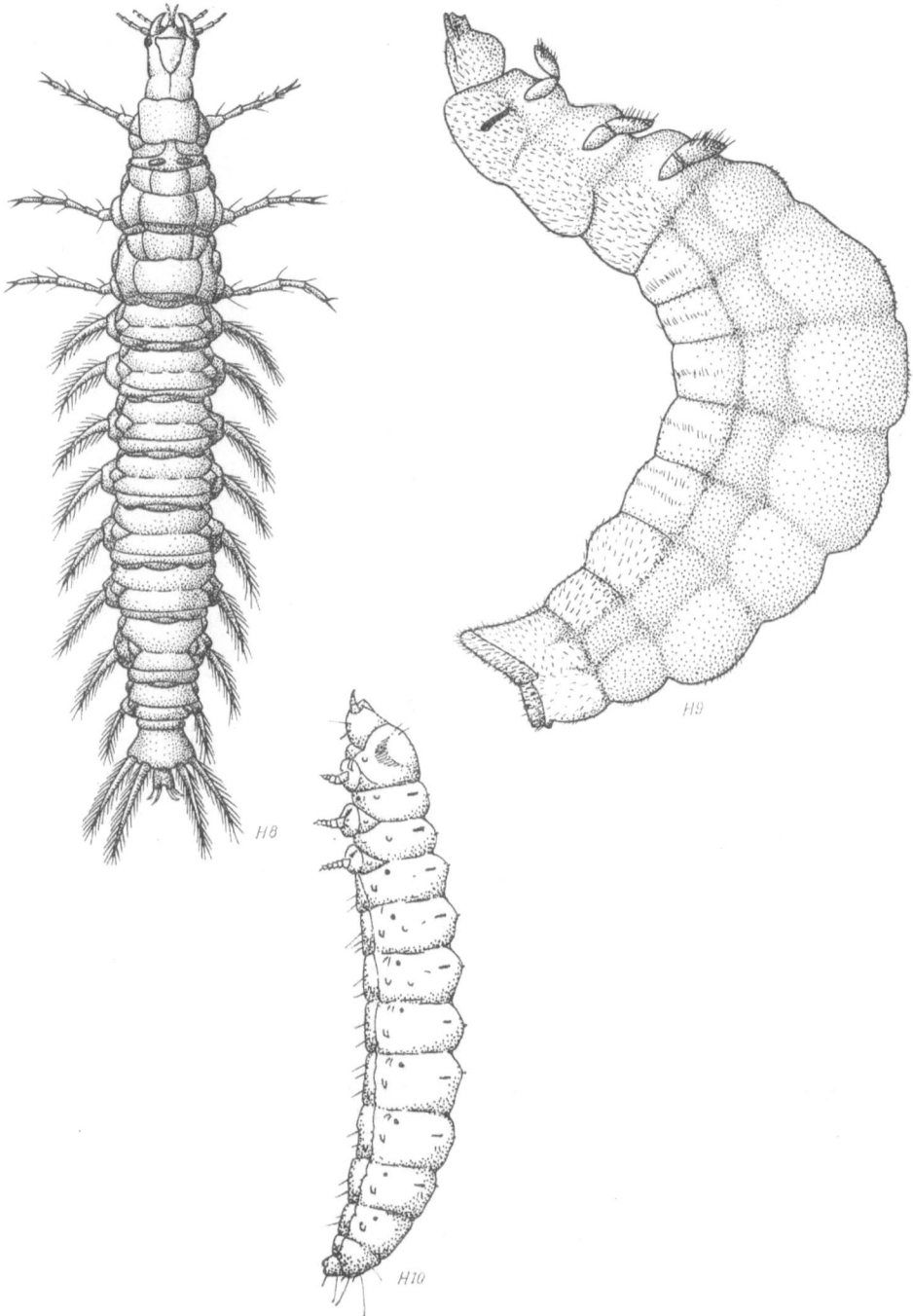

H 8   *Gyrinus natator* Linnaeus (*Gyrinidae*), nach Schiödte, 1872
H 9   *Paussus granulatus* Westwood (*Paussidae*), nach Emden, 1922
H 10 *Clinidium sculptile* Newman (*Rhysodidae*), nach Böving und Craighead, 1931

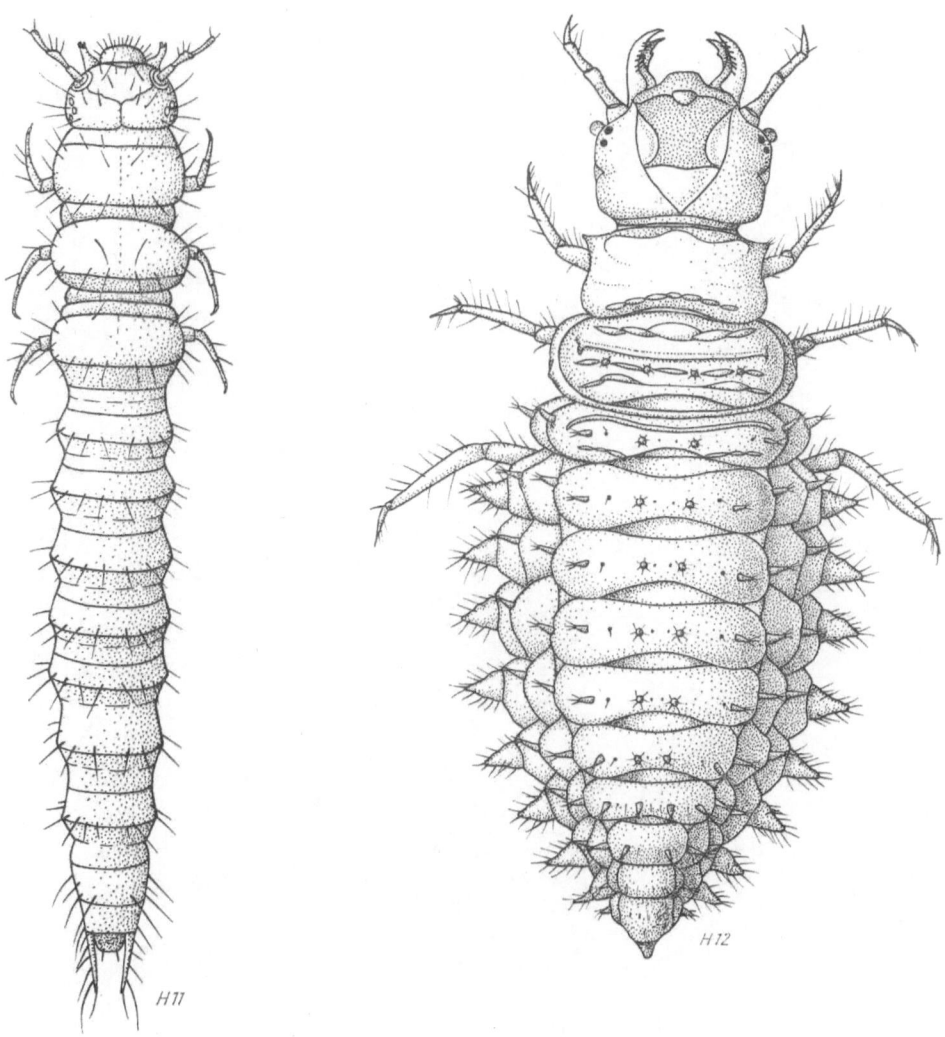

H 11 *Limnebius papposus* MULSANT (*Hydraenidae*), nach BÖVING und CRAIGHEAD, 1931
H 12 *Spercheus emarginatus* SCHALLER (*Spercheidae*), nach SCHIÖDTE, 1872

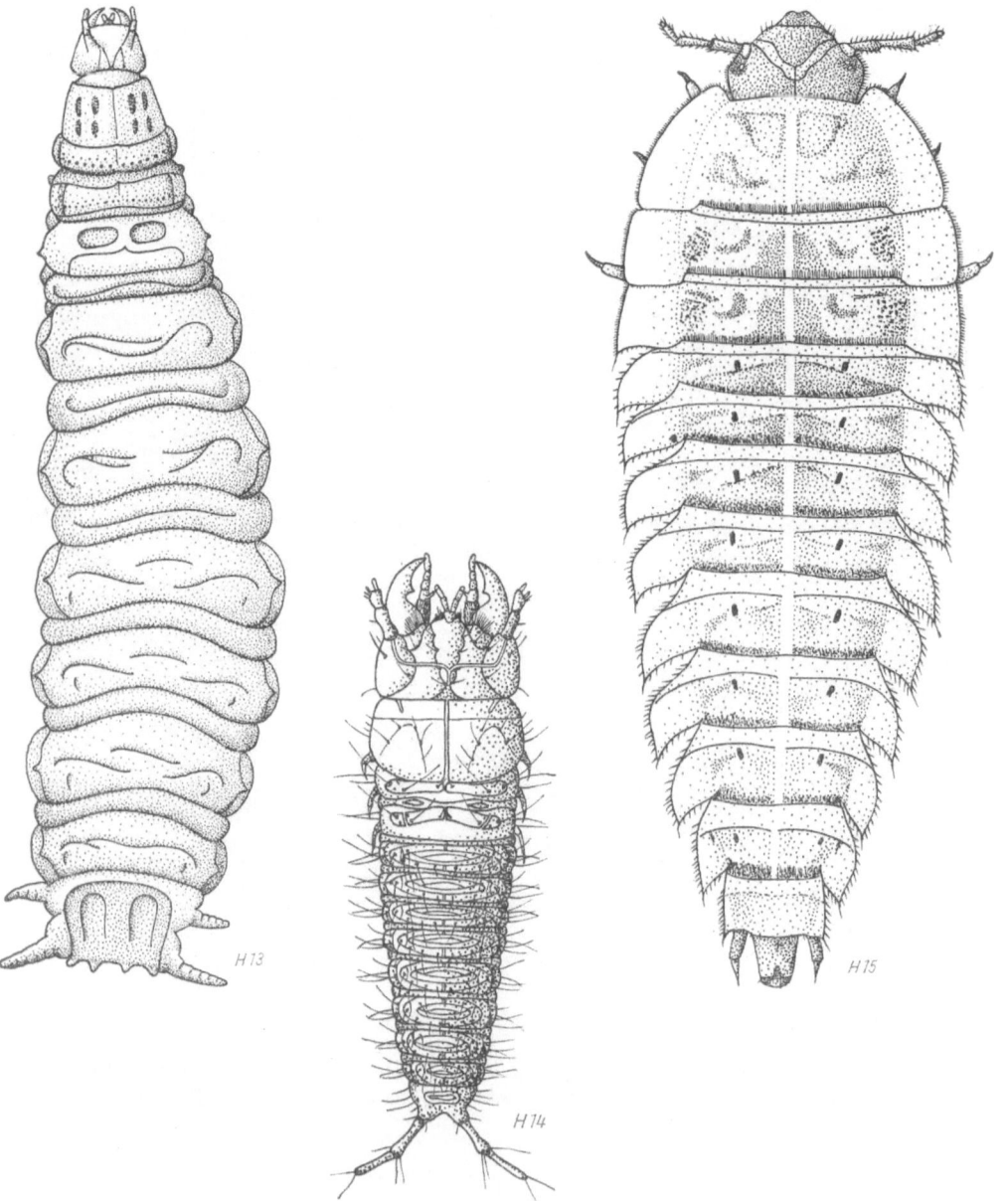

H 13   *Sphaeridium scarabaeoides* Linnaeus (*Hydrophilidae*), nach Schiödte, 1862
H 14   *Hister cadaverinus* Hoffmann (*Histeridae*), nach Lindner, 1967
H 15   *Silpha* sp. (*Silphidae*), Orig.

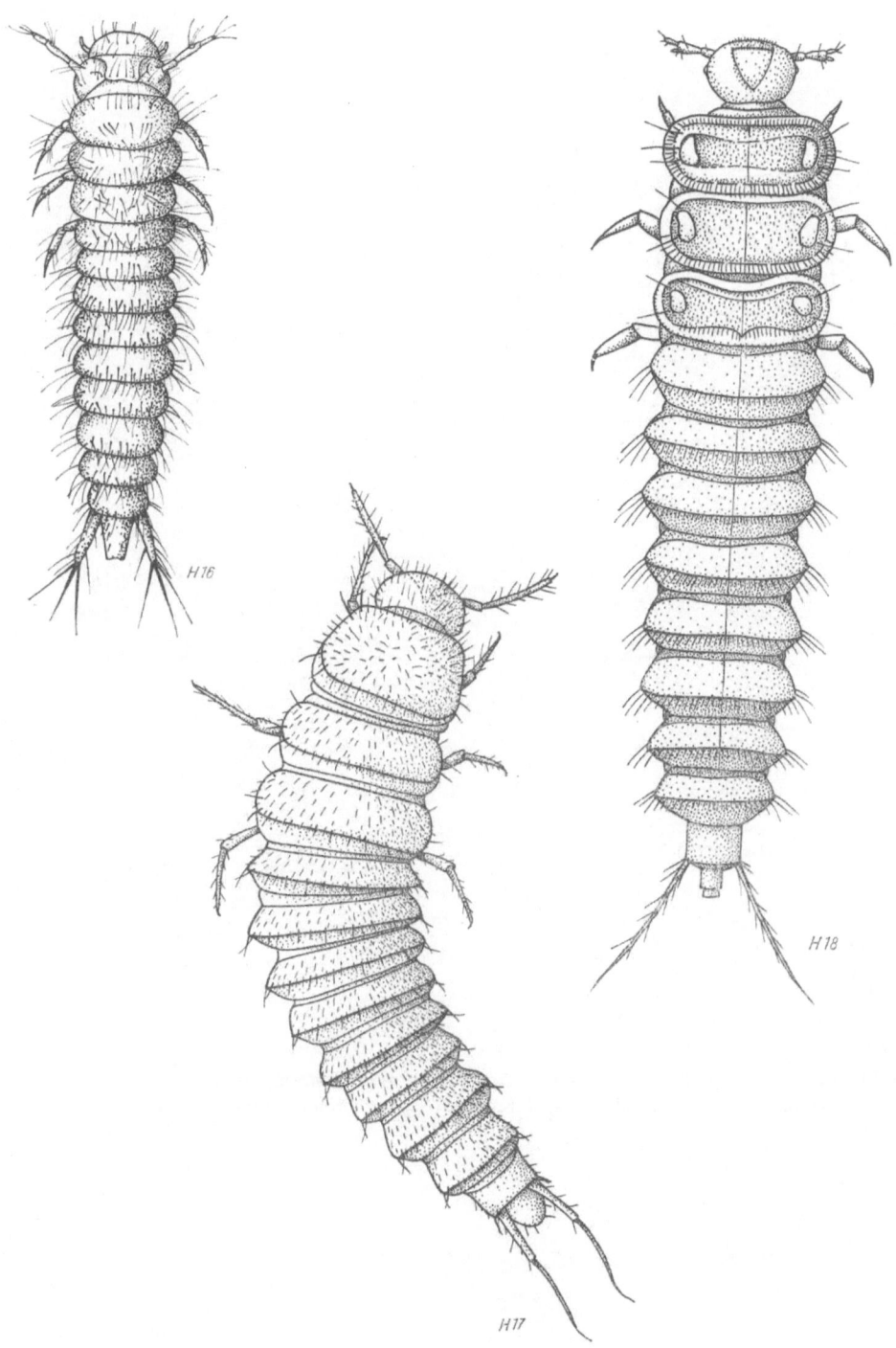

H 16 *Leptinus testaceus* MÜLLER (*Leptinidae*), nach ISING, 1968
H 17 *Catops picipes* FABRICIUS (*Catopidae*), nach ZWICK (Orig.)
H 18 *Anisotoma glabra* KUGELANN (*Liodidae*), nach SCHIÖDTE, 1862

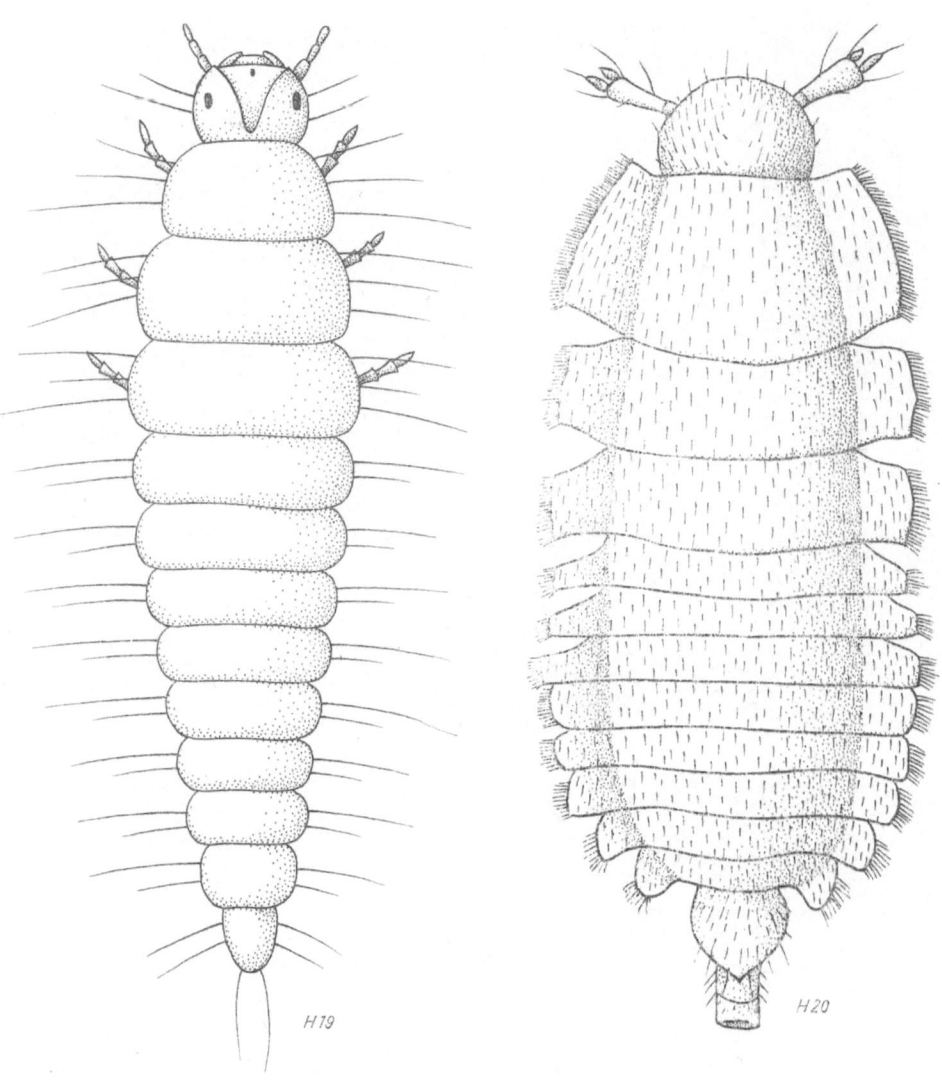

H 19   *Calyptomerus dubius* MARSHAM (*Clambidae*), nach PERRIS, 1853
H 20   *Scydmaenus tarsatus* MÜLLER et KUNZE (*Scydmaenidae*), nach LARSSON, 1941

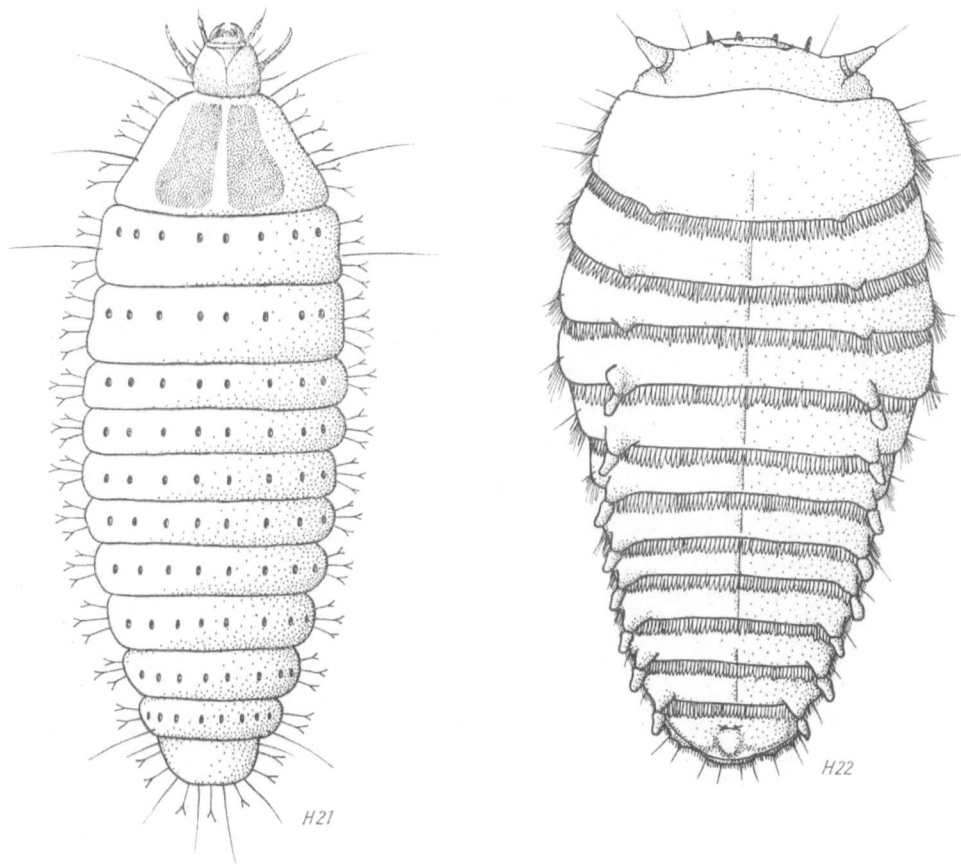

H 21 *Orthoperus* sp. (*Orthoperidae*), nach PERRIS, 1852
H 22 *Sphaerius ovensensis* OKE (*Sphaeriidae*), nach BRITTON, 1966

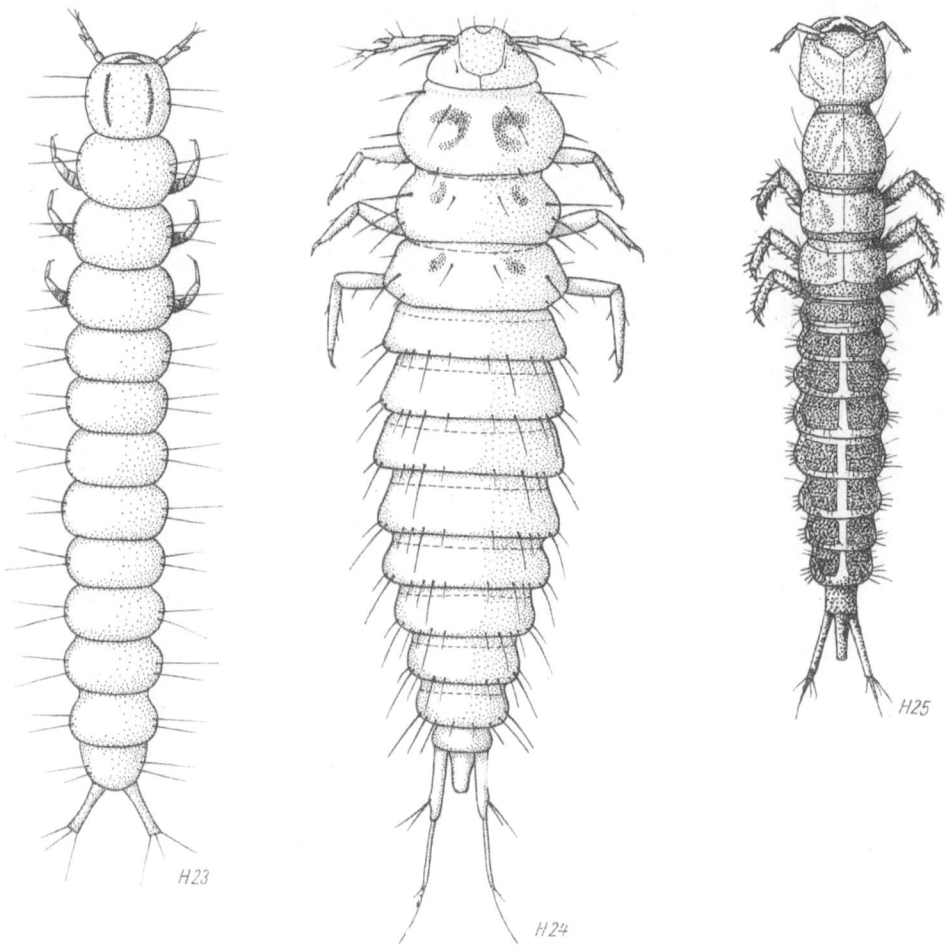

H 23   *Ptinella aptera* GUÉRIN (*Ptiliidae*), nach PERRIS, 1853—57
H 24   *Scaphisoma agaricinum* LINNAEUS (*Scaphidiidae*), nach PETERSON, 1957
H 25   *Staphylinus similis* FABRICIUS (*Staphylinidae*), nach POTOCKAYA, 1967

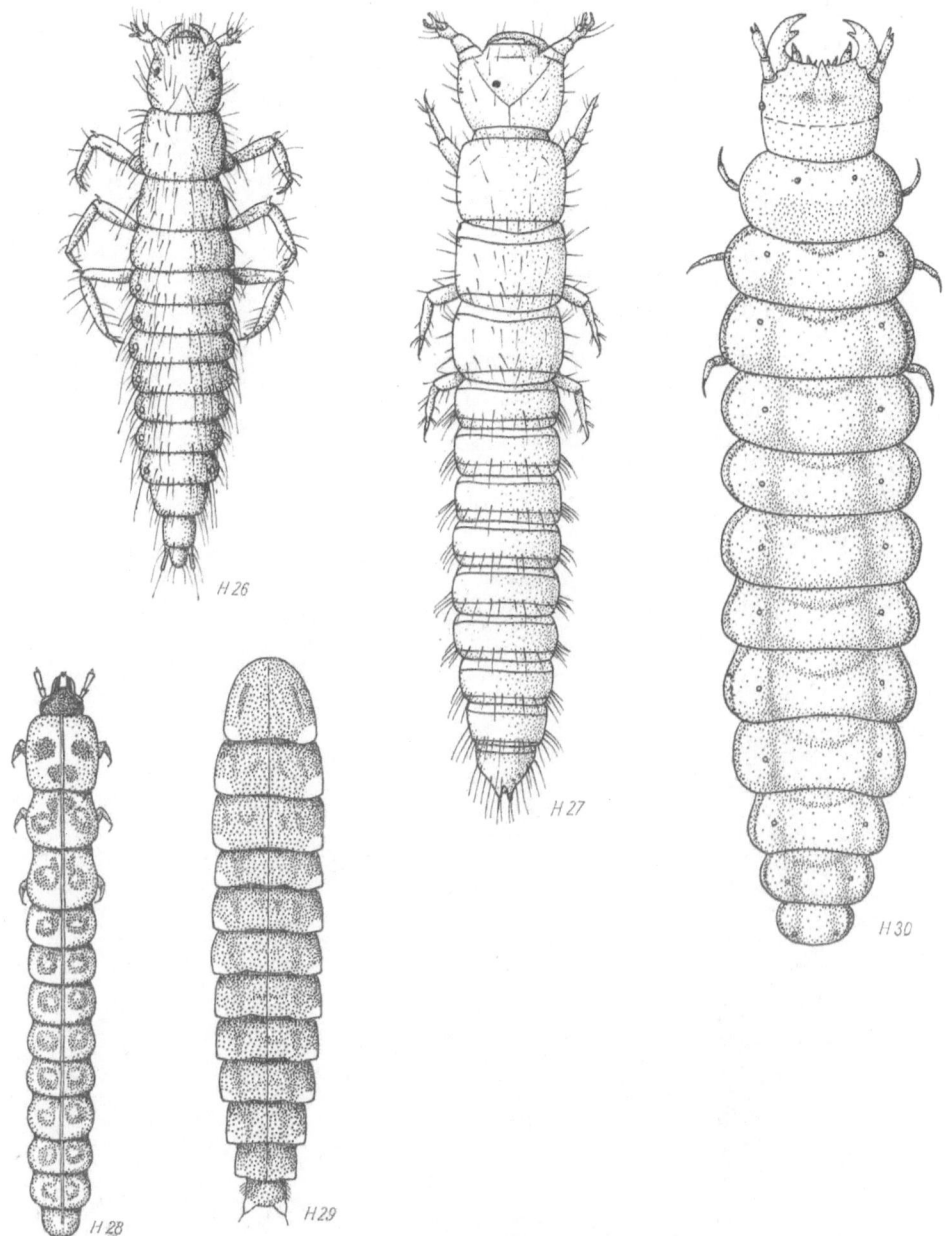

H 26 *Atheta sordida* MARSHAM (*Staphylinidae*), nach TOPP, 1971
H 27 *Trichonyx sulcicollis* REICHENBACH (*Pselaphidae*), nach BESUCHET, 1956
H 28 *Homalisus fontisbellaquei* GEOFFROY (*Lycidae*), nach KORSCHEFSKY, 1951
H 29 *Lampyris noctiluca* LINNAEUS (*Lampyridae*), nach KORSCHEVSKY, 1951
H 30 *Cantharis* sp. (*Cantharidae*), nach LARSSON, 1941

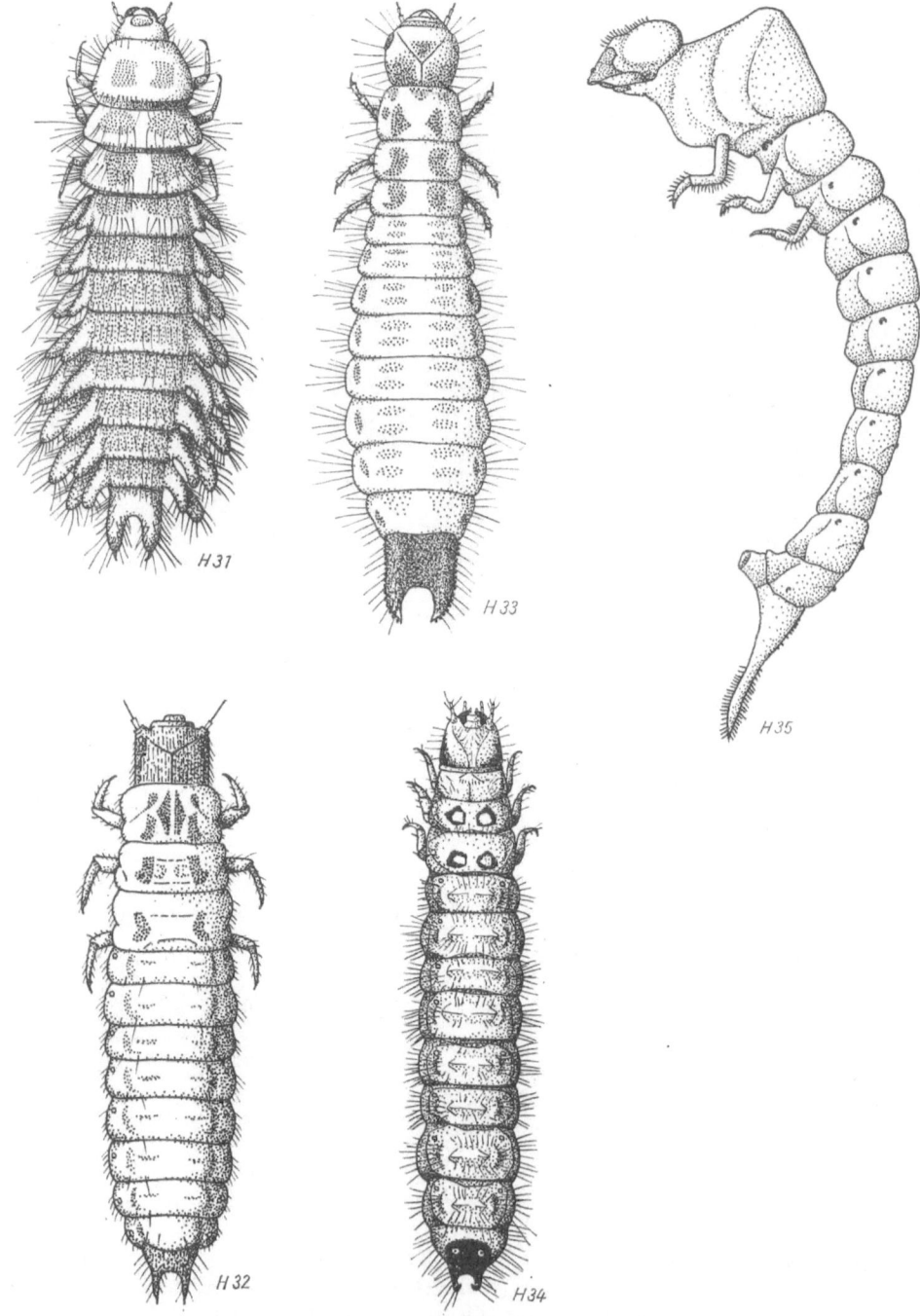

H 31   *Drilus flavescens* GEOFFROY (*Drilidae*), nach KORSCHEFSKY, 1951
H 32   *Malachius bipustulatus* LINNAEUS (*Melyridae*), nach BÖVING und CRAIGHEAD, 1931
H 33   *Dasytes coeruleus* FABRICIUS (*Melyridae*), nach LABOULBENE, 1858
H 34   *Thanasimus formicarius* LINNAEUS (*Cleridae*), Orig.
H 35   *Hylecoetus dermestoides* LINNAEUS (*Lymexylonidae*), nach PFEIL, 1857

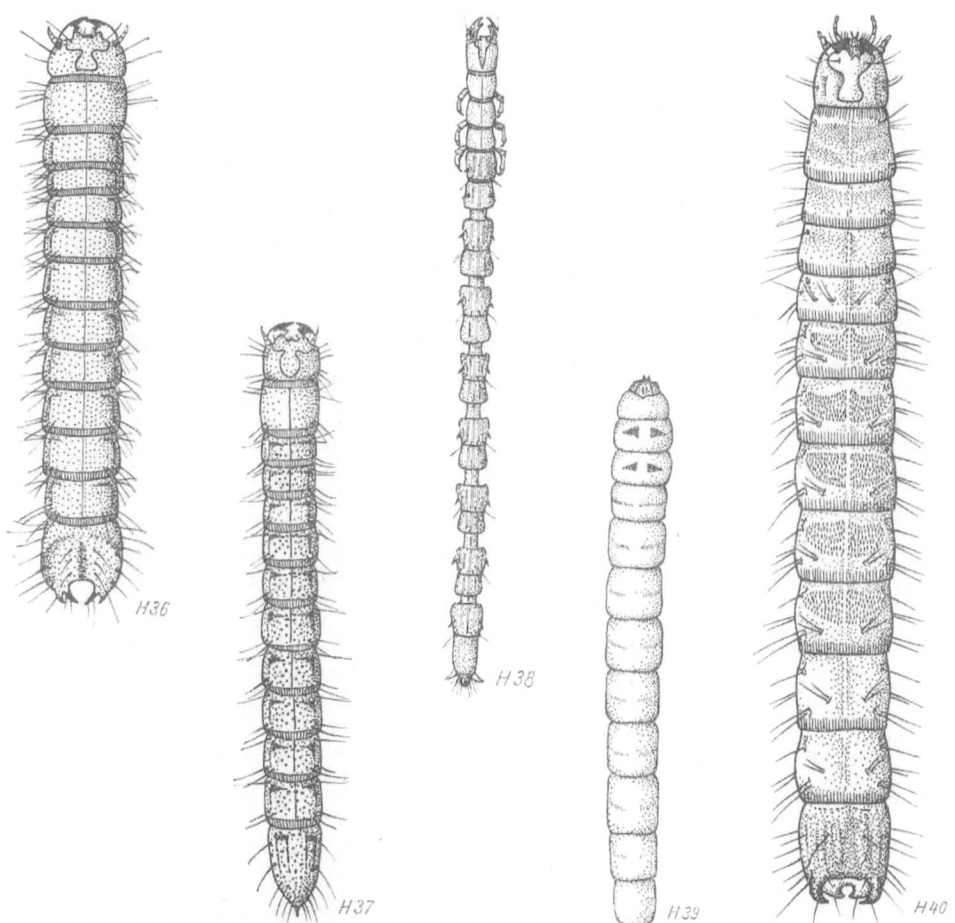

H 36 *Athous* sp. (*Elateridae*), nach RUDOLPH (Orig.)
H 37 *Ampedus* sp. (*Elateridae*), nach RUDOLPH (Orig.)
H 38 *Cardiophorus* sp. (*Elateridae*), nach RUDOLPH (Orig.)
H 39 *Eucnemis capucina* AHRENS (*Eucnemidae*), nach LUNDBERG, 1962
H 40 *Drapetes biguttatus* PILLER (*Throscidae*), nach BURAKOWSKI, 1973

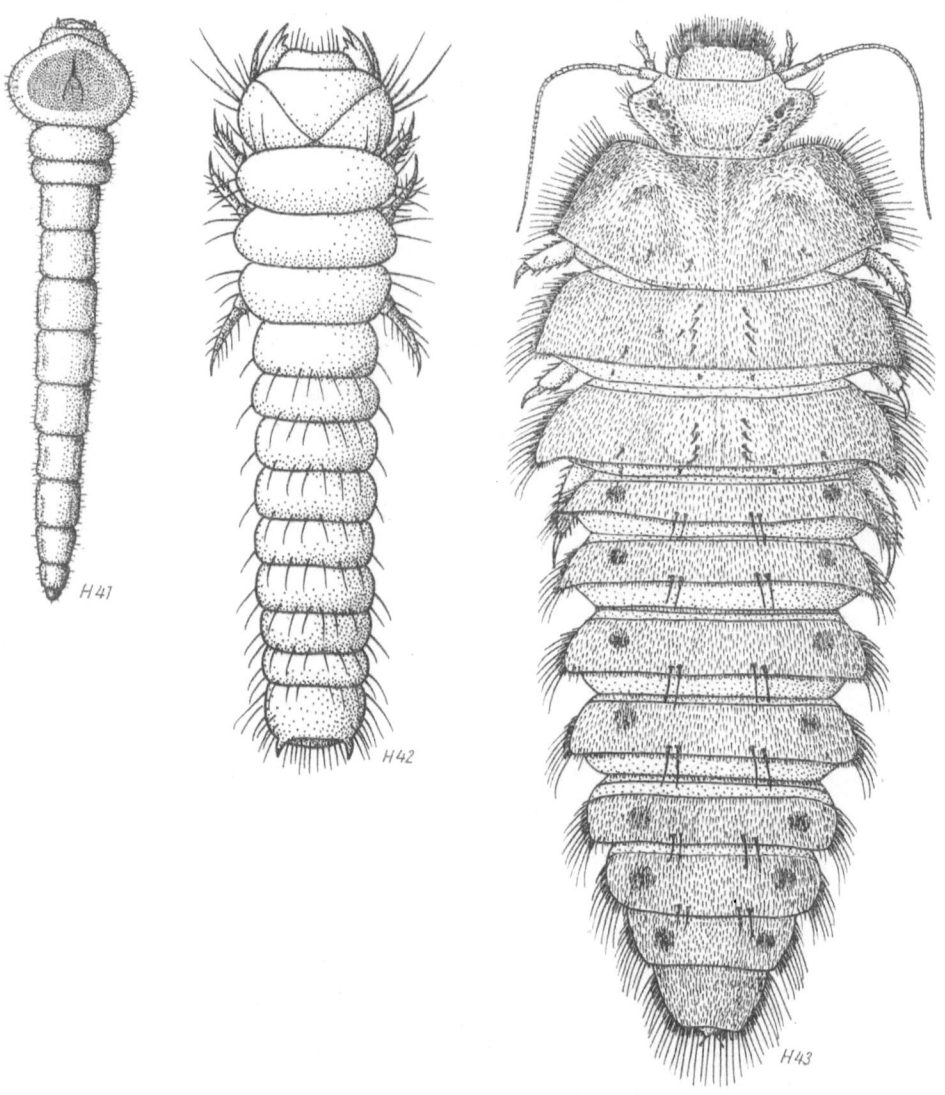

H 41   *Sphenoptera* sp. (*Buprestidae*), nach BILÝ (Orig.)
H 42   *Dascillus cervinus* LINNAEUS (*Dascillidae*), Orig.
H 43   *Helodes hausmanni* GREDLER (*Helodidae*), nach BEIER, 1949

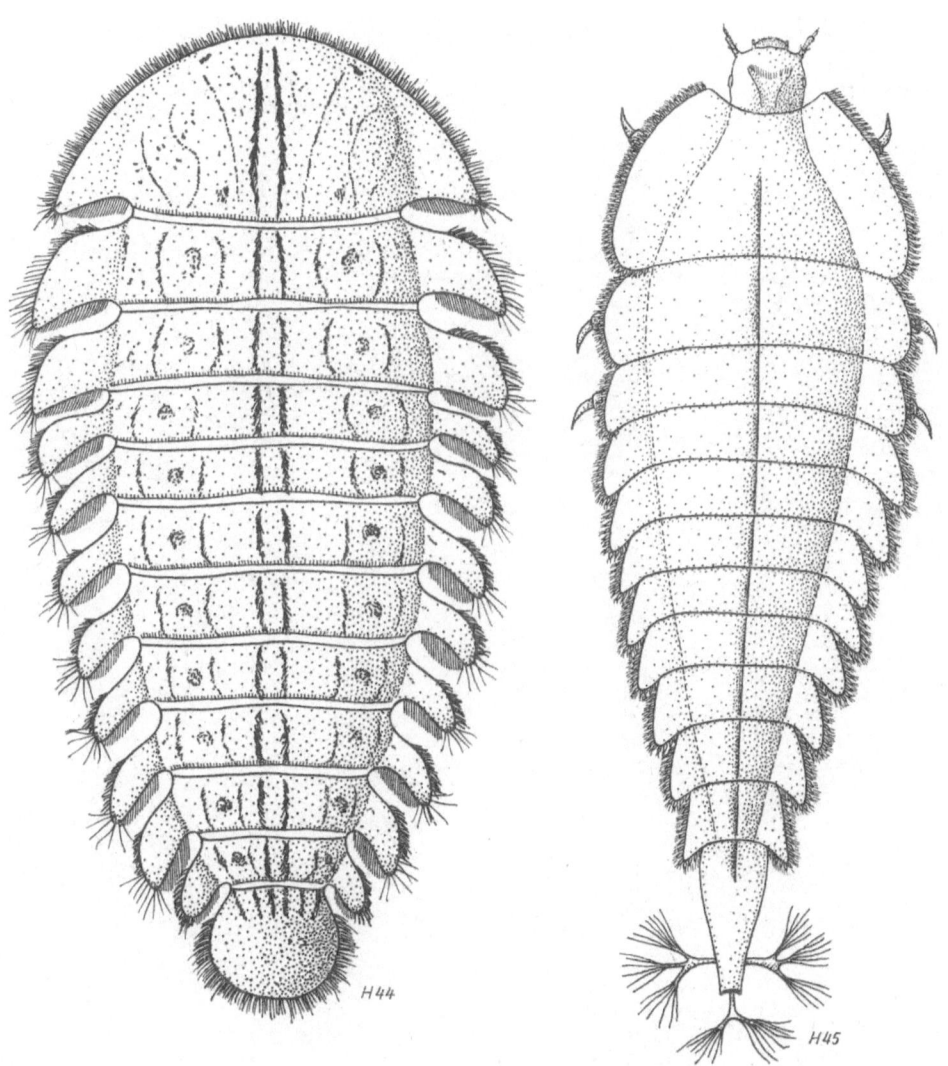

H 44   *Eubria palustris* GERMAR (*Eubriidae*), nach BERTRAND, 1939
H 45   *Helmis aeneus* LECONTE (*Dryopidae*), nach BÖVING und CRAIGHEAD, 1931

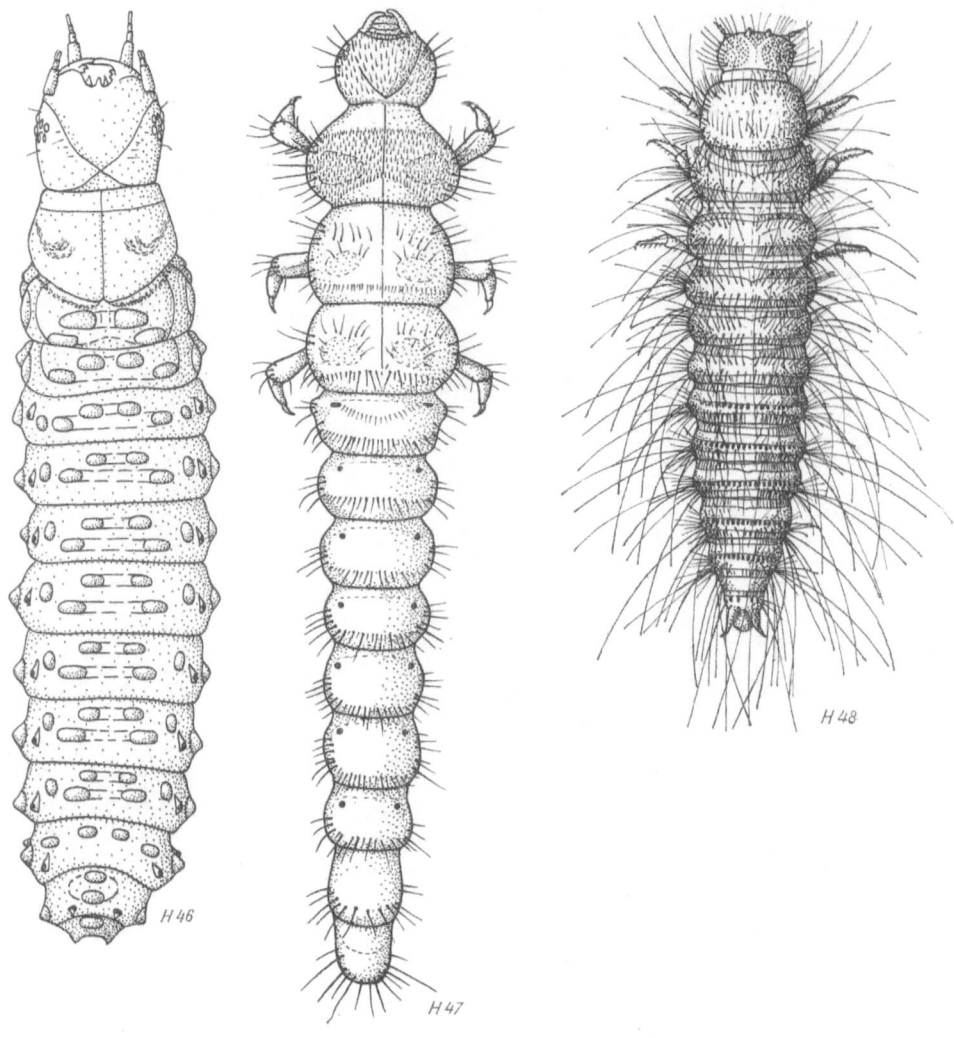

H 46   *Georyssus crenulatus* ROSSI (*Georyssidae*), nach EMDEN, 1956
H 47   *Heterocerus* sp. (*Heteroceridae*), nach PETERSON, 1957
H 48   *Dermestes vulpinus* FABRICIUS (*Dermestidae*), nach KORSCHEFSKY, 1944

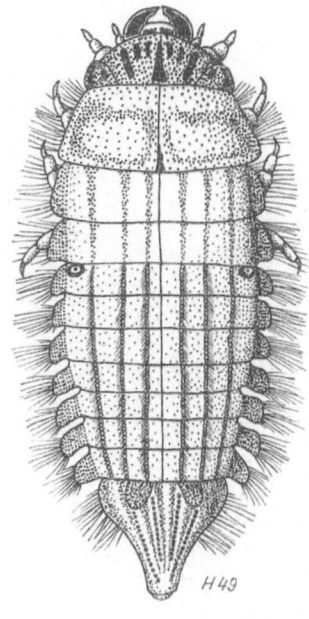

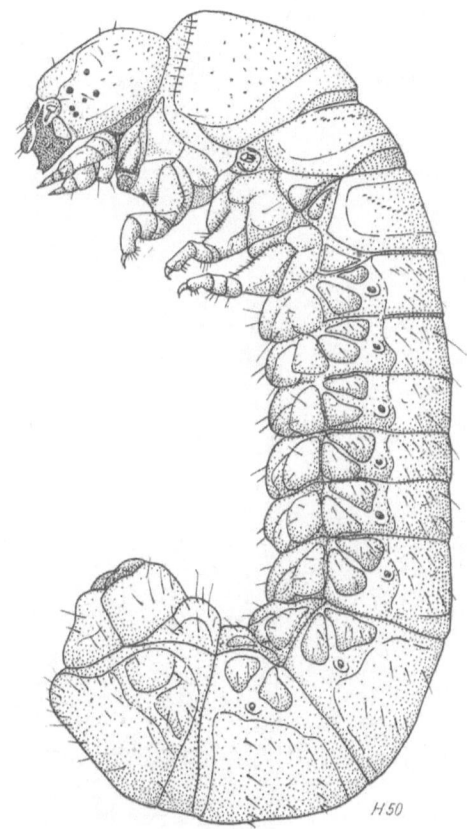

H 49   *Nosodendron fasciculare* OLIVIER (*Nosodendridae*), nach LARSSON, 1938
H 50   *Byrrhus fasciatus* FORSTER (*Byrrhidae*), nach BÖVING und CRAIGHEAD, 1931

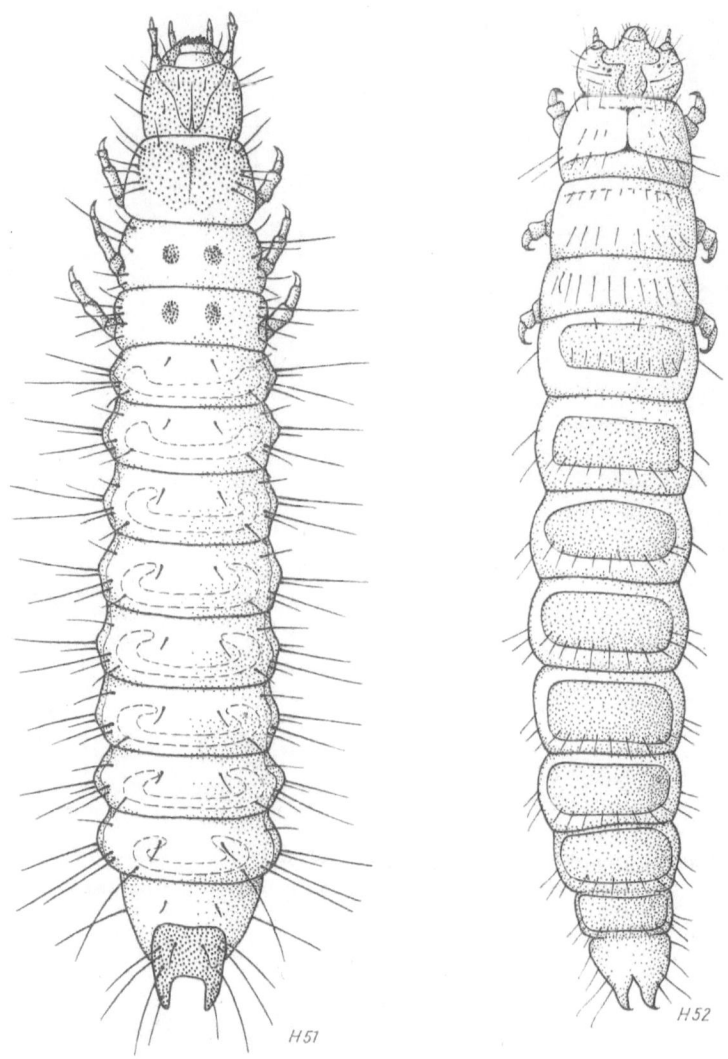

H 51   *Tenebrioides mauretanicus* LINNAEUS (*Ostomidae*), nach PETERSON, 1957
H 52   *Byturus tomentosus* FABRICIUS (*Byturidae*), nach BÖVING und CRAIGHEAD, 1931

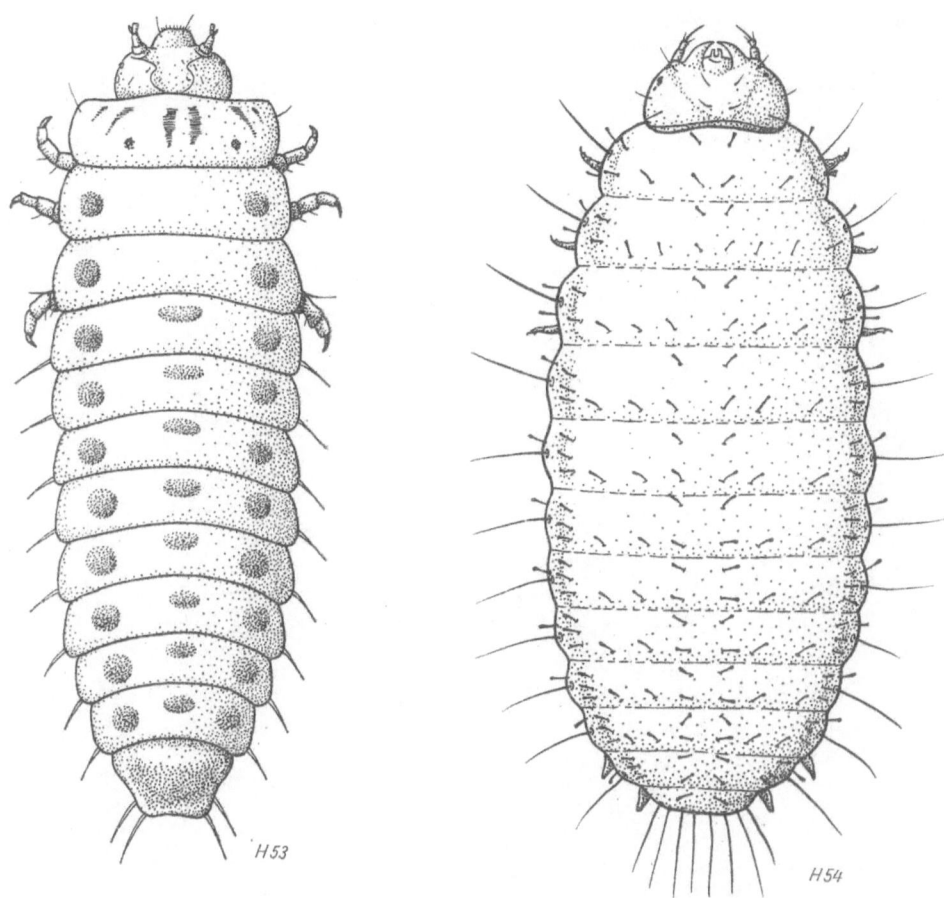

H 53   *Meligethes aeneus* FABRICIUS (*Nitidulidae*), nach FRITZSCHE, 1955
H 54   *Cybocephalus politus* GYLLENHAL (*Cybocephalidae*), nach JANECEK, 1942

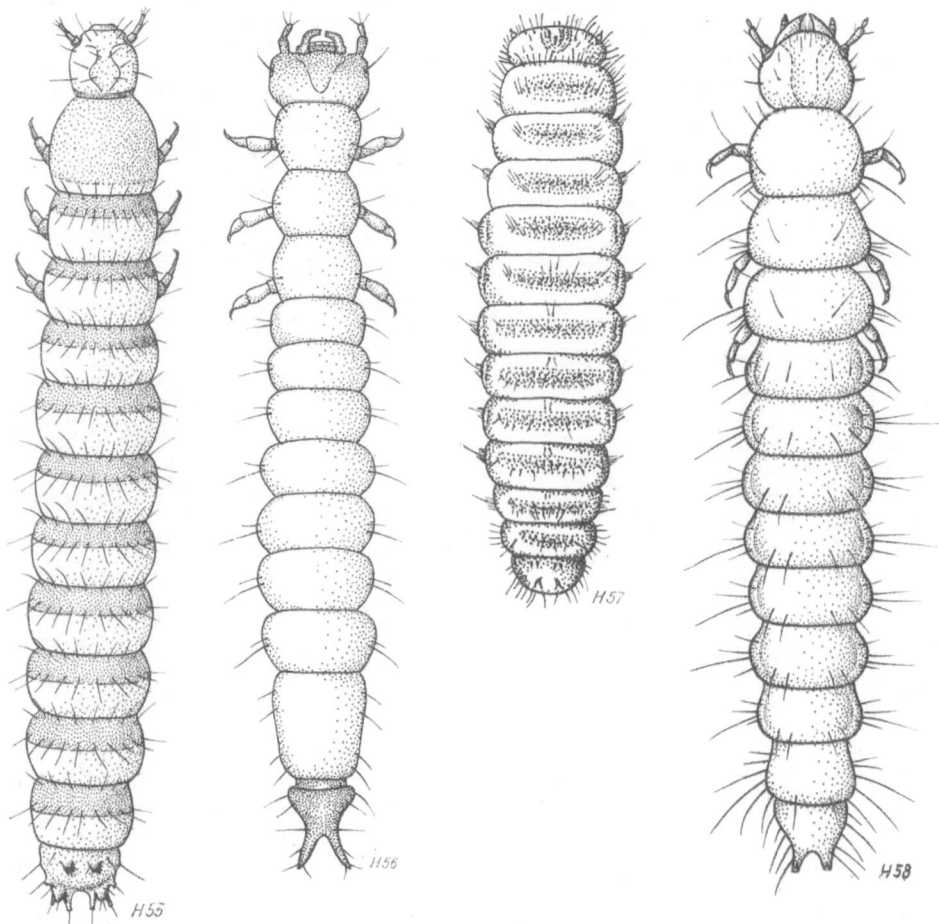

H 55 *Rhizophagus* sp. (*Rhizophagidae*), Orig.
H 56 *Pediacus fuscus* ERICHSON (*Cucujidae*), nach PALM, 1952
H 57 *Dacne bipustulata* THUNBERG (*Erotylidae*), nach LAMPRECHT, 1924
H 58 *Cryptophagus* sp. (*Cryptophagidae*), nach PETERSON, 1957

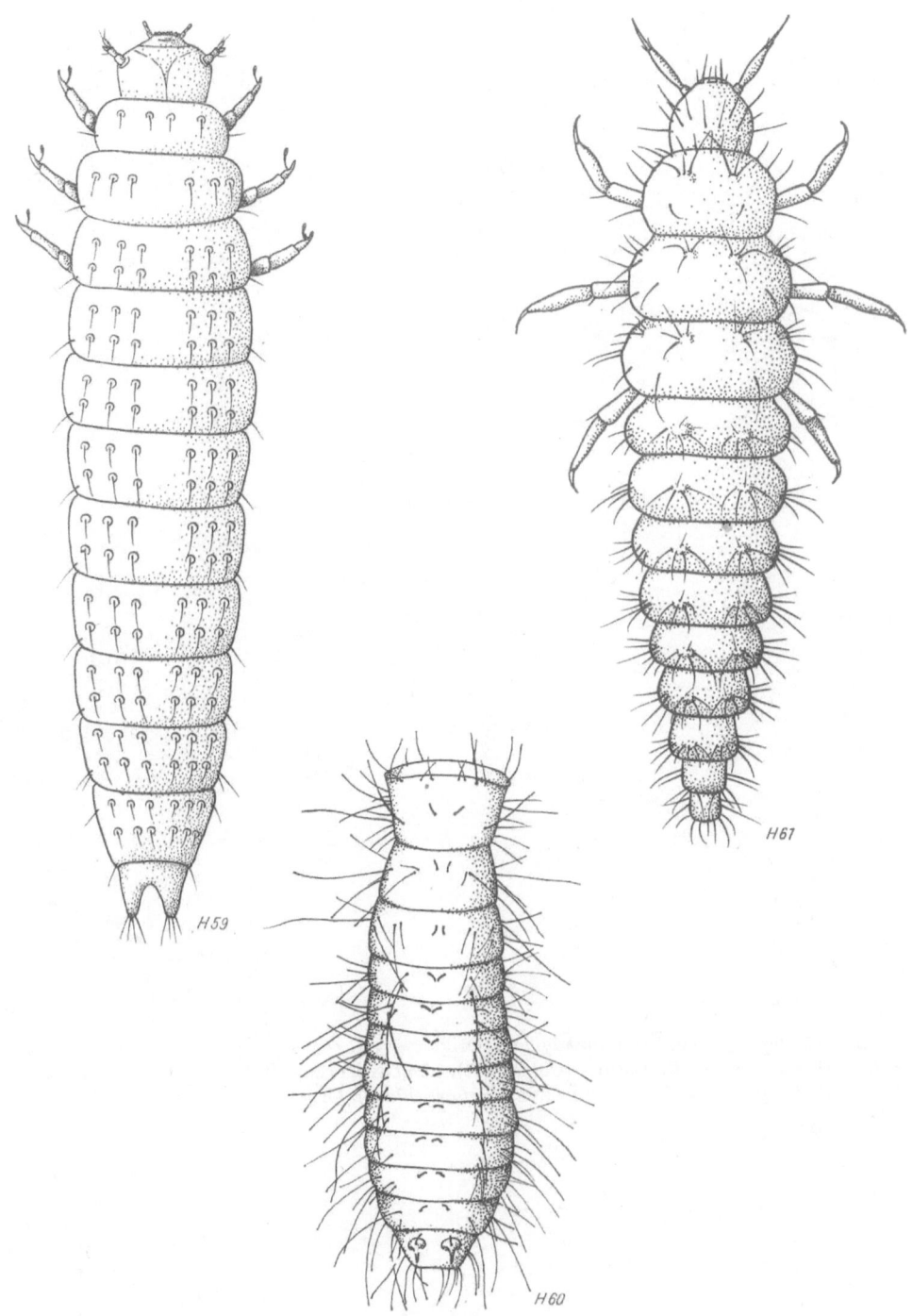

H 59 *Olibrus bicolor* FABRICIUS (*Phalacridae*), nach HAEGER, 1857
H 60 *Thorictodes heydeni* REITTER (*Thorictidae*), nach EMDEN, 1925
H 61 *Cartodere* sp. (*Lathridiidae*), nach PETERSON, 1957

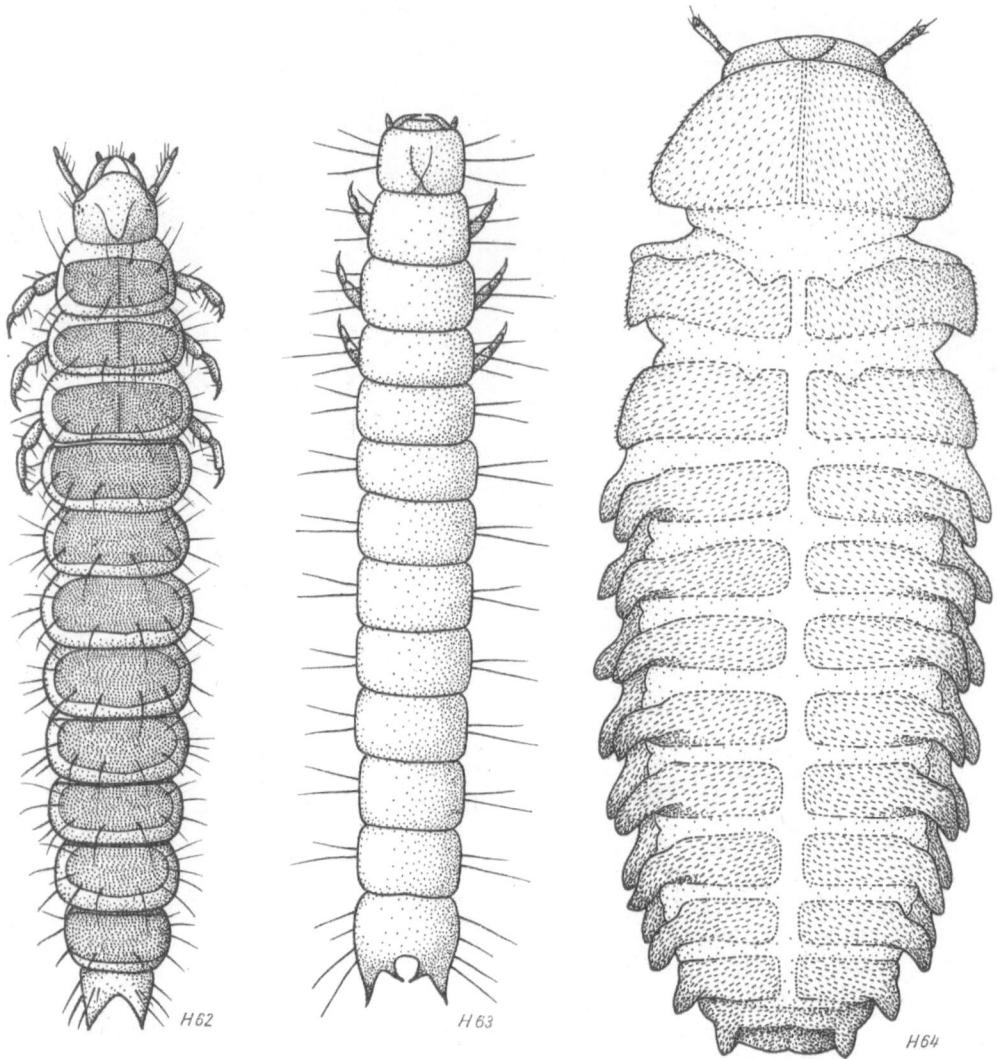

H 62   *Mycetophagus* sp. (*Mycetophagidae*), Orig.
H 63   *Ditoma crenata* FABRICIUS (*Colydiidae*), nach REITTER, 1911
H 64   *Endomychus coccineus* LINNAEUS (*Endomychidae*), Orig.

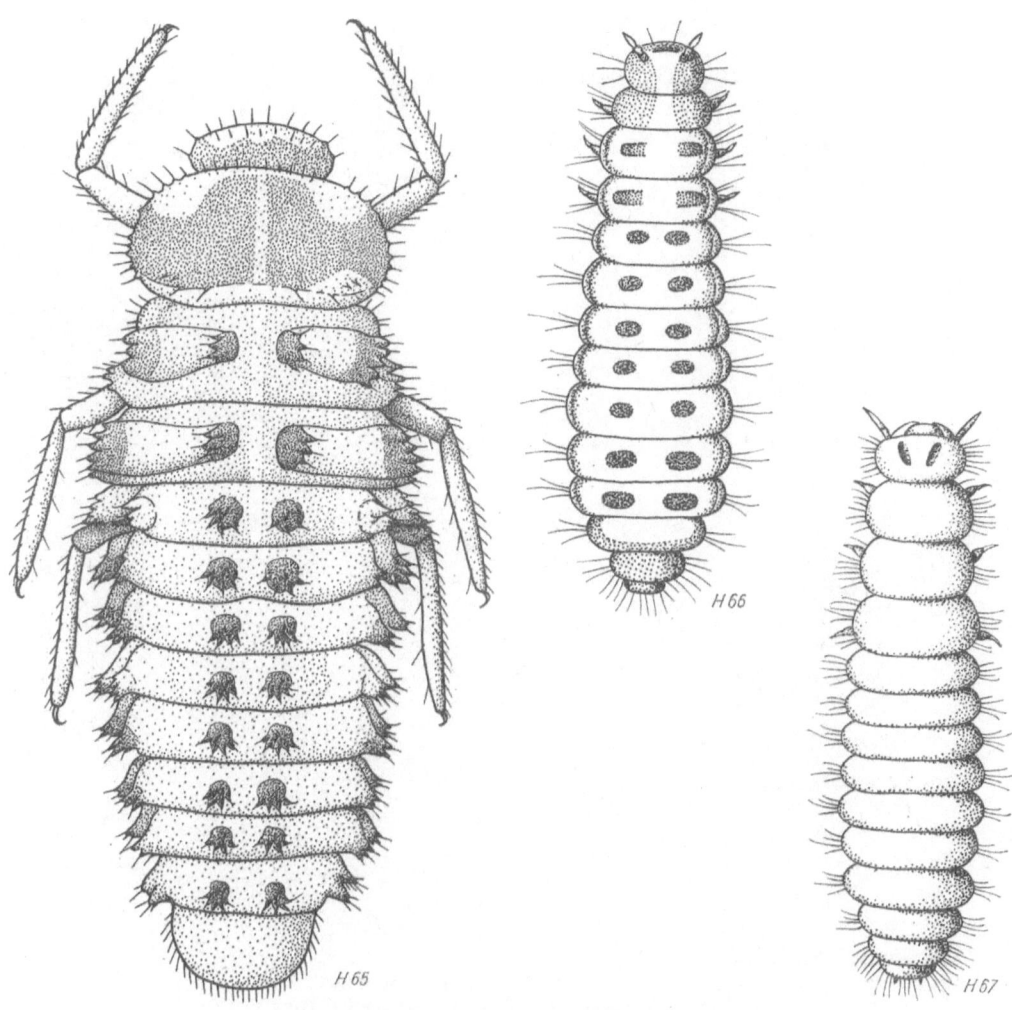

H 65 *Coccinella septempunctata* LINNAEUS (*Coccinellidae*), nach SASAJI, 1968
H 66 *Sphindus dubius* GYLLENHAL (*Sphindidae*), nach PERRIS, 1855
H 67 *Aspidiphorus orbiculatus* GYLLENHAL (*Aspidiphoridae*), nach PERRIS, 1877

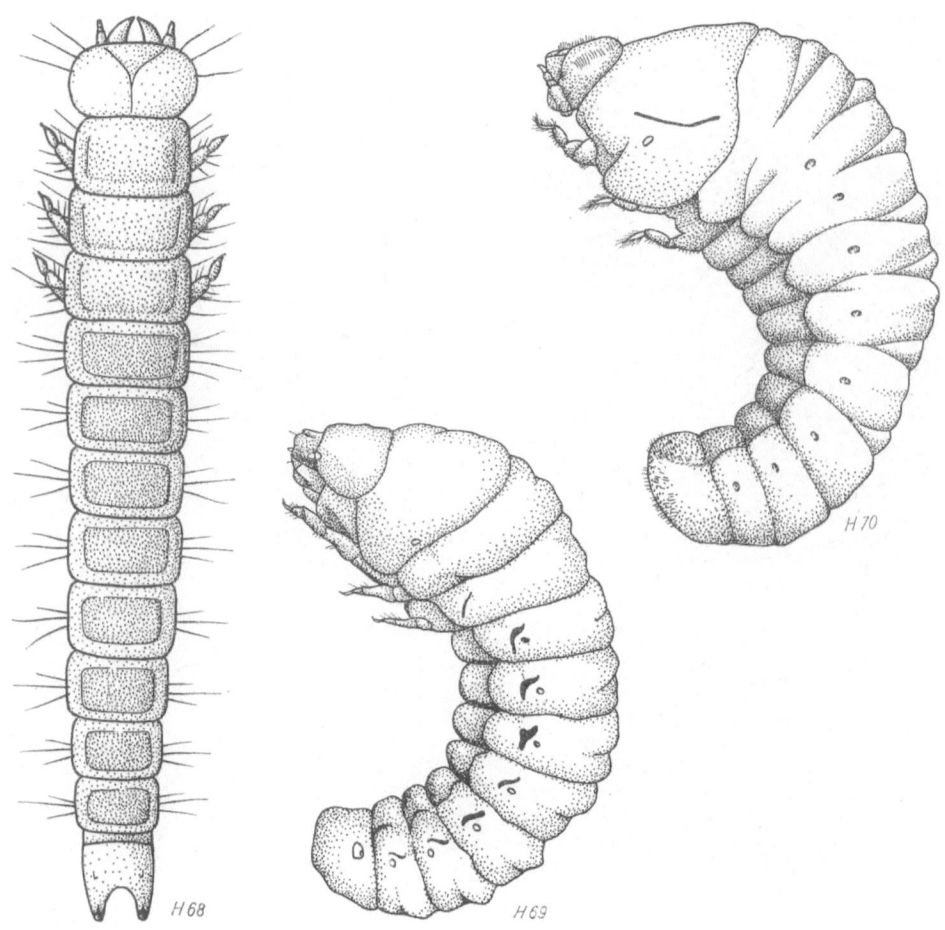

H 68   *Cis* sp. (*Cisidae*), Orig.
H 69   *Lyctus planicollis* Leconte (*Lyctidae*), nach Kurir, 1954
H 70   *Xylobiops texanum* Horn (*Bostrychidae*), nach Peterson, 1957

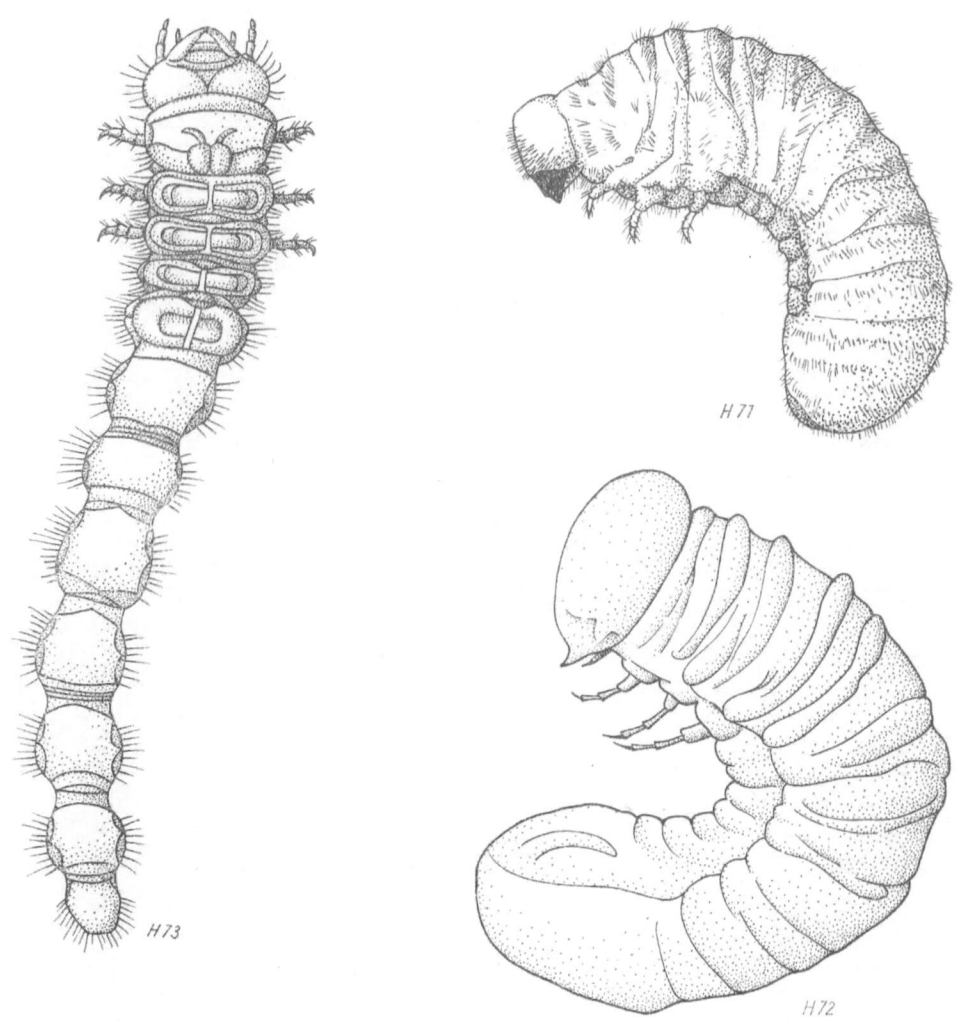

H 71   *Xyletinus banatensis* PIC (*Anobiidae*), nach LEILER, 1960
H 72   *Ptinus fur* LINNAEUS (*Ptinidae*), nach BRAUNE, 1943
H 73   *Nacerda melanura* LINNAEUS (*Oedemeridae*), nach SCHIÖDTE, 1880

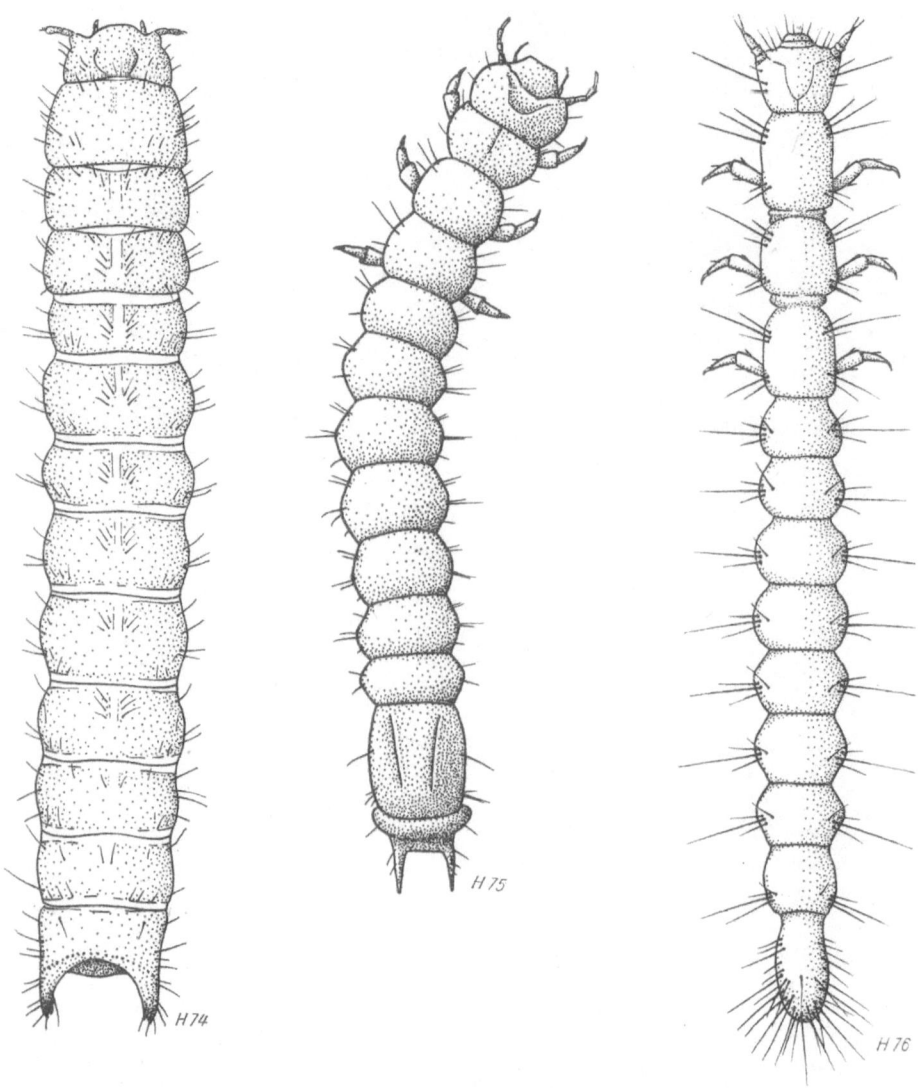

H 74   *Pytho depressus* LINNAEUS (*Pythidae*), nach LARSSON, 1945
H 75   *Pyrochroa coccinea* LINNAEUS (*Pyrochroidae*), nach LARSSON, 1945
H 76   *Scraptia* sp. (*Scraptiidae*), nach PETERSON, 1957

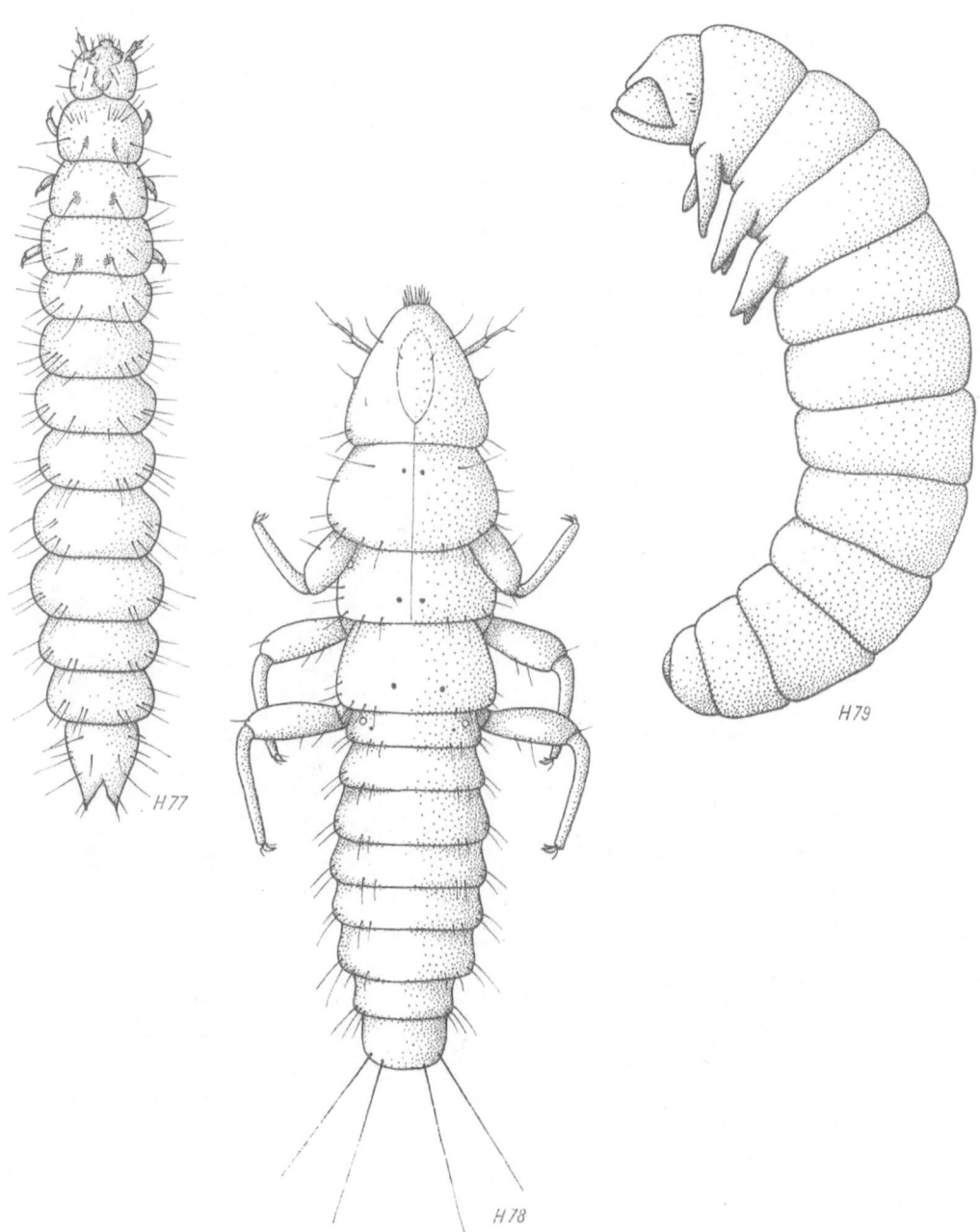

H 77   *Anthicus* sp. (*Anthicidae*), nach LARSSON, 1945

H 78   *Meloë variegatus* DONISTHORPE (Triungulinuslarve) (*Meloidae*), nach BÖVING und CRAIGHEAD, 1931

H 79   *Rhipidius quadriceps* ABEILLE (*Rhipiphoridae*), nach BESUCHET, 1956

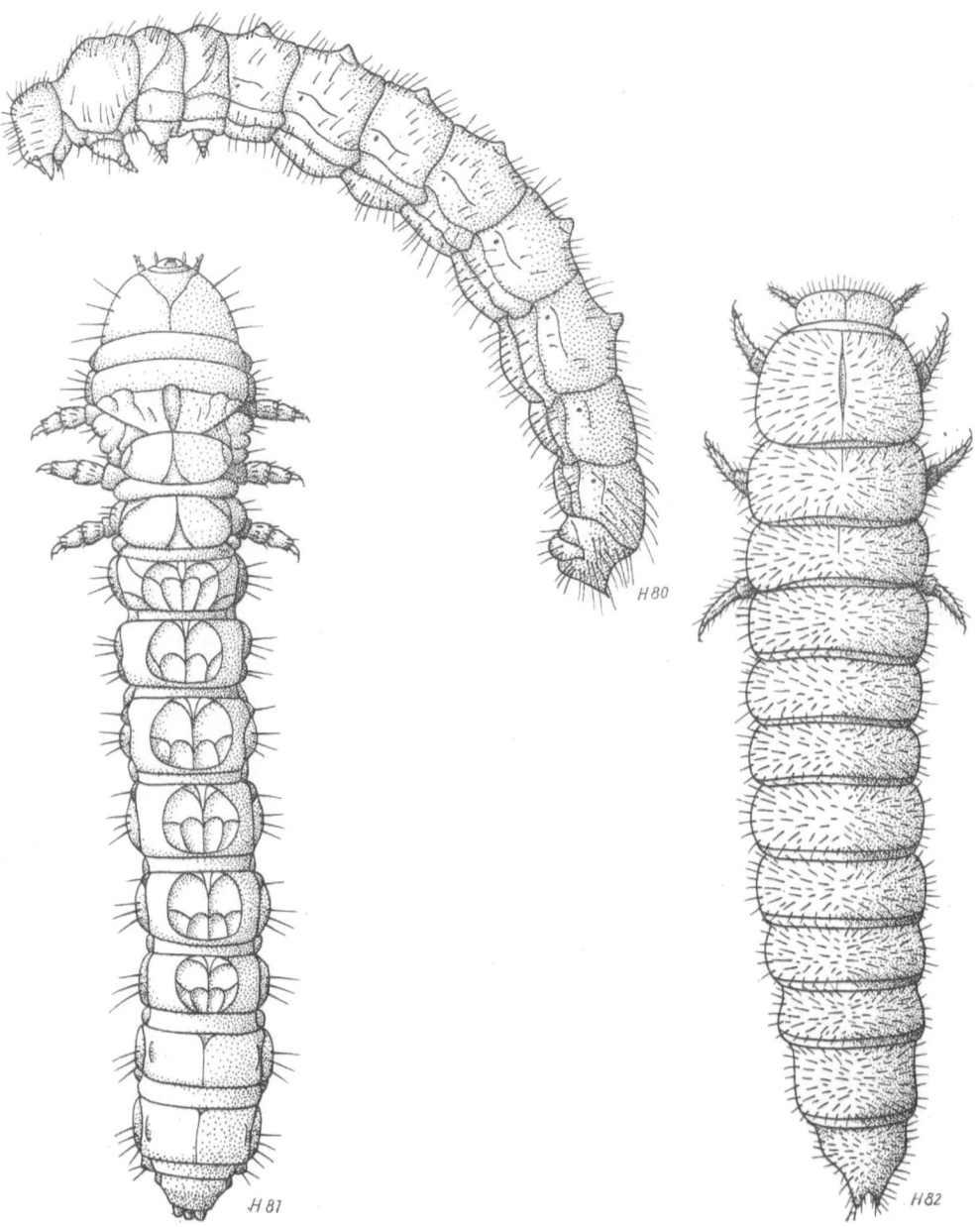

H 80 *Mordellistena* sp. (*Mordellidae*), nach Böving und Craighead, 1931
H 81 *Melandrya caraboides* Linnaeus (*Serropalpidae*), nach Schiödte, 1880
H 82 *Lagria hirta* Linnaeus (*Lagriidae*), nach Larsson, 1945

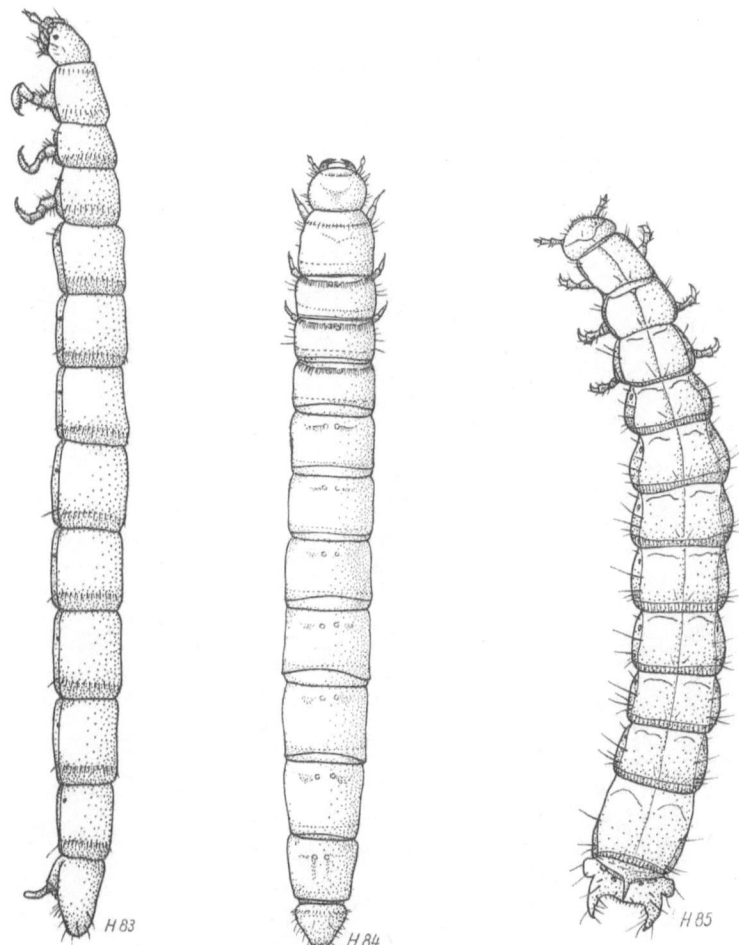

H 83 *Allecula rhenana* BACH (*Alleculidae*), nach KORSCHEFSKY, 1943
H 84 *Tenebrio molitor* LINNAEUS (*Tenebrionidae*), nach KORSCHEFSKY, 1943
H 85 *Boros schneideri* PANZER (*Boridae*), nach GEORGE, 1940

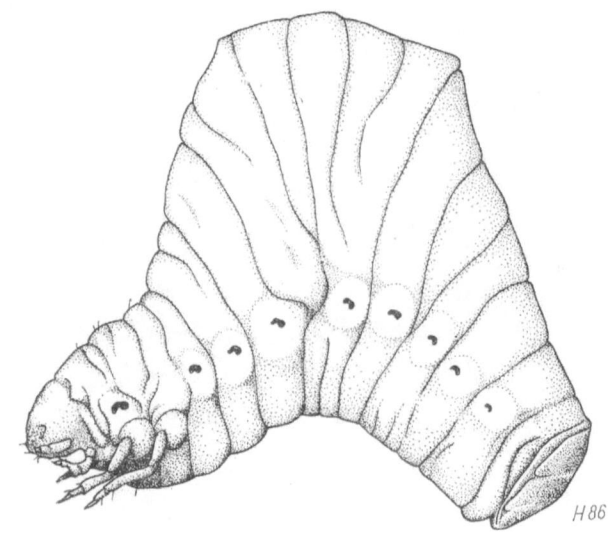

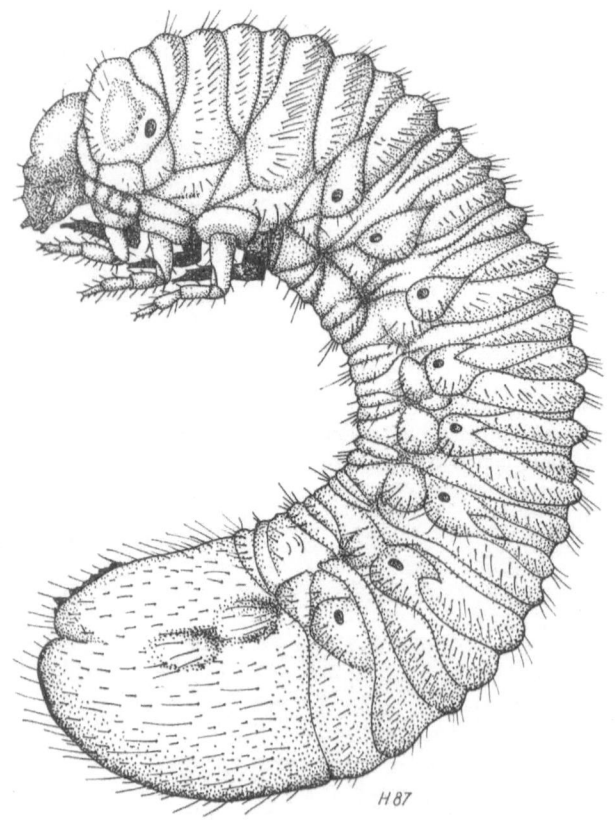

H 86   *Scarabaeus sacer* LINNAEUS (*Scarabaeidae*), nach GHILAROV, 1964
H 87   *Cetonia aurata* LINNAEUS (*Scarabaeidae*), nach GHILAROV, 1964

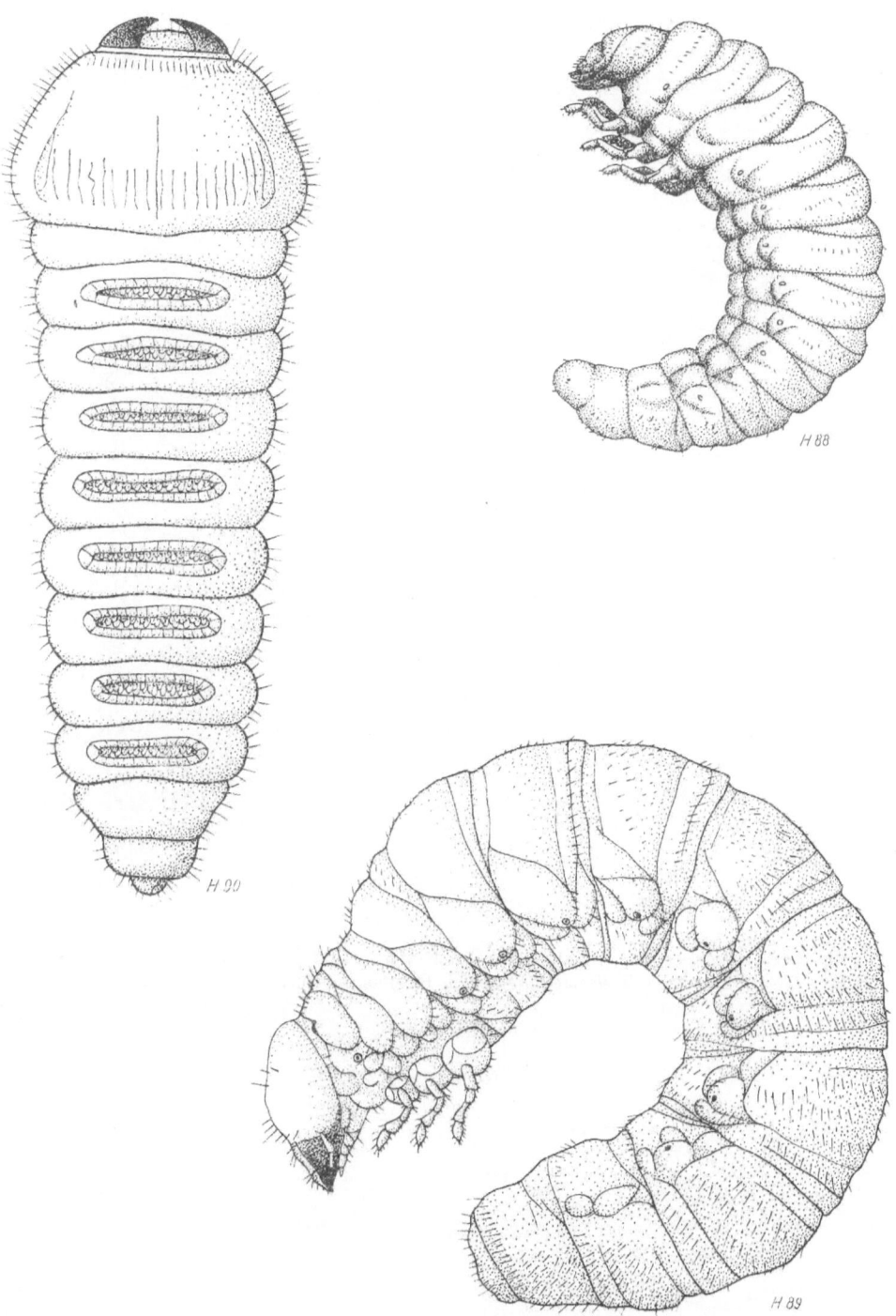

H 88 *Odontaeus armiger* SCOPOLI (*Scarabaeidae*), nach GHILAROV, 1964
H 89 *Platycerus caraboides* LINNAEUS (*Lucanidae*), nach SAALAS, 1949
H 90 *Dorcadion* sp. (*Cerambycidae*), nach PLAVILSTSHIKOV, 1962

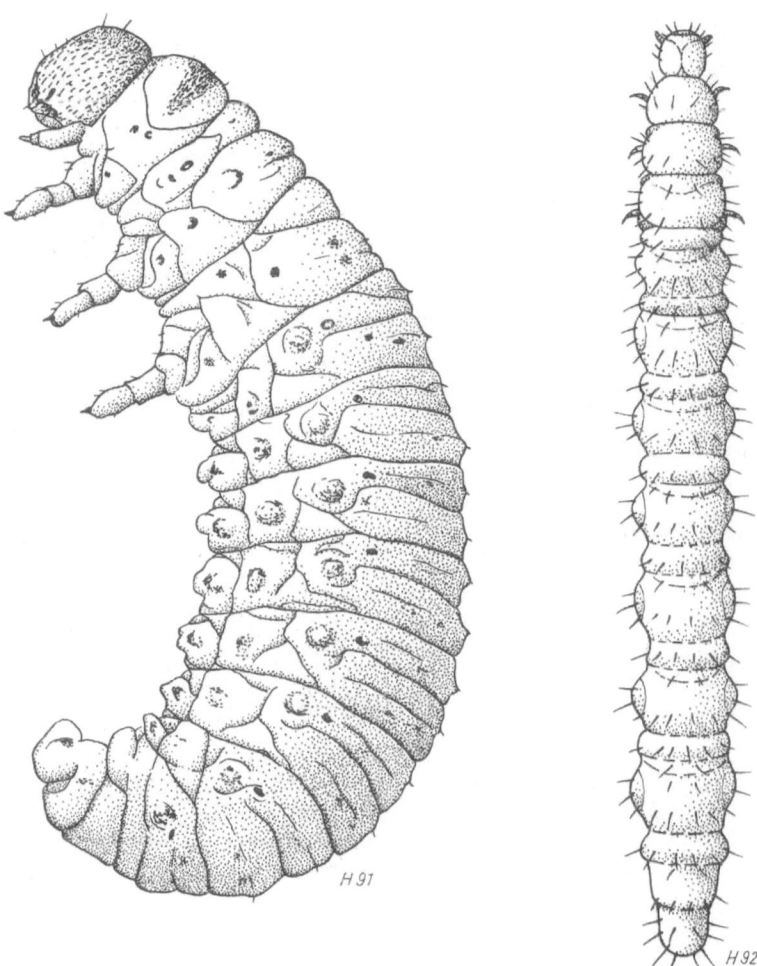

H 91 *Crioceris asparagi* LINNAEUS (*Chrysomelidae*), nach PETERSON, 1957
H 92 *Longitarsus* sp. (*Chrysomelidae*), nach PETERSON, 1957

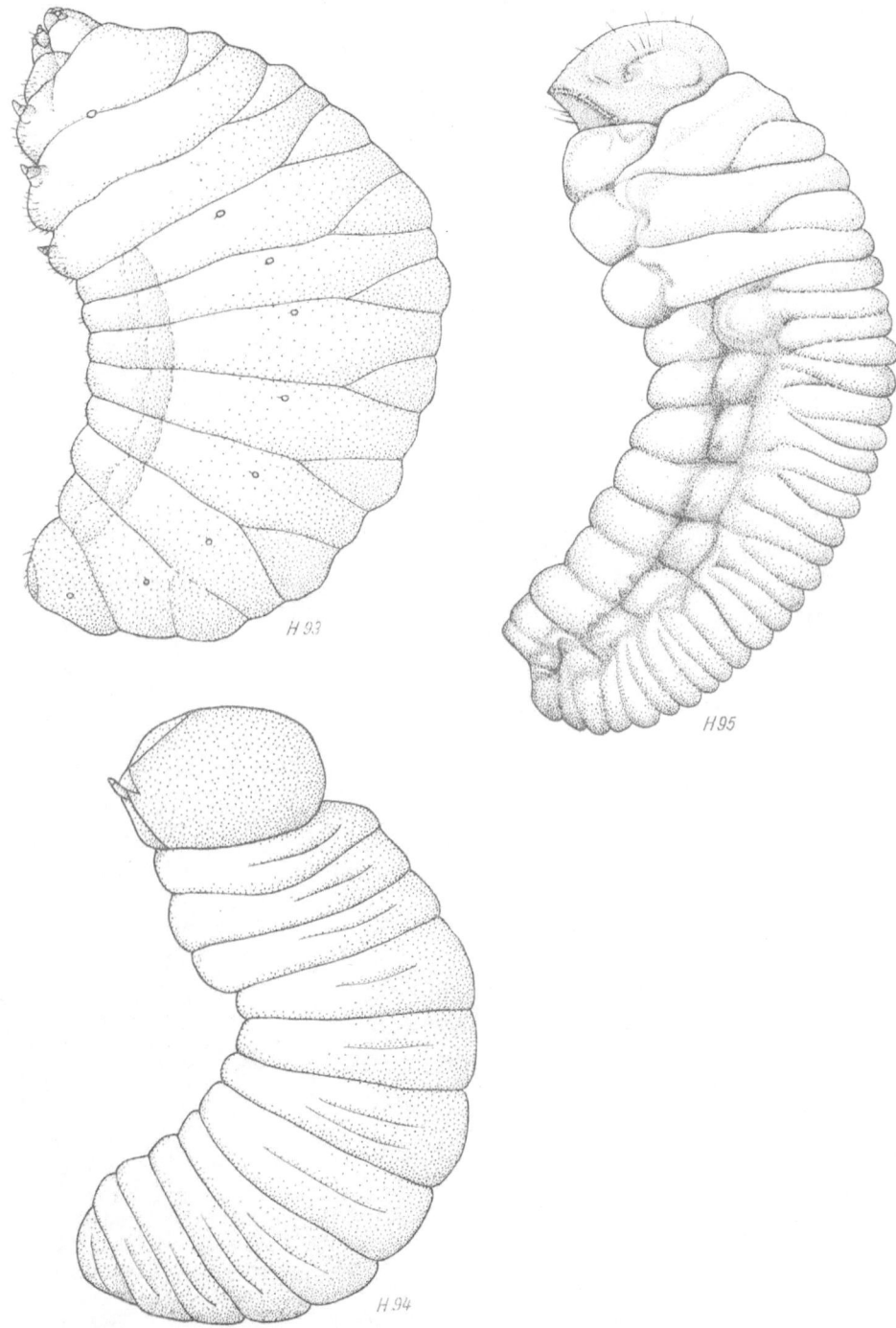

H 93 *Bruchus pisorum* LINNAEUS (*Bruchidae*), nach PETERSON, 1957
H 94 *Anthribus nebulosus* FORSTER (*Anthribidae*), Orig.
H 95 *Ips typographus* LINNAEUS (*Scolytidae*), nach SCHWERDTFEGER, 1957

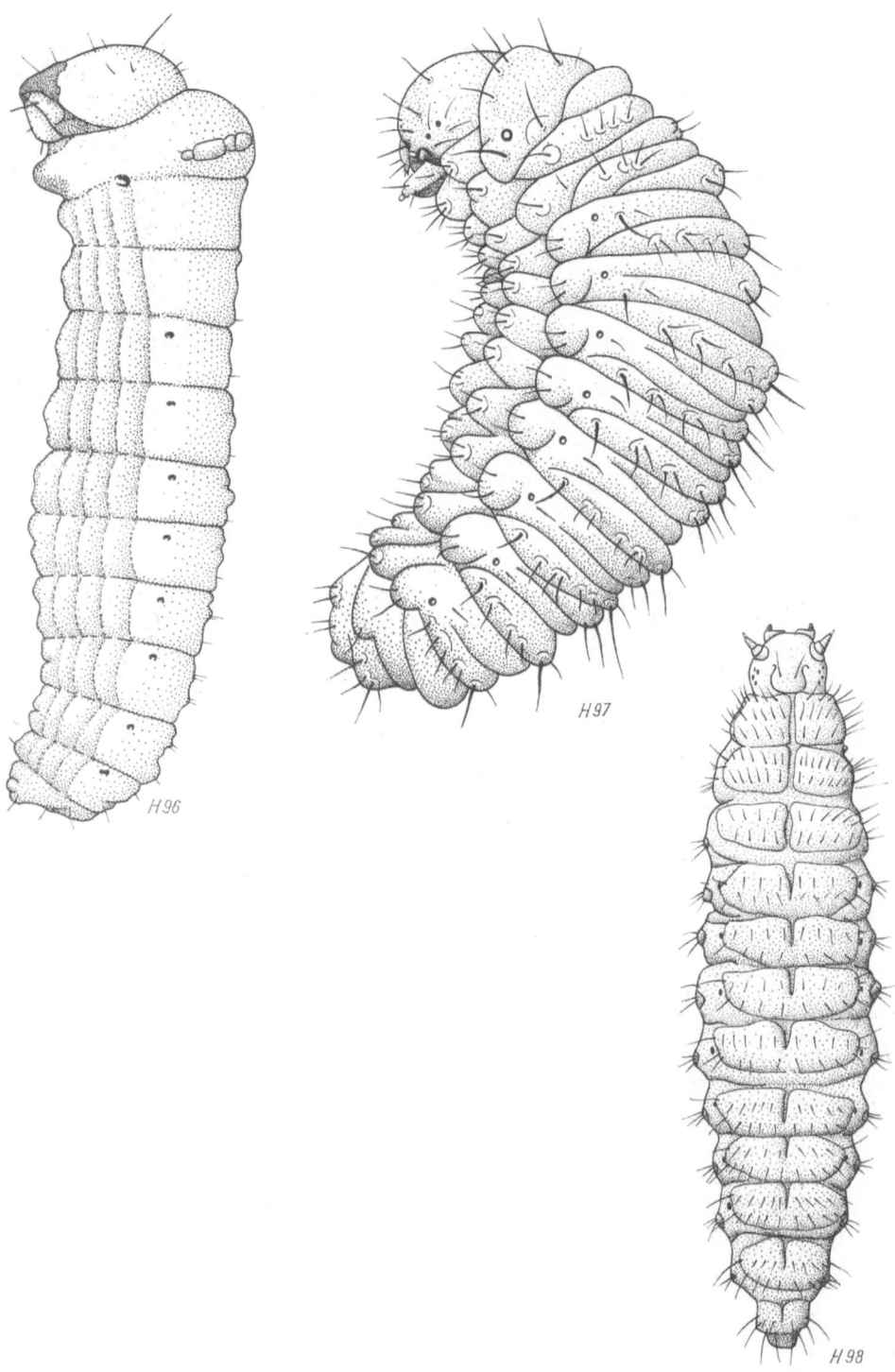

H 96   *Platypus* sp. (*Platypodidae*), nach PETERSON, 1957
H 97   *Otiorrhynchus sulcatus* FABRICIUS (*Curculionidae*), nach SCHERF (Orig.)
H 98   *Laricobius erichsoni* ROSENHAUER (*Derodontidae*), nach FRANZ, 1958

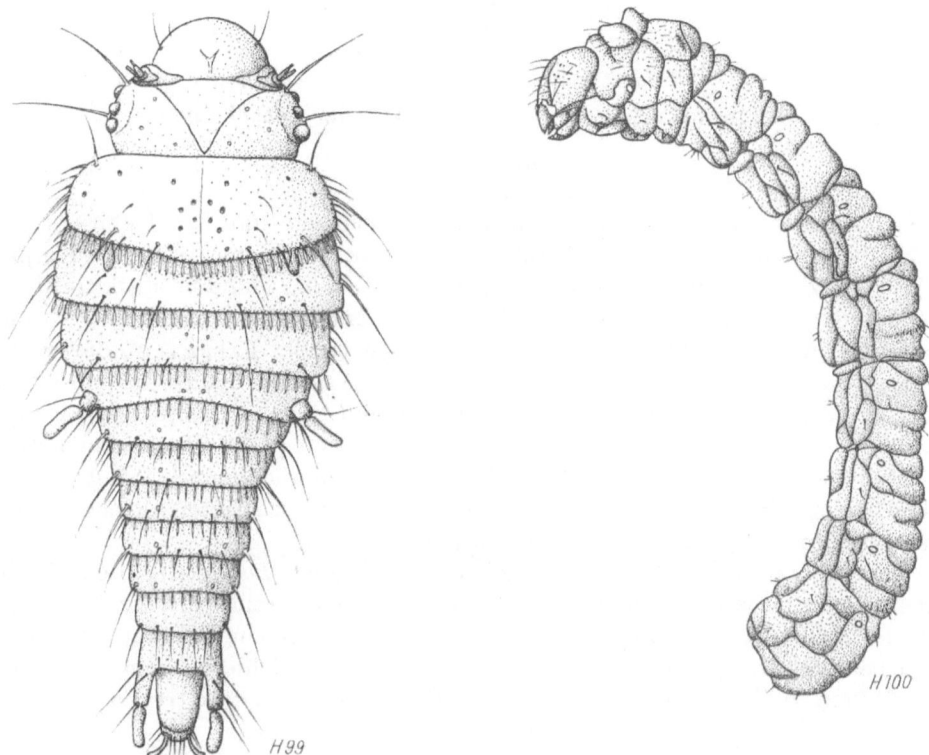

H 99   *Hydroscapha natans* LECONTE (*Hydroscaphidae*), nach BÖVING und CRAIGHEAD, 1931
H 100   *Eupsalis minuta* LECONTE (*Brenthidae*), nach BÖVING und CRAIGHEAD, 1931

ANHANG

Bestimmungstabelle für die Larven der Catopidae

von P. ZWICK

Larven schlank, frei beweglich, von sehr einheitlichem Bau und Habitus (Abb. H 17). Es werden 3 Stadien durchlaufen, die sich in den Proportionen der Körperanhänge, in der Beborstung und — bei *Catopini* — in der Mandibelstruktur unterscheiden. Generell kenntlich ist nur die L1: Antennenglied 2 noch ohne Grundbehaarung (außer *Dreposcia* JEANNEL und *Catops picipes* FABRICIUS), die einzige tergale Borste des Segments 9 (Paracercalborste, Pa) gerade, bei der L2 und L3 dagegen geknickt (Ausnahme: *Dreposcia* JEANNEL und einzelne *Catops* PAYKULL mit verkürzter Borste). Gute Bestimmungsmerkmale liefert die Rückenbeborstung des Abdomens: bei der L1 in der Regel je Tergit nur 8 randständige Primärborsten (Abb. 1) in charakteristischer Stellung, meist erst bei der L2 treten kleinere Sekundärborsten in spezifischer Position hinzu (Abb. 2).
Die Larven der kavernikolen, vorwiegend mediterranen *Bathysciinae* sind in der Tabelle nicht enthalten, jene einer Reihe süd- und südosteuropäischer Gattungen und des alpinen *Chionocatops bugnioni* GANGLBAUER sind unbekannt oder nicht zureichend genau beschrieben. Bei den *Catopini* lassen sich die Arten unterscheiden (ZWICK, in Vorber.), ohne daß sich die Gattungen als solche trennen ließen.

Bestimmungstabelle für die Gattungen

Es fehlen: *Eocatops* PEYERIMHOFF, *Anemadus* REITTER, *Catopomorphus* AUBE, *Attaephilus* MOTSCHULSKY, *Chionocatops* GANGLBAUER, *Rybinskiella* REITTER, *Cholevinus* REITTER, Unterfamilie *Bathysciinae*.

1 (10) Mandibelspitze lang, gebogen (Abb. 3, 4).
2 (5) Grundglied der Urogomphi nicht oder nur wenig länger als Nachschieber (Abb. 1).
3 (4) Grundglied der Urogomphi selbst der L 3 nur zweimal so lang wie breit, 2. Glied 4- bis 5mal länger (Abb. 1). Mandibeln mit pinselartiger Prostheca, darunter ein Zahn (ähnlich Abb. 3). Sekundäre Randborsten auch der L 3 winzig, nicht über 5 mm . . . .
. . . . *Ptomaphagus* ILLIGER (*Ptomaphaginae*)
4 (3) Grundglied der Urogomphi kurz aber schlank, 2. Glied kaum 3mal länger. Prostheca starr, zahnartig . . . .
. . . . . .L 1 vieler *Catopini* (*Catopinae*; Gattungen *Sciodrepoides* HATCH, *Catops* PAYKULL, *Apocatops* ZWICK, *Fissocatops* ZWICK; vermutlich auch *Catopidius* JEANNEL)

5 (2) Grundglied der Urogomphi mindestens 1,5mal so lang wie Nachschieber, Prostheca pinselartig (Abb. 3) . . . .
. . . . Catopinae (Cholevini)

6 (7) Gedrungene Tiere, Tibiotarsus kaum 2mal so lang wie ein Abdominaltergit, Sekundärborsten winzig. Maximal 5 mm lang . . . . .
. . . . Nargus Thomson

7 (6) Larven schlank, Tibiotarsus 2- bis 3mal so lang wie ein Abdominaltergit, Sekundärborsten bei L 2 und L 3 deutlich. Viel größer, bis
10 mm lang . . . . Choleva Latreille

8 (9) Sehr schlank, Rückenborsten lang, haarförmig . . . Choleva s. str.

9 (8) Gedrungener, Borsten plump, abgestutzt . . Cholevopsis Jeannel

10 (1) Mandibelspitze kürzer, plump. Prostheca zahnartig (Abb. 5).

11 (12) Grundglied der Urogomphi 2 bis 3mal so lang wie Nachschieber .
. . . . Dreposcia Jeannel (Catopini)

12 (11) Grundglied der Urogomphi höchstens 1,5mal so lang wie der Nachschieber.

13 (14) Winzig, L 3 etwa 2,5 mm lang. 2. Glied der Urogomphi etwa 3 bis
5mal so lang wie Grundglied; praktisch nur in Vogelnestern
(Höhlenbrüter) . . . . Nemadus (Nemadinae) Thomson

14 (13) Größer, schon L 2 mindestens 2,5 mm lang. 2. Glied der Urogomphi
relativ kürzer . . L 2 und L 3 der unter 4 (3) genannten Catopini

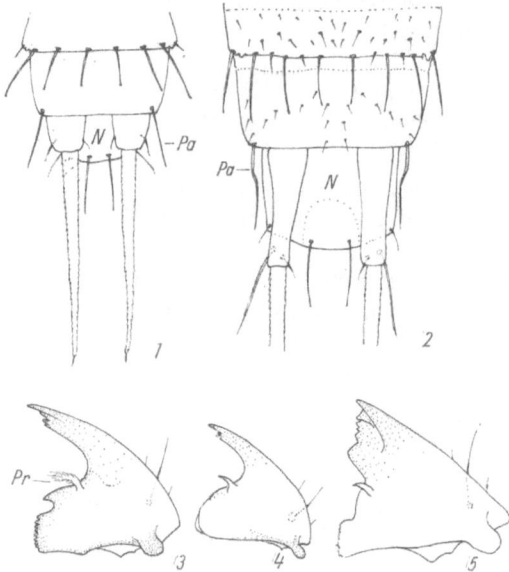

Abb. 1   *Ptomaphagus subvillosus* (Goeze), Abdomenspitze der L_1 in Dorsalansicht.
          N = Nachschieber, Pa = Paracercalborste. Orig.
Abb. 2   *Catops morio* (Fabricius), Abdomenspitze der L_3 in Dorsalansicht. Abkürzungen wie
          bei Abb. 1. Orig.
Abb. 3   *Choleva fagniezi* Jeannel, linke Mandibel der L_3, ventral. Pr = Prostheca. Orig.
Abb. 4   *Catops fuliginosus* Erichson, linke Mandibel der L_1, ventral, Orig.
Abb. 5   *Catops fuliginosus* Erichson, linke Mandibel der L_3, ventral, Orig.

Bestimmungstabelle für die Larven der Staphylinidae

von W. Topp

Die Larven der Kurzflügler sind meistens dort zu finden, wo auch die Imagines
geeignete Lebensbedingungen vorfinden. In ihrer stark temperaturabhängigen
Entwicklung, die im mitteleuropäischen Bereich für die meisten Arten bei nur
10—16 °C ihr Optimum findet, durchlaufen die Larven in der Regel 3 Stadien,
bis sie zur Verpuppung gelangen. Doch kennen wir bisher auch einige Arten, bei
denen bereits nach dem 2. Larvalstadium die Verpuppung erfolgt. Dies sind:
Paederus riparius, *Lathrobium brunnipes* und *Astilbus canaliculatus*.
Die Entwicklung der Staphyliniden ist in Mitteleuropa überwiegend univoltin;
in Nordeuropa dürfte sie hingegen vielfach 2jährig sein.
Die meisten Arten sind sommeraktiv, d. h. die Entwicklung vom Ei bis zur
Imago erfolgt im Frühjahr und während der Sommermonate. Es gibt jedoch auch
Arten, deren Larven winteraktiv sind und die sich in Mitteleuropa erfolgreich mit

Hilfe der Barberfallen in den Monaten Oktober—Februar erbeuten lassen. Hierzu gehören Arten aus den U.F. *Omaliinae* und *Aleocharinae*. Larven anderer Arten verbringen die kalte Jahreszeit im Winterlager und lassen sich dann aus der Streu sieben. Auf diese Weise erhält man oft 3. Larvenstadien der *Staphylininae*.

Eine Charakterisierung der Genera kann für diese Familie notwendigerweise nur als vorläufig verstanden werden, deshalb, weil in vielen Fällen nur eine geringe Anzahl von Arten einer Gattung bekannt ist und weil andere Gattungen bisher noch nicht beschrieben sind und die angeführten Merkmale durchaus für einen 2. Genus zutreffen könnten.

Bei der Aufstellung des Schlüssels habe ich mich bemüht, auf Material zurückzugreifen, dessen Identität als durchaus sicher anzusehen ist. Gattungen bei denen hierüber Zweifel besteht, wurden fortgelassen. Mit Ausnahme bei den Abbildungen 1, 2, 8, 10, 11 und den Zeichnungen von *Bledius spectabilis* und *Stenus juno* konnte ich Material benutzen, das aus der Parentalgeneration gezüchtet wurde und bei dem ebenfalls die Artbezeichnung gesichert ist.

Zum Teil war ich jedoch gezwungen, Beschreibungen früherer Autoren heranzuziehen. Besonders bei älterer Literatur schienen diese den heutigen taxonomischen Ansprüchen nicht voll gerecht zu werden. So entstanden Schwierigkeiten bei der systematischen Einteilung. Problematisch erschien auch manchmal die einheitliche Eingliederung sämtlicher Larvenstadien einer Art, zumal die ersten Larvenstadien vielfach noch nicht die späteren Charakteristika erkennen lassen. So unterscheiden sich die Larvenstadien L_2 und L_3 von der L_1 bei den *Xantholininae* und *Staphylininae* z. T. in der Ausbildung eines Tibiotarsuskamms und in der Anzahl der Setae der Klaue (L_1 besitzt 2, L_2 u. L_3 besitzen 3 Setae) voneinander. Auch sind die Nasalzähne in späteren Larvenstadien gegenüber der L_1 oft stärker abgerundet und manchmal nicht sicher zu erkennen. Bei den *Aleocharinae* unterscheiden sich L_2 und L_3 von L_1 in der Gestalt der Urogomphi (Abb. 85) und in der Chaetotaxie. Außerdem ist im Unterschied zu den anderen Larven das Apikalsegment der Antennen bei den L_1 abstechend dunkel pigmentiert.

Bemerkungen zum Bestimmungsschlüssel

Mandibel: rechte und linke Mandibel sind unterschiedlich gestaltet. Eine bessere Ausbildung der Zähnchen läßt sich meistens an der linken Mandibel erkennen.

Stemmata: die angegebenen Zahlen der Stemmata gelten für jeweils eine Seite der Kopfkapsel.

Frontoclypeus: ist hier die Bezeichnung für den Zusammenschluß von Frons und Clypeus.

Nasal: wird hier als das Fronto-Clypeo-Labrale verstanden.

Nasalzähne: Zahnbildungen am Vorderrand des Nasals. Wird eine nähere Bezeichnung notwendig, so werden die Lateralzähne von der Außenseite her gezählt, in der Mitte befindet sich der Medianzahn.

Apotom: dies ist der ventrale Teil der Kopfkapsel, der von den Vorderästen der Ecdysialnaht eingeschlossen wird. Umschließt die ventrale Ecdysialnaht im Medianteil weitere Strukturen der Kopfkapsel, so werden diese sec. Apotome genannt.

Bestimmungstabelle für die Unterfamilien

1 (2) Mala der Maxille an der Spitze deutlich in Galea und Lacinia unterteilt (Abb. 1). Epicranialnaht fehlt . . . .
. . . . *Micropeplus* LATR. *Micropeplinae*

2 (1) Mala an der Spitze nicht unterteilt, wenn doch, so sind Galea und Lacinia nicht größer als die benachbarten Borsten (Abb. 19). Epicranialnaht immer vorhanden (Abb. 20).

3 (4) Antenne bedeutend länger als die Mandibel, mindestens so lang wie der sehr gestreckte Maxillarpalpus (Abb. 20). Ligula deutlich breiter als lang und tief zweilappig (Abb. 21) . . . . *Steninae* S. 310

4 (3) Antenne kürzer als die Mandibel, am vorletzten Antennenglied meistens mit einem deutlichen hyalinen Vesikel (Abb. 17) oder stärker chitinisierten Zapfen (Sinnesanhang) (Abb. 48).

5 (22) Labrum vom Frontoclypeus (Abb. 53) bzw. Clpyeus (Abb. 64) abgetrennt. Mandibel mit $\pm$ gleichgroßen Apikalzähnen (Abb. 16) oder mit deutlichem Praepikalzahn (Abb. 65). Mala breit und mit zahlreichen Dornen besetzt, wenn schmal, so mindestens von der Länge des Maxillarpalpus. Schläfen gleichmäßig gerundet.

6 (11) Mandibel mit zwei oder mehr Apikalzähnen, an der Spitze $\pm$ erweitert, ohne Zähnchen an der Innenseite. Ligula so breit wie lang oder fehlend.

7 (8) Mala handförmig (Abb. 2). Ligula fehlt. 6 Stemmata, Urogomphi 2gliedrig . . . . *Oxyporus* F. *Oxyporina*

8 (7) Mala anders. Ligula immer vorhanden.

9 (10) Mandibel meistens mit 4 oder mehr Apikalzähnen; 1. Glied der Maxillarpalpen kürzer als das 2 . . . . . (*Osoriinae, Piestinae*)

10 (9) Mandibel mit 2 oder 3 Apikalzähnen; 1. Glied der Maxillarpalpen meist länger als das 2.; 0, 1 oder 3 Stemmata. Urogomphi nicht unterteilt . . . . *Oxytelinae* S. 309

11 (6) Mandibel mit einem einzigen Apikalzahn und mit 1 oder 2 Praeapikalzähnen, zur Spitze verengt und an der Innenseite gekerbt. Ligula meist schmal und konisch zulaufend, selten reduziert oder fehlend.

12 (13) Kopfkapsel mit einem Stemma (Stemmata fehlen bei parasitischen und myrmecophilen Larven); 1. Glied der Maxillarpalpen kürzer als das 2.; Urogomphi siehe Abb. 85. Stigmen am Außenrand der Tergite. 8. Abdominalsegment oft mit einer gut sichtbaren Drüse (Abb. 67) . . . . *Aleocharinae* S. 313

13 (12) 0, 3, 5 oder 6 Stemmata; 1. Glied des Maxillarpalpus länger als das 2.; wenn Stigmen am Außenrand der Tergite so 6 Stemmata.

14 (15) Urogomphi nicht segmentiert. Kopfkapsel mit 0 oder 5 Stemmata. Mandibel oft mit Prostheca (Abb. 7) . . . . *Omaliinae* S. 308

15 (14) Urogomphi zweigliedrig.

16 (17) Kopfkapsel mit 3 oder 6 Stemmata. Mala sehr lang (Abb. 3). Mandibel immer mit Prostheca . . . . *Proteininae, Metopsiinae*

17 (16) Mala kürzer. Mandibel ohne Prostheca.

18 (19) Kopfkapsel mit 5 Stemmata (Abb. 4). Antenne mit schmalem
Sinnesanhang (Abb. 5). Mandibel mit 2 Praeapikalzähnen . . . .
. . . . *Habrocerus* ER. *Habrocerinae*

19 (18) Kopfkapsel mit 6 Stemmata. Mandibel mit einem Praeapikalzahn.
Antenne anders.

20 (21) Stemmataanordnung s. Abb. 5Q, 52. Innenseite der Mandibel
meistens ober- und unterhalb des Praeapikalzahnes gekerbt. . . .
. . . . *Tachyporinae* S. 313

21 (20) Stemmataanordnung anders. Zusätzliche Zähnchen befinden sich
nur oberhalb des Praeapikalzahnes . . . . (*Phloeocharinae*)

22 (5) Labrum und Frontoclypeus zum Nasal verschmolzen (Abb. 33).
Mandibel einfach, ohne Praeapikalzahn oder Einkerbung. Mala
stärker reduziert und $\pm$ von der Länge des 1. Segments des Maxillarpalpus. Kopfkapsel basal halsförmig verengt.

23 (24) Tergite der Abdominalsegmente bestehen aus einer einzelnen Platte.
Mala nicht artikuliert (Abb. 20). 6 Stemmata, diese kreisförmig
angeordnet. Sinnesanhang an der Außenseite der Antenne. Am
Vorderrand des Nasals 2 Höcker . . . .
. . . . *Euaesthetus* GRAV. *Euaesthetinae*

24 (23) Tergite der Abdominalsegmente in 2 sklerotisierte Platten unterteilt.
Mala artikuliert (Abb. 24). Sinnesanhang meistens auf der Innen-
oder Ventralseite der Antenne.

25 (26) 5—6 Stemmata. Mandibel auf der Innenseite meistens mit mehreren
Zähnchen. Ligula spitz zulaufend. Trichobothrien vorhanden: am
Außenrand des Stipes (Abb. 24), im äußeren Basalteil des Pronotums
und an der Kopfkapsel in der Nähe der Stemmata . . . *Paederinae* S. 310

26 (25) 1 oder 4 Stemmata. Innenseite der Mandibel nicht gezähnt. Ligula
anders. Trichobothrien fehlen.

27 (28) 1 Stemma. Sinnesanhang der Antenne ventral. Nasal meistens mit
11 Zähnen. Apotom jederseits mit 4 Setae. Tibiotarsuskamm aus
reihenförmig angeordneten einfachen Setae (Abb. 32). Macrochäten
immer einfach . . . . *Xantholininae* S. 310

28 (27) 4 Stemmata. Sinnesanhang der Antenne auf der Innenseite. Nasal
meistens mit 9 Zähnen. Apotom jederseits meistens 3 Setae. Tibiotarsuskamm fehlt, wenn vorhanden, so mit geteilten Setae (Abb. 37)
oder wenn diese einfach, Setae nicht reihenförmig angeordnet. Klaue
bei L 2 und L 3 mit 3 Setae . . . . *Staphylininae* S. 311

Proteininae

1 (2) 2. Glied der Urogomphi 4—5mal so lang wie das 1. (Abb. 6).
6 Stemmata . . . . *Megarthrus* STEPH.

2 (1) 2. Glied der Urogomphi $1^{1}/_{2}$—2mal so lang wie das 2.

3 (4) 2. Glied der Urogomphi $1^{1}/_{2}$mal so lang wie das 2. Kopfkapsel mit
3 Stemmata . . . . *Proteinus* LATR.

4 (3) Kopfkapsel mit 6 Stemmata . . . . *Metopsia* WOLL.

Omaliinae

1 (16) Mandibel mit einer schmalen Prostheca (Abb. 7), diese oft zum Härchen reduziert.

2 (7) Labrum besteht aus 3 voneinander getrennten sklerotisierten Zonen (Abb. 8).

3 (4) geteilte Setae auch auf der Kopfkapsel. Labrum s. Abb. 8 . . . . *Lathrimaeum* Er.

4 (3) geteilte (spezialisierte) Setae (Abb. 9) nur auf den Thoracal- und Abdominalsegmenten.

5 (6) geteilte Setae schlank und zuweilen undeutlich. Vorderrand des Labrums kaum eingebuchtet . . . . *Olophrum* Er.

6 (5) geteilte Setae auffallend, apikal ca. 3mal so breit wie an der Basis. Vorderrand des Labrums in der Mitte deutlich eingebuchtet . . . . *Arpedium* Er.

7 (2) Labrum ohne auffallend sklerotisierte Zonen.

8 (9) Vorderrand des Labrums in 4 deutliche Lappen ausgezogen (L_1) . . . . *Omalium* Grav.

9 (8) Vorderrand des Labrums anders.

10 (13) Sinnesanhang deutlich länger als das Endglied der Antenne.

11 (12) Sinnesanhang schmal und fast gerade. Labrum 3—4mal so breit wie lang, am Vorderrand gleichmäßig gerundet, mit 2 kleinen Höckern im Medianteil . . . . *Acrulia* Thoms.

12 (11) Sinnesanhang breiter und deutlich gebogen. Labrum 5mal so breit wie lang, in der Mitte leicht eingebuchtet . . . . (U.G. *Hapalaraea*) *Phyllodrepa* Thoms.

13 (10) Sinnesanhang kürzer oder höchstens wenig länger als das Endglied der Antenne.

14 (15) Sinnesanhang 3—4mal so lang wie breit. Vorderrand des Labrums gleichmäßig gerundet. Ligula ca. 3mal so lang wie an der Basis breit. . . . . *Phyllodrepa* Thoms.

15 (14) Sinnesanhang höchstens doppelt so lang wie breit. Labrum median deutlich eingebuchtet und ± zweilappig. Ligula nicht länger als breit, gleichmäßig gerundet . . . . *Acidota* Steph.

16 (1) Mandibel ohne Prostheca.

17 (18) Mandibel an Stelle der Prostheca mit einem kurzen postmolaren Fortsatz. Labrum mit medianer Einkerbung und 6 Dornen am Vorderrand. Ligula doppelt so lang wie an der Basis breit . . . . (U.G. *Hypopycna*) *Phyllodrepa* Thoms.

18 (17) Mandibel ohne postmolaren Fortsatz.

19 (22) Ligula fehlt oder ist sehr kurz.

20 (21) Ligula fehlt. Mandibel ohne Zähnchen. . . . . . . *Philorinum* Kr.

21 (20) Ligula kurz, nicht länger als das 1. Segment der Labialpalpen. Marginalborsten der Ligula groß, $1/2$mal so lang wie die Labialpalpen. Mandibel auf der Innenseite mit Zähnchen . . . *Eudectus* Redt.

22 (19) Ligula deutlich länger als die Basalglieder der Labialpalpen.

23 (24) Vorderrand des Labrums in 4 deutliche Lappen ausgezogen. Labrum 2—3mal so breit wie lang . . . . *Omalium* Grav.

24 (23) Labrum deutlich breiter, Vorderrand anders.

25 (26) Vorderrand des Labrums abgestutzt, mit 4 $\pm$ gleichgroßen Höckern. Sinnesanhang von der Breite des letzten Antennengliedes und deutlich länger als dieses . . . . *Acrolocha* Thoms.

26 (25) Vorderrand des Labrums anders.

27 (28) Mala der Maxille schmal und lang (Abb. 10). Mandibel außer den Zähnchen mit 2 größeren praeapikalen Zähnen . . *Lesteva* Latr.

28 (27) Mala gedrungener, Mandibel anders.

29 (30) Ligula doppelt so breit wie der Labialpalpus, so lang wie dieser. . . . . *Eusphalerum* Kr.

30 (29) Ligula kürzer als der Labialpalpus.

31 (34) Sinnesorgan gleichmäßig oval oder zur Spitze konisch zulaufend, $^1/_2$mal so lang wie das letzte Antennenglied.

32 (33) 2. Antennenglied höchstens 1,4mal so lang wie das Basalglied. . . . . *Geodromicus* Redt.

33 (32) 2. Antennenglied 1,5mal so lang wie das Basalglied . . . . *Anthophagus* Grav.

34 (31) Sinnesorgan bedeutend schmaler als lang, stielförmig, $^1/_2-^2/_3$mal so lang wie das letzte Antennenglied.

35 (36) Mala gedrungen, an der Innenseite zahlreiche zur Basis kleiner werdende Zähnchen (Abb. 11) . . . . *Xylodromus* Heer

36 (35) Mala gestreckter, an der Innenseite mit 4 isoliert stehenden Dornen. . . . . *Micralymma* Westw.

Oxytelinae

1 (2) Körper doppelt so breit wie lang, asselförmig, Tergite ragen über die Segmentgrenzen hinaus. Urogomphi kurz. 3 Stemmata . . . . *Syntomium* Curt.

2 (1) Körper langgestreckt. Urogomphi mindestens doppelt so lang wie breit.

3 (8) Urogomphi gerade, mit Terminalseta (Abb. 12, 15).

4 (5) 2. Antennenglied 4—5mal so lang wie breit. 3 Stemmata. Mala apikal oft mit einem Büschel langer Setae. Urogomphi siehe Abb. 12. . . . . *Bledius* Mannh.

5 (4) 2. Antennenglied ca. doppelt so lang wie breit. 1 Stemma.

6 (7) Mandibel gedrungen (Abb. 14). Urogomphi 2—3mal so lang wie an der Basis breit (Abb. 15). Praementum wenig länger als Ligula. . . . . *Platystethus* Mannh.

7 (6) Mandibel gestreckter (Abb. 16). Urogomphi ca. 4—5mal so lang wie an der Basis breit. Praementum doppelt so lang wie die Ligula. . . . . *Oxytelus* Grav.

8 (3) Urogomphi mindestens distal median gebogen und spitz auslaufend, ohne Terminalseta (Abb. 13).

9 (10) Kopfkapsel ohne Stemmata. Urogomphi sichelförmig. Sinnesanhang kegelförmig . . . . *Coprophilus* Latr.

10 (9) Kopfkapsel mit Stemmata.

11 (12) 2. Antennenglied mit 2 bläschenförmigen, hyalinen Sinnesanhängen
        (Abb. 17). Letztes Antennenglied mit einem Apikalvesikel. Urogom-
        phi dunkel pigmentiert (Abb. 13) . . . . . *Trogophloeus* Mannh.
12 (11) 2. Antennenglied ohne hyaline Sinnesbläschen. Letztes Antennen-
        glied mit ± gleichgestalteten Apikalstyli (Abb. 18). Urogomphi
        nicht abstechend dunkler pigmentiert als das Abdomen Maxille
        siehe Abb. 19 . . . . *Deleaster* Er.

Steninae

1 (2) Mala kürzer als das 1. Glied der Maxillarpalpen (Abb. 20). Ligula
      nicht oder unscheinbar behaart, zweilappig (Abb. 21). Ventrale
      Ecdysialsuture Y-förmig, der basale Medianteil ist kurz, ca. $^1/_3$mal so
      lang wie die Vorderäste der Naht (Abb. 22) . . . . *Stenus* Latr.
2 (1) Mala länger als das 1. Glied der Maxillarpalpen. Ligula dicht be-
      haart. Medianteil der ventralen Ecdysialnaht doppelt so lang wie
      jeder Vorderast der Naht . . . . *Dianous* Sam.

Paederinae

1 (2) Sinnesanhang der Antenne an der Außenseite. Nasal mit kurzen
      Basalborsten, diese nicht länger als einer der 4 Nasalzähne. Maxillar-
      palpus 3gliedrig . . . . *Cryptobium* Mannh.
2 (1) Antenne mit Sinnesanhang an der Innenseite (Abb. 23). Nasal
      anders.
3 (8) Maxillarpalpen 4gliedrig, Endglied oft sehr klein (Abb. 24) und
      (oder?) Labialpalpen 3gliedrig.
4 (5) Nasal mit einem Mittelzahn, jederseits 3 weitere Zähne (Abb. 25),
      Basalborsten des Nasals ca. $^1/_3$mal so lang wie die Lateralborsten;
      1. Segment der Urogomphi mehr als doppelt so lang wie das 2.
      (Abb. 26) . . . . *Lathrobium* Grav.
5 (4) Nasal ohne Mittelzahn, am Vorderrand 8 ± stark abgerundete
      Zähne sowie mehrere Dornen (Abb. 27).
6 (7) Mala kürzer als das Basalsegment des Maxillarpalpus . . . . .
      . . . . *Lithocharis* Thoms.
7 (6) Mala länger als das Basalsegment des Maxillarpalpus. Vorderäste
      der ventralen Ecdysialnaht ragen kaum über die Tentorialflecken
      hinaus. Basalglied der Urogomphi distal mit einer lanzettförmigen
      Borste (Abb. 28) . . . . *Stilicus* Latr.
8 (3) Maxillarpalpen 3gliedrig.
9 (10) 6 Nasalzähne, die lateralen sind klein und können vollkommen
       reduziert sein (Abb. 29). Mala kürzer als das Basalglied des Maxillar-
       palpus. Cardo ohne Fortsatz . . . . *Paederus* Grav.
10 (9) 8 Nasalzähne. Mala länger als das Basalglied des Maxillarpalpus.
       Cardo mit einem dornförmigen Fortsatz . . . . . *Astenus* Steph.

Xantholininae

1 (2) Apotom in der Vorderhälfte deutlich verengt. Drüsenfleck (A) be-
      findet sich vor den am weitesten zentral angeordneten Setae

(Abb. 30). Eine der 3 äußeren Apikalborsten des Tibiotarsus (L_1) weiter basal angeordnet. In der Nähe des Tibiotarsuskamms (L_2 u. L_3) eine größere Anzahl kleinerer Setae (Abb. 32). Chaetotaxie im Apikalteil des Nasals siehe Abb. 33 . . . . *Othius* STEPH.

2 (1) Apotom in der Vorderhälfte nicht oder sehr schwach verengt. Der Drüsenfleck (A) befindet sich hinter dem entsprechenden Setenpaar. Die 3 äußeren Apikalborsten des vorderen Tibiotarsus (L_1) dicht aneinander gedrängt (Abb. 31). In der Nähe des Tibiotarsuskamms keine kleineren Setae, Chaetotaxie im Apikalteil des Nasals siehe Abb. 34.

3 (4) 9 Nasalzähne (Abb. 35). Tibiotarsuskamm aus höchstens 5 Setae. . . . . *Leptacinus* ER.

4 (3) 11 Nasalzähne.

5 (6) Der äußerste Nasalzahn des variablen Vorderrandes groß, der 3. Zahn von außen klein (Abb. 36 g, h) . . . . *Xantholinus* SERV.

6 (5) Anordnung der Nasalzähne anders (Abb. 36 a—f) . . . . *Gyrohypnus* MULS. REY

Staphylininae

1 (22) Urogomphi länger als das Pygopodium oder selten so lang wie dieses. Maxillarpalpen meist 4gliedrig, wenn 3gliedrig, so ist das Terminalglied bedeutend kürzer als das 2.; Tibiotarsuskamm, wenn vorhanden, aus einfachen oder geteilten Setae, wenn diese geteilt, so befinden sie sich nicht in reihenförmiger Anordnung.

2 (11) Kopf quer, Schläfen nach hinten meist deutlich verengt. Apotom reicht bis zu den Tentorialflecken (Abb. 38) (selten weiter). Tibiotarsuskamm, wenn vorhanden, mit geteilten Setae.

3 (4) Maxillar- und Labialpalpen meist 4- bzw. 3gliedrig. Tibiotarsuskamm (bei L_2 u. L_3) vorhanden. Nasalzähne $\pm$ gerundet (Abb. 39). . . . . (s. l.) *Staphylinus* L. (H 25)

4 (3) Maxillar- und Labialpalpen 3- bzw. 2gliedrig. Tibiotarsus ohne geteilte Setae. Tibiotarsuskamm fehlt.

5 (6) 8 oder 9 gleichmäßig gerundete Nasalzähne; 2. Glied des Labialpalpus nur wenig länger als das 1. Glied breit. *Platydracus* THOMS.

6 (5) 7 oder 9 $\pm$ spitz zulaufende Nasalzähne, der mittlere Zahn ist sehr viel kleiner als die Paramedianzähne (Abb. 40).

7 (8) Urogomphi ungegliedert und mit langen Borsten, ca. 3mal so lang wie das Pygopodium. Die Gularsuture schließt mehrere Sklerite ein (sec. Apotome) (Abb. 41). 7 Nasalzähne . . . . . *Ontholestes* GGLB.

8 (7) Urogomphi 3gliedrig. Gularsuture ohne sec. Apotome.

9 (10) 1. Glied der Labialpalpen doppelt so lang wie das 2.; Ligula klein, nicht doppelt so lang wie das 1. Glied der Labialpalpen. 7 Nasalzähne . . . . *Emus* CURT.

10 (9) 1. Glied der Labialpalpen nicht doppelt so lang wie das 2.; Ligula größer, ca. doppelt so lang wie das 1. Glied der Labialpalpen. 9 Nasalzähne, die äußeren weit lateral gerückt . . . . *Creophilus* MANNH.

11 (2) Kopfkapsel länger als breit oder quadratisch, Schläfen nach hinten nicht verengt. Apotom schlank, reicht bis zu den Tentorialflecken oder darüber hinaus (Abb. 43) .Tibiotarsuskamm, wenn vorhanden, mit einfachen Setae.

12 (13) 7 Nasalzähne (Abb. 42), der Abstand zwischen den Spitzen der beiden äußeren Zähne geringer als der Abstand zwischen den Spitzen der 2. und 3. Lateralzähne. Sinnesanhang des vorletzten Antennengliedes mehr als $^1/_2$mal so groß wie das Antennenendglied. Tibiotarsuskamm fehlt . . . .'. . . *Gabrius* CURT.

13 (12) 9 Nasalzähne, der 2. Lateralzahn ist besonders bei L_3 abgeflacht (Abb. 44) oder unscheinbar, wenn 7 Zähne, Abstand zwischen den beiden äußeren Zähnen an den Spitzen größer als der entsprechende Abstand zwischen den 2. und 3. Lateralzähnen.

14 (15) Sinnesanhang des vorletzten Antennengliedes ca. von der Länge des Antennengliedes (Abb. 45). Tibiotarsuskamm besteht aus 5—6 geteilten Setae; 1. und 3. Lateralzahn des Nasals von der Größe des Medianzahnes . . . . *Erichsonius* FAUV.

15 (14) Sinnesanhang des vorletzten Antennengliedes deutlich kürzer als das Antennenendglied.

16 (19) Ligula breiter als das 1. Glied des Labialpalpus, apikal deutlich abgestutzt und oft etwas eingekerbt (Abb. 46a).

17 (18) Macrochäten einfach, nur selten geteilt; 1. Glied der Urogomphi 1,5—2mal so lang wie das 2. . . . . *Cafius* CURT.

18 (17) Geteilte Macrochäten zahlreicher als die einfachen; 1. Glied der Urogomphi ca. 3mal so lang wie das 2. . . . . . . *Remus* HOLME

19 (16) Ligula schmaler als das 1. Glied des Labialpalpus, gleichmäßig konisch verengt und apikal ± abgerundet (Abb. 46b).

20 (21) Lateralzähne des Nasals alle deutlich ausgeprägt und spitz zulaufend (Abb. 47). Sinnesanhang am· vorletzten Antennenglied mindestens $^1/_2$mal so lang wie das Antennenendglied. Tibiotarsuskamm fehlt. Mala länger als das gedrungene 1. Glied des Maxillarpalpus. . . . . *Neobisnius* GGLB.

'21 (20) 2. Lateralzahn des Nasals stark abgerundet oder fehlend. Sinnesanhang des vorletzten Antennengliedes sehr viel kleiner (Abb. 48). Mala deutlich kürzer als das 1. Glied des Maxillarpalpus . . . . *Philonthus* CURT.

22 (1) Urogomphi kürzer als das Pygopodium. Maxillarpalpen meist 3gliedrig. Tibiotarsuskamm, wenn vorhanden, immer aus reihenförmig angeordneten und geteilten Setae (Abb. 37).

23 (24) 1. Glied des Labialpalpus ca. doppelt so lang wie das 2:; die geteilten Setae sind über den gesamten Körper verteilt. Tibiotarsuskamm fehlt . . . . *Velleius* MANNH.

24 (23) 1. Glied des Labialpalpus so lang wie das 2., selten etwas länger. Geteilte Setae höchstens an Thorax- und Abdominalsegmenten.

25 (26) Tibiotarsuskamm fehlt. Mala länger als das 1. Glied des Maxillarpalpus . . . . *Heterothops* STEPH.

26 (25) Tibiotarsuskamm vorhanden (Abb. 37). Nasalzähne s. Abb. 49. . . . . *Quedius* STEPH.

Tachyporinae

1 (4) Stemmataanordnung siehe Abb. 50. Mala an der Innenseite distal gleichmäßig gerundet. Abdominalstigmen am Außenrand der Tergite. Praeapikalzahn der Mandibel klein (Abb. 51).

2 (3) Frontalsuture und Labrum siehe Abb. 53 . . *Mycetoporus* MANNH.

3 (2) Frontalsuture anders. Vorderrand des Labrums gerade oder nur leicht konvex . . . . *Bryocharis* BOISD. LAC.

4 (1) Stemmataanordnung siehe Abb. 52. Mala anders. Stigmen in der Membran der Abdominalsegmente. Praeapikalzahn der Mandibel meist stärker vorragend.

5 (6) Ligula gedrungen, 1-gliedrig. Antenne langgestreckt, mit charakteristischem Endglied bei L_2 u. L_3 (Abb. 54). Distalinnenseite der Mala mit mehreren großen Zähnen . . . . . *Leucoparyphus* KR.

6 (5) Ligula lang, 2gliedrig und konisch.

7 (8) Labrum siehe Abb. 55. Sinnesanhang des vorletzten Antennengliedes kurz, ca. doppelt so lang wie an der Basis breit. . *Tachinus* GRAV.

8 (7) Labrum anders (Abb. 56a, b).

9 (10) Antennen mit kurzem Endglied und schmalem, oft sichelförmigem Sinnesanhang am vorletzten Glied (Abb. 57). Setae am Distalrand der Mala groß (Abb. 58) . . . . *Tachyporus* GRAV.

10 (9) Antennen mit langem Endglied und breiterem Sinnesanhang (Abb. 59). Setae am Distalrand der Mala klein (Abb. 60). Labium siehe Abb. 61 . . . . *Conosoma* MOTSCH.

Aleocharinae

1 (2) Kopf halsförmig abgeschnürt. Mandibel an der Basis stark erweitert, nur wenig länger als an der Basis breit. Ligula breit, deutlich zweilappig. Sinnesanhang des vorletzten Antennengliedes klein . . . . *Oligota* MANNH.

2 (1) Schläfen gleichmäßig gerundet. Mandibel an der Basis schmaler. Ligula schmal, wenn breiter als lang, so höchstens geringfügig eingebuchtet (Abb. 62). Sinnesanhang des vorletzten Antennengliedes größer, mindestens so lang wie letztes Antennenglied breit.

3 (6) Mandibel mit großem Praeapikalzahn (Abb. 63). Frons und Clypeus voneinander getrennt (bei *Cordalia* ?) (Abb. 64).

4 (5) Labrum am Vorderrand mit 4 Zähnen (Abb. 66). Kopf an den Schläfen deutlich erweitert (ca. $1/_{10}$ gegenüber Kopfkapselbreite in Stemmatahöhe) . . . . *Cordalia* JACOBS.

5 (4) Labrum mit 6 Dornen (Abb. 64). Schläfen weniger stark erweitert. . . . . *Falagria* MANNH.

6 (3) Praeapikalzahn von normaler Größe (Abb. 65) oder Mandibel mit $2 \pm$ gleichgroßen Apikalzähnen. Epistomalnaht fehlt.

7 (16) 8. Abdominalsegment mit einer deutlich erkennbaren Drüse. Tergit des 8. Abdominalsegments median oft stark verlängert (Abb. 67).

8 (11) Ligula kurz, nicht länger als breit.

9 (10) Ligula apikal eingebuchtet; 1. Glied der Urogomphi kurz, $^1/_3$—$^1/_4$ so
         lang wie das folgende. Schläfen stark erweitert . . . .
         . . . . *Gyrophaena* Mannh.
10 (9) Ligula ± gerade abgestutzt, 1. Glied der Urogomphi ca. so lang wie
         das folgende. Schläfen schwächer gewölbt. *Anomognathus* Solier.
11 (8) Ligula schmal, mindestens doppelt so lang wie an der Basis breit.
12 (13) Labrum am Vorderrand abgestutzt und mit zahlreichen Zähnchen
         besetzt. Die sichelförmigen Sklerite des Pseudopodiums sind gestielt;
         2. Glied der Urogomphi deutlich kürzer als das 1. . *Alianta* Thoms.
13 (12) Labrum am Vorderrand ± gleichmäßig gerundet.
14 (15) Vorderrand des Labrums jederseits mit 2—3 Zähnen besetzt. Skle-
         rite des Pseudopodiums sichelförmig (Abb. 68). Chaetotaxie des
         1. Abdominalsegments siehe Abb. 69. Mandibel unterhalb des Prae-
         apikalzahnes mit 3—4 weiteren Zähnen . . . . . . *Leptusa* Kr.
15 (14) Vorderrand des Labrums median leicht eingebuchtet (Abb. 70).
         Chaetotaxie des 1. Abdominalsegments siehe Abb. 71. Oberhalb und
         unterhalb des Praeapikalzahnes zahlreiche Einkerbungen . . .
         . . . . *Bolitochara* Mannh.
16 (7) 8. Abdominalsegment ohne sichtbare Drüse, median nicht verlän-
         gert.
17 (22) Ligula kurz, abgerundet, nicht länger als breit.
18 (19) Sinnesanhang des vorletzten Antennengliedes so breit wie das
         Antennenendglied, erreicht nicht dessen Basis . . . *Ocalea* Er.
19 (18) Sinnesanhang des vorletzten Antennengliedes breiter als das End-
         glied und überragt dessen Basis. Ligula mindestens doppelt so breit
         wie lang.
20 (21) Kopf länger als breit. Labrum in der Mitte eingekerbt, jederseits
         4 Dorsalborsten, nicht pubescent (Abb. 72). Zwischen den äußeren
         basalen Macrochäten inserieren 5 Microchäten, an der Innenseite
         des Stigmas (1. Abdominalsegment) mehrere Borsten (Abb. 73). Tibio-
         tarsus außer Macrochäten mit zahlreichen Microchäten . . . .
         . . . . *Astilbus* Steph.
21 (20) Kopf nicht länger als breit. Labrum gleichmäßig gerundet, jeder-
         seits 3 Dorsalborsten, dicht pubescent. Zwischen den äußeren basalen
         Macrochäten des 1. Abdominalsegments befinden sich 4 Microchäten,
         an der Innenseite des Stigmas eine Borste (Abb. 74). Tibiotarsus
         nur mit Macrochäten . . . . *Zyras* Steph.
22 (17) Ligula schmal, konisch, deutlich länger als breit.
23 (28) Labrum am Vorderrand ± gleichmäßig gerundet (Abb. 77).
24 (25) Mandibel mit 2 Apikalzähnen, von denen der innere größer ist
         (Abb. 75). Schläfen parallel. Chaetotaxie und Chitinhöcker des
         1. Abdominalsegments s. Abb. 76 . . . . *Aleochara* Grav.
25 (24) Praeapikalzahn von normaler Größe (Abb. 65). Schläfen erweitert.
26 (27) Labrum am Vorderrand jederseits mit 2—3 Zähnchen (Abb. 77).
         Chaetotaxie des 1. Abdominalsegments s. Abb. 78 . . *Ocyusa* Kr.
27 (26) Labrum am Vorderrand jederseits mit einem Dorn. Mala an der
         Distalinnenseite mit großen Zähnen (Abb. 79). . . *Oxypoda* Mannh.

28 (23) Labrum am Vorderrand abgestutzt (Abb. 80) oder bogenförmig
ausgeschweift (Abb. 81).

29 (32) Labrum ± gerade abgestutzt, lateral nicht ausgeschweift (Abb. 80).
Pseudopodium mit deutlich sichtbaren Skleriten. Ligula abgestutzt.

30 (31) Alle 4 Sklerite des Pseudopodiums sichelförmig . . . *Tachyusa* ER.

31 (30) Nur die beiden äußeren Sklerite des Pseudopodiums sichelfömig .
. . . . *Cyphaea* FAUV.

32 (29) Labrum bogenförmig ausgeschweift.

33 (34) Labrum siehe Abb. 81. Mandibel vor und hinter dem Praeapikalzahn
mit zahlreichen Zähnchen. Beide hyalinen Styli des vorletzten
Antennengliedes ebenso lang wie das Endglied (Abb. 82). Chaetotaxie des 1. Abdominalsegments s. Abb. 83. . *Sipalia* MULS. REY

34 (33) Kombination obiger Merkmale anders. Vorderrand des Labrums oft
mit zwei deutlich entwickelten Dornen. Chaetotaxie oft nach
Abb. 84a, b . . . . *Atheta* THOMS. (H 26)

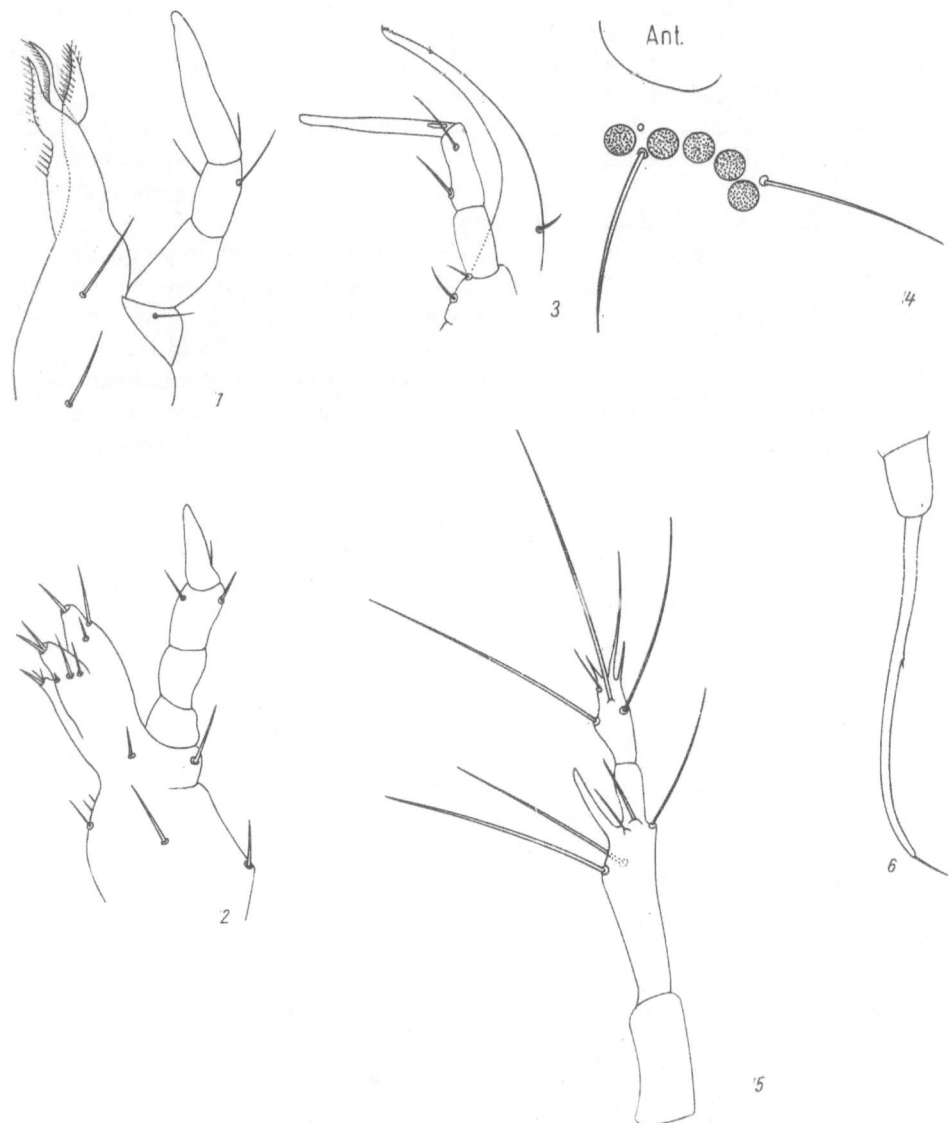

Abb. 1   *Micropeplus staphylinoides* Marsham, linke Maxille, ventral (nach Kasule, 1966)
Abb. 2   *Oxyporus maxillosus* Fabricius, linke Maxille, ventral (nach Kasule, 1966)
Abb. 3   *Megarthrus sinuatocollis* Lacordaire, L 1, linke Mandibel, dorsal (Orig.)
Abb. 4   *Habrocerus cappilaricornis* Gravenhorst, L 3, linke Stemmata, lateral (Orig.)
Abb. 5   *Habrocerus cappilaricornis* Gravenhorst, L 3, rechte Antenne, dorsal (Orig.)
Abb. 6   *Megarthrus sinuatocollis* Lacordaire, L 1, linker Urogomphus, dorsal (Orig.)

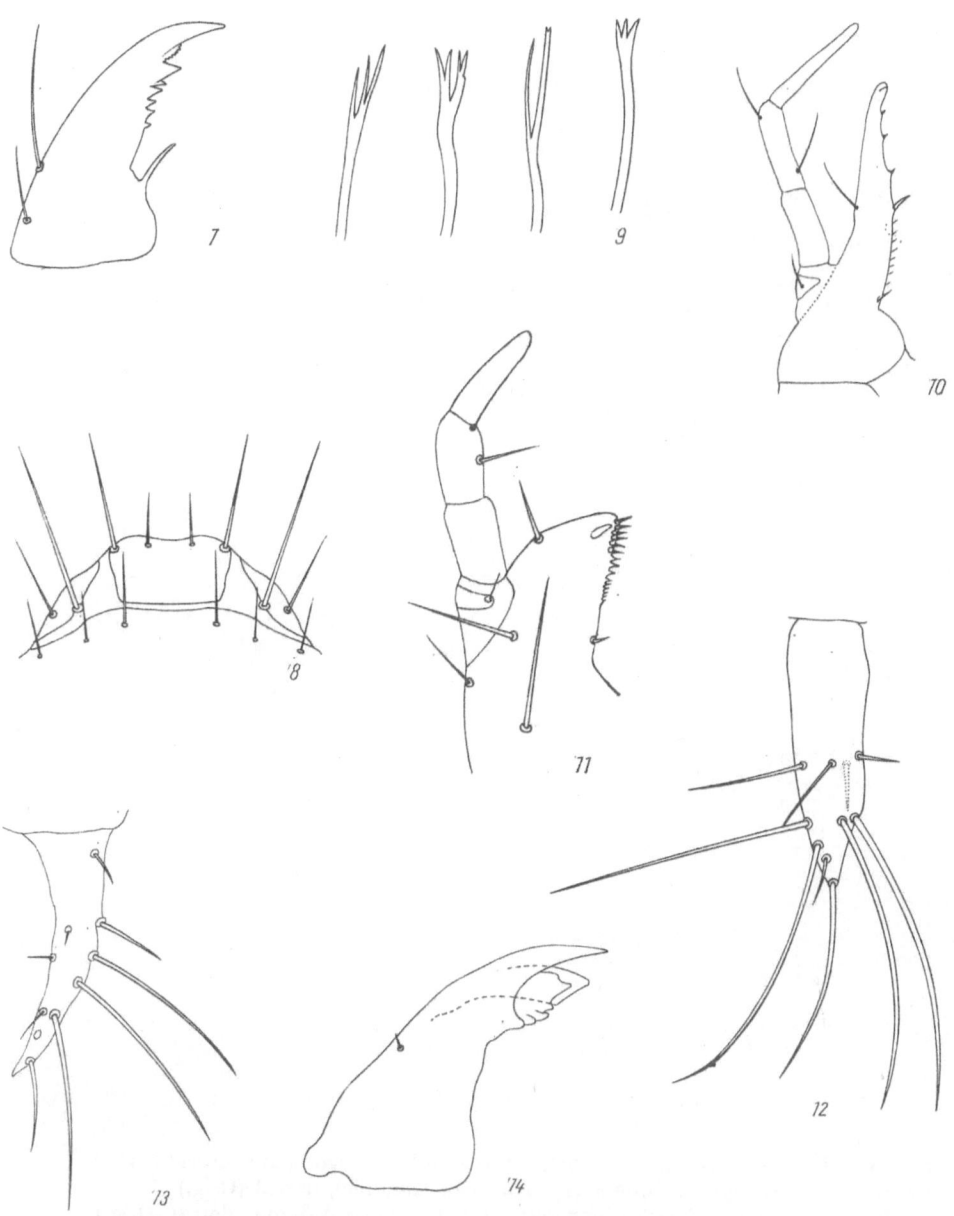

Abb. 7   *Olophrum piceum* GYLLENHAL, L 1, linke Mandibel, dorsal (Orig.)
Abb. 8   *Lathrimaeum unicolor* MARSHAM, Labrum (nach STEEL, 1970)
Abb. 9   *Olophrum piceum* GYLLENHAL, L 1, geteilte Setae (Orig.)
Abb. 10 *Lesteva heeri* FAUVEL, rechte Maxille, ventral (nach STEEL, 1970)
Abb. 11 *Xylodromus concinnus* MARSHAM, rechte Maxille, ventral (nach STEEL, 1970)
Abb. 12 *Bledius spectabilis* KRAATZ, L 1, rechter Urogomphus, dorsal (Orig.)
Abb. 13 *Trogophloeus corticinus* GRAVENHORST, L 3, rechter Urogomphus, dorsal (Orig.)
Abb. 14 *Platystethus cornutus* GRAVENHORST, L 3, linke Mandibel, dorsal (Orig.)

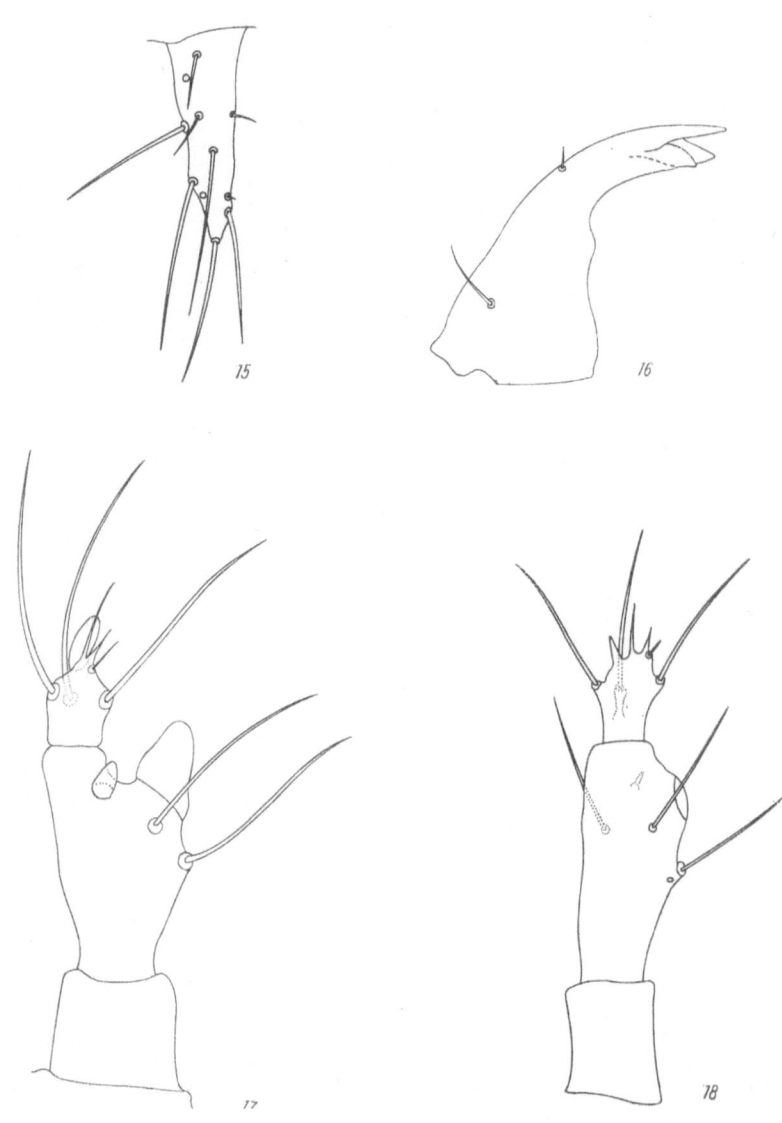

Abb. 15   *Platystethus arenarius* Fourcroy, L 3, linker Urogomphus, dorsal (Orig.)
Abb. 16   *Oxytelus rugosus* Fourcroy, L 3, linke Mandibel, dorsal (Orig.)
Abb. 17   *Trogophloeus rivularis* Motschulsky, L 3, linke Antenne, dorsal (Orig.)
Abb. 18   *Deleaster dichrous* Gravenhorst, L 1, linke Antenne, dorsal (Orig.)

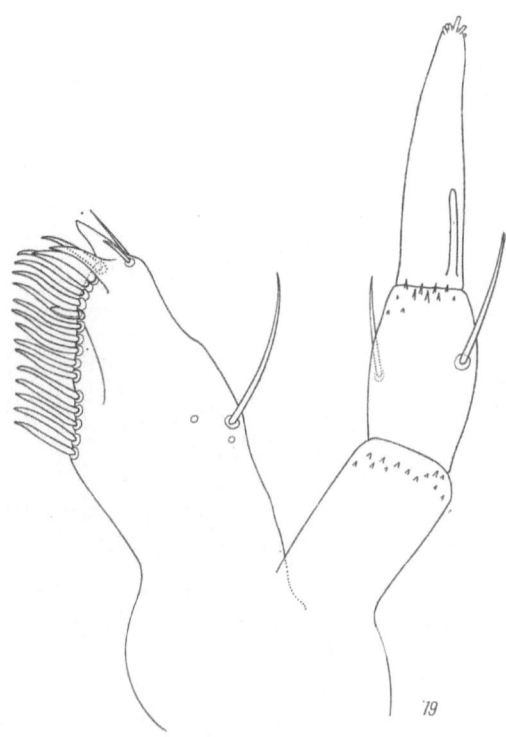

Abb. 19 *Deleaster dichrous* GRAVENHORST, L 1, rechte Maxille, dorsal (Orig.)

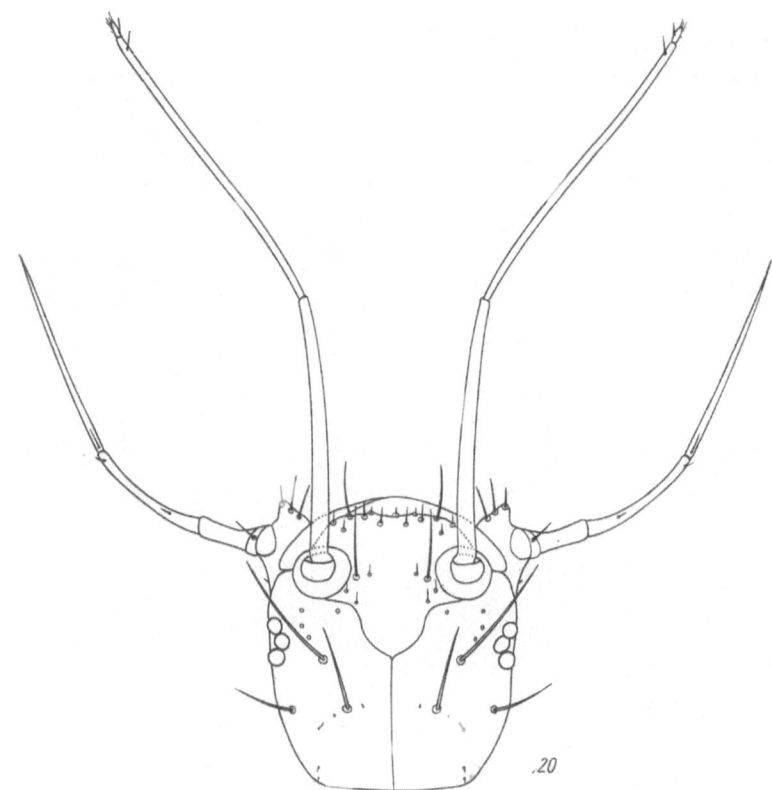

Abb. 20   *Stenus juno* Fabricius, L 3, Kopfkapsel, dorsal (Orig.)

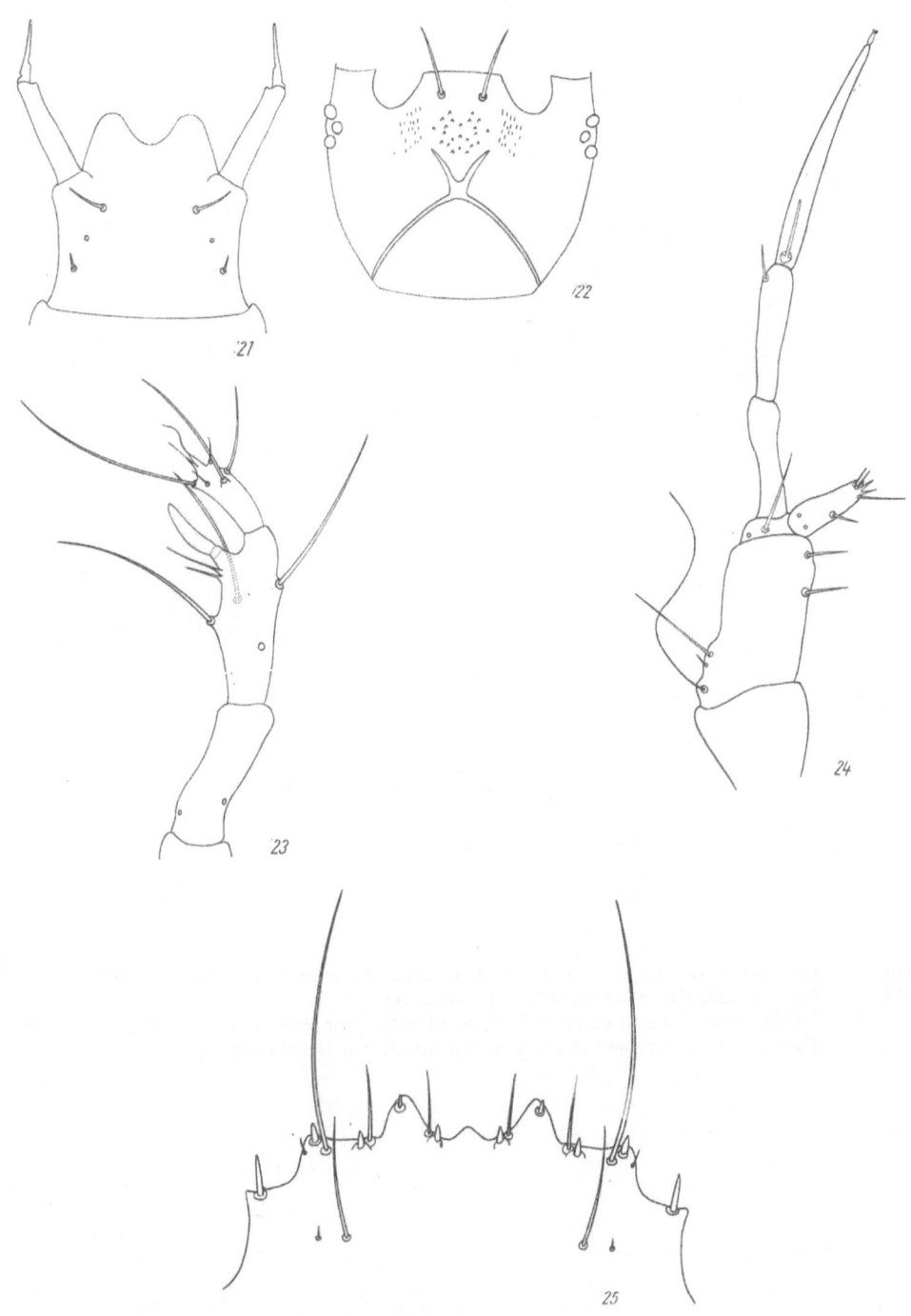

Abb. 21   *Stenus juno* Fabricius, L 3, Labium, ventral (Orig.)
Abb. 22   *Stenus juno* Fabricius, L 3, Kopfkapsel, ventral (Orig.)
Abb. 23   *Lathrobium elongatum* Linnaeus, L 1, rechte Antenne, dorsal (Orig.)
Abb. 24   *Lathrobium brunnipes* Fabricius, L 2, rechte Maxille, ventral (Orig.)
Abb. 25   *Lathrobium brunnipes* Fabricius, L 2, Apicalteil des Nasals (Orig.)

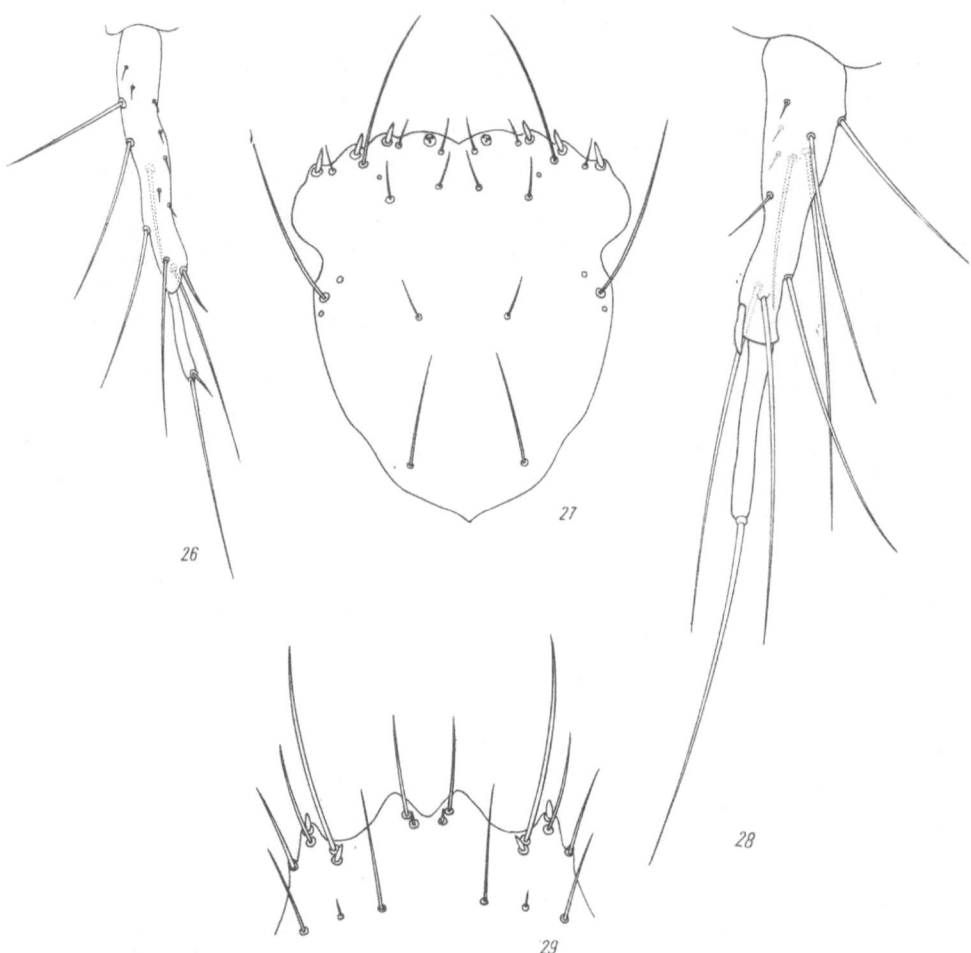

Abb. 26   *Lathrobium elongatum* LINNAEUS, L 1, linker Urogomphus, dorsal (Orig.)
Abb. 27   *Stilicus orbiculatus* RAYKULL, L 1, Nasal (Orig.)
Abb. 28   *Stilicus orbiculatus* RAYKULL, L 1, rechter Urogomphus, dorsal (Orig.)
Abb. 29   *Paederus riparius* LINNAEUS, L 1, Apicalteil des Nasals (Orig.)

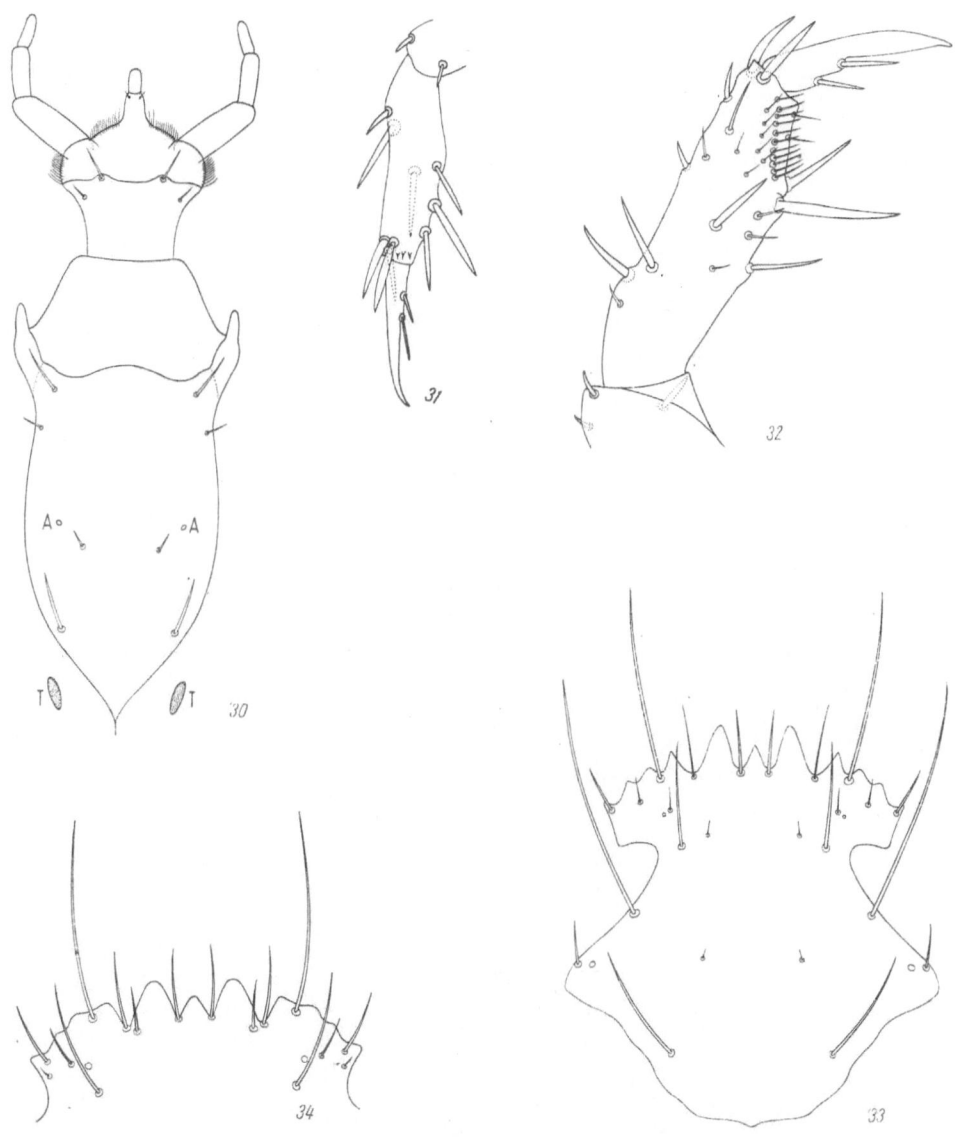

Abb. 30 *Othius punctulatus* GOEZE, L 2, Apotom und Labium, ventral (Orig.)
Abb. 31 *Xantholinus linearis* OLIVIER, L 1, linke Vordertibia, innen (Orig.)
Abb. 32 *Othius myrmecophilus* KIESENWETTER, L 2, rechte Vordertibia, innen(Orig.)
Abb. 33 *Othius punctulatus* GOEZE, L 1, Nasal (Orig.)
Abb. 34 *Gyrohypnus fracticornis* MÜLLER, L 3, Apicalteil des Nasals (Orig.)

Abb. 35   *Leptacinus intermedius* Donisthorpe, L 1, Apicalteil des Nasals (Orig.)
Abb. 36 a   *Gyrohypnus fracticornis* Müller, L 1, Vorderrand des Nasals (Orig.)
  b   *Gyrohypnus fracticornis* Müller, L 3, Vorderrand des Nasals (Orig.)
  c   *Gyrohypnus angustatus* Stephens, L 1, Vorderrand des Nasals (Orig.)
  d   *Gyrohypnus angustatus* Stephens, L 3, Vorderrand des Nasals (Orig.)
  e   *Gyrohypnus punctulatus* Paykull, L 1, Vorderrand des Nasals (Orig.)
  f   *Gyrohypnus punctulatus* Paykull, L 3, Vorderrand des Nasals (Orig.)
  g   *Xantholinus linearis* Olivier, L 1, Vorderrand des Nasals (Orig.)
  h   *Xantholinus linearis* Olivier, L 3, Vorderrand des Nasals (Orig.)

Abb. 37   *Quedius nemoralis* BAUDI, L 2, linke Vordertibia, innen (Orig.)
Abb. 38   *Ocypus ophthalmicus* SCOPOLI, L 1, Apotom (Orig.)
Abb. 39   *Ocypus ophthalmicus* SCOPOLI, L 1, Apicalteil des Nasals (Orig.)
Abb. 40   *Ontholestes tesselatus* FOURCROY, L 1, Apicalteil des Nasals (Orig.)

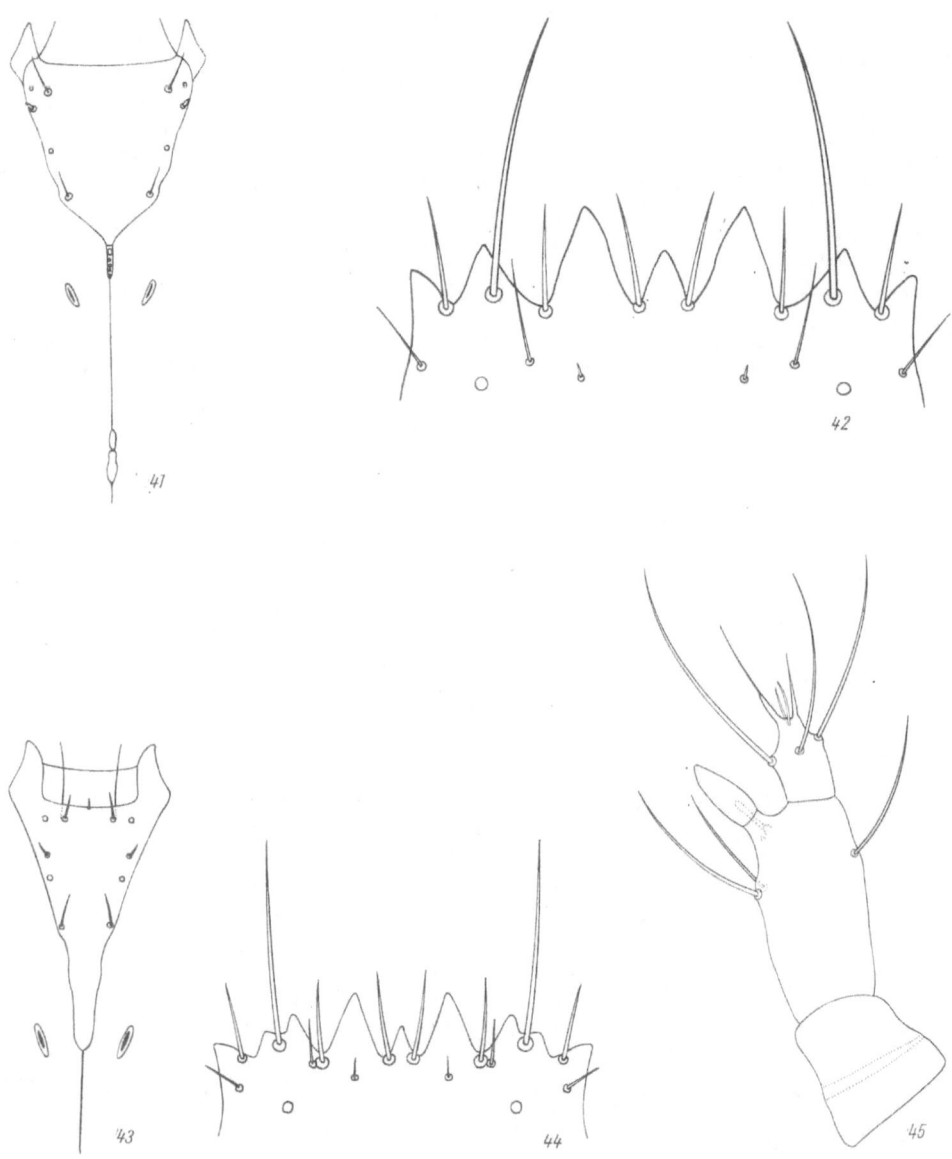

Abb. 41   *Ontholestes tesselatus* Fourcroy, L 1, prim. und sec. Apotom (Orig.)
Abb. 42   *Gabrius trossulus* Nordman, L 2, Apicalteil des Nasals (Orig.)
Abb. 43   *Gabrius subnigritulus* Reitter, L 3, Apotom (Orig.)
Abb. 44   *Philonthus fuscus* Gravenhorst, L 3, Apicalteil des Nasals (Orig.)
Abb. 45   *Erichsonius cinerascens* Gravenhorst, L 2, rechte Antenne, dorsal (Orig.)

Abb. 46a *Cafius xantholoma* GRAVENHORST, L 2, Labium, ventral (Orig.)
      b *Philonthus varius* GYLLENHAL, L 2, Ligula (Orig.)
Abb. 47 *Neobisnius cerrutii* GRIDELLI, L 3, Apicalteil des Nasals (Orig.)
Abb. 48 *Philonthus fuscus* GRAVENHORST, L 3, rechte Antenne, dorsal (Orig.)
Abb. 49 *Quedius nemoralis* BAUDI, L 3, Apicalteil des Nasals (Orig.)
Abb. 50 *Mycetoporus splendidus* GRAVENHORST, L 1, rechte Stemmata, lateral (Orig.)
Abb. 51 *Mycetoporus splendidus* GRAVENHORST, L 1, linke Mandibel, dorsal (Orig.)

Abb. 52 *Tachyporus hypnorum* FABRICIUS, L 3, rechte Stemmata, lateral (Orig.)
Abb. 53 *Mycetoporus splendidus* GRAVENHORST, L 1, Frontoclypeus und Labrum (Orig.)
Abb. 54 *Leucoparyphus silphoides* LINNAEUS, L 3, rechte Antenne, dorsal (Orig.)
Abb. 55 *Tachinus pallipes* GRAVENHORST, L 3, Labrum (Orig.)

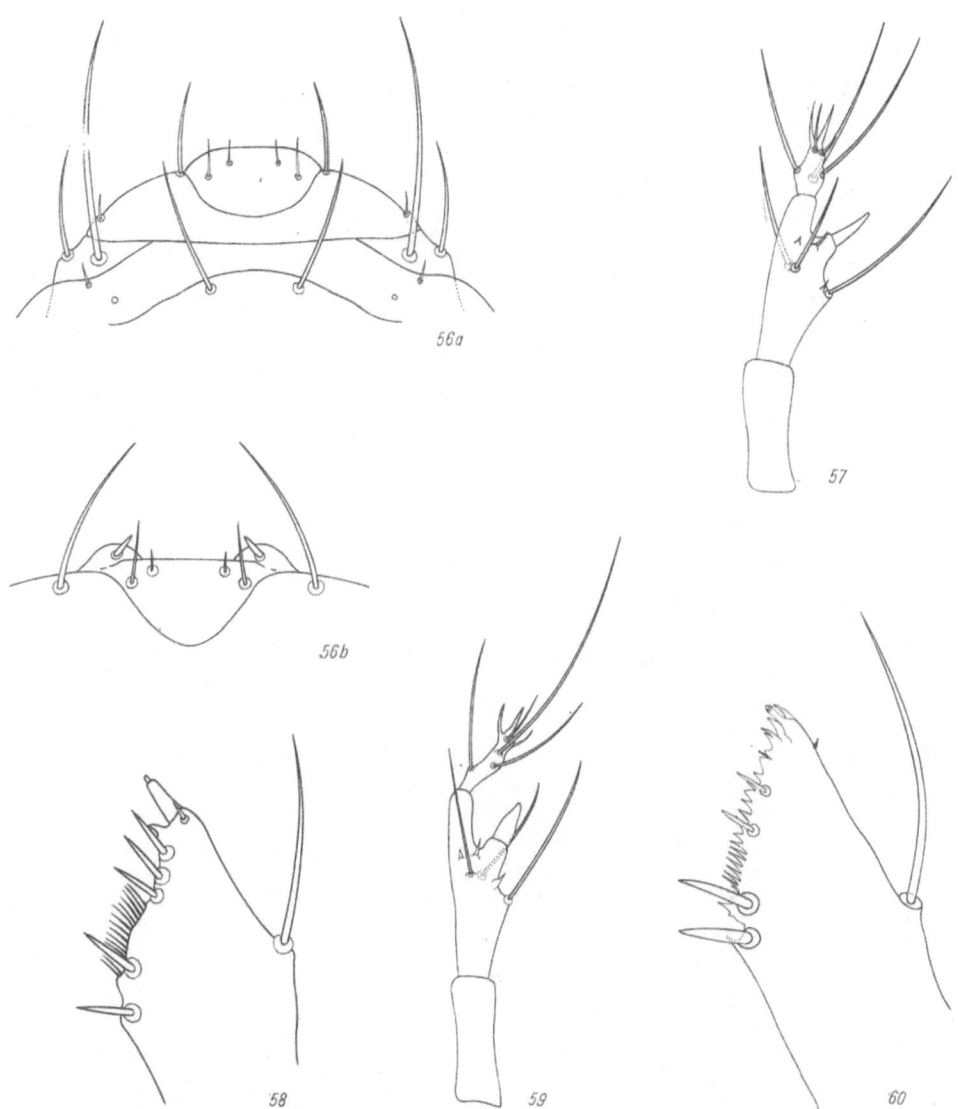

Abb. 56 a   *Tachyporus hypnorum* FABRICIUS, L 3, Labrum (Orig.)
     b   *Conosoma marshami* HORN, L 3, Apicalteil des Labrums (Orig.)
Abb. 57   *Tachyporus hypnorum* FABRICIUS, L 3, linke Antenne, dorsal (Orig.)
Abb. 58   *Tachyporus hypnorum* FABRICIUS, L 3, rechte Mala, dorsal (Orig.)
Abb. 59   *Conosoma marshami* HORN, L 3, linke Antenne, dorsal (Orig.)
Abb. 60   *Conosoma testaceum* FABRICIUS, L 3, rechte Mala, dorsal (Orig.)

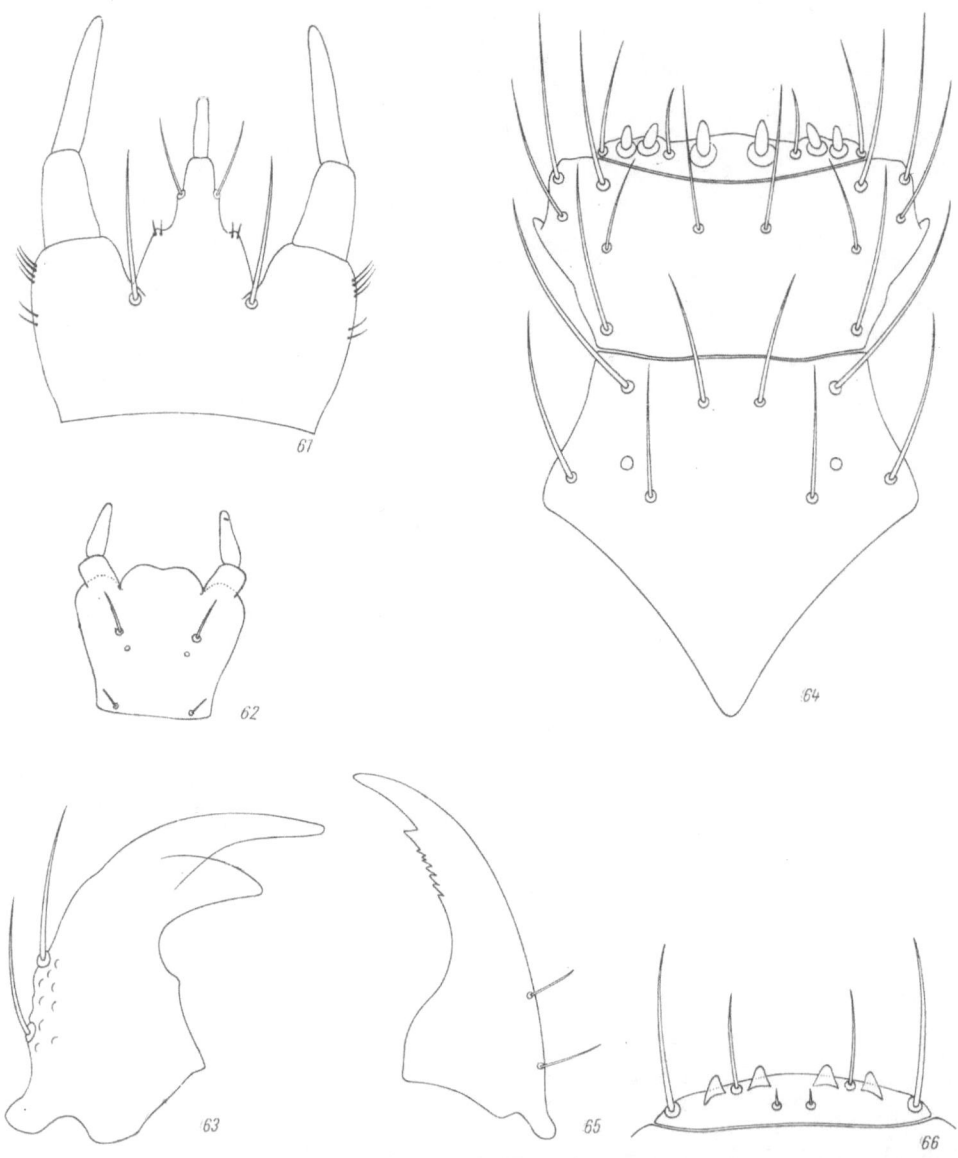

Abb. 61   *Conosoma marshami* HORN, L 3, Labium (Orig.)
Abb. 62   *Zyras humeralis* GRAVENHORST, L 3, Labrum (Orig.)
Abb. 63   *Falagria sulcata* PAYKULL, L 3, linke Mandibel, dorsal (Orig.)
Abb. 64   *Falagria sulcata* PAYKULL, L 3, Frons, Clypeus und Labrum (Orig.)
Abb. 65   *Atheta fungi* GRAVENHORST, L 3, rechte Mandibel, dorsal (Orig.)
Abb. 66   *Cordalia obscura* GRAVENHORST, L 1, Labrum (Orig.)

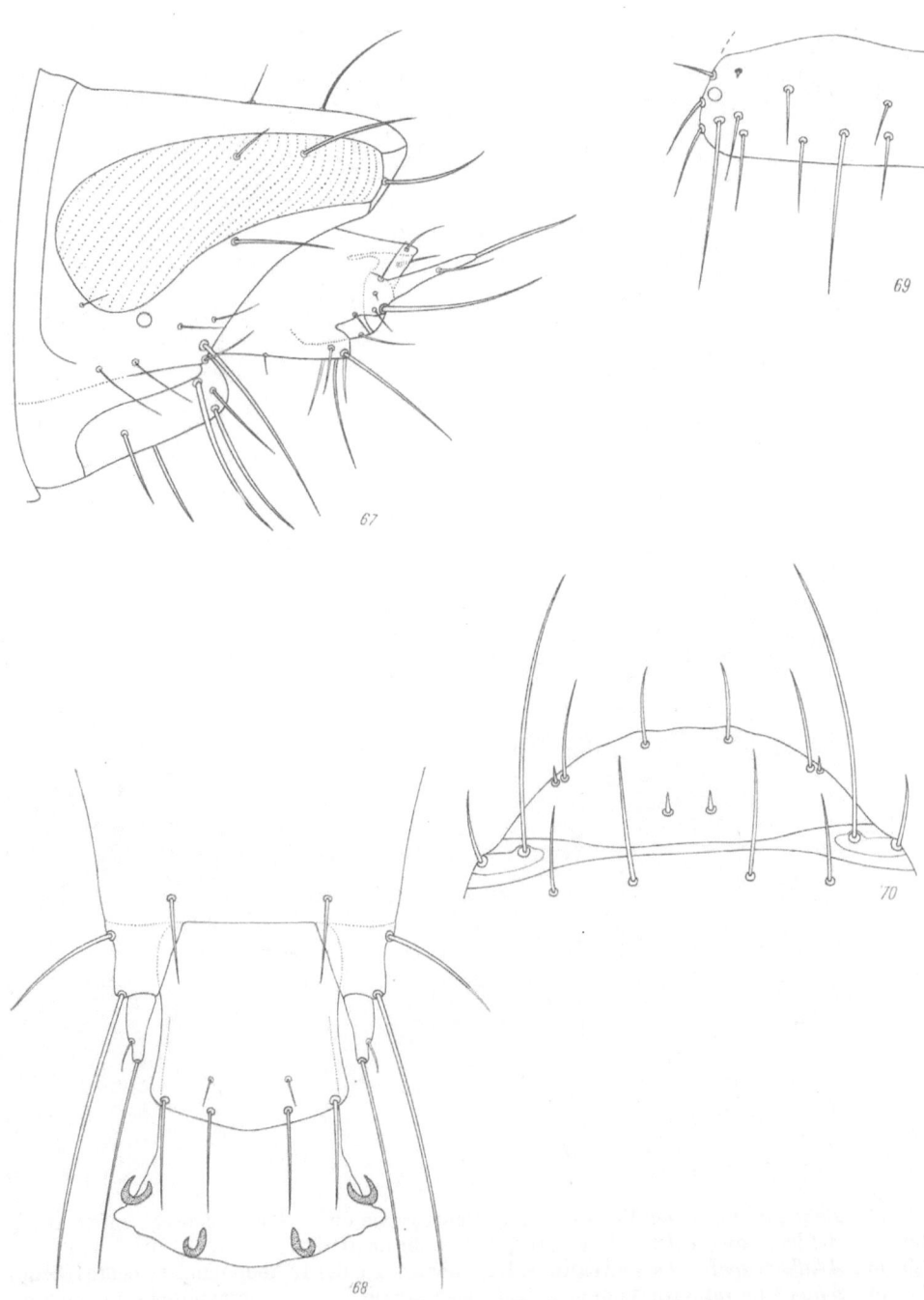

Abb. 67   *Bolitochara lunulata* PAYKULL, L 3, 8.—10. Abdominalsegment (nach TOPP, 1973)
Abb. 68   *Leptusa fumida* ERICHSON, L 3, Pygopodium, Pseudopodium und Urogomphi (Orig.)
Abb. 69   *Leptusa fumida* ERICHSON, L 3, Chaetotaxie des 1. Abdominalsegmentes (Orig.)
Abb. 70   *Bolitochara lunulata* PAYKULL, L 3, Labrum (nach TOPP, 1973)

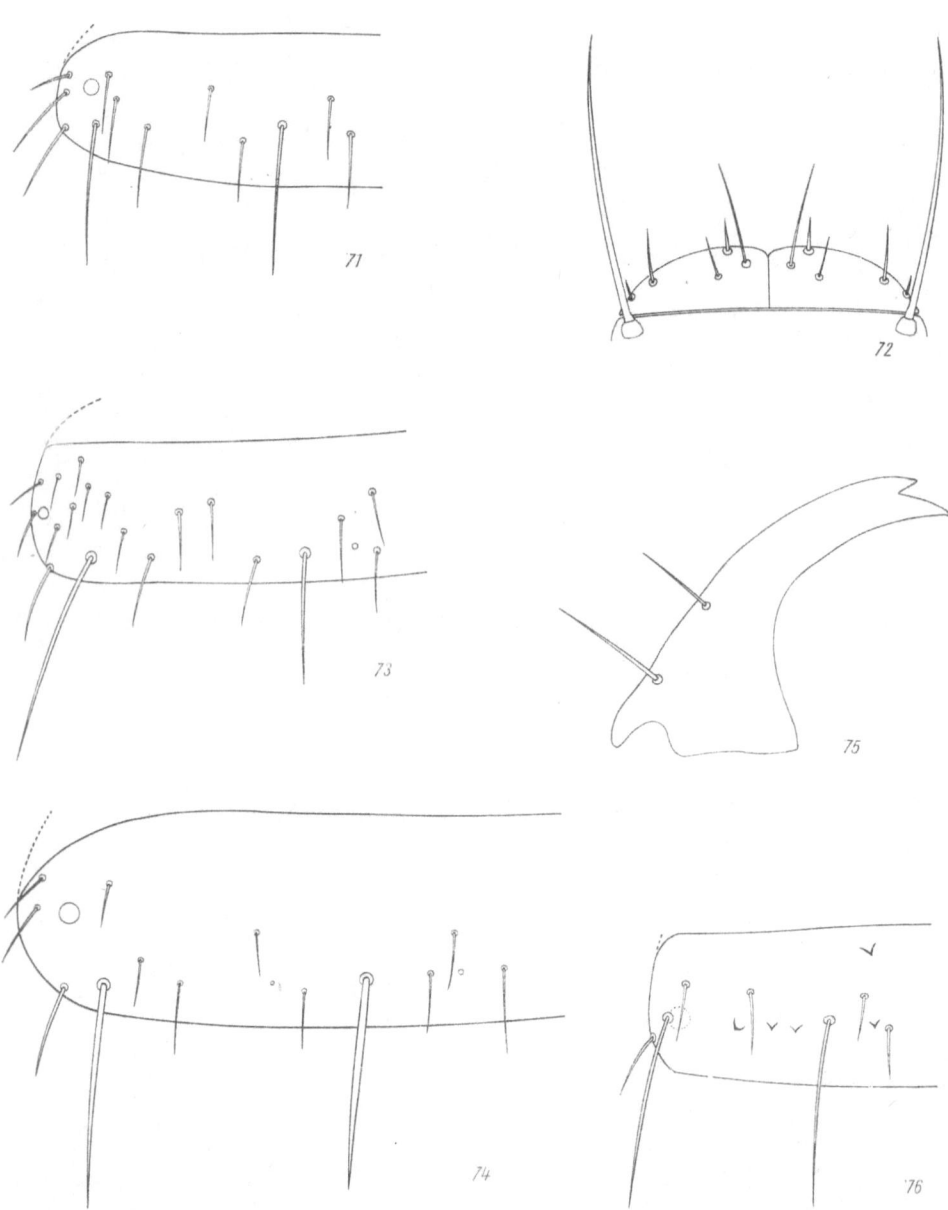

Abb. 71   *Bolitochara lunulata* PAYKULL, L 3, Chaetotaxie des 1. Abdominalsegmentes (Orig.)
Abb. 72   *Astilbus canaliculatus* FABRICIUS, L 2, Labrum (Orig.)
Abb. 73   *Astilbus canaliculatus* FABRICIUS, L 2, Chaetotaxie des 1. Abdominalsegmentes (Orig.)
Abb. 74   *Zyras humeralis* GRAVENHORST, L 3, Chaetotaxie des 1. Abdominalsegmentes (Orig.)
Abb. 75   *Aleochara moerens* GYLLENHAL, L 1, Mandibel (nach TOPP, 1973)
Abb. 76   *Aleochara moerens* GYLLENHAL, L 1, Chaetotaxie des 1. Abdominalsegmentes (Orig.)

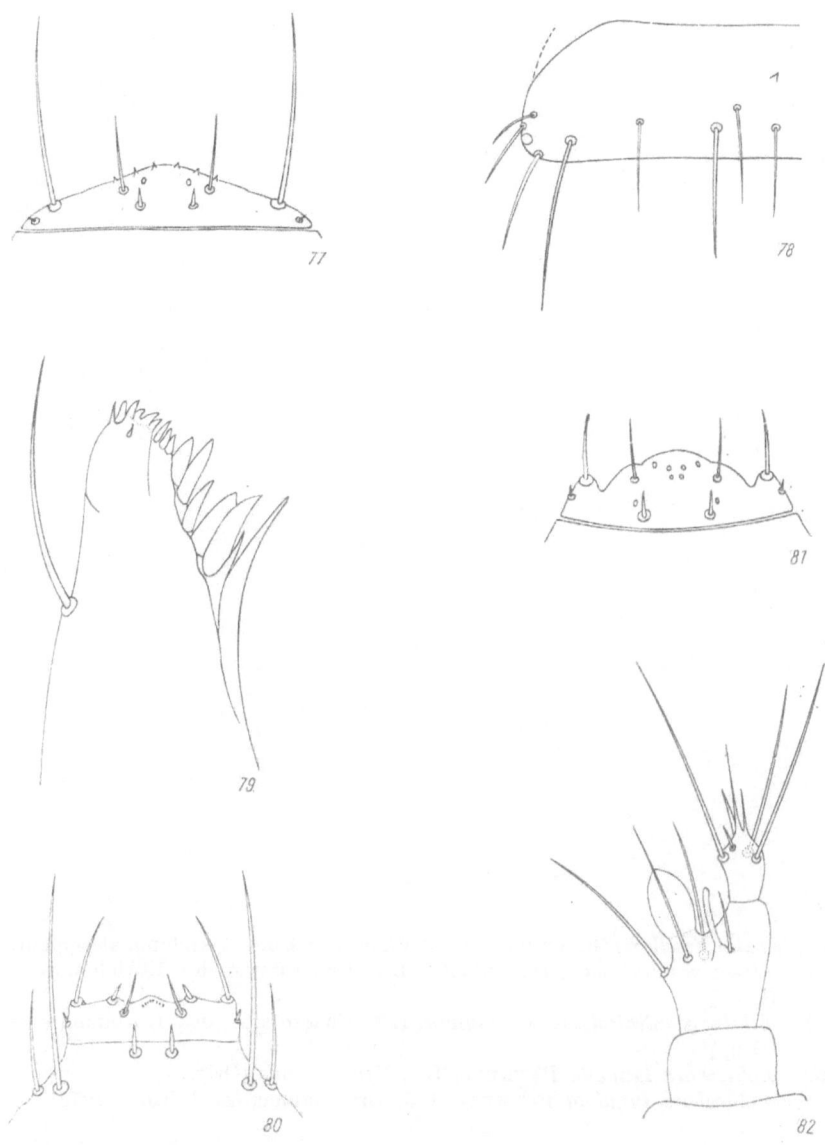

Abb. 77   *Ocyusa maura* ERICHSON, L 1, Labrum (Orig.)
Abb. 78   *Ocyusa maura* ERICHSON, L 1, Chaetotaxie des 1. Abdominalsegmentes (Orig.)
Abb, 79   *Oxypoda spectabilis* MÄRKEL, L 2, linke Mala, dorsal (Orig.)
Abb. 80   *Tachyusa coarctata* ERICHSON, L 1, Labrum (Orig.)
Abb. 81   *Sipalia circellaris* GRAVENHORST, L 3, Labrum (Orig.)
Abb. 82   *Sipalia circellaris* GRAVENHORST, L 3, rechte Antenne, dorsal (Orig.)

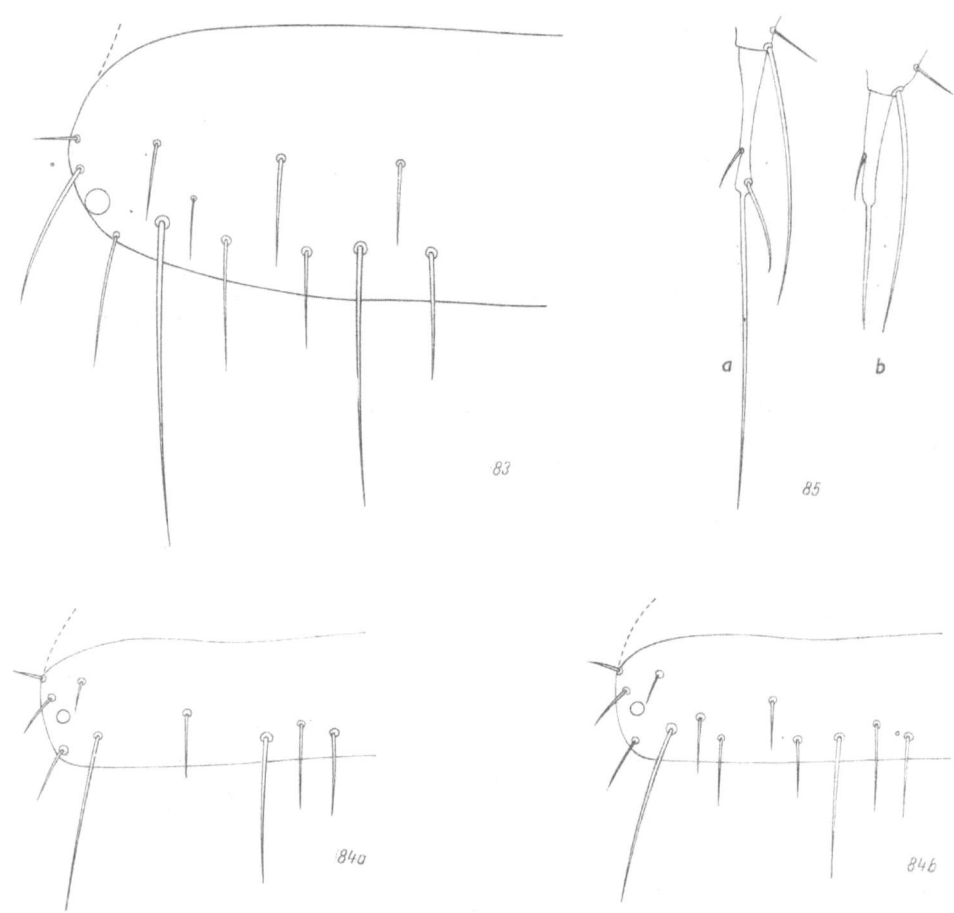

Abb. 83 *Sipalia circellaris* GRAVENHORST, L 3, Chaetotaxie des 1. Abdominalsegmentes (Orig.)

Abb. 84 a *Atheta graminicola* GRAVENHORST, L 1, Chaetotaxie des 1. Abdominalsegmentes (Orig.)

Abb. 84 b *Atheta graminicola* GRAVENHORST, L 3, Chaetotaxie des 1. Abdominalsegmentes (Orig.)

Abb. 85 a *Bolitochara lunulata* PAYKULL, L 1, Urogomphus (Orig.)

    b *Bolitochara lunulata* PAYKULL, L 3, Urogomphus (nach TOPP, 1973)

Bestimmungstabelle für die Larven der Cerambycidae (partim)

von C. v. DEMELT

Die Coleopterenfamilie der *Cerambycidae* gliedert sich in 5 Unterfamilien (*Prioninae*, *Aseminae*, *Lepturinae*, *Cerambycinae* und *Lamiinae*) — deren Larven sich durchwegs in verschiedenen Hölzern (Bäumen und Sträuchern) sowie in Stengeln und Wurzeln von krautigen Pflanzen entwickeln, doch mit einer Ausnahme. Es sind dies Arten der Gattung *Dorcadion*, die der Subfamilie der *Lamiinae* angehört, und über die ganze palaearktische Zone (ausgenommen Ostasien) verbreitet ist. Im mitteleuropäischen Raum ist diese Gattung nur mit einigen Arten vertreten. Zu der Subfamilie der *Lepturinae* zählen einige Arten die ihre Verpuppung teilweise am, oder im Boden vollziehen und hier nicht in Betracht kommen.

Bestimmungstabelle für die Unterfamilien

1 (4) Kopf quer, breiter als lang.
2 (3) Epistom über den Clypeus vorspringend, Stirn über das Epistom vorragend, gezähnt oder gekielt (ausgenommen *Neandra*). Clypeus an der Basis breiter als das Epistom. Mandibeln in eine scharfe Spitze ausgezogen, Beine immer vorhanden . . . . *Prioninae*
3 (2) Epistom nicht vorspringend. Stirn glatt oder gerundet. Clypeus an der Basis nicht breiter als das Epistom. Mandibeln mit runder, ausgehöhlter Schneide (oder spitz: *Aseminae* und *Lepturinae*). Beine vorhanden (*Lepturinae*) oder fehlend — Seiten des Epicraniums treffen hinter der Stirn zusammen, verschmelzen dort für eine Strecke, nach der sie sich wieder trennen. Pleuren aller Abdominalsegmente in der Regel deutlich vorspringend . . . *Cerambycinae*
4 (1) Kopf lang, mit parallelen Seiten oder nach hinten konvergierend. — Mandibeln mit schräger Spitze. Seiten des Epicraniums hinter der Stirn über den ganzen Abstand verschmolzen. Beine fehlen immer. . . . . *Lamiinae* (H 90)

Charakteristik der Larven der *Lamiinae*:

Kopf lang, die Seiten parallel oder nach hinten konvergierend. Dorsalnaht der Epicraniumhälften hinter der Stirn über die ganze Strecke verschmolzen, hinten gemeinsam abgerundet. Hinterhauptsloch einheitlich, nicht geteilt. Mandibeln ziemlich lang, ihre Schneide schräg, mit vorstehender Spitze. Epistom den Clypeus nicht überragend, mit 3 oder mehr Borsten an jeder Seite. Clypeus trapezförmig, Labrum quer. Antennen zart, kurz und tief retraktil.

Prothorax: Praesternum und Epipleurum meist deutlich getrennt, Eusternum deutlich oder undeutlich: Postnotalfalte und Beine fehlen.

Die Larven der *Dorcadion*-Arten leben frei im Boden in ca. 5—15 cm Tiefe. Entwicklung ist 2jährig. Die Käfer überwintern in der Regel in den Puppenwiegen, die ihnen als Winterquartier dienen in meist sandigem bis lehmigem Boden ebenfalls in einer Tiefe von 5 bis 15 cm.

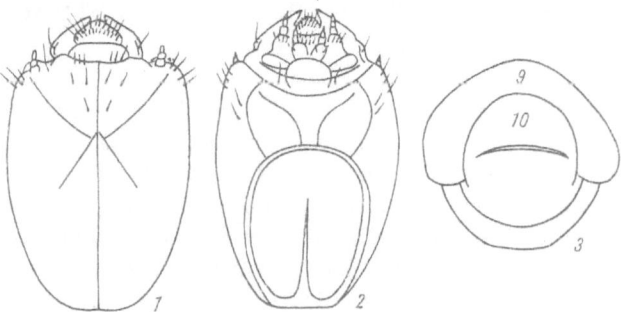

Abb. 1 *Dorcadion* sp., Kopf dorsal (Orig.)
Abb. 2 *Dorcadion* sp., Kopf ventral (Orig.)
Abb. 3 *Dorcadion* sp., 9./10. Abdominalsegment (Orig.)

Bestimmungstabelle für die Larven der Chrysomelidae (partim)

von W. Steinhausen

Die typische Chrysomeliden-Larve ist ein leicht gekrümmtes, meist terrestrisch
lebendes Insekt, das an und von den Blättern ihrer Fraßpflanzen lebt. Einige von
ihnen fressen an den Wurzeln der Pflanzen, andere halten sich als Minierer in
ihren Blättern, Stengeln oder im Wurzelhals auf, und auch eine aquatile Lebensweise ist bei den Larven der *Donaciinae* zu finden. Als ausgesprochene Bodenbewohner kann man die Larven der Sackträger (*Clytrinae*, *Cryptocephalinae* und
Lamprosominae), ferner einige in Bodennähe sich aufhaltende *Chrysomelinae* sowie
die in der Wurzelregion lebenden Vertreter der *Eumolpinae*, *Galerucinae* und
Halticinae bezeichnen. Nach bisherigen Kenntnissen leben die sacktragenden
Larven meist von abgestorbenen Pflanzenteilen und werden oft in Bodenfallen
gefangen. Die älteren Larvensäcke der *Clytrinae* werden in Ameisennestern gefunden.
Die Zahl der Larvenstadien kann 3 bis 5 betragen, wobei anscheinend die am
wenigsten spezialisierten Formen auch die wenigsten Stadien aufweisen. Eine
phylogenetische Verwandtschaft kann allerdings davon nicht abgeleitet werden.
Von einigen, besonders den landwirtschaftlich schädlichen und daher genauer
untersuchten Arten kennt man 2 Generationen, während wohl die größere Zahl
der indifferenten Arten nur eine Generation aufweisen dürfte. Die Behauptung
früherer Autoren, wonach besonders bei den Sackträgern mehr als eine Generation
pro Jahr auftreten kann, bedarf der Nachprüfung. In unseren Regionen unterscheiden wir Frühlings-/Sommerbrüter mit Eiablage im Frühjahr und Überwinterung der Imagines, Sommer-/Herbstbrüter mit Eiablage im Sommer und
Überwinterung als Larve oder Puppe oder auch frisch geschlüpfte Tiere in ihren
Kokons, und schließlich Frühlingsbrüter mit Eiablage im Herbst und Überwinterung der Eier.

Die Larven besitzen einen gut entwickelten Kopf, 3 Thoraxsegmente und 10 Abdominalsegmente. Die 3 Brustbeinpaare sind meist kurz und dick, dagegen bei den sacktragenden Arten länger und dünner. Sie fehlen bei den *Donaciinae* und einigen Blattminierern. Sie bestehen aus den 5 typischen Gliedern mit einer Klaue von verschiedener Form mit oder ohne Pulvillus. Der Kopf wird gewöhnlich vertikal, mit nach unten gerichteten Mundteilen getragen. Nur bei den *Donaciinae* ist er zu einem Saugorgan rückgebildet und in den Prothorax zurückgezogen. Die meisten Larven tragen segmental angeordnete Borstenreihen, die ähnlich den vorhandenen Tuberkelreihen und Skleriten taxonomisch verwertbar sind. Das 10. Abdominalsegment ist meist etwas reduziert, bildet jedoch oft eine Art Nachschieber oder eine längere, ausstülpbare Afterröhre, mittels derer die Exkremente auf die Körperoberseite gebracht werden können. Die meisten Formen besitzen auf dem Mesothorax und auf den Abdominalsegmenten 1—8 je ein Paar Atemöffnungen (Stigmen), die ringförmig einkammerig oder auch länglich zweikammerig sind. Bei den *Timarchini* fehlt das 8. Paar.

Bei den Larven mit stark gekrümmter Oberseite verengt sich der Körper plötzlich vom hinteren Beinpaar ab (*Timarchini, Chrysomela, Chrysochloa*), während bei den meisten anderen Arten der Körper zum Hinterende stetig abnimmt mit nur wenig gekrümmter Oberseite. *Galerucinae* und *Halticinae* haben einen meist langgestreckten und manchmal einen etwas abgeflachten Körperbau. Ganz abweichend sind die Larven der *Cassidinae* gestaltet, mit gänzlich flachem Körperbau und seitlichen Fortsätzen der Brust- und Hinterleibsegmente. Bei den Sackträger-Larven sind die letzten Segmente verbreitert und nach vorn gebogen.

Am Kopf finden wir eine Y-förmige Stirnnaht, oft in der Mitte nach vorn bis zum Kopfschild verlängert. Das Labrum zeigt eine für die Unterfamilien charakteristische Form. Es ist mehr oder weniger am Vorderrand tief ausgeschnitten oder auch gerade, oder nach vorn gewölbt mit fehlender Naht zum Kopfschild. Der Hinterrand kann beiderseits in verdickte Zipfel enden, ist meist gerade oder mehr oder weniger konvex gewölbt.

Bei vielen Arten trägt der Kopf 6 paarige Stemmata, bei einigen Arten sind es nur 5. Bei den *Galerucinae* gibt es nur ein Stemmata-Paar, während bei den *Halticinae* auch dieses noch fehlt oder nur im 1. Larvenstadium angedeutet wahrnehmbar ist. Die Beborstung des Kopfes ist nicht immer konstant mit Ausnahme des Labrums, das 2 oder 3 oder auch mehrere Paare (*Timarchini*) aufweist.

Die typischen Antennen bestehen aus 3 Gliedern, wobei das 1. und 3. reduziert sein oder auch gänzlich fehlen kann. Bei den Mundteilen unterscheiden wir verschieden gezähnte Mandibeln ohne Mola, manchmal mit einem Borstenbüschel seitwärts am Innenrand. Die Maxillen zeigen eine breite Variationsmöglichkeit, doch sind sie bestimmend für die Unterfamilien. Weiter sind Cardo, Stipes sowie Palpifer mit dem dort entspringenden Maxillarpalpus vorhanden. Letzterer besteht gewöhnlich aus 3 Gliedern. Bei manchen Arten trägt der Stipes eine Lacinia, ein beutelähnliches Gebilde mit blattartigen Borsten. Das Labium der *Chrysomelidae* ist anscheinend aus mehreren Teilen hervorgegangen und ziemlich konstant, wobei einige Teile ganz fehlen können. Seitlich entspringt der Labialpalpus. Ferner unterscheiden wir Gula, Submentum und Mentum als mehr oder weniger gut getrennte Sklerite, Hypopharynx und eine Art Zunge (Superlingua), dargestellt durch lappenförmige Anhänge am hinteren Schlundteil. Schließlich ist noch der

Epipharynx mit Gefühls- und Geschmackspapillen besetzt zu erwähnen, der von dem Labrum und hinten vom Hypopharynx begrenzt wird.

Die Verpuppung findet oft frei hängend an den Pflanzenteilen statt, meistens jedoch in der Erde in mehr oder weniger stark ausgebildeten Erdzellen oder Kokons. Die unter Wasser lebenden *Donaciinae* fertigen einen Kokon an, der an Wurzeln oder an der Stielbasis der Pflanzen befestigt wird, und in welchem die Verpuppung stattfindet.

Bestimmungstabelle für die Gattungen und Unterfamilien

1 (2) Mandibeln einfach, mit einer queren, meißelartigen Schneide oder mit einfacher Spitze (Abb. 6). Beine fehlen. Blattminierer . . . . *Zeugophorinae*

2 (1) Mandibeln gezähnt, mit 2 bis 5 Zähnen (Abb. 7).

3 (4) Stigmen des 8. Abdominalsegmentes zweikammerig, gleich zweier hakenförmiger Anhänge hervorstehend, die in die Pflanzenteile eingebohrt sind (Abb. 1). Larven leben unter Wasser . . *Donaciinae*

4 (3) Stigmen des 8. Abdominalsegmentes nicht hakenförmig verlängert.

5 (12) Labrum und Clypeus ohne Zwischenquernaht (Abb. 14). Beine dünn und lang, ohne Pulvillus. Abdomen leicht angeschwollen, nach vorn gekrümmt und zur Aufnahme in einen Sack vorgesehen, der aus Exkrementen und Pflanzen- oder Holzteilen besteht (Abb. 2).

6 (11) Antennen zweigliedrig, mit einem breiten, zylindrischen Anhang; 3. Glied durch eine Borste ersetzt (Abb. 8). Larven leben, soweit bekannt, zumindest im älteren Stadium bei Ameisen und überwintern. . . . . *Clytrinae*

7 (8) Larvensäcke kahl, glatt oder feinrunzelig gestreift . . . . *Lachnaea* Redtenbacher

8 (7) Larvensäcke mit besonderen Strukturen.

9 (10) Larvensäcke mit haarähnlichen Auswüchsen . . . . *Labidostomis* Redtenbacher

10 (9) Larvensäcke mit Rippen, die vom Rücken gerade oder schräg herablaufen . . . . *Antipa* Degeer, *Clytra* Laicharting

11 (6) Antennen dreigliedrig, mit einem konischen Anhang; 3. Glied mit einer Borste und kürzer als der Anhang. Larvensäcke am Boden, zwischen abgestorbenen Pflanzenteilen, überwinternd . . . . *Cryptocephalinae, Lamprosominae*

12 (5) Labrum und Clypeus durch eine Quernaht getrennt (Abb. 15—17). Larven frei.

13 (26) Maxillarpalpen drei- oder viergliedrig, ausschließlich des Palpifer (Abb. 12). 8. Stigmenpaar an den Seiten des Körpers gelegen. Das 8. Abdominalsegment am Hinterrand unmittelbar an das folgende 9. angeschlossen, ohne abstehenden Rand.

14 (17) Tibiotarsus mit langer und dünner Klaue, ohne Pulvillus. Mandibeln kompakt mit 2 oder 3 Zähnen. Kopf mit langer Epicranialnaht; ohne Stemmata. Die Larven leben vermutlich an Wurzeln der Pflanzen und überwintern . . . . *Eumolpinae*

15 (16) Larven an den Wurzeln von Epilobium, Wein. . . . *Adoxus* KIRBY

16 (15) Larven an den Wurzeln von Vincetoxicum officinale . . . .
. . . . *Chrysochus* REDTENBACHER

17 (14) Tibiotarsus von mittlerer Länge, Klauen gekrümmt, gewöhnlich
mit Pulvillus (Abb. 11). Mandibeln flach, mit 4 bis 5 Zähnen (Abb.
7). Falls Stemmata fehlen, dann ist die Epicranialnaht kurz.

18 (19) Die ersten 8 Abdominalsegmente bauchwärts mit einer queren Reihe
von Warzen (Abb. 3). Afteröffnung nach oben ausstülpbar. Labialpalpen eingliedrig (Abb. 10). Labrum mit 3 Paar Borsten auf der
Oberseite, ohne verdickte Zipfel (Abb. 15). Die Larven werden mit
den schleimigen Exkrementen bedeckt und leben an den Pflanzen.
Frühjahrs-/Sommerbrüter . . . . *Criocerinae* (H 91)

19 (18) Die ersten 8 Abdominalsegmente ohne Warzen (Abb. 4, 5). Afteröffnung bauchwärts gerichtet und in der Mitte des 10. Segmentes
gelegen. Labialpalpen zweigliedrig (Abb. 9). Labrum seitlich nach
hinten mit verdickten Zipfeln (Abb. 16, 17). Die meisten Arten leben
auf den Pflanzen und verpuppen sich an diesen oder im Boden.

20 (23) Kopf mit mehr als 1 Paar Stemmata. Antennen dreigliedrig. Naht
zwischen Labrum und Clypeus nur leicht konvex geschwungen
(Abb. 16, 17) . . . . *Chrysomelinae*

21 (22) Labrum mit mehreren dorsal gelegenen Borstenpaaren. Larven, soweit bekannt, in der Bodenstreu überwinternd (Abb. 17).
. . . . *Timarchini*

22 (21) Labrum mit 2 Paar dorsalen Borsten (Abb. 17) . . . .
. . . . *Chrysomelinae* (übrige)
Hierher einige Vertreter der Gattungen *Chrysomela* und *Chrysochloa*, die vermutlich im Larvenstadium im Inneren von Pflanzen-
stöcken leben und auch z. T. als Larve dort überwintern.

23 (20) Kopf mit einem Paar Stemmata oder ohne solche. Antennen eingliedrig. Naht zwischen Labrum und Clypeus stark konvex nach
hinten geschwungen (Abb. 18).

24 (25) Kopf mit einem Paar Stemmata. Prothorax-Tuberkeln in Höhe der
Stigmen des Mesothorax mit 2 Borstengruppen (Abb. 25). Keine
Eizähne im 1. Larvenstadium . . . . *Galerucinae*
Hierher die an niederen Pflanzen lebenden *Galeruca*-Arten, sowie
Wurzelbrüter der Gattung *Exosoma* JACQUELIN DUVAL, *Luperus*
GEOFFROY, *Phyllobrotica* REDTENBACHER.

25 (24) Ohne Stemmata (im ersten Larvenstadium undeutlich). Prothorax-
Tuberkeln in Höhe der Stigmen des Mesothorax nur mit einer Bor-
stengruppe (Abb. 26). Kurze Eizähne auf dem Prothorax des 1. Larvenstadiums. . . . . *Halticinae* (H 92)
Hierher einige Gattungen, deren Larven an oder im Wurzelhals
oder im Boden an den Wurzeln der Pflanzen leben. Bisher sind nur
wenige, meist landwirtschaftlich bedeutende Arten bekannt ge-
worden. Für eine Unterscheidung der Gattungen bietet sich anscheinend die Form der mehr oder weniger stark ausgebildeten Dorsalplatte des 9. Abdominalsegmentes an. Ob die hier angeführten

Merkmale für alle Vertreter der einzelnen Gattungen zutreffen, müssen zukünftige Untersuchungen zeigen.

Dorsalplatte des 9. Abdominalsegmentes stark granuliert chitinisiert (Abb. 20). . . . .

. . . . . *Crepidodera* (Chevrolat) Stephens (*ferruginea* Scopoli)

Dorsalplatte am Hinterrand mit 1 Paar Dornen versehen (Abb. 21).

Psylliodes Latreille (*chrysocephala* Linnaeus, *marcida* Illiger)

Dorsalplatte am Hinterrand in der Mitte eingekerbt (Abb. 23). . .

. . . . *Aphthona* Chevolat (*coerulea* Geoffroy)

Dorsalplatte mit paarigen Eindrücken rund (Abb. 22) . . . .

. . . . . . *Longitarsus* Latreille (H 92) (*anchusae* Paykull)

nierenförmig (Abb. 24) . . . .

. . . . *Hermaeophaga* Foudras (*mercurialis* Fabricius)

Dorsalplatte ohne besondere Auszeichnungen (Abb. 19). . . . . .

. . . . *Phyllotreta* Stephens (*nemorum*
                                                    Linnaeus, *undulata* Kutschera)
                                                    (*nigripes* Fabricius)

(*Phyllotreta atra* Fabricius wird von Börner und Blunck mit einem einzelnen Enddorn gezeichnet, was der Nachprüfung bedarf).

26 (13) Maxillarpalpen höchstens zweigliedrig (Abb. 13). 8. Stigmenpaar entweder vorhanden und dann dorsal gelegen oder ganz fehlend. 8. Abdominalsegment mit einem freistehenden Hinterrand, oft bewehrt.

27 (28) Stigmen auf dem 8. Segment gut entwickelt und dorsal gelegen, ein- oder zweikammerig. 8. Abdominalsegment mit freistehendem Hinterrand. Blattminierer. . . . . *Hispinae*

28 (27) Stigmen auf dem 8. Segment undeutlich oder fehlend. 8. Abdominalsegment oft mit einer schräg nach hinten oben oder über dem Körper nach vorn gerichteten Aftergabel, welche meist die Hautreste vorhergegangener Häutungen, oft noch mit Kotresten versehen, trägt. Larven und Puppen an den Fraßpflanzen. . . . *Cassidinae*

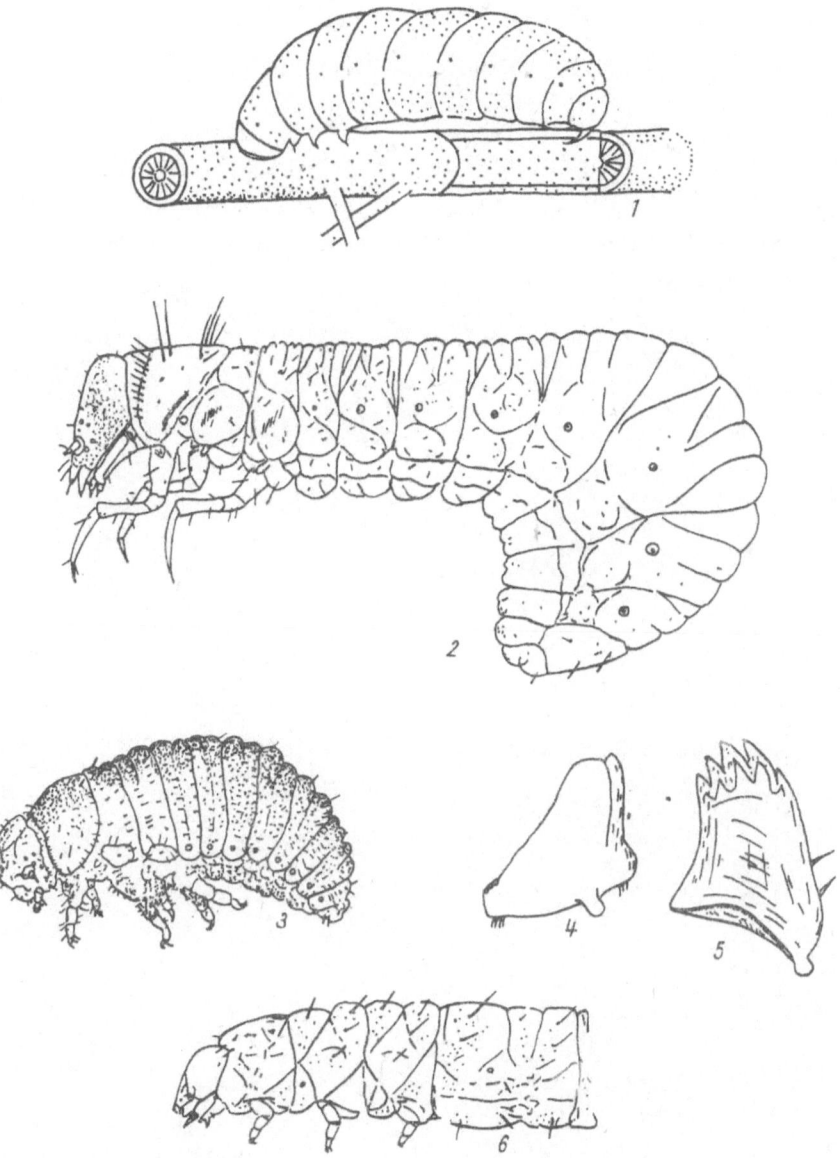

Abb. 1 *Donacia simplex* Fabricius, Körperumriß (Orig.)
Abb. 2 *Clytra quadripunctata* Linnaeus, Körperumriß (Orig.)
Abb. 3 *Crioceris asparagi* Linnaeus, Körperumriß (Orig.)
Abb. 4 *Chrysomela marginalis* Duftschmid, Mandibel (Orig.)
Abb. 5 *Cassida denticollis* Suffrian, Mandibel (Orig.)
Abb. 6 *Longitarsus* sp., Vorderteil von der Seite (Orig.)

Abb. 7   *Clytra quadripunctata* Linnaeus, Ventralansicht des Kopfes (Orig.)
Abb. 8   *Haltica* sp., Ventralansicht des Kopfes (Orig.)
Abb. 9   *Crioceris asparagi* Linnaeus, Ventrale Mundteile (Orig.)
Abb. 10   *Crepidodera ferruginea* Scopoli, Hinterbein mit Pulvillus (Orig.)
Abb. 11   *Zeugophora scutellaris* Suffrian, Maxille (Orig.)
Abb. 12   *Chrysomela hyperici* Forster, Maxille (Orig.)
Abb. 13   *Clytra quadripunctata* Linnaeus, Labrum (Orig.)
Abb. 14   *Crioceris duodecimpunctata* Linnaeus, Labrum (Orig.)
Abb. 15   *Leptinotarsa decemlineata* Say, Labrum (Orig.)
Abb. 16   *Timarcha* sp., Labrum (Orig.)
Abb. 17   *Galerucella grisescens* Johannesson, Labrum (Orig.)

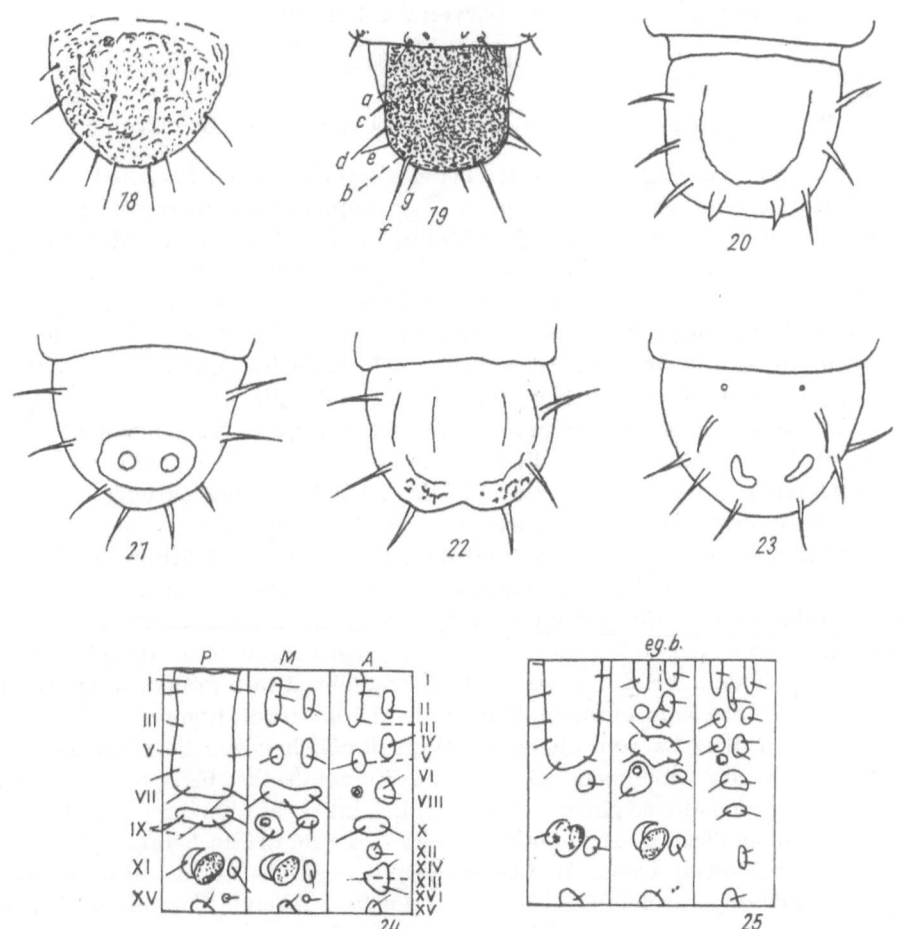

Abb. 18 *Phyllotreta undulata* Kutschera, Dorsalplatte des 9. Hinterleibsegmentes (Orig.)
Abb. 19 *Crepidodera ferruginea* Scopoli, Dorsalplatte des 9. Hinterleibsegmentes (Orig.)
Abb. 20 *Psylliodes chrysocephala* Linnaeus, Dorsalplatte des 9. Hinterleibsegmentes (Orig.)
Abb. 21 *Longitarsus anchusae* Paykull, Dorsalplatte des 9. Hinterleibsegmentes (Orig.)
Abb. 22 *Aphthona coerulea* Geoffroy, Dorsalplatte des 9. Hinterleibsegmentes (Orig.)
Abb. 23 *Hermaeophaga mercurialis* Fabricius, Dorsalplatte des 9. Hinterleibsegmentes (Orig.)
Abb. 24 *Lochmaea suturalis* Thomson, schematische Darstellung der Beborstung des Prothorax, Mesothorax und eines Abdominalsegmentes (Orig.)
Abb. 25 *Chalcoides fulvicornis* Fabricius, schematische Darstellung der Beborstung des Prothorax, Mesothorax und eines Abdominalsegmentes (Orig.)

Bestimmungstabelle für die Larven der Curculionidae (partim)

von H. Scherf

I. Allgemeines zur Lebens- und Entwicklungsweise der Larven

Die Larven der durch ihren Artenreichtum ausgezeichneten Familie *Curculioni-dae* sind in unserem Faunengebiet generell phytophag und entwickeln sich mehr oder weniger statenär in oder an ihren Nährpflanzen. Weitaus die Mehrzahl lebt endophag und ist auf lebendfrisches, turgeszentes Pflanzengewebe angewiesen. Curculionidenlarven können sämtliche Pflanzenorgane bewohnen und je nach ihrem Auftreten in pflanzlichen Strukturteilen wie auch nach dem Grade der Bindung an bestimmte Nährpflanzen lassen sie sich ökologisch gut unterscheidbaren Gruppen zuordnen. Nach den Sproßbewohnern stellt die hier ausschließlich interessierende Gruppe der Wurzelbewohner das zweitgrößte Kontingent aller Curculionidenlarven im Hinblick auf die Zahl der Arten. Allerdings wird das Gros von wenigen Gattungen gestellt und die Zahl der zu behandelnden Genera reduziert sich noch deswegen, weil die überwiegende Anzahl rhizophager Larven zumindest im Finalstadium endophytisch lebt und damit aus der Betrachtung ausscheidet. Die frei im Boden lebenden, ektophag sich von Wurzeln nährenden Larven sind zu beschränkten Ortsveränderungen fähig, können wechselnd tief in das Wurzelgewebe eindringen, ohne sich indessen völlig darin einzubohren. Junglarven begnügen sich mit dem Fraß der zarten Faserwurzeln, ältere greifen auch Hauptwurzeln an. Als Fraßbild entsteht Rinnen- und Platzfraß. Eigentümlich ist das Verhalten von *Sitona*-Larven, die zuerst Wurzelknöllchen von Papilionaceen ausfressen und erst mit zunehmendem Alter die Wurzeln selbst benagen. Man findet Curculionidenlarven also so gut wie ausschließlich im Wurzelfilz ihrer Nährpflanzen in entsprechender Tiefe. In Bodenfallen treten sie kaum in Erscheinung. Ihre Nahrung finden sie, soweit bisher zu übersehen, vorzugsweise chemotaktisch, durch Wurzelausscheidungen geleitet. Ektophag endogäisch lebende Curculionidenlarven sind polyphag oder oligophag und haben daher ein breiteres im Einzelnen noch so gut wie kaum abgrenzbares Nährpflanzenspektrum.

Entsprechend ihrer Integumentbeschaffenheit sind die Larven der Curculioniden allgemein in ihren Habitaten auf hohe Feuchtigkeit angewiesen. Doch gibt es solche, die vorübergehende mäßige Austrocknung des Substrates ertragen. Hierzu zählen auch die frei im Boden lebenden juvenilen Stadien. So konnte festgestellt werden, daß bei Curculionidenlarven im Wiesenboden eine ausgeprägtere Resistenz gegen ungünstige Außenbedingungen vorhanden war als vergleichsweise bei den dort vorkommenden Carabiden- und Staphylinidenlarven. Neben der Feuchte übt auch die Temperatur einen beträchtlichen Einfluß auf den Entwicklungsverlauf der Larven aus. Dies äußert sich einmal in einer Beschleunigung oder Verzögerung der Entwicklungsgeschwindigkeit, zum anderen in den von den einzelnen Stadien erreichten Durchschnittsgrößen. Selbst die Anzahl absolvierter Häutungen kann davon abhängen.

Über die Zahl der im Zuge der Larvalentwicklung auftretenden Stadien läßt sich nach bisheriger Kenntnis sagen, daß gewöhnlich 3 Häutungen durchlaufen werden, wovon die letzte die Metamorphosenhäutung ist. Wir haben es also im allgemeinen mit 3 Stadien zu tun. Die inzwischen bekanntgewordenen Abweichungen hiervon, wie sie für eine Reihe von Arten gefunden wurden, dürften ökologischen Einflüssen zuzuschreiben sein. Die Abfolge der einzelnen Häutungsschritte konkret festzustellen ist bei der kryptischen Lebensweise der allermeisten Arten und ihrer empfindlichen Reaktion auf Störungen mit großen Schwierigkeiten verbunden.

II. Morphologie der Larven

Die allgemeine Beschreibung des larvalen Habitus beruht auf dem Finalstadium. Frühere Stadien ähneln diesem unverkennbar, doch existieren einige Merkmalsunterschiede.

Als hochadaptierte Lebensform weicht die Curculionidenlarve beträchtlich vom Grundbauplan einer Coleopterenlarve ab und entspricht dem Typ des Bohrminierers mit beschränktem Aktionsradius. Habituell sind die Larven außerordentlich uniform, die zur Unterscheidung tauglichen Merkmale daher subtil.

Die Larven sind eruciform, eucephal und apod (Abb. 1). Außer den Extremitäten fehlen auch Abdominalanhänge völlig. Ebenfalls im Zeichen der Reduktion steht die Kopfkapsel mit ihren Differenzierungen. Der gedrungene walzenförmige Körper ist gewöhnlich ventralwärts gekrümmt, nach beiden Enden hin verschmälert, die größte Breite liegt häufig im Bereich der Meso-Meta-Thorakalregion, kann aber auch zum ersten Abdominalsegment rücken. Der Körper ist in drei Thorakal- und zehn Abdominalsegmente gegliedert; doch kann die Segmentierung undeutlich, in expandiertem Zustand wegen der fast verschwundenen Intersegmentalfurchen beinahe völlig verwischt sein. Das stark reduzierte 10. Abdominalsegment existiert vielfach nur noch in Gestalt einiger Schwielen um den Anus. Das Integument ist weich, dünn und sehr flexibel. Stärker sklerotisiert sind außer dem Kopf bei manchen Formen nur noch ein Sklerit auf dem Pronotum, meistens die Setae und Partien am Abdomenende. Sonstige Sklerotisationen fehlen zwar nicht völlig, treten aber nur wenig in Erscheinung. Mit Ausnahme der Setae kann das Integument entweder völlig glatt sein oder einen dichten oder lockeren Besatz von winzigen, durchweg terminal gerichteten Spinulae aufweisen. Der Besitz von Spinulae und die Art ihrer Ausbildung steht in enger Beziehung zum Aufenthaltsort. Entsprechend der Lebensweise dominieren in der Körperfärbung helle Farbtöne, vor allem Weiß in verschiedenen Abstufungen und gelbliche Farbgebung. Der Kopf ist zumeist bräunlich. Von seinen Anhängen sind die Spitzen der Mandibeln als Orte stärkster mechanischer Beanspruchung am intensivsten sklerotisiert und am dunkelsten gefärbt. Eine genaue Längenmessung der Larven wird erschwert durch ihre gekrümmte Körperhaltung, hat auch keinen besonderen artdiagnostischen Wert. Literaturangaben sind hier nicht immer zuverlässig. Zur Vereinheitlichung des Verfahrens empfiehlt sich zur Feststellung der Körperlänge das Maßnehmen über die Körperwölbung, wobei die frisch getöteten Larven auf der Seite liegen. Am brauchbarsten sind Messungen am Ende eines Larvenstadiums oder die Angabe der Spanne, in der die Larve während eines Stadiums heranwächst. Solche konkreten Angaben fehlen weithin. Sehr genau läßt sich die Kopfkapselbreite messen, die immer der Stelle der größten Ausdehnung entspricht und zur Beurteilung des Larvenalters beiträgt.

Die larvale Kopfkapsel ist gemeinhin orthognath orientiert, unterschiedlich tief in den Prothorax zurückgezogen und dann nur teilweise sichtbar. Sie hat gewöhnlich rundliche Form, etwas länger als breit, kann aber auch länglich sein mit annähernd parallelen, nur wenig gebogenen Seiten. Eine Sutura coronalis beginnt am

Foramen occipitale und gabelt sich nach vorn in die beiden Suturae frontales (Abb. 2). Durch Verlängerung der S. coronalis kann der Ursprung der Frontalsuturen weit oralwärts verlagert werden, durch Verkürzung der Coronalsutur rückt die Bifurcation caudalwärts. Manchmal besitzen die Frontalsuturen eine beträchtliche Breite und unregelmäßig gerandete Seitenbegrenzung; andererseits können sie unsichtbar werden. Alle Suturen sind bei dunkler Pigmentierung des Cranium hell, bei heller Färbung unauffällig. Die Coronalsutur verläuft in gerader Linie, wohingegen die Frontalsuturen in mehr oder weniger stark gekrümmten Bogen ziehen. Letztere münden entweder in die Artikulationsmembran der Antennen oder werden davon durch eine chitinöse Brücke abgeriegelt und gehen dann in die Sutura epistomalis über . Die Suturen, in ihrer Ausbildung von erheblichem taxonomischen Wert, gliedern das Cranium in drei große Abschnitte; durch die S. coronalis werden die beiden Parietalia getrennt, welche zusammen das Epicranium bilden; die S. frontales umgrenzen die median gelegene Frons (Abb. 2). Als umfangreichster Bauteil formen die stark gewölbten Parietalia die Apertur des Foramen occipitale und sind an der Umrahmung des Foramen orale wesentlich beteiligt. Ihren mediodorsalen Bereich beiderseits der Coronalstruktur bezeichnet man als Vertex. Die Frons von triangularer Gestalt entspricht meist einem gleichschenkligen Dreieck, dessen Basis die Epistomalsutur abgibt, und dessen Scheitel der Winkel zwischen den Schenkeln der Frontalsuturen bildet. Ihr vorderer Teil ist zuweilen zu einem dunkler gefärbten Epistoma verstärkt. Jederseits des Clypeusansatzes sind die lateralen Winkel der Frons vorgezogen und ergeben die dorsalen Artikulationsstellen der Mandibeln. Unter der S. coronalis zieht ihrem Verlauf entsprechend eine Apophyse (Apodema epicraniale), die manchmal noch über die Verzweigungsstelle der S. frontales hinausragt und dann als dunkler Streifen unter der Frons auffällt. Sie kann für die Determination von Bedeutung sein. Über die allgemeine Konstruktion der Kopfkapsel im ventralen Bereich informiert Abb. 3. — Die Antennen sitzen in den Außenwinkeln der Frontalregion dicht an den Frontalsuturen. Sie sind weitgehend reduziert, leicht eingesenkt und bestehen aus einem einzigen, konischen, schmalen oder breiten Glied auf einer oft gewölbten Basalmembran. Diese Membran kann bei starker Aufwölbung mit einem Antennenglied verwechselt werden. Das Glied sitzt gerne exzentrisch auf der Basalmembran; neben ihm erheben sich noch mehrere winzige Sensillen. — Der Ausbildungsgrad häufig vorhandener Stemmata kann ein Bestimmungsmerkmal abgeben. Man findet sie dicht neben den Antennen in oder außerhalb der Frontalsuturen. Ihre Anzahl ist verschieden; sie können völlig geschwunden sein. Bei dunkler Pigmentierung heben sie sich gut von ihrer Umgebung ab. — Von großer taxonomischer Bedeutung sind Anzahl und Verteilung der cranialen Setae. Es werden epicraniale (des und les) und frontale (fs) Setae unterschieden, die sehr unterschiedlich entwickelt sein können. Das Grundschema des Borstenmusters zeigt Abb. 2. Die Setae werden von hinten nach vorne und außen numeriert. Sie sind bei den einzelnen Arten in verschiedener Weise gegeneinander versetzt. Auf dem Cranium lassen sich noch in einigermaßen symmetrischer Verteilung circuläre Eindrücke, die als Sensillen bezeichnet werden, erkennen.

Der Clypeus (Abb. 4) ist annähernd trapezoid, kurz und breit mit mehr oder weniger gebogenen Seitenrändern, die Vorderkante gerade oder median eingekerbt. In Basisnähe stehen je 2 schwächere Setae den Außenwinkeln genähert; bisweilen sind noch einige Setae zusätzlich zugegen. — Das Labrum (Abb. 4) ist schmäler als der Clypeus, von ihm durch die Labialsutur abgegrenzt und am Vorderrand gleichmäßig gerundet oder median leicht eingebuchtet oder vorgewölbt. Vom Hinterrand springt ein am Clypeus oft durchscheinender Zapfen vor. Dorsal stehen gewöhnlich 3 Paar längere Setae (lms), auch einige Sensillen sind vorhanden. Im Vorderrand inserieren 3 Gruppen von Setae, eine antero-median (2—6), die anderen daneben antero-lateral (je 3—5). Viele von ihnen sind zu kräftigen, kurzen, oft sichelartig abgeflachten und gekrümmten Spinae metamorphosiert. Auf der Innenseite können sich als Armatur des Epipharynx 2 chitinöse, dunkel gefärbte, manchmal partiell verbreiterte Leisten (Tormae) besonders herausheben, die parallel zur Medianen laufen oder nach hinten konvergieren (Abb. 5). Zwischen oder vor ihnen sitzen gewöhnlich 2 Paar Epipharyngealspinae (esp) hintereinander und 2 Gruppen von Sensillen.

Die Mandibeln (Abb. 6) sind kurz, gedrungen, pyramidenförmig, haben leicht konvexe Dorsal- oder Außenfläche und konkave Innen- oder Ventralfläche. Ihre Schneidekante verfügt über eine unterschiedliche Zahl von Zähnen. Der Innenrand der beiden apikalen Zähne kann zweikantig oder sägeartig gekerbt sein. Auf der Außenfläche befinden sich 2 ungleich große Setae.

An den Maxillen (Abb. 7) sind Stipes, Palpifer und Lacinia nahtlos fusioniert. Die Galea ist völlig zurückgebildet. Als Verschmelzungsprodukt resultiert ein Maxillenstamm, der auf dem wohlabgesetzten Cardo als Basalglied inseriert. Am Stipes sitzen zweigliedrige Maxillarpalpen. Der Cardo ist ohne Setae, am Stipes kommen 3—4 vor, zudem sind einige Sensillen vorhanden. Der Innenrand des Lobus der Lacinia hat kammförmig stehende steife Setae, die häufig zu messerartig abgeflachten Spinae werden. Ihre Zahl schwankt und einige können mehr auf der Innenfläche inserieren, sind dann auch kleiner. Von den Palpengliedern ist das basale größer und breiter als das apikale Glied, an dessen stumpfem Ende winzige Papillen sitzen. Das Grundglied hat zylindrische, das Endglied konische Form. Ein abgeflachter, distal gerundeter akzessorischer Fortsatz ist manchmal deutlich und liegt dem Endglied eng an.

Beim Labium (Abb. 7) sind alle ursprünglich vorhandenen Teile verschmolzen und umgestaltet. Wir verwenden die Bezeichnungen Praelabium für den gut umschriebenen, oft eigentümlich sklerotisierten und dann dreizinkigen, palpentragenden, teilweise gute Unterscheidungsmerkmale liefernden Abschnitt und Postlabium für den umfangreichen, kissenartig aufgetriebenen hinteren Abschnitt. Es trägt 3 Paar Setae, wovon ein Paar mitunter im hintersten Teil durch eine Querfalte abgetrennt ist. Das Praelabium besteht aus dem oftmals dreizinkigen Sklerit, von dem aus noch ein Fortsatz nach hinten ragen kann. Die lateralen Zinken sind oft schmäler und länger als der mediane und umgreifen die Basis der Labialpalpen. Der mediane proximale Zinken kann stark verkürzt sein oder ganz fehlen. Im Zwischenraum der Gabelzinken sitzen je eine Seta und 1—2 Sensillen, weitere häufig neben- oder voreinander am distalen Ende des medianen Zinkens. Die Labialpalpen sind klein, überragen meist den Vorderrand des Labiums. Sie bestehen entweder nur aus einem unscheinbaren flachen Glied oder sind zweigliedrig. Der von den Palpen begrenzte, vor dem medianen Zinken liegende vordere Lobus, die Ligula, ist breit gerundet, membranös und weist 1—2 Paar kleiner Setae auf.

Auf der Thorakal- und Abdominalregion sind die eigentlichen Segmente noch einmal untergliedert und die dadurch entstehenden Wülste zum Teil in den Dienst der Fortbewegung getreten. Bis auf den Prothorax, der sich schärfer abhebt, unter-

scheiden sich die Segmente nicht sonderlich auffallend. Die Thoraxsegmente sind
jedoch im Besitz von Pedalloben (Fußwülste) und haben weniger Sekundärfurchen.
Die einzelnen Segmente des Thorax werden mit römischen Zahlen (I, II, III) belegt.

Der Prothorax weist keinerlei sekundäre Furchungen auf. Tergum, Pleurum und
Sternum sind nur annähernd abgrenzbar. Rudimente des Tergum scheinen in dem
oft vorhandenen, durch eine Mediansutur geteilten, unterschiedlich gestalteten
Dorsalsklerit zu sein, welches häufig gut sklerotisiert und damit mehr oder weniger
dunkel gefärbt ist. — Die Dorsalpartie von Meso- und Metathorax wird durch eine
Querfurche in einen häufig unvollständig abgetrennten vorderen Lobus, das Prae-
notum und ein hinteres Feld, das Postnotum untergliedert. In der Plenralregion
findet sich je eine Epipleural- (Epl) und eine Hypopleuralschwiele (Hpl), von denen
Epl des Metathorax auch in zwei subtriangulare Epipleurite aufgelöst sein kann.
Der mesothorakale Epipleurit schiebt sich vielfach in den Prothorax, dort dessen
postero-lateralen Rand einbuchtend. Über den Epipleuriten kann anschließend
an die Nota noch ein Subtergal-Areal abgegrenzt sein. — Ventral sind alle Brust-
segmente ebenfalls durch eine Querfurche unterteilt. Hierdurch entsteht ein mitunter kreissegmentähnliches vorderes Feld, das Eusternum, und ein hinteres Feld,
das Sternellum. Vor dem Eusternum kann undeutlich abgegrenzt ein Praesternum
liegen. Antero-lateral sitzen auf dem Sternellum die normalerweise kräftig entwickelten, gewölbten Pedalloben paarweise an jedem Segment. Sie tragen auf der
Wölbung hin und wieder ein rundliches Sklerit. — Zum Verständnis der Chaetotaxie des Thorax ziehe man Abb. 8 und Abb. 9 zu Rate. Die dort verwendeten
Abkürzungen zeigen, daß auf jedem Segment die Setae mit kleinen Buchstaben in
alphabetischer Reihenfolge belegt werden. Und zwar wird die Bezeichnung mit
dem Zusatz D (dorsal) und V (ventral) von vorn nach hinten und von median la-
teralwärts durchgeführt. Stets werden nur Setae einer Seite mit Buchstaben versehen; die symmetrische Anordnung bedingt dasselbe Borstenmuster auf der anderen Seite. Es handelt sich also stets um Paare. Auf den Pleuralschwielen werden
die Setae gesondert benannt. Nach diesem Einteilungsverfahren bezeichnet z. B.
II eD die 5. (e) dorsale (D) Seta des Mesothorax (II). Vom Metathorax ab neigen die
Setae oftmals zu querer reihiger Anordnung. Am Prothorax finden sich Setae auch
auf dem Dorsalsklerit.

Am Abdomen sind die ersten 7 Segmente untereinander recht ähnlich, die letzten
3 mehr oder weniger weitgehend verändert (Abb. 10). Vom 10. Segment sind in der
Regel nur noch einige kleine Wülste um den Anus übrig. Gegeneinander sind die
Abdominalsegmente durch deutliche Intersegmentalfurchen getrennt. Die einzelnen Abdominalsegmente werden mit arabischen Zahlen belegt. — Die ersten
7 Segmente sind im dorsalen Bereich durch 2 Querfurchen in 3 Lobi untergliedert;
es gibt aber auch Larven, welche nur 2 Lobi aufweisen. Diese Lobi werden als Praetergum, Tergum und Posttergum bezeichnet. Von allen Lobi ist der mittlere normalerweise der schmälste. Mitunter verliert sich die dorsale Dreiteilung der Segmente vom 4. an nach hinten, so daß die folgenden dann nur noch eine Zweiteilung
aufweisen. Unter den Terga ist vielfach ein undeutlich umschriebenes Subtergal-
areal erhalten, an das sich die Pleuralregion mit kräftigen Epipleuriten und Hypo-
pleuriten anschließt. Die Epipleurite können Sklerotisationen aufweisen. Ventral
sind ein großes Ventrit vorne und ein kleines Postventrit dahinter durch eine Furche getrennt. Laterofrontal kann man mitunter noch am Postventrit ein paariges

Adventrit ausmachen. — Das 8. Segment ist kleiner als die davorliegenden beinahe gleichgroßen Segmente und im Normalfall nur durch eine Querfurche in ein Prae-tergum und ein Posttergum geschieden. Auf seiner Ventralseite fehlt das Post-ventrit. Epi- und Hypopleuralschwielen sind vorhanden. — Am 9. Segment sind die Dimensionen weiter verringert. Außer der zumeist fehlenden dorsalen Quer-furche vermißt man die Hypopleurite. Seine Ausbildung kann wichtige Kriterien zur Determination liefern. — Das 10. Segment, großenteils in das 9. eingesenkt, ist stark reduziert. Der Anus ist meistens X-förmig oder als Längs- oder Querspalte ausgebildet. — Bei verschiedenen Larvenformen erfährt das Abdomenende, also die Segmente 8—10, eine weitergreifende Umgestaltung. Es kann auch skleroti-siert sein. Diese Sklerotisation betrifft das 9., besonders auf dem Tergum und an den Epipleuralschwielen, und weniger deutlich das 10. Segment. Man unterscheidet 3 Typen. Beim Typ A, der als einfachster gilt, sind die Epipleurite des 9. Segmentes stark vergrößert und gewölbt, das Tergit ist mehr oder weniger triangular, caudal sklerotisiert; das Ventrit ist schmal und völlig sklerotisiert. Der Anus ist X-förmig mit enger stehenden Schenkeln. Beim Typ B sind die Epipleurite des 9. Segmentes länglich, schmal und stellen eine ventrad liegende sklerotisierte Platte dar, die Epipleurite des 8. Segmentes hingegen groß und greifen am lateralen Körperende auf die Position der 9. Epipleurite über. Tergit des 9. Segmentes trapezoid, caudal stark sklerotisiert, Ventrit wird von den Basen der Epipleurite umfaßt. Das 10. Seg-ment stellt ein fast triangulares Areal dar. Der Typ C ist dadurch ausgezeichnet, daß die caudalen Teile des 9. Segmentes dazu tendieren, röhrenförmig zu werden. Tergit, Hinterende der Epipleurite und Ventrit des 9. Segmentes bilden zusammen die Form der Röhre. Der Anus ist mehr schräg kreuz- als x-förmig. — Die Abdo-minalsegmente tragen lockeren Borstenbesatz (Abb. 11). Viele ursprünglich vor-handene Setae sind rückgebildet. Die Borsten selbst sind höchst unterschiedlich entwickelt, von stattlichen Setae bis zu nur noch mikroskopisch nachweisbaren sind alle Längen realisiert. Oftmals ordnen sie sich auf den Terga der Segmente zu Querreihen, meistenteils auf dem Posttergum. Auch in der Chaetotaxie der Abdo-minalsegmente werden immer nur die Setae einer Segmenthälfte gekennzeichnet. Sie werden mit kleinen Buchstaben identifiziert, wobei der auf die Segmentzahl folgende Buchstabe D (dorsal) oder V (ventral) auf die Stellung der Setae hinweist. Die Zuordnung erfolgt in alphabetischer Reihenfolge für jedes Segment von vorn nach hinten und von median nach lateral. Die Borstenzahl auf den Tergalregionen kann vom 1. Abdominalsegment nach hinten abnehmen. Epi- und Hypopleurite verfügen normalerweise über 2 ungleich lange Setae. 8. und 9. Segment tragen ver-ringerten Borstenbesatz und eine den anderen Segmenten entsprechende Borsten-bezeichnung bereitet oft große Mühe, da fraglich ist, welchen Setae der vorderen Segmente die erhalten gebliebenen entsprechen.

Die Larven besitzen insgesamt 9 segmental angeordnete Stigmenpaare. Ein Paar befindet sich am Thorax. Sie sitzen an den Flanken der Segmente dorsal über den Epipleuriten. Hinsichtlich Größe und Ausbildung bestehen segmentale wie taxo-nomische Unterschiede. Das thorakale Stigmenpaar findet sich fast immer am Prothorax, gehört aber primär dem Mesothorax an und ist sekundär verschoben. Alle anderen Stigmenpaare liegen auf den Abdominalsegmenten 1—8. Die Öff-nungen sind von rundlichen oder ovalen, leicht sklerotisierten Peritremae um-zogen. Unter der äußeren, sekundären Öffnung (Porta atrii) liegt das Atrium mit der primären Öffnung, welches sich seitlich in Stigmenkammern erweitert. Letztere sind blind endende Ausstülpungen des Atrialraumes mit Wandverstärkungen (Annuli). Sie sind hauptsächlich nach hinten gerichtet. Das thorakale hat fast immer 2 größere Stigmenkammern; die abdominalen Stigmen können ein- oder zweikammerig sein.

III. Zur Determination der Larven

Wie schon festgestellt bereitet die Bestimmung der Curculionidenlarven aufgrund ihrer ausgeprägten Uniformität und Merkmalsarmut erhebliche Schwierigkeiten. Hinzu tritt unsere unzulängliche oder ganz fehlende Kenntnis der Jugendstadien vieler Arten, das Fehlen ausreichender Serien bestimmten Alters und die daraus resultierenden Unsicherheiten in der Beurteilung der taxonomischen Relevanz morphologischer Kriterien. Die sonst bei Curculioniden hilfsweise gangbare Determination nach den Entwicklungsorten und den Nährpflanzen scheitert bei rhizophag-endogäischen Gattungen an der verbreiteten Polyphagie oder zumindest Oligophagie und daran, daß vielfach das Nährpflanzenspektrum überhaupt noch nicht zu übersehen ist.

Trotz allen von den Objekten wie vom Stande unserer Kenntnis her sich ergebenden Schwierigkeiten, sollte es mit den folgenden Tabellen gelingen, die generische Zugehörigkeit einer erwachsenen frei im Boden lebenden Curculionidenlarve zu ermitteln, sofern es sich nicht um die Angehörige einer in Entwicklung und Lebensweise noch unbekannten Gattung handelt. Immerhin sind die besonders artenreichen und im Boden am ehesten im Larvalzustand aufzufindenden Gattungen im Schlüssel erfaßt.

Die Bestimmung der Larven sollte möglichst bald nach dem Abtöten erfolgen. Zur Erkennung der oft subtilen Unterscheidungskriterien bedarf es der mikroskopischen Diagnose nach vorausgegangener Präparation der entsprechenden Körperteile. Je mehr erwachsene Larven vorliegen, um so sicherer werden die durch vergleichende Untersuchungen erzielten Determinationsergebnisse.

Die folgenden Tabellen orientieren sich an den grundlegenden Studien von Van Emden (1952) und an der Bearbeitung der Curculioniden in dem Werk von M. S. Ghilarov (1964). Beide Quellen lieferten auch die Vorlagen, ergänzt durch eigene, für die Abbildungen.

Die Larven lassen sich·verschiedenen Gruppen zuordnen, von denen folgende endogäisch frei lebende Vertreter stellen:

1 (2) Antennen breit, dorso-ventral gestaucht, Glied asymmetrisch, mit kragenförmiger und sklerotisierter Basis. 9. Abdominalsegment bei den meisten Arten sklerotisiert . . . . *Adelognatha* S. 350

2 (1) Antennen länger als breit, manchmal so lang wie breit, stumpf konisch oder zugespitzt, Glied symmetrisch. 9. Abdominalsegment nicht sklerotisiert . . . . *Phanerognatha* S. 355

Bestimmungstabelle für die Gattungen der Adelognatha

1 (24) Abdomenende nicht sklerotisiert.

2 (5) Schneidekante der Mandibeln mit einem oder mehreren Zähnen in der Mitte oder zwischen Mitte und zweizähniger Spitze (Abb. 12a). Frontalsuturen gut sichtbar.

3   (4) Epipleurit am 9. Abdominalsegment mit mehreren Setae, Adventrit
        und Ventrit zusammen mit 3 Setae. Endocarina sehr klein, kaum
        sichtbar. Mandibular-Seta 2 kräftig, inseriert vor dorso-lateraler
        Furche. Dorsalfläche des Labrum zwischen $1 m_1$ und $1 m_2$ mit
        paarigen Sensillen, $1 m_1$ weniger weit getrennt als $1 m_2$. Antennen
        nicht vorstehend. Setae an Lacinia der Maxillen irregulär angeordnet
        und sehr zahlreich. Stigmen mit ovalen Peritremae . . . . . .
        . . . . *Brachycerus* OLIV.

4   (3) Epipleurit am 9. Abdominalsegment nur mit 2 Setae, die posterior-
        dorsale schwach, Adventrit und Ventrit zusammen mit 2 Setae.
        Endocarina gut sichtbar. Mandibular-Seta 2 gewöhnlich klein, inse-
        riert an Außenkante. Dorsalfläche des Labrum zwischen lm_1 und
        lm_2 ohne Sensillen, lm_1 in der Regel weiter getrennt als lm_2. An-
        tennen vorstehend. 8 Setae an Lacinia der Maxillen am Rande reihig
        angeordnet; dazu noch eine ventro-apikale Gruppe von 4 Setae.
        Stigmen zweikammerig . . . . *Sitona* GERM.

5   (2) Schneidekante der Mandibeln nur mit leichter Vorwölbung in der
        Mitte (nur bei *Liophloeus* oft mit zahnartigem Vorsprung (Abb. 12b).
        Frontalsuturen undeutlich. Ventrit des 9. Abdominalsegmentes
        trägt nur 2 Paar Setae. Lacinia der Maxillen am Innenrand mit einer
        Reihe von 7—10, zumeist 8, Setae und einer ventroapikalen Gruppe
        von 4 Setae.

6 (21) Hintere Epipharyngeal-Spinae nicht weiter als 3/5 der Distanz
        zwischen esp_1 getrennt. Endocarina fehlt.

7   (8) 8. Posttergum mit 5 Seta ($/i///$), die 2. manchmal winzig (selten
        fehlend) (Abb. 13b). Seta cV der Pedalloben viel kürzer als Seta bV.
        Peritremae abdominaler Stigmen rundlich mit 2 kleinen Luft-
        kammern ohne Annuli . . . . *Otiorrhynchus* GERM.

8   (7) 8. Posttergum mit 3—4 Setae ($///$ oder $/ ///$), selten noch mit 5. Seta
        ($//i/$) (Abb. 13a); im letzten Fall ist Seta cV der Pedalloben viel
        länger als Seta bV. Peritremae der abdominalen Stigmen annähernd
        kreisförmig mit einer Luftkammer.

9 (12) 7. Posttergum mit 6 Setae ($/////$) (Abb. 14a), 7 bD von fast gleicher
        Größe wie 7 cD und 7 eD. Peritremae der Stigmen rund.

10 (11) Seta fV der mesothorakalen Pedalloben viel kleiner als dV (Abb.
        15a). 8. Posttergum des Meso- und Metathorax mit 4 Setae . . .
        . . . . *Polydrosus* GERM. (partim)

11 (10) Seta fV der mesothorakalen Pedalloben viel größer als dV (Abb.
        15b). 8. Posttergum mit 4—5 Setae ($/ ///$ oder $/ /i/$). D II (III)e
        nicht viel länger als b und c . . . . *Phyllobius* SCHÖNH.

12 (9) 7 Posttergum mit 5 Setae ($/i///$) (Abb. 14b), 7 bD von fast gleicher
        Größe wie 7 dD und 7 fD. Seta bV der Ventralloben kleiner als cV.
        Peritremae der Stigmen stumpfoval, 2 rudimentäre Luftkammern
        am Mesothorax und jeweils eine an den Abdominalsegmenten vor-
        handen.

13 (16) D III e fast gleich mit D II e und viel kürzer als D II (III) d. Vor-
        dere Praelabial-Setae nur wenig weiter getrennt als die hinteren

14 (15) 2. basale Seta am Rande der Lacinia zweimal so lang wie die 4. . . .

. . . . *Scythropus* Schönh.

15 (14) 2. basale Seta am Rande der Lacinia nur wenig länger als die 4. . .

. . . . *Polydrosus* Germ. (partim)

16 (13) D III e viel länger als D II e und fast gleich mit D II (III) d. Vordere Praelabial-Setae $1^1/_2$—2 mal so weit getrennt wie die hinteren.

17 (18) Frontalsuturen rudimentär. Antennen nicht vorstehend und als flacher sklerotisierter Ring sichtbar. Subtergal-Areal des Mesothorax mit einer sekundären winzigen, des Metathorax mit einer ebensolchen, aber distinkten Seta. Epipharyngealdornen esp_2 getrennt durch 3/5 der Distanz zwischen esp_1 . . . *Liophloeus* Germ.

18 (17) Frontalsuturen deutlich. Antennen vorstehend. Subtergal-Areal des Meso- und Metathorax mit nur einer Seta. Epipharyngealdornen esp_2 getrennt durch weniger als die Hälfte der Distanz zwischen esp_1.

19 (20) Stigmen am Abdomen besitzen eine deutliche tubulöse Luftkammer. Cranium mit 2 pigmentierten gut sichtbaren Stemmata, vordere viel kleiner . . . . *Sciaphilus* Steph.

20 (19) Stigmen am Abdomen besitzen lediglich rudimentäre Luftkammer, zu erkennen als mehr oder weniger große Ausbuchtung am Peritrema. Pigmentierte Stemmata fehlen. . . . . . *Barypeithes* Duv.

21 (6) Hintere Epipharyngeal-Spinae nicht weiter als 2/3 der Distanz zwischen esp_1 getrennt.

22 (23) Subtergal-Areal von Meso- und Metathorax mit einer Seta. Mandibular-Seta 2 nicht mehr als halb so lang wie Seta 1. 8. Posttergum mit 4 Setae ($_l/_l/_l$). Postnotum von Meso- und Metathorax mit 3 Setae ($_l/_l$). Cranium besitzt dunkle ankerförmige Frontalzeichnung (Abb. 16) . . . . *Psalidium* Ill.

23 (22) Subtergal-Areal von Meso- und Metathorax mit 2 Setae. 8. Posttergum mit 4 Setae. Seta gV der Pedalloben auf allen Thorakalsegmenten vorhanden, mitunter sehr klein, selten fehlend. Epipharynx mit 3 antero-lateralen Spinae. lm_1 auf Labrum so weit getrennt wie lm_2. Dorsale Lobi der Abdominalsegmente 7—9 tragen spärlichen Besatz aus zerstreut stehenden Spinulae . . . . . . *Barynotus* Germ.

24 (1) Abdomenende mehr oder weniger sklerotisiert.

25 (26) Abdomenende sklerotisiert nach Typ C, durch Verlängerung des Posttergum und des caudalen Teiles des 9. Epipleurit tubusartig geformt (Abb. 17). Anus kreuzförmig. Verlängertes Abdomenende umgeben von 6 Skleriten, im Querschnitt paarweise symmetrisch angeordnet und am Rande mit Setae. Seta gV der Pedalloben sehr klein, fV, eV und bV gleichlang und kleiner als dV und cV. Epipharynx antero-lateral mit 5 Spinae, Tormae stark entwickelt (Abb. 18). Antennen auffallend dick. Praelabialsklerit mit gut ausgebildetem medianem proximalen und distalen Fortsatz . . . .

. . . . *Chloebius* Schönh.

26 (25) Abdomen nicht tubusartig verlängert.

27 (38) Abdomenende sklerotisiert nach Typ A. Epipleurit des 9. Abdominalsegmentes stark vergrößert, konvex, in verschiedenem Grade sklerotisiert, mit quer- oder schräg verlaufenden Wülsten (Abb.

19a). Tergit 9 triangular; Ventrit 9 schmal, manchmal sklerotisiert.
10. Abdominalsegment sehr klein. Anus x-förmig.

28 (29) Epipleurit des 9. Abdominalsegmentes groß, konvex, mit mehreren sklerotisierten Rippen (Abb. 20). Frontalsuturen unsichtbar. Seta eV der Pedalloben gut ausgebildet. Epipleurit 8 mit antero-lateraler Scheibe . . . . *Chlorophanus* GERM.

29 (28) Epipleurit des 9. Abdominalsegmentes mit einem sklerotisierten Wulst.

30 (31) Frontalsuturen gut sichtbar (Abb. 21b). Endocarina fehlt. Subtergal-Areal auf Meso- und Metathorax mit einer Borste. Pedalloben ohne Seta gV. Posttergum des 7. Abdominalsegmentes mit 6 Setae (/ / / / / /), die stärkere Seta 7 jD ist posterodorsal verlagert. 8. Posttergum mit 4—5 Setae (/ / / / oder / / / / /). Mandibular-Seta 2 viel kleiner als 1, eng beisammen stehend. Peritremae der Stigmen ringförmig . . . . *Trachyphloeus* GERM.

31 (30) Frontalsuturen fehlen (Abb. 21a). Pedalloben mit Seta gV.

32 (33) Seta bV innerhalb der Pedalloben gut sichtbar, auf separatem Sklerit (Abb. 22). Subtergal-Areal des Meso- und Metathorax mit 2 (oder mehr) Setae. 8. Posttergum trägt 5 starke Setae. Praeterga 1—7 mit einer Seta. Epipleurite haben 2—3 Setae, nur 7.—8. mit Scheiben wie bei *Chlorophanus* versehen. Hinterrand des 8. Ventrit breit konkav ausgerandet. Ventrit 9 herzförmig. Frontalsetae fs 1—3 sehr klein, fs 4—5 groß (Abb. 21a) . . . . . *Philopedon* STEPH.

33 (32) Seta bV von den Pedalloben nicht separiert.

34 (35) Tergit, Ventrit und Epipleurit des 9. Abdominalsegmentes stark sklerotisiert. Ventrit groß, abgerundet dreieckig, mit 2 Paar Setae, eines der Mitte stark genähert und kurz, das andere davon weiter entfernt und lang. Epipleurit mit einem langen quer verlaufenden Wulst, an dessen Ende lange Borsten stehen (Abb. 23a). Tergit fast dreieckig, trägt 3 Setae. 8. Tergit weist in 2 Reihen angeordnete Setae auf (2+3). Frontalrand mit dunkler Zeichnung. Frontalsetae fs 4—5 gut sichtbar. Setae der Pedalloben, außer gV, lang und kräftig, gV halb so lang. Subtergal-Areal von Meso- und Metathorax mit 1 Seta . . . . *Eusomatulus* REITT.

35 (34) Epipleurit gewöhnlich sklerotisiert, die Wölbungen des Tergites selten. Ventrit klein, beinahe walzenförmig (Abb. 23b).

36 (37) Ventrit des 9. Abdominalsegmentes fast quer, stark gewölbt, mit reihig angeordneten langen und starken Setae (Abb. 23b). Epipleurit 9 stark gewölbt, im Profil konisch. Seta gV der Pedalloben groß, nicht kleiner als fV und eV. Frontalsetae fs_4 und fs_5 vorhanden.
. . . . *Thylacites* GERM.

37 (36) Ventrit des 9. Abdominalsegmentes am Außenrande bogenförmig, mäßig gewölbt, mit paarweise angeordneten Setae (falls Ventrit kaum gebogen schwer von *Thylacites* zu unterscheiden) (Abb. 24). Seta gV der Pedalloben sehr klein. Epipleurit 9 mit Wulst . . . .
. . . . *Eusomus* GERM.

38 (27) Abdomenende sklerotisiert nach Typ B. Epipleurit des 9. Abdomisegmentes länglich, schmal, bildet sklerotisierte Platte, nicht konvex

(Abb. 19 b). 8. Epipleurit caudal verlängert, nach hinten in 9. Epipleurit eingreifend. Tergit 9 trapezförmig, Dorsalwulst stark sklerotisiert.

39 (46) Abstand zwischen esp$_2$ des Epipharynx deutlich geringer als Distanz zwischen esp$_1$ (Abb. 25 a). Endocarina fehlt. 8. Posttergum mit 3 bis 4 Setae (/// oder ;/;/), selten noch mit einer sehr kleinen 5. (;////). In diesem Fall ist Seta cV der Pedalloben so lang wie bV. Peritremae der Stigmen ringförmig.

40 (43) Hinterer Fortsatz des Praelabialsklerites am Ende auffallend stempelförmig verbreitert (Abb. 26 a). Frontalsuturen deutlich. Seta eV der Pedalloben wenigstens so stark wie bV, cV kürzer als dV. 2 pigmentierte Stemmata vorhanden.

41 (42) Epipleurite des 9. Abdominalsegmentes keilförmig, ventrad verengt, leicht konkav, umgreifen das 10. Segment (Abb. 27 a). Tergit trapezförmig, mit 2 Setae nahe dem stark sklerotisierten dorsalen Hinterende (9 dD und 9 fD) und 2 weiteren Setae auf der Wölbung. Ventrit kaum sklerotisiert, besitzt 4 sehr kleine dicht stehende Setae am unteren Rande des Epipleurit 9. Wölbung des Epi- und Hypopleurites am 8. Abdominalsegment ebenfalls deutlich sklerotisiert. Anus x-förmig . . . . *Brachyderes* Schönh.

42 (41) Epipleurite des 9. Abdominalsegmentes zwar ebenfalls keilförmig aber nicht konkav und das 10. Segment umfassend, welches mehr dreieckig ist (Abb. 27 b). Tergit stark sklerotisiert, Seta 9 fD fast in Hinterecke inserierend, 9aD und 9dD nach vorne verlagert. Ventrit grenzt mit kaum gebuchtetem Rand an Epipleurit, Setae größer und in weiterem Abstand sitzend. Epi- und Hypopleurit am 8. Abdominalsegment sehr schwach sklerotisiert. Seta gV auf Pedalloben fehlt. Analspalte lang x-förmig . . . . . . *Cneorrhinus* Schönh.

43 (40) Hinterer Fortsatz des Praelabialsklerites am Ende nicht oder nur wenig verbreitert (Abb. 26 b). Frontalsuturen undeutlich. Seta eV der Pedalloben gewöhnlich kleiner als bV.

44 (45) Seta eV der Pedalloben viel kleiner als bV, cV viel kleiner als dV, gV winzig. Kleine Seta zwischen 8 aD und 8 iD deutlich, 8 eD länger als 8 bD, letztere winzig und leicht zu übersehen. Praelabialsklerit vorne groß und breit, medianer Fortsatz zungenförmig ausgezogen. esp$_1$ des Epipharynx weiter getrennt als esp$_2$ (Abb. 28). Setae des Tergites 9 außerhalb des sklerotisierten Teiles angeordnet . . . . *Strophosomus* Steph.

45 (44) Seta eV der Pedalloben nicht kleiner obgleich schwächer als bV, cV und bV fast gleich. Praelabialsklerit ohne zungenförmig ausgezogenen medianen Fortsatz, stärker abgerundet konturiert. esp$_1$ des Epipharynx unbedeutend weiter getrennt als esp$_2$. 8 eD und 8 bD fast gleich, klein aber deutlich . . . . *Neliocarus* Thoms.

46 (39) Abstand zwischen esp$_2$ des Epipharynx fast so weit oder etwas weiter als Distanz zwischen esp$_1$ (Abb. 25 b). Frontalsuturen fehlen oder sind lediglich angedeutet.

47 (48) Pronotum mit einer schrägen schmalen Sklerotisation dorsolateral, deren hinterer Teil einen länglichen Wulst bildet. Frontalsetae fs 1—3

klein, Seta des$_1$ weit entfernt von fs$_1$. Praelabialsklerit schwach sklerotisiert, laterale Fortsätze vereinigen sich basal in einem Winkel (Abb. 29a) . . . . *Tanymecus* SCHÖNH.

48 (47) Pronotum ohne dorsolaterale wulstige Sklerotisation. Frontalsetae fs$_{1/3}$ mittelgroß, fs$_2$ fehlt, des$_1$ so weit von fs$_1$ entfernt wie fs$_1$ von fs$_3$. Praelabialsklerit basal am Rande gerade abgestutzt, ohne hinteren Fortsatz (Abb. 29b) . . . . *Mesagroicus* SCHÖNH.

Bestimmungstabelle für die Gattungen der Phanerognatha

1 (18) Endocarina vorhanden.

2   (3) Antennen breit gewölbt, etwas breiter als lang, etwas asymmetrisch und apikal stumpf gerundet, am Grunde von Basalmembran eingefaßt, deren Sensillen z. T. groß, spitzkegelig und die Hälfte der Antennenlänge erreichend (Abb. 30a). Frontalsetae 1—3 rudimentär. Epicranialpartien ohne längsstreifige Zeichnung. Frons auffallend breiter als lang, Frontalsuturen bilden vor den Antennen einen Winkel (Abb. 31). Praelabium breit, Abstand zwischen den Setae nicht geringer als ihre Länge. 9. Abdominalsegment viel breiter als hoch, Epipleurite vortretend, Tergit mit 3 fast gleichlangen Setae (Abb. 32) . . . . *Alophus* SCHÖNH.

3   (2) Antennen kegel- oder fast dornförmig, Verhältnis von Länge zu Breite gewöhnlich 1$^1/_2$—2:1 (Abb. 30b). Frontalsetae stets gut ausgebildet und lang. Epicranialpartien mit längsstreifig angelegter, manchmal fleckig aufgelöster, beiderseits der S. coronalis vorhandener Zeichnung. Praelabium schmal, Abstand zwischen den Setae immer kleiner als ihre Länge. 9. Abdominalsegment von hinten gesehen breit oval, selten schmäler, Breite aber stets das 1$^1/_2$fache der Höhe nicht überschreitend.

4 (11) Pedalloben mit 6 Setae (Abb. 33a).

5   (8) Tergit des 9. Abdominalsegmentes mit 5—6 Setae wechselnder Länge (/$_1$/$_i$/ oder $_1$/$_i$/$_1$/), die kleineren stehen manchmal in gesonderter Reihe; Ventrit mit 2 kleinen Setae.

6   (7) Auf Frons fs$_1$ nur wenig kürzer als fs$_2$ und fs$_4$, diese lang, fs$_3$ halb so lang (Abb. 34a). Praelabium am Vorderrand mit zarten, kurzen Setae, die in 2 Reihen stehen (Abb. 35a). 9. Abdominalsegment trägt dorsal 6reihig angeordnete Setae; Epipleurit dieses Segmentes mit 1—2 Setae . . . . *Cleonus* SCHÖNH.

7   (6) Auf Frons fs$_1$ 2$^1/_2$—3mal kürzer als fs$_{2-4}$ (Abb. 34b). Praelabium am Vorderrand mit ziemlich großen, starken Setae, die im Bogen angeordnet sind (Abb. 35b). 9. Abdominalsegment trägt dorsal 5 in zwei Reihen stehende Setae, wobei die kleineren die vordere bilden. Postterga der anderen Abdominalsegmente tragen Setae in gleicher Anordnung. Epipleurit des 9. Segmentes mit 3 Setae. Nur Pedalloben am Sternellum des Prothorax mit kleiner Seta gV . . . .
. . . . *Cyphocleonus* MOTS.

8　(5) Tergit des 9. Abdominalsegmentes mit 3—4 gleichlangen Setae; Ventrit mit 3 Setae. Epipleuralschwiele des 10. Abdominalsegmentes trägt 4 kleine Setae.

9　(10) Tergit des 9. Abdominalsegmentes besitzt 3 kleine, in Reihe stehende Setae; Epipleurit 9 mit einer Seta (Abb. 37a). Am Labrum Setae von lms_1—lms_3 an Länge abnehmend, so daß lms_3 halb so lang ist wie lms_1. Frons mit zarter ankerförmiger Zeichnung, alle fs gleichlang, fs_{1-4} in Schrägreihe am Rande der Zeichnung sitzend (Abb. 36a). Seta gV der Pedalloben winzig, die anderen lang . . . .
. . . . *Stephanophorus* Mots.

10　(9) Tergit des 9. Abdominalsegmentes besitzt 4 kleine bogenförmig stehende Setae; Epipleurit 9 mit 2 Setae (Abb. 37b). Frons mehr oder weniger gleichmäßig pigmentiert, fs normal angeordnet, fs_3 beinahe auf gleichem Niveau mit fs_4 (Abb. 36b). Seta gV der Pedalloben nicht kleiner als $^1/_3$ der Länge der übrigen . . . .
. . . . *Bothynoderes* Schönh.

11　(4) Pedalloben nicht mit 6 Setae (Abb. 33b).

12　(13) Pedalloben mit 4 gleichen Setae (Abb. 33b). Frons spitz dreieckig, S. frontalis flach gebogen (Abb. 38b). Praelabium schmal und lang, proximal spitz zulaufend, distale Fortsätze von der Basis der Palpen gleich weit entfernt (Abb. 39). Vorderrand des Pronotum pigmentiert . . . . *Chromoderus* Mots.

13　(12) Pedalloben mit 7 Setae. Frons breit dreieckig, S. frontalis konvex, manchmal gebuchtet (Abb. 38a).

14　(15) Pedalloben vorne mit einer sehr kleinen Seta (hV) vor gV (Abb. 40a). Auf Frons fs_{1-2} oder fs_2 bedeutend kleiner als die übrigen. Dorsalsklerit am Pronotum etwas mehr sklerotisiert als die anderen Lobi des Thorax . . . . *Temnorrhinus* Chevr.

15　(14) Pedalloben vorne ohne kleine Seta vor gV, außer hV alle Setae lang (Abb. 40b). Auf Frons fs_{1-3} annähernd gleich groß. Dorsalsklerit am Pronotum stark sklerotisiert.

16　(17) Frons umgekehrt herzförmig, fs_{3-4} sitzen in kleinen Mulden, fs_3 halb so lang wie fs_4, Epistomalrand stark sklerotisiert mit vorgezogenen lateralen Ecken. Epicranium beiderseits der S. coronalis mit fleckiger Zeichnung (Abb 41a). 9. Abdominalsegment im Querschnitt oval, ohne eigens vorgewölbte Epipleurite; Tergit mit 3 Setae, davon die mittlere an Länge die anderen weit übertreffend; Epipleurit mit einer langen Seta, Ventrit besitzt 2 stärkere und längere Setae (Abb. 42a). Analspalten fast symmetrisch schräg kreuzförmig . . . .
. . . . *Stephanocleonus* Mots.

17　(16) Frons lateral unregelmäßig konturiert und mehr schaufelförmig, S. frontalis undeutlich, fs_3 nicht kleiner als fs_4, beide nicht in Mulden inserierend, Epistomalrand lateral mit scharf vorspringenden abgerundeten Ecken. Epicranium besitzt eine fleckige Zeichnung beiderseits der S. coronalis und durch einen Streifen getrennt je ein weiteres Feld mit Fleckenmuster subdorsal, im trennenden Streifen inserieren des $_{1-3}$ (Abb. 41b). 9. Abdominalsegment im Querschnitt mit vorspringenden Epipleuriten und unruhiger Kontur; Tergit mit 2 unregelmäßigen Reihen von Setae, die vorderen kleiner als die hinteren; Epipleurit hat 3 und Ventrit 2 kleine Setae (Abb. 42b). Obere Schenkel der Analspalte umschließen einen Winkel von 130°, die unteren divergieren mit weniger als 30° . . . . *Adosomus* FAUST

18 (1) Endocarina nicht sichtbar.

19 (20) Frons umgekehrt herzförmig, fs_{1-2} sehr klein, fs_3 größer, dicht bei fs_4 und $2^1/_2$mal kürzer als diese (Abb. 43a). 9. Abdominalsegment von hinten gesehen oval mit lateral vorragenden Epipleuriten; Tergit zeigt 3 Setae, wobei die innere nur etwas mehr als $^1/_3$ der Länge der äußeren besitzt; Epipleurit mit 2 Setae höchst unterschiedlicher Länge (Abb. 44a). Obere Schenkel der Analspalte bilden einen Winkel von 150°, die unteren von 70° . . . *Lepyrus* GERM.

20 (19) Frons mit dreieckig abgesetztem Basalteil, fs_{1-2} gut sichtbar, aber nur halb so lang als fs_{3-4}, fs_5 am längsten (Abb. 43b). Abdomen vom 6. Segment ab stark verengt. 8. Segment auffallend verändert, stark aufgewulstet, das 9. Segment dorsal überlagernd, mit kräftigen Hypopleuralwülsten, Stigmen tief eingesenkt. Dorsalfläche des 9. Segmentes abgeflacht, antero-lateral mit 2 Ecken, 2 ausgeprägte Rinnen vorhanden, deren vordere Abschnitte zum antero-lateralen Rand hin gerichtet sind; Ventrit bohnenförmig; dorsolateral am Vorderrand des Tergites inserieren 3 lange mehr oder weniger gewellte Setae; Epipleurit vorquellend (Abb. 44b). Obere Schenkel der Analspalte bilden einen Winkel von 110°—140°, die unteren von 50°—60° . . . . *Sphenophorus* SCHÖNH.

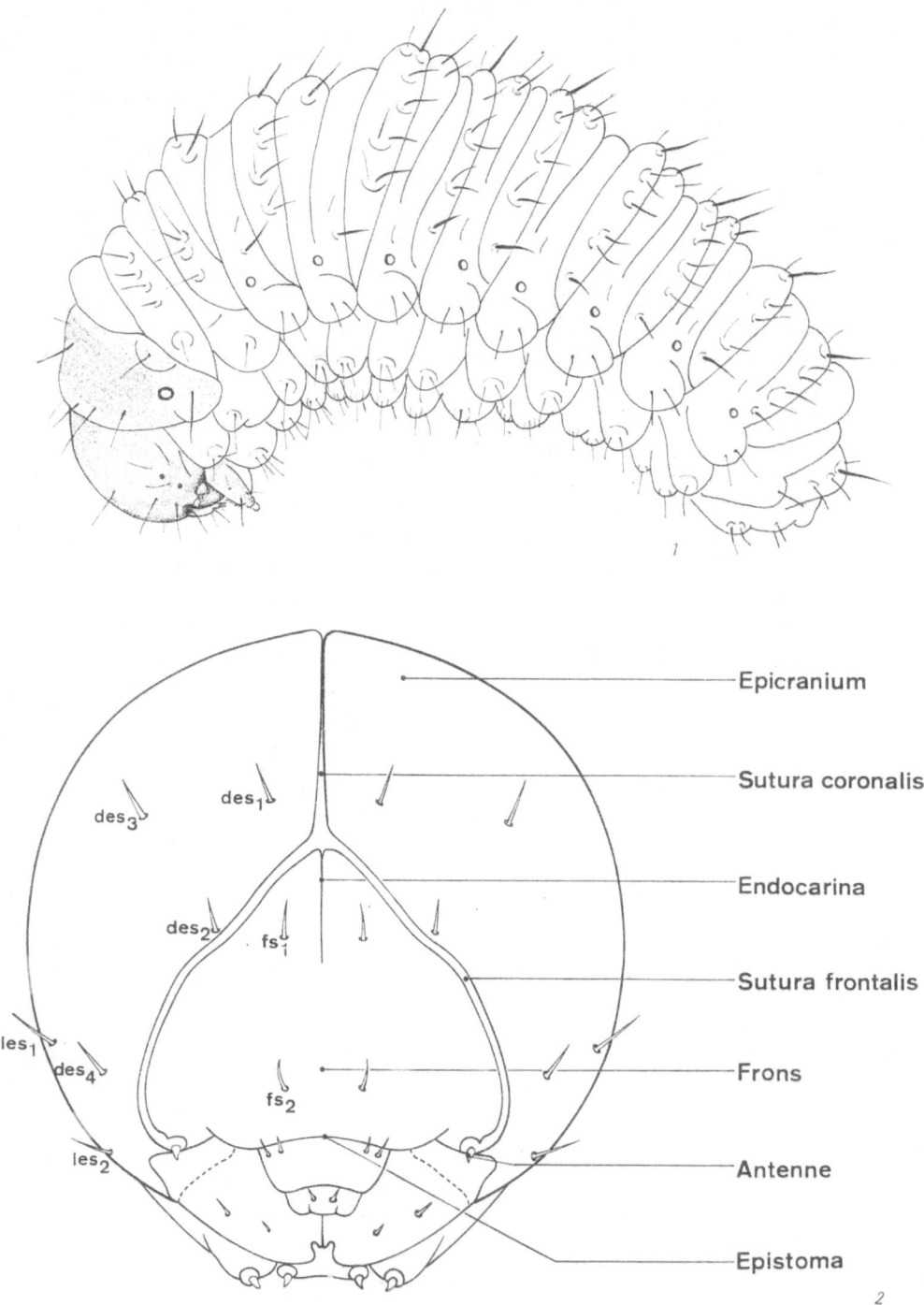

Abb. 1 Habitus einer Curculionidenlarve, Orig.
Abb. 2 Kopfkapsel in Dorsalansicht und Grundschema der Borstenverteilung (des₁—des₄ dorsale Epicranialsetae, les₁—les₂ laterale Epicranialsetae), Orig.

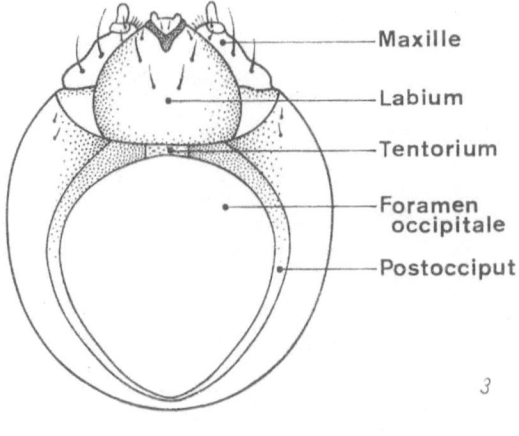

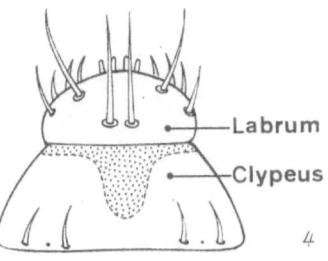

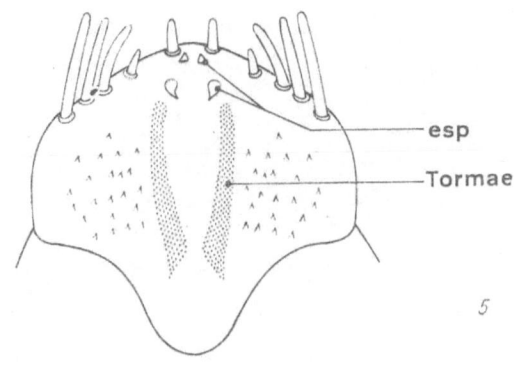

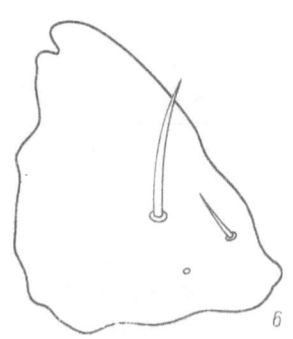

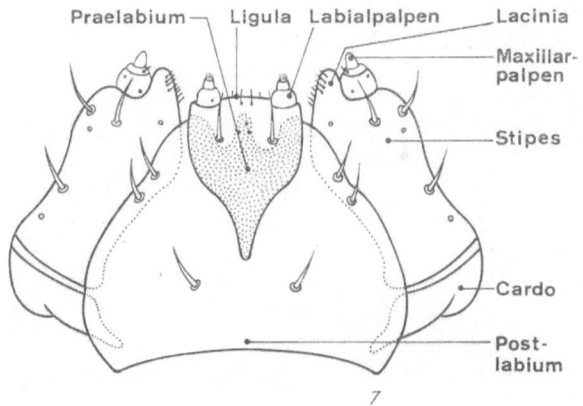

Abb. 3 Kopfkapsel in Ventralansicht, Orig.
Abb. 4 Clypeolabialkomplex mit schematischem Verteilungsmuster der Setae, Orig.
Abb. 5 Labrum, Epipharynxarmatur, Orig.
Abb. 6 Rechte Mandibel in Dorsalansicht, Orig.
Abb. 7 Grundriß des Labio-Maxillarkomplexes mit Verteilungsmuster der Setae, Orig.

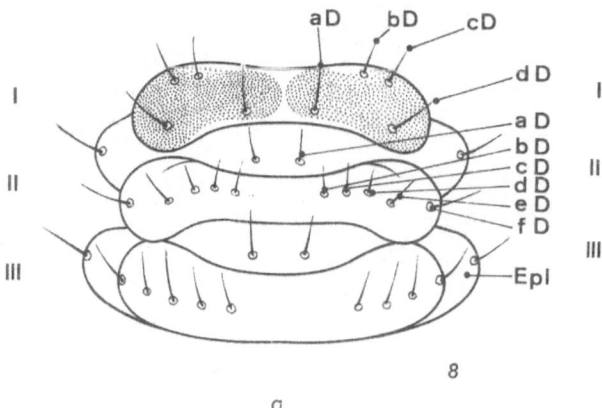

8

a

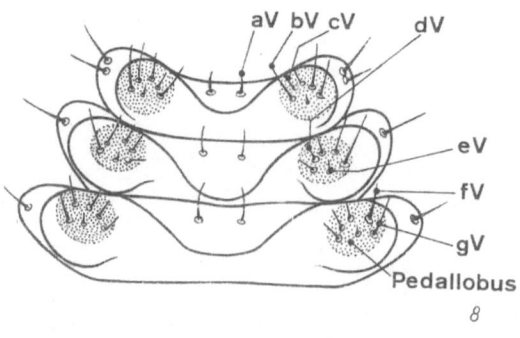

8

b

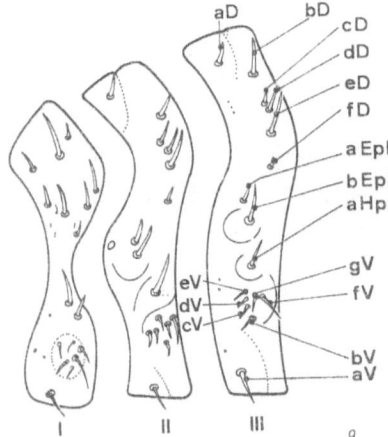

9

Abb. 8   Schema der Thoraxsegmente in Dorsal= (a) und Ventralansicht (b) mit der allgemeinen Anordnung der Setae und ihrer Chaetotaxie, Orig.

Abb. 9   Segmenthälften des Thorax und Stellung der Setae, Orig.

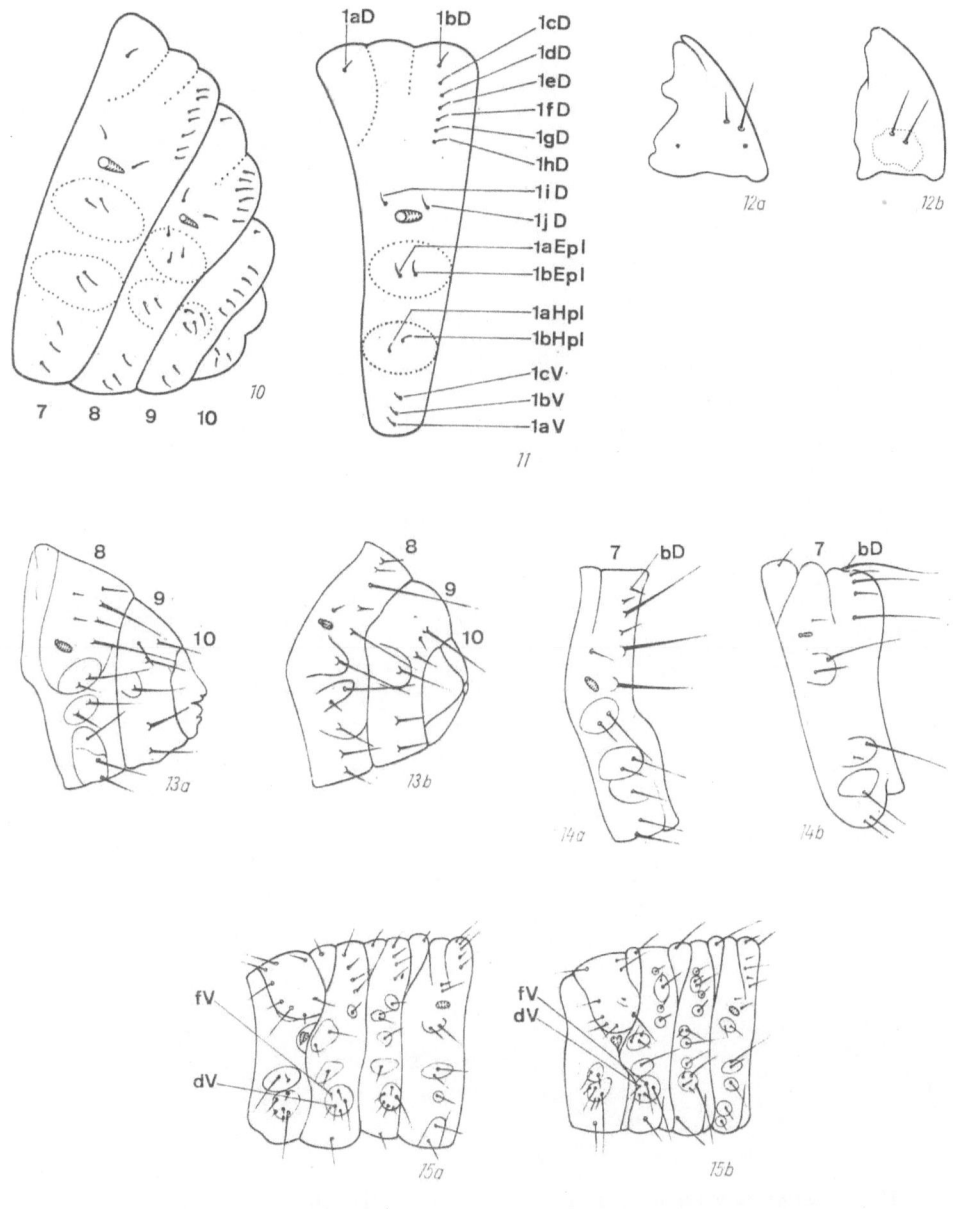

Abb. 10   Schematische Darstellung der Endsegmente des Abdomens mit allgemeinem Borsten-
           verteilungsmuster, Orig.
Abb. 11   Chaetotaxie eines Abdominalsegmentes (1.), Orig.
Abb. 12a   *Sitona lineatus* LINNAEUS, Mandibel (Orig.)
Abb. 12b   *Chlorophanus viridis* LINNAEUS, Mandibel (Orig.)
Abb. 13a   *Phyllobius calcaratus* FABRICIUS, letzte Abdominalsegmente (Orig.)
Abb. 13b   *Otiorrhynchus ligustici* LINNAEUS, letzte Abdominalsegmente (Orig.)
Abb. 14a   *Phyllobius calcaratus* FABRICIUS, 7. Abdominalsegment (Orig.)
Abb. 14b   *Polydrosus cervinus* LINNAEUS, 7. Abdominalsegment (Orig.)
Abb. 15a   *Polydrosus cervinus* LINNAEUS, Thorax (Orig.)
Abb. 15b   *Phyllobius calcaratus* FABRICIUS, Thorax (Orig.)

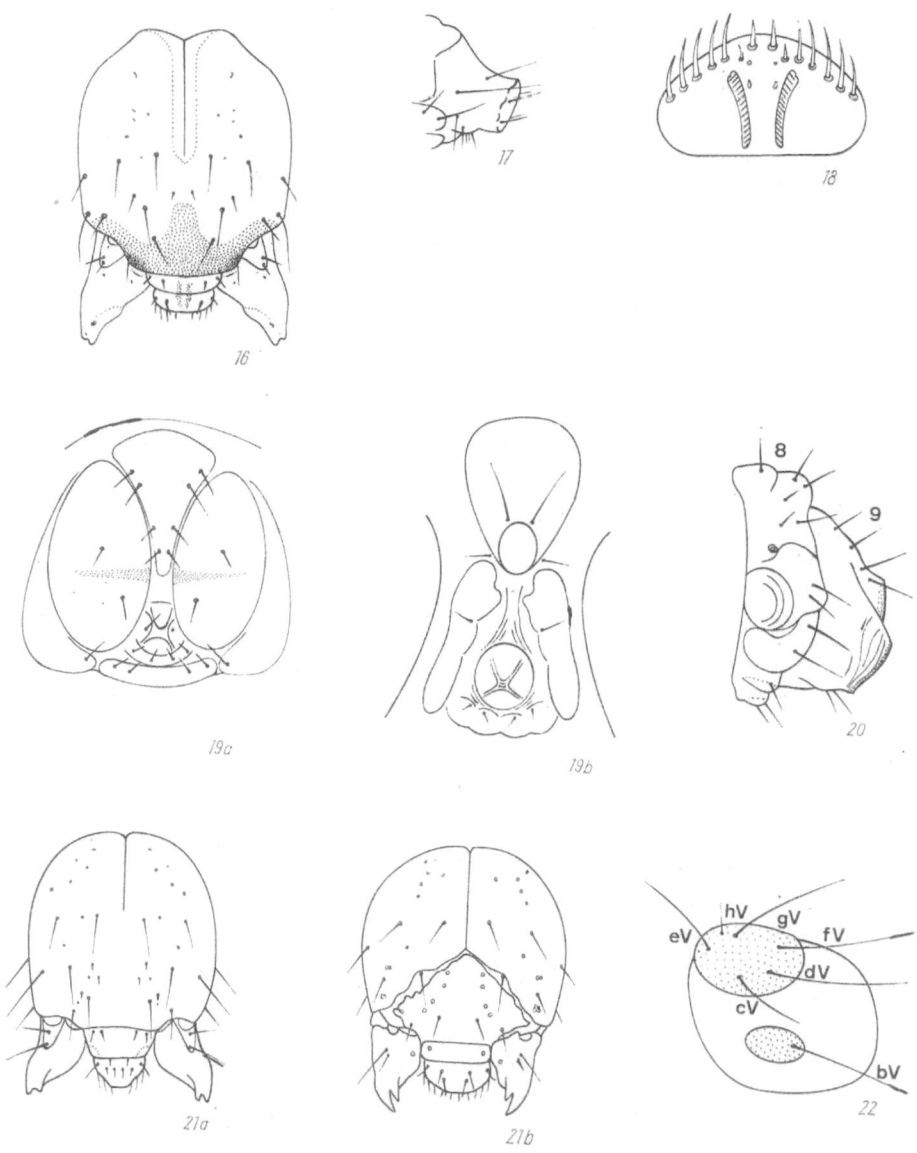

Abb. 16　　*Psalidium maxillosum* Fabricius, Kopfkapsel (Orig.)
Abb. 17　　*Chloebius* sp., Abdomenende (Orig.)
Abb. 18　　*Chloebius* sp., Epipharynx (Orig.)
Abb. 19a　*Eusomus ovulum* Germar, Abdomenende (Orig.)
Abb. 19b　*Strophosomus albolineatus* Seidlitz, Abdomenende (Orig.)
Abb. 20　　*Chlorophanus viridis* Linnaeus, letzte Abdominalsegmente (Orig.)
Abb. 21a　*Philopedon plagiatus* Schaller, Kopfkapsel (Orig.)
Abb. 21b　*Trachyphloeus scabriculus* Linnaeus, Kopfkapsel (Orig.)
Abb. 22　　*Philopedon plagiatus* Schaller, Pedallobus (Orig.)

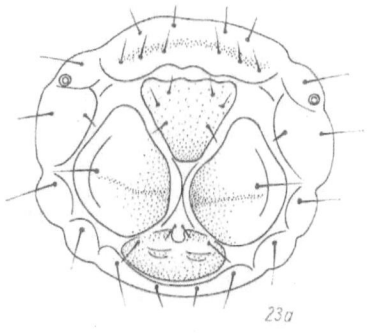

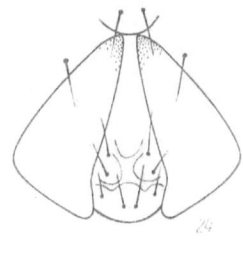

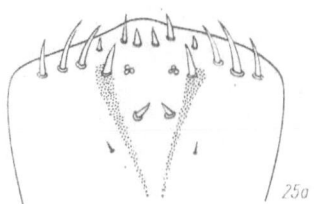
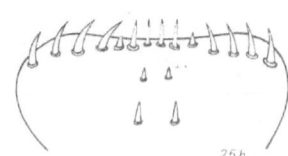
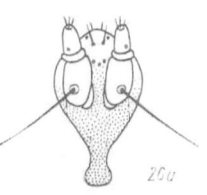
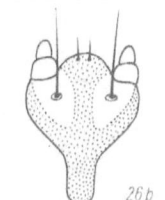

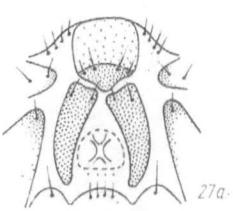
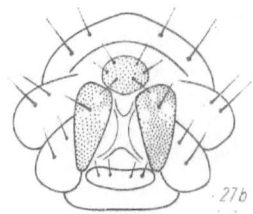

Abb. 23a   *Psalidium maxillosum* FABRICIUS, Abdomenende (Orig.)
Abb. 23b   *Thylacites pilosus* FABRICIUS, Abdomenende (Orig.)
Abb. 24   *Eusomus beckeri* FORMAN, Abdomenende (Orig.)
Abb. 25a   *Brachyderes incanus* LINNAEUS, Epipharynx (Orig.)
Abb. 25b   *Tanymecus palliatus* FABRICIUS, Epipharynx (Orig.)
Abb. 26a   *Brachyderes incanus* LINNAEUS, Labium (Orig.)
Abb. 26b   *Strophosomus albolineatus* SEIDLITZ, Labium (Orig.)
Abb. 27a   *Brachyderes incanus* LINNAEUS, Abdomenende (Orig.)
Abb. 27b   *Cneorrhinus albinus* BOHEMAN, Abdomenende (Orig.)
Abb. 28   *Strophosomus melanogrammus* FÖRSTER, Epipharynx (Orig.)

Abb. 29 a   *Tanymecus palliatus* FABRICIUS, Labium (Orig.)
Abb. 29 b   *Mesagroicus* sp., Labium (Orig.)
Abb. 30 a   *Alophus triguttatus* FABRICIUS, Antenne (Orig.)
Abb. 30 b   *Cleonus piger* SCOPOLI, Antenne (Orig.)
Abb. 31   *Alophus triguttatus* FABRICIUS, Kopfkapsel (Orig.)
Abb. 32   *Alophus triguttatus* FABRICIUS, Abdomenende (Orig.)
Abb. 33 a   *Cyphocleonus tigrinus* PANZER, Pedallobus (Orig.)
Abb. 33 b   *Chromoderus declivis* OLIVIER, Pedallobus (Orig.)
Abb. 34a   *Cleonus piger* SCOPOLI, Kopfkapsel (Orig.)
Abb. 34 b   *Cyphocleonus tigrinus* PANZER, Kopfkapsel (Orig.)
Abb. 35a   *Cleonus piger* SCOPOLI, Labium (Orig.)
Abb. 35b   *Cyphocleonus tigrinus* PANZER, Labium (Orig.)

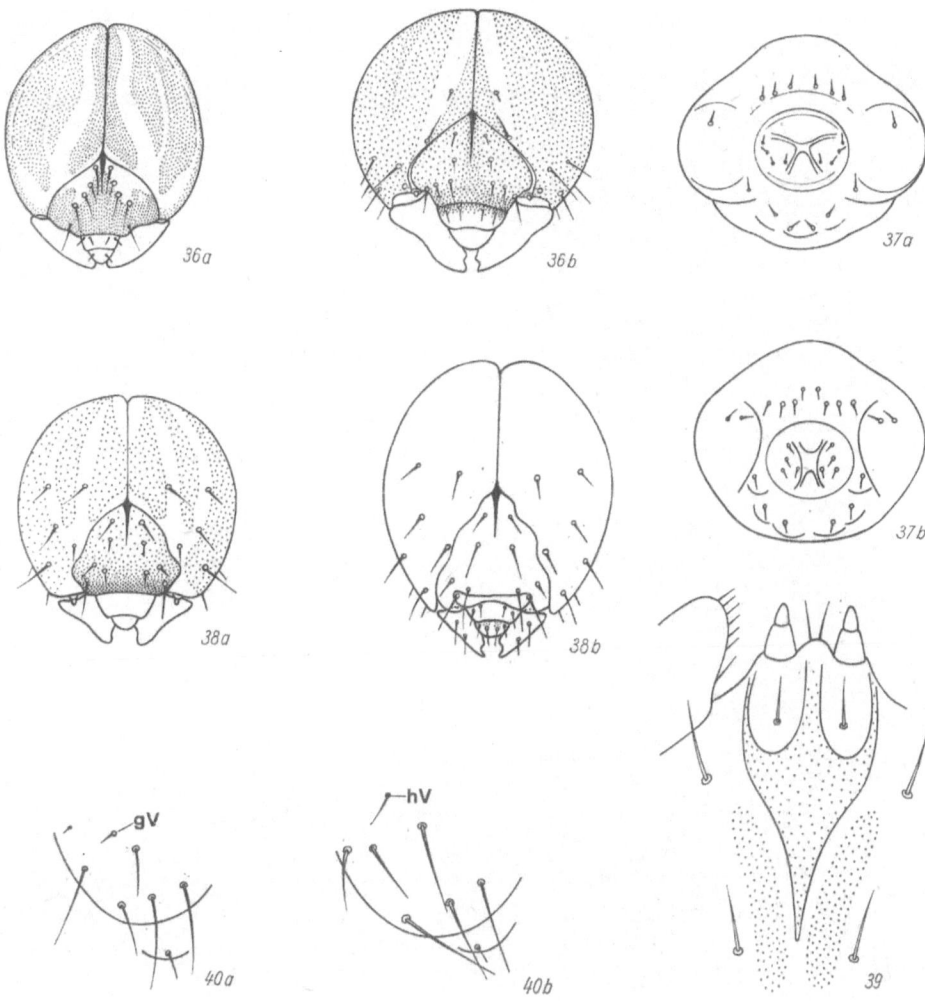

Abb. 36a *Stephanophorus strabus* GYLLENHAL, Kopfkapsel (Orig.)
Abb. 36b *Bothynoderes punctiventris* GERMAR, Kopfkapsel (Orig.)
Abb. 37a *Stephanophorus strabus* GYLLENHAL, Abdomenende (Orig.)
Abb. 37b *Bothynoderes punctiventris* GERMAR, Abdomenende (Orig.)
Abb. 38a *Temnorrhinus hololeucus* PALLAS, Kopfkapsel (Orig.)
Abb. 38b *Chromoderus fasciatus* MÜLLER, Kopfkapsel (Orig.)
Abb. 39   *Chromoderus declivis* OLIVIER, Labium (Orig.)
Abb. 40a *Temnorrhinus elongatus* GEBLER, Pedallobus (Orig.)
Abb. 40b *Adosomus roridus* PALLAS, Pedallobus (Orig.)

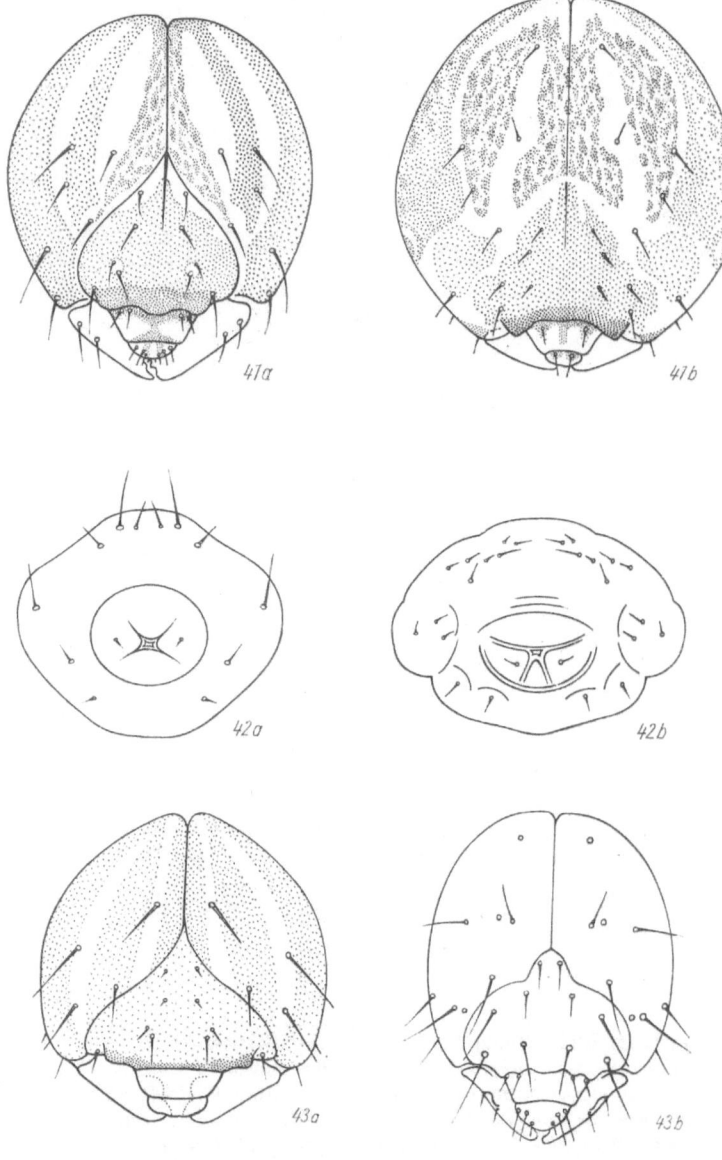

Abb. 41a *Stenophanocleonus* sp., Kopfkapsel (Orig.)
Abb. 41b *Adosomus roridus* PALLAS, Kopfkapsel (Orig.)
Abb. 42a *Stephanocleonus* sp., Abdomenende (Orig.)
Abb. 42b *Adosomus roridus* PALLAS; Abdomenende (Orig.)
Abb. 43a *Lepyrus arcticus* PAYKULL, Kopfkapsel (Orig.)
Abb. 43b *Sphenophorus striatopunctatus* GOEZE, Kopfkapsel (Orig.)

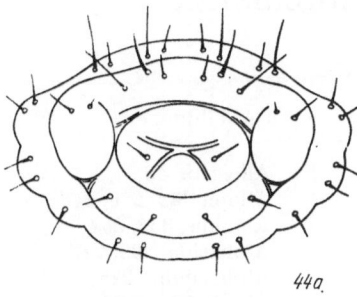 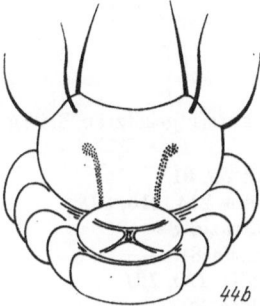

Abb. 44 a *Lepyrus arcticus* PAYKULL, Abdomenende (Orig.)
Abb. 44 b *Sphenophorus striatopunctatus* GOEZE, Abdomenende (Orig.)

Für die Anfertigung der Zeichnungen danke ich Herrn ALOIS BLEICHNER, für Hilfe bei der Abfassung des Manuskriptes Frau MONIKA LEONHARDT.

SACHREGISTER

Die kursiv gesetzten Seitenzahlen verweisen auf Abbildungen.